普通高等教育土建学科专业“十二五”规划教材
高校建筑学专业指导委员会规划推荐教材

CAD在建筑设计中的应用

（第三版）

APPLICATION OF CAD IN ARCHITECTURAL DESIGN

吉国华 童滋雨 吴 蔚 傅 筱 编著

中国建筑工业出版社

图书在版编目(CIP)数据

CAD在建筑设计中的应用/吉国华等编著. —3版.
北京：中国建筑工业出版社，2016.2（2024.3重印）
普通高等教育土建学科专业“十二五”规划教材.
高校建筑学专业指导委员会规划推荐教材
ISBN 978-7-112-19067-6

Ⅰ. ①C… Ⅱ. ①吉… Ⅲ. ①建筑设计—计算机辅助设计—AutoCAD软件—高等学校—教材 Ⅳ. ①TU201.4

中国版本图书馆CIP数据核字(2016)第028572号

责任编辑：陈 桦 王 惠
责任校对：陈晶晶 刘 钰

普通高等教育土建学科专业“十二五”规划教材
高校建筑学专业指导委员会规划推荐教材
CAD在建筑设计中的应用
（第三版）
吉国华 童滋雨 吴 蔚 傅 筱 编著
*
中国建筑工业出版社出版、发行(北京海淀三里河路9号)
各地新华书店、建筑书店经销
北京天成排版公司制版
建工社（河北）印刷有限公司印刷
*
开本：787×1092毫米 1/16 印张：26½ 插页：1 字数：594千字
2016年8月第三版 2024年3月第十四次印刷
定价：**59.00**元（含光盘）
ISBN 978-7-112-19067-6
(28299)

修订版前言

计算机辅助建筑设计技术近年来出现了新的发展。CAD 在建筑设计中的应用层次，已经由传统的绘图、三维建模、建筑表现等，上升到对设计各个环节的全面支撑。建筑信息模型(BIM)、绿色设计辅助技术、参数化设计技术等各种新的 CAD 概念和技术对建筑设计的全面提升日益起到了巨大的促进作用。

本次教材的修订正是在这一背景下进行的，它对原教材进行了较大幅度的修改，删减了有关建筑方案演示及文档制作方面的内容，对保留内容根据实际需求进行了适当的调整，特别新增了 BIM、建筑环境分析、参数化设计等新内容。新教材内容涵盖了建筑二维制图、三维建模、建筑信息模型、建筑环境分析、参数化设计等各项 CAD 技术，紧密围绕"建筑设计"这一核心，使得教材更具专业性和针对性。

新教材的编写继承了原教材综合、精炼、和专业针对性的特点。它从建筑学专业角度出发，根据软件在建筑设计专业中使用的流行度，在众多 CAD 类软件中选择了适合于建筑学使用特点的、功能之间相互补充的软件，形成一个完整的系列，涵盖了建筑设计的各个环节和诸多方面。由于涉及的 CAD 软件较多，所以采用了实用化的围绕目标选择内容的方法，重点介绍软件中与专业目标相关的功能和内容，内容围绕建筑设计的需求展开，摒弃了一般软件教材通常采用的以软件功能介绍为主的结构模式。就软件学习而言，本书介绍的功能和使用方法是不完整的，需要时可参考相关软件的使用手册和专业书籍。

本教材总结了南京大学建筑与城市规划学院建筑系的近几年的相关教学，由各课程的主要教师编写，内容与方法经历了实际的教学实践。本书第 1、2 章的编写者是童滋雨副教授，第 3 章的编写者为吴蔚副教授，第 4 章的编写者为傅筱教授和万军杰建筑师，吉国华教授编写了第 5 章并协调全书的内容。原教材的领衔编著者东南大学卫兆骥教授因年龄原因而未直接参加本书的编写，但从策划到写作过程都对本书给予了大力的支持，在此表示感谢。

由于计算机软件界面形式多样、术语较多，本书从简单易懂方面考虑，对于计算机专业术语未求规范统一。限于作者的水平，本书难免存有其他错失和不妥之处，望读者不吝批评指正。

(本书中所有图片在光盘中有电子文件)

修订版前言

第一版前言

近年来，CAD技术得到了飞速的发展和普及，CAD在建筑设计中已得到了广泛的应用。在大专院校的建筑系中，建筑CAD(CAAD)已经成为一门重要的专业基础课，纳入了学生培养的教学计划。根据目前建筑设计中CAD技术的实际使用状况，它的应用范围几乎包括了建筑设计的方方面面，所涉及的内容也相当广泛，但作为一本建筑学专业学生的CAD课程的教材，它受到教学大纲和学时的限制。为此，我们将全书分为上下两篇。第一篇包括电脑建筑绘图和电脑建筑渲染，这是目前大多数院校设置的建筑CAD课程的内容。第二篇包括网页演示，文档排版，演示文稿的制作，可作为学生自学时的参考。

谈到CAD，必然会涉及电脑的硬件和软件，但本书并不包含介绍电脑基本知识方面的内容。建筑CAD所涉及的应用软件也相当多，我们只能选择目前国内最常用的相关应用软件为基础，如建筑绘图以AutoCAD 2002、2004为主，建筑渲染以3ds Max 5.0、6.0和Photoshop 7.0为主，网页演示以DreamWeaver MX为主，文档排版以PageMaker 6.5c为主，演示文稿以PowerPoint 2002为主等。使用国外的软件最好使用它的原版，我们在软件介绍中尽量采用英文原版的内容。另外，上述的每种应用软件的适用范围都很广，应用于建筑设计之中，可能只涉及软件功能的一部分，所以，我们在讲述软件功能时，一般只介绍与建筑设计相关的功能和内容。这样做可以突出学习的重点，便于初学者尽快入门并掌握基本的操作技能，但是就软件学习而言，它们是不完整的，所以在需要进一步深入学习和研究时，就应该结合参照这些软件的使用手册和相关的专业书籍进行。

参加本书第一篇编写的是东南大学卫兆骥、刘志军先生和三江学院王斌先生。参加第二篇编写的有南京大学吉国华先生和东南大学童滋雨先生。限于作者的水平，书中难免存有错误或不妥之处，望读者不吝批评指正。

目　录

第 1 章
AutoCAD 二维制图

Part 1
AutoCAD：2-D Drawing

二维制图是 CAD 的基础，传统的建筑平立剖面图都是二维图形。因此，能够熟练使用 CAD 软件进行二维制图是建筑专业最基本的要求。

目前，由 Autodesk 公司出品的 AutoCAD 已经成为二维制图的最主要软件，具有功能齐全、操作简便、界面友好、用户众多、更新快捷等诸多特点。事实上，AutoCAD 不仅能用于二维制图，其功能同样涵盖三维建模和图形渲染。但其二维制图能力是其最大优势所在。

本章主要讲解如何利用 AutoCAD 软件进行二维制图操作，使用的软件版本是 2012 中文版。其命令输入可以通过菜单、工具栏和命令行等不同的方式，其中菜单显示是中文，而命令行显示是英文。本章在具体讲解命令操作时，主要以英文命令为主，仅少量操作使用菜单命令。

1.1 AutoCAD 基本设置和操作

1.1.1 AutoCAD 基本设置

1) 界面设置

打开安装好的 AutoCAD2012 中文版软件，界面如图 1-1 所示，中央的黑色区域是图形窗口，上方是菜单栏和图标工具区，左右是工具栏，下方是命令提示区和状态显示区。

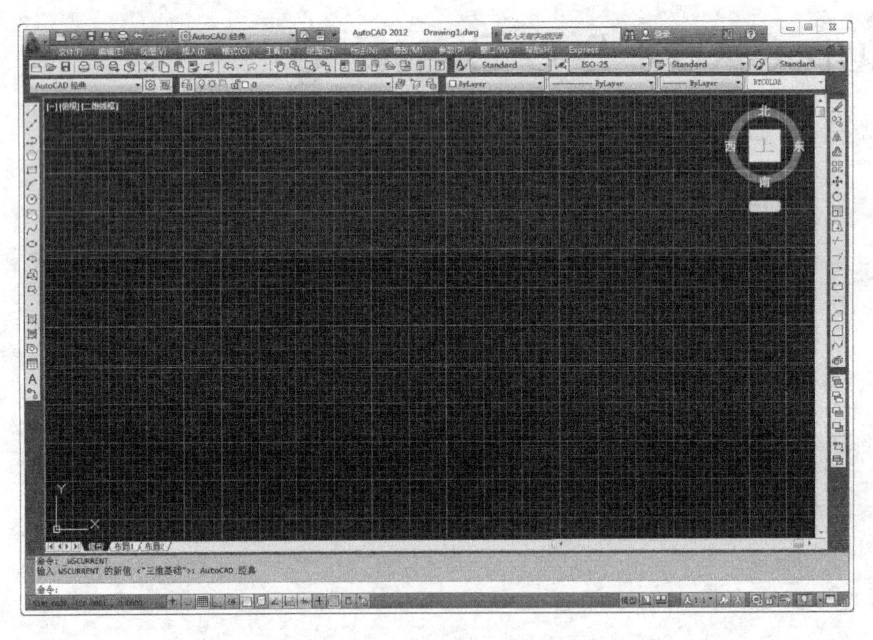

图 1-1 AutoCAD 基本界面

菜单栏和图标工具区有多种显示模式，初始状态下是“草图与注释”。本教材推荐使用的是“AutoCAD 经典”模式(图 1-1)。可以通过点击最上方快速访问工具栏上的下拉框选择不同的模式。

在操作界面中还有一项需要注意的设置是图形窗口的背景颜色，在 Auto-

CAD经典模式下该颜色为黑色，也可以根据自己的习惯改为其他颜色。选择菜单工具>选项，在打开的选项对话框中选择“显示”标签面板，选择“颜色”按钮，在打开的图形窗口颜色对话框中选择右上角的颜色下拉框中选择相应的颜色即可(图 1-2)。

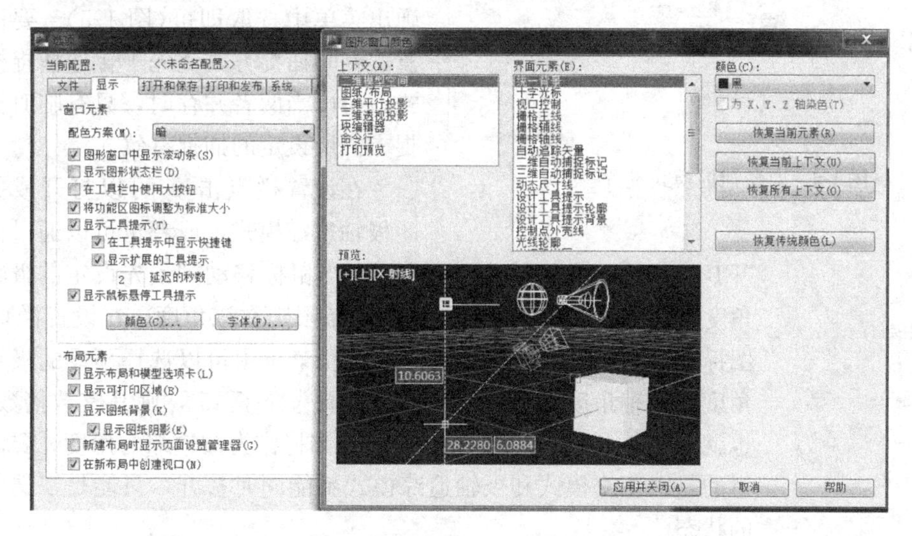

图 1-2　图形窗口背景颜色设置

注意：考虑到长时间操作对眼睛的负担，建议图形窗口采用黑色或深色背景。而在本教材中，考虑到印刷的方便，截图显示均采用白色背景。

2）点的辅助定位

绘图操作时经常会碰到空间定位的需求，如端点的捕捉、正交状态的切换等。AutoCAD 对此有一系列的辅助定位设置，都集中在程序底部的状态栏中(图 1-3)。

图 1-3　辅助定位设置栏

在这一系列定位设置中，最常用的是正交模式和对象捕捉，另外极轴追踪和对象捕捉追踪也能有效帮助点的定位。

在设置栏点击可以打开或关闭正交模式，或者也可以通过按“F8”切换。在正交模式下，绘制直线类图形时，不论鼠标怎么移动，线条将被限定在水平或垂直这两个方向，也就是说只能绘制水平线或垂直线。

在设置栏点击可以打开或关闭对象捕捉，或者也可以通过按“F3”或“Ctrl+F”切换。对象捕捉必须首先设置被捕捉的点模式。在设置栏图标上单击鼠标右键，在弹出的关联菜单中选择设置可以打开对象捕捉设置对话框(图 1-4)。AutoCAD 提供的对象捕捉模式包括端点、中点、圆心、交点等，根据自己的需要选择相应的模式即可。图 1-4 中所示是我们推荐的一种设置状态。

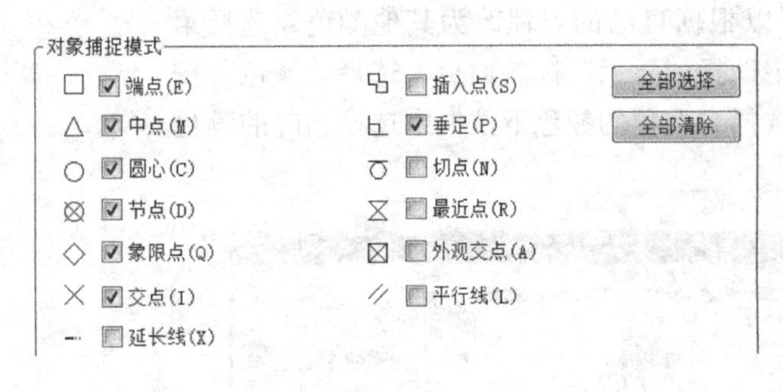

图 1-4 对象捕捉模式设置

除了通过对象捕捉模式设置外，在绘图过程中还可以临时指定捕捉方式，其操作是在光标位于绘图区时按"Shift"＋鼠标右键，在随后出现的弹出菜单中选取即可(图 1-5)。要注意，临时捕捉方式优先于普通捕捉模式，所以当两者并存时，只有临时捕捉方式所设定的捕捉有效。

在设置栏点击 可以打开或关闭极轴追踪模式，或者也可以通过按"F10"切换。在极轴追踪模式下，当鼠标移动到预先设定的极轴角度时，将出现虚线提示，并将线条限定在该角度。在设置栏 图标上单击鼠标右键，在弹出的关联菜单中可以选择预设的极轴角度。极轴角度是累积计算的，如果选择了 45°，则其整数倍数，也就是 0°、45°、90°、135°、180°等都将作为被追踪的角度。要注意的是，正交模式和极轴追踪模式不能同时打开，只能是二选一的状态。

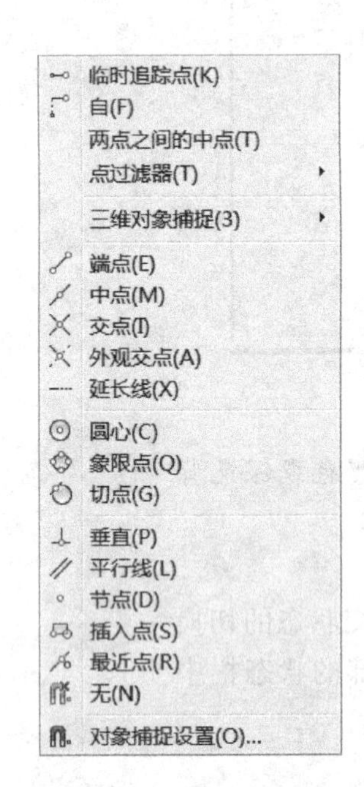

图 1-5 临时捕捉弹出式菜单

在设置栏点击 可以打开或关闭对象捕捉追踪，或者也可以通过按"F11"切换。在对象捕捉追踪模式下，光标可以沿基于其他对象捕捉点的对齐路径进行追踪。要使用对象捕捉追踪，必须打开一个或多个对象捕捉。

另外，在新打开 AutoCAD 的状态下，图形窗口中会有栅格显示，可以点击 按钮或按"F7"关闭栅格显示。

3）关闭动态输入

在状态栏中还有一个切换按钮 ，用于控制动态输入的开关。动态输入可以直接跟随光标显示相关信息，包括输入的命令和数值等。尽管它是一个辅助工具，但有时反而会对绘图造成不便。因此本教材推荐关闭该功能。

直接点击 或按"F12"可以关闭动态输入。

4）快捷键设置

AutoCAD 中的命令输入有三种方式：菜单、工具栏和键盘输入。菜单输入是最常见的输入方式，程序顶部的下拉式菜单几乎包含了所有的功能。不同类型的工具栏则提供了大部分的常用功能，直接点击相应图标即可。在工具栏的空白位置单击鼠标右键可以选择需要显示的工具栏类别。

键盘输入是 AutoCAD 中非常有特色的一种输入方式，通过快捷键的设置，大部分常用功能只需要输入 1～2 个字母即可实现。与菜单和工具栏相比，左手键盘输入快捷命令配合右手鼠标绘图的操作方式，效率远远高于全靠右手鼠标点选命令加绘图的方式。因此，从提高效率的角度来说，掌握键盘输入是必须的技能。

键盘输入提高效率的关键在于快捷键的设置。在 AutoCAD 中，选择菜单工具>自定义>编辑程序参数，程序将调用操作系统自带的记事本程序打开一个名为“acad. pgp”的文件，该文件记录了所有的快捷键设置。其格式如图 1-6 所示：“快捷命令”+“,”+空格+“*”+“命令全称”。初学者可以查看该文件以熟悉常用命令的快捷键，熟练之后可以根据自己的习惯更改或添加相应的快捷键，只要按照上述方式修改或添加，然后保存该文件即可。

```
E,          *ERASE
ED,         *DDEDIT
EL,         *ELLIPSE
ER,         *EXTERNALREFERENCES
```

图 1-6　快捷键设置

注意：命令全称和快捷键都没有大小写的区分，输入时大小写均可。

5）单位设置

通常建筑制图以毫米为单位，在绘图前需要确定当前图形的基本单位。选择菜单格式>单位，打开图形单位对话框(图 1-7)。一般默认单位就是毫米，不需要更改。如果是规划制图，通常以米为单位，此时就要在对话框中的“插入时的缩放单位”下拉框中选择“米”。

1.1.2　AutoCAD基本操作

1）图层的设置

在正式开始绘图之前一定要先完成图层的设置。图层是 AutoCAD 组织管理图形的最重要方式。通过图层的开关、冻结、锁定等操作，我们可以控制该图层上所有图形的显示与隐藏，从而方便制图操作，提高效率。

图层的相关操作通常是利用图层工具栏实现。在工具栏的空白处单击鼠标右键，在关联菜单中选择 AutoCAD>图层，即可打开图层工具栏(图 1-8)，或者也可在菜单工具>工具栏>AutoCAD>图层打开图层工具栏。以下是一些基本操作：

① 点击图层工具栏的第一个图标打开图层特性管理器(图 1-9)，主窗口中列出了当前文件中所有的图层以及每个图

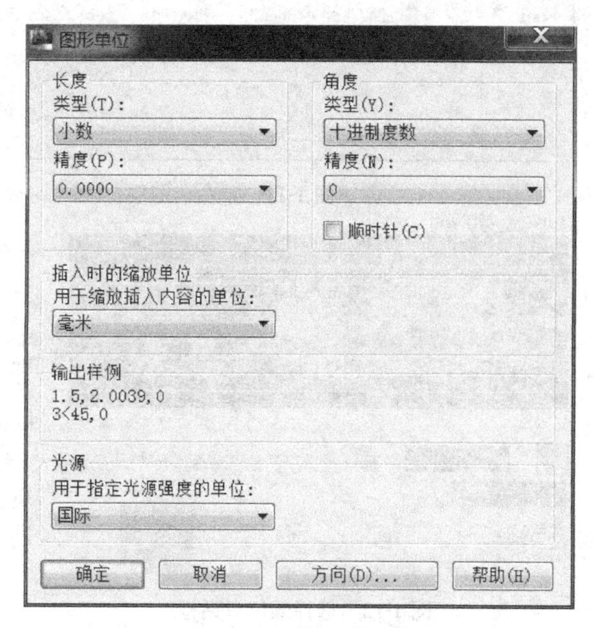

图 1-7　图形单位设置

图 1-8　图层工具栏

层的特性设定，包括开关、冻结、锁定状态，以及颜色、线型和线宽等；窗口上方一排图标按钮用于图层的管理，包括新建、删除以及设定当前图层等操作。

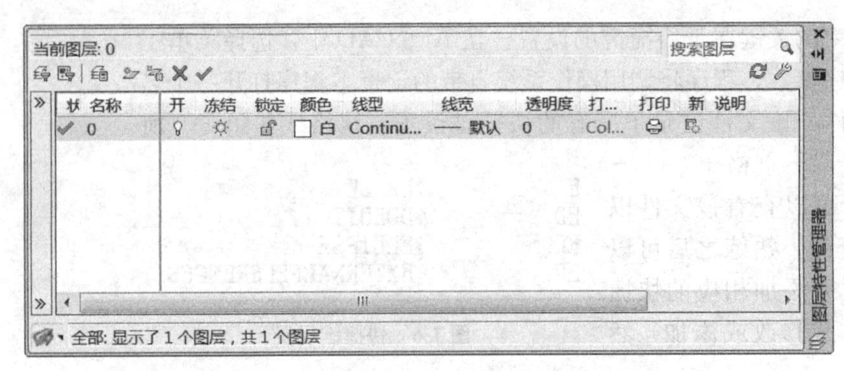

图 1-9 图层特性管理器

注意："0"图层是AutoCAD文件的默认图层，而且不能被删除。一般情况下，尽量不要在"0"图层上绘制图形。

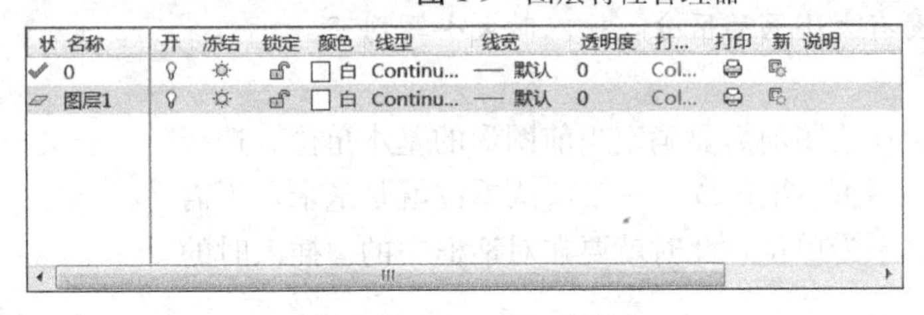

图 1-10 新建图层

② 点击新建图层按钮，在图层管理器窗口中出现一个新的名为"图层1"的图层(图1-10)。

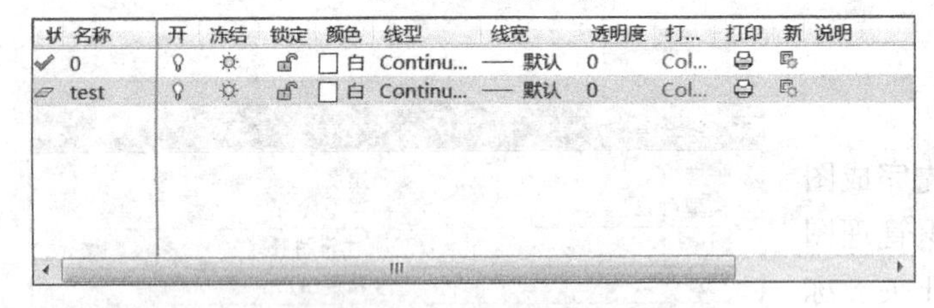

图 1-11 重命名图层

③ 点击新建图层的图层名，可以对该图层重新命名，支持英文或中文的输入。在此我们将该图层重命名为"test"(图1-11)。

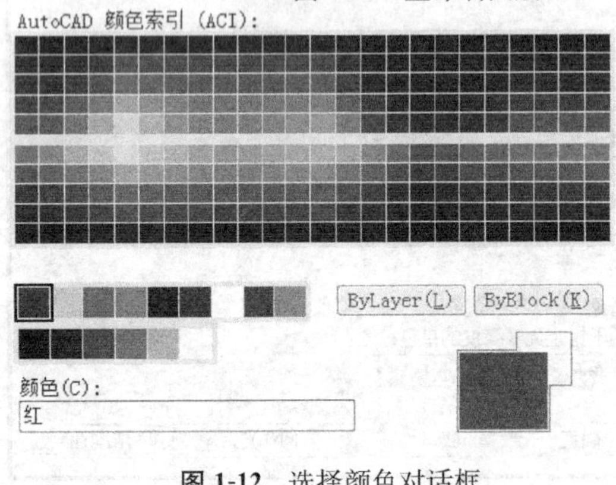

图 1-12 选择颜色对话框

④ 点击test图层所处行的颜色方格，打开选择颜色对话框，选择下方色块中的红色(图1-12)并点击确定。

注意：颜色对话框下方第一排的9个色块分别是1#—9#色，也是最常用的图层颜色。

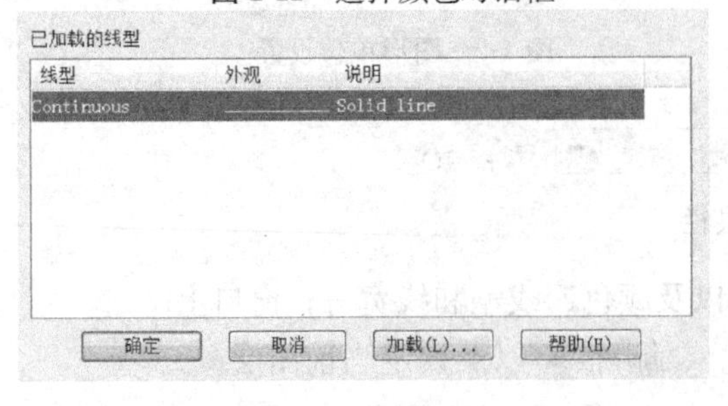

图 1-13 选择线型对话框

⑤ 点击test图层所处行的线型"Continuous"，打开选择线型对话框(图1-13)，对话框中列出了当前文件所加载的所有线型，Continuous实线是默认线型。

⑥ 继续点击选择线型对话框下方的“加载”按钮，打开加载或重载线型对话框(图 1-14)，对话框中列出了 AutoCAD 自带的所有线型，包括点划线、虚线以及一些特殊的线型。滚动列表，选择 DASHED 虚线线型，并单击确定。

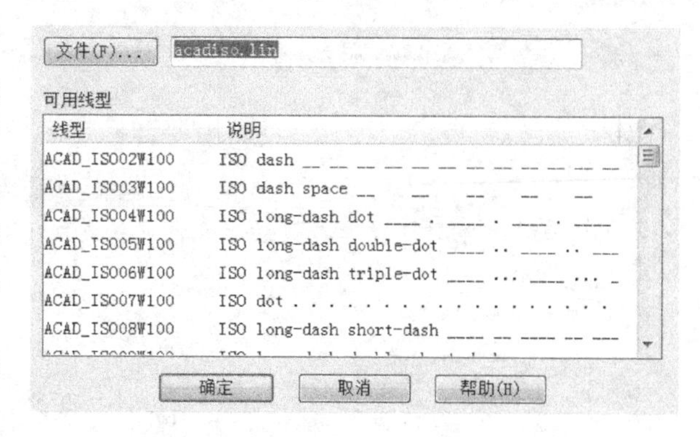

图 1-14 加载或重载线型对话框

⑦ 回到选择线型对话框，此时 DASHED 线型被加入已加载线型列表。再次选择该线型并单击确定。

⑧ 此时 test 图层特性已被更改为红色虚线。最后在该图层被选中的情况下，点击置为当前按钮✔，该图层被设为当前图层，代表当前图层的标志绿色勾出现在该图层之前(图 1-15)。

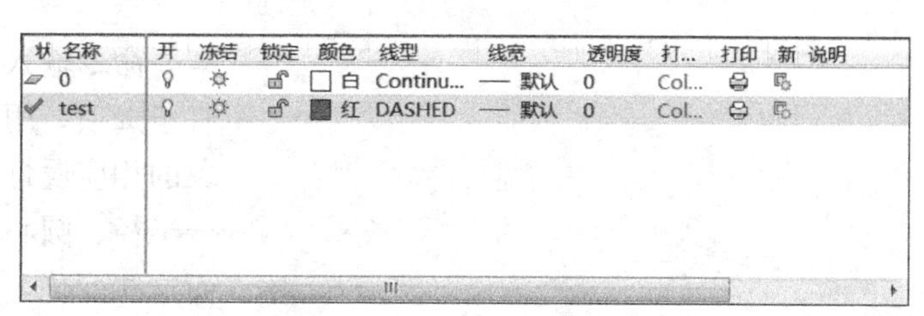

图 1-15 更改当前图层

⑨ 此时图层工具栏中的下拉框所显示的当前图层也更改为 test 图层(图 1-16)。

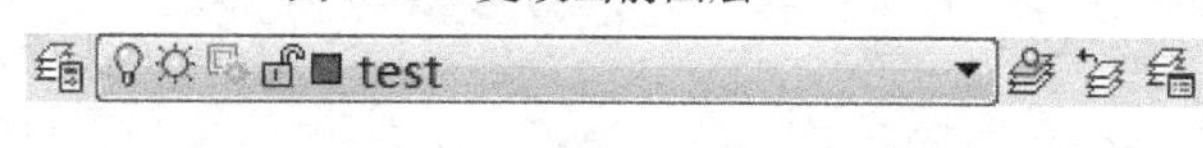

图 1-16

2）命令的输入

按照之前所述，键盘输入是我们最主要的命令输入方式，具体方式是，直接输入命令快捷键，然后可以按回车键或空格键来完成命令的输入。在这里，空格键作为命令的完成也是 AutoCAD 的特色之一，当依靠左手键盘输入命令时，键盘下方最长的空格键比右侧的回车键要更容易按取，因此空格键也成为我们最常用的命令结束键。

下面我们利用键盘输入完成一次直线绘制练习。直线的命令全称是“Line”，其默认快捷键是“L”。

① 用键盘输入“L”，按空格键，此时绘图窗口中光标由十字加方框变成纯十字，等待窗口输入。用鼠标在绘图窗口任意位置点击左键，移动鼠标，在刚才的点击位置和现在光标之间拉出一根线，该线如同橡皮筋一样会随着光标的移动而拉伸变化(图 1-17*a*)。如果之前已经设置了极轴追踪模式，则当光标处于适当位置时，从起点开始会显示一条虚线，指示当前线条所处位置(图 1-17*b*)。

② 在任意位置再次点击鼠标左键，绘图窗口中出现一根连接此前两个点击位置的白线，并且在第二个点击位置和光标之间又出现一根橡皮线，等待再次输入线段的下一个端点(图 1-18)。

③ 直接按空格键或“Esc”键，退出直线命令，结束此次直线绘制练习。

注意：每一次键盘命令的输入都必须以空格或回车键作为输入的完成，在后面的教程中，为行文流畅，不再对每个键盘命令后加上“按空格键”的说明，请在自己练习时加上这个被省略的操作步骤。

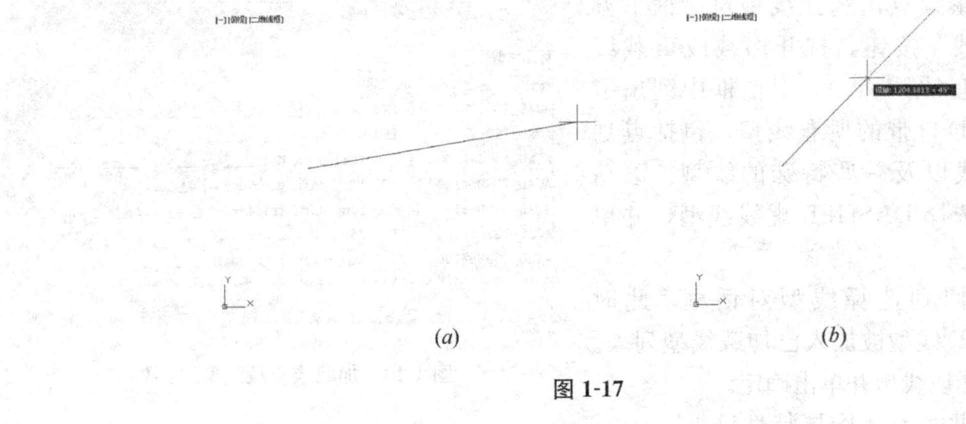

(*a*) (*b*)

图 1-17

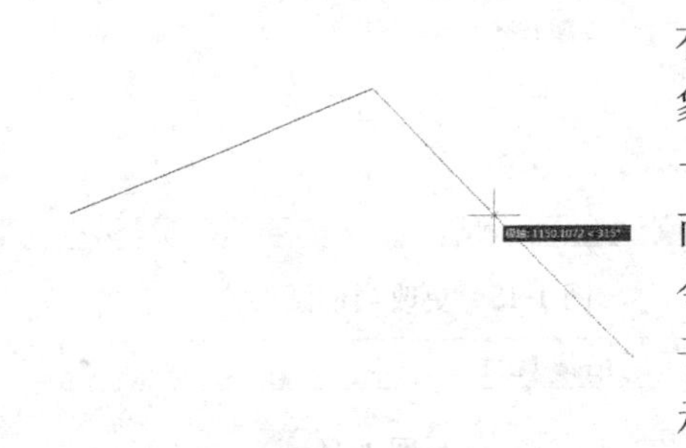

图 1-18

命令输入还有一个重要特点是很多命令都有子选项，用以改变绘制图形的方式或编辑对象的相应属性。如仅是画圆的操作，就有圆心＋半径、圆心＋直径、两点、三点等多种画法，而这些变化，都可以在输入画圆命令后，在命令行中显示的子选项中选择相应的选项，这些子选项通常以中文名加英文大写字母的方式显示，只需要直接输入该英文字母，则该子选项被激活。

3）视图的缩放和平移

绘图区域通常都会超过窗口当前显示区域，对显示区域的缩放和平移也是制图过程中极为常见的操作。在AutoCAD中，借助于带滚轮的鼠标可以很容易实现视图的缩放和平移。

鼠标滚轮向上滚动，则视图以光标当前所在位置为中心放大；滚轮向下滚动，则视图以光标当前所在位置为中心缩小；按下滚轮，则光标变为手掌图形，可以平移当前视图。

除了鼠标滚轮操作外，使用"Zoom"命令，可以实现更多的视图缩放功能。

① 键盘输入"Z"，此时命令行显示缩放命令的子选项并等待输入，每个子选项后括号内的字母就是该选项的键盘输入值(图1-19)。

[全部(A)/中心(C)/动态(D)/范围(E)/上一个(P)/比例(S)/窗口(W)/对象(O)] <实时>:

图 1-19　缩放命令子选项

② 输入"W"，命令行提示指定第一个角点。用鼠标在图形窗口任意位置点击左键。

③ 命令行提示指定对角点。移动鼠标，光标以刚才点击位置为起点拉出一个白色矩形框。再次点击鼠标，视图以刚才白色矩形框为基准放大，同时结束缩放命令。

④ 按空格键再次进入缩放命令。

注意，当执行过一个命令之后，再次按空格键或回车键，等同于再次执行上一个命令。

⑤ 输入“E”，图形窗口内最大化显示所有物体，同时结束缩放命令。

注意：在缩放命令子选项中，比较常用的是范围(E)和窗口(W)，配合滚轮操作基本可以满足视图的缩放要求。尤其是范围选项，当图形内容大大超过当前窗口时，仅仅使用滚轮缩小也无法显示所有图形，此时就必须使用缩放命令中的范围命令，可以将所有图形全部显示在当前窗口中。而联合范围和窗口两个缩放模式，我们可以在整体和局部放大显示之间快速切换。

4）坐标的定位

AutoCAD中所有的图形都具有明确的空间位置，由世界坐标系(WCS)进行定位。在绘图操作时，直接用鼠标在屏幕上点取不能保证制图的精确性，只能用坐标输入的方式进行准确定位。

AutoCAD对二维空间中的点有两种坐标表示法：直角坐标表示法和极坐标表示法。直角坐标是以点与坐标原点在X和Y两个轴线方向的投影距离值x和y来定位和表示。极坐标是以点与坐标原点的距离和角度来定位和表示，AutoCAD中极坐标表示为$d<a$，其中d表示点与原点的距离，a表示点与原点的连线与X轴的夹角。

(1) 输入“L”，在提示输入直线第一个点时输入“10，10”。图形窗口从刚才点的位置拉出一根橡皮线。

(2) 再次输入“100，100”，完成直线的绘制。

上述两种坐标表示法都是相对于原点而言的，所以被称为绝对坐标。AutoCAD中还能够随时动态存储最近一次输入的点坐标，相对于该点表示的坐标则被称之为相对坐标，其表示形式是在绝对坐标表示方式之前加上一个“@”符号。无论是相对直角坐标还是相对极坐标，在绘图中使用都非常广泛。

(1) 输入“L”，直接在图形窗口任意位置点取第一点。

(2) 输入“@100，100”，观察绘图效果。

(3) 输入“@200<30”，观察绘图效果。

注意：在进行绝对坐标输入之前，先确定动态输入处于关闭状态，否则只能得到相对坐标的结果。

5）用户坐标系的设定

AutoCAD中默认坐标系是世界坐标系。然而，我们在制图过程中经常会碰到要绘制的图形与世界坐标系有一定的角度，此时在绘图窗口中，所有的线条都将是斜线，这样的线条绘制起来既不方便，也降低了绘图效率。因此，如果大部分斜线本身都是平行或垂直的关系，我们可以利用改变坐标系的方式，将坐标系旋转到与我们要绘制的线条相平行的状态，这样我们就可以利用正交体系进行绘图操作。这就相当于将绘图纸转个方向，此时我们绘制的水平或垂直的线相对于图纸来说实际上还是斜线。

UCS是改变用户坐标系的命令，其常用子选项为“E”，表示选择场景中已有线条作为坐标系的参考；“3”表示分别指定原点、X轴方向点和Y轴方向点3个点来定义新的坐标系。

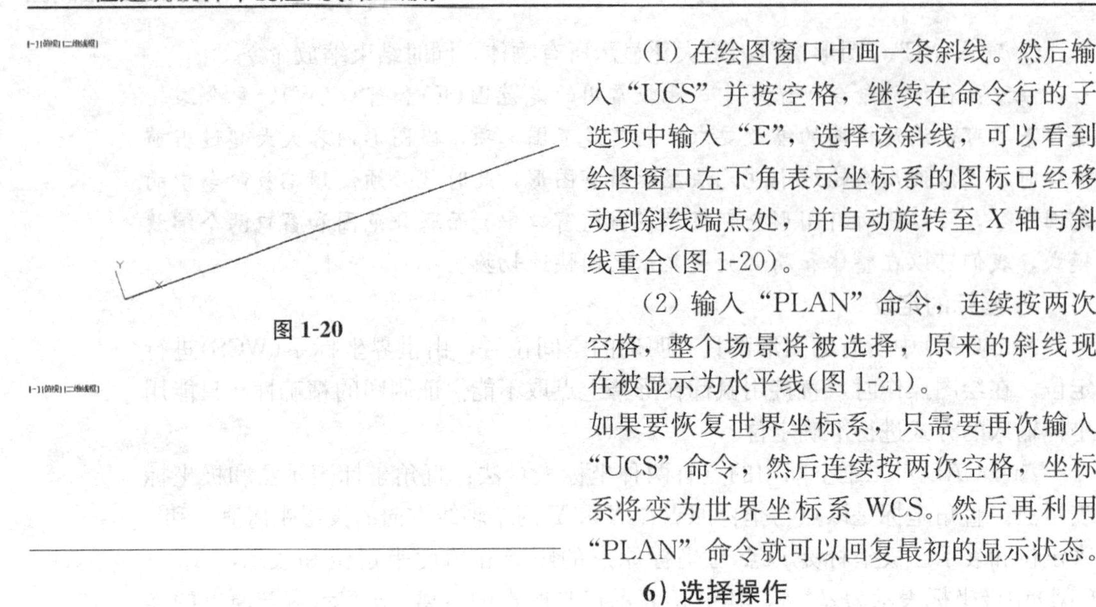

图 1-20

图 1-21

(1) 在绘图窗口中画一条斜线。然后输入“UCS”并按空格，继续在命令行的子选项中输入“E”，选择该斜线，可以看到绘图窗口左下角表示坐标系的图标已经移动到斜线端点处，并自动旋转至 X 轴与斜线重合(图 1-20)。

(2) 输入“PLAN”命令，连续按两次空格，整个场景将被选择，原来的斜线现在被显示为水平线(图 1-21)。

如果要恢复世界坐标系，只需要再次输入“UCS”命令，然后连续按两次空格，坐标系将变为世界坐标系 WCS。然后再利用“PLAN”命令就可以回复最初的显示状态。

6) 选择操作

在许多编辑操作中，都需要选择编辑对象。AutoCAD 的选择操作主要有点选和框选两种。

点选很简单，直接用鼠标点击相应物体即可。框选则是用鼠标在绘图窗口的空白处先后点击两次，由这两个点作为对角点构成的矩形框作为选择的依据。框选又可分为两种，当第一个点在左侧，第二个点在右侧时，称为“window”窗口框选，反之则是“crossing window”交叉窗口框选。两者的区别在于，“window”框选模式下，物体必须完全被矩形框包围才能被选中；“crossing window”框选模式下，物体即便只有部分处于矩形框中也会被选中。实际操作如：

① 在 AutoCAD 中随意画几条线条。输入“M”(移动 Move 的快捷键)，命令行提示选择对象。

② 用鼠标从左到右拉一个矩形框，该框为实线，表示这是一次“window”框选，只有完全处于该框之内的物体才被选中，选中的物体呈现虚线状态。

③ 再次用鼠标从右到左拉一个矩形框，该框为虚线，表示这是一次“crossing window”框选，所有处于框内或与框相交的物体都被选中。

④ 按“Esc”键取消此次移动操作。

7) 查看文本窗口

AutoCAD 的命令行不仅是命令输入的区域，而且也是一些查询信息的显示区域。然而通常命令行只有 2～3 行高，不能将需要的信息全部显示出来，此时需要调用文本窗口来显示更多的信息。

在 AutoCAD 中，提供了“F2”作为调用文本窗口的切换按钮。只需要直接按“F2”即可显示文本窗口，再次按“F2”则将文本窗口置后，而将图形窗口重新放置在上面。

1.2 AutoCAD 图形要素

AutoCAD的最基本图形要素是点、线和圆弧，通过这些基本要素的组合又构成了一些复杂的图形要素，而各种图形要素组合在一起形成了完整的图形。我们首先将介绍这些不同类型的图形要素及其基本绘制方式。

1.2.1 基本图形要素

AutoCAD中的基本图形要素包括直线、圆、圆弧和点，这些基本要素都是无法再细分的图形，是构成所有其他图形的基础。

1）直线

AutoCAD中的直线还包括直线、射线、构造线和多线等四种，使用最多的是直线，由起点和终点定义。绘制直线命令为“L”（直线Line的快捷键），通过该命令可以连续绘制直线，直到按空格键结束命令或“Esc”键退出命令(图1-22)。直线本身没有宽度属性，但可以有不同的颜色和线型变化。

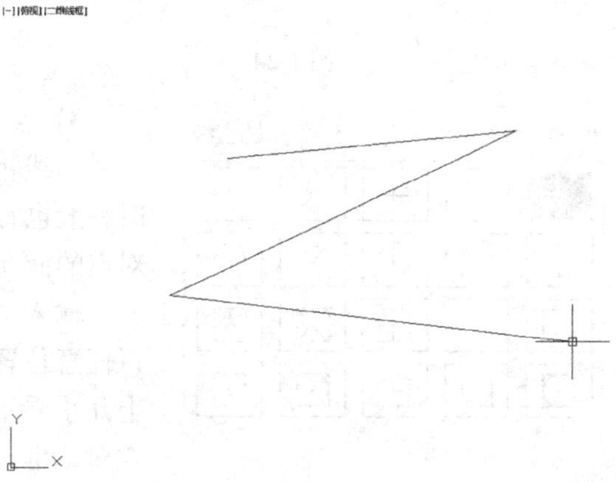

图 1-22

2）圆与弧线

圆和弧线也是基本线条，有多种绘制方式，在此分别介绍最常用的方式。

输入“C”（圆Circle的快捷键），指定圆心位置，然后用鼠标点击或命令行输入的方式指定圆的半径，圆绘制完成(图1-23)。这是一种圆心/半径的绘制方式，此外还有圆心/直径、两点/三点、相切/相切/半径等方式，可以通过菜单或命令行子选项选择。

图 1-23

输入“A”（圆弧 Arc 的快捷键），按顺序用鼠标点击方式分别指定圆弧的起点、第二点和终点，圆弧绘制完成(图1-24)。这是一种三点的绘制方式，此外还有起点/圆心/端点、起点/端点/角度、圆心/起点/长度等方式，可以通过菜单或命令行子选项选择。

另外还有一种特殊的圆——椭圆，输入“EL”（椭圆 Ellipse 的快捷键），按顺序用鼠标点击方式分别指定椭圆一轴的两个端点和另一轴的半长，椭圆绘制完成(图1-25)。这是一种轴/端点的绘制方式，此外还有圆心和圆弧方式，可以通过菜单或命令行子选项选择。

与直线类似，圆和圆弧都没有宽度属性，但可以有不同的颜色和线型变化。

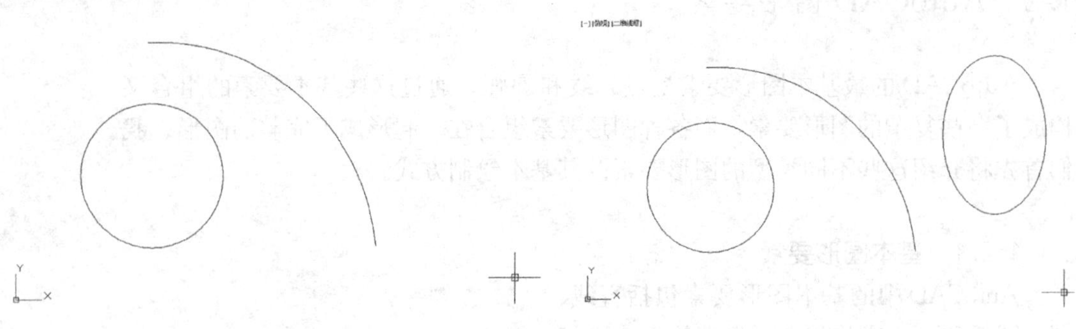

图 1-24　　　　图 1-25

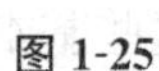

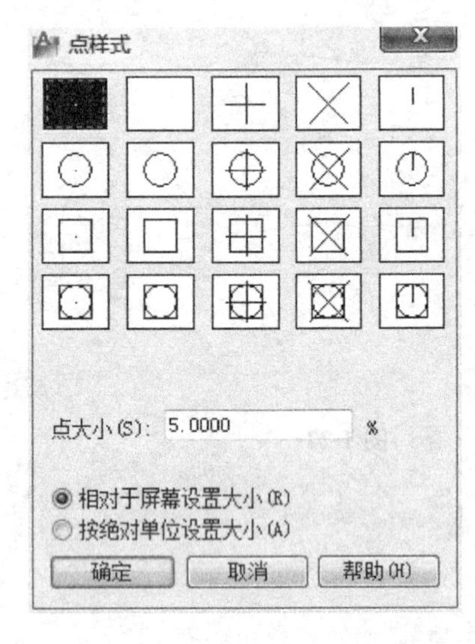

图 1-26　点样式对话框

3) 点

与线相比，点在 AutoCAD 中的使用较少，而且打印时一般也看不出点的存在，因此点通常被用于辅助定位。对点的捕捉需要在捕捉模式设置中将“节点”打开。

输入“PO”(点 Point 的快捷键)，用鼠标在图形窗口任意位置点击，完成点的绘制。由于点很小，在屏幕上几乎看不出。此时选择菜单格式>点样式，打开点样式对话框，可以选择不同的预设样式(图 1-26)。选择的样式将作为当前图形中所有点的显示方式。

注意：由于点本身是没有大小的，当选择不同的显示样式时，其大小的设定有两种，“相对于屏幕设置大小”意味着点样式的大小按屏幕尺寸的百分比设定，当进行缩放时，点的显示大小并不改变。即使执行缩放操作时，窗口中的点看似也在改变，但只要重生成(Regen)图形，点样式的大小就会恢复原状。“按绝对单位设置大小”则意味着点样式的大小是绝对值，进行缩放时，显示的点大小随之改变。

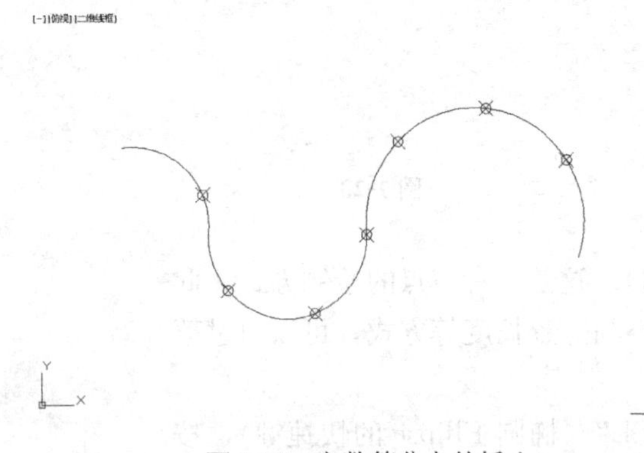

图 1-27　定数等分点的插入

除了使用点命令外，定数等分和定距等分两个命令也可用于插入点，并且主要是用于沿某条特定路径插入。定数等分是沿路径按指定数值等分后在等分处插入点，定距等分是沿路径的长度按指定距离等间隔插入点。

先在绘图窗口任意绘制一条多段线(多段线的绘制见下一小节)，然后输入“DIV”(定数等分 Divide 的快捷键)，选择该多段线为定数等分对象，输入需要等分的线段数目，如“8”，软件根据多段线的长度等分为 8 份后，并在 7 个等分点处分别插入点(图 1-27)。为便于观察，图中的点的样式已经被更改。

重新绘制一条多段线，输入“ME”(定距等分 Measure 的快捷键)，选择该多段线为定距等分对象，输入需要等分线段的长度，如“600”，软件将沿路径每间隔600单位插入一个点(图1-28)。

注意：由于线条总长度并不总能被指定的等分长度整除，所以在线条的一端会留下一段小于指定长度的线段。此外，选择线段时，距离捕捉点近的那个端点将被视作距离的起始计算点。

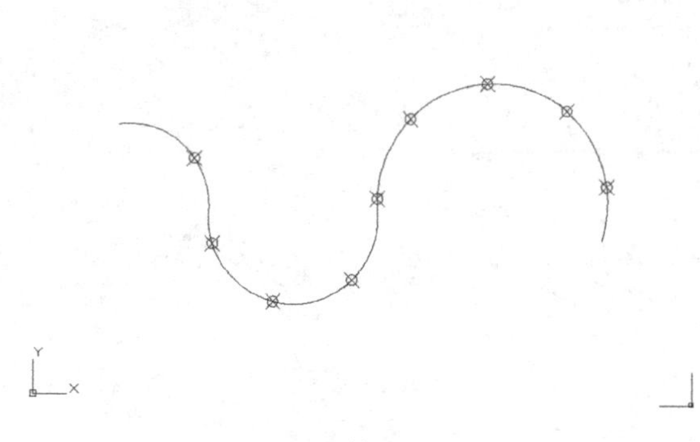

图1-28 定距等分点的插入

1.2.2 复合型图形要素

复合型图形要素是由基本图形要素简单连接而成，并可以被分解为基本图形。常用的复合型图形要素包括多边形、多段线、样条曲线和多线。

1) 多边形

多边形通常指的是正多边形，且边的数目可以在绘图过程中指定。

输入“POL”(多边形 Polygon 的快捷键)，命令行中显示需要输入侧面数，初始的默认值是4，此时输入新的数字“7”，表示要绘制正七边形。接着直接在图形窗口点击以指定多边形的中心点。之后在绘制多边形的两种方式中选择，分别是内接于圆和外切于圆，初始默认是前者，直接按空格键确认该选项。最后在图形窗口点击以指定圆的半径，正七边形绘制完成(图1-29)。

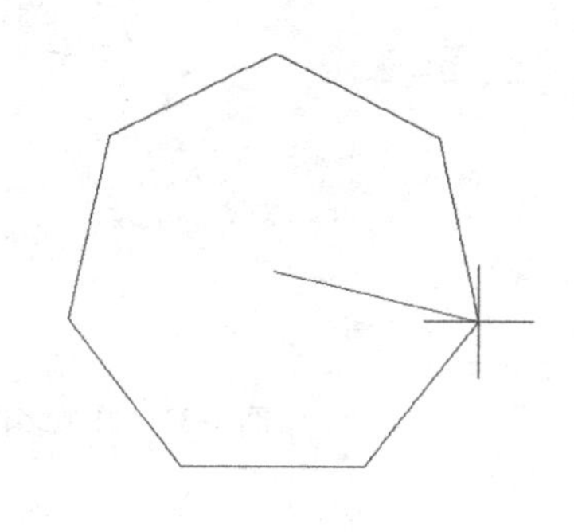

图1-29

矩形也是一种多边形，而且其不受长宽比的限制。输入“REC”(矩形 Rectangle 的快捷键)，在图形窗口中分别指定矩形的两个对角点即可。

2) 多段线

多段线是一种比较特殊的图形要素，是由一系列直线和圆弧连接形成，并且具有一些特殊的属性，包括图形的闭合和打开、线条的宽度等。

输入“PL”(多段线 Pline 的快捷键)，在图形窗口点击以指定多段线的起点，然后命令行会显示相关子选项(图1-30)：

指定下一个点或 [圆弧(A)/半宽(H)/长度(L)/放弃(U)/宽度(W)]:

图1-30

默认选项为指定下一个点，此时直接在绘图窗口点击可以连续绘制直线，直到按空格键结束命令或“Esc”键退出命令。完成绘制后所看到的图形与直线命令操作得到的图形看上去完全一样，但直接点选该图形，可以看到几条直线是一个整体(图1-31)。

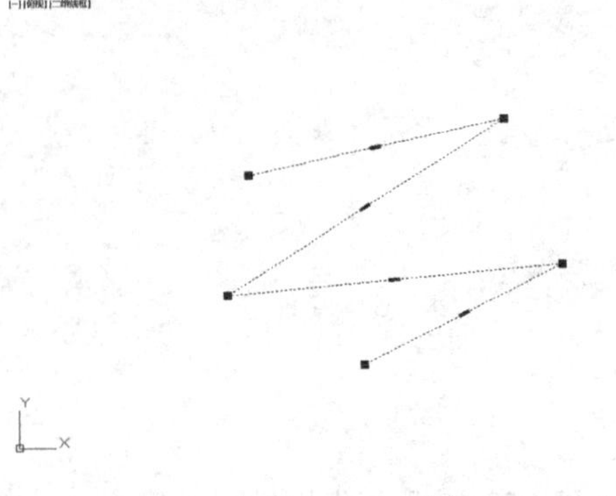

图 1-31　多段线

如果在多段线绘制过程中输入了“A”，则可以在多段线中绘制圆弧。此时命令行如图 1-32 所示，增加了定义圆弧的子选项，绘制出的图形则如图 1-33 所示，同刚才的直线多段线一样，所有的圆弧也是相互连接在一起构成一个整体。

在多段线绘制过程中，输入“A”可以绘制圆弧，再输入“L”则可以重新绘制直线，如此可以绘制出直线与圆弧混杂的图形(图 1-34)。

[角度(A)/圆心(CE)/方向(D)/半宽(H)/直线(L)/半径(R)/第二个点(S)/放弃(U)/宽度(W)]:

图 1-32

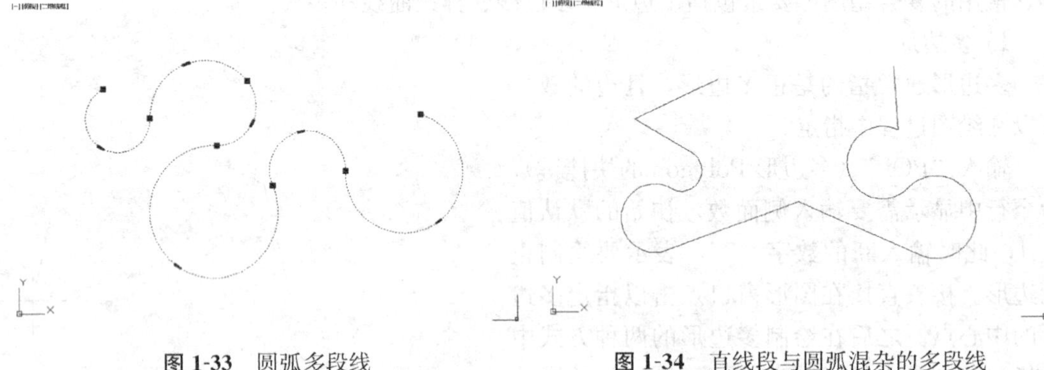

图 1-33　圆弧多段线　　图 1-34　直线段与圆弧混杂的多段线

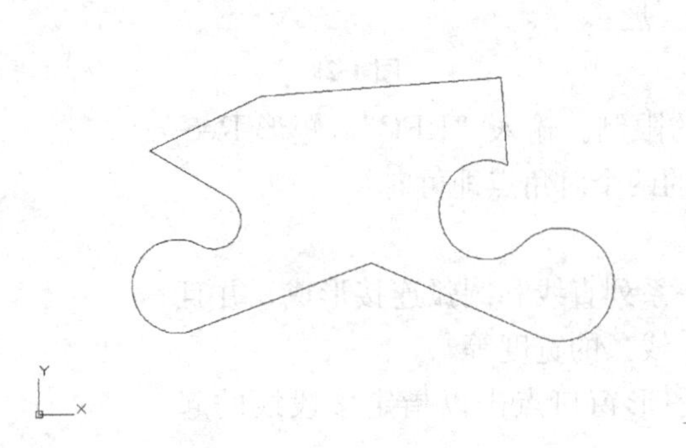

图 1-35　闭合的多段线

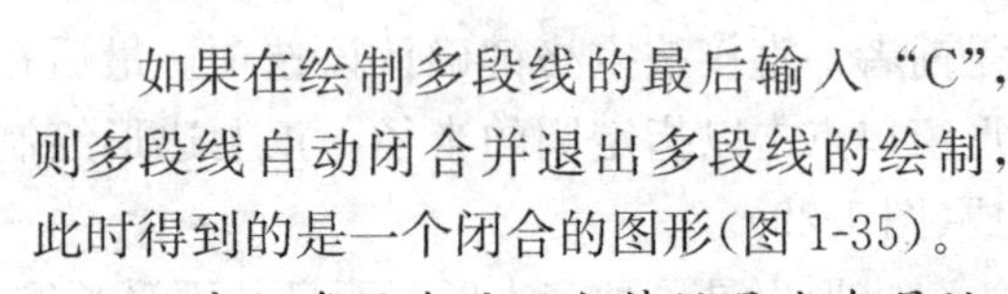

如果在绘制多段线的最后输入“C”，则多段线自动闭合并退出多段线的绘制，此时得到的是一个闭合的图形(图 1-35)。

注意：多段线的闭合特性是内在属性，如果在绘制过程中最后点击起点得到的图形，尽管看上去是个闭合的图形，但其在属性上还是一个打开的多段线，而非闭合的多段线。这一属性在以后的填充等操作中有重要的区别。因此，如果要绘制的是一个闭合的多段线图形，建议最后通过子选项“C”完成闭合操作。

多段线的另一个特征是具有宽度。在绘制过程中输入“W”，即可按要求输入下一条线段的宽度。要注意的是，线段宽度的输入分起点宽度和终点宽度，两者可以相同，也可以不同。宽度属性既适用于直线段，也适用于圆弧段(图 1-36)。

注意：多段线的宽度属性也是其非常有用的特性，通过控制宽度，可以在打印或输出时得到特定线宽效果。这比仅仅用笔宽设置更有效和灵活。

3）样条曲线

样条曲线全称是非均匀有理B样条曲线（NURBS），是经过一组拟合点或由控制框顶点所定义的平滑曲线。默认情况下，拟合点与样条曲线重合，而控制点定义控制框。

输入“SPL”（样条曲线Spline的快捷键），在图形窗口中依次点击绘制样条曲线，直至按空格键或“Esc”键结束命令(图1-37)。

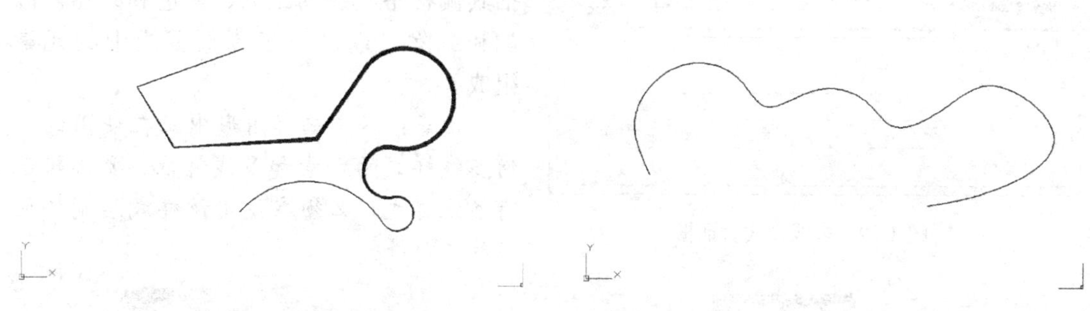

图1-36 具有不同宽度的多段线　　图1-37 样条曲线

4）多线

多线是由多条平行直线组成的一个图形要素，可被直接用于绘制双线墙体，同时多线的样式也可以被定制。

输入“ML”（多线Mline的快捷键），在图形窗口依次点击绘制多线，直至按空格键或“Esc”键结束命令(图1-38)。

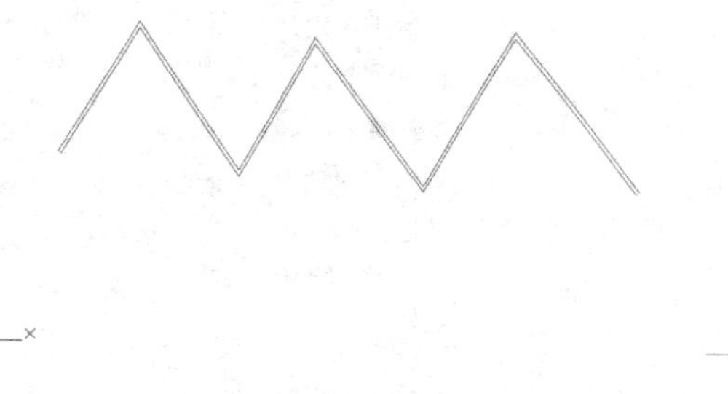

图1-38 多线

绘制多线指定起点时，还可以设定绘制的三个参数：对正(J)、比例(S)和样式(ST)。

对正方式设置有上、无和下三种，“上”表示光标位置定在自左向右水平多线的顶线上，“无”表示光标位置定在多线的中线上，“下”表示光标位置定在多线的底线上。

比例是基于在多线样式定义中建立的宽度进行缩放。比例因子为2绘制多线时，其宽度是样式定义的宽度的两倍。负比例因子将翻转偏移线的次序。比例因子为0将使多线变为单一的直线。

样式用于指定多线的样式。多线样式必须预先在多线样式对话框中定义，包括定义元素的数目和每个元素的特性，以及端点封口的状态。

选择菜单格式>多线样式，打开多线样式对话框(图1-39)。

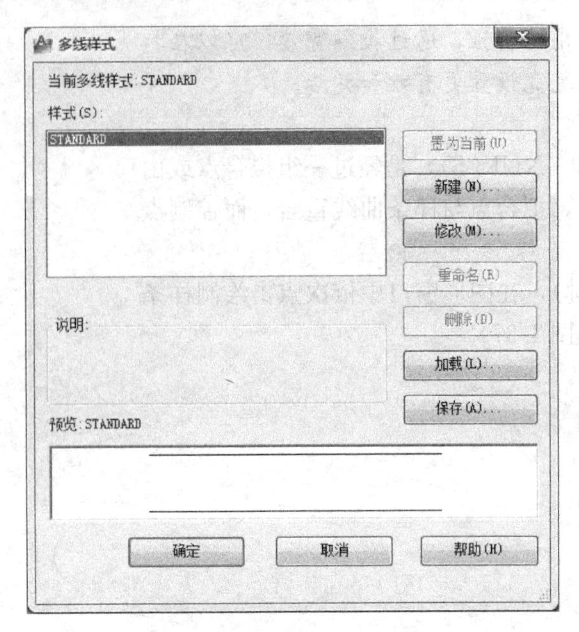

图 1-39 多线样式对话框

样式框中显示已加载到图形中的多线样式列表。点击新建按钮，输入需要新建多线样式的名称，或直接点击修改按钮，可以打开新建或修改多线样式对话框(图 1-40)。

封口用于控制多线起点和端点的封口情况，并有直线、外弧、内弧和角度四种模式。填充用于设定多线内的填充颜色。图元显示了当前多线的所有元素特性，包括其偏移中心线的距离、颜色和线型。添加和删除可以进一步调整多线中的元素组成。

注意：不能编辑图形中正在使用的任何多线样式的元素和多线特性。要编辑现有多线样式，必须在使用该样式绘制任何多线之前进行。

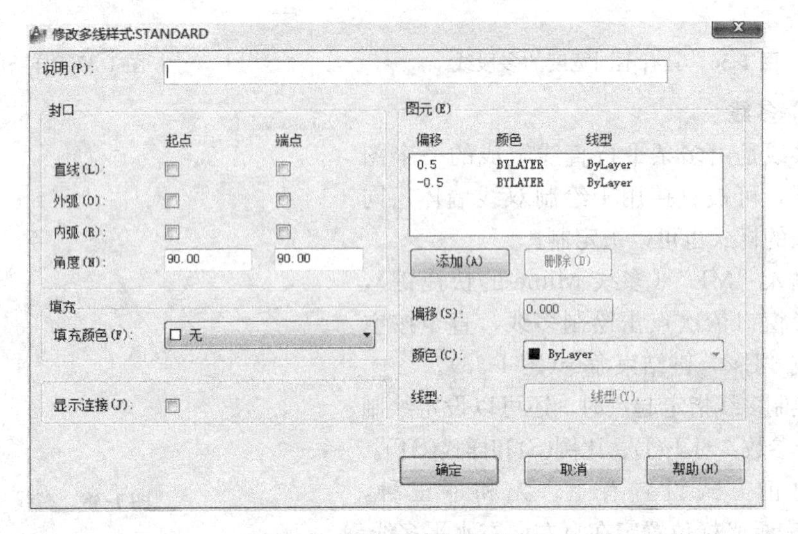

图 1-40 修改多线样式对话框

1.2.3 区域型图形要素

区域性图形要素是指用一系列预设好的图案通过复制的方式填满某个封闭的区域，这类要素最常用的是填充。在建筑图中，填充经常被用于表达某些区域的材质。

直接输入“H”(填充 Hatch 的快捷键)，可以打开图案填充和渐变色对话框(图 1-41)。

对话框分三个部分，左侧为填充图案定义部分，中间为边界操作部分，右侧为高级选项。一般情况下，对话框只显示前两部分，通过点击对话框右下角的箭

图 1-41　图案填充和渐变色对话框

头可以显示高级选项部分。填充操作主要分两步，选择并定义填充图案和选择填充区域，也分别和对话框的前两部分相关。

选择并定义填充图案：直接点击样例右侧的图案可以打开填充图案选项板，显示系统中已有的填充图案(图 1-42)。其中第一个填充图案 SOLID 通常被用于将整个区域填实。角度和比例则分别调整填充图案的旋转角度和缩放比例。双向选项使图案成垂直双向填充；相对图纸空间则使图案比例相对于图纸空间单位。图案填充的原点可以使用图形坐标原点，也可以单独指定。

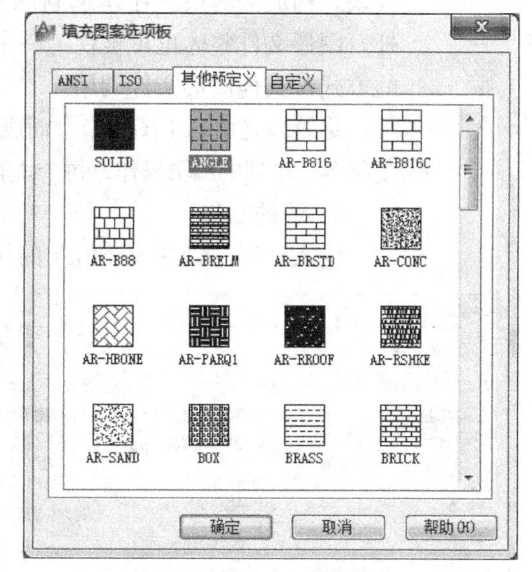

图 1-42　填充图案选项板

选择填充区域有两种方式：拾取点和选择对象。点击拾取点前的按钮，将自动切换到图形窗口，在希望填充的区域内任意点取一点，软件会自动确定包围该点的填充边界，并以高亮显示。若软件无法在当前点取情况下找到封闭的填充区域，则会弹出边界定义错误对话框，否则会继续等待拾取封闭区域，直到按空格键结束区域选择返回图案填充对话框。

选择对象方式则是直接点取封闭的图形来完成填充区域的设定。所谓封闭的图形包括圆、多边形和闭合的多段线等。

当选定了填充图案和填充区域后，对话框左下角的预览按钮被激活，此时可以点击该按钮查看填充的效果，并可通过按空格键或 Esc 键返回对话框。

填充操作在某些环状嵌套区域时，会有孤岛效应，因此需要设定孤岛显示样式。在对话框的高级选项栏内，设定了三种样式：普通、外部和忽略。普通样式表示从外部边界向内填充时，如果遇到内部孤岛，不填充，再遇到孤岛中的另一个孤岛，再次填充。外部样式表示从外部边界向内填充时，只填充鼠标指定的区域，不填充内部孤岛。忽略样式表示从外部边界向内填充时，忽略所有内部对象，全部填充。

此外，在高级选项栏内还有两个值得注意的选项：保留边界意味着在填充的同时创建包裹填充图案的对象，对象类型通常采用多段线；允许的间隙意味着当填充区域并没有完全封闭时，其可以被忽略的最大间隙，该设定有效降低了对填充区域的精度要求。

1.2.4 组合型图形要素

与复合型图形要素相比，组合型图形要素更为复杂，它是由若干基本图形要素组合而成的图形单元，其内部不但可以有基本图形、复合图形、区域图形，还可以包括组合型图形，形成嵌套图形。在 AutoCAD 中，块(Block)是最重要的一种复合型图形要素，往往在图形中被多次重复使用。若干个小块还可以组成一个大块，构成嵌套块。在建筑制图中，门、窗、家具等通常都会用块来表达。此外，图形文件整体也可被视为一个组合型图形要素，通过插入块文件或外部参照的方式被其他图形文件调用。

尽管块是由若干图形组合而成，块本身被视作一个单独的对象，可以进行移动、复制等一系列的编辑操作。每个块有一个插入点，以该点为基础进行调用和插入。

1) 块的定义

输入“B”(块定义 Block 的快捷键)，可以打开块定义对话框(图 1-43)。

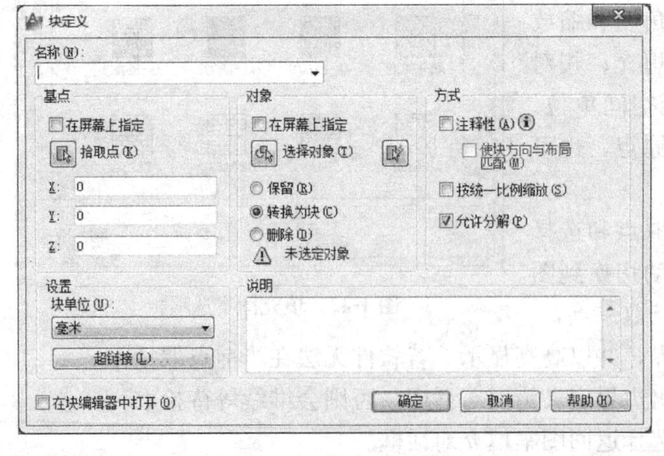

图 1-43 块定义对话框

对话框中比较常用的选项包括：

名称输入框用于指定块的名称。在一个图形文件中块的名称都是唯一的，一个块名不能有两个不同的定义块。如果在名称输入框中下拉选择已有的块，则在输入框右侧将显示该块的预览。

基点用于指定块的插入点，默认值是(0，0，0)。通常利用拾取点按钮返回图形界面以在当前图形中拾取插入基点。

对象用于指定新块中需要包含的对象，以及创建块之后如何处理这些对象，是保留还是删除选定的对象或者是将它们转换成块实例。通常利用选择对象按钮返回图形界面以在当前图形中选择块对象。选择完对象后，按空格键可返回对话框。

2）块的插入

定义好的块除了直接用复制等编辑操作在图形中使用外，可以通过插入命令被调用。输入“I”（插入块 Insert 的快捷键），可以打开插入块对话框(图 1-44)。

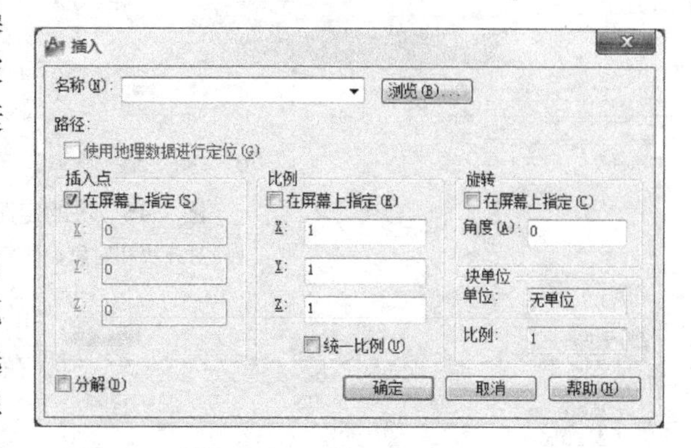

图 1-44 插入块对话框

对话框中比较常用的选项包括：

名称下拉框用于选择要插入块的名称，选定之后会在右侧显示该块的预览图。下拉框右侧的浏览按钮可以打开“选择图形文件”对话框，选择要插入的图形文件。这也意味着可以直接将一个图形文件作为块整体插入另一个图形文件。

插入点用于指定块的插入点。通常采用在屏幕上指定的方式，可以在点击确定后直接在图形窗口中选择插入点。另外也可以手动输入 X、Y 和 Z 坐标值来指定块的插入点。

比例用于指定插入块的缩放比例。一般直接采用与原定义块等比例的话，直接按默认设置设定 X、Y 和 Z 缩放比例因子都为 1。也可给 X、Y 和 Z 设定不同的缩放比例因子以达到特殊的要求。如果缩放比例因子为负值，则插入块的镜像图像。

旋转用于指定插入块的旋转角度，可以直接在屏幕上指定，也可以手动输入旋转角度。

分解选项表示插入该块的同时将其分解，该选项要求只能使用统一比例对块进行缩放。

除了使用插入命令插入块外，之前插入点时用到的定数等分和定距等分命令也可以插入块，这在某些情况，如沿人行道插入行道树时特别有效。此时，块位置由其插入点所决定。

创建一个名为“test”的长方形块，指定其中心点为插入点。另外绘制一条任意多段线。使用定数等分或定距等分命令，选择该多段线为等分对象，然后在输入等分数目或长度时，输入“B”表示切换到块插入，然后输入需要插入块的名称“test”，根据需要设定是否对齐块和对象，之后再根据提示输入等分数目或长度，即可完成块的插入(图 1-45)。其中对齐块和对象意味着块将围绕其插入点旋转，这样其水平线就会与等分的对象对齐并相切绘制(图 1-45*a*)；不对齐块和对象则意味着块保持原方向不变(图 1-45*b*)。

3）块文件的定义

之前提到插入块时可以将整个图形文件当作块被插入，相应的，也可以通过类似定义块的方式将图中的一部分图形导出成新的文件。

输入“W”（写块 Wblock 的快捷键），打开写块对话框(图 1-46)，其中对象

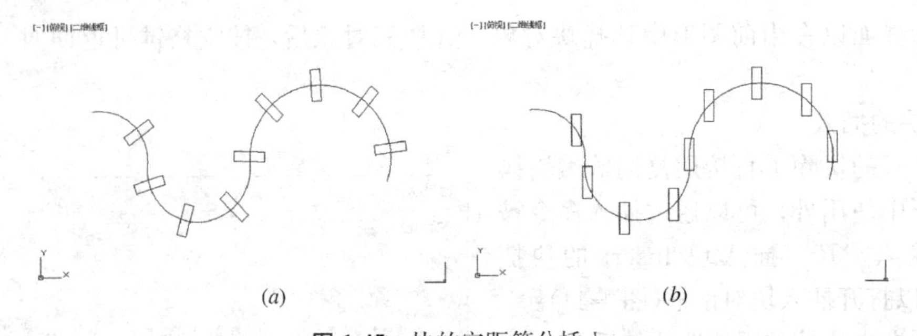

图 1-45 块的定距等分插入

(a)对齐块和对象；(b)不对齐块和对象

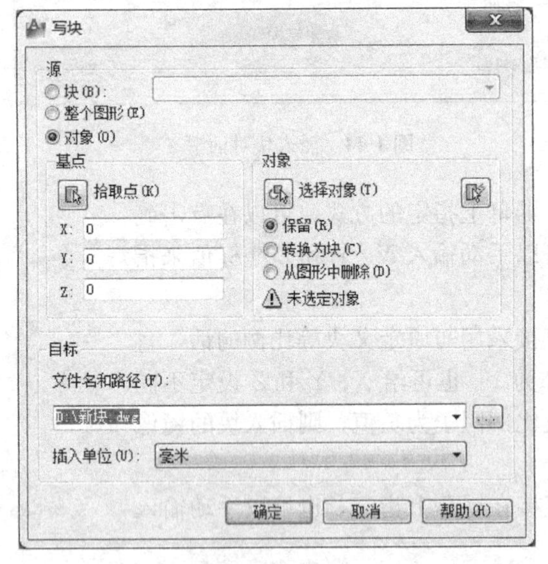

图 1-46 写块对话框

的选择和基点设置与定义块完全相同，只是在目标区设定导出块文件的文件名和路径。

4) 外部参照

外部参照(External Reference，Xref)是 AutoCAD 提供的另一种图形调用方法，可以将整个图形文件作为参照图形附着到当前图形中。通过外部参照，参照图形中所作的更改将反映在当前图形中。附着的外部参照链接至另一图形，并不真正插入。因此，使用外部参照可以生成图形而不会显著增加图形文件的大小。

与其他图形调用方式相比，外部参照的优势在于：通过在图形中参照其他用户的图形协调用户之间的工作，从而与其他设计师所做的更改保持同步；也可以使用组成图形装配一个主图形，主图形将随工程的开发而被更改；确保显示参照图形的最新版本，打开图形时，将自动重载每个参照图形，从而反映参照图形文件的最新状态。

插入外部参照图形可以选择菜单插入＞DWG 参照，在选择参照文件对话框中选择相应的文件即可。之后通过菜单插入＞外部参照可以打开外部参照选项板，用以组织、显示和管理附着到当前图形的所有外部参照文件。

1.2.5 标注型图形要素

标注型图形要素也是 AutoCAD 中比较特殊的图形要素，包括文字和尺寸标注两种。

1) 文字

文字是 AutoCAD 中一种特殊的图形要素，输入文字前要设定相应的文字样式，文字的输入还有单行文字和多行文字的区分。

(1) 文字样式

输入“ST”(文字样式 Style 的快捷键)或选择菜单格式＞文字样式，打开文字样式对话框(图 1-47)，对文字样式进行设定。

在样式框中列出了图形中已经设定的文字样式，其中“Standard”为默认样式。点击右侧新建按钮可以重新创建新的文字样式。

在字体名下拉框中列出了操作系统中所有的TrueType字体和所有编译的形（SHX）字体的字体族名，从列表中可以选择相应的字体名称。如果选择了SHX字体，则下方的“使用大字体”选项被激活。大字体通常用于中文等亚洲语言字体。

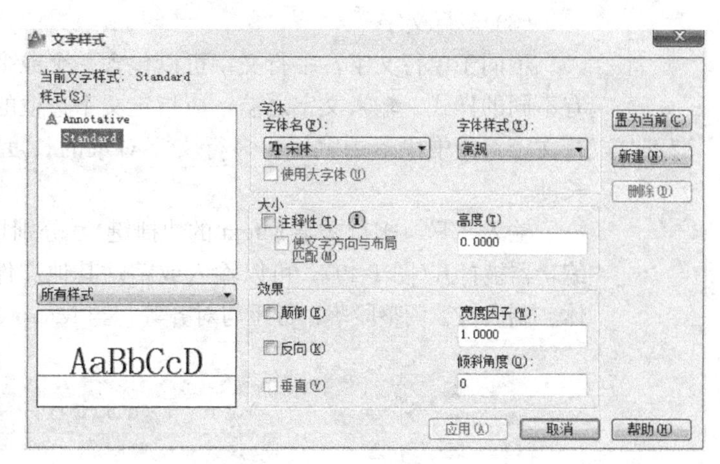

图1-47　文字样式对话框

字体样式指定字体的格式，如斜体、粗体或者常规字体。选定“使用大字体”后，该选项变为“大字体”，用于选择大字体文件。

高度、宽度因子和倾斜角度分别用于设定该文字样式的默认高度、字符间距和倾斜角。颠倒、反向和垂直则分别用于设定文字是否颠倒显示、反向或垂直对齐。

设置的不同样式都可以在左下角的预览框内看到文字效果。在左侧样式框中选择样式，并点击右侧置为当前按钮，可以将该样式设定为当前所使用的样式。

注意：使用大字体能有效提高AutoCAD的运行效率，尤其在图形中有较多文字时，建议使用大字体。

（2）单行文字

单行文字只能包含一行文字，如果有多行文字，每行都是一个单独的单行文字对象。

输入“DT”（单行文字Text的快捷键），依次指定文字的起始点、高度和旋转角度后，在图形窗口可以直接输入文字（图1-48）。中英文均可，前提是当前文字样式支持中文字库。

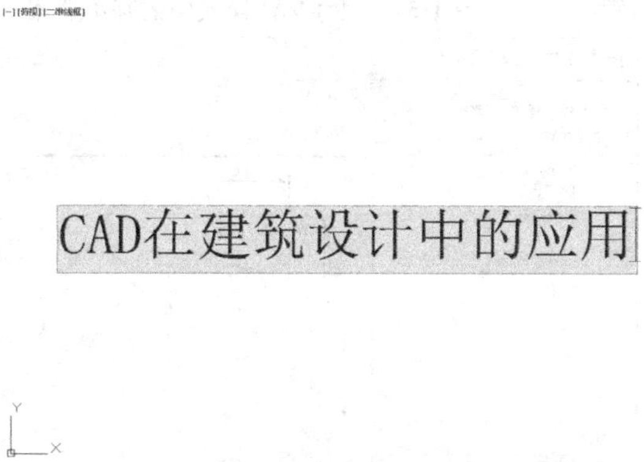

在指定文字起点之前，还有对正和样式两个子选项。

对正用于控制文字的对齐方式，也就是文字插入点在文字行中的位置，包括左、中心、右上等等。样式则用于指定文字样式，输入之前在文字样式中创建样式名称即可。

图1-48　单行文字

或者也可以在输入单行文字命令之前，在文字样式对话框中将需要的文字样式置为当前。

(3) 多行文字

不同于单行文字，多行文字可以包含一个或多个段落，并且每个文字都可以有不同的样式。输入文字之前，应指定文字边框的对角点。文字边框用于定义多行文字对象中段落的宽度。多行文字对象的长度取决于文字量，而不是边框的长度。

输入“T”(多行文字 Mtext 的快捷键)，分别指定文字框的对角点，在位文字编辑器被打开(图 1-49)，可以输入或粘贴其他文件中的文字，还可以设置文字字体、制表符、调整段落、行距与对齐等，与 Microsoft Word 类文字处理软件类似。

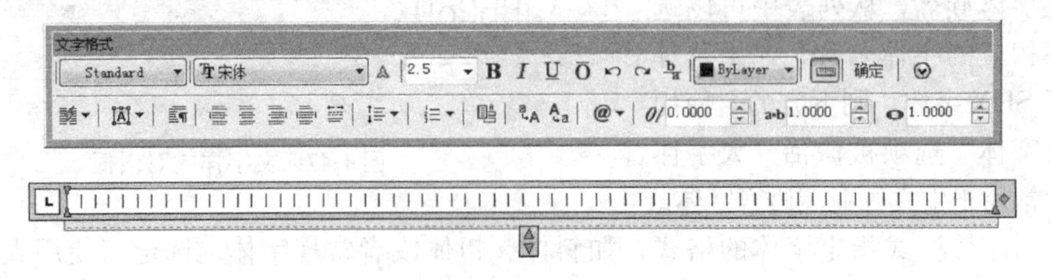

图 1-49　多行文字编辑器

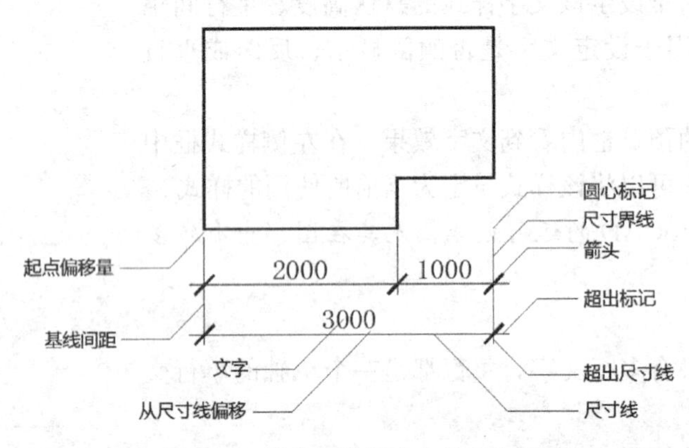

图 1-50　尺寸标注样式中的基本要素

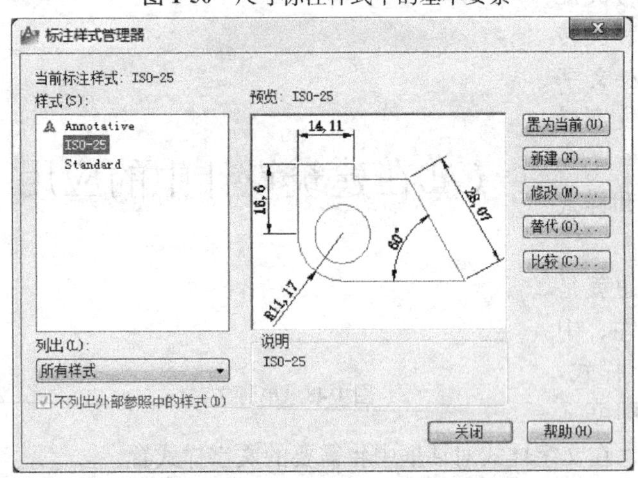

图 1-51　标注样式管理器

2) 尺寸标注

尺寸标注是对绘制的建筑图形进行尺寸注释，用来度量和显示对象的长度或角度。与文字标注一样，尺寸标注也有尺寸标注样式。

(1) 尺寸标注样式

尺寸标注样式是各种标注要素的组合，包括尺寸线、尺寸界线、箭头形状、文字等，这些要素的具体含义如图 1-50所示。

(2) 尺寸标注样式设置

尺寸标注样式内各要素的参数变化决定了标注样式的差异，其具体设置是通过标注样式管理器完成。通过菜单格式>标注样式，或样式工具栏中的样式工具可以打开标注样式管理器(图 1-51)。

标注样式管理器中，样式栏列出了当前文件中所有的标注样式，选择样式及其具体形式在预览窗口中显示。右侧一列为针对所选择样式的功能按钮。其中新建和修改将打开相应的标注样式设置对话框(图 1-52)。

标注样式设置对话框包含7个选项卡对标注样式的各要素进行设置。其中线选项卡是对尺寸线和尺寸界线的格式和特性的设置，符号和箭头选项卡是对箭头和中心标记的格式和特性的设置，文字选项卡是对标注文字的格式、位置和对齐方式的设置，这些选项卡中一些名称的具体含义可以参考图1-50。

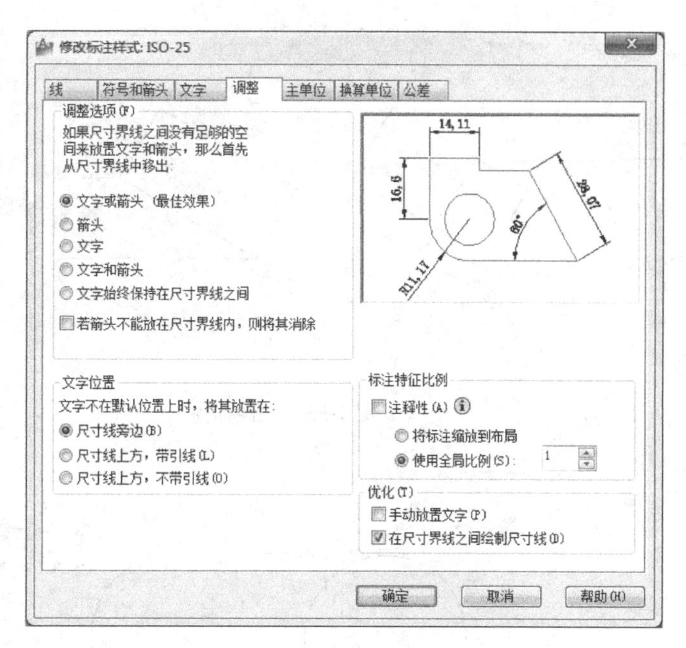

图1-52 标注样式设置对话框

图1-52中所示的调整选项卡中，最重要的设置是标注特征比例中的使用全局比例，通过设定相应的数值，可以在不改变其他选项卡中数值的情况下，对不同比例的建筑图实现尺寸标注的最佳显示效果。一般而言，以毫米为单位作图时，按什么比例出图，就设置什么样的全局比例。如以1∶100的比例出图，则此处全局比例设为100。

主单位选项卡中主要设置标注单位的格式和精度，并设置标注文字的前缀或后缀。其中要注意其默认精度为小数点后两位，这与建筑制图通常的整数表达有差异，需要调整精度为0。其他选项卡中的设置一般不用调整。

(3) 尺寸标注

AutoCAD提供了多种尺寸标注方式，其中常用的包括线性、对齐、半径、角度、连续等。各种尺寸标注操作主要通过菜单标注进行选择。

• 线性标注(Dimlinear)：用于标注对象的水平或垂直尺寸，这是在建筑制图中用得最多的一种尺寸标注方式。分别指定尺寸界线的两个原点，然后拉出指定尺寸线的位置即可(图1-53)。在指定第一个尺寸界线原点时直接按回车键，表示进入选择对象模式，可以通过选择标注对象来自动确定尺寸界线的两个原点。如果选择直线或圆弧，将使用其端点作为尺寸界线的原点。对多段线和其他可分解对象，仅标注独立的直线段和圆弧段。

• 对齐标注(Dimaligned)：用于创建与标注对象对齐的线性标注。对齐标注与线性标注的区别在于对齐标注的尺寸线与指定的两个尺寸界线原点的连线相平行，而不限定于水平或垂直方向(图1-54)。对齐标注中也可以应用选择对象模式。

• 半径标注(Dimradius)：用于标注选定的圆或圆弧的半径，并在标注文字前自动添加半径符号“R”(图1-55)。

• 角度标注(Dimangular)：用于标注圆弧或两条直线之间的角度，可以直接选择圆弧，或两条直线，或一个顶点两个端点这三种方式来指定角度标注的对象(图1-56)。

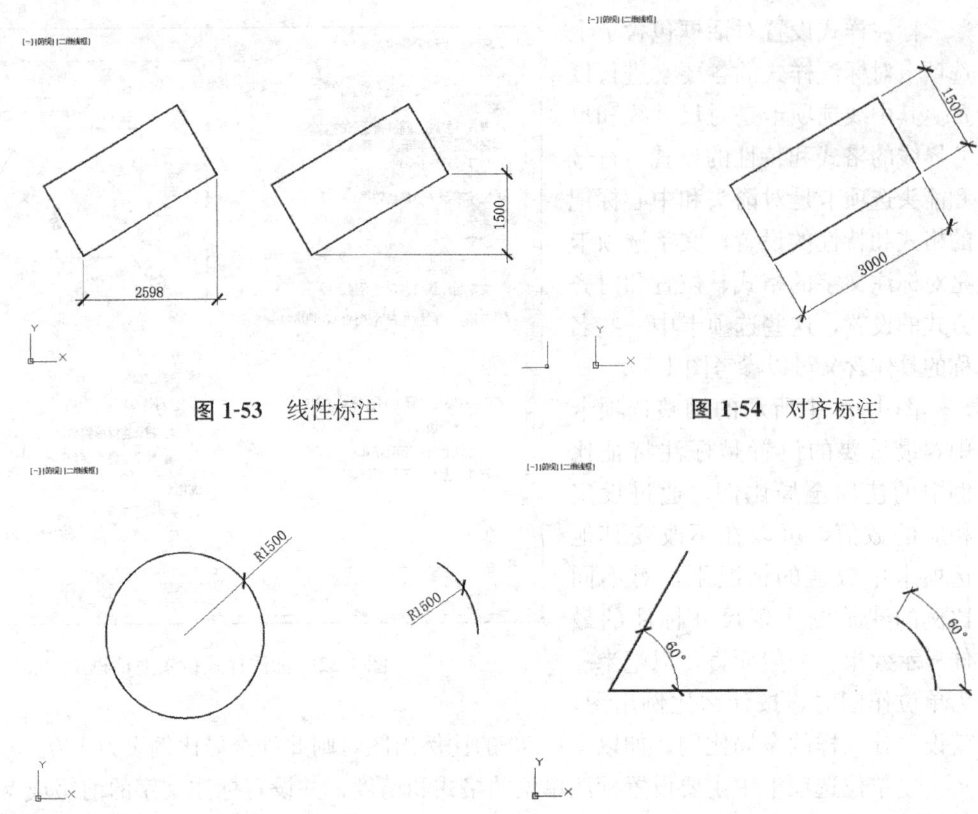

图 1-53　线性标注　　图 1-54　对齐标注

图 1-55　半径标注　　图 1-56　角度标注

• 基线标注(Dimbaseline)：这是一种连续的尺寸标注操作方式，它以基线标注命令之前的一次标注的第一尺寸界线为基准，通过指定新的第二尺寸界线原点完成标注(图 1-57)。也可以在命令初始按回车键进入选择模式，选择图形中某个现有标注作为基线标注的基准。

• 连续标注(Dimcontinue)：与基线标注类似，也是一种连续的尺寸标注操作方式，区别在于连续标注是以前一次标注的第二尺寸界线为基准，通过指定新的第二尺寸界线原点完成标注(图 1-58)。也可以通过选择模式选择图形中某个现有标注作为连续标注的基准。

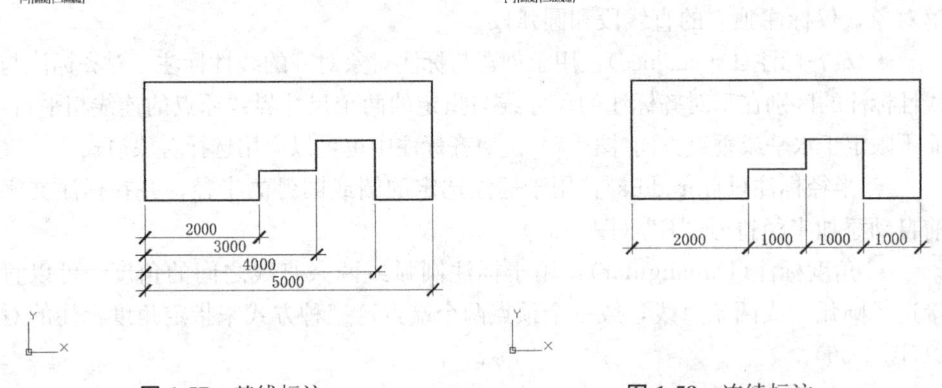

图 1-57　基线标注　　图 1-58　连续标注

1.3　AutoCAD图形编辑

除了基本图形要素的绘制外，对这些图形的编辑也是完成制图的重要步骤。AutoCAD提供了一系列功能强大的图形编辑工具，配合之前的选择操作，可以帮助我们快速高效地完成图形的绘制。

注意：对图形的编辑，通常是采用先输入命令，后选择对象的方式。AutoCAD还提供了另一种编辑方式，可以先选择需要编辑的对象，然后输入编辑命令，完成编辑操作。这两种方式在具体操作时都可应用。此外，大部分编辑操作中都包含放弃这一子选项，即可以通过输入“U”撤销编辑中的某一步操作。

1.3.1　对象的删除与恢复

1）删除

对于绘制错误的图形或不再需要的图形，都可以通过删除操作将其从当前图形中去除。输入“E”（删除Erase的快捷键），选择需要删除的对象即可。删除操作的对象可以是单个图形，也可以是多个图形。

2）放弃

在制图过程中，我们难免会有一些误操作，比如删除了有用的图形。此时我们可以通过放弃命令来撤销之前的编辑操作。输入“U”（放弃Undo的快捷键），即可撤销之前的一次操作。多次执行放弃命令，可以实现多次的撤销操作。

3）重做

重做命令是对放弃命令所撤销的操作的恢复，该命令必须紧跟随在放弃操作之后才能生效，而且只能恢复最后一次的放弃操作。重做的命令为“REDO”。

1.3.2　对象的变换

1）移动

移动是在指定方向上按指定距离移动对象。输入“M”（移动Move的快捷键），选择要移动的对象，在绘图窗口指定移动基点，然后指定第二点作为目标点。

在移动操作中，可以利用第一节介绍过的对象捕捉方式，捕捉现有图形中的特征点进行精确的移动；还可以利用第一节介绍过的相对坐标定位法，在指定第二点时输入相对坐标，完成精确的移动操作。

2）旋转

旋转是使选中的对象绕指定基点旋转一个指定的角度。输入“RO”（旋转Rotate的快捷键），选择要旋转的对象，在绘图窗口指定旋转基点，然后在绘图窗口指定旋转位置或在命令行输入旋转角度。

旋转操作也可以利用对象捕捉来基于现有图形完成精确的角度旋转，此时需要在指定旋转基点后，输入“R”进入参照角选项，并依次指定参照角线条的起点、终点和新角度，新角度和参照角之间的差值即为旋转的角度(图1-59)。要注意的是，在指定参照角的起点时，最好与之前指定的旋转基点是同一个点，这样有利于对旋转角度的控制。

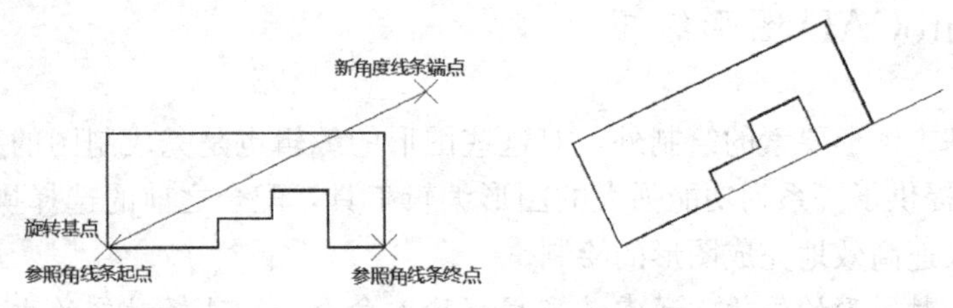

图1-59 利用参照角进行旋转

3）缩放

缩放是使选中的对象以指定基点为中心，按指定倍数放大或缩小，并且缩放后的对象比例保持不变。输入“SC”（缩放Scale的快捷键），选择要缩放的对象，在绘图窗口指定缩放基点，然后在绘图窗口指定缩放大小或在命令行输入缩放倍数。

与旋转操作类似，缩放也可以通过参照长度来指定缩放比例。

4）对齐

对齐是综合了移动、旋转和缩放的变换操作，通过指定一对、两对或三对源点和目标点，使得选择对象和目标对象能保持局部的对齐。在二维制图中，一般只需要指定两对源点和目标点。

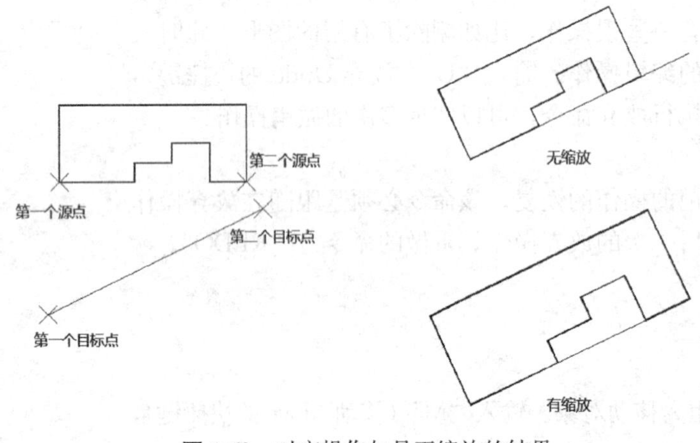

图1-60 对齐操作与是否缩放的结果

输入“AL”（对齐Align的快捷键），选择要对齐的对象，然后分别指定源点和目标点，指定两对点之后，按空格键，系统会给出缩放对象的提示：是否基于对齐点缩放对象？输入“Y”，则将源对象移动、旋转并缩放使两对源点和目标点重合。如果输入“N”，则仅第一对源点和目标点重合，而第二对源点和目标点在方向上对齐(图1-60)。

对齐命令同时兼具移动、旋转和缩放的功能，因此，在某些特定的对齐操作时特别有用。

1.3.3 对象的复制

1）复制

复制是在指定方向上按指定距离复制对象。输入“CO”（复制Copy的快捷键），选择对象，在绘图窗口指定基点，然后指定第二点作为目标点。指定完基点后，可以持续点击不同的目标点完成多次复制操作，直到按空格键或“Esc”键结束命令。

与移动操作相同，复制也可以通过对象捕捉或相对坐标输入实现精确的复制操作。

复制命令还隐含了一个简单线性阵列操作。在指定复制基点后，输入“A”进入阵列选项，输入要进行阵列的项目数，然后通过指定第二个点来确定阵列的方向和距离，完成阵列操作。

2）阵列

阵列用于创建阵列排列的对象，与复制中的阵列选项不同，完整的阵列命令包括矩形阵列、路径阵列和极轴阵列三种，并以子选项的方式在阵列命令中出现。

输入“AR”（阵列Array的快捷键），选择对象，输入阵列类型，矩形为R，路径为PA，极轴为PO。

当采用矩形阵列时：再按一次空格键选择计数方式，然后分别输入阵列的行数和列数，再按一次空格键选择指定间距的方式，然后分别输入阵列的行距和列距，完成阵列操作(图1-61)。

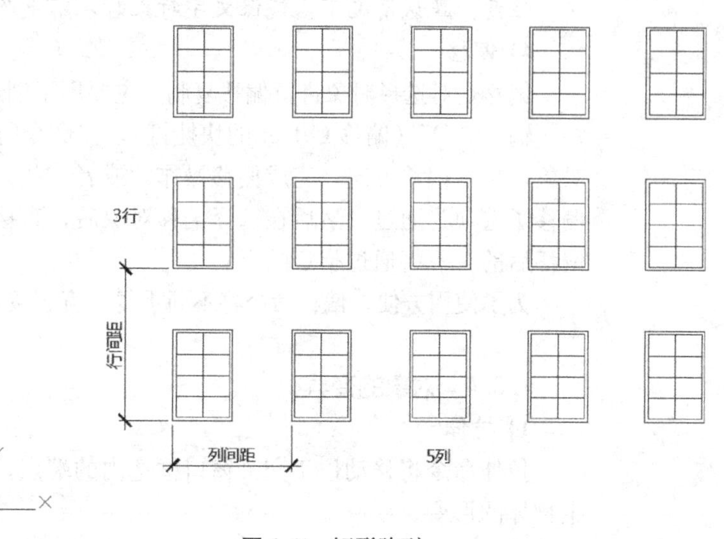

图1-61 矩形阵列

当采用路径阵列时：首先保证图中已有一条路径，选择该路径，输入沿路径的阵列项数，指定沿路径项目之间的距离或选择默认的沿路径平均定数等分选项，完成阵列操作(图1-62)。

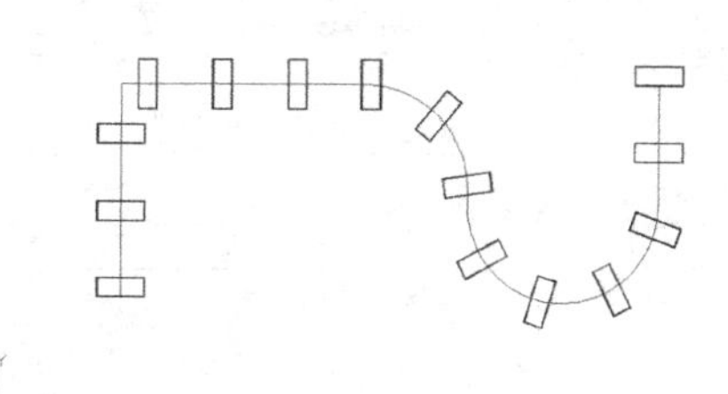

图1-62 路径阵列

当采用极轴阵列时：在绘图窗口指定阵列中心点，输入阵列的数量，指定阵列填充的角度，完成阵列操作(图1-63)。

阵列操作还要注意两点：一是默认设置下，阵列结果相互具有关联性，可以通过点击阵列结果，拉动其蓝色关键夹点再次改变阵列状态，可以通过分解命令取消其关联性；另一个是对于路径阵列和极轴阵列，其阵列对象默认状态下是随着路径的转折或极轴角度的转动而转动，保持其与路径或极轴中心点之间的相对方向不变，即所谓的对齐项目设置，要取消对齐，则需要在阵列操作的最后一步输入“A”对齐项目选项，然后输入

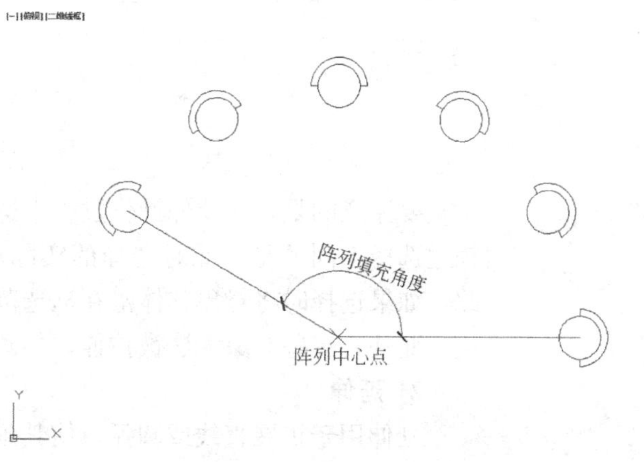

图1-63 极轴阵列

"N" 设置为不对齐。

3）镜像

镜像是按指定的对称轴将选择的对象进行复制。

输入"MI"（镜像 Mirror 的快捷键），选择对象，分别指定镜像线的第一点和第二点，选择是否要删除源对象，默认为否，即镜像复制，如果选择是，则删除原选择对象。

注意：默认情况下，镜像文字对象时，不更改文字的方向。

4）偏移

偏移是对选择对象进行偏移复制，主要用于创建同心圆、平行线和平行曲线。

输入"O"（偏移 Offset 的快捷键），在命令行指定偏移距离，选择要偏移的对象，指定偏移方向，完成偏移操作。或者在指定偏移距离时，输入"T"设置偏移子选项为通过，然后在选择偏移对象后，直接在绘图窗口点击鼠标左键，则偏移后的对象将通过指定的点。

为了使用方便，偏移命令将不断重复，直到按空格键或"ESC"键结束命令。

1.3.4 对象的变异

1）拉伸

拉伸命令将移动位于交叉窗口框选内的端点，而其他端点保持不变，从而产生物体的形变。

输入"S"（拉伸 Stretch 的快捷键），通过从右到左的选择方式形成交叉窗口选择需要移动的端点，指定基点，指定第二点(图 1-64)。

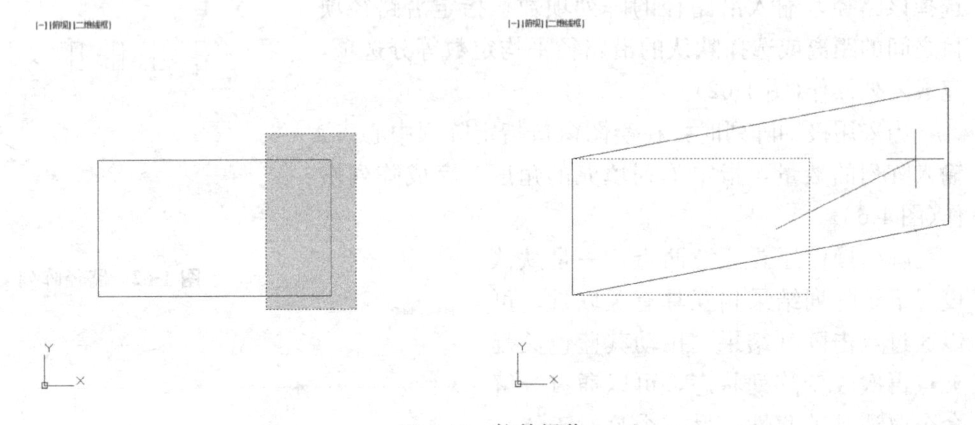

图 1-64　拉伸操作

要注意的是，在拉伸操作过程中选择对象时，必须是交叉窗口选择，而且与普通选择不同的是，此时选择的实际对象是线条的端点，而不是线条本身。因此，如果选择时将对象整体落在框选范围内，其结果等同于移动，而不是拉伸。

此外，有些对象无法被拉伸，如圆、椭圆和块。

2）延伸

延伸用于扩展直线或圆弧，使其延伸至指定的边界。

输入“EX”（延伸 Extend 的快捷键），选择延伸边界，选择要延伸的对象（此时可以用框选方式一次选择多个要延伸的对象，并且不受鼠标方向的限制）（图 1-65）。对于圆弧，如果其半径不够大，不能与延伸边界形成交叉，则延伸命令对其无效。

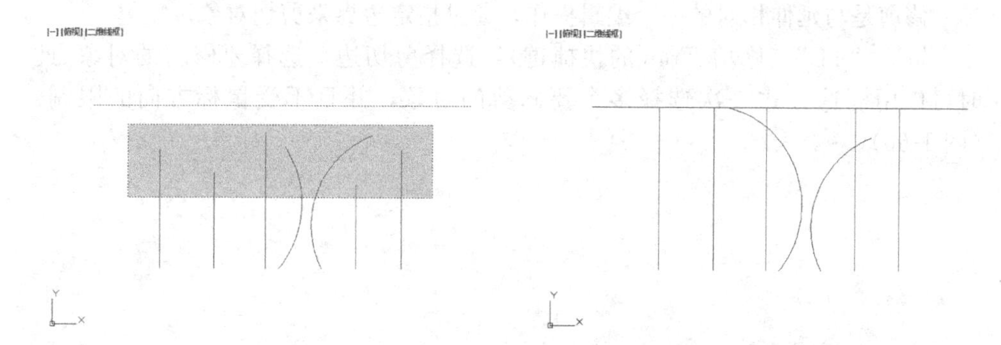

图 1-65 延伸操作

延伸操作还有一个隐含的子选项，在选择延伸对象之前可以输入“E”，选择隐含边延伸模式，再次输入“E”表示边界对象除了实体本身，其所在直线的无限延长线都可以作为边界，输入“N”则表示不考虑边界的延长，指定对象只能延伸到与其实际相交的边界。

此外，如果在选择延伸边界时不做任何选择，直接按空格键，则表示当前窗口内所有物体都作为延伸边界。

3）拉长

拉长用于更改直线的长度或圆弧的角度。拉长有四种方式，包括 DE 增量、P 百分数、T 全部和 DY 动态。其中增量表示以指定的增量值修改对象的长度或圆弧的角度，正值为增长，负值为缩短；百分数表示以指定对象总长度或总角度的百分比来改变其长度或角度；全部表示指定对象修改后的总长度或总角度；动态则通过拖动选定对象的端点来更改其长度或角度。

输入“LEN”（拉长 Lengthen 的快捷键），输入子选项选择拉长的方式，按其要求输入相应的数值，然后选择要拉长的对象。在拉长方式和具体数值输入后，可以持续点击不同的对象进行相同方式的拉长。

1.3.5 对象的断切

1）打断

打断用于在两点之间打断选定的对象。根据断点的不同指定方式，打断操作也有不同的结果。

输入“BR”（打断 Break 的快捷键），用鼠标选择要打断的对象，并且 AutoCAD 自动将选择该对象时点击位置作为打断的第一点，此后如果直接指定第二点，则两点之间的对象部分被删除。

然而由于选择对象时无法应用捕捉点的方式，导致第一点的位置无法精确定位，因此在选择对象后，可以输入“F”表示重新选择第一个打断点，然后再指定第二个打断点，从而可以更精确地选择打断部分。

如果在选择第二个打断点时直接输入“@”，则表示第二个打断点和第一个重合，也就是说将对象在第一个打断点处断开。

2）修剪

修剪是与延伸相对的一个编辑操作，通过指定边界来剪切对象。

输入“TR”（修剪 Trim 的快捷键），选择剪切边，选择要修剪的对象（此时可以用框选方式一次选择多个要修剪的对象，并且不受鼠标方向的限制）（图 1-66）。

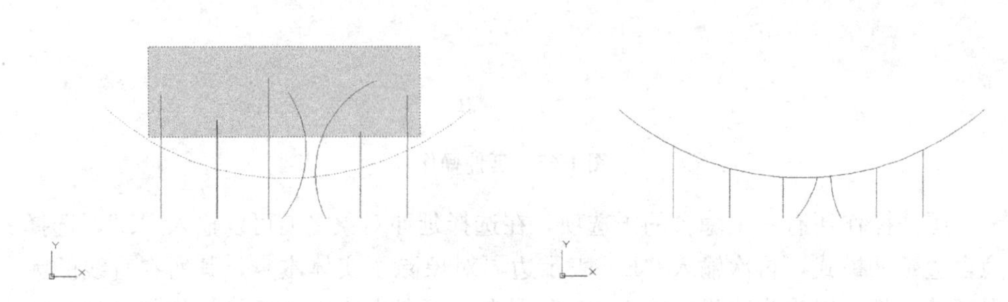

图 1-66 修剪操作

与延伸类似，修剪操作也有一个隐含的子选项，在选择修剪对象之前可以输入“E”，选择隐含边延伸模式，再次输入“E”表示边界对象除了实体本身，其所在直线的无限延长线都可以作为边界，输入“N”则表示不考虑边界的延长，只能修剪与边界实际相交的对象。

此外，如果在选择剪切边界时不做任何选择，直接按空格键，则表示当前窗口内所有物体都作为剪切边界。

3）分解

分解用于将复合对象分解为其组件对象，除基本图形要素外，几乎所有其他对象都可以被分解，如多段线、块和填充等。如果复合对象中包含嵌套的子复合对象，则需要多次使用分解命令，将其一层层地进行分解。

输入“X”（分解 Explode 的快捷键），选择要分解的对象即可。

1.3.6 对象的倒角

1）圆角

圆角是指在两线段相交的交点处用一段圆弧来平滑交角的处理方法(图 1-67)。

输入“F”（圆角 Fillet 的快捷键），输入“R”，设定圆角半径，分别选择圆角的两个对象。设定半径为 0，实际意味着将两个对象延伸并修剪至无出头线的相交状态。

上一次圆角操作中设定的半径将在下一次圆角操作中自动作为默认值。

设定半径后，输入 P 并选择多段线，则多段线中两条直线相交的每个顶点处插入圆弧；如果多段线中有圆弧段连接两条直线段，则圆角操作将删除该圆弧段并按设定的半径重新插入圆弧。

2）倒角

倒角操作与圆角类似，区别在于倒角是用一段直线来平缓两条线段的相交(图1-68)。

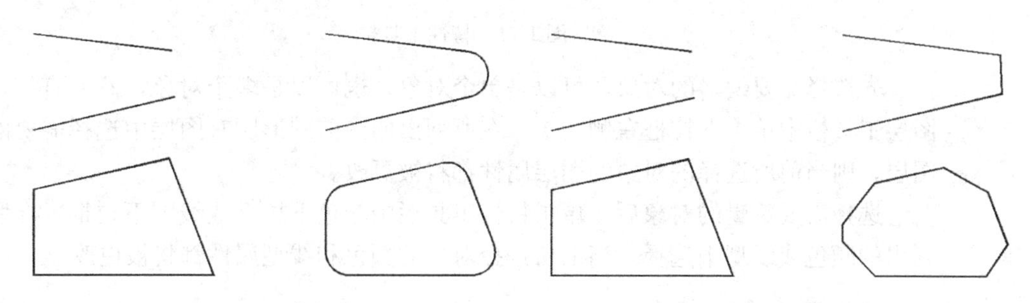

图1-67 圆角操作　　**图1-68** 倒角操作

输入“CHA”(倒角 Chamfer 的快捷键)，输入“D”，分别指定倒角至选定边端点的距离，分别选择倒角的两条直线段。

类似的，如果将两个倒角距离都设为0，则两条直线段将延伸并修剪至无出头线的相交状态。上一次倒角操作中设定的距离将在下一次倒角操作中自动作为默认值。还可以对整个多段线进行倒角。

1.3.7 对象的特性修改

1）特性

AutoCAD中的对象都有相应的特性，包括图层、颜色、线型等。这些特性都可以在特性面板中修改。

输入“PR”(特性 Properties 的快捷键)或“Ctrl”+“1”，打开特性面板，选择任意对象，特性面板中显示其特性并可接受更改(图1-69)。如果选择多个对象，特性面板中将只显示他们内容相同的共有特性。

2）特性匹配

特性匹配用于将选定对象的特性应用于其他对象，类似于Office软件中的格式刷。

输入“MA”(特性匹配 Matchprop 的快捷键)，选择源对象，然后再选择目标对象。

3）图层、颜色及线型修改

除了利用特性面板修改对象的特性外，对于图层、颜色和线型这些重要特性的修改还可以利用图层工具栏和特性工具栏。

在工具栏的空白处单击鼠标右键，在关联菜单中选择AutoCAD，然后分别选择图层和特性，打开图层工具栏(图1-70)和特性工具栏(图1-71)。

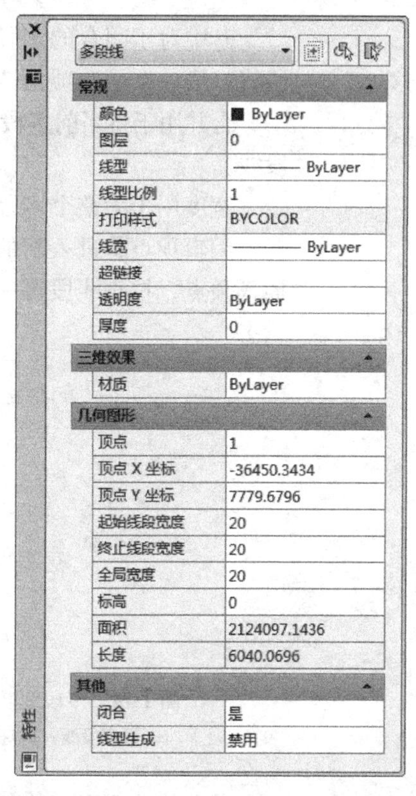

图1-69 特性面板

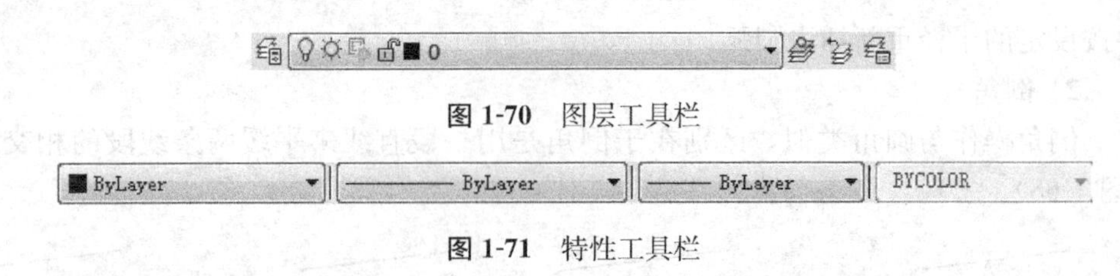

图 1-70　图层工具栏

图 1-71　特性工具栏

先选择需要编辑的对象，可以是单个对象，也可以是多个对象，然后直接在图层工具栏中单击下拉框右侧箭头，在所列出的当前图形所有图层中选择需要的图层，则当前所选择的对象的图层属性都将被更改。

选择需要编辑的对象后，单击特性工具栏中颜色下拉框或线型下拉框，在所列出的颜色或线型中选择，当前所选择对象的颜色和线型属性都将被更改。

1.3.8　多段线编辑

多段线因其特殊性，在编辑时也有较多的子选项。

通常情况下多段线的编辑只针对单一对象。输入“PE”（多段线编辑 Pedit 的快捷键），选择多段线，此时如果选择的对象并不是多段线，则可以输入“Y”或直接按空格键将其转换为多段线。之后将出现多段线编辑的子选项(图 1-72)：

输入选项 [闭合(C)/合并(J)/宽度(W)/编辑顶点(E)/拟合(F)/样条曲线(S)/非曲线化(D)/线型生成(L)/反转(R)/放弃(U)]:

图 1-72　多段线编辑子选项

其中对于闭合的多段线来说，第一个子选项为“打开”，而对于非闭合的多段线，第一个子选项为“闭合”，该选项可以控制多段线的闭合或打开状态。

合并用于将当前多段线和其他首尾相连的直线、弧形或多段线连接成新的多段线。

宽度用于为整个多段线指定新的统一宽度。

编辑顶点将进入新的编辑选项，包括移动当前点标记的位置、打断多段线、插入顶点、拉直线段等一系列操作(图 1-73)。必须输入“X”才能退出顶点编辑状态。

[下一个(N)/上一个(P)/打断(B)/插入(I)/移动(M)/重生成(R)/拉直(S)/切向(T)/宽度(W)/退出(X)] <N>:

图 1-73　编辑顶点子选项

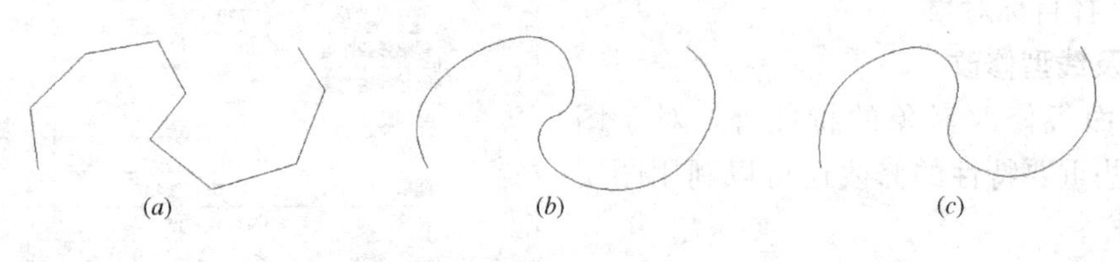

图 1-74　多段线转换为曲线的不同方式
(a)原多段线；(b)拟合曲线；(c)样条曲线

拟合和样条曲线是两种不同的将直线转换为曲线的方式，依据其内部算法的不同，得到的曲线形态也有较大差异(图 1-74)。

非曲线化则可以恢复拟合或样条曲线操作前的多段线状态。

线型生成用于生成经过多段线顶点的连续图案线型，当此选项关闭时，将在每个顶点处重新开始和结束生成线型(图 1-75)。

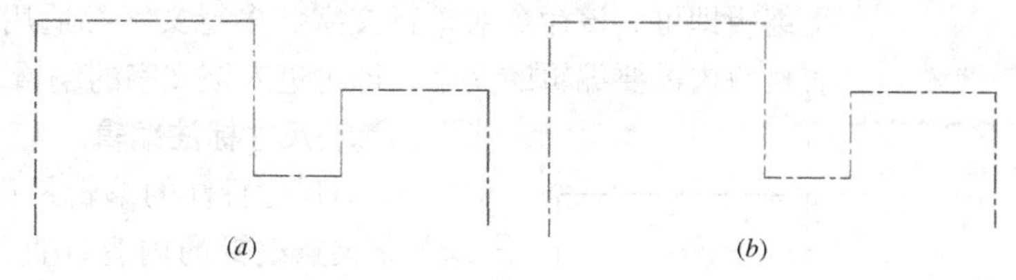

图 1-75 多段线线型生成的不同方式
(a)线型生成关闭；(b)线型生成打开

多段线编辑还可以针对多个对象进行，在选择多段线之前先输入“M”，则可以选择多个对象，此后的编辑操作与单个对象相同。

1.3.9 块编辑

块在定义完之后可以重复插入，而通过对块定义的编辑可以一次性改变所有该块的插入对象，这也是块的重要特征和优势。

输入“BE”(块编辑器 Bedit 的快捷键)，打开编辑块定义对话框(图 1-76)，选择要编辑的块，点击确定可以打开块编辑器。也可以通过直接双击需要编辑的块，然后在打开的编辑块定义对话框中单击确定来打开块编辑器。

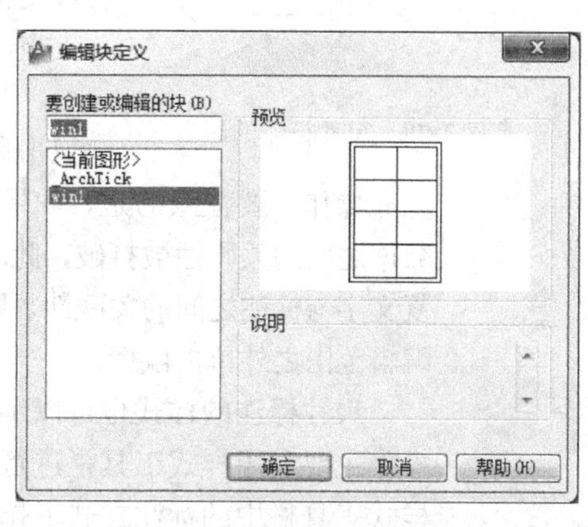

图 1-76 编辑块定义对话框

块编辑器实际上相当于一个新的 AutoCAD 绘图窗口，在该窗口中，可以添加图形对象，也可以对其进行编辑(图 1-77)。编辑完成后，点击工具栏上的关闭块编辑器按钮，选择保存更改，则场景中所有该块定义的插入块都将更新为新定义的图形。

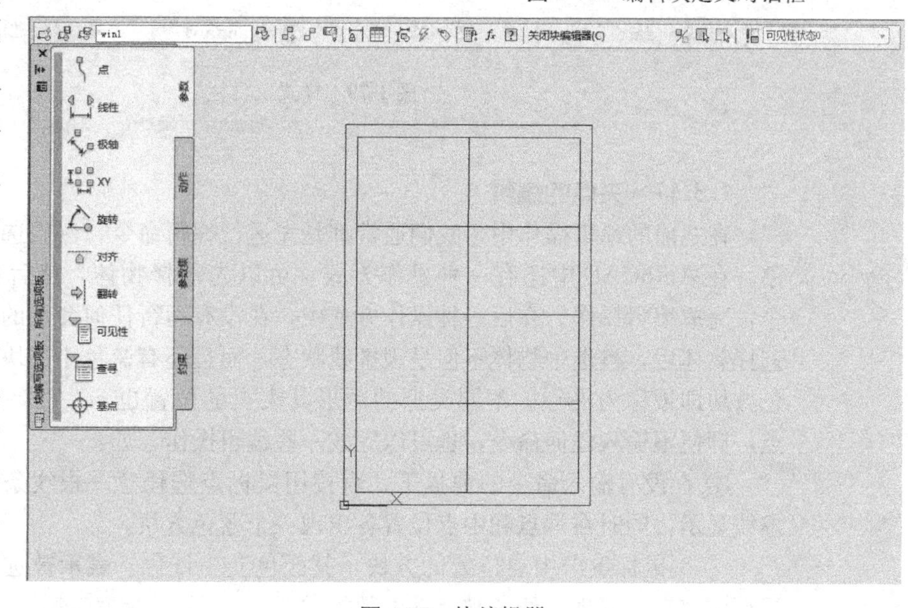

图 1-77 块编辑器

1.3.10 标注编辑

AutoCAD 针对文字和尺寸标注有着不同的编辑方式。

1) 文字编辑

文字编辑主要指的是对文字内容的编辑。输入“ED”(文字编辑 Ddedit 的快捷键)，选择需要编辑的文字即可进入编辑状态，直接在图形窗口中显示的文本上编辑即可。该命令对单行文字和多行文字都适用。另外还有更简单的方法是，直接双击需要编辑的文字，即可进入该文字的编辑。

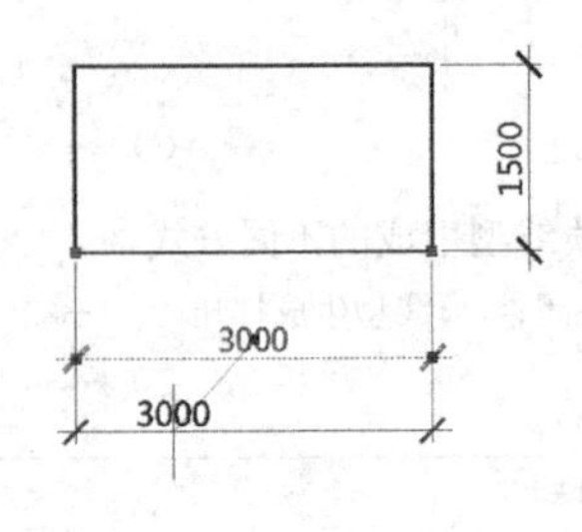

图 1-78　尺寸标注的编辑

2）尺寸标注编辑

对尺寸标注的编辑最简便的方法需要应用下一小节关于夹点编辑的内容。直接单击需要编辑的尺寸标注，分别在两个圆心标记、两个箭头中心和一个文字中心出现 5 个蓝色夹点，单击任一夹点，然后移动鼠标，即可改变标注线或文字的位置(图 1-78)。其中移动圆心标记夹点时，标注文字会根据标注范围的改变而自动更新。

如果要手工编辑标注文字的内容，则直接在文字上双击鼠标即可，编辑完文字，在编辑范围之外单击鼠标完成操作。要注意的是，如果采用这样的方式改变标注文字，则其与标注的真实数据之间的关联性被打破，此时再拉伸标注的圆心标记，标注文字不会改变。要恢复文字与标注之间的关联性，则需要再次双击该文字，然后直接将文字删除，再在编辑范围之外单击鼠标。

尺寸标注的样式也可以编辑，通常是在预先设定的标注样式中进行选择。该操作主要利用样式工具栏进行(图 1-79)。选择需要编辑的尺寸标注，然后直接在样式工具栏中的标注样式下拉框中选择需要的标注样式。

图 1-79　样式工具栏

1.3.11　夹点的编辑

在之前的编辑操作中，我们通常都是先运行编辑命令，然后选择被编辑的对象。在 AutoCAD 中还有一种操作方式，可以先选择物体，然后再输入编辑命令，完成编辑操作。在后一种操作方式中，在没有运行任何命令的前提下，直接选择物体后，被选中物体不但呈现虚线状态，而且还有蓝色小方块出现，这些蓝色方块即被称为夹点。不同类型的图形其夹点的位置也不一样，而利用这些夹点，即便不输入任何命令，也可以完成一些编辑操作，如：

① 在没有输入命令的前提下，直接用鼠标点选任意一根线条，该线条变为虚线显示，同时在端点和中点位置各出现一个蓝色方块。

② 用鼠标点击中点位置的方块，其颜色变为红色，表示被选中，同时随着鼠标的移动，呈现出线条被移动的效果。

③ 在任意位置点击鼠标，线条被移动到新的位置，同时保持被选中状态，夹点也恢复为蓝色。

④ 用鼠标点击任一端点位置的方块，其颜色变为红色，移动鼠标，呈现出线条被拉伸的效果。

⑤ 在任意位置点击鼠标，线条被拉伸，并保持被选中状态。

⑥ 按“Esc”键退出选择状态。

1.3.12 查询

在制图过程中，我们经常需要查询一些数据，包括线段的长度、多边形的面积、或者多段线的宽度等。尽管这些操作并不对图形产生改变，但都是制图的重要辅助手段。常用的查询操作包括测量、面积、列表等。

1）测量

输入“DI”（测量 Dist 的快捷键），在绘图窗口中分别指定第一点和第二点，在命令行中将会显示这两点之间的距离、在 X、Y 和 Z 轴上的增量，以及两点连线的角度等信息。如果信息看不全，可以通过按“F2”键打开文本窗口。

如果在指定第二点之前输入“M”，则可以连续指定下一点，此时显示的数值是连续线段的距离总和。

2）面积

输入“AA”（面积 Area 的快捷键），在绘图窗口按一定顺序逐个点击需要查询面积图形的顶点，由这些顶点所围合的区域将以绿色填充显示，直到按空格键完成输入，命令行中将显示该区域的面积和周长。

如果在输入“AA”后直接输入“O”，则表示直接计算选定对象的面积和周长，而不需要逐个点击该对象的顶点。其支持的计算对象包括多段线、圆、椭圆等。其中多段线如果不闭合，将假设从其最后一点到第一点连线，然后计算所围区域中的面积，但计算周长时并不计算这段连线。当多段线有宽度时，计算面积和周长时将使用其中心线。

输入“AA”后直接输入“A”，再输入“O”，就可以连续选择对象，从而得到这些对象的面积总和，如果期间有错误的选择，也可以通过输入“S”将其从选择中去除。

3）列表

输入“LI”（列表 List 的快捷键），选择任意一个或多个图形，将自动打开文本窗口，并将所选择对象的基本属性全部显示出来。针对不同的对象类型，显示信息也有所不同。

1.3.13 清理

在制图过程中，随着操作的增多，文件中也会不断累积一些没用的数据，如没有使用过的线型、字体、图块、图层等。这些数据尽管没有在文件中使用，但还是被保存在文件中。这些数据的存在不但使得文件量无谓地增大，而且会影响系统的运行效率。因此，在制图时，我们会经常性地使用清理命令来清理这些没用的数据。

输入“PU”（清理 Purge 的快捷键），打开清理对话框(图 1-80)。如果当前文件中存在可以被清理的对

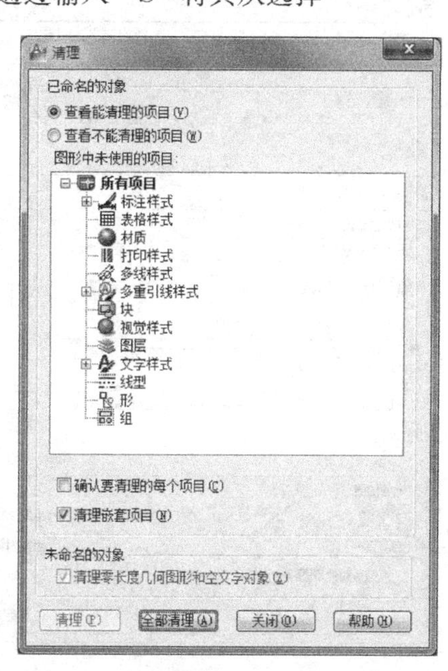

图 1-80 清理对话框

象，则其所属项目前会出现加号，点开可看到具体可以被清理的对象名称。勾选清理嵌套项目，不勾选确认要清理的每个项目，可以最快捷地完成清理操作。

1.4 AutoCAD制图实践

在本节中，我们将通过一个简单建筑平立剖面图的绘制，进一步加强AutoCAD中图形要素和图形编辑的综合运用训练。

1.4.1 平面绘制

平面图是建筑图中最基本的一种，用于表达建筑内部各空间和结构的形状、尺寸和相互关系。其他建筑图都可在平面图的基础上产生。建筑平面图除了基本的墙线、门窗、家具布置之外，还包括文字和尺寸标注、图名和比例、剖面的位置和编号等。

平面图的绘制步骤通常包括：

- 绘制轴线网；
- 绘制柱网和墙线；
- 绘制各种门窗构件；
- 绘制楼梯、电梯、踏步、阳台、雨棚等建筑构件；
- 绘制铺地、家具等投形线；
- 标注各种尺寸、标高、编号和文字说明。

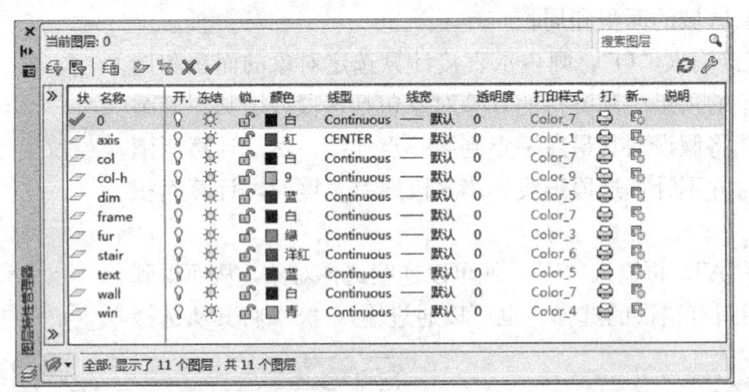

图1-81 图层设置

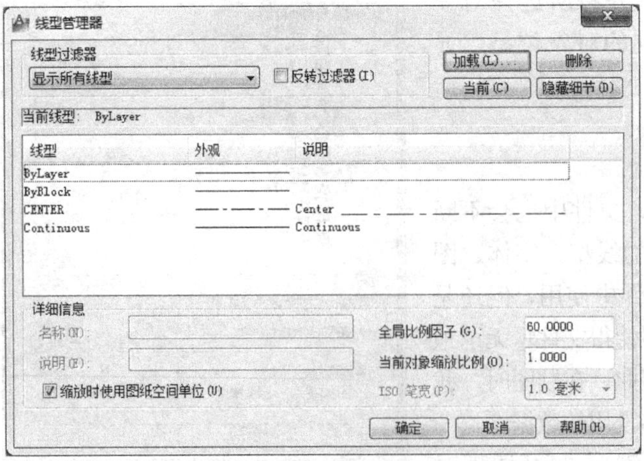

当然，在开始具体绘图之前，我们应该先按1.1节所述设定好操作环境，主要是图层的设置。按图1-81所示在图层特性管理器中添加图层并设置其颜色和线型，并在线型管理器中将全局比例因子设为60(图1-82)。注意，出于教材印刷的视觉效果考虑，案例截图都为白色背景，因而此处的图层颜色设置与通常的黑色背景制图时有所不同。

图1-82 线型比例设置

1）绘制轴线网

将当前图层切换到“axis”，绘制两条纵横交错的线条，横向线条约50000mm，纵向线条约22000mm，然后分别按一定的间距以偏移的方式获得如图 1-83 所示轴线网。注意，此处的尺寸标注仅作为偏移操作的距离提示，正常绘图时，此时一般不需要标注尺寸。

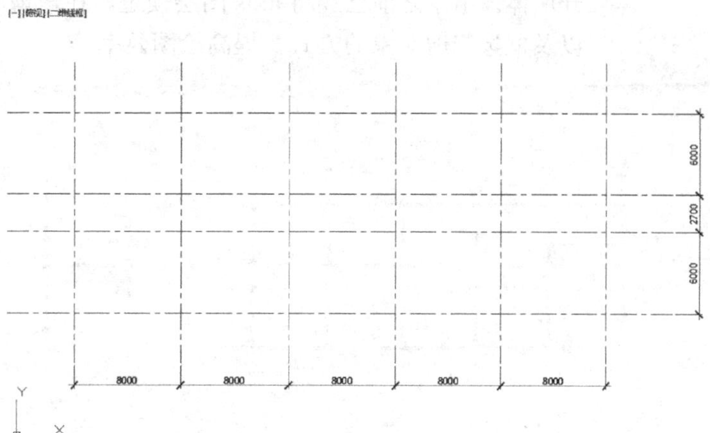

图 1-83　绘制轴线网

2）绘制柱网和墙线

将当前图层切换到“col”，绘制一个 600×600 的矩形。

将当前图层切换到“col-h”，用 SOLID 方式填充该矩形。

再将当前图层切换到“col”，创建一个名为“col”的块，选择刚才绘制的矩形和填充为对象，以左下角为插入点。

将刚刚创建的块移动到轴网的交叉点上，使其插入点与交叉点重合，再将块用相对坐标方式向左向下分别移动半个柱宽，使柱子的中心点与轴网交叉点重合。

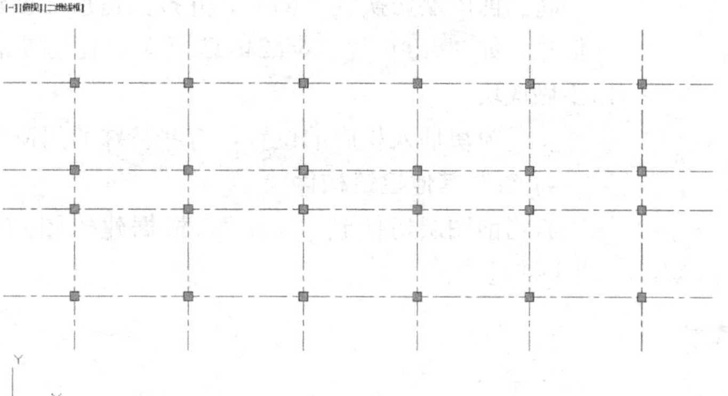

图 1-84　绘制柱网

用复制命令在轴网交叉点上布置柱网(图 1-84)。如果柱子很多且分布规律，也可以使用阵列命令。

将当前图层切换到“wall”，并将 axis 图层设定为锁定状态。用直线加偏移方法绘制 200 厚的基本墙体(图 1-85)。或者也可以直接使用多线命令。

添加更多的隔墙，修剪墙线，留出楼梯间的入口等，并使得墙体之间的连接完整(图 1-86)。

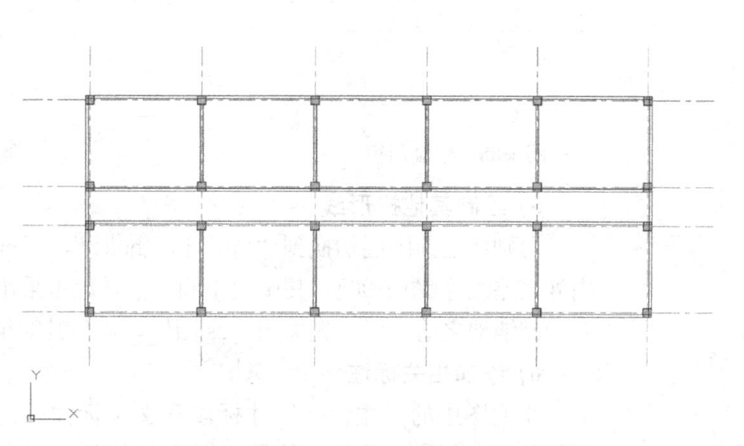

图 1-85　绘制基本墙体

3）绘制各种门窗构件

根据需要用修剪命令断开墙体，留出门窗洞口的位置(图 1-87)。注意，当开间尺寸一样，开窗大小也一样时，可以先画出一个开间内的窗洞侧边线，然后用复制的方式画出其他窗洞侧边线，再使用修剪命令断开墙体。由于之前已经将 axis 图层锁定，在修剪时可以采用不选择特定剪切边，以及框选修剪对象的方式，提高绘图效率。

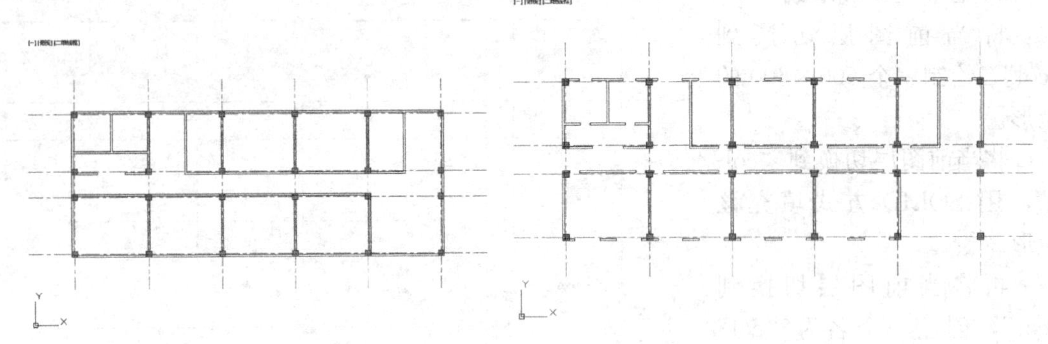

图 1-86 墙体修整　　**图 1-87** 剪切门窗洞口

将当前图层切换到“win”，并按门窗尺寸创建相应的块，块的名称可包含尺寸信息，如“dr900”、“win2400”等，以便后期的管理。有些比较特殊的门窗可以不做成块。

将门窗块插入相应的位置，有些特殊的门窗则直接绘制(图 1-88)。

4）绘制其他建筑构件

将当前图层切换到“stair”，根据建筑图的要求，绘制所有的楼梯和台阶(图 1-89)。

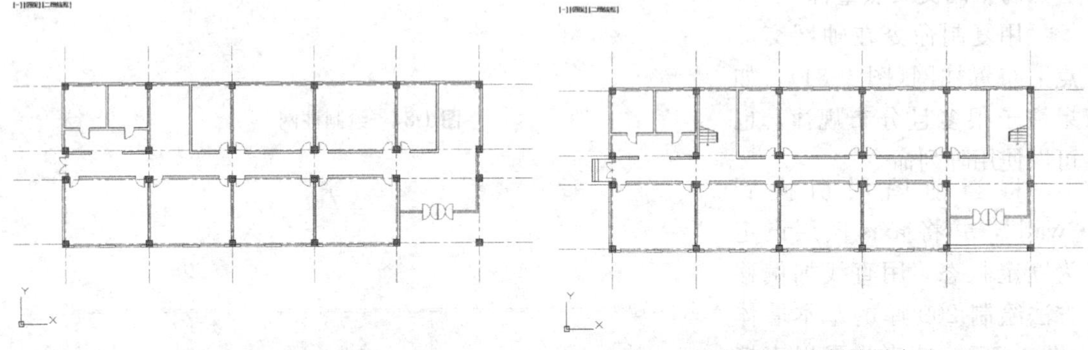

图 1-88 绘制门窗　　**图 1-89** 绘制楼梯台阶

5）绘制其他投形线

分别将当前图层切换到“fur”和“hatch”，根据需要分别绘制家具、铺地和室内外高差线等(图 1-90)，其中卫生间的洁具也可采用插入块的方式。在使用填充命令绘制铺地之前，可以先关闭 axis 图层，避免其对填充区域的干扰。

6）添加相关标注

平面图中的标注包括尺寸标注和文字标注，内容包括图名、比例、指北针、剖切位置、标高、房间功能等，要注意文字大小与图纸比例的协调，最后加上图框，使整个图面完整(图 1-91)。在平面绘制完毕后，可将除 col 和 col-h 之外的图层全部关闭，然后选择所有的柱子，通过菜单工具＞绘图次序＞前置，将柱子全部放在所有图形的最前面，也就是利用柱子内部本身的填充覆盖住穿过柱子内部的墙体线条，使图面看上去更干净。

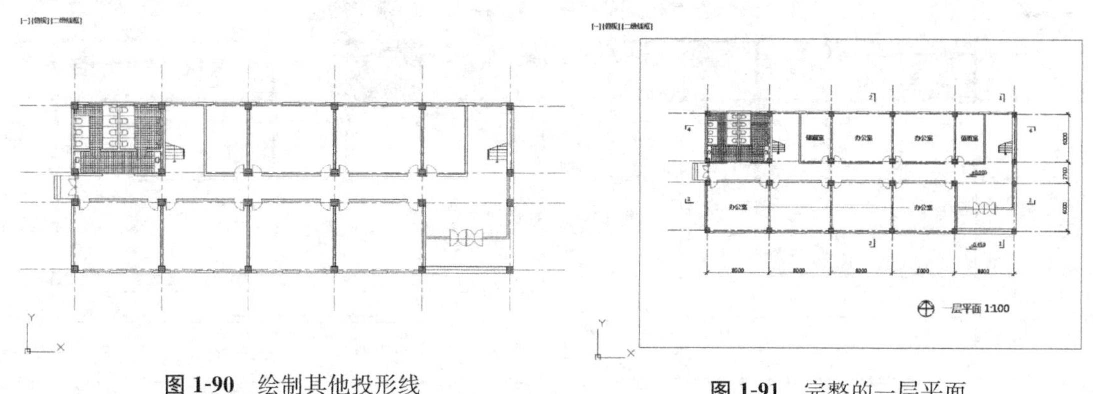

图 1-90　绘制其他投形线　　　**图 1-91**　完整的一层平面

7）绘制其他层平面

将绘制好的一层平面全部选择并复制，在其基础上修改并完成其他层平面的绘制(图 1-92)。要注意楼梯在首层、标准层和顶层的不同画法。

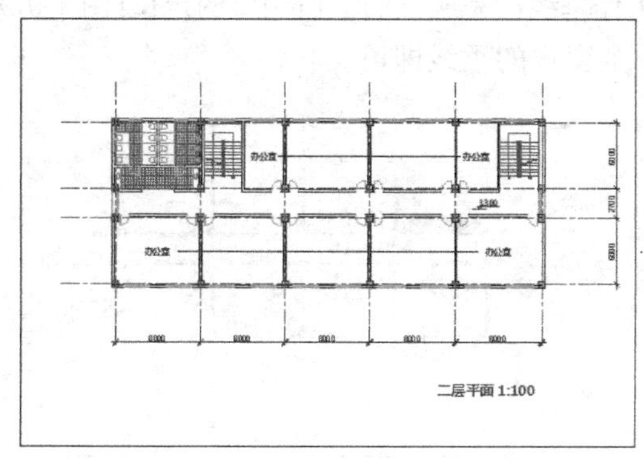

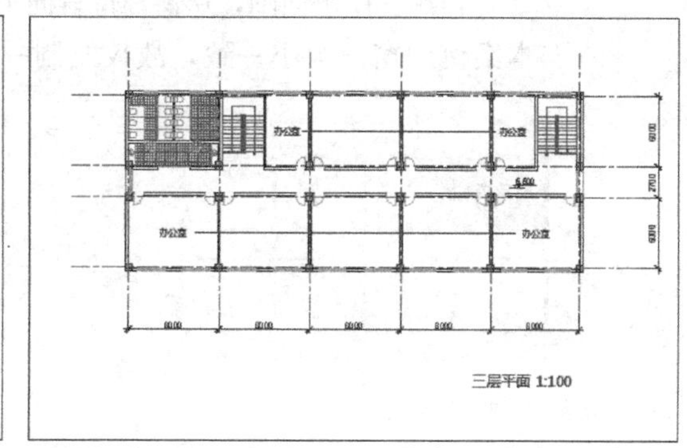

图 1-92　其他层平面

1.4.2　立面绘制

在已有平面的基础上，可以先确定立面轮廓线，然后逐步细化直至完成立面的绘制。

1）绘制轮廓

复制一份底层平面，并将其旋转，使需要绘制方向的立面朝下。将当前图层切换到“wall”，在平面下方绘制一条直线作为地平面，然后通过平面上所有的轮廓转折点向地平面线作垂线(图 1-93)。

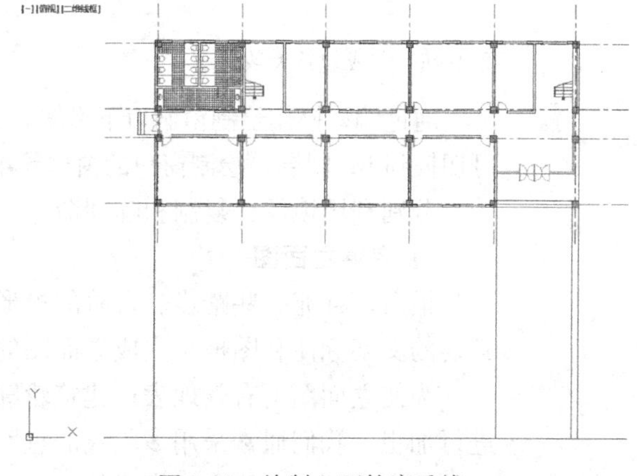

图 1-93　绘制立面轮廓垂线

利用偏移命令从地平面线开始，绘制各层分层线(图 1-94)，其中不要漏掉底层正负零标高位置的线和女儿墙高度的线。

用复制命令复制出每层的梁底标高的线条(图 1-95)。

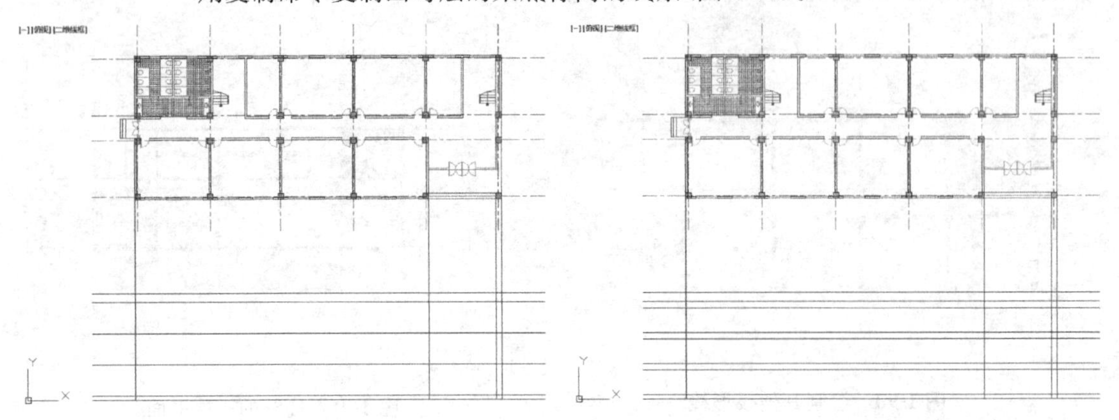

图 1-94 绘制分层线　　**图 1-95** 绘制梁底标高线条

通过倒圆角和修剪命令，修剪出建筑的大致轮廓(图 1-96)。

2) 绘制门窗

再次利用平面图，从窗户位置向下作垂线，完成立面上窗洞口的定位(图 1-97)。本案例中窗户大小一致，故仅绘制一个窗户的垂线即可。

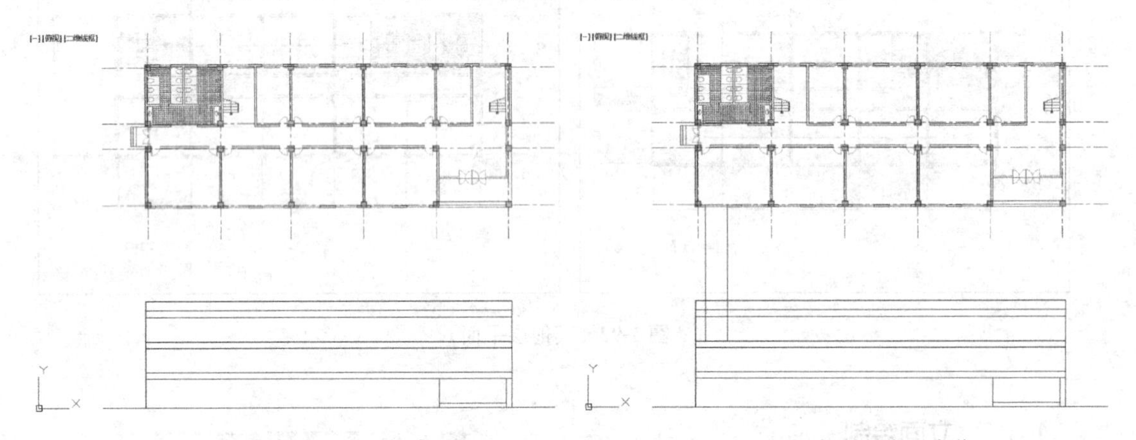

图 1-96 完成建筑大致轮廓　　**图 1-97** 窗洞口位置定位

通过偏移操作绘制窗洞口下沿线，并通过倒圆角命令完成窗洞口的绘制。之后可切换到 fur 图层，绘制窗户的窗框等细节，最后将整个窗户转换为块(图 1-98)。

分别利用镜像、复制和阵列命令，绘制其他窗户(图 1-99)。

3) 完善立面图

最后，补充一些踏步、台阶的投形线，删掉作为辅助定位的平面图，并添加必要的文字标注和图框，完成立面图的绘制(图 1-100)。

为使立面图更有效地表达建筑轮廓，通常会对立面图中的地平面线和轮廓线进行加粗。我们通常采用多段线的宽度属性来实现这一效果(图 1-101)。

注意：地平面线和轮廓线的加粗方式还略有不同。

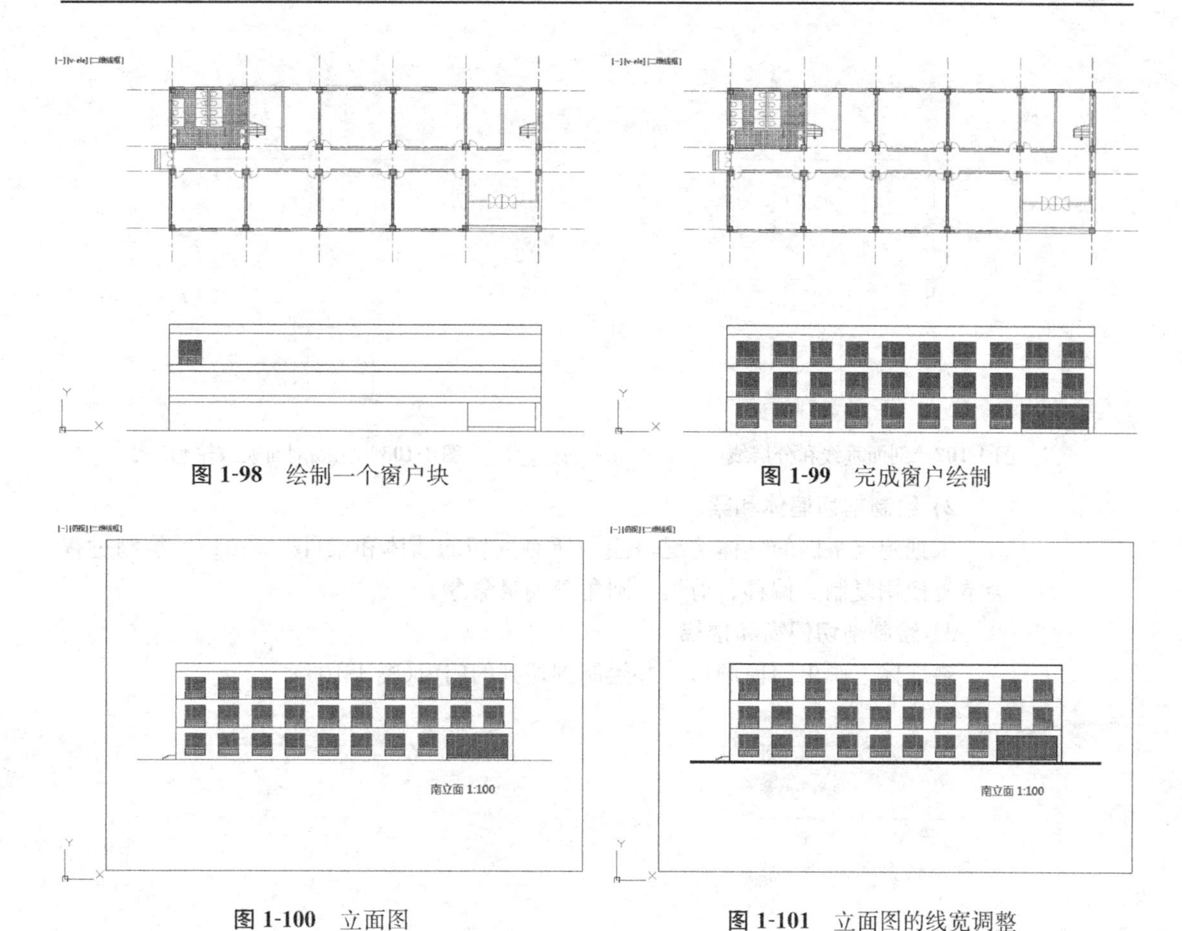

图 1-98　绘制一个窗户块　　**图 1-99**　完成窗户绘制

图 1-100　立面图　　**图 1-101**　立面图的线宽调整

对于轮廓线，通常是用多段线重新描一遍建筑的轮廓，然后直接更改其宽度即可。

而对于地平面线，一般其宽度设置远甚于建筑轮廓线，如果直接采用更改宽度的方式，有可能会挡住建筑的台阶等位置的线条。因此，需要先确定地平面线的宽度，然后用多段线重新描绘地平面线后，向下偏移需要宽度的一半，然后再设置其宽度。如果要设置 300 宽的地平面线，则先将其向下偏移 150 距离，然后将其宽度调整为 300 即可。

1.4.3　剖面绘制

剖面图的绘制和立面图相似，也需要通过平面图进行定位，然后从轮廓开始逐渐细化。

1）绘制轮廓

再复制一份底层平面，将其旋转至剖面线所在位置水平，并使剖面视线方向向上。在平面下方绘制一条直线作为地平面，然后通过平面上剖面线所在位置的交叉点及主要转折点向地平面线作垂线，再利用偏移命令绘制各层地面线（图 1-102）。

用倒圆角和剪切命令修剪线条，完成大致轮廓，并添加楼板厚度(图 1-103)。

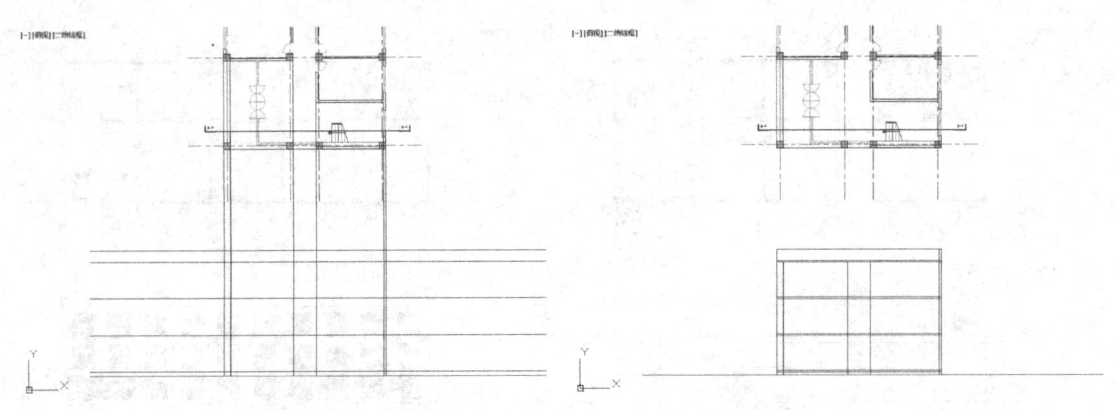

图 1-102　剖面垂线和分层线

图 1-103　完成剖面大致轮廓

2）绘制剖切墙体和梁

根据建筑平面的具体情况，绘制所有剖切的墙体和梁(图 1-104)。绘制过程会重复使用复制、偏移、剪切、圆角等编辑命令。

3）绘制剖切门窗和楼梯

在墙体上画出门窗洞口，并绘制剖切到的门窗(图 1-105)。

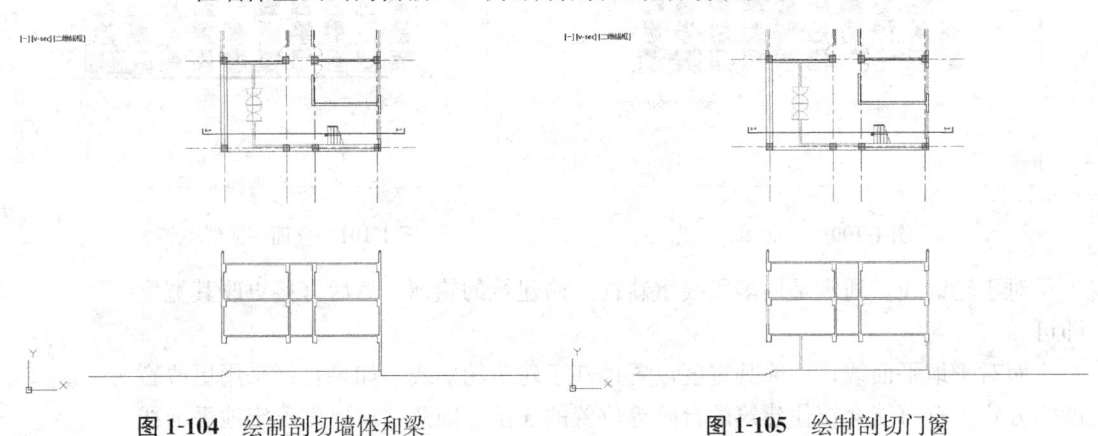

图 1-104　绘制剖切墙体和梁

图 1-105　绘制剖切门窗

图 1-106　绘制楼梯剖面

因为本案例剖面正好切到了楼梯，所以在楼梯位置重新绘制剖面并调整相应的墙体和楼板(图 1-106)。

4）绘制投形线

完成所有剖切位置线条后，再根据平面图的实际情况，绘制投形线(图 1-107)。注意图层的切换。

5）完善剖面图

最后，删掉作为辅助定位的平面图，并添加必要的文字标注和图框，完成剖面图的基本绘制。另外，还可以加粗地平面线和添加剖断面的填充，增加剖面图的效果表达(图 1-108)。

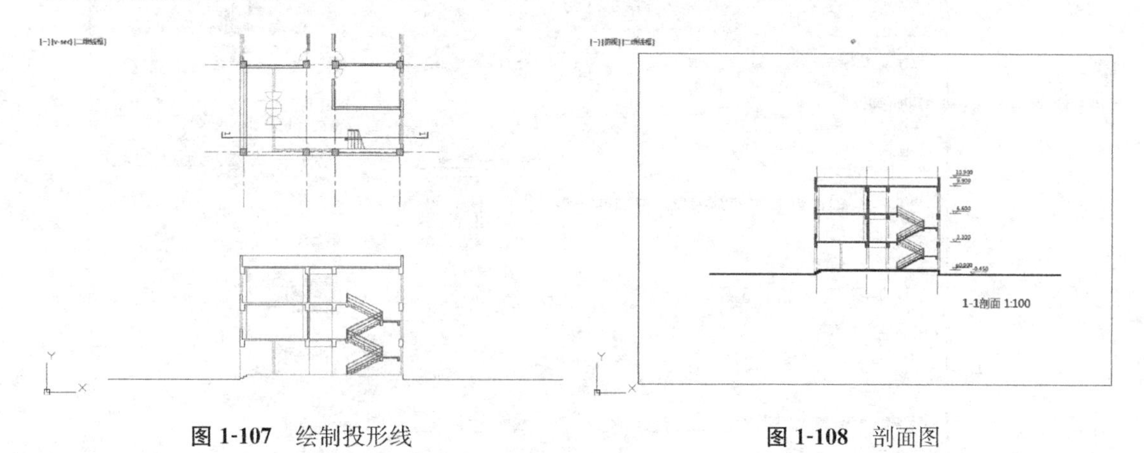

图 1-107　绘制投形线　　　　**图 1-108**　剖面图

1.5　AutoCAD 打印和输出

除了前面介绍的 AutoCAD 中的基本图形要素和编辑操作外，还有一些功能操作，能够进一步帮助我们扩展对软件的应用。

1.5.1　打印

打印是 AutoCAD 制图中重要的一步，图形的打印效果与屏幕显示可以有很大的区别，因此，从输出效果而言，在打印前还需要进行相应的打印设置。

输入“PLOT”或按“Ctrl”＋“P”，打开打印设置对话框(图 1-109)。如果右侧扩展选项栏没有显示，可以点击右下角的向右箭头。

1）打印机选择和打印设定

首先需要在对话框中打印机/绘图仪标签栏内按下拉键选择打印机，这取决于操作系统中已经安装的打印机。除了实体打印机外，系统中安装的 PDF 等虚拟打印机也可以在下拉列表中找到。

在图纸尺寸栏选择图纸大小，根据所选打印机的不同，图纸的选择范围也会有所变化。

在打印范围下拉列表中选择窗口选项，此时将暂时关闭打印设置对话框，在绘图窗口中指定两个对角点来确定打印窗口范围。可以通过捕捉点的方式来准确限定打印的范围。

在打印偏移栏，一般将居中打印项勾选上，使得打印内容在打印纸面上居中。

打印比例栏中，如果直接勾选布满图纸选项，则不特别指定比例，软件自动根据纸张大小和打印范围大小，按最大化打印范围设置。也可以自定义打印比例，尤其在需要按比例出图时。取消布满图纸选项，在比例栏下拉列表中选择相应的比例，或直接在下方的文本框中输入自定义的比例。

图形方向是根据打印范围的形状来选择横向还是纵向。

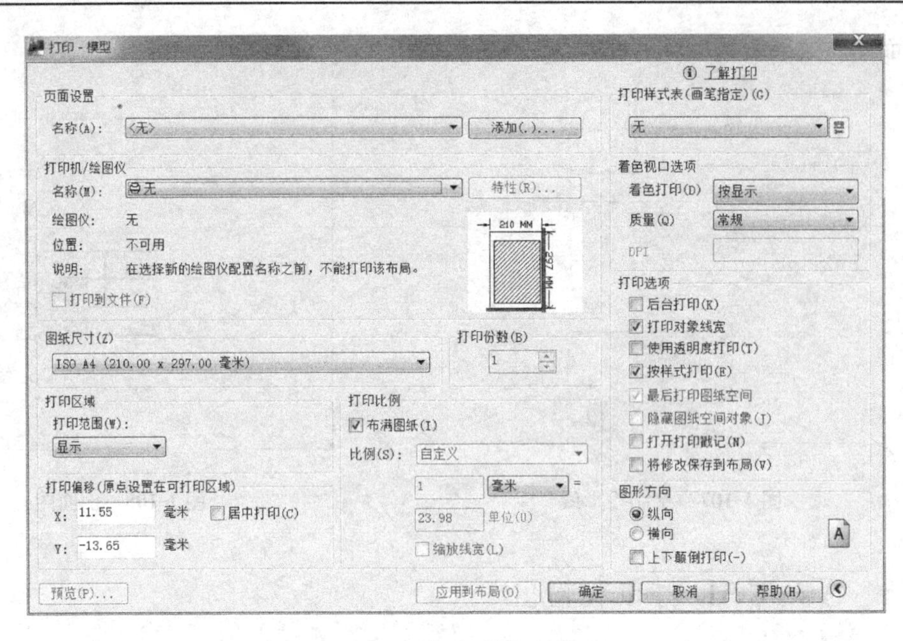

图 1-109　打印设置对话框

2）打印样式表

前面所介绍的都是打印内容、范围和大小的设定，而打印样式表则决定了最终的打印效果。尽管 AutoCAD 预设了一些打印样式，但都不适合我们通常的使用，因此在首次使用时，需要根据自己的绘图习惯创建一个或多个打印样式表，以应对不同的出图比例要求。

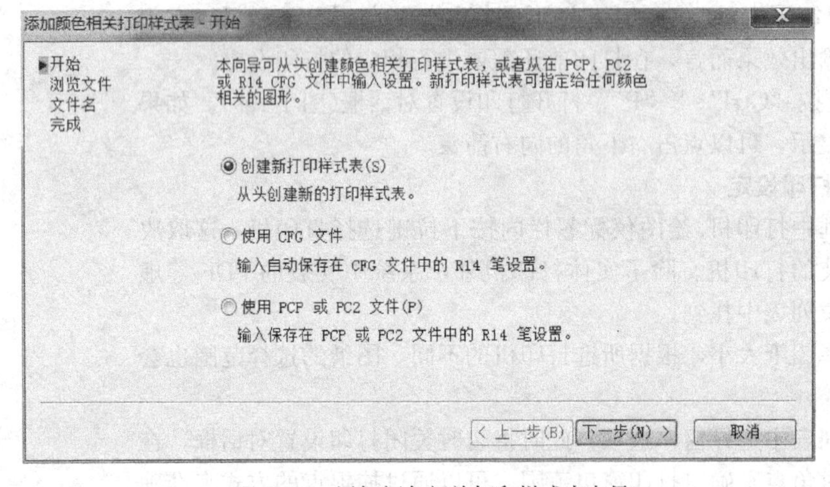

图 1-110　添加颜色相关打印样式表向导

点击打印样式表的下拉箭头，选择最下方的新建，打开添加颜色相关打印样式表向导(图 1-110)。

按向导指示，指定新的样式表的名称后，在最后一步点击打印样式表编辑器按钮，打开该编辑器(图 1-111)。

在该编辑器中，需要为每一种显示的颜色指定其打印颜色、淡显状态和线宽。如果最后是黑白输出，则可以将所有颜色的打印色都设定为黑色。对于需要打印成灰色的颜色，可以在淡显设置框中改变其数值，100 表示全黑，0 表示完全透明。具体数值的确定还需要根据打印机的实际效果来设置，相同的数值在不同的打印机上会有不同的效果。

线宽的设置能够让打印出的线条具有不同的宽度等级，从而提高图面效果的表达。线宽的设置一方面与图纸大小和打印比例有关，图纸越大比例越大，线宽可以设置得越宽，图纸越小比例越小，线宽也要相应减小。另一方面线宽也受到打印机的影响，喷墨打印机和激光打印机可能需要不一样的线宽设置。因此在正式打印之前，可以试打一下，以确定线宽设置的合理性。通常最小线宽可以直接设置为 0，最大线宽则根据图纸大小和比例在 0.13～0.20 之间调整。

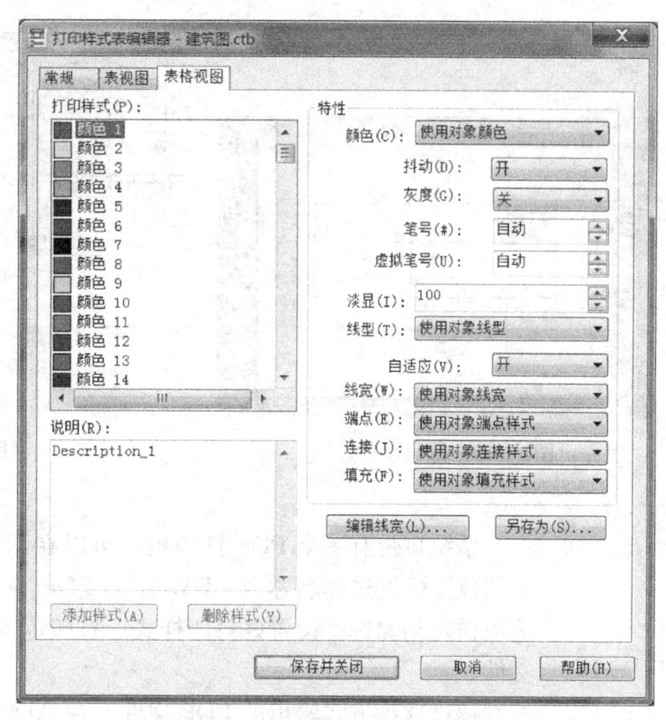

图 1-111　打印样式表编辑器

设置完成后保存，之后在打印设置对话框中就可以选择自己设定的打印样式表。点击右侧的按钮还可以对设定的样式表进行进一步编辑。在编辑器中还可以点击另存为将设定的样式表保存到其他地方，从而可以用优盘等存储设备将其备份并转移到其他计算机上使用，避免重复设定。

以上一节所绘制的平面图形为案例，设置合适的打印样式(图 1-112)和设定后，其预览效果如图 1-113 所示，与绘图窗口中的颜色显示效果有明显的区别。进一步放大预览图，可以看到更真实的打印效果(图 1-114)。

常规　表视图　表格视图

名称	颜色 1	颜色 2	颜色 3	颜色 4	颜色 5	颜色 6	颜色 7	颜色 8	颜色 9
说明									
颜色	黑	黑	黑	黑	黑	黑	黑	黑	黑
启用抖动	开	开	开	开	开	开	开	开	开
转换为灰度	关	关	关	关	关	关	关	关	关
使用指定的笔号	自动	自动	自动	自动	自动	自动	自动	自动	自动
虚拟笔号	自动	自动	自动	自动	自动	自动	自动	自动	自动
淡显	70	100	100	100	100	100	100	75	70
线型	使用对象线型	使用对象线型	使用对象线型	使用对象线型	使用对象线型	使用对象线型	使用对象线型	使用对象线型	使用对象线型
自适应调整	开	开	开	开	开	开	开	开	开
线宽	0.0000 毫	0.0000 毫	0.0000 毫	0.1300 毫	0.0000 毫	0.0000 毫	0.1800 毫	0.0000 毫	0.0000 毫
线条端点样式	使用对象端点样式	使用对象端点样式	使用对象端点样式	使用对象端点样式	使用对象端点样式	使用对象端点样式	使用对象端点样式	使用对象端点样式	使用对象端点样式
线条连接样式	使用对象连接样式	使用对象连接样式	使用对象连接样式	使用对象连接样式	使用对象连接样式	使用对象连接样式	使用对象连接样式	使用对象连接样式	使用对象连接样式
填充样式	使用对象填充样式	使用对象填充样式	使用对象填充样式	使用对象填充样式	使用对象填充样式	使用对象填充样式	使用对象填充样式	使用对象填充样式	使用对象填充样式

添加样式(A)　删除样式(Y)　编辑线宽(L)...　另存为(S)...

图 1-112　打印样式设定示例

1.5.2　输出

除了打印出图外，我们还经常需要将制图内容导出到其他软件进行进一步的编辑或后期加工，其中最常见的是导入 PHOTOSHOP 进行填色操作或排版，此时需要将制图内容输出为 PHOTOSHOP 可以接受的图形格式。我们常用的 AutoCAD图形输出格式为 PDF。

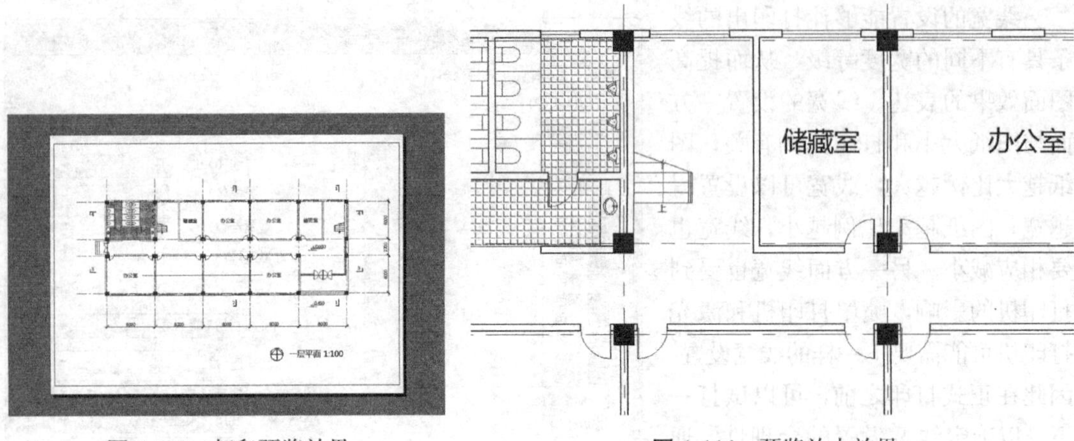

图 1-113 打印预览效果　　图 1-114 预览放大效果

系统自带有一个 PDF 打印机，可以在图 1－109 所示对话框中的“打印机/绘图仪”位置选择名称为“DWG To PDF. pc3”的打印机，此时“打印到文件”选项被自动勾选。设置好打印样式、打印范围和比例后，就可以打印成一个 PDF 文件。

通过这种方式输出的 PDF 文件，在 ADOBE 提供的 PDF 浏览器中查看，可以看到所有的图层信息，并且不同图层可以分别关闭和打开，对图纸内容的查看具有更好的适应性。

该 PDF 文件还可以被 PHOTOSHOP 直接打开，打开时会显示“导入 PDF”对话框，此时可以根据需要重新设置打开图像的分辨率。

注意：为便于后期图像的调整，建议在该对话框的“页面选项”中，去除“消除锯齿”选项。

第 2 章
SketchUp 三维建模

Part 2
SketchUp：3-D Modelling

与 AutoCAD 相比，SketchUp 是一种简便、直观且功能强大、富有效率的三维建模软件，可以帮助我们方便快速地创建、观察、修改和表现三维模型。SketchUp 的这种特点在建筑方案设计，尤其是草图设计阶段，对方案的快速成型和推敲提供了极大的便利。本章主要讲解如何利用 SketchUp 软件进行三维模型的创建。SketchUp 软件目前为 Trimble 公司拥有，本教材将基于 SketchUp2014Pro 英文版进行讲解，某些具体工具和命令同时给出中文版的相应名称。

2.1 SketchUp 基本概念和设置

2.1.1 单位尺寸和绘图模版

与 AutoCAD 不同的是，SketchUp 中的单位尺寸对物体、材质以及标注等都有重要的影响，尤其是将模型作为组件插入其他场景时，更需要通过该场景的单位来判断相互之间的比例大小。

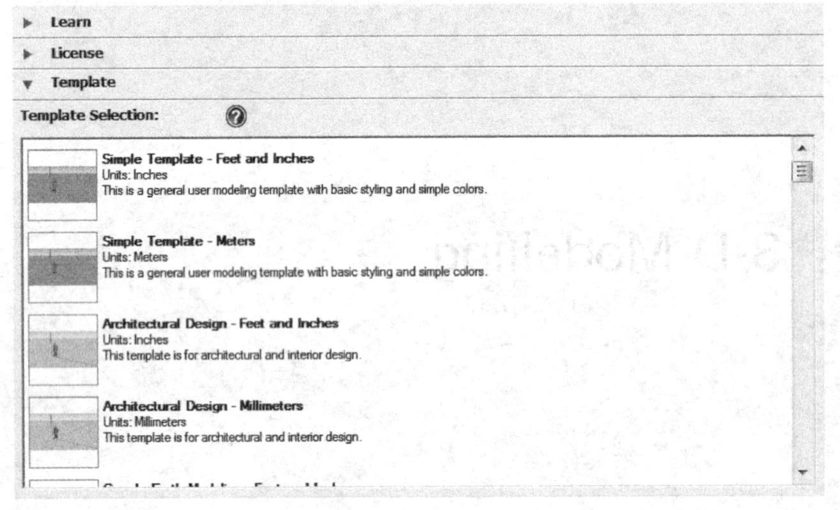

图 2-1　选择绘图模版

为应对不同专业的使用需求，SketchUp 预设了一系列的绘图模版，其主要区别在于初始视角、绘图单位以及显示样式的不同等。通常在打开 SketchUp 软件的初始，会有绘图模版的选择(图 2-1)。或者也可以在进入 SketchUp 后，选择菜单 Window>Preferences，在系统设置选项中选择 Template，同样可以挑选不同的绘图模版。

本教材使用的模板是“Beginning Template-Meters”，位于模版列表的最下方。该绘图模版初始视角为俯视平面，绘图单位为米(m)。

除了绘图模版所设定的单位外，还可以重新调整当前场景的单位。

选择菜单 Window>Model Info，在对话框左侧选择 Units(图 2-2)。

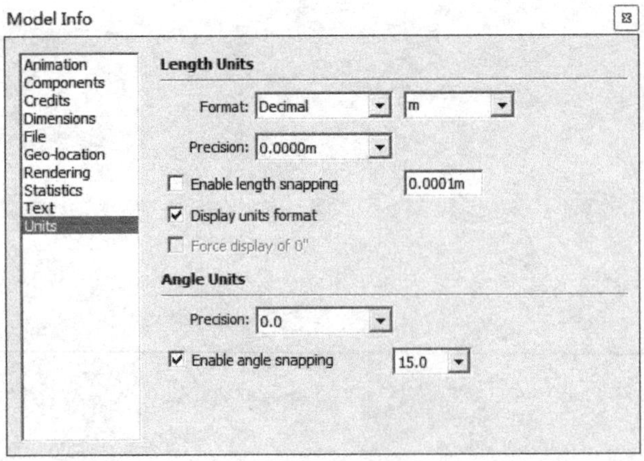

单位设置分长度单位(Length Units)

图 2-2　单位设置

和角度单位(Angle Units)两种。长度单位中单位格式(Format)下拉列表中列举了四种格式：十进制(Decimal)、分数制(Fractional)、工业图(Engineering)、建筑图(Architectural)。其中后三种均为美制标准，我们常用的是十进制格式。十进制格式下可选择的单位包括：英寸，英尺，毫米，厘米，米。在本教材中，使用的单位主要是米。精确度(Precision)是设定数值的精度，十进制格式下可达小数点后六位。角度单位均采用十进制形式，主要设置项是精确度。

2.1.2 SketchUp 的坐标系统

SketchUp 所采用的三维坐标系统，通过 X、Y 和 Z 三条轴线对空间中的任意点进行定位。在 SketchUp 中 X、Y 和 Z 三条轴线分别以红色、绿色和蓝色为标志色，以实线表示正值，以虚线表示负值。其中红色轴线和绿色轴线所处的平面即为地平面，蓝色实线表示地平面以上，蓝色虚线表示地平面以下。三条轴线交叉处的点即为 SketchUp 场景的坐标原点(图 2-3)。

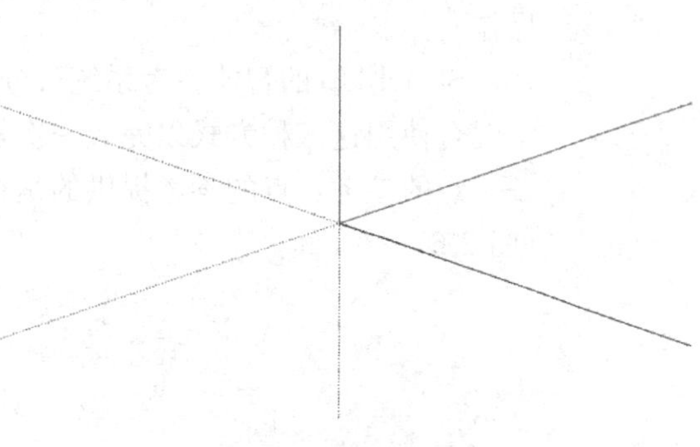

图 2-3　坐标轴

SketchUp 场景中的坐标系可以被移动、旋转或隐藏，也可以直接定义新的坐标系统。直接在坐标轴上任意位置单击鼠标右键，在关联菜单中可以选择相关命令。

2.1.3 SketchUp 的图层

与 AutoCAD 类似，SketchUp 中也有图层管理系统，然而其用法却是大相径庭。SketchUp 中的图层只有可见性和颜色两个属性，其最重要的作用是设定该图层的可见与否。点击菜单 Window>Layers，打开图层管理器对话框(图 2-4)。

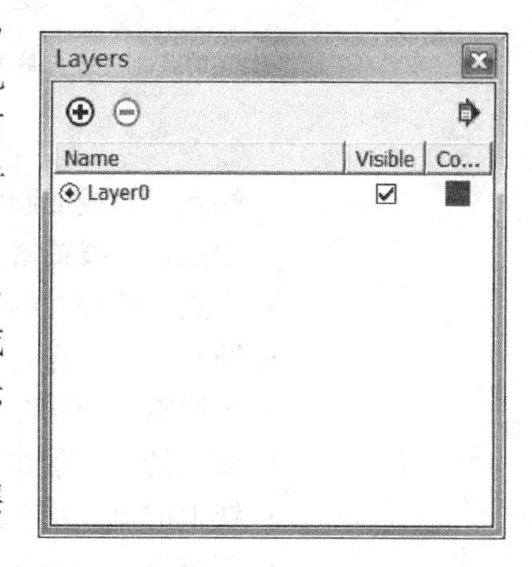

图 2-4　图层管理器

每一个模型至少包含一个默认图层——“Layer0”，该图层无法被删除。此外，通过图层管理器可以添加或删除图层，并通过 Visible 栏下的选择框切换图层的显示或隐藏。

另外，图层工具栏主要用于改变物体所属的图层(图 2-5)，包括设置当前图层下拉框和图层管理器按钮。

图 2-5

注意：SketchUp 中的图层管理与其他 CAD 类软件的图层管理有很大的区别。在其他软件中，图层是为了保存数据而创造的新的空间层次，各层的对象是完全分开的，因此即使隐藏、锁定图层，也不会影响其他图层的中的对象。然而，SketchUp 是以所有的几何体都互相连接为基准而设计的。为了让 SketchUp 的几何体引擎能正常运行，不同图层中的几何体实际上是互相依存的。这个与大家习惯的图层系统大不相同。

在 SketchUp 中，图层与其说是空间层次，不如说是几何体的属性来得正确。在不同图层上的组件与对象互相都保持连接，所以 SketchUp 的图层主要在于显示管理而不是组织管理。

2.1.4 SketchUp 的智能参考系统

SketchUp 中的智能参考系统借助于场景中的轴线和已有模型精确地定位绘制点，包括圆心、中点、端点、平行线、垂直线等等。在这一过程中，SketchUp 通过不同的颜色和提示框来提醒这些点的存在，使我们可以更轻松地进行操作。

SketchUp 的智能参考系统可分为三种参考方式：点、线和面。SketchUp 经常混合使用这三种方式以完成一次复杂的定位。

点的参考：点的参考提供的是在三维空间中对点的捕捉，包括以下几种类型(图 2-6)：

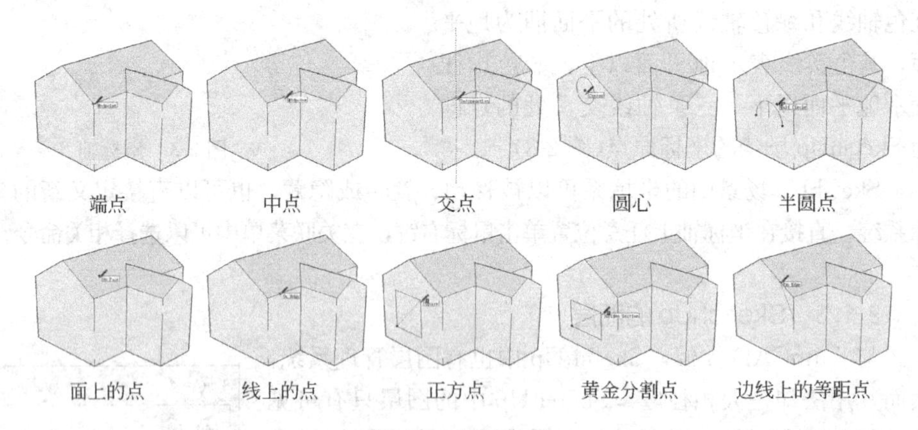

图 2-6 点的参考

- 端点：直线或圆弧的端点，以绿色圆圈表示。
- 中点：直线或圆弧的中点，以青色圆圈表示。
- 交点：线与线的交点，或者是线与辅助线的交点，以红色叉表示。
- 圆心：圆心点，以紫色圆圈表示。
- 半圆点：当画圆弧时，以提示框的形式表示当前的圆弧恰好是一个半圆。
- 面上的点：落在某个面上的点，以蓝色方块表示。
- 线上的点：落在某条线上的点，以红色方块表示。
- 正方点：当画矩形时，以提示框的形式表示当前的矩形恰好是一个正方形。
- 黄金分割点：当画矩形时，以提示框的形式表示当前的矩形的长宽边的比例恰好是黄金分割比。
- 边线上的等距点：当有两条交接的线，在线上自动捕捉到与交接点等距的两个点，并以一条紫色实线相连接。

线的参考：线的参考提供的是在三维空间中对线的走向的参照，包括以下几种类型(图 2-7)：

• 与轴线平行的线：从空间中任意一点开始画线，SketchUp 可以自动捕捉到与坐标轴相平行的方向，并以与该轴线相同颜色的实线作为提示。

为更方便捕捉与坐标轴平行的方向，可以直接利用键盘上的方向键。在画线或移动物体的过程中，按一次右箭头将方向限定在红色轴线上，再按一次右箭头则取消方向的限定。同样的，左箭头将方向限定在绿色轴线上，上箭头或下箭头将方向限定在蓝色轴线上。

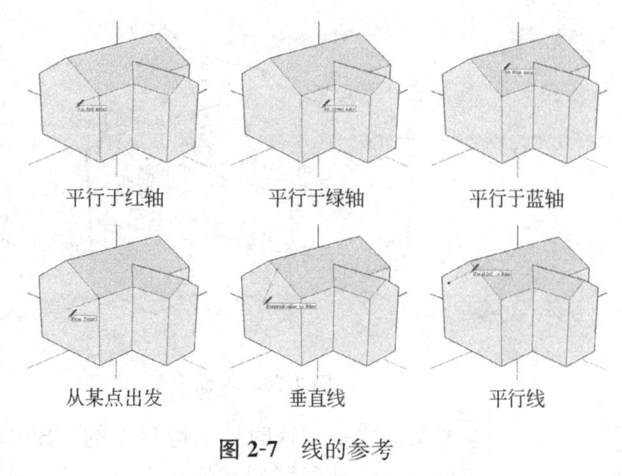

图 2-7　线的参考

• 从某点出发的线：鼠标移动到空间中已经存在的某一点，不要点击鼠标，稍停片刻再移开时，SketchUp 可以自动捕捉到从该点出发与坐标轴相平行的线的方向，并以与所平行轴线相同颜色的虚线作为提示。

• 垂直线：从某一点到任意直线的垂直方向，以紫色实线表示。

• 平行线：从某一点与任意直线的平行方向，以紫色实线表示。

面的参考：面的参考提供的是在三维空间中对绘图基准面的捕捉，可分为两种类型：

• 坐标轴平面：如果绘图时不捕捉场景中现有的任何物体，SketchUp 自动将绘图基准面放置在红轴和绿轴所定义的地平面上(图 2-8)。而当红轴或绿轴之一与蓝轴定义的平面和当前视窗平面的夹角足够小时，SketchUp 也会自动将绘图基准面放置在该平面上(图 2-9)。

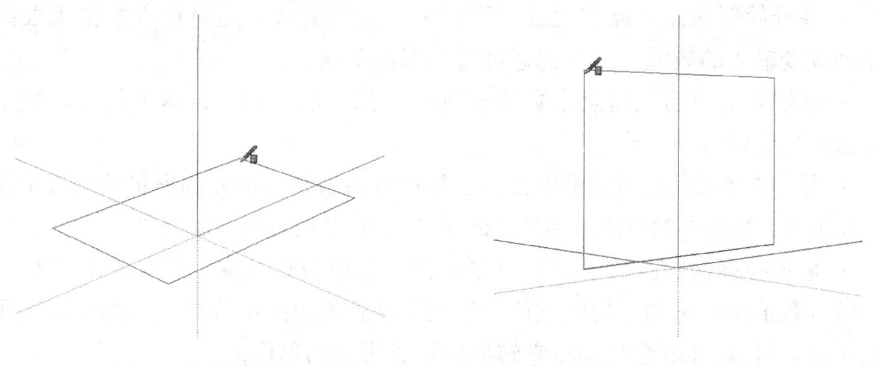

图 2-8　红绿轴平面　　　**图 2-9**　红蓝轴平面

• 在面上：如果绘图时点落在某个平面上，在鼠标不离开该平面的情况下，SketchUp 自动将绘图基准面放置在该平面上，并以蓝色表示(图 2-10)。

以上介绍了 SketchUp 中的多种智能参考模式，在实际应用中，我们常常通过两种以上不同模式的组合来得到我们想要的结果(图 2-11)。

有时场景中可供参考的条件太多，难以得到我们想要的模式组合，此时，我们还可以通过锁定的方法来解决这个问题。移动鼠标直到系统提供了你所想要的

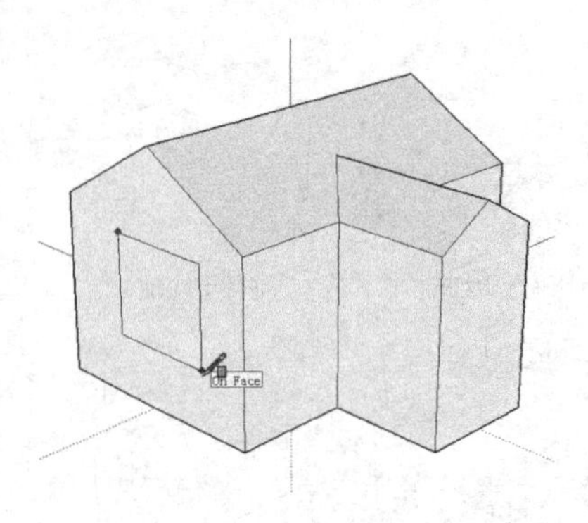

图 2-10　在面上

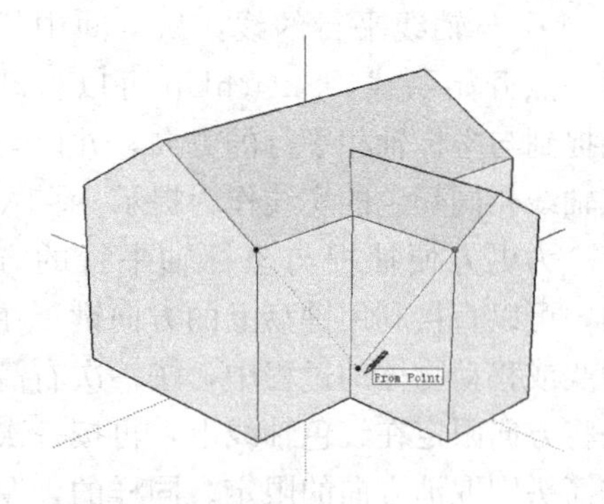

图 2-11　组合参考模式

参考条件之一，这时按下键盘上的“Shift”键不要松开就可以对它进行锁定，然后你可以移动鼠标到其他地方进行第二次参考，它将与前一次的参考一起组合完成点的定位。

2.1.5　数值输入框

在绘图窗口的右下角是一个数值输入框(图 2-12)，不但可以动态显示与当前操作相应的数值，还随时接受我们输入的数值，为我们创建更准确地模型提供帮助。数值输入框的前缀会根据当前命令而即时调整。

Measurements

图 2-12　数值输入框

数值输入框支持所有的绘图工具和编辑工具，它具有以下的工作特点：

• 可以在命令完成之前输入数值，也可以在执行完命令但还没开始其他操作之前输入数值。

• 输入数值后，必须按回车键确定以使该数值生效。

• 在开始新的命令操作之前，当前命令仍然有效，此时可以根据需要持续不断地改变输入的数值，每次都通过按回车键确认。

• 在输入数值前无需点击数值控制框，你可以直接在键盘上输入，数值控制框随时接受输入的数值。

• 尽管在场景信息对话框中设定了精确度参数，数值控制框仍然可以显示或输入超出该参数以外的数值，并且 SketchUp 会自动在数值前加上“~”作为提示。

• 数值控制框中的数值是带有单位的，其单位形式在场景信息对话框中设定。输入数值时，不加单位则默认为使用了场景设定的单位形式，如果加上了其他的单位，SketchUp 会自动将它转换成场景设定的单位。

2.1.6　在 SketchUp 中观察模型

在创建三维模型的过程中，我们不可避免地要经常切换我们的视角以获得更直观的绘制角度。最常用的是利用鼠标滚轮，完成转动、缩放和平移的相机操作。

• 转动：按下滚轮，拖动鼠标。

• 平移：按下滚轮的同时按住键盘上的“Shift”键，拖动鼠标；或者同时按下滚轮和左键，拖动鼠标。

• 缩放：上下转动滚轮。

此外，SketchUp提供了一系列相机工具，除了与鼠标滚轮操作相对应的功能外，缩放窗口(Zoom Window)、充满视窗(Zoom Extents)和撤销视图变更(Previous)也是较常用的工具。

SketchUp还提供了一些预设的标准角度的视图：等轴视图、俯视图、前视图、右视图、后视图和左视图(图2-13)。通过视图工具栏或相机菜单，三维场景可以在这几个视图模式间自由切换。

图2-13 标准视图

2.1.7 SketchUp显示模式

SketchUp有多种模型显示模式：X光透视模式、后边线模式、线框模式、消隐模式、着色模式、贴图模式和单色模式(图2-14)。通过样式工具栏或视图菜单，三维场景可以在这几个显示模式间自由切换。其中前两项模式可以和其他显示模式结合使用，用于显现、选择和捕捉原来被遮挡住的点和边线。

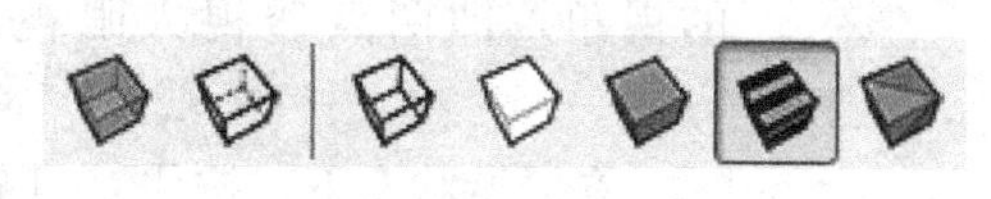

图2-14 显示模式

SketchUp在显示三维模型时提供了三种透视模式：透视(图2-15)、平行投影(轴测)(图2-16)和两点透视(图2-17)。

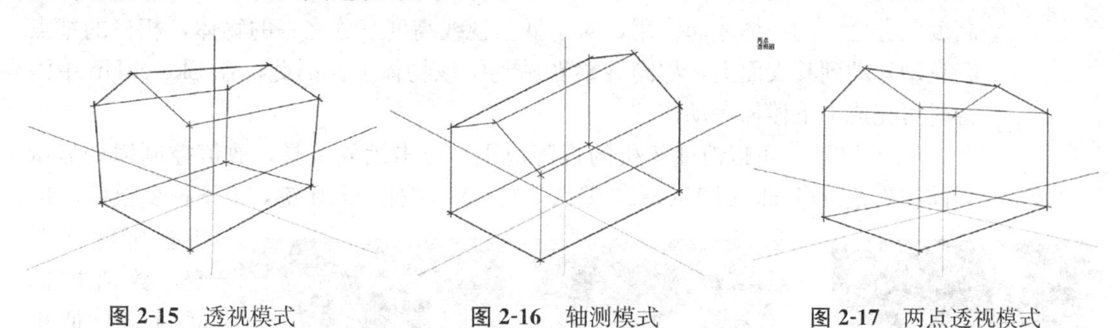

图2-15 透视模式　**图2-16** 轴测模式　**图2-17** 两点透视模式

两点透视模式是强制所有的垂直线条在绘图窗口中保持垂直，不过这种模式只是作为一种临时的显示状态，主要用于视图的导出。一旦旋转了视角，则马上回复到普通透视模式。

2.1.8 SketchUp的相机放置与视角调整

在SketchUp中，除了相机工具栏内那些操作相机转动、平移和缩放的工具外，还提供了设置相机(Position Camera)，环视场景(Look Around)和漫游(Walk)三个工具。

对于相机本身的定位，由基点和视线高度两部分决定。基点总是落在某个表面上，当所处位置没有物体时，则落在红绿轴平面上。视线高度则是在基点的垂直方向上偏移的距离。当使用设置相机功能放置相机后，数值控制框内显示的就是当前的视线高度(Eye Height)。直接输入数值即可改变视线高度(图2-18)。

视线高度0.0m

视线高度1.5m

视线高度10.0m

图 2-18　不同视线高度效果

环视场景工具模拟了人站在一个固定点，转动脖子向四周观看的效果。要注意的是，放置相机后默认是两点透视状态，此时如果使用环视场景工具，则很容易变为三点透视，这在建筑表现中通常是需要避免的。因此环视场景工具应尽量少用。

漫游工具是在保持相机和视线目标相对高度不变的前提下，通过鼠标移动在场景中漫游的能耐。在设置相机后，使用漫游工具能帮助我们寻找合适的视角，即两点透视人眼视高下的视角。这也是我们最常用的相机设置方法。

在漫游状态下，按住 Ctrl 键可以切换到快速移动模式，加快相机运动的速度。此外，SketchUp 设置了碰撞检测功能，相机漫游时会被墙体挡住，该功能有助于我们模拟更为真实的场景漫游。按住 Alt 键，可以暂时使碰撞检测失效，此时相机可以穿过墙体继续移动了。SketchUp 中的碰撞检测只对高度达到视线高度三分之一的物体才起作用，对于低于视线高度三分之一的物体，相机的基点会自动移动到其表面上，如同观察者站到了该物体上。因此，在 SketchUp 中漫游时可完成上下楼梯等动作。

SketchUp 还可以改变相机的视野范围。点击缩放工具，数值控制框会显示当前视野范围(Field of View)，默认值是 30°。按住 Shift 键，上下拖曳鼠标，相机视野随之改变，数值控制框内的数值也相应改变(图 2-19)。也可直接在数值控制框内输入需要的视野范围数值。

视野范围20°

视野范围30°

视野范围40°

图 2-19　不同视野范围效果

另外，在按住 Shift 键的同时用设置相机工具在物体表面上单击，将使相机直接放置在该表面上。

2.1.9　SketchUp 的阴影设置

SketchUp 的投影功能不但可以让我们更准确地把握模型的体量关系，也可以用于评估建筑群的日照情况，同时阴影效果也可以增加模型的真实感。SketchUp 的阴影角度设置是准确的，并且能自动对模型和照相机视角的改变做出实时的回应。

阴影工具栏提供了常用的阴影控制选项，如阴影的开启和关闭，太阳光出现的时间和日期等(图 2-20)。

图 2-20

详细的阴影控制选项都在阴影设置对话框中，可以通过阴影工具栏的阴影对话框按钮或菜单 Window>Shadows 打开(图 2-21)。

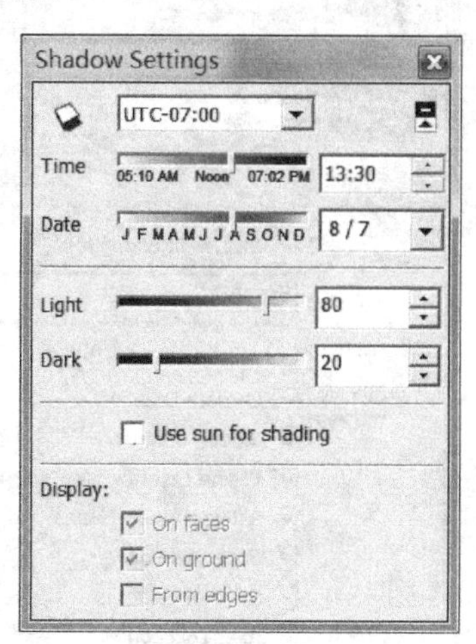

图 2-21

• 阴影设置对话框第一栏内除了提供与阴影工具栏基本相同的功能外，还提供了可以更精确控制的日期和时间输入框，另外还提供了模型所在地的时区选择。

• 第二栏中的明部 Light 和暗部 Dark 两个选项控制的是场景的光照强度。其中明部控制的是阳光的强度，暗部控制的是环境光的强度。

• 第三栏的选项控制当不打开阴影时，仍然使用太阳位置的设置显示面的明暗效果，该效果与打开阴影相比，只是没有阴影显示。

• 最后一栏控制的是阴影的显示模式。只有当显示阴影选项被打开后，这些显示模式才会被激活。

• 表面 On faces 选项表示所有的面都可以接受阴影的投射。该选项需要进行更多的计算机运算，因此也将显著降低 SketchUp 的显示刷新速度。所以建议在建模过程中不要显示阴影，只在查看模型效果时才打开。

• 地面 On ground 选项表示地平面可以接受阴影的投射，该地平面是由系统自动产生的，也就是红/绿轴所确定的平面。该选项会带来一个问题，当地平面(红/绿轴面)下方有几何体时，几何体会被地面阴影挡住。最简单的解决方法是把整个模型都移动到地平面上方。

• 边线 From edges 选项表示可以对单独的边线产生投影。

SketchUp 的阴影功能可以准确地计算出太阳的方位角和高度角，以提供精确的日照效果。对太阳位置的确定除了上面介绍的日期和时间外，还和场景所处的地理位置有关。除了通过时区的定位来大致确定场景的方位外，SketchUp 通过场景信息对话框也提供了更精确的位置设定。

注意：除了上述与阴影相关的设置外，在 SketchUp 中具有透明材质的物体对阴影的产生有些特别的设定。使用透明材质的几何体不会产生半透明的阴影，一个表面要么完全挡住阳光，要么让光线完全透过去。此处存在一个临界值，材质的不透明度 70%以上的物体会产生投影，低于 70%的不会产生投影。另外，透明的几何体不能接受投影，只有完全不透明的几何体才能接受投影。

2.1.10　SketchUp 的场景保存

SketchUp 除了可以很容易地得到我们需要的相机角度外，还可以把设定好的相机保存起来，这就是 SketchUp 的场景(Scene)功能。通过场景的设置，我们不仅可以保存不同的相机，还可以保存不同的阴影、图层、显示模式等设置。

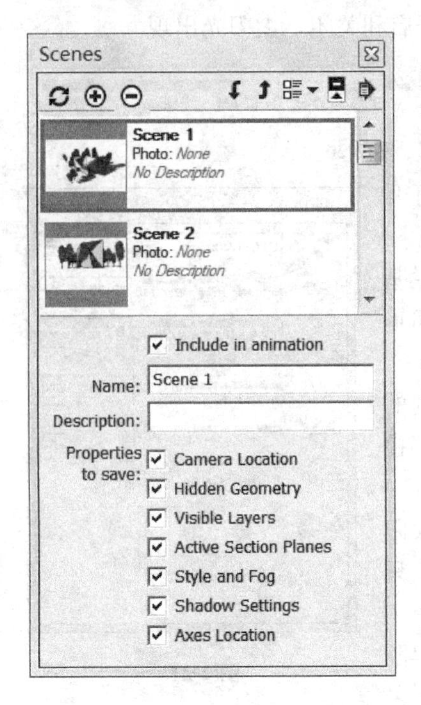

图 2-22

通过菜单 View>Animation>Add Scene 可以添加场景，并在视图窗口的上方出现一个标签，标签名即为该场景的名称。当改变观察视角后，点击该标签名，场景将回复到之前保存的相机视角。在标签名上单击鼠标右键打开关联菜单，还可以选择添加、更新、删除场景或移动场景的次序等操作。

SketchUp 还提供了一个场景管理器用来管理页面。在场景标签的关联菜单中选择场景管理器(Scene Manager)，或者选择菜单 Window>Scenes，都可以打开场景管理器(图 2-22)。

场景管理器除了更新、添加、删除场景以及调整场景次序之外，还可以更改场景的名称。更重要的是，它可以对每一个场景设置需要保存的属性(Properties to save)，这样使得对场景信息的保存更加灵活。可供保存的属性包括：相机(Camera Location)、隐藏物体状态(Hidden Geometry)、图层显示状态(Visible Layers)、剖切状态(Active Section Planes)、显示样式(Style and Fog)、阴影(Shadow Settings)、轴线(Axes Location)。

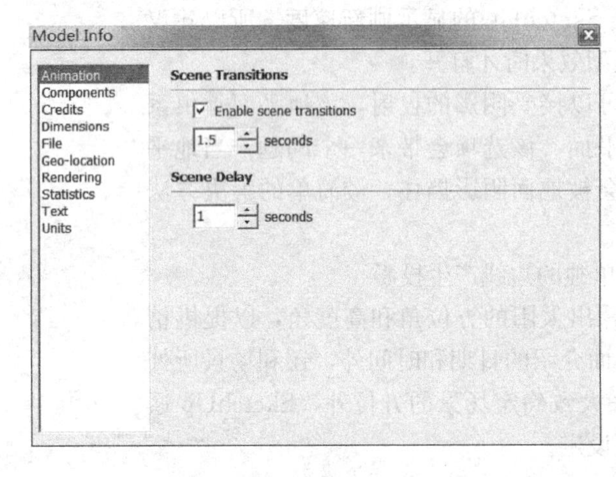

图 2-23

SketchUp 中场景的设置除了保存相机视角外，还可以借由不同场景之间的切换形成动画效果。当设置了两幅以上的场景后，在标签名的右键关联菜单中选择幻灯演示(Play Animation)，视图开始按照场景的顺序在各场景之间平滑地切换相机视角和相关显示。

SketchUp 允许通过设置场景切换和延迟时间来调整幻灯片演示的效果。选择菜单 Window>Model Info，在对话框左侧选择动画(Animation)标签，打开场景播放设置(图 2-23)。启用场景切换(Enable scene transitions)使幻灯演示时在两个场景之间平滑移动照相机，并可设定场景切换的时间。场景延迟(Scene Delay)则控制幻灯演示时每个场景的停留时间。

2.1.11 SketchUp 的物体选择

在 SketchUp 中，选择物体有鼠标点击选择和框选两大方式。其中框选和 AutoCAD 中相似，又可分为从左向右的实线框选和从右向左的虚线框选，前者表示物体必须完全被矩形框包围才能被选中；后者表示物体即便只有部分处于矩形框中也会被选中。

SketchUp对鼠标点击选择功能进行了扩展，分为单击、双击和三击三种。单击鼠标左键表示选择单个物体；双击表面表示选择该表面和构成该表面的所有边线；双击边线表示选择该边线和该边线参与构成的所有表面；三击则表示选择所有与该物体相连接的物体。

2.1.12 SketchUp快捷键

灵活应用快捷键可以明显提高我们的工作效率。SketchUp允许我们为所有的命令添加相应的快捷键。选择菜单Window>Model Info，在对话框左侧选择Shortcuts(图2-24)。

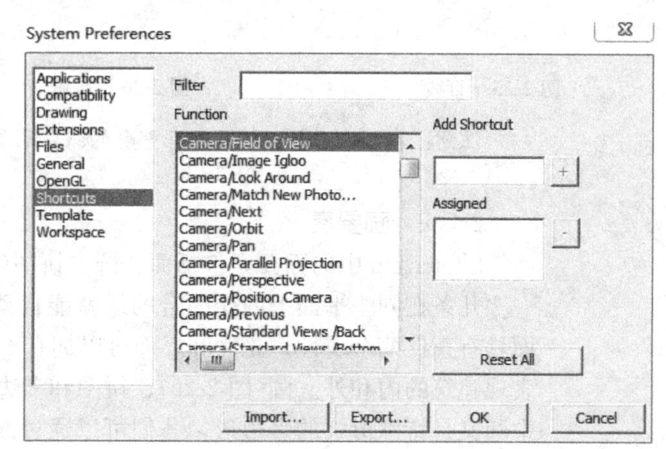

图2-24 快捷键设置

在命令列表内选择需要添加快捷键的命令。如果该命令已经有了快捷键，会在已关联快捷键(Assigned)框中显示出来。在添加快捷键(Add Shortcut)框内输入快捷键，并点击添加(+)按钮，该快捷键被添加到选定的命令上。对于已经有了快捷键的命令，在已关联快捷键(Assigned)框中选择该键，点击删除(—)可以将其取消。通过输入(Import)和输出(Export)命令可以调用或保存快捷键的设定。

注意：因为数值控制框也会接受键盘的输入，因此设定命令的快捷键时，不能使用数字键、空格键和退格键，也不要使用“/”和“*”键。另外，快捷键可以采用Shift、Ctrl、Alt组合键。

2.2 SketchUp基本图形要素

SketchUp以“线”和“面”作为基本的制图要素。面由线围合而成，在同一平面上的任意几条线，包括直线、圆弧和曲线，只要它们能围成一个闭合的区域，该区域将自动生成一个面。面必须依附于线存在，任何一个面，只要它有一条边线被删除，该面也就不存在了。而即使删除了面，其边线依然可以独立存在。面的生成、编辑和组合构成了SketchUp操作的主要内容。SketchUp模型的建立和编辑过程就是对面操作的过程。

SketchUp的基本图形要素包括线、面、组合和其他辅助性要素。

2.2.1 线要素

SketchUp中的线要素包括直线、弧线和手绘线。

直线是有一定长度的线段(图2-25)。弧线(图2-26)和手绘线(图2-27)都是由数量不等的折线段构成，但作为一个整体出现。弧线可以通过改变其折线段的数量获得不同的平滑效果，手绘线则无法进行这种修改。弧线和手绘线都可以被炸开成一堆各自独立的直线。手绘线又可被称为曲线。

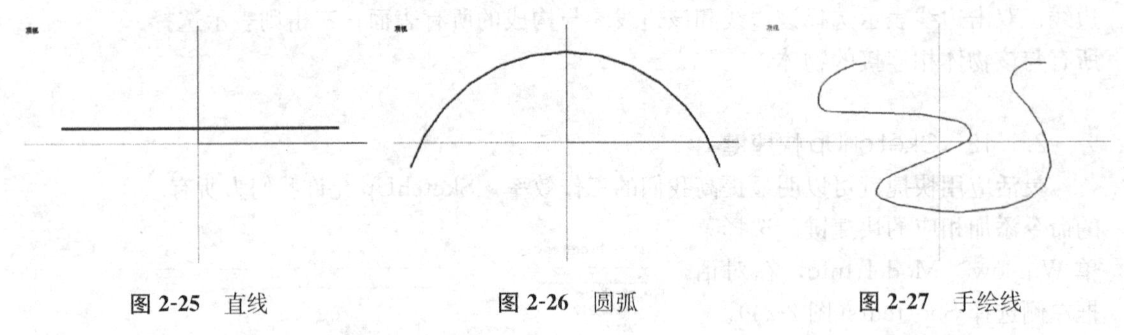

图 2-25　直线　　图 2-26　圆弧　　图 2-27　手绘线

注意：在 SketchUp 中不能有重叠的线，否则，重叠部分将会自动合并成一条线。

2.2.2　面要素

SketchUp 中的面要素包括面、圆、饼图(扇形面)、多边形和表面。

几条在同一平面上的能闭合的线就能自动生成面(图 2-28)。SketchUp 中的面具有正反两个属性，正面和反面可以拥有不同的材质，这一特点可以帮助我们表现建筑的内和外。圆(图 2-29)、饼图和多边形(图 2-30)都是特殊形式的面，其中圆又是特殊形式的多边形，我们可以通过改变圆的线段数来改变其圆滑效果。圆和多边形的边线同样可以被炸碎。

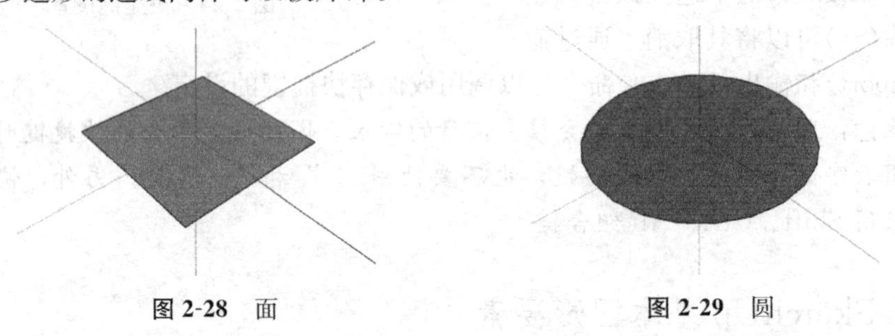

图 2-28　面　　图 2-29　圆

表面与普通的二维面不同，而是一些面的组合，而且这些面不在同一平面上。这种组合在一起的面通常用于表达圆滑效果的物体，如圆柱的侧面就是最常见的一种表面(图 2-31)。

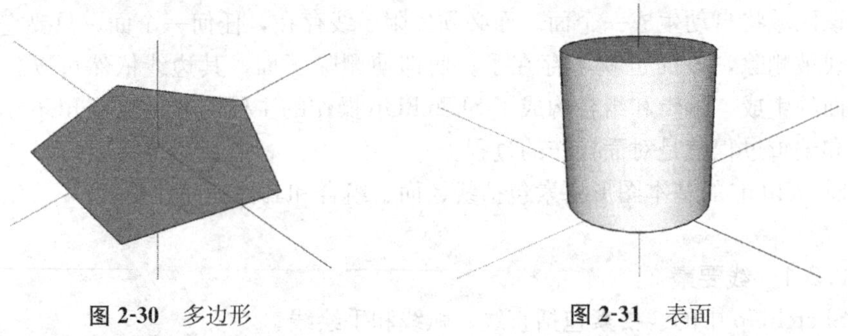

图 2-30　多边形　　图 2-31　表面

2.2.3　组合要素

组合意味着我们可以将两个以上的物体组合在一起，方便对它的编辑。

SketchUp 中的组合包括群组、组件和动态组件。

群组是一种临时性的物体组合(图 2-32)，只存在于当前场景中，其主要特征包括：快速选择、隔离物体和组织模型。由于群组内外的物体被相互隔离，灵活应用群组可以防止编辑时物体间的相互影响。群组可以嵌套，使用多层次的群组也有助于整个模型的组织。

组件则不仅仅存在于当前场景中，还可以作为单独的 SketchUp 模型被存储，然后可以被任何其他 SketchUp 场景所调用(图 2-33)。组件除了拥有群组所具有的特点之外，更重要的是组件和它的复制品之间具有关联性，除了缩放之类的操作外，对任一组件内物体的编辑都将影响到其所有的复制品。

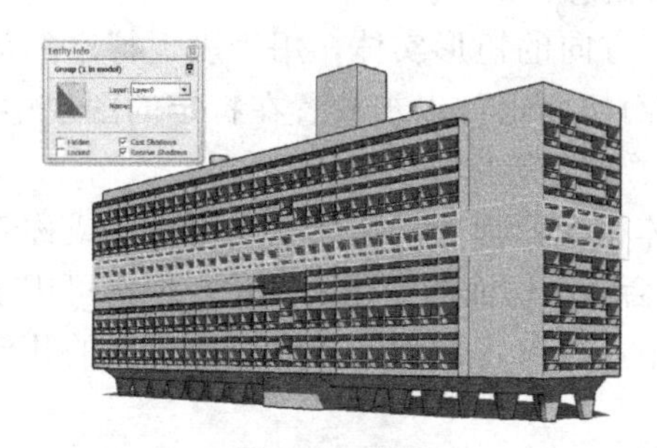

图 2-32　群组

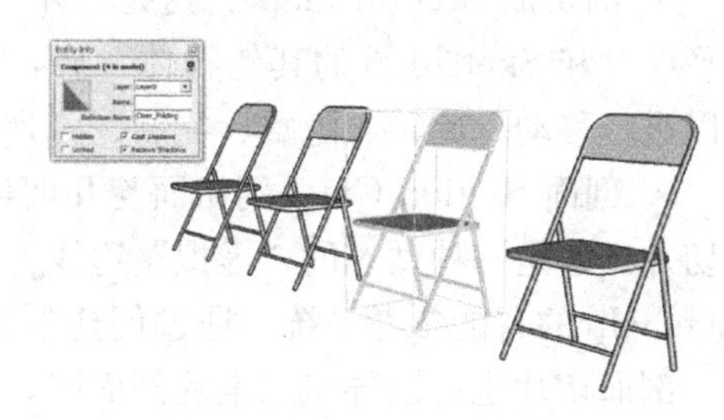

图 2-33　组件

动态组件是一种特殊的组件，除了拥有普通组件的特性外，还可以通过一些控制参数来改变组件的形态，如尺寸、数量、颜色等，并且还能通过互动设置进行如门的开关等动作演示(图 2-34)。

另外 SketchUp 中还有一类特殊的组合——实体(Solid)，它实际上是一个具有完全密封表面的群组或组件。在 SketchUp 中，不能直接创建实体，而只能选择符合实体概念要求的群组或组件执行特殊的布尔运算，包括合并、相交、修剪等。此外，基于实体概念生成外壳的功能使得 SketchUp 模型可以直接用于三维打印机。

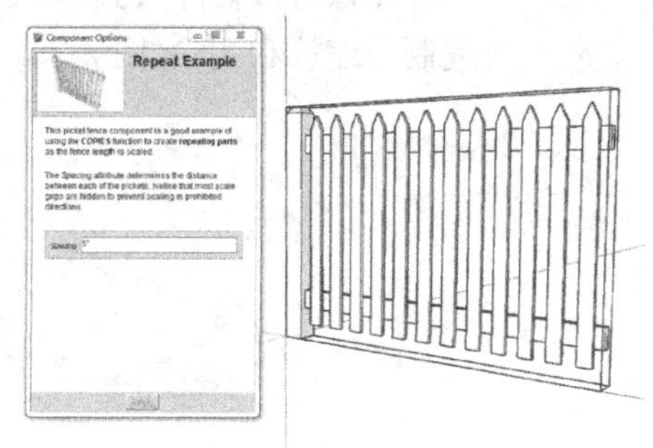

图 2-34　动态组件

2.2.4　辅助性要素

辅助性要素包括辅助线、剖切面、标注、图像和文字。

辅助线是用于辅助定位的临时性线条，通常表现为灰色的无限长虚线(图 2-35)。辅助线也可以像普通线条一样被移动、旋转、复制和删除。

剖切面是 SketchUp 中的一种特殊要素，尽管它不参与模型的生成，却可以帮助我们观察到物体的内部，以便于对其进行编辑和表现(图 2-36)。

与一般软件不同的是，SketchUp 提供的是一种动态剖面，它不但可以随剖切面的变化而自动变化，而且可以让我们直接在模型的内部工作，方便了建模的操作。另外，SketchUp 生成的剖面可以被导出成光栅图像或矢量文件，增加了其应用的广泛性。

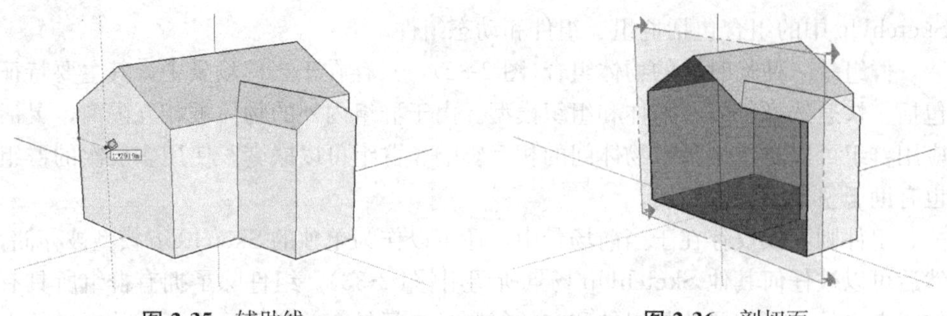

图 2-35　辅助线　　　　图 2-36　剖切面

SketchUp 中与剖面相关的有两个重要概念：

• 剖切面 Section Plane：这是一个有方向的矩形实体，用于表现特定的剖切平面。和 SketchUp 的其他物体一样，剖切面也可以被放置在特定的图层中，可以进行移动、旋转、隐藏、复制、阵列、删除等操作。

• 剖面 Section Cut：剖切面与几何体相交而形成的边线就是剖面，或称剖面切片。这是一种动态的“虚拟”边线，会随剖切面的变化而变化，但仍可用于 SketchUp 的智能参考系统。通过创建群组，可以将剖面转换成一个永久的几何体。剖面切片也可以导出二维的剖面图。

标注可以用来标识直线的长度、圆弧的半径或圆的直径(图 2-37)。标注始终与其标注对象在同一平面内，标注可以随其标注对象的改变而自动改变。

图像可以被导入到 SketchUp 场景中，并可以像普通物体一样被移动、旋转、复制、缩放和删除(图 2-38)。

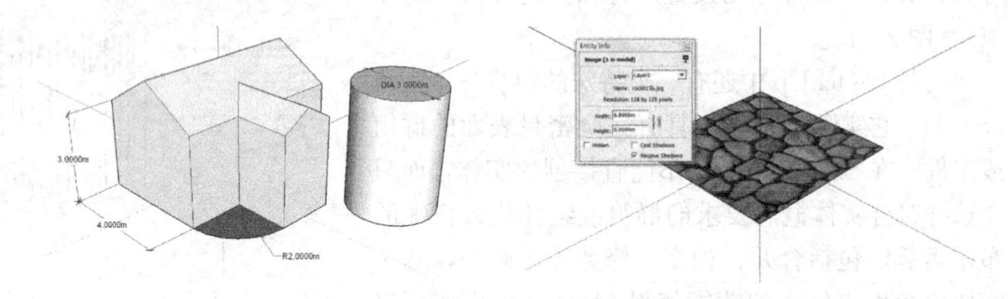

图 2-37　尺寸标注　　　　图 2-38　图像

文字是对 SketchUp 场景的说明，它有两种形式，一种与物体相关联，有一根延长线与物体相连，该文字将随着视角的改变而改变(图 2-39)；另一种是屏幕文字，不与任何物体相关联，其在屏幕上的位置保持不变(图 2-40)。

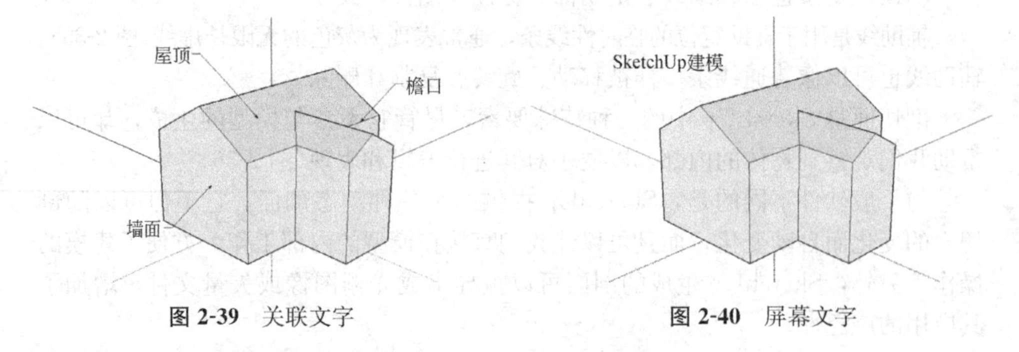

图 2-39　关联文字　　　　图 2-40　屏幕文字

2.3　SketchUp 基本操作

SketchUp 的图形要素不多，功能命令也很少，但每个命令都有一些组合功能。我们将通过一些基本的建模操作来熟悉这些图形要素和命令的使用。

2.3.1　绘制直线并创建面

选择直线工具(Line)，鼠标的光标变为铅笔的图案，在绘图窗口中点击以绘制直线的起点。沿着要画线的方向移动光标，SketchUp 会自动拉出一条橡皮线，同时智能参考系统也会根据光标的位置自动显示参考提示(图 2-41)。另外，在屏幕右下角的数值控制框中会动态显示你正在拖曳的直线的长度(图 2-42)。当光标到达需要的终点位置时，再次点击鼠标，一条直线绘制完成。此时，该终点又将变成下一条线的起点，与光标之间再次拉起一条橡皮线，等待再次输入。如果要中止直线的绘制，直接按一下键盘上的“Esc”键即可。

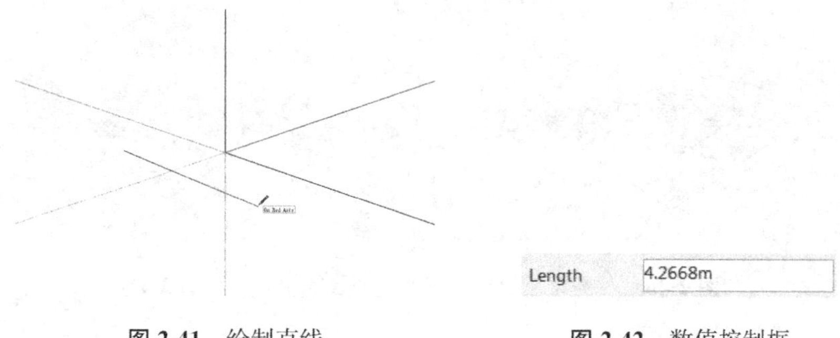

图 2-41　绘制直线　　　　**图 2-42**　数值控制框

继续绘制一条与绿轴平行的线条。然后利用智能参考系统绘制与第一条直线相平行且长度相等的第三条直线。具体方法是先沿红轴方向移动鼠标，然后移动鼠标去碰触最初始的点，再从该点开始沿绿轴方向移动鼠标，直至绿轴与红轴方向交汇处，点击鼠标捕捉点，得到第三条直线(图 2-43)。最后是第四条直线，其终点与第一条直线的起点重合，完成一个闭合的四边形的绘制。可以看到，SketchUp 自动以这个四边形为边线创建了一个面(图 2-44)。

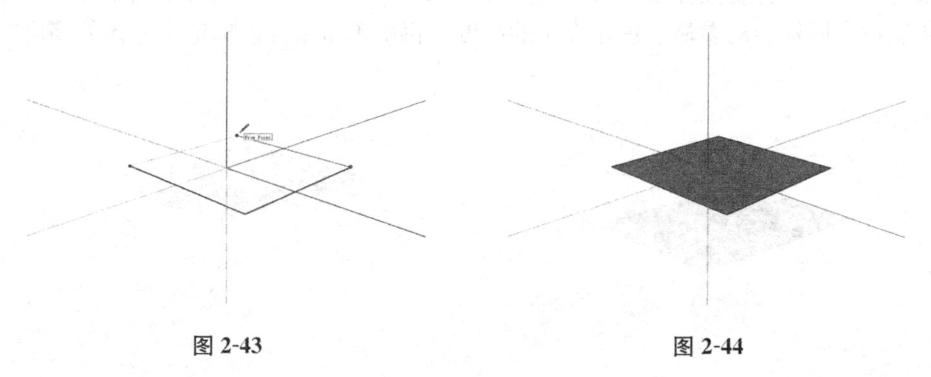

图 2-43　　　　**图 2-44**

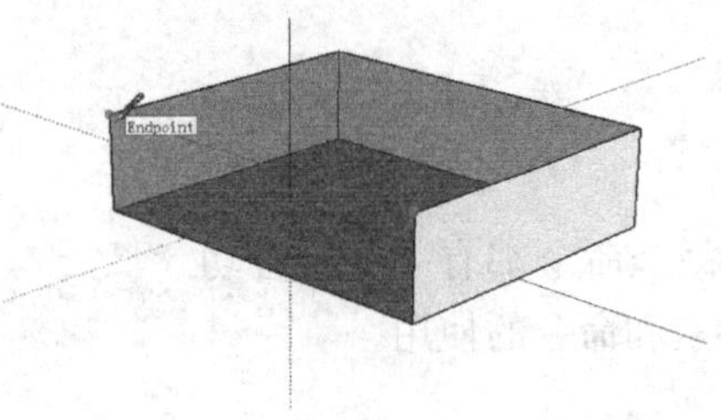

图 2-45

在这个绘制过程中，我们多次用到了 SketchUp 的智能参考系统，并且用到了智能参考系统的组合和锁定功能。按照同样的方法继续画线，最终我们可以完成一个长方体的绘制(图 2-45)。

2.3.2 面的分割和复原

选择直线工具，在刚刚创建的长方体模型的顶面画一条贯穿该表面的直线，现在该表面已经被分割为两个面，通过选择工具可以直观地看到这一点(图 2-46)。另外要注意，原来的两条边线也都被一分为二了。

利用选择工具选择刚才画的这条分割线，按一次键盘上的“Del”键，或选择擦除工具，点击该线。分割线消失，同时原来被分割的两个面再次融合到一起，复原成一个面。值得注意的是，不但面复原了，原来被分割线断开的线也再次连接到了一起(图 2-47)。

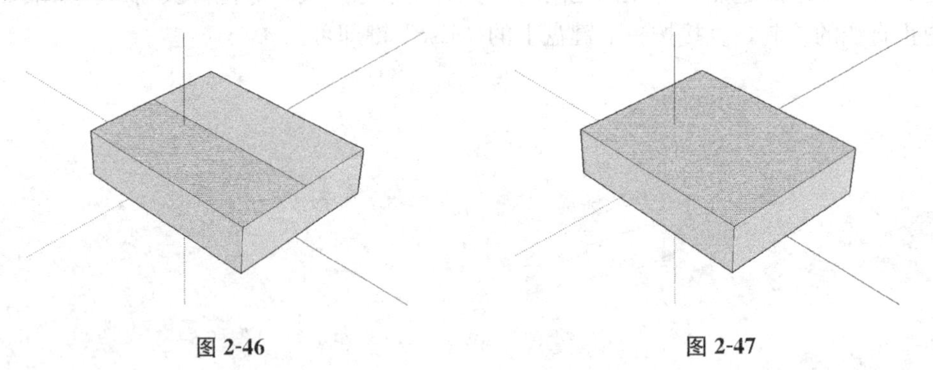

图 2-46　　图 2-47

2.3.3 使用推/拉工具

除了使用最基本的直线工具外，利用矩形工具(Rectangle)和推/拉工具(Push/Pull)，我们可以更快捷地得到一个长方体模型。

使用矩形工具在绘图窗口中绘制一个矩形(图 2-48)。该矩形包括四条边线和一个面。

选择推/拉工具，点击刚才绘制的矩形面，移动光标，SketchUp 在与矩形面垂直的方向上自动拉伸出一个长方体(图 2-49)。注意，此时在屏幕右下角的数值控制框中同样会动态显示正在推拉的高度。再次单击鼠标以确定长方体的高度。

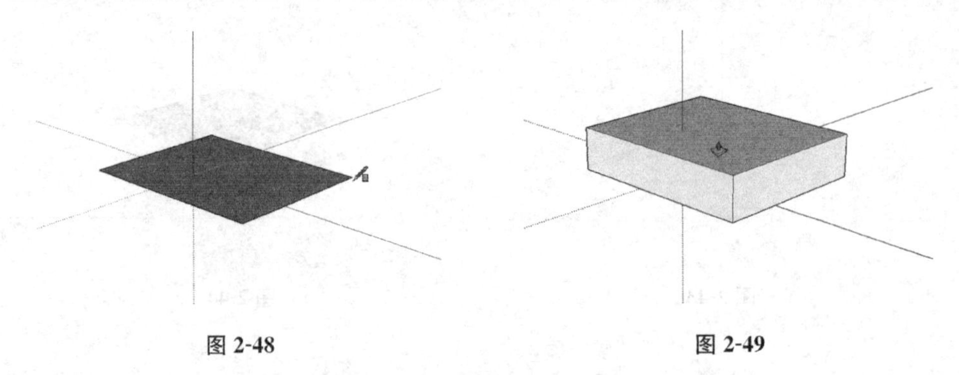

图 2-48　　图 2-49

在长方体的顶面上画一条线将该表面分割成两个面，用推/拉工具选择其中一个面并进行推拉动作，观察模型的变化(图 2-50)。

注意：推/拉工具是 SketchUp 中最强大的工具之一，掌握好这个工具将使我们的建模工作变得更为轻松。另外，推/拉动作总是沿着被推拉面的垂直方向进行的。

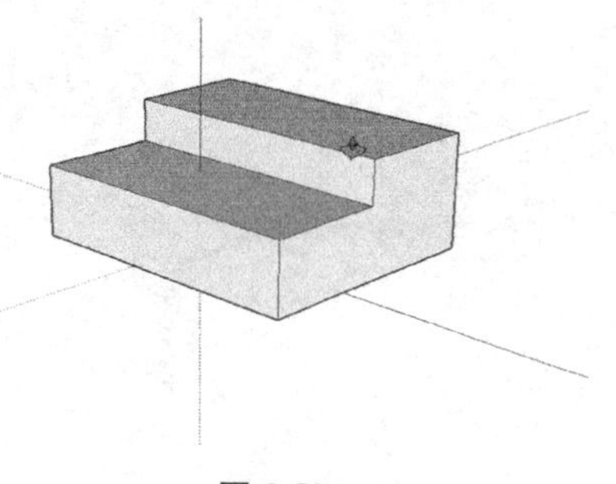

图 2-50

2.3.4 点、线、面的拉伸

利用移动工具(Move)对点、线或面的拉伸是 SketchUp 中改变模型形状的又一方法。

SketchUp 中对点的拉伸往往会导致有些面的自动折叠变形。图中所示即为拉伸长方体的某个顶点的结果，顶面被自动分割成两个三角面(图 2-51)。

回到长方体模型，在顶面上画一条分割线，选择该分割线，然后用移动工具将该分割线沿蓝色轴线方向向上拉伸，现在我们得到了一个非常简单的两坡屋顶的建筑(图 2-52)。

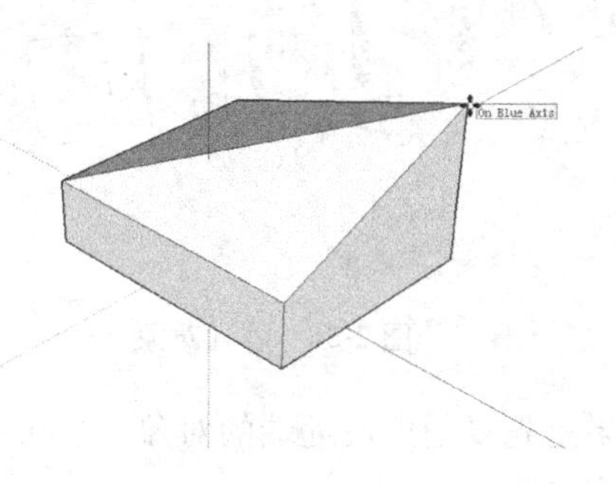

图 2-51 点的拉伸

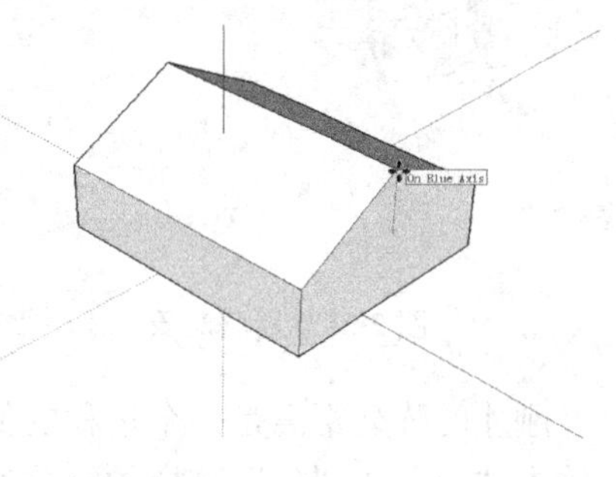

图 2-52 线的拉伸

除了对边线的拉伸外，SketchUp 还提供对面的拉伸的功能。回到刚才的长方体模型，在顶面上画一条分割线。选择其中的一个分割面，利用移动工具将该面沿蓝色轴线方向向上拉伸，观察它与使用推/拉工具时的区别(图 2-53)。

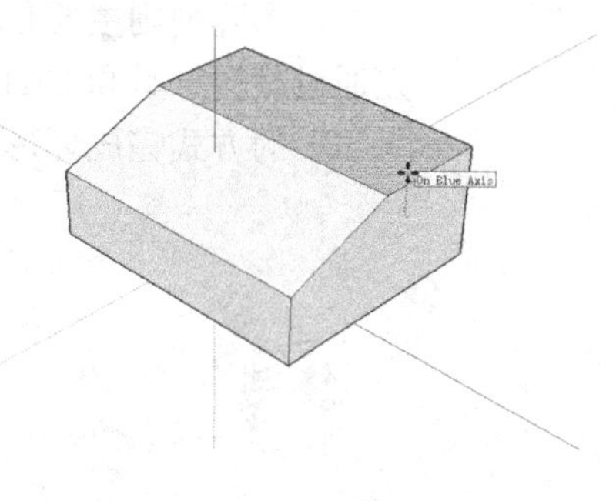

图 2-53 面的拉伸

2.3.5 复制与阵列

在 SketchUp 中，移动工具除了能完成对物体的移动外，还能完成物体的复制与阵列。

物体的复制很简单，只需要在点击移动的起始点之前按一次 Ctrl 键，光标右下角出现一个“+”号标记，表示接下来将先复制物体然后再移动复制的物体。

选择需要复制的物体，激活移动工具，按一次 Ctrl 键，移动鼠标到需要的位置再次点击(图 2-54)，即可完成复制操作。

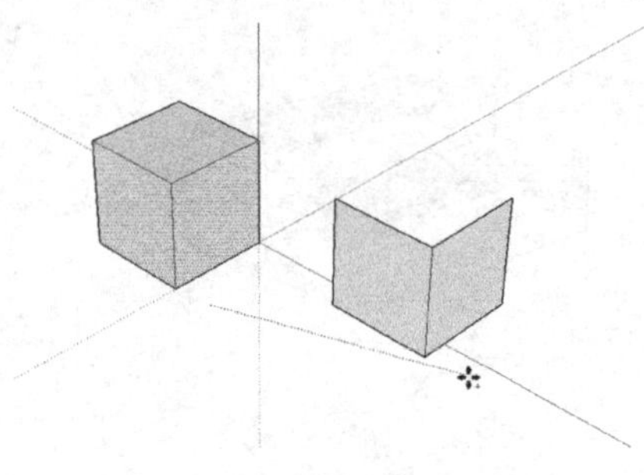

图 2-54

注意：在复制过程中，如果再次单击Ctrl键，复制功能将取消，回复到普通的移动或拉伸操作中。

除了一次性的复制外，还有阵列复制。阵列复制的功能对批量复制物体很有帮助。阵列复制又可分为线性阵列和环形阵列两种。

线性阵列主要是通过移动工具和数值控制框配合完成。在选择物体并利用移动工具和Ctrl键将其复制一个后，在数值控制框中输入复制距离为"1.5"m并按回车确定(图 2-55)。

继续在数值控制框中输入"＊4"(或者"4＊"、"4x"、"x4"都可以)，这表示按照刚才1.5m的复制间距沿红轴方向再复制3份，这3份加上刚才复制的1份一共4份(图 2-56)。在继续其他操作之前，我们可以持续输入不同的阵列数值或复制距离，改变陈列复制的结果。

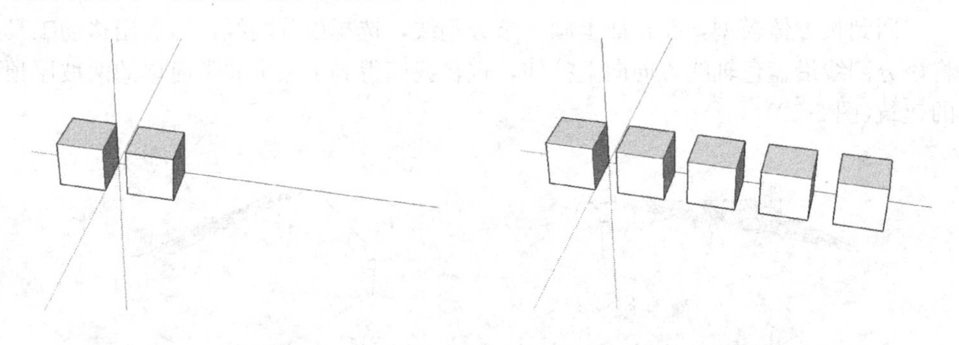

图 2-55　复制对象　　图 2-56　阵列对象

刚才的阵列距离是一个累积的值，如果是先复制出最远端的对象，也可以通过输入"/4"或"4/"这样的等分值方式完成阵列。

环形阵列则主要是通过旋转工具和数值控制框配合完成。与线性阵列类似，先通过旋转工具和Ctrl键旋转复制一份(图 2-57)，再通过数值控制框输入类似"＊4"的方式完成环形阵列(图 2-58)。

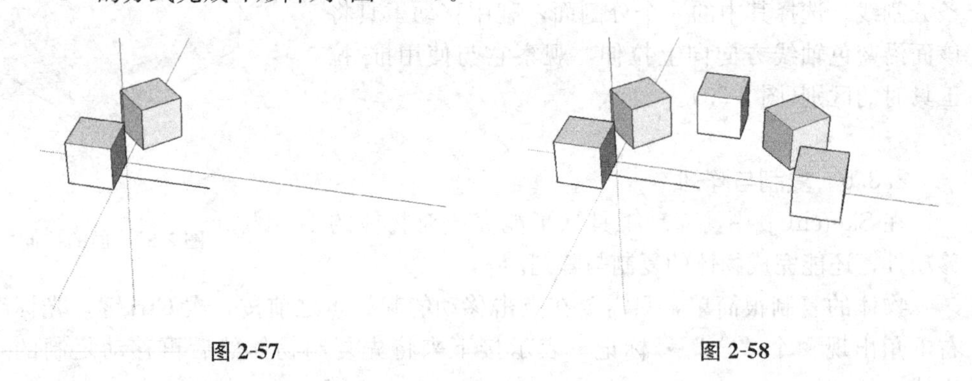

图 2-57　　图 2-58

2.3.6　缩放

SketchUp中的缩放(Scale)工具能对物体进行等比例缩放或非等比例缩放。

执行缩放命令之前必须先选择物体。

选择要缩放的物体，围绕其周边出现26个缩放控制夹点(图2-59)。选择任意夹点，拉动鼠标，可以看到物体被缩放，同时在数值控制框中显示缩放的比例(图2-60)。此时可以直接输入数值获得准确的缩放比例，不带单位的数值表示缩放的比例，而数值后加上尺寸单位则表示缩放的最终尺寸。如果数值为负值，则表示先将物体镜像，再进行缩放。

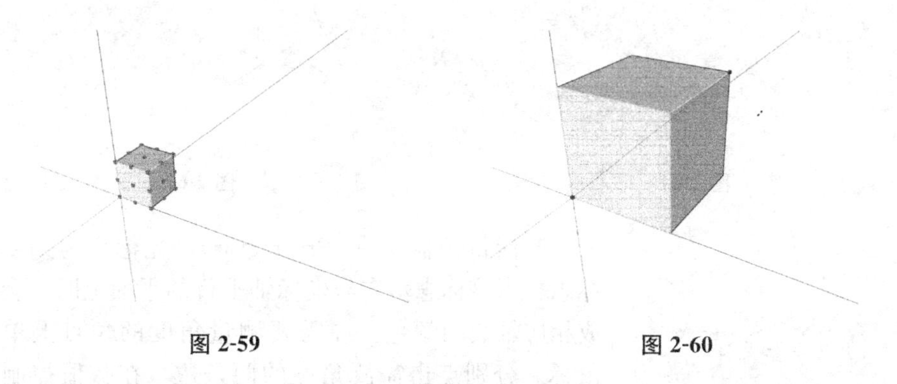

图2-59 **图2-60**

26个缩放夹点可分为三类：对角夹点、边线夹点和表面夹点。

对角夹点缩放：物体沿对角线方向缩放，默认为等比例缩放，缩放的比例显示在数值控制框内。

边线夹点缩放：物体同时在沿对应边线的两个方向缩放，默认为非等比例缩放，缩放的比例以逗号分开的两个数字显示在数值控制框内。

表面夹点缩放：物体沿对应面的方向缩放，默认为非等比例缩放，缩放的比例显示在数值控制框内。

控制是否等比例缩放，只要在拖动鼠标缩放时按住键盘上的Shift键，即可切换至与其默认相反的缩放状态。

在默认状态下，缩放都是以与选定控制夹点的对角点为基点进行的。一旦按下键盘上的Ctrl键，待缩放物体的几何中心控制点就显示出来，并且所有的缩放都是基于该中心进行。

缩放的方向都是以场景的坐标轴为基准方向，因此改变坐标轴可以在一些斜面上精确控制缩放操作的方向。

2.3.7 卷尺和量角器的使用

卷尺和量角器是分别用来测量长度和角度的工具，可以让我们得到准确的尺度信息。除此之外，它们还能创建辅助线，是建模过程中非常有用的工具。

创建一个简单的几何体。激活卷尺工具(Tape Measure Tool)，光标相应变为卷尺标志。分别选择图中边线的两个端点，在光标位置直接显示了该边线的长度(图2-61)，该长度同时也显示在数值控制框内。

用卷尺工具点击边线，注意不要点击端点，移动鼠标，在光标位置出现一条无限延长的虚线，该虚线与点击的边线相平行，同时在数值控制框内显示虚线与边线之间的距离。再次点击鼠标确定虚线的位置，一条无限长的辅助线就完成了

(图 2-62)。也可以通过在数值控制框内输入数值的方法确定或编辑辅助线与原边线间的距离。

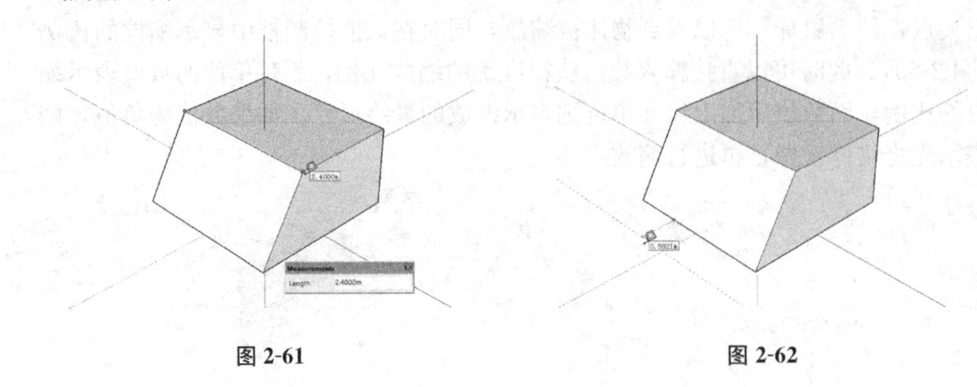

图 2-61　　　　图 2-62

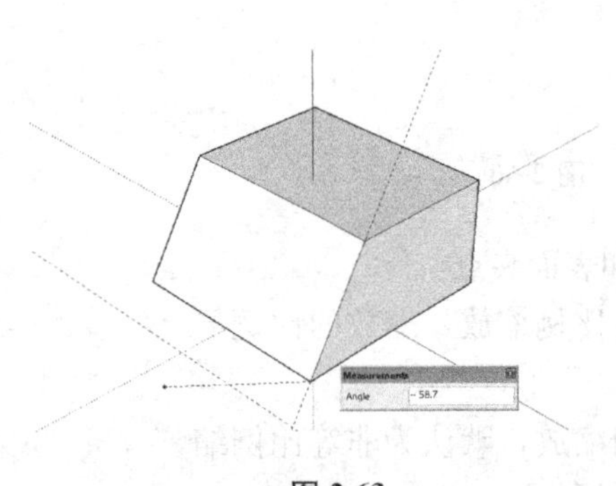

图 2-63

激活量角器工具(Protractor)，光标变为刻度盘标志，当该标志落在与坐标轴平行的平面上时，会变成相应轴线的颜色。在需要测量角度的角点上单击鼠标。分别点击需测角度的两条边，在数值控制框内显示测量出的角度，同时沿终止边自动创建了一条辅助线(图 2-63)。

注意：如果在角点位置量角器不能保持需要的方向，可以先将光标移开至测量角所在平面，然后通过按住 Shift 的方式锁定该方向，然后再将光标移至测量角所在角点。

2.3.8　路径跟随

路径跟随(Follow Me)是利用封闭面和路径实现放样操作的工具，常用于旋转体或建筑线脚、楼梯扶手等的建模。

转动视角，在红蓝轴平面绘制一个半圆。并用直线连接圆弧端点，形成半圆形面。利用卷尺工具从圆弧的中心沿蓝轴向下绘制一根辅助线(图 2-64)。

旋转视角，以辅助线的另一端点为圆心，沿红绿轴平面绘制一个圆，然后用选择工具选择刚才创建的圆，该圆将作为放样的路径(图 2-65)。

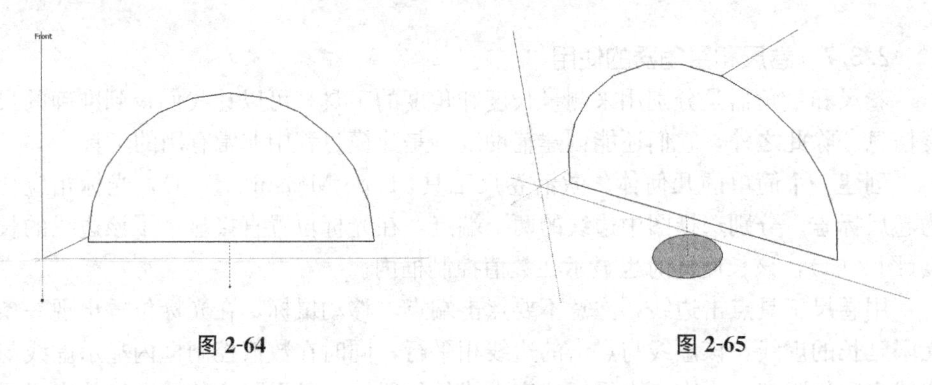

图 2-64　　　　图 2-65

激活路径跟随工具，点击圆弧面(图 2-66)。圆弧自动围绕圆的中心轴线旋转出一个半球体(图 2-67)。

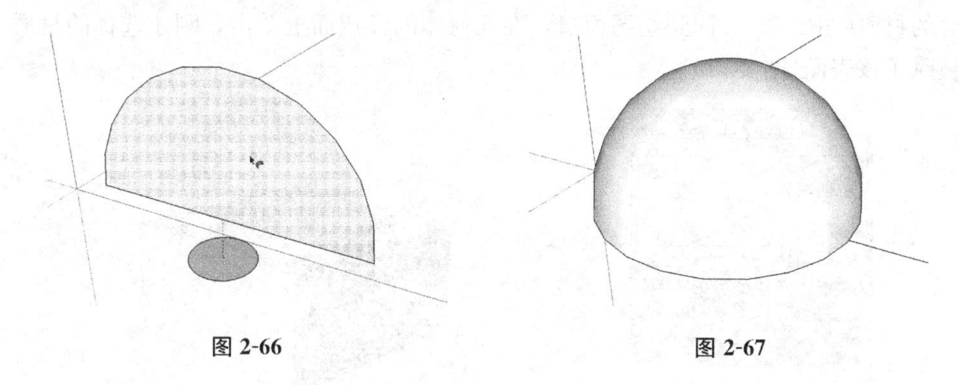

图 2-66　　　　图 2-67

用同样的方法可以制作建筑的线脚。

随意拉伸一个建筑体量，并在一侧角部绘制一个线脚的剖面(图 2-68)。

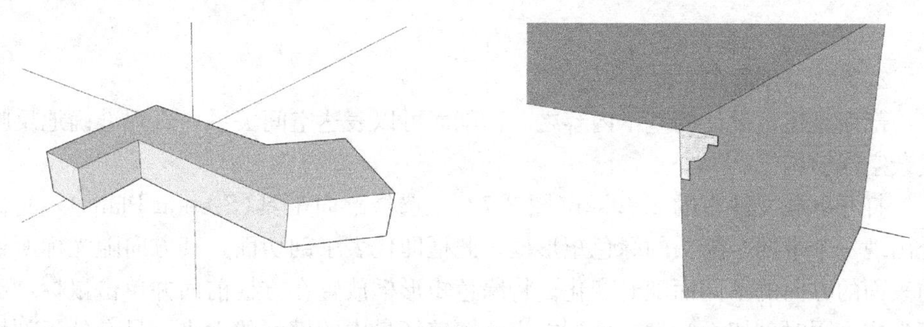

图 2-68

激活路径跟随工具，点击线脚剖面，并沿建筑体量顶部线条方向拉动，生成线脚(图 2-69)。

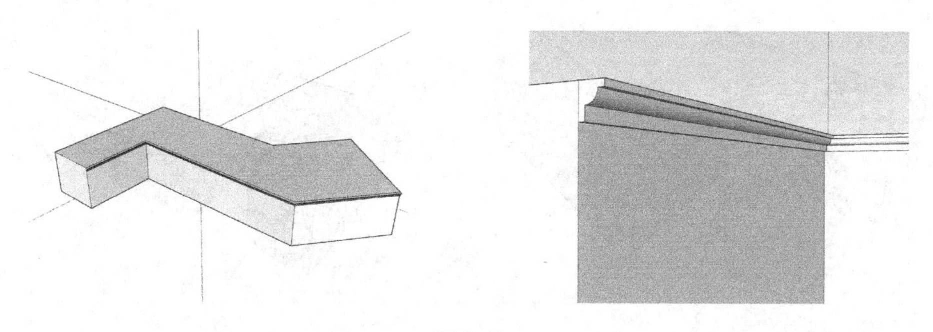

图 2-69

2.3.9 赋予材质

在 SketchUp 中直接创建的物体都是默认材质，该材质具有两面特性，正反面分别具有不同的颜色。我们也可以根据需要对物体赋予不同的材质，这些材质可以具有不同的颜色、不同的贴图、不同的透明度。SketchUp 提供了一些预先定义好的材质，也可以由我们自己设定材质。

激活材质工具(Paint Bucket)，材质浏览器(Materials)也自动被打开。在“Select”标签下的下拉列表中选择材质库，然后在该材质库的预览图像中选择需要的材质(图 2-70)。回到绘图窗口，在几何体的任意面上单击，刚才选择的材质被赋予该表面(图 2-71)。

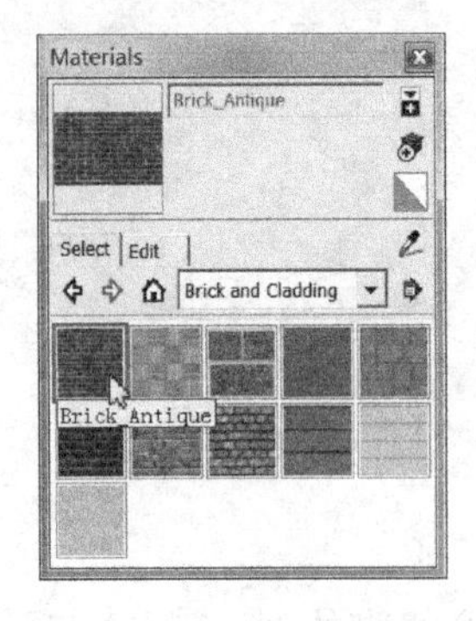

图 2-70　材质浏览器

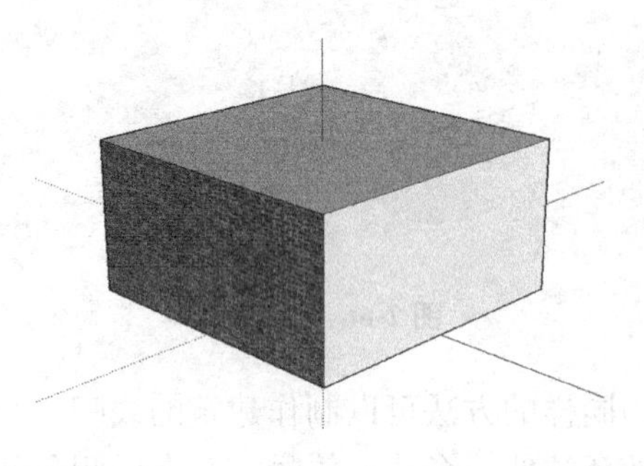

图 2-71

2.3.10　剖面

剖面是建筑设计的基本内容之一，剖面可以表达空间关系，直观准确地反映复杂空间结构。

打开下载文件中的 2.1.skp(图 2-72)。选择剖面工具(Section Plane)，光标处出现一个带四个箭头的绿色矩形框，此框即代表了剖切面，其方向随光标所处的表面的方向的不同而随时变化。将绿色矩形框放置在方柱前面并单击鼠标，剖面生成，同时剖切面自动扩展到能完全覆盖场景中的模型的大小。只有处于剖切面箭头所指方向一侧的物体才可见，另一侧的物体全部被“切”掉了(图 2-73)。选择剖切面并移动时，可以看到剖面随着剖切面的移动而自动变化。

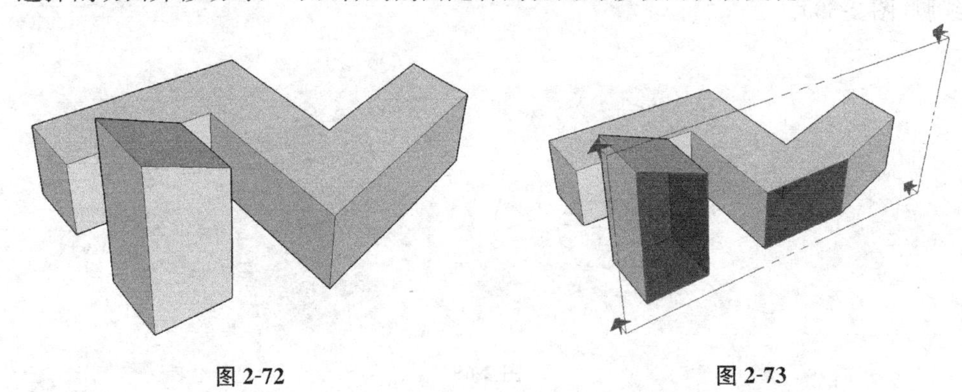

图 2-72　　　　图 2-73

在 SketchUp 中还有一个与剖面显示相关的工具栏(图 2-74)，可以通过菜单 View>Toolbars>Section 打开它。剖切工具栏除剖面工具外，还包含两个功能切换按钮：显示/隐藏剖切(Display Section Planes)和显示/隐藏剖面(Display Section Cuts)。

在剖切面的空白位置单击鼠标右键打开关联菜单，选择将面翻转 Reverse(图 2-75)，剖切面指示方向的箭头被翻转，模型的剖切部分也产生相应的变化(图 2-76)。

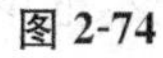

图 2-74

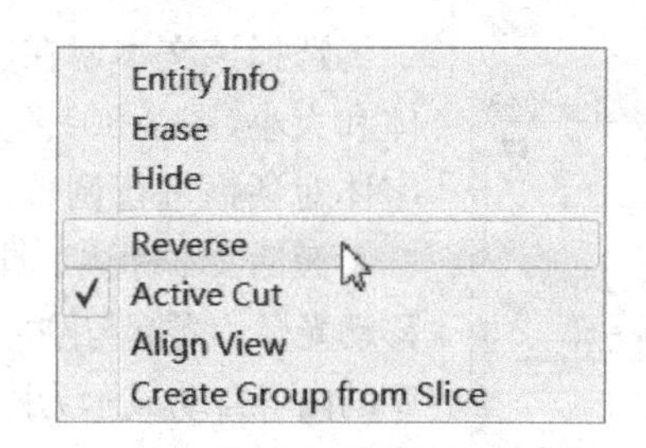

图 2-75

将剖切面翻转回去。再次打开剖切面的关联菜单，选择对齐到视图 Align View。视图窗口自动对齐到剖切面的正交视图上，点击充满视窗 Zoom Extents 工具可以看得更清楚(图 2-77)。

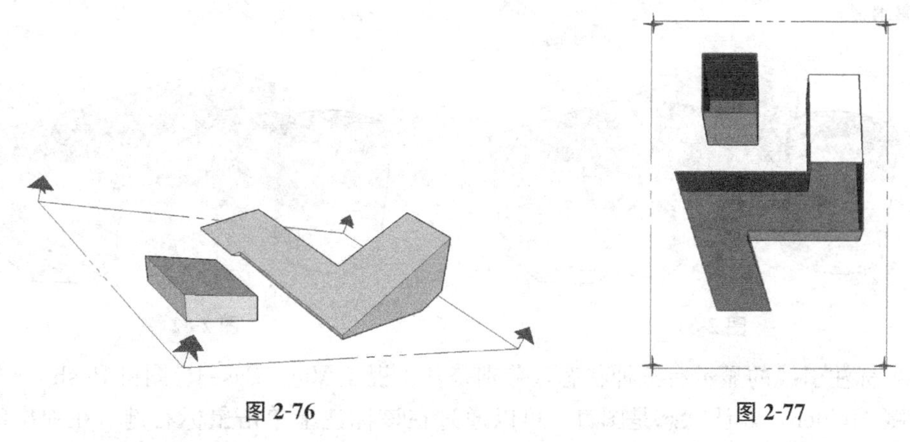

图 2-76　　　图 2-77

2.3.11　文字标注

SketchUp 中的文字标注有两种形式，一种标注文字 Leader Text，与物体相关联，有一根延长线与物体相连，该文字将随着视角的改变而改变；另一种是屏幕文字 Screen Text，不与任何物体相关联，其在屏幕上的位置保持不变。

打开下载文件中的 2.2.skp，使用文字标注工具在视图窗口左上角的空白处单击鼠标，文本框出现，并等待文本的输入(图 2-78)。在文本框中输入"某办公楼设计"，在文本框外单击鼠标或按两次回车键完成文本的输入(图 2-79)。旋转视图，可以发现文字保持在屏幕的左上角不动。而用选择工具选择该文字，可以用移动工具改变其位置，或者直接用文本标注工具选择该文字并移动其位置。

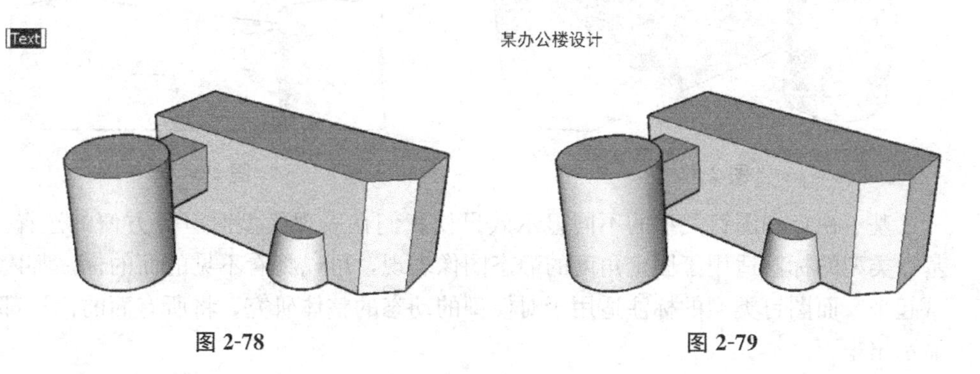

图 2-78　　　图 2-79

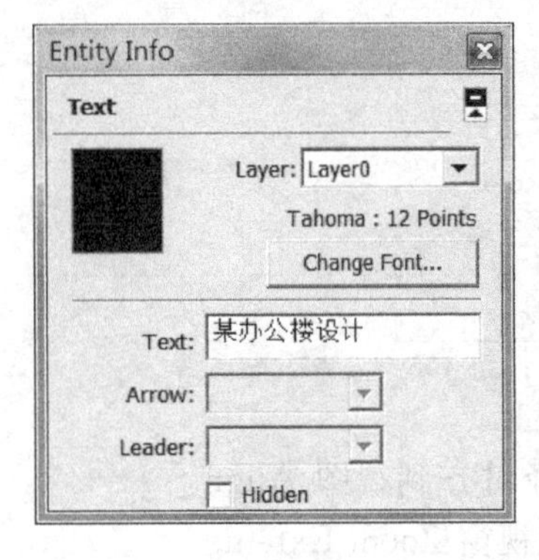

图 2-80

选择该文本，在实体信息对话框中可以看到该文本的字体和大小(图 2-80)。点击改变字体 Change Font，可以通过字体对话框进行调整。

激活文本标注工具，在建筑顶面上单击确定标注的起始点，移动光标，光标与刚才的起始点之间出现一条橡皮线，同时文字的内容自动显示为刚才所点击的表面的面积值(图 2-81)。再次点击鼠标确定标注的位置，并在文本框中输入“办公楼主体”，在文本框外单击或按两次回车键以确认文本的输入。现在我们已经创建了一个文字标注，它由文本、箭头和标注引线三部分组成(图 2-82)。

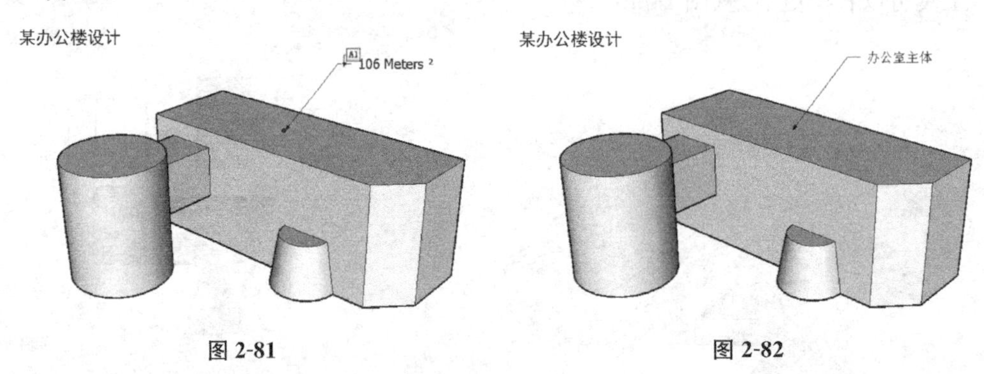

图 2-81　　　　图 2-82

标注引线的显示有三种状态，分别是基于视点 View Based、图钉 Pushpin 和隐藏 Hidden，默认状态是图钉。可以通过在该标注上单击鼠标右键，在弹出的关联菜单中选择相应标注引线状态。再对圆柱顶面添加一个文本标注，文字为“会议厅”，将其标注引线状态更改为基于视点(图 2-83)。

旋转视图至图中所示，两个标注起始点都被遮挡住了，此时“办公楼主体”标注依然可见，而“会议厅”标注则自动隐藏了(图 2-84)。这是因为基于视点类型的标注会随着起始点的遮挡而自动隐藏，而图钉类型的标注则还是保持可见。

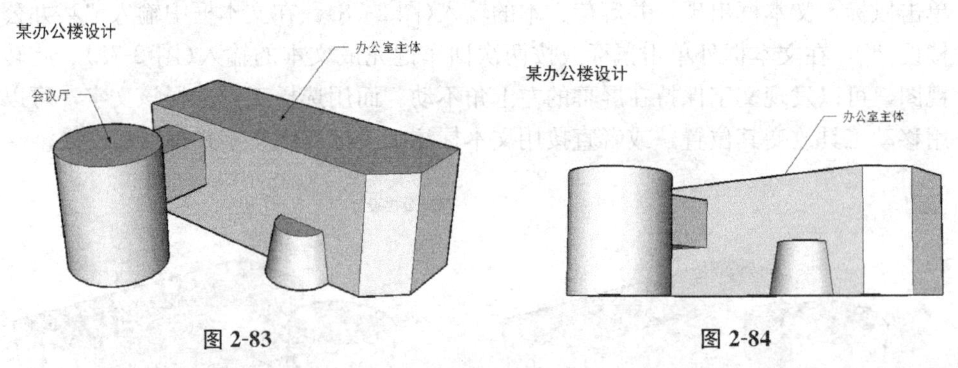

图 2-83　　　　图 2-84

基于视点和图钉类型的不同显示效果使我们在表现模型时有更方便的选择。基点类型的标注适用于固定角度的静态图像表现，可以将看不见的面的标注都隐藏起来。而图钉类型的标注适用于对模型的动态的整体研究，将所有面的标注都显示出来。

除了标注引线有三种类型外，标注的箭头也有不同的表现形式(图 2-85)。

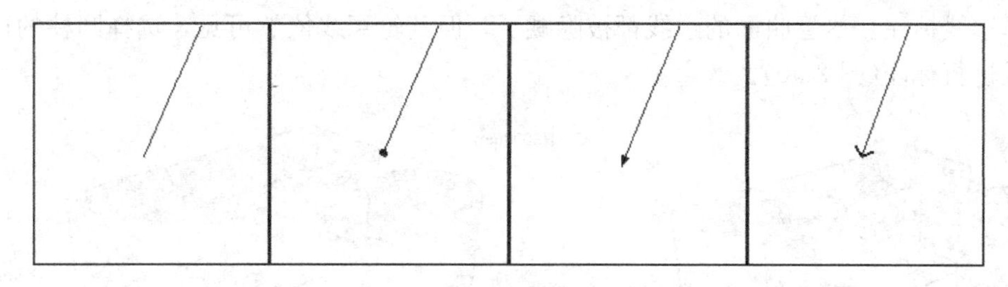

图 2-85

2.3.12 尺寸标注

尺寸标注与模型当前的单位设置有密切的关系，为符合建筑尺寸标注的通常规范，我们需要调整模型的单位。

重新打开下载文件中的 2.2.skp，并在场景信息对话框中将单位改为毫米(mm)，精度改为 0mm。

使用尺寸标注工具分别点选需标注边线的两个端点，移动鼠标并确定标注的放置位置(图 2-86)。在尺寸标注工具保持激活的状态下，直接点取标注可以移动其位置。当然使用移动工具也能达到同样效果。

除了点击端点确定标注外，也可以直接点取边线完成。用尺寸标注工具点击图中所示边线，移动鼠标放置标注，SketchUp 会自动把已有的标注作为智能参考系统的一部分，使得标注间可以对齐(图 2-87)。

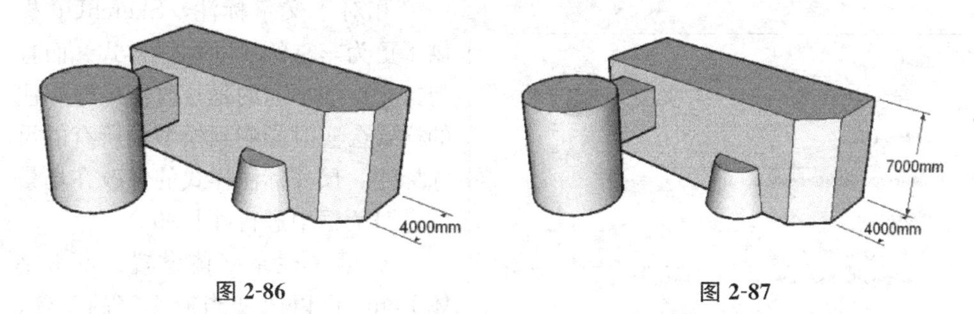

图 2-86　　图 2-87

根据 SketchUp 的设定，边线的尺寸标注所标注的是边线沿坐标轴方向和与边线垂直方向的长度。当我们标注图中所示斜线时，随着鼠标移动的方向，可以呈现四种不同的标注，而拉出的橡皮线的颜色指示了标注的方向(图 2-88)。

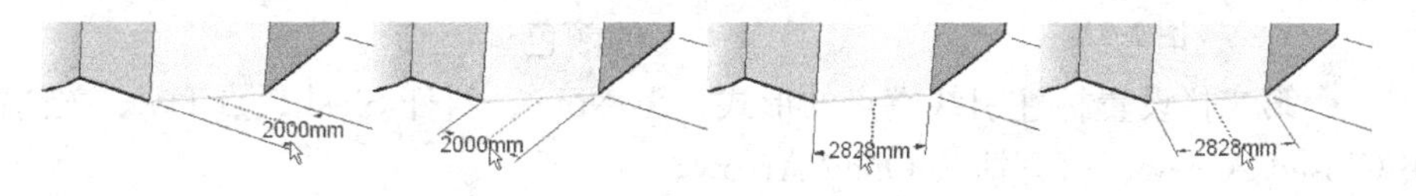

图 2-88

除了对直线标注外，SketchUp 还可以对圆弧进行标注。半径标注值前自动带有前缀“R”，直径带有前缀“DIA”(图 2-89)。直径和半径的标注通过关联菜单中的类型选项可以互换。

对于曲面的长度标注，如模型中的圆柱和圆台的高，由于无法通过选择端点的方法进行标注(选择端点时会默认标注其所在圆弧的直径或半径)，只能通过选择边线标注。尽管曲面的边线都被隐藏了，但其轮廓线依然可见，选择圆柱的边线进行标注(图 2-90)。

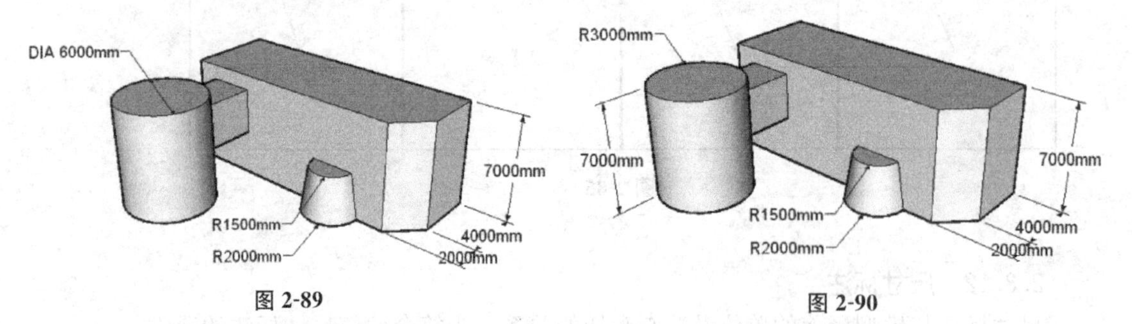

图 2-89　　图 2-90

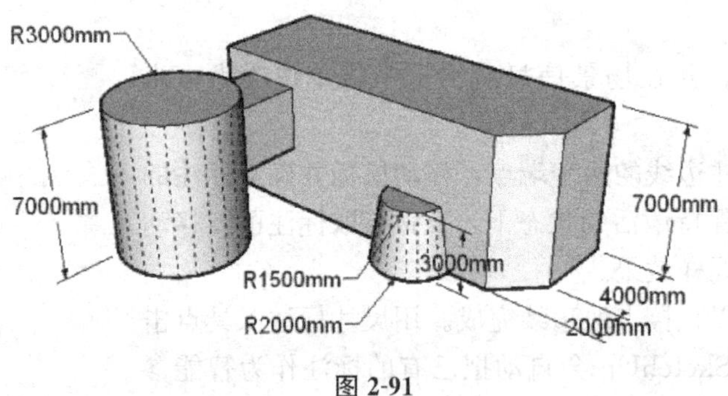

图 2-91

对于圆台的边线，我们先要打开菜单 View > Hidden Geometry，将被隐藏的边线显示出来，选择某一条边线进行标注(图 2-91)。

SketchUp 的尺寸标注是和标注对象相关联的，用推/拉工具拉伸顶面，可以看到垂直边的标注值随之而改变。而一旦标注值被人为改变，则该标注与标注对象之间的关联性将消失。

相对于文字标注，SketchUp 提供了更为丰富的尺寸标注样式。而且与文字标注不同的是，改变尺寸标注的样式会实时影响到模型中所有的尺寸标注。尺寸标注样式的修改在场景信息对话框中进行(图 2-92)。

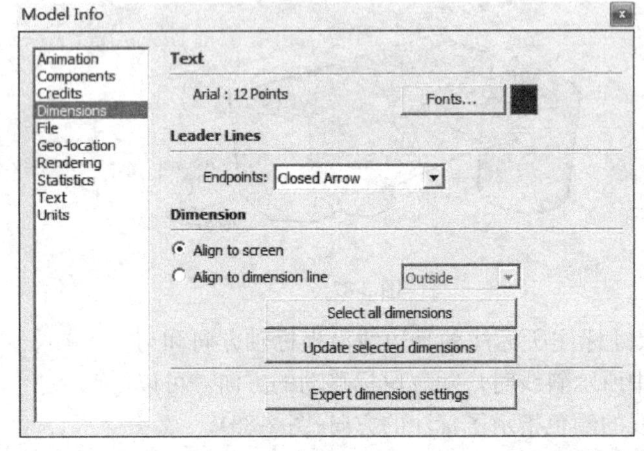

图 2-92

- 第一栏是字体设置，点击字体 Fonts 可以改变当前文字的字体、字形和大小。字体的大小如同标注文字一样可以设为 Points 或实际高度。点击字体按钮后的色块可以更改字体的颜色。

- 第二栏设置标注引线端点的形式：无 None、斜杆 Slash、点 Dot、关闭箭头 Closed Arrow、打开箭头 Open Arrow。

- 第三栏设置尺寸标注的对齐方式：对齐屏幕 Align to screen 和对齐尺寸线 Align to dimension line。当选择对齐尺寸线时，右侧的下拉列表中共有三个选项：上面 Above、中心 Centered 和外表 Outside。

- 选择所有尺寸标注(Select all dimensions)和更新选择的尺寸标注(Update selected dimensions)可以对场景内所有或部分的尺寸标注的样式进行更新。

2.4　SketchUp群组和组件

群组和组件是SketchUp中管理和组织模型的重要手段，熟练而有效地使用群组和组件将为我们的建模工作带来非常大的便利。

SketchUp中一个最基本的特点是线和面之间的依附关系，面必须依赖于线才能存在，同时面与面之间又被彼此之间的共用边线联系在一起。在这种情况下，对面或线的编辑都将影响到模型的其他部分。要使一部分面和线独立出来，就必须利用群组或组件。

2.4.1　群组和组件的使用

相对于组件，群组的使用较为简单，其用途主要在于将一部分物体独立出来，便于自身的编辑和避免对其他物体的影响。

尽管群组的概念简单而有效，但将哪些物体组合成群组则需要仔细考虑。因为一旦组合成群组，群组内外的物体将被相互隔离，SketchUp原有的线与面、面与面之间的互动关系也被割裂开来，反而阻碍了对形体的自由掌控。因此必须根据自己的需要和设计对象的特点进行群组的组合。比如对于具有标准层的多层物体，一般来说以层为对象成组是比较合适的。而对于更强调体块组合的建筑造型，以各体块为对象成组更为合适。

另外要善于使用嵌套群组。SketchUp支持群组的嵌套，群组内可以再包含群组和组件。通过这种嵌套方式，模型内各物体将组成一个树状结构，有利于我们对整个模型的组织和管理。并且SketchUp将这种树状组织结构通过管理目录(Outliner)清楚地展现出来。

相对于群组，组件更适用于在模型中重复出现的物体，如窗户、家具、配景等。只需要创建一个原始模型并将其组成组件，即可在所有的SketchUp模型中重复使用，既方便，又可减少SketchUp对系统资源的消耗。

除了由我们自己创建组件外，SketchUp本身提供组件库内组件较少，而主要依赖于网络上的组件库(3D Warehouse)，可以通过搜索找到更多的组件模型下载。利用这些现成的组件，可以大大减少我们的工作量。

选择菜单Window＞Components可打开组件管理器(图2-93)。在组件管理器中既可以管理模型中所载入的组件，也可以通过搜索下载组件库中的组件。此外，一些特殊的操作，如选择同类型组件(Select Instances)、替换组件(Replace Selected)和清理未使用组件(Purge Unused)，都是通过组件管理器进行操作。

组成群组和组件的物体也可以被编辑，只需要双击该群组或组件，将进入其编辑状态。结束后只需要单击该群组或组合范围之外的任意地方，或直接按Esc键，就可退出编辑状态。

图2-93　组件管理器

当进入群组或组件的编辑状态时，还可以设定该组合之外其他物体的显示状态，不显示其他物体有助于编辑，显示其他物体有助于对整体模型的把握。而对于组件还有一个特别之处，进入组件的编辑时，其关联组件的显示状态也可以设定。因此在编辑时需要经常性地在这两种状态间进行切换，建议设定相应的快捷键，以提高建模效率。此外，组合外物体处于显示状态时，其淡化程度可在场景信息对话框中进行设置(图 2-94)。其中淡化显示相同组件(Fade similar components)表示编辑组件时，其他相同组件的淡化程度，也可完全隐藏。淡化显示其余模型(Fade rest model)表示编辑组件或群组时，其他物体的淡化程度，也可完全隐藏。

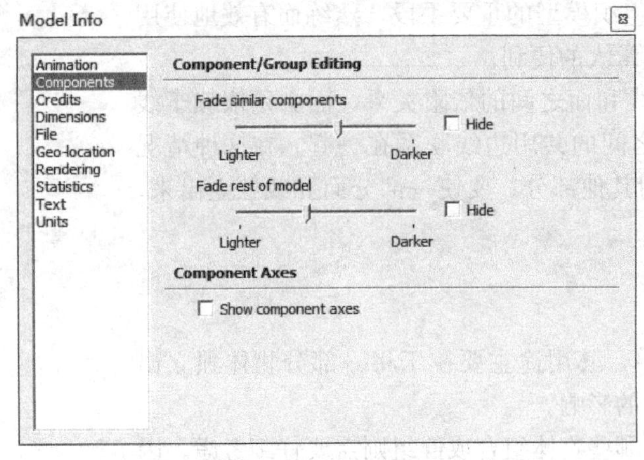

图 2-94　组件编辑设置

1) 创建组件

打开下载文件中的 2. 3. skp，以从左向右框选的方式选择窗户的所有面和边线。在选中的物体上单击鼠标右键，在弹出的关联菜单中选择制作组件(Make Component)(图 2-95)。

出现创建组件对话框。在名称栏输入“窗户 1”，其他选项如图 2-96 中设置，点击“创建”按钮。一个名为“窗户 1”的组件就创建成功了。

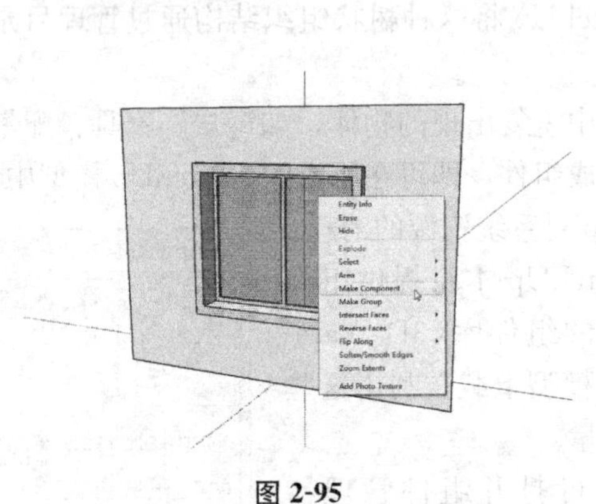

图 2-95

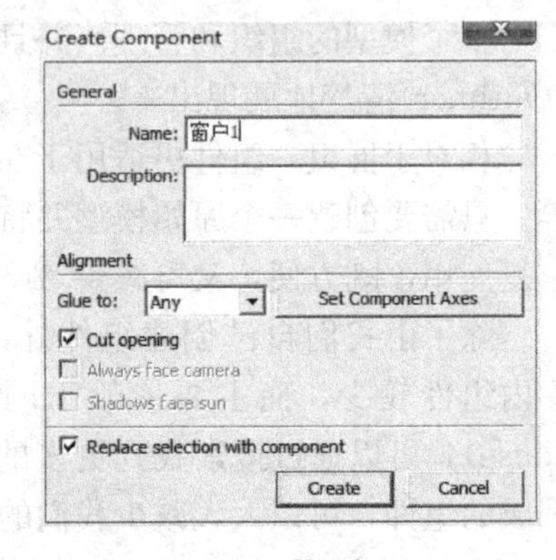

图 2-96

2) 创建组件对话框

下面我们要详细解释一下创建组件对话框中各选项的功能。

- 概要(General)

名称(Name)：定义组件的名称。所有的组件都必须有一个名称，即使你不输入，系统仍会自动分配一个名称。组件名称具有唯一性，不同组件的名称必须保持不同。

注释(Description)：对组件进行一些更详细的描述。

- 对齐(Alignment)

粘合到(Glue to)：这是一个下拉式列表，用来定义插入组件时组件可以被放置到什么样的平面上。其选择项包括：没有(None)、任意(Any)、水平(Horizontal)、垂直(Vertical)、斜面(Sloped)，分别表示组件没有粘合面、组件可以被放置到任意平面上、组件被限制放置在水平面上、组件被限制放置在垂直面上、组件被限制放置在斜面上。除“没有”选项外，选择其他任何一个选项绘图窗口中都会出现一个代表粘合面的灰色平面。下面的例子可以帮助我们更好地理解粘合面的意义。

设置组件轴线(Set Component Axes)：定义组件的粘合平面。当组件被放置在某平面上时，组件的粘合平面将与该平面共面。除了系统自动指定的粘合平面外，我们还可以自己设置组件的粘合面的位置。点击该按钮，创建组件对话框暂时隐藏，光标变为坐标轴符号。通过选择原点、红轴方向和绿轴方向来设定组件的粘合面坐标系统。

剖切开口(Cut opening)：选择这一选项表示允许插入组件时在其插入面上自动开洞。这一特点在门窗类组件中是非常有用的。当“粘合到”选项为“没有”时，这一选项将变成灰色而无法选择。

总是面向相机(Always face camera)：选择这一选项表示在旋转相机时，允许组件沿粘合面的蓝轴自动旋转以使得其某一面始终面向相机。只有“粘合到”选项为“没有”时，这一选项才被激活。

阴影朝向太阳(Shadows face sun)：只有当“总是面向相机”选项被选中时，这一选项才被激活。选择这一选项表示在组件面向相机旋转时，其阴影来自组件面向太阳时的位置，阴影的位置和大小不随组件的旋转而改变。这一特点在树木类组件中非常有用。而不选择这一选项表示阴影会随着组件的旋转而不断变化。

• 替换选择(Replace selection with component)

表示是否将创建组件的源物体转换为组件，不选该选项表示原来的物体保持不变。

3）插入组件

现在我们利用刚才生成的窗户组件完成组件的插入操作。在刚才的文件中，先将场景中所有物体选择并删除，然后利用矩形工具和推/拉工具创建一个 6m×6m×3m 的建筑体块(图 2-97)。

选择菜单 Window>Components，打开组件管理器，选择“模型中”(In Model)按钮，组件管理器将当前模型中所有的组件以缩略图的形式显示出来，目前的模型只有一个组件“窗户 1”(图 2-98)。

点击“窗户 1”组件，将鼠标移回绘图窗口，光标自动变成移动工具标志，同时窗户模型也出现在场景中，且光标位置就是组件的插入点位置。此时组件尚未被真正插入到具体位置上，组件将随鼠标的移动而移动(图 2-99)。

在建筑体块的某一墙面的合适位置单击鼠标，组件窗户 1 被放置在该位置，同时墙面自动被窗户的边线切割出洞口(图 2-100)。

接下来除了可以继续利用组件对话框插入组件外，还可以通过复制已插入的组件来完成多组件的插入。

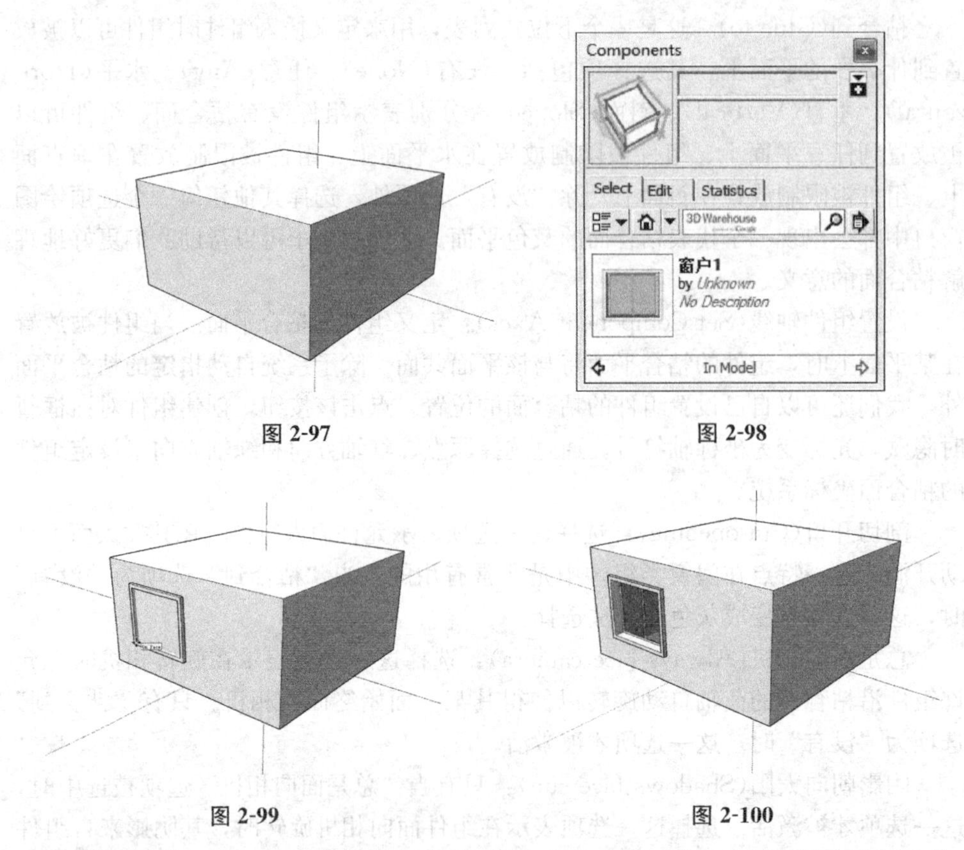

图 2-97　　图 2-98

图 2-99　　图 2-100

选择墙体上插入的窗户组件，激活移动工具，按一次 Ctrl 键激活复制功能，向右复制一个窗户，复制的窗户同样具有自动切割洞口的特性(图 2-101)。

继续复制窗户，这次将复制的目标点放到另一个墙面上，可以发现，组件自动旋转以适应放置面的方向，这是因为前面创建组件时我们选择了粘合到任意平面(图 2-102)。

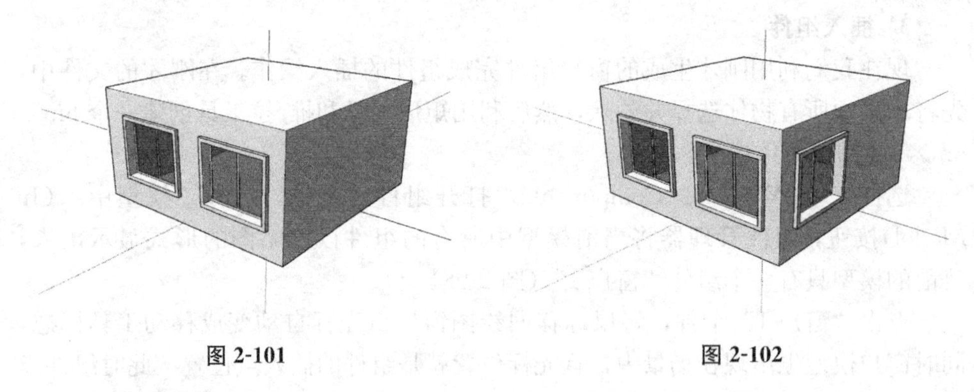

图 2-101　　图 2-102

4）编辑组件

组件具有关联性，这一特点使得除了缩放之类只影响某组件本身的编辑外，对任一组件内物体的编辑都将影响到其所有的复制品。

用选择工具双击模型中的任一窗户组件，将自动进入编辑组件状态，系统以虚线框显示组件范围，并将不属于该组件的所有物体以灰色表示(图 2-103)。

通过菜单 View->Component Edit 下的两个选项命令：隐藏剩余模型(Hide Rest Of Model)和隐藏相似组件(Hide Similar Components)，可以尝试隐藏剩余模型(图 2-104)和隐藏相似组件命令(图 2-105)。

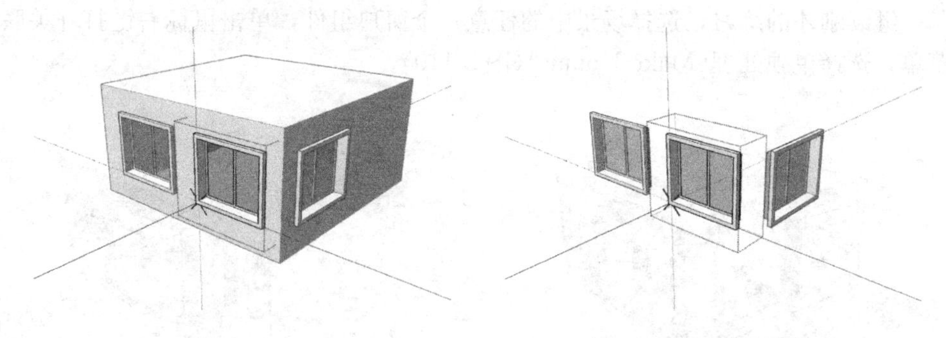

图 2-103　　　　图 2-104　隐藏剩余模型

用推/拉工具将窗套面向外拉伸，可以看到其他窗户组件也都发生了相应的变化(图 2-106)。将窗套的一个侧面向外拉伸，此时不但其他组件发生了变化，墙体的开洞也相应发生了变化(图 2-107)。

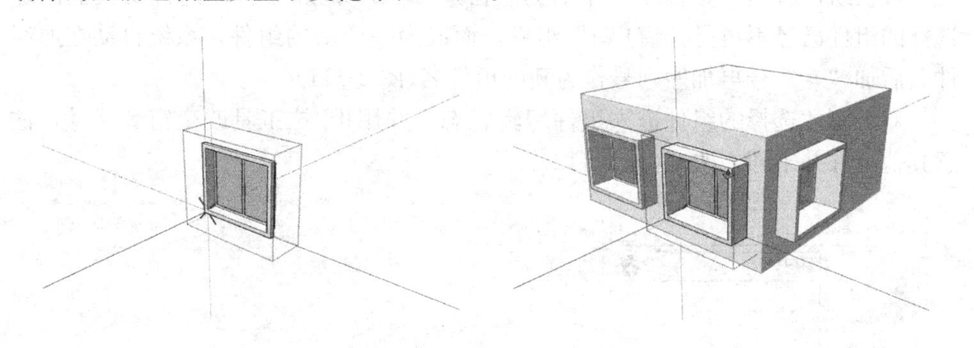

图 2-105　隐藏剩余模型和相似组件　　　　图 2-106

在表示组件范围的虚线框外单击，退出组件的编辑状态。选择任一窗户组件，激活缩放工具，缩放控制夹点出现在被选择组件的周围(图 2-108)。选择角部的缩放夹点，缩小该组件，该组件对墙体的开洞随之变化，然而可以看到其他组件没有任何变化(图 2-109)。

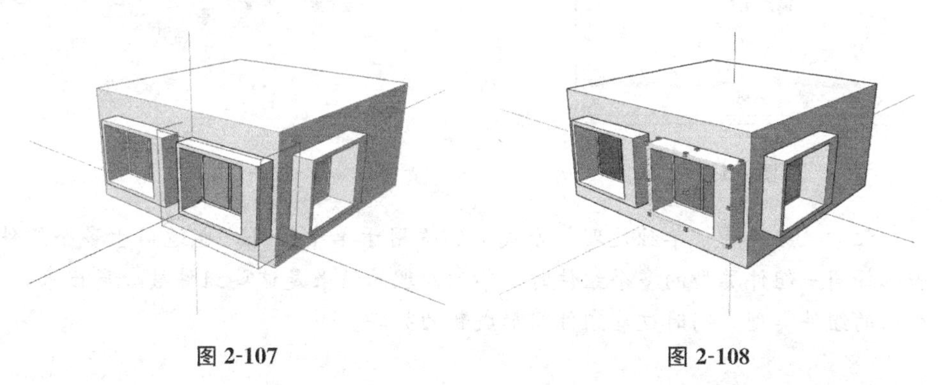

图 2-107　　　　图 2-108

5) 对组件的单独处理

尽管缩放命令可以对组件进行单独处理而不影响其他关联组件，但有时候我们需要的不仅仅是改变组件的比例大小，还需要改变其形状。此时我们就要用到组件的单独处理模式，也就是将需要编辑的组件从其他关联组件中分离出来，成为一个新的、独立的组件。

继续刚才的练习，选择场景中的任意一个窗户组件，单击鼠标右键打开关联菜单，选择单独处理(Make Unique)(图 2-110)。

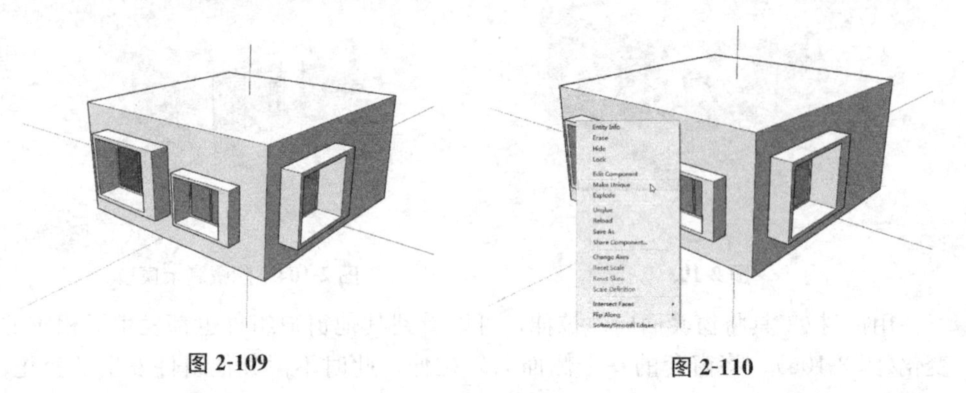

图 2-109　　图 2-110

现在组件管理器中多了一个名为“窗户 1＃1”的新组件。这说明我们刚才选择的组件已经不再是“窗户 1”组件，而成为一个新的组件，系统自动在原组件名后加“＃”号再加序列号作为新的组件名(图 2-111)。

双击刚才选择的组件进入组件编辑状态，并用推/拉工具改变窗套尺寸，注意其他组件并未随之改变(图 2-112)。

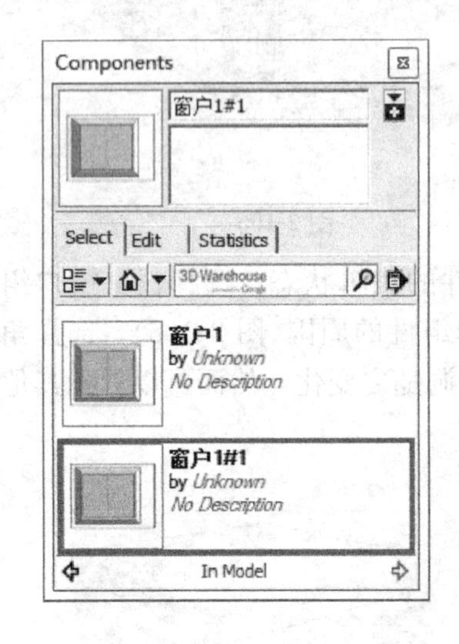

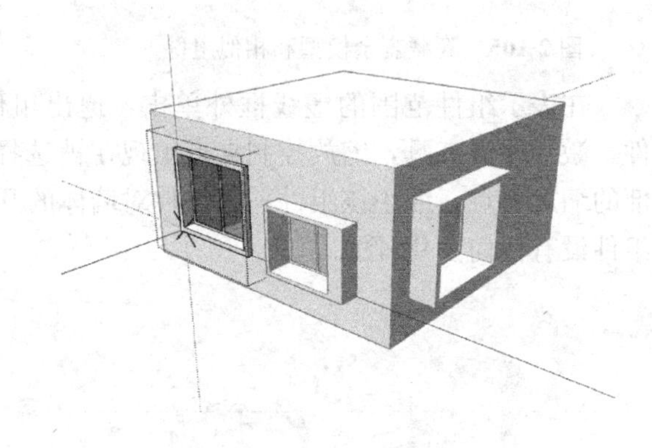

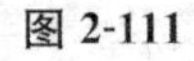

图 2-111　　图 2-112

注意：组件的“单独处理”方式不仅适用于单个组件，也适用于多个组件。当选择同一组件类型的多个组件时，单独处理的结果是这些组件被分离出来，形成新的组件类型，同时这些组件间形成新的关联。

2.4.2 群组和组件的材质

无论是群组还是组件，它都有两个层次的属性，一是作为组合整体的属性，另一个是组合内部各元素的属性。强调这一特点，主要是因为群组和组件的材质也有相应的特殊设定。组合本身的材质和组合内部各元素的材质，两者之间并无必然的联系。

当为群组或组件赋材质时，该材质被赋予整个群组或组件本身，而不是其内部的元素。群组或组件内部只有被赋予了默认材质的元素才会接受赋予群组或组件整体的材质。而那些已经被赋予了特定材质的元素则都会保留原来的材质不变。

打开下载文件中的 2.4.skp 文件，文件中建筑模型整体是个群组，且屋顶被赋予特定材质，所有墙体则保持为默认材质(图 2-113)。

在“材质浏览器”中选择任意一种墙体材质并将其赋予刚刚创建的群组，可以看到只有原来是默认材质的墙体接受了材质的赋予，而屋顶材质依然保持不变(图 2-114)。

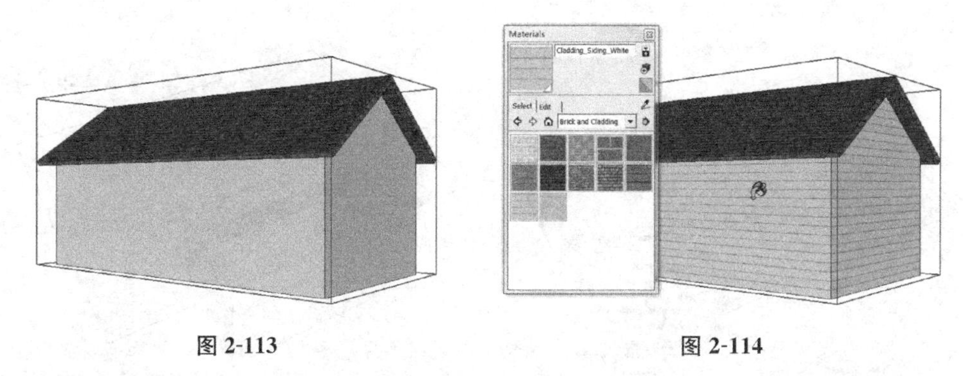

图 2-113　　图 2-114

选择群组并查看其实体信息，可以看到群组的材质只表现为最后所赋予的墙体材质，并不包含群组内部屋顶元素的材质(图 2-115)。

现在将群组炸开，墙体的材质并未恢复成最初的默认材质，而依然表现为原先群组所具有的材质(图 2-116)。

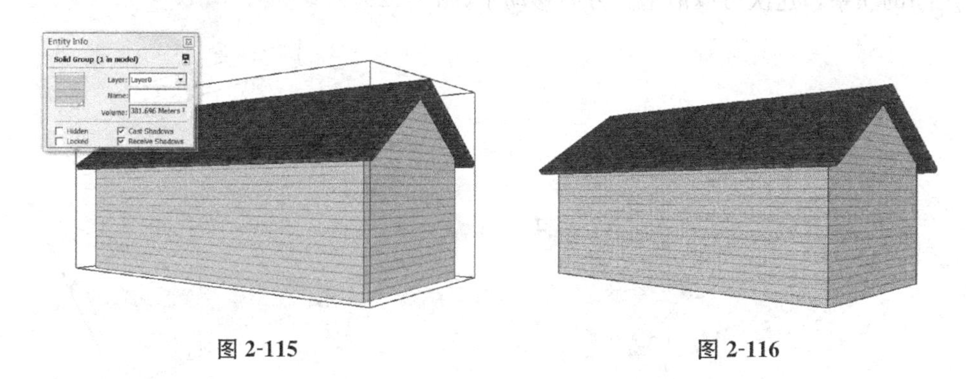

图 2-115　　图 2-116

2.4.3 群组和组件的整体编辑

对群组和组件的编辑操作除了通常所指的对其内部元素的编辑外，还有一类是指对群组和组件本身的编辑，在此我们称后者为对群组和组件的整体编辑。

1）群组的整体编辑

群组的整体编辑包括分离(Unglue)和重设比例(Reset Scale)。

创建群组时，如果群组中的有些线或面与群组外的面连在一起，该群组将与面出现关联效应，对其的移动将受到关联面的限制。“分离”就意味着将群组与其原先的关联面分开，成为完全独立的群组。

“重设比例”则表示，当群组被创建时，系统会自动记录群组的比例大小为默认比例。之后无论对该群组执行什么样的缩放操作，只要执行重设比例，就可以将该群组恢复成创建时默认的比例大小。

创建如图中所示图形，一个建筑模型落在一个平的基地上，选择建筑模型并将其组合为群组(图 2-117)。选择该群组并利用移动工具移动它，可以发现该群组的移动方向被限制在基地面所在的水平面上，无法进行垂直方向的移动(图 2-118)。

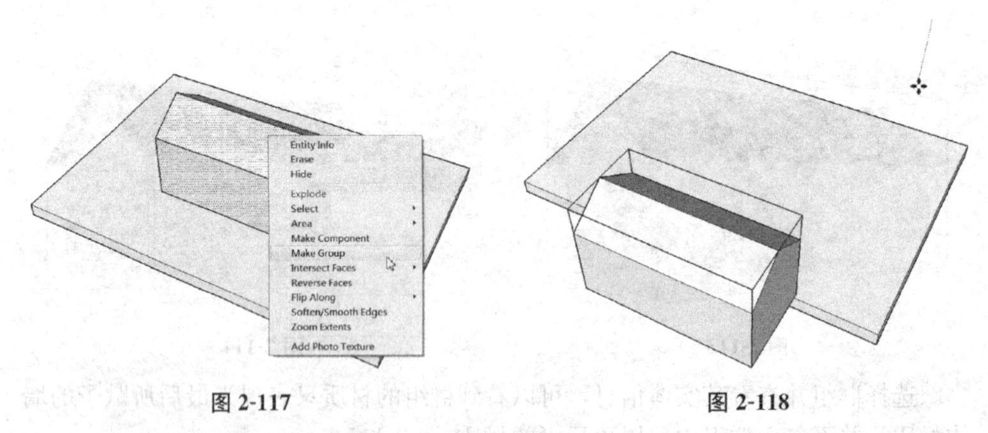

图 2-117　　图 2-118

撤销刚才的移动操作。在群组上单击鼠标右键，在关联菜单中选择“Unglue”(图 2-119)。再次移动该群组，由于刚才的分离操作取消了群组与关联面之间的联系，这次可以沿垂直方向移动了(图 2-120)。

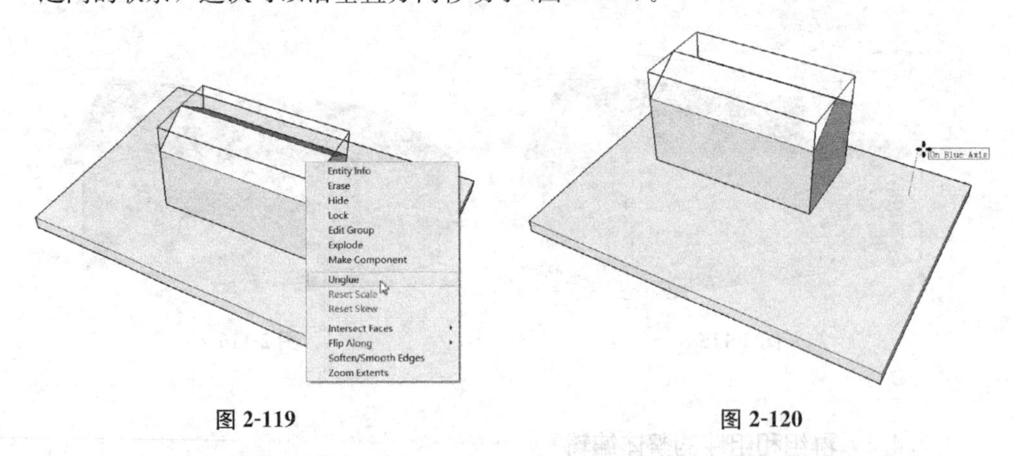

图 2-119　　图 2-120

撤销刚才的移动操作。再次选择群组，激活缩放工具，在群组周围出现缩放夹点(图 2-121)。通过点击缩放夹点对该群组进行多次任意方向的缩放(图 2-122)。

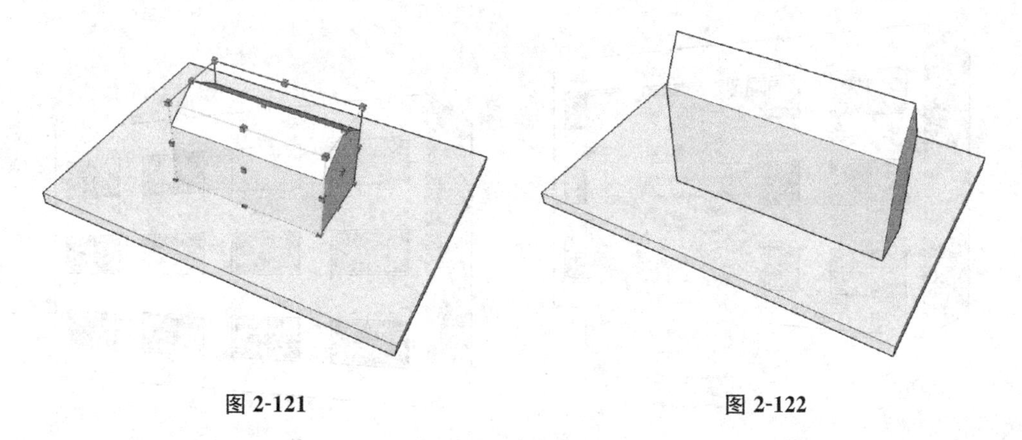

图 2-121　　　　图 2-122

在群组上单击鼠标右键，在关联菜单中选择“Reset Scale”（图 2-123）。群组恢复到创建时的比例大小(图 2-124)。

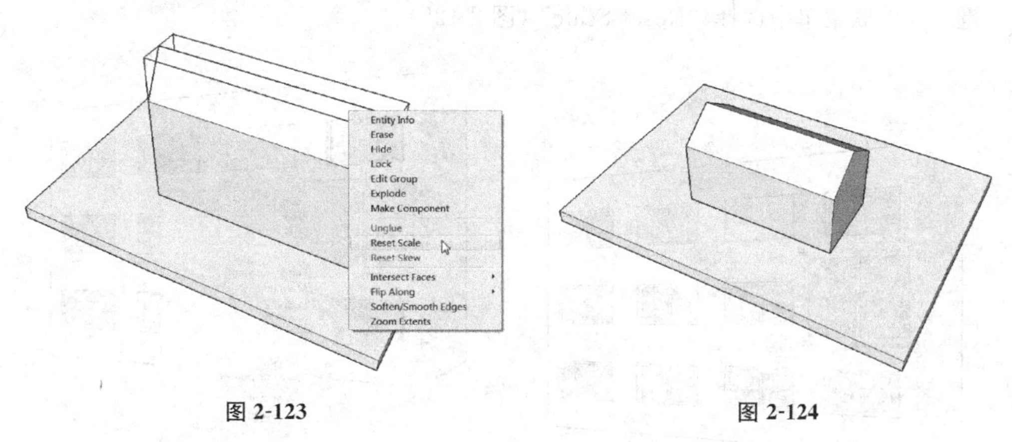

图 2-123　　　　图 2-124

2）组件的整体编辑

组件的整体编辑包括分离(Unglue)、重设比例(Reset Scale)、缩放定义(Scale Definition)和改变坐标轴(Change Axes)。

只有在创建时设定了粘合面的组件才能被执行分离操作，被分离的组件相当于被切断了它与粘合面之间的关联，同时还会造成原有剖切开口功能的失效。组件的“重设比例”功能与群组的重设比例相同，无论对组件执行什么样的缩放操作，只要执行重设比例，就可以将该组件恢复成创建时默认的比例大小。“缩放定义”则意味着对组件的默认比例的重新定义。当对组件执行过缩放操作后，执行缩放定义，则以该组件的当前比例大小作为默认比例。如果以后再执行重设比例的操作，组件将恢复到重新定义后的比例大小。“改变坐标轴”意味着重新设定组件插入点和方向。

打开下载文件中的 2. 5. skp，文件中包括一个简单的建筑体块，其中某立面上有一些窗户组件。在任意一个窗户组件上单击鼠标右键，在关联菜单中选择“Unglue”（图 2-125）。该组件在墙面上的自动剖切开口被取消，墙面恢复完整（图 2-126）。

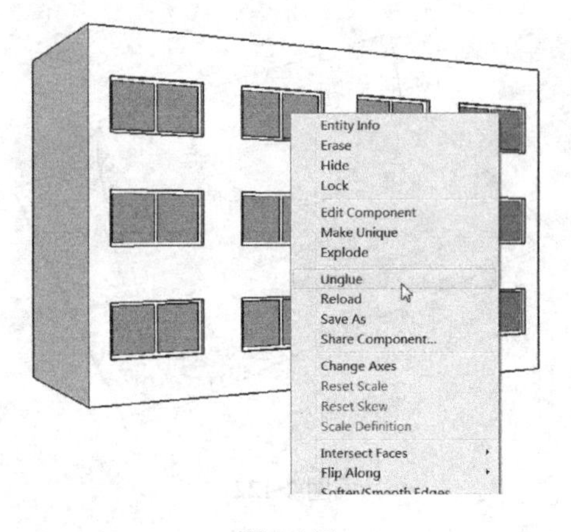

图 2-125

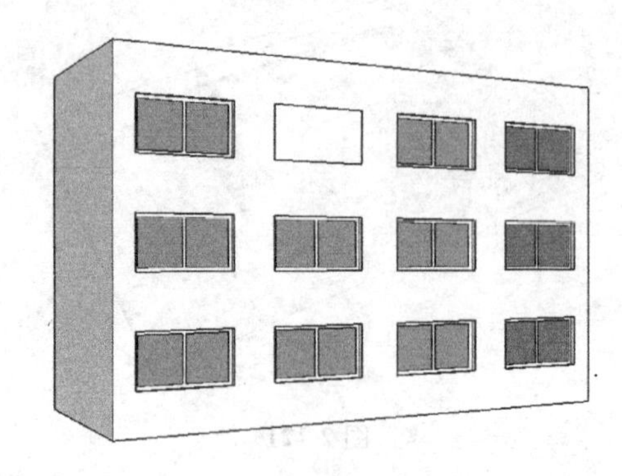

图 2-126

选择任意一个窗户组件进行缩放(图 2-127)。在缩放后的组件上单击鼠标右键，在关联菜单中选择“Reset Scale”(图 2-128)。

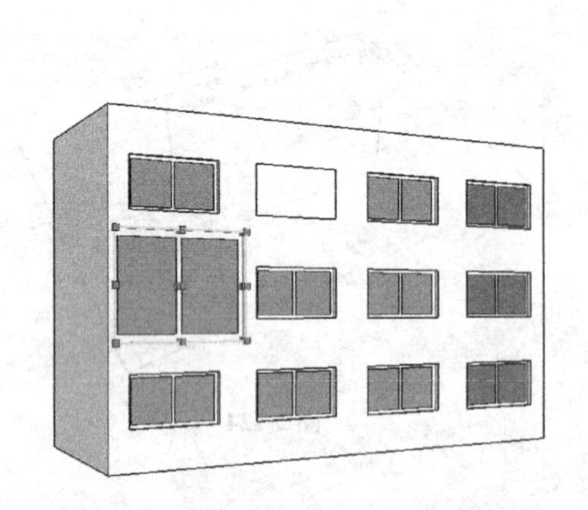

图 2-127

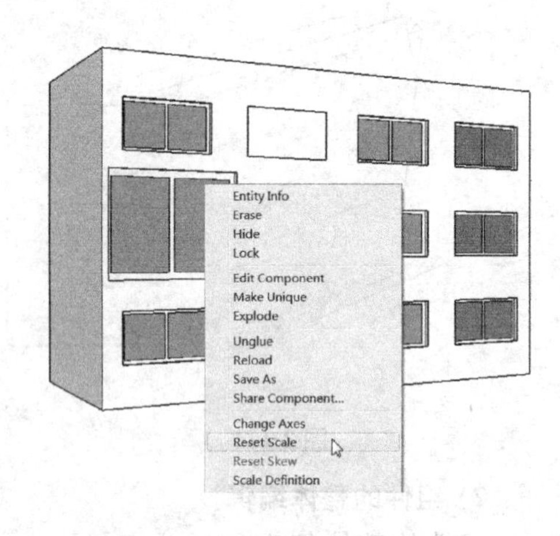

图 2-128

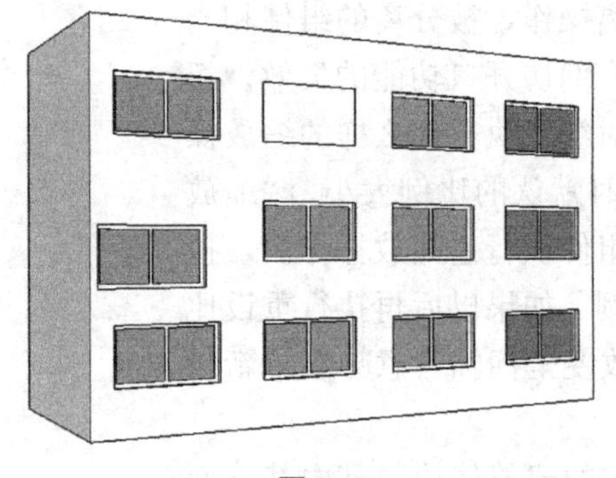

图 2-129

该组件恢复到其默认的比例大小，但要注意，此时窗户的相对位置发生了变化，这是因为在缩放原窗户组件时，窗户的插入点位置已经被变动(图 2-129)。

3）群组和组件的锁定和解锁

无论是群组还是组件都存在一个特殊的状态——锁定。被锁定的群组或组件尽管仍在整个场景中，可以被观察、被选择，然而无法对其进行任何编辑。锁定的群组和组件被选择时，边线都以红色表示。

通过解锁的操作可以将被锁定的群组或组件解除锁定。

锁定和解锁操作均可通过菜单 Edit 下的 Lock 或 Unlock 实现，也可通过在群组或组件上单击鼠标右键，在关联菜单中选择 Lock 或 Unlock。

2.4.4　群组和组件的管理

因为群组和组件对模型的组织非常重要，SketchUp专门提供了管理目录(Outliner)工具以树状结构的形式来管理模型中所有的群组和组件。

打开下载文件中的2.6.skp，场景中有三个同样的折叠椅组件，分别被赋予了不同的材质。选择菜单Window>Outliner，打开管理目录对话框(图2-130)。

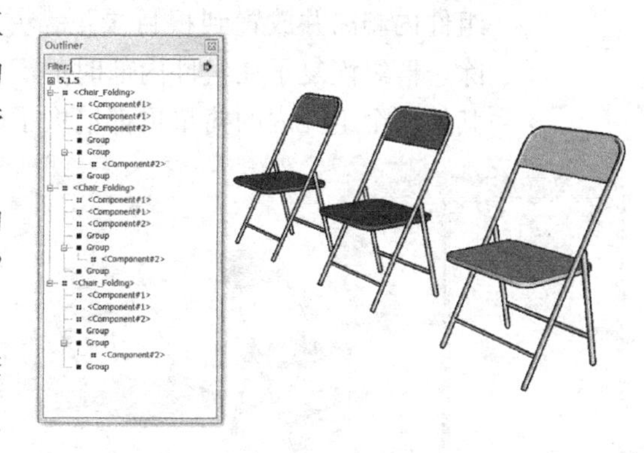

图2-130

在管理目录中列出了当前模型中所有的群组和组件。在群组或组件名称前有个“+”号的表示该群组或组件内含子群组或组件。点击该“+”号可以层级的方式列出该嵌套群组或组件内所包含的群组或组件。或者点击右上角的箭头按钮打开对话框菜单，选择全部展开(Expand All)，即可展开所有嵌套群组或组件。选择全部折叠(Collapse All)则可关闭所有的嵌套群组或组件，只显示处于根层级下的群组和组件名称。

注意：在每个群组和组件名称前还有一个小图标，不同的图标代表了不同属性的群组和组件。

- 一个黑色大方块：普通群组。
- 四个黑色小方块：普通组件。
- 一个空心大方块：处于编辑状态的群组。
- 四个空心小方块：处于编辑状态的组件。
- 一个带锁的灰色大方块：被锁定的群组。
- 四个带锁的灰色小方块：被锁定的组件。
- 名称以斜体字显示：被隐藏的群组或组件。

在管理目录的树状列表中任意单击一个群组或组件，可以看到在绘图窗口中，该群组或组件也被选择出来(图2-131)。在管理目录的树状列表中任意双击一个群组或组件，直接进入该群组或组件的编辑状态(图2-132)。

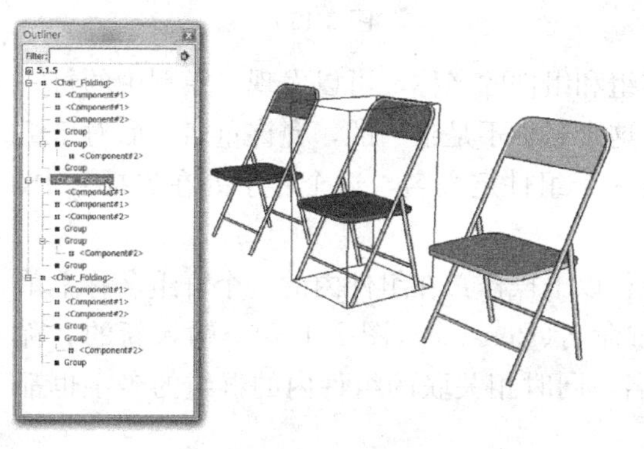

图2-131

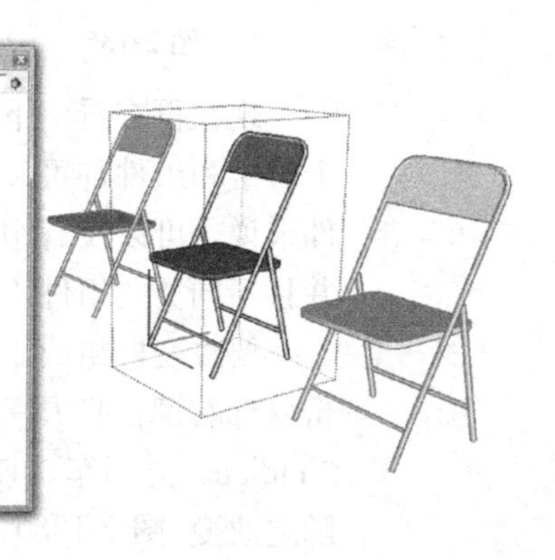

图2-132

在管理目录的树状列表中可以通过拖动群组或组件名称来重组其层级结构。

选择任一折叠椅组件内的一个椅垫群组。因为组件的关联性，其他两个组件内的椅垫群组以蓝灰色显示(图 2-133)。

用鼠标拖动该群组至显示为文件名的根目录上，松开鼠标，该群组已经被从组件内剥离并放置到根目录下，并且原来属于组件整体的材质也被从群组中删除，群组恢复了在组件内部时的默认材质。同时由于组件本身定义发生了变化，其他两个组件内的椅垫也都消失了(图 2-134)。

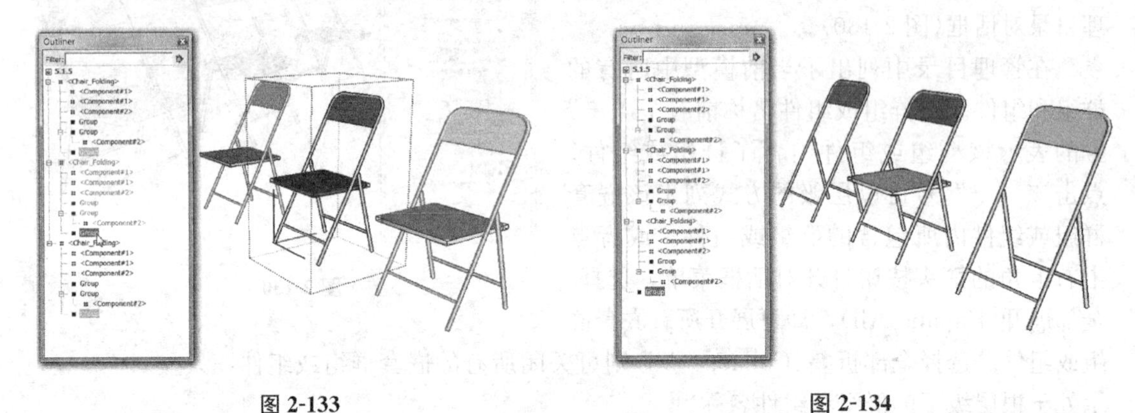

图 2-133　　　　图 2-134

再次选择椅垫群组并将其拖至原来所在组件的组件名上(图 2-135)。椅垫群组重新成为折叠椅组件的组成部分，也重新接受了组件整体的材质。相应的，另外两个组件也都发生了变化(图 2-136)。

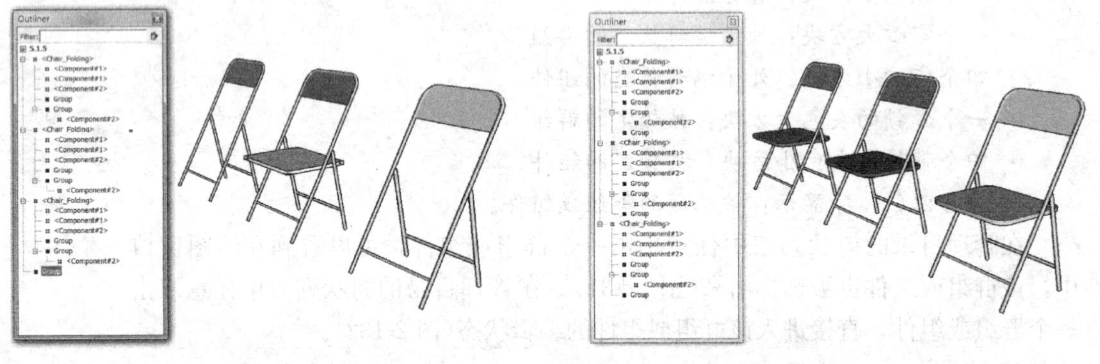

图 2-135　　　　图 2-136

现在再查看一下树状列表中各群组和组件的名称，可以发现，模型中的每一个群组和组件都可以有自己的名称，这个名称不是唯一的，允许重名。而对于组件来说，可以没有组件名，但必定有一个组件定义名，这个名字处在尖括号中，并且不同类的组件不允许重名。

要改变群组或组件的名称可以执行以下操作：在组件内的一个群组名称上单击鼠标右键，打开关联菜单，选择重命名(Rename)(图 2-137)。输入新的名称“Yidian”并回车，该群组被重新命名，同时相关联的组件内的群组的名字也都随之改变(图 2-138)。

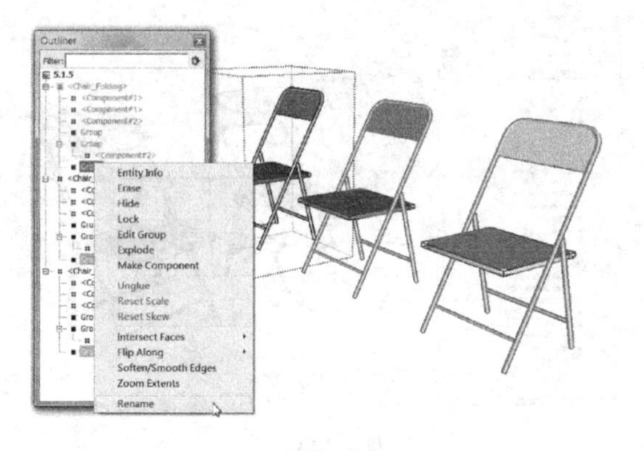

图 2-137

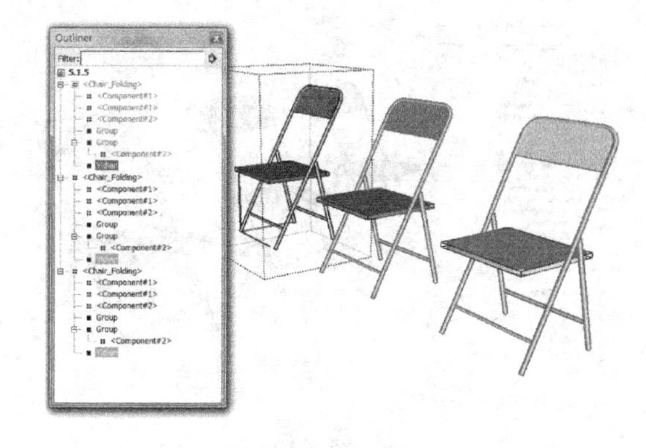

图 2-138

在组件名称上单击鼠标右键，打开关联菜单，选择实体信息(Entity Info)，打开实体信息对话框，在定义名称框(Definition Name)内显示该组件的定义名是“Chair _ Folding”(图 2-139)。在定义名称框内输入新的定义名“折叠椅”，同一组件的定义名均改为“折叠椅”(图 2-140)。

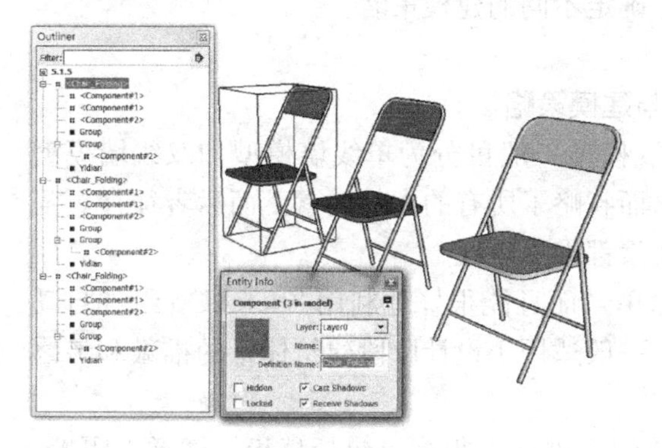

图 2-139

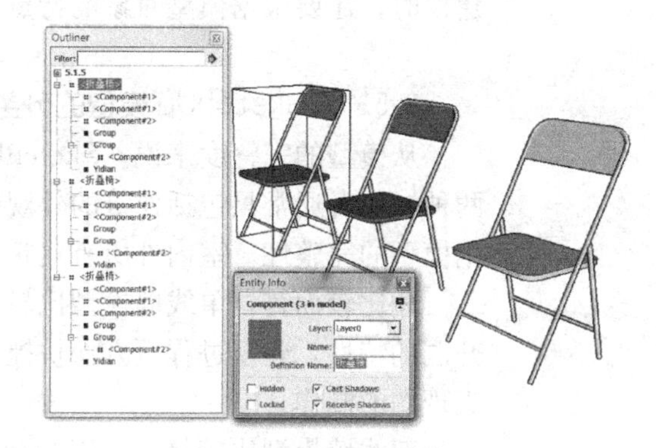

图 2-140

继续在名称框(Name)中输入新的名称“Blue”，在管理目录中该组件名为“Blue＜折叠椅＞”，其余组件则保持为组件的定义名不变(图 2-141)。用同样的方法将其余两个组件分别改名为“Red”和“Yellow”(图 2-142)。

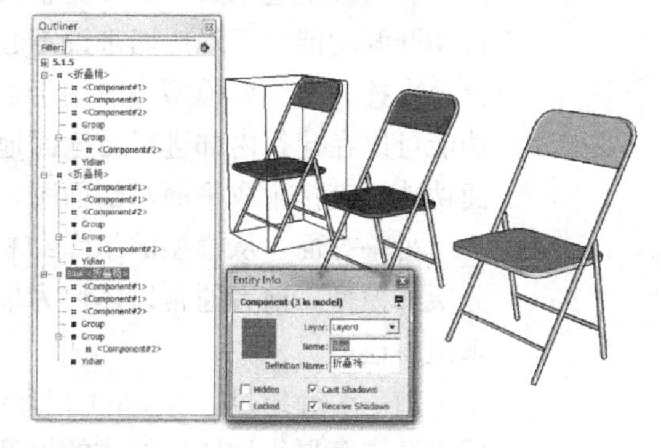

图 2-141

管理目录还可以管理群组和组件的隐藏或锁定状态。分别通过管理菜单隐藏蓝色折叠椅和锁定红色折叠椅，在管理目录中可以看出当前各组件的状态，灰色斜体名称的组件被隐藏，标志带有锁的组件被锁定(图 2-143)。

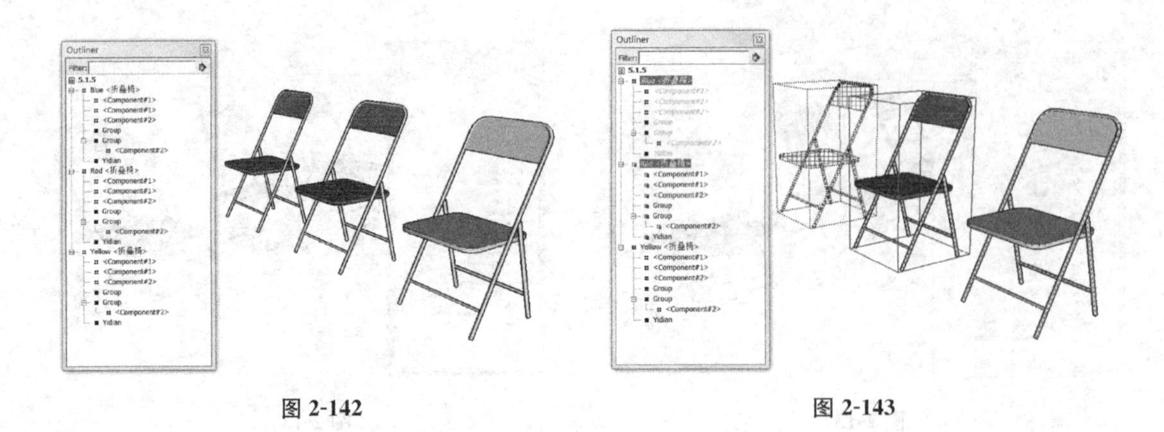

图 2-142　　　　图 2-143

2.5　SketchUp 建模实践

综合之前的内容，可以比较方便地建立起完整的 SketchUp 模型。但在具体建模时，还要根据模型对象的特点，确定不同的建模策略。

2.5.1　SketchUp 模型的分类与建模策略

从模型的完整度来说，SketchUp 模型一般可分为单线墙模型和双线墙模型两种。前者通常只包括建筑的外观，而省略了所有的内部元素。而后者往往更强调模型的完整性，室内外所有建筑要素都需要建模。

相比较而言，单线墙模型比较简单，而且能很好地利用 SketchUp 组件自动开洞的特性，建模过程更方便快捷，一般适用于设计阶段建筑体量的推敲和最终表现图的制作。

双线墙模型比较复杂，因为建筑的室内要素很多，包括楼板、楼梯、隔墙、门，有时甚至连家具也需要完整表达，建模过程繁琐，耗时也更长。而且组件的自动开洞功能对于双线墙来说不起作用，这也使得 SketchUp 的建模优势不能充分地发挥。双线墙模型一般用于设计阶段建筑室内空间的推敲，利用相机和行走功能可以在建筑内部进行更全面地观察。此外，完整的双线墙模型可以利用剖切面功能，直接生成平面和剖面图，有利于建筑图的完成。

另一方面，从模型的组织结构来说，SketchUp 模型可以分为体块式模型和分层式模型。前者通常以体块为单元来组织整个模型，而后者是以建筑层为单元来组织模型。

前一节介绍过，在 SketchUp 中组织模型一般是以群组为单位，通过不同的群组和嵌套群组构成层级式的模型结构。体块式模型就是以体块作为群组的组合基础，而分层式模型是以建筑层作为群组的组合基础。

体块式模型一般适用于体块比较明确且丰富的建筑。以体块为单位组成群组，可以方便地调整相互间的关系，有利于设计的推敲。分层式模型则适用于上下楼层差异不大的建筑，尤其对于有标准层平面的办公楼或住宅，以层为单位组成群组甚至组件，进行复制或阵列，有利于后期的修改。

但是，体块式和分层式的组织方式并非绝对的区分，在实际建模时，两种方式经常会混合使用。例如，分层建模时，楼梯间可以作为一个单独体块单独成组；而分体块建模时，其中某个体块可能因标准层的存在而进行分层式建模。

总的来说，根据模型类型的区分和使用目的的不同，我们需要确定相应的建模策略，如单线墙体块式模型、双线墙体块式模型、单线墙分层式模型和双线墙分层式模型。合理的建模策略不但能够有效提高建模的效率，而且有利于对设计的推敲和调整。

本节将选择其中单线墙体块式和双线墙分层式两类模型作为案例，对其基本的建模过程进行讲解。

2.5.2 单线墙体块式模型

本案例是个简单的食堂方案，下载文件中提供了简化的 AutoCAD 平立剖图。尽管在方案初始并不需要非常精确的尺寸，但随着方案的深入，准确地尺寸依然非常重要。与 AutoCAD 的 dwg、dxf 文件的协同工作在 SketchUp 的应用中非常普遍，同时 SketchUp 也保持了对 dwg、dxf 文件的较好的支持。我们将从 AutoCAD 图的导入开始建模过程。

1）AutoCAD 文件的导入

SketchUp 支持的 AutoCAD 实体包括：线、圆弧、圆、多义线、面、有厚度的实体、三维面、嵌套的图块，还能支持 AutoCAD 图层。SketchUp 不支持 AutoCAD 的区域、外部引用、填充图案、尺寸标注、文字和有 ADT 或 ARX 属性的物体。这些实体在导入时将被忽略。

导入 CAD 文件需要一定的时间，时间长短取决于源文件的复杂程度，因为每个图形实体都必须进行分析。而且文件导入后，复杂的 CAD 文件也会影响 SketchUp 的系统性能，因为 SketchUp 中智能化的线和表面需要比其他 CAD 类软件更多的系统资源。因此，在导入之前，要尽量使导入的文件简化。最好先清理 CAD 文件，保证只留下需要导入的几何体。另外一个策略是分批导入，将需导入的 CAD 文件通过“wblock”操作分成几个，分别导入并组成群组，这样可以根据需要隐藏暂时用不到的内容。

在 AutoCAD 中打开下载的“单线墙体块式案例 .dwg”文件，并利用“wblock”命令将平面和立面分开成两个单独的文件。

打开 SketchUp 软件，通过菜单 File>Import 打开对话框，在文件类型列表框内选择“AutoCAD Files (＊.dwg，＊.dxf)”，选择之前生成的平面文件。点击右侧选项(Options)按钮，打开选项对话框(图 2-144)。其中最重要的是要在单位下拉列表中选择 CAD 文件所使用的单位类型。根据所选择的单位，SketchUp 会自动将模型转换成当

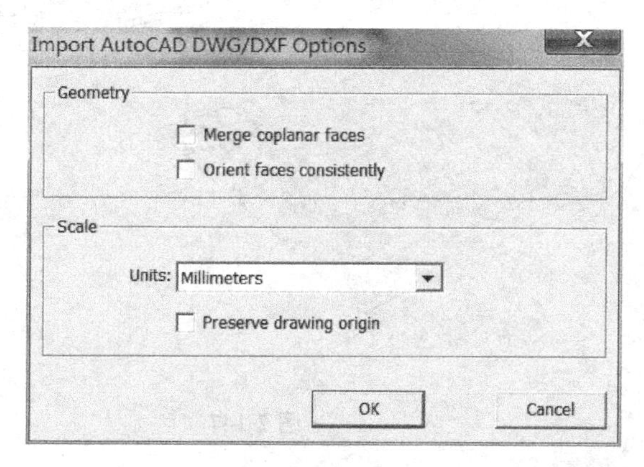

图 2-144

前场景所设定的单位。在此我们选择毫米。

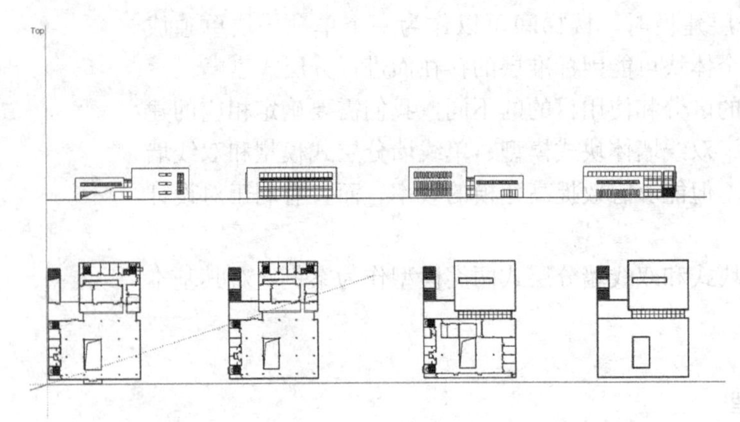

图 2-145　导入 CAD 文件

选择导入的平面文件，将其组成群组；然后导入立面(图 2-145)。

注意：当场景中已经有物体时，再导入的物体会自动组成组件。如果导入数据超出当前视图窗口大小，可以用 Zoom Extents 命令显示全部物体。

将立面组件沿红轴旋转，使其呈现垂直于红绿轴平面的状态，便于我们建模时参考其高度信息(图 2-146)。

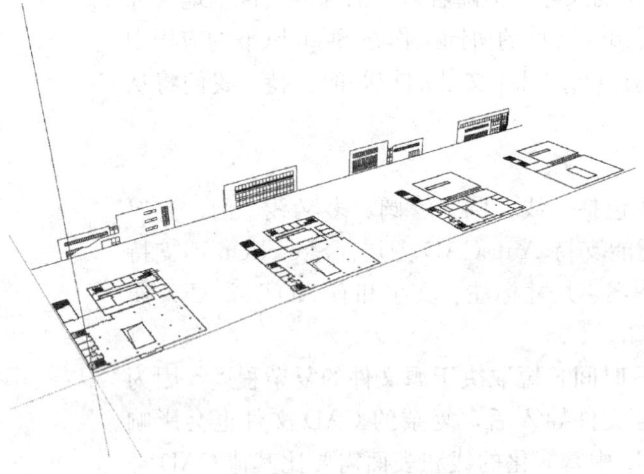

图 2-146　旋转立面

注意：在目前情况下，三维旋转难以定位。此时可在空白处简单画一个矩形并拉伸，然后以矩形立面为参考，将旋转命令的转盘光标放到与蓝绿轴平面平行的矩形立面上，按住 Shift 键锁定旋转轴，再移动光标到立面图的底边线，对立面图进行旋转。

2) 建立基本体块

从建筑图中可以看出，建筑整体是两个体块的组合，另外，两个体块之间的交接和入口处的大楼梯平台也可被视作两个单独的体块。因此，大致可以将建筑分为四个体块，分别建模。

以底层平面为基准，直接用矩形工具拉出一个矩形，并利用立面高度为参考拉出其高度，然后组成群组(图 2-147)。

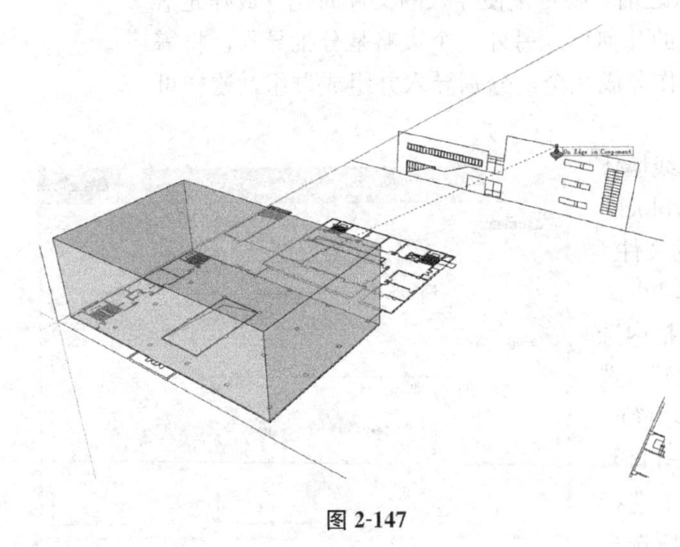

图 2-147

用同样的方法建立其他两个体块群组(图 2-148)。

楼梯平台部分形状比较特殊，我们利用立面上的轮廓用直线工具描边，并拉伸 0.2m 作为基本体块，同样将其组成群组(图 2-149)。

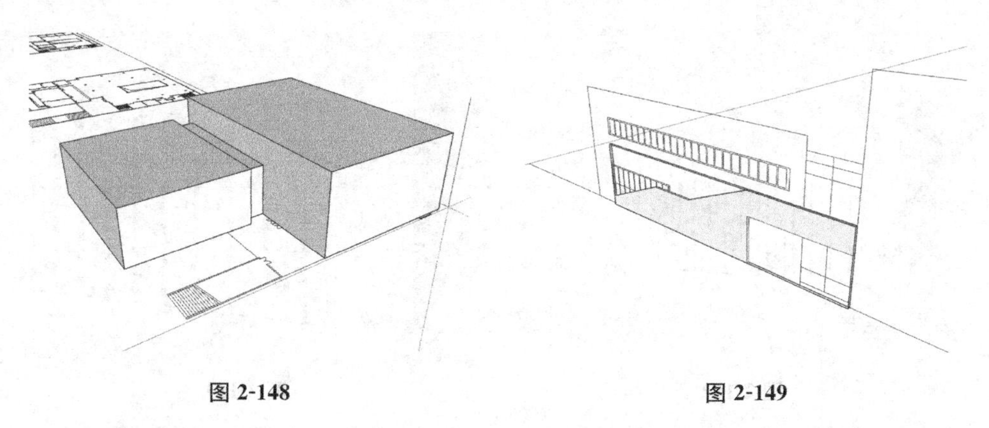

图 2-148　　　　图 2-149

3）增加立面细部

立面细部最主要的要素就是窗户。在立面上建立窗户模型首先需要定位，一般有两种方法，一种是在立面上量出窗户角点和立面边线之间的距离，然后利用卷尺工具在立面上拉辅助线，通过辅助线交点作为定位点；另一种是直接利用导入的立面，将其与体块对齐，然后以其为基准描绘。在本案例中，我们将尝试使用这两种方法。

首先量出东侧立面中，左侧窗户左下角距离底边 0.9m，距离左侧墙边 2.6m。双击南侧体块群组进入编辑状态，再利用卷尺工具按照测量距离在东侧立面拉出两条辅助线(图 2-150)。

用矩形工具在立面上绘制一个 0.8m×7m 的矩形，并向内推进 0.3m 形成窗户。选择窗户部分的物体并将其组成组件(图 2-151)。

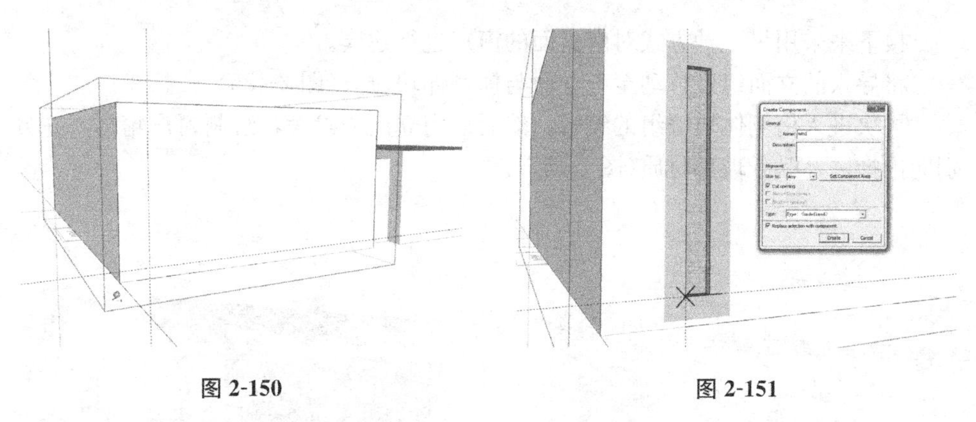

图 2-150　　　　图 2-151

注意：为避免选择物体时误选到多余的部分，选择时应打开X光模式，随时检查。

选择窗户组件，用移动命令执行阵列操作，将其按 1.4m 的间距阵列 12 个(图 2-152)。

从立面图可以看出，该窗户在中间位置还有一根梁。双击任意一个窗户进入该窗户组件的编辑，将窗户底边向上分别复制 2.8m 和 3.6m(图 2-153)。

将中间梁向外拉伸 0.2m，然后选择软件提供的玻璃材质赋予上下两块玻璃(图 2-154)。

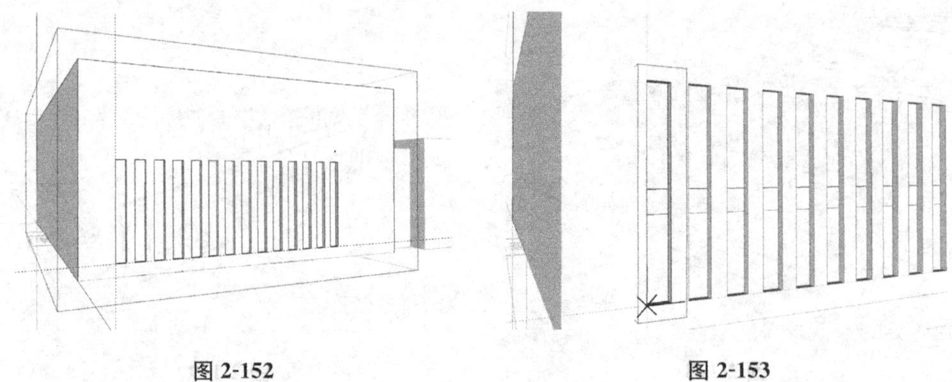

图 2-152　　　　　　　　图 2-153

用同样的方式绘制南体块东立面上的另一组窗户，然后通过菜单 Edit>Delete Guides 删除所有辅助线，并退出群组的编辑(图 2-155)。

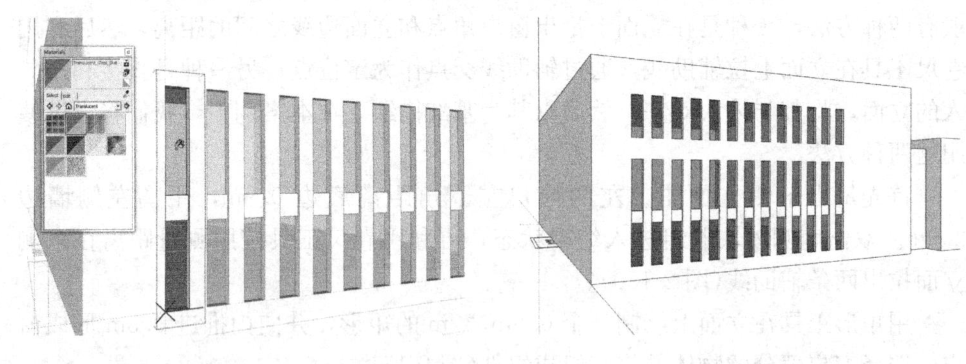

图 2-154　　　　　　　　图 2-155

接下来采用另一种方式对南立面的窗户进行建模。

将导入的立面组件移动至南立面与模型体块对齐(图 2-156)。

再次进入南侧体块群组的编辑，然后以南立面为参考，绘制窗户轮廓，并分别向内推进，赋予玻璃材质(图 2-157)。

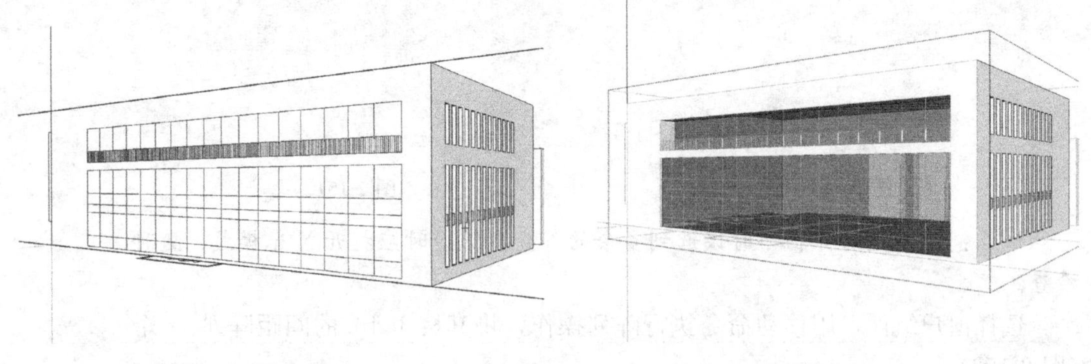

图 2-156　　　　　　　　图 2-157

退出体块群组编辑，进入立面组件编辑，选择窗框线并按 Ctrl+C 进行复制(图 2-158)。

退出立面组件编辑，通过菜单 Edit>Paste In Place，将刚才选择的窗框线粘贴到原位，然后将其组成为新的群组，再将该窗框群组移动到立面窗户所在位置。

保持刚才的窗框群组为选择状态，按 Ctrl＋X 将其剪切，再次进入体块群组编辑，通过菜单 Edit>Paste In Place，将窗框群组粘贴到原位，完成这部分窗框的建模(图 2-159)。

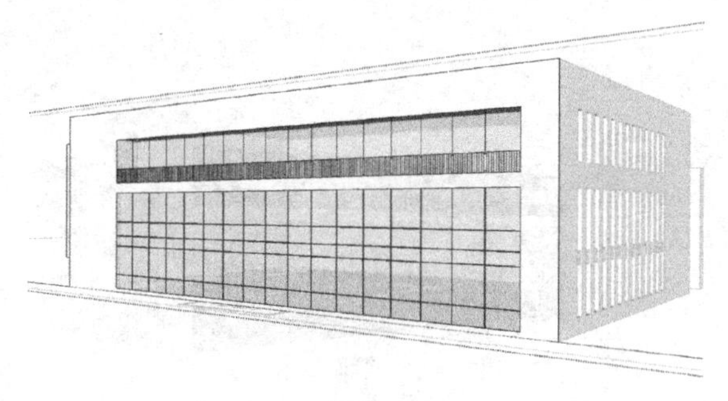

图 2-158

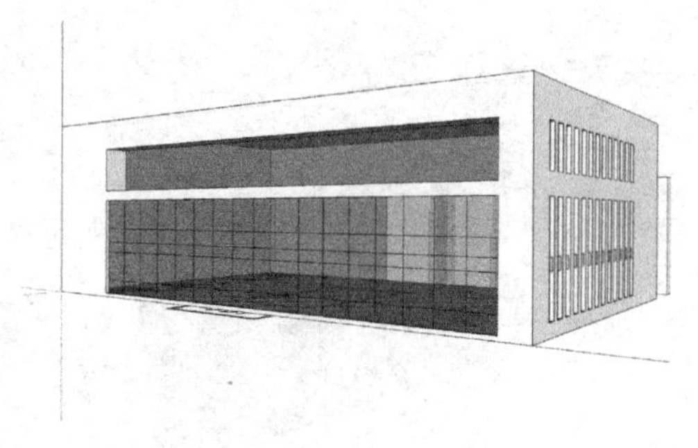

图 2-159

南立面三层的窗户窗框则采用阵列边线的方式实现(图 2-160)。

接下来建南侧平台上的栏杆，由于在 AutoCAD 文件中，这些栏杆是用块的形式画的，在导入 SketchUp 后，这些块自动被转换成组件。因此，只需要直接编辑这些组件，即可得到三维的栏杆模型。

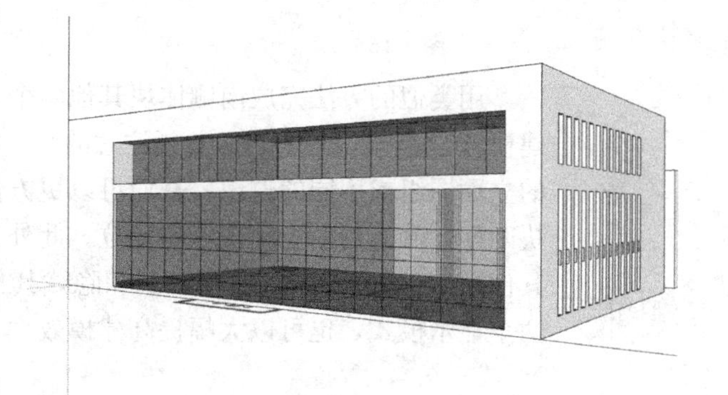

图 2-160

双击立面图中的任一栏杆组件，进入其编辑状态，并在其右下角画一个 0.05m×0.02m 的扁长矩形(图 2-161)。

利用路径跟随工具(Follow Me)可以很容易建立栏杆的外框。先将中间的栏杆线全部删除，以避免干扰路径跟随操作。然后选择路径的所有线条，接着点击路径跟随工具，再选择扁长矩形面，完成外框的建模(图 2-162)。

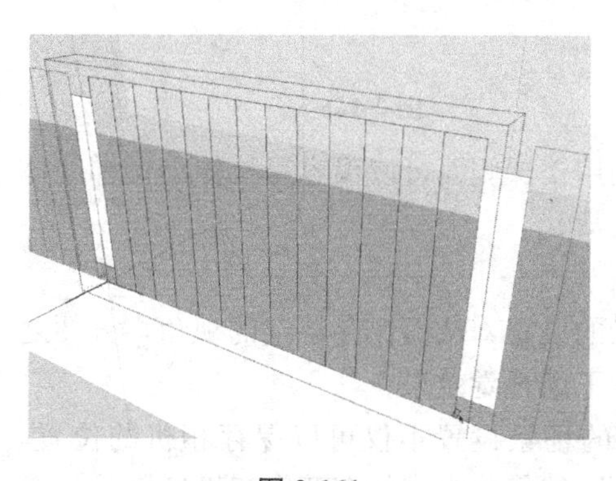

图 2-161

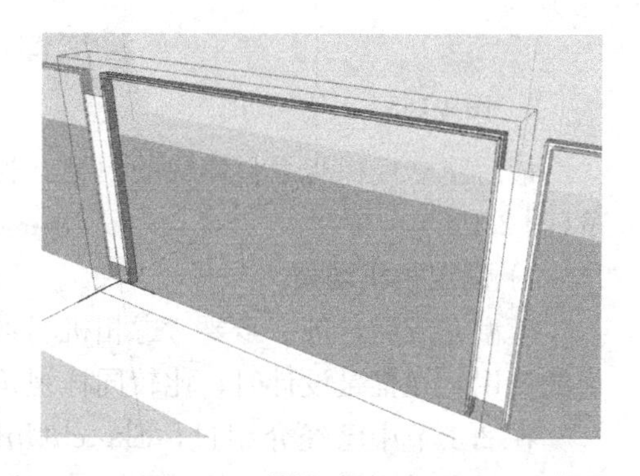

图 2-162

由于还是受到了边上线条的干扰，栏杆外框有部分面缺失了，需要重新补上。复制一个栏杆的底面，距离为 0.15m，并将其推拉至栏杆边框高度。再选择该栏杆，用阵列的方式完成中间栏杆的建模(图 2-163)。

进一步建立栏杆单元之间连接体块的模型，完成栏杆组件的建模。然后利用剪切加粘贴到原位的方法，将这些栏杆组件从立面图中转移到南侧体块群组内(图 2-164)。

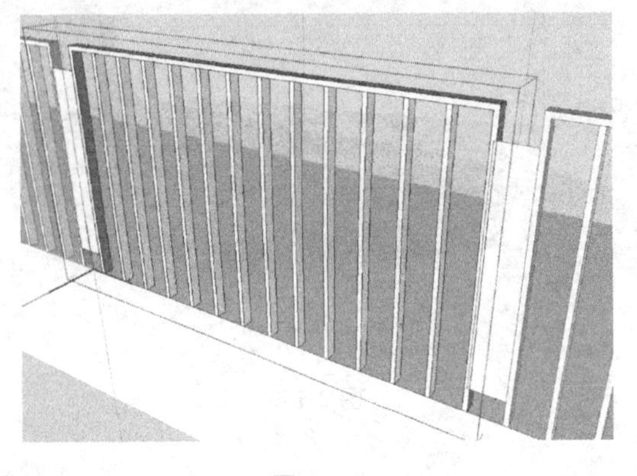

图 2-163

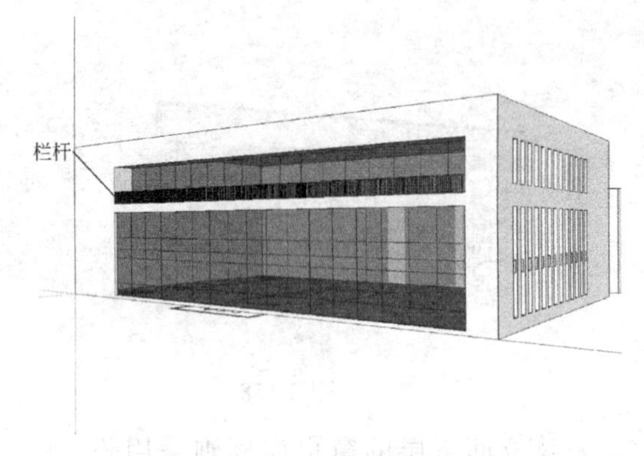

图 2-164

用类似的方法完成南侧体块其他两个立面的建模工作，以及另外两个体块的建模(图 2-165，图 2-166)。要注意的是，当利用立面图建模时，可以将不同方向的立面图组成不同的群组，从而可以更方便地移动这些立面，以与不同位置的体块匹配，从而帮助立面图形的定位。此外，在编辑群组或组件时，灵活使用隐藏其他模型(Hide Rest Of Model)和隐藏其他同类组件(Hide Similar Components)两个显示模式，也可以大幅提高建模效率。

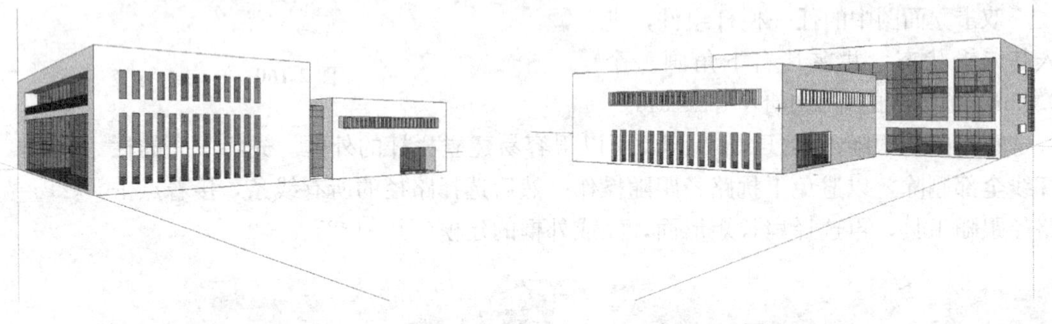

图 2-165

图 2-166

最后建立楼梯和平台体块的模型。利用楼梯侧面可以很容易拉伸出楼梯的体量(图 2-167)。

4) 设定相机场景

模型完成后，进一步要考虑相机场景的设置，从而保存特定的视角，方便之后的调用，在推敲设计时，比较同样视角下的视觉效果。

在 2.1 节中已经介绍过，SketchUp 的场景设置不仅可以保存相机的位置，还可以保存阴影设置和物体的隐藏等。下面我们将尝试保存两个相机场景。

首先将之前导入的平面图和立面图等都隐藏，然后将场景切换到顶视图状态，并适当缩小场景(图 2-168)。

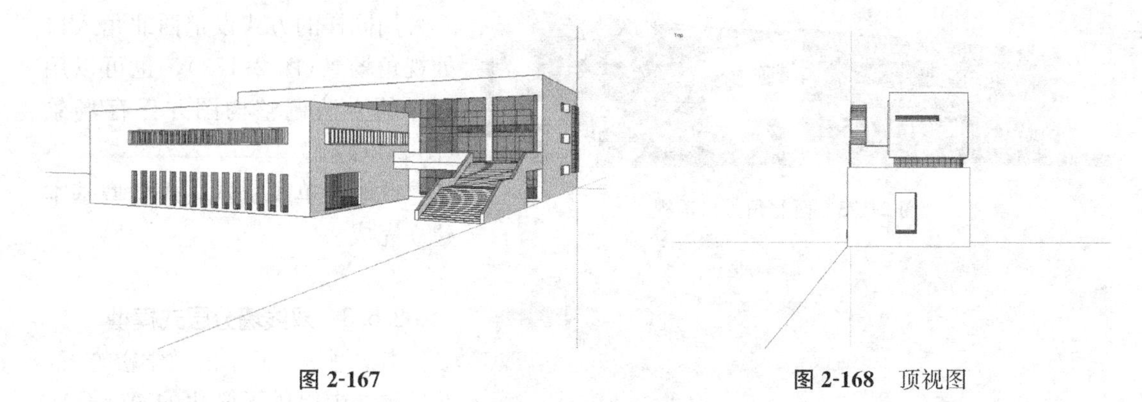

图 2-167　　**图 2-168**　顶视图

使用设置相机工具，在模型右下角位置点击并向模型方向拉伸，表示从东南角看建筑的视角(图 2-169)。

此时看到的模型并不完整，而且视高为 0，因此还需要进一步调整视角。

首先调整相机的高度。直接输入 1.6m，抬高相机位置，再使用漫游工具(Walk)进行前后左右的走动，直到获得比较满意的视角(图 2-170)。

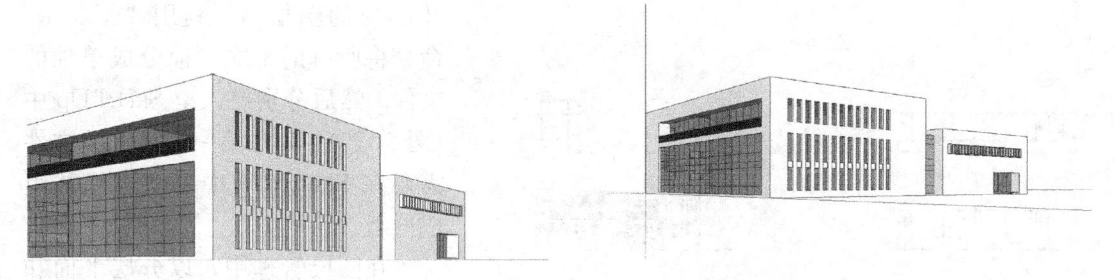

图 2-169　　**图 2-170**

将轴线也隐藏掉。然后打开阴影，并调节时间，直到获得比较满意的阴影角度(图 2-171)。

此时可以保存场景，并将其命名为东南角透视。

从上图可以看到，目前整体的构图并不好，整个建筑偏上，地面太多。要解决这个问题可以有两个方法，一个是导出后，在图像编辑软件如 Photoshop 中通过裁剪调整构图；另一个是选择菜单 Camera＞Two-Point Perspective，将视角强制在两点透视状态，然后就可以平移或缩放来获得更好的构图(图 2-172)。(背景颜色的调整参加本章 2.6 节)

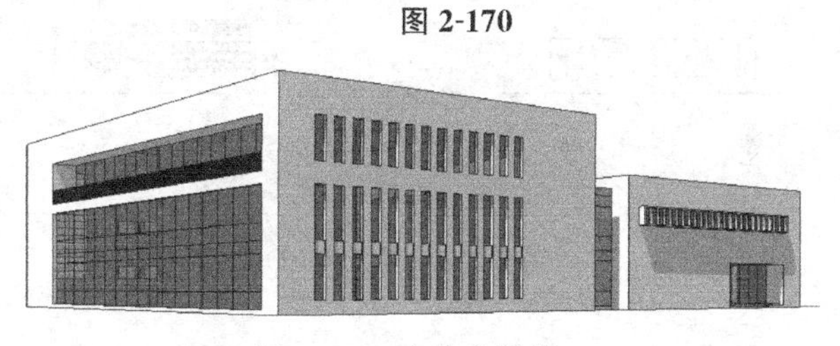

图 2-171　东南角透视

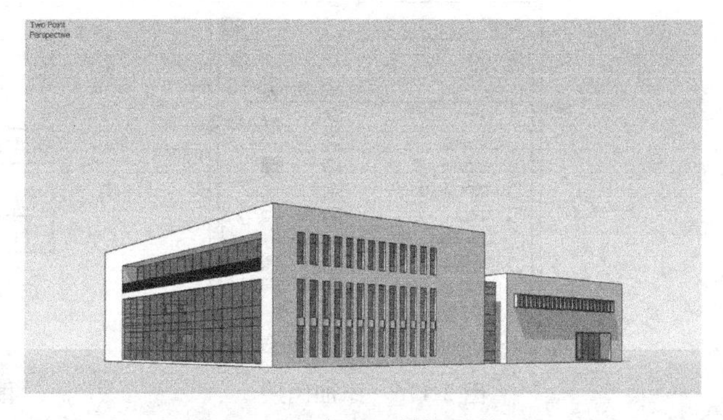

图 2-172　两点透视并调整构图

图 2-173　西北角入口透视

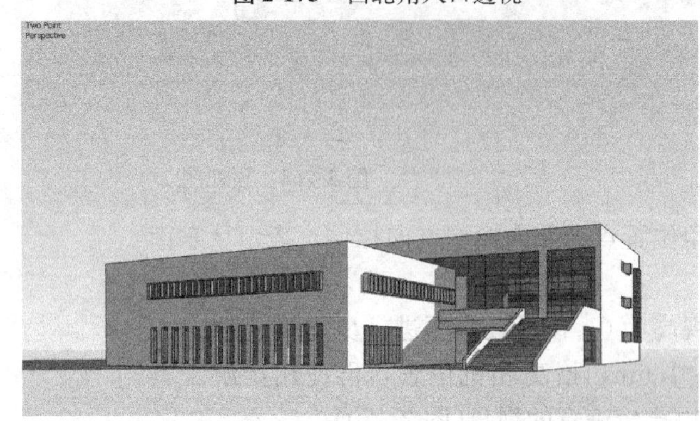

用同样的方式设定西北角入口处视角场景(图 2-173)，也可以用同样的方法调整构图并保存场景(图 2-174)。

此时，单线墙体块式模型基本建立完成。

2.5.3　双线墙分层式模型

本案例是个简单的教学楼方案，下载文件中提供了简化的 AutoCAD 平立剖图。我们同样从 AutoCAD 图的导入开始建模过程。

1) AutoCAD 文件的导入

在 AutoCAD 中打开下载的“双线墙分层式案例 .dwg”文件，关闭不必要的图层后，利用“wblock”命令将所有的平立剖面分成单独的文件。然后分别导入至 SketchUp 中(图 2-175)。其中第一个导入的文件需要在 SketchUp 中手动选择并组成群组。

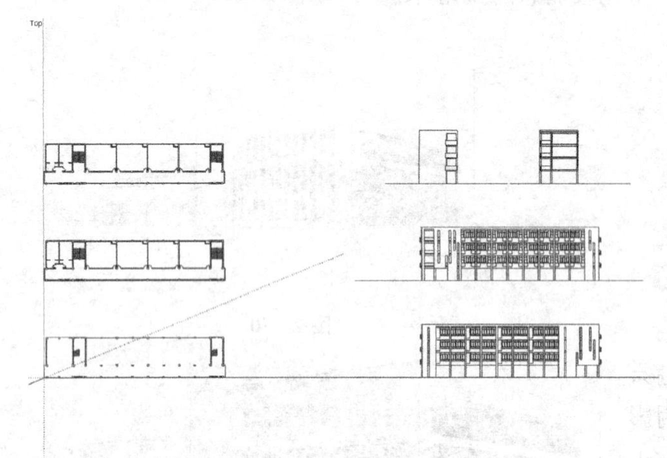

图 2-175　导入 CAD 文件

在图层管理中，以分层平面和立面剖面为名称添加新图层(图 2-176)，并利用 Entity Info 对话框将各层平面和立面剖面所属图层与新添加的图层相对应(图 2-177)。

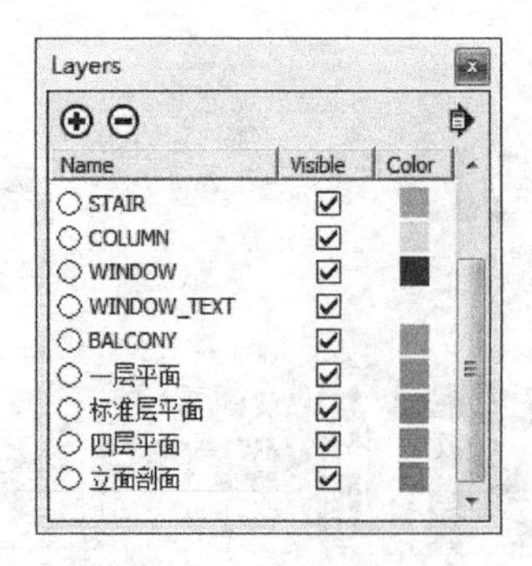

图 2-176　添加图层

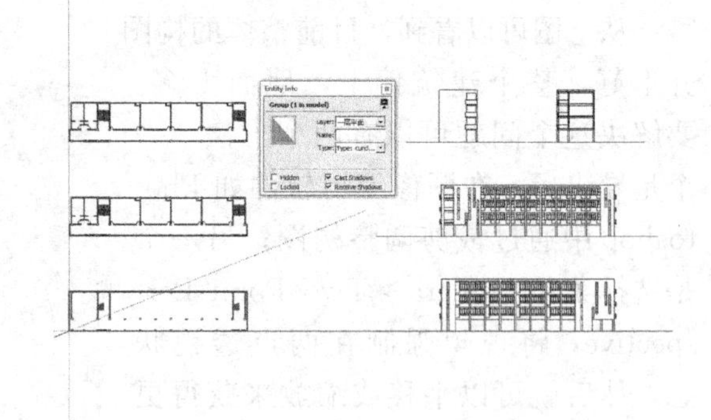

图 2-177　在 Entity Info 中更改所属图层

2）建立标准层模型

本案例有些特殊，底层基本是架空层，因此我们从标准层开始建立模型。

双击标准层组件进入编辑状态。平面图中所有的柱子因为CAD图中使用了块而都被转换成了组件，因此，只需要再编辑柱子组件，即可得到所有柱子模型。在本案例中，标准层共有三种柱子，分别进入其编辑状态，通过重描边线得到柱子底面，再向上拉伸层高3.9m(图2-178)。

要注意的是，由于分层导入，不同楼层平面图中尽管使用了相同的块，但在SketchUp中不同楼层组件之间，这些块所转换成的组件之间的相互关联被打破，即：编辑标准层组件中的柱子组件时，其他楼层组件中的柱子并没有随之变化(图2-179)。

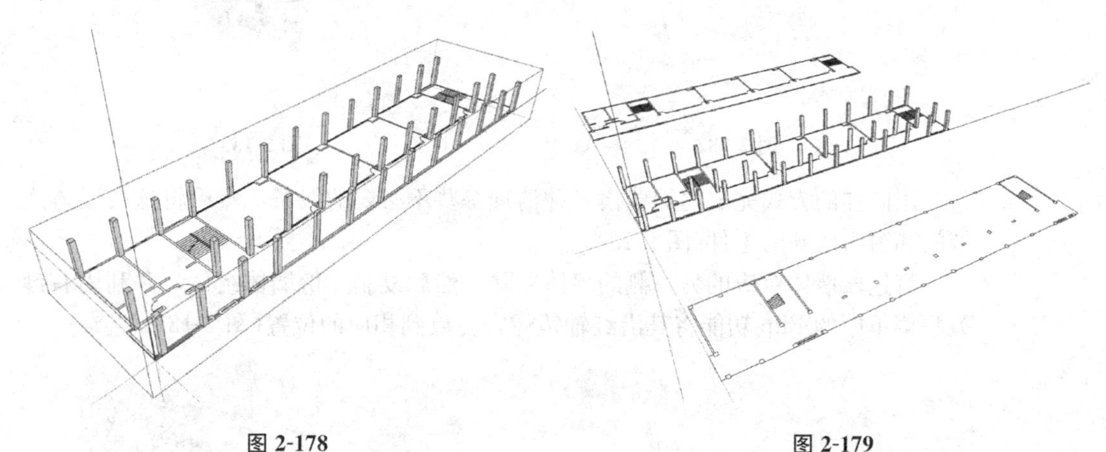

图2-178　　图2-179

将标准层中所有的柱子组成一个群组，并隐藏。进一步精简图形，避免太多的线条影响墙体的建模，删除标准层平面中的门和楼梯等线条，窗户则删除中间线条，保留两条外边线(图2-180)。另外还要注意适当保留一些线条，如楼梯的两端线条，以确定楼梯建模时的位置。

通过封闭墙体端部或重描线条，完成所有墙体底面，并将墙体拉伸3.9m，栏板拉伸1.1m(图2-181)。

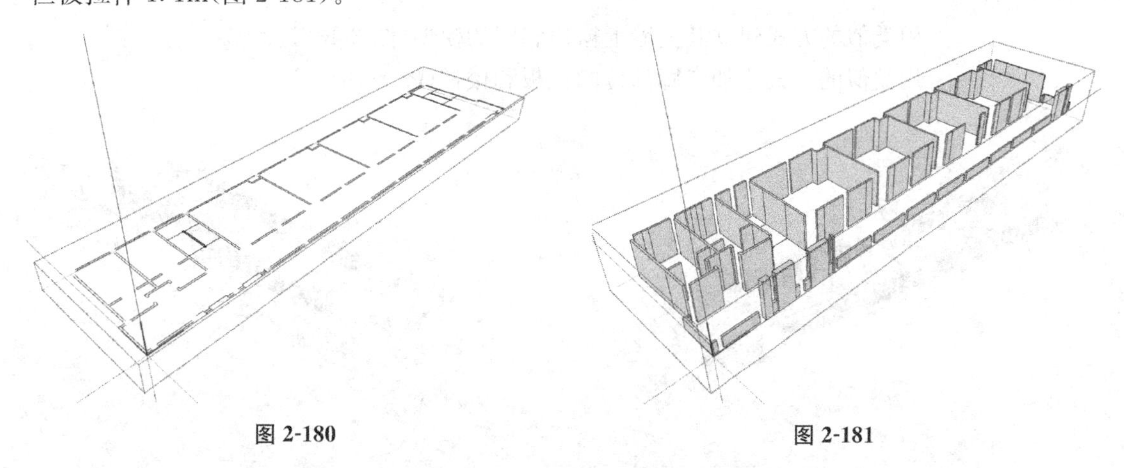

图2-180　　图2-181

接下来要建立窗户模型。在有窗户的墙体处，复制墙体顶面至窗洞口的上顶面和下底面位置，再推动窗洞口位置墙面至其背后，生成窗洞口(图 2-182)。

在窗洞口的中心位置绘制一个矩形面作为窗户面，仅选择该面组成组件。与单线墙上的窗户组件不一样，此处的窗户组件不要包括窗洞口的面。因此先组成组件再编辑，减少了之后选择窗户构件的麻烦。编辑窗户组件，绘制窗框，赋予材质，完成一个窗户的模型(图 2-183)。

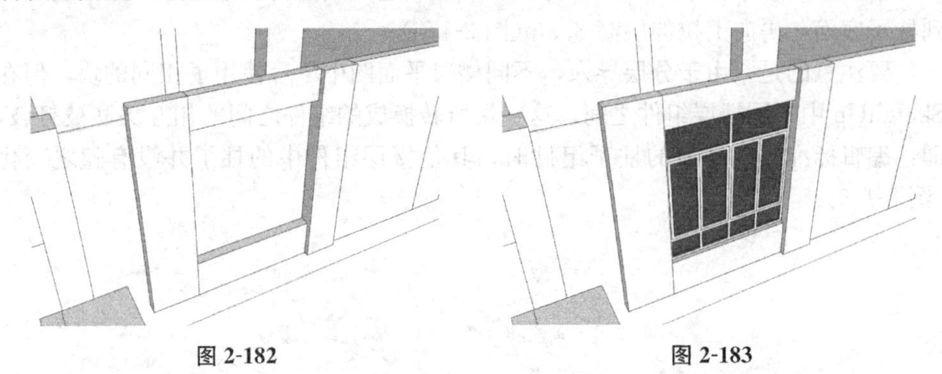

图 2-182　　图 2-183

用同样的方式完成门的建模，并清理一些不必要的线条，然后将这段墙体连带门和窗组成新的组件(图 2-184)。

将这段墙体对应的另一侧的墙体删除，然后复制一份墙体组件，并利用右键关联菜单中的 Flip 功能将其沿红轴镜像，再放到相应的位置(图 2-185)。

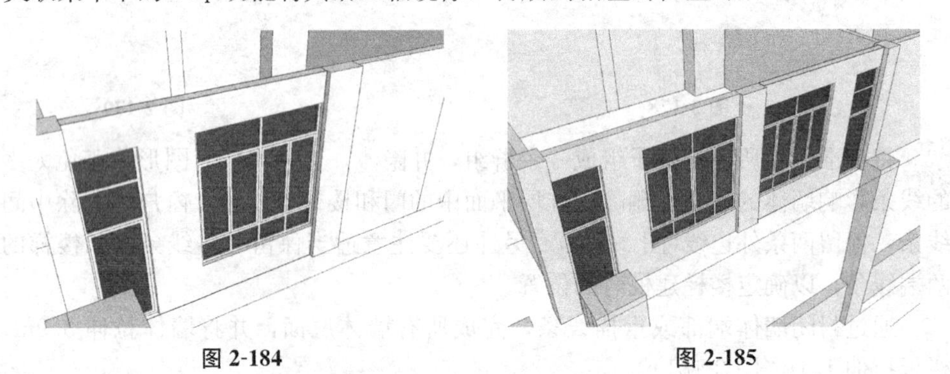

图 2-184　　图 2-185

用类似的方式建立其他墙上窗户和门的模型(图 2-186)。

用类似的方式添加走廊部位的栏板和楼梯(图 2-187)。

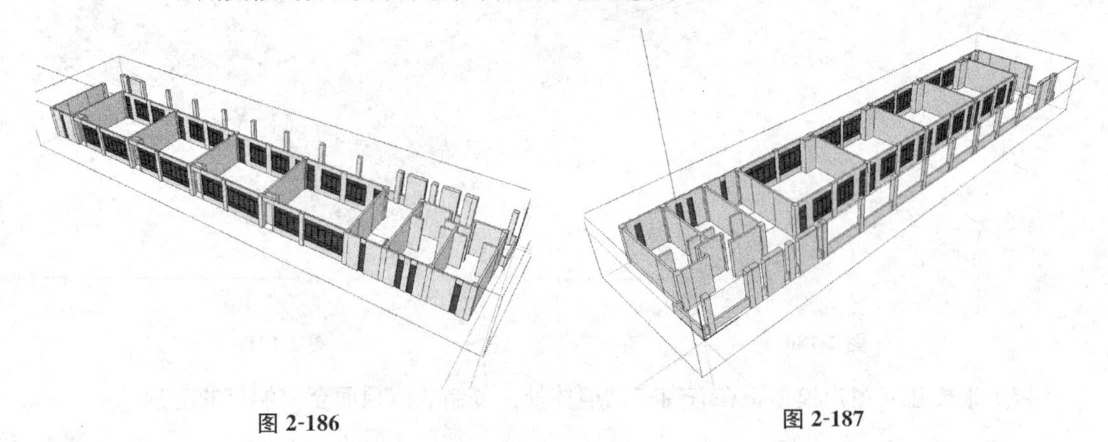

图 2-186　　图 2-187

最后依次补上梁(图2-188)、楼梯(图2-189)和楼板(图2-190)。要注意，楼梯和楼板都是在标准层组件之外单独建模，能够有效避免已有墙体和窗户对建模的干扰。此外，楼板要注意留出楼梯洞口。

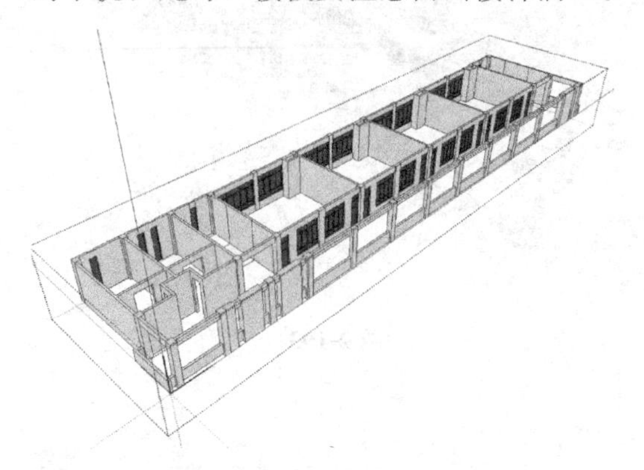

图 2-188

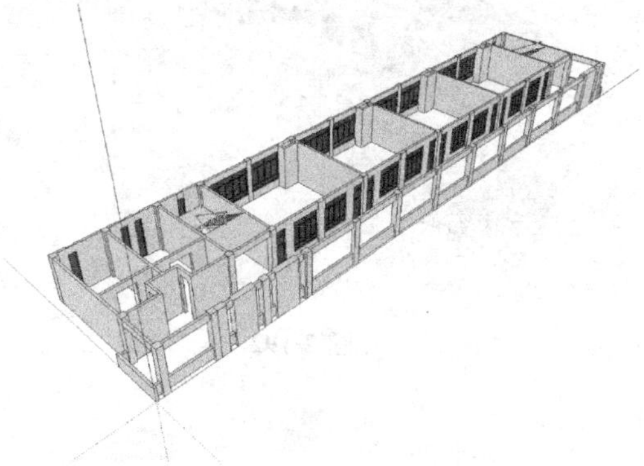

图 2-189

最后，将这些模型再全部组合成新的标准层组件，再将其向上复制一层，得到二、三标准层的模型(图2-191)。

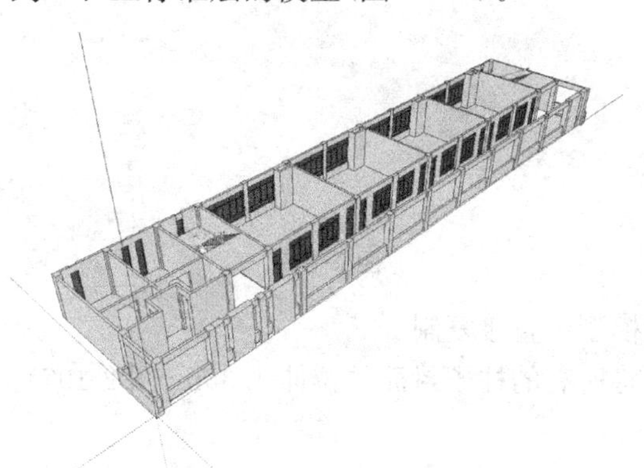

图 2-190

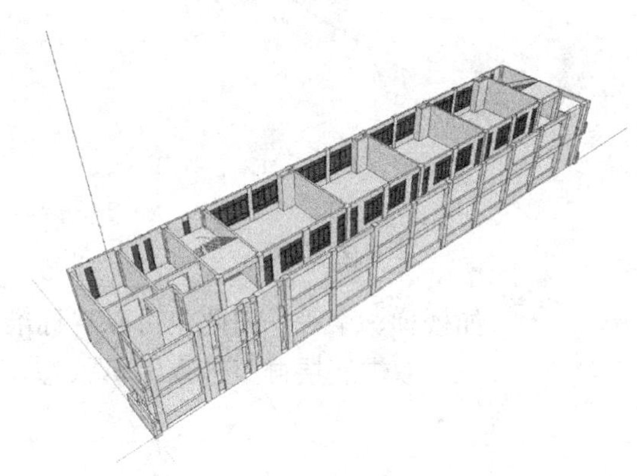

图 2-191

3) 建立顶层模型

在本案例中，顶层与标准层基本没有区别，只是在屋顶和女儿墙部分有差异。因此，将标准层组件再向上复制一层，作为顶层模型的基础。然后在复制的组件上单击鼠标右键，选择单独处理(Make Unique)(图2-192)。

双击该组件进入编辑状态。删除其中的两个楼梯，并补上楼梯结束段的栏杆(图2-193)。

重新绘制屋顶面，并向下拉伸0.15m(图2-194)。

将顶面向内偏移(Offset)0.35m，并将外环向上拉伸0.75m，将内部矩形向上拉伸0.1m(图2-195)。

顶层模型建立完成(图2-196)。

4) 建立底层模型

本案例中，底层平面与其他平面有较大区别，但建模方式还是一样的，还是先从柱子开始，然后建墙体、门窗、梁和楼梯。其中很多部件还是和标准层一样，

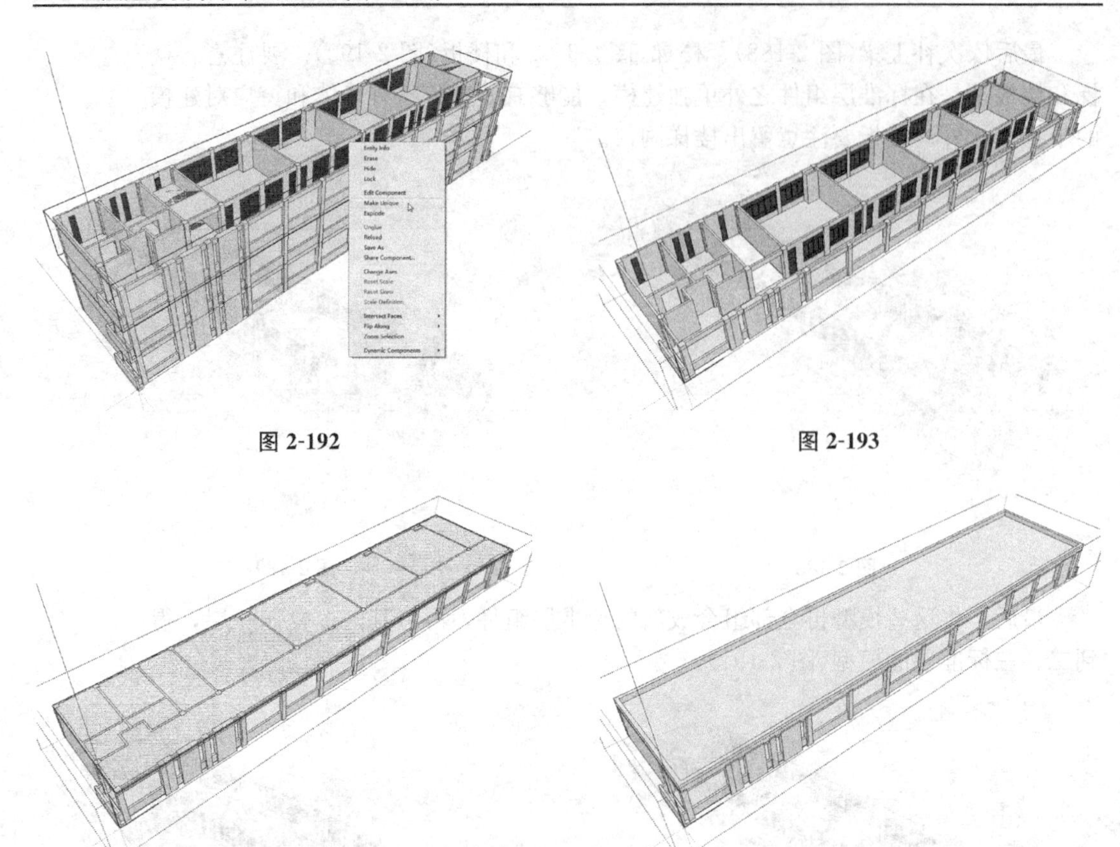

图 2-192　　图 2-193

图 2-194　　图 2-195

如楼梯、梁等，因此也可以从标准层模型中直接复制。

双击底层群组进入编辑状态，并将所有的柱子封面并拉伸 4.35m(图 2-197)。

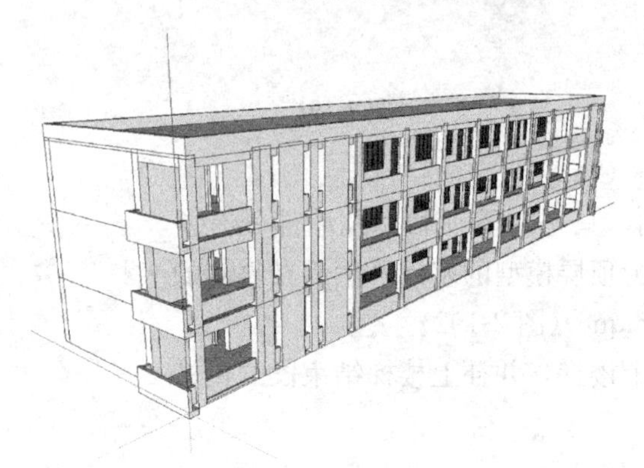

图 2-196

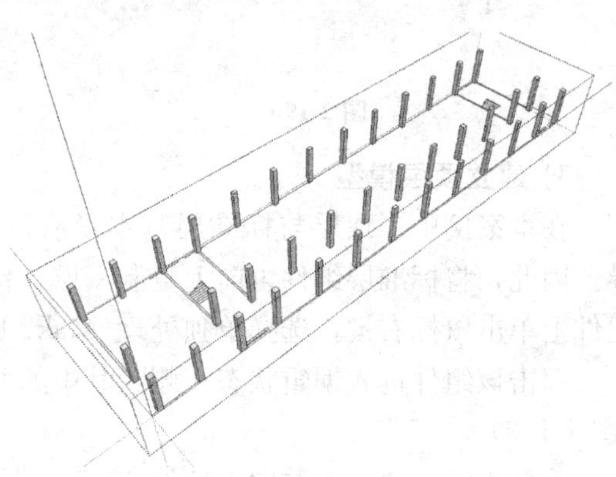

图 2-197

继续建立墙体模型(图 2-198)。

建立梁的模型(图 2-199)。

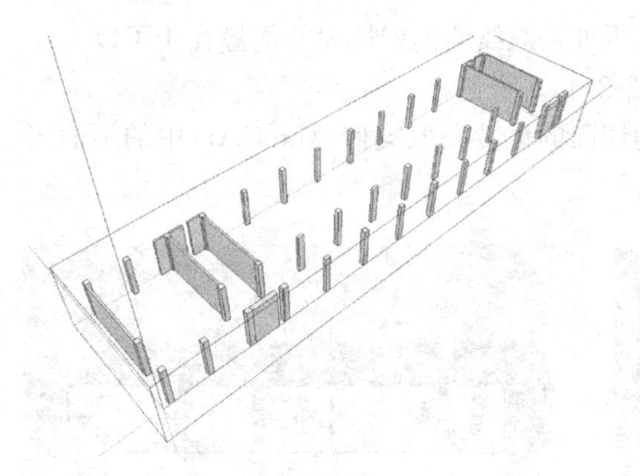
图 2-198

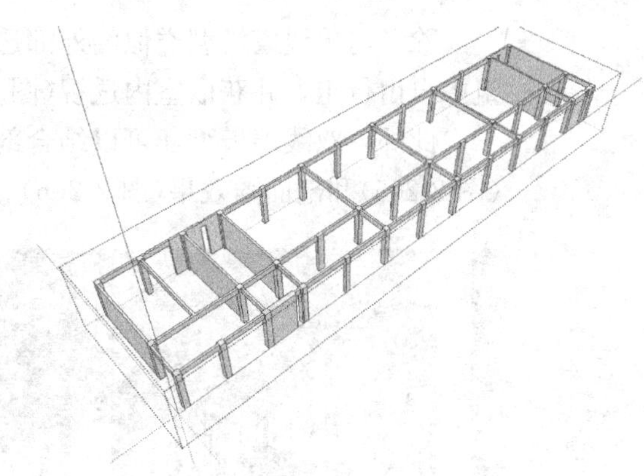
图 2-199

插入之前建立的楼梯组件，将其单独处理，编辑以适应底层的层高(图 2-200)。底层模型建立完成。

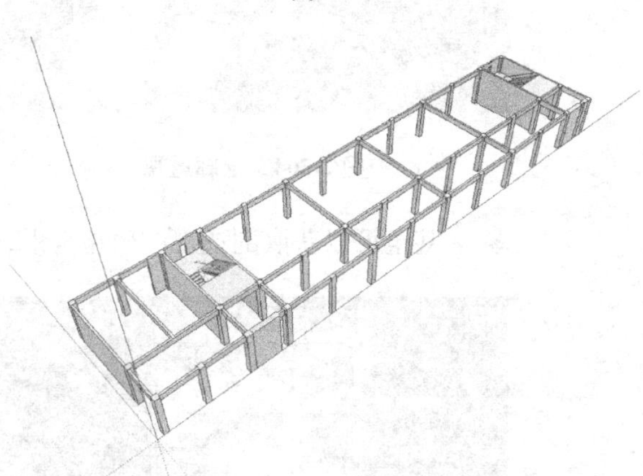
图 2-200

5）整体模型调整和设定相机场景

将其他几层模型拼合到底层模型上，完成整体建筑的建模。再旋转视角检查一下，有无遗漏或错误的地方(图 2-201)。

用上一个案例相似的方法设定相机、阴影、背景，并保存场景(图 2-202、图 2-203)。

图 2-201

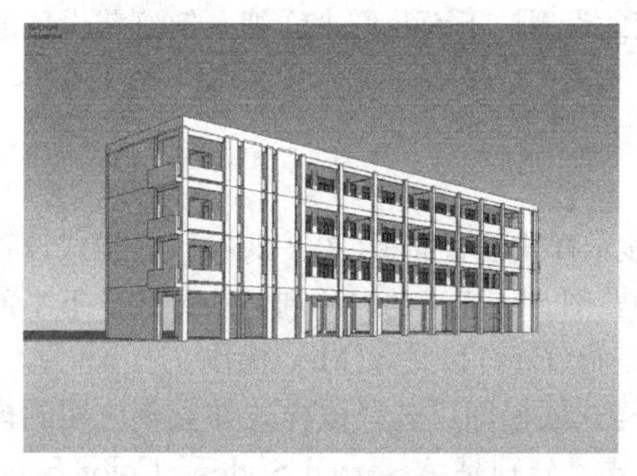
图 2-202　西南角透视

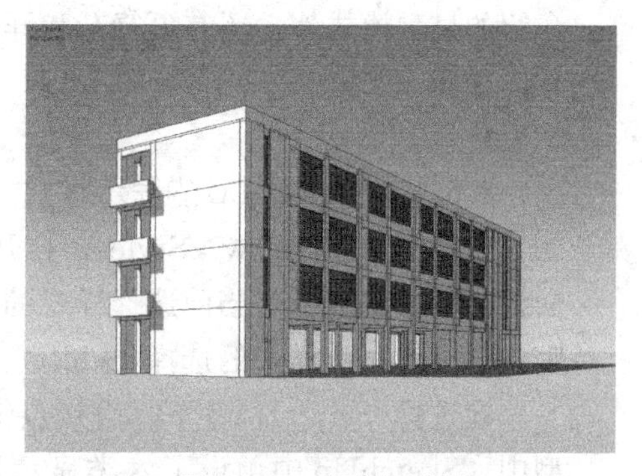
图 2-203　东北角透视

除了与单线墙模型类似的外部透视外，双线墙模型最大的优势在于可以在建筑中自由行走，并获取室内透视(图 2-204)。

此外，双线墙模型还可以结合剖切面的设置获取类似 AutoCAD 中的平面图(图 2-205)和剖面图效果(图 2-206)。

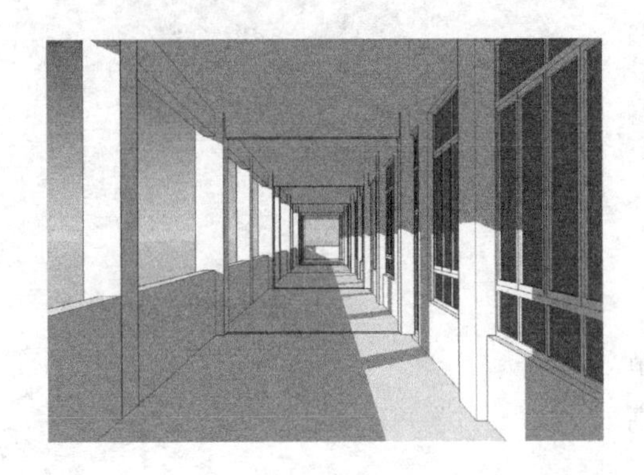

图 2-204 走廊透视

图 2-205 平面图

甚至可以获取剖透视的效果(图 2-207)。

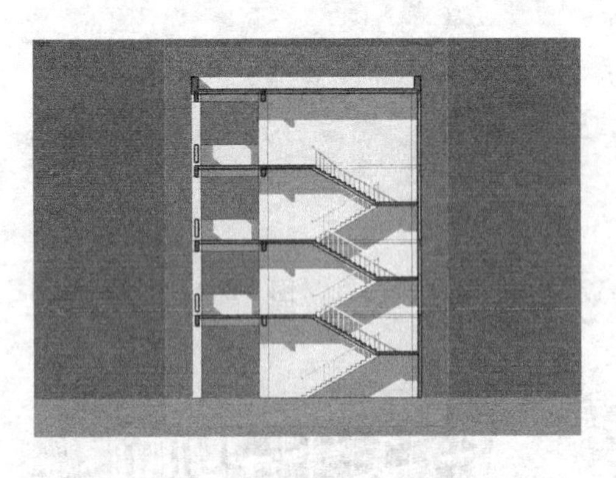

图 2-206 剖面图

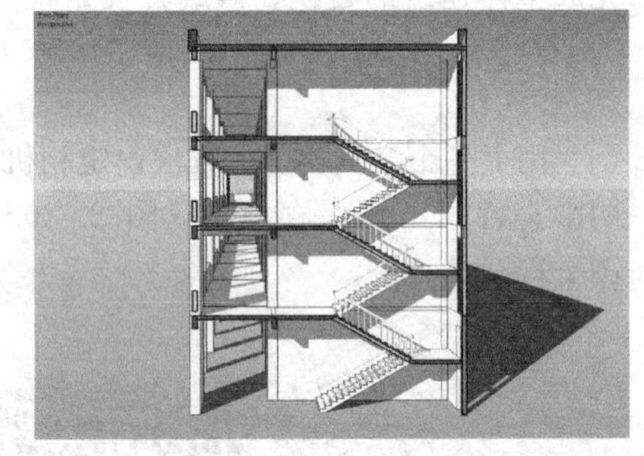

图 2-207 剖透视

2.6 SketchUp 模型表现

在 SketchUp 中，与建筑模型显示方式相关的功能有很多，除了在第 1 章中介绍的显示模式外，还有更复杂和详细的设置。下面我们来详细了解这些设置的具体功能。

2.6.1 SketchUp 的显示样式

选择菜单 Window>Styles，打开显示样式设置面板(图 2-208)。在样式设置面板的上半部显示了当前选择样式的预览图、该样式的名称和相应描述。下半部则包含了对显示样式的选择(Select)、编辑(Edit)和混合(Mix)操作。

在选择(Select)标签下，直接点击样式图标即可选择该样式并立刻应用到模型中。SketchUp 中预设了六类显示样式，分别是 Assorted Styles、Color Sets、

Default Styles、Photo Modeling、Sketchy Edges 和 Straight Lines，点击下拉箭头可以直接选择。

这六类样式中，Default Styles 是一些基本的显示模式，包括线框、消隐、着色、贴图和 X 光等，此外再加上天空和地面的不同显示。

Color Sets 样式类实际上是各种颜色配置的集合，这些配置包括线的颜色、默认材质的正反面颜色、背景色、剖切面的颜色和被锁定物体的颜色。

Photo Modeling 样式类主要用于依据照片中建模。

Sketchy Edges 和 Straight Lines 样式类都是对模型线条的显示设定，其中 Sketchy Edges 样式强调线条的草图效果，而 Straight Lines 样式则主要是指直线效果。

Assorted Styles 样式类则是混合了前面所述几种样式的线条、颜色、背景等不同的设置而形成的混合类样式。

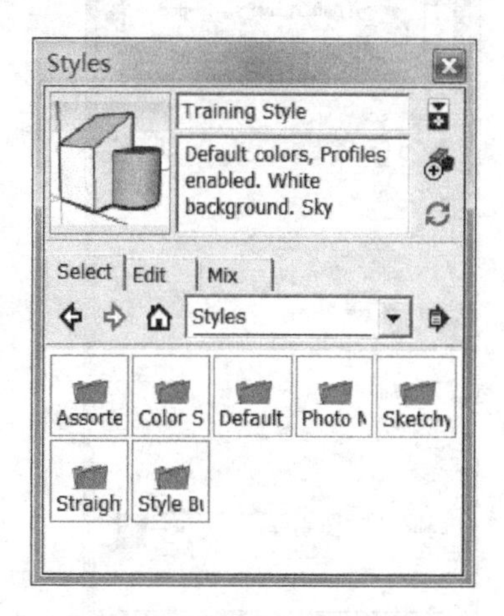

图 2-208 样式设置面板

图 2-209 中展示了其中一些预设样式的效果。

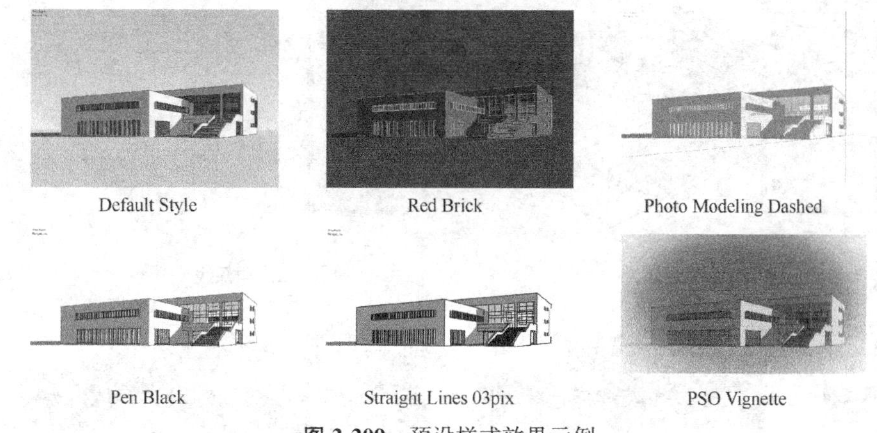

图 2-209 预设样式效果示例

除了这些已经预设的显示样式供我们选择外，SketchUp 还提供了方便的编辑操作，以应对更丰富的样式要求。

在编辑(Edit)标签下包含了五个设置按钮，分别从五个方面对显示效果进行设置：边线设置(Edge Settings)、面设置(Face Settings)、背景设置(Background Settings)、水印设置(Watermark Settings)和模型设置(Modeling Settings)(图 2-210)。

1）边线设置

边线设置有两种状态，分别对应于通常的边线和手绘效果边线样式，后者主要是针对 Sketchy Edges 和 Straight Lines 样式类中的样式。

首先来看通常的边线设置效果。

(1) 边线显示(图 2-211)：

(2) 边线效果(图 2-212)：

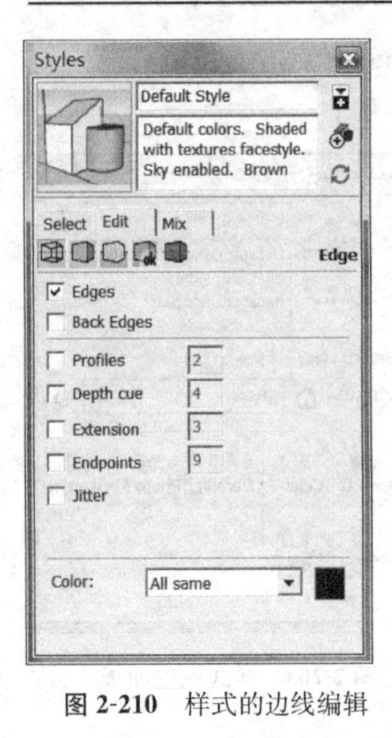

图 2-210 样式的边线编辑

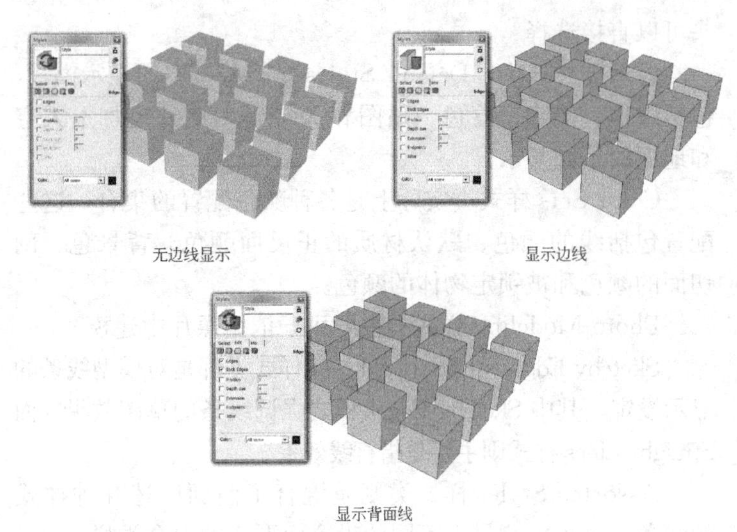

图 2-211

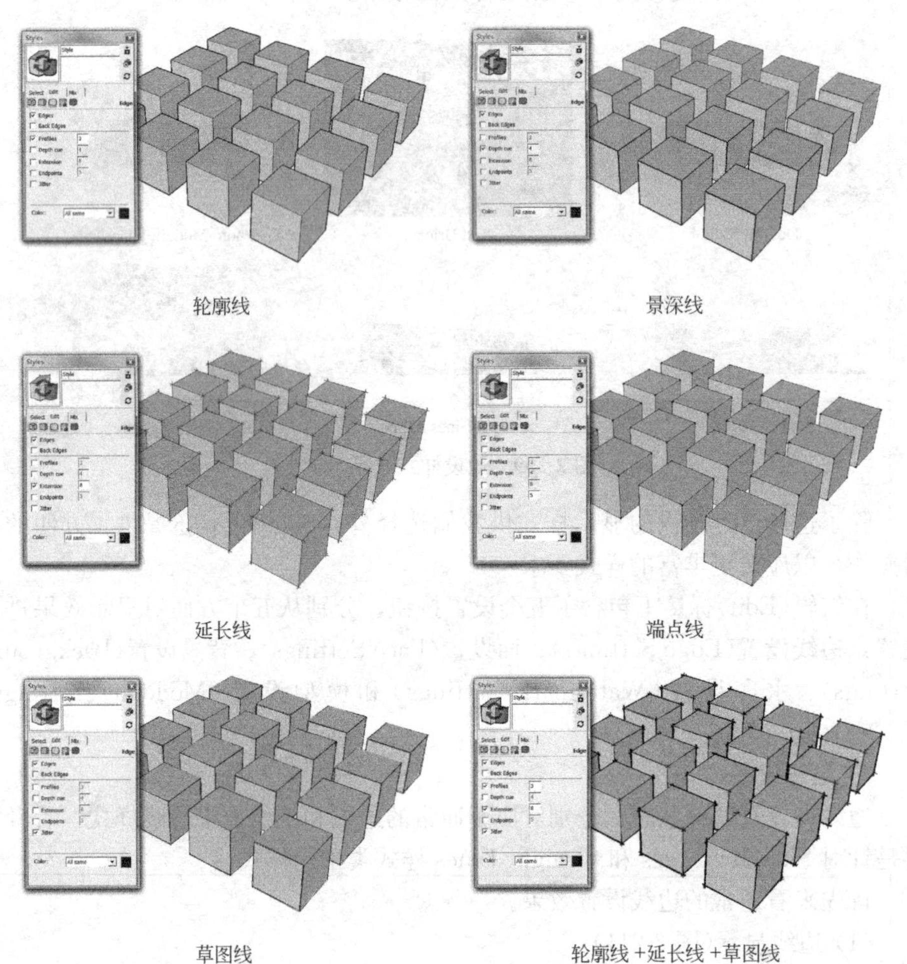

图 2-212

• 轮廓线(Profiles)：控制是否突出物体的空间轮廓线。数值框中的数值表示轮廓线的显示宽度，数值以像素为单位。

• 景深线(Depth Cue)：控制物体的边线的粗细变化，在当前视图下离观察者越近，边线越粗，反之越细。数值框中的数值表示距离观察者最近的边线的宽度，以像素为单位。

• 延长线(Extension)：该选项让每一条边线的端头都稍微延长，使它看起来有种手绘图的感觉。这纯粹是视觉效果，不会影响智能参考系统对点的捕捉。数值框中的数值表示延长线的长度，以像素为单位。

• 端点线(Endpoints)：该选项给每条边线的端点增加一段粗短线以突出这些端点。数值框中的数值表示该短线的长度，以像素为单位。

• 草图线(Jitter)：该选项对每条边线以多次轻微偏移的方式重复显示，给模型一个具有动感的、粗略的草图感觉。这纯粹是视觉效果，不会影响智能参考系统对点的捕捉。

(3) 边线颜色

边线颜色标签是一个下拉式菜单，其中包含三个选项：

• 相同(All same)：所有的边线以同样的颜色显示。该颜色可通过按右侧颜色按钮进行设定，默认状态下为黑色。图 2-211 和图 2-212 均属于该设置。

• 按材质(By material)：边线以赋予的材质颜色来显示。

• 按坐标轴(By axis)：如果边线平行于某一轴线，则以该轴线的颜色显示，否则按场景信息中指定的边线颜色显示。该选项有助于我们判断边线的对齐关系(图 2-213)。

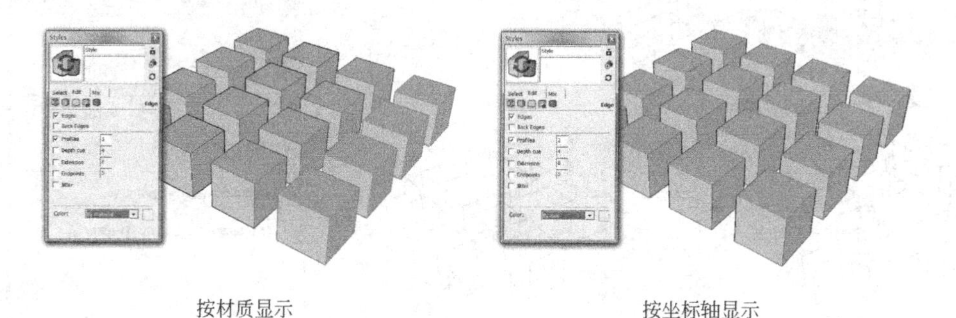

按材质显示　　　　按坐标轴显示

图 2-213

如果在样式选择中选择了 Sketchy Edges 或 Straight Lines 样式类中的样式，则边线设置状态如图 2-214 所示，取消了端点线和草图线的设置，背面线也不可选，增加了晕染(Halo)和细节层次(Level of Detail)设置，以及表示线条效果的笔划(Stroke)显示。正是依靠这些设定，才能形成 SketchUp 中独特的具有手绘效果的线条。

(4) 手绘边线

• 晕染(Halo)：该选项让线条周边有一定的晕染空间，其数值大小表示当物体在相互间有遮挡时，被遮挡的物体的边线从遮挡物体的边缘向外收缩的程度。

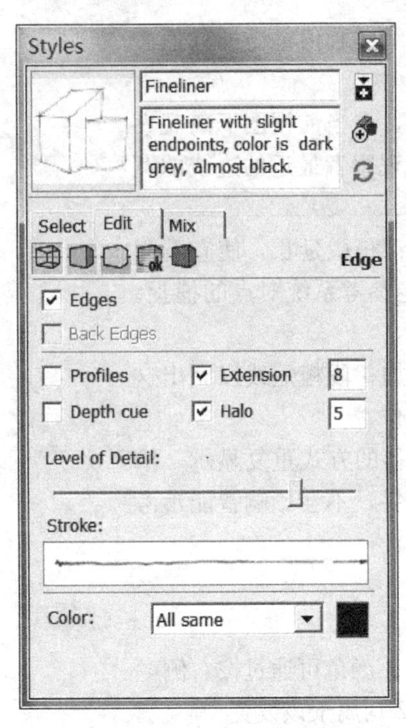

图 2-214 样式手绘边线设置

• 细节层次(Level of Detail)：该选项表示细节的显示程度，滑块向左表示一些较短的线条将被忽略而不显示，滑块向右则表示显示更多的线条以展示更多的细节。

• 笔划(Stroke)是 SketchUp 中预设好的笔画效果，在此无法修改或添加，只能在 Sketchy Edges 和 Straight Lines 样式类下设定的样式中直接选择。

图 2-215 显示了同一模型在选择“Sketchy Watercolor”显示样式后改变不同的晕染值和细节层次的不同效果。

2) 面设置

面的设置主要是在 2.1.7 中介绍过的显示模式，包括线框模式、消隐线模式、着色模式、贴图模式等。除此之外，面的设置主要设置了默认双面材质的正面和背面的颜色，以及透明材质的显示效果(图 2-216)。

• 启用透明(Enable transparency)：控制是否显示透明效果(图 2-217)。当场景中任一物体被赋予了具有透明度的材质后，该选项将自动被勾选。此时如果取消

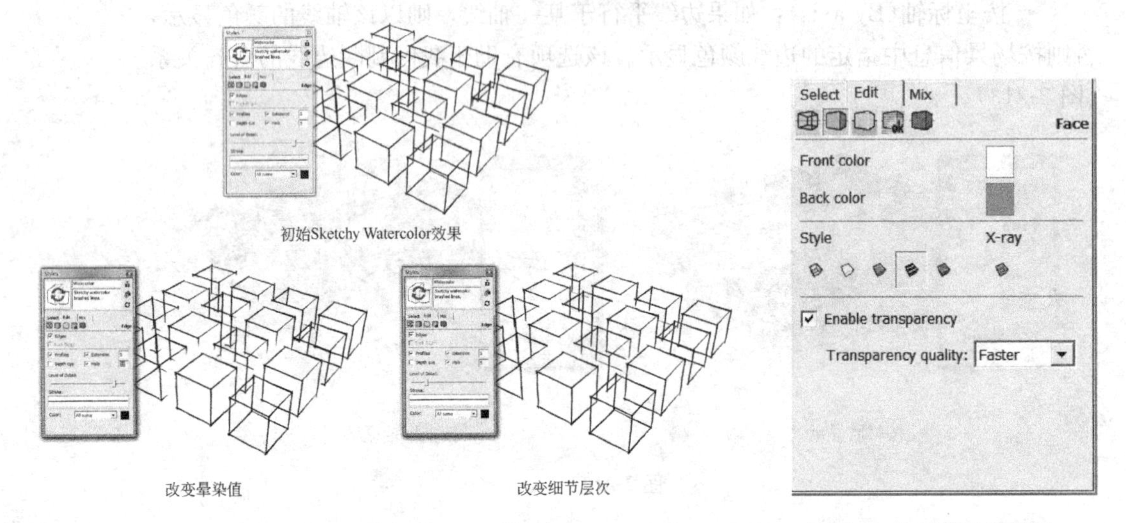

图 2-215　　**图 2-216** 样式的面设置

其勾选状态，则场景中所有具有透明材质的物体都将以不透明的方式显示。

• 透明质量(Transparency quality)：当启用透明选项被勾选后，或者场景处在 X 光透视模式下时，质量选项被激活，其下有三个选项：快速(Faster)、中等(Medium)、良好(Nicer)。快速意味着牺牲透明的精确性来获得更快的显示；良好则牺牲显示的速度以获得更精确的透明效果；中等处于快速和良好中间，对显示的速度和质量进行平衡。

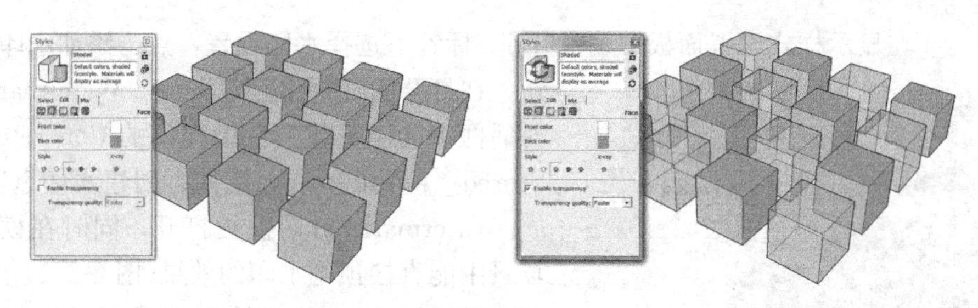

图 2-217

3）背景设置

背景设置包括背景色和天空、地面的设置(图 2-218)。

• 背景(Background)：绘图窗口中默认的背景颜色。

• 天空(Sky)：勾选该选项，背景从地平线开始向上显示渐变的天空效果。

• 地面(Ground)：勾选该选项，背景从地平线开始向下显示渐变的地面效果。

• 透明度(Transparency)：显示不同透明程度的渐变地面效果，可以显示地平面以下的几何体。

• 显示地面的反面(Show ground from below)：勾选该选项，则当照相机从地平面下方往上看时，可以看到渐变的地面效果，否则不显示地面。

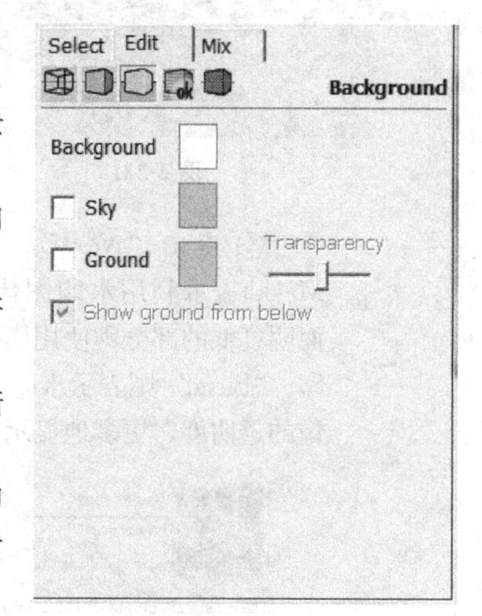

图 2-218　样式的背景设置

4）水印设置

水印设置可以在模型中添加图像作为背景或前景(图 2-219)。与其他设置不同的是，水印设置并不是简单的选项，而是根据需要选择作为水印的图像，并设置其在图面中的位置。其操作步骤如下：

① 打开一个之前建立的模型，在显示样式设置面板中选择“Default Styles”样式类下的“Shaded with textures”样式(图 2-220)。

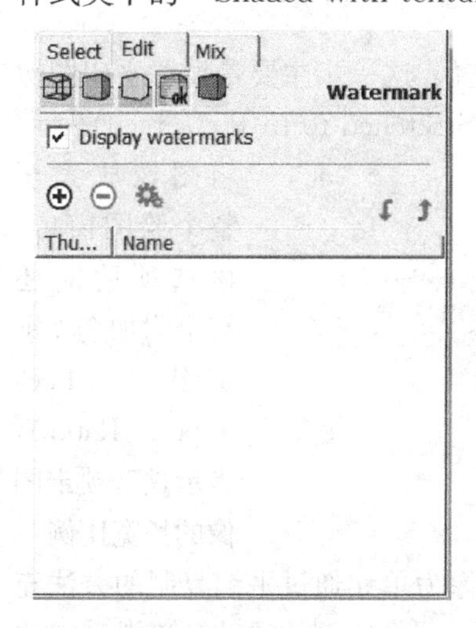

图 2-219　样式的水印设置

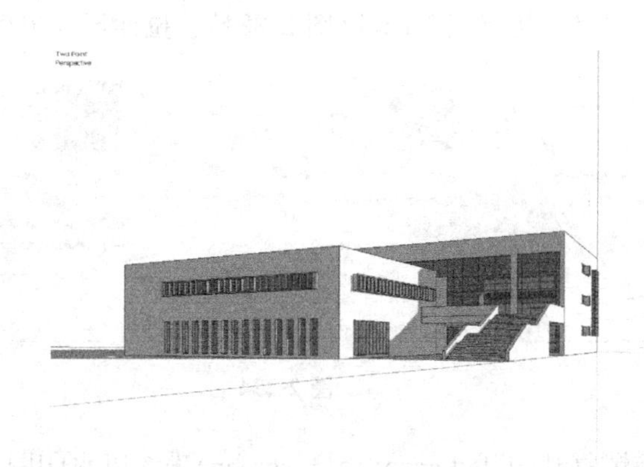

图 2-220

② 在显示样式设置面板中编辑(Edit)标签下选择水印设置，点击添加水印按钮，在打开的选择水印(Choose Watermark)对话框中选择下载文件中提供的 Concrete _ Scored _ Jointless. jpg 文件。创建水印(Create Watermark)对话框被打开，同时在模型场景中能直接预览水印的效果(图 2-221)。

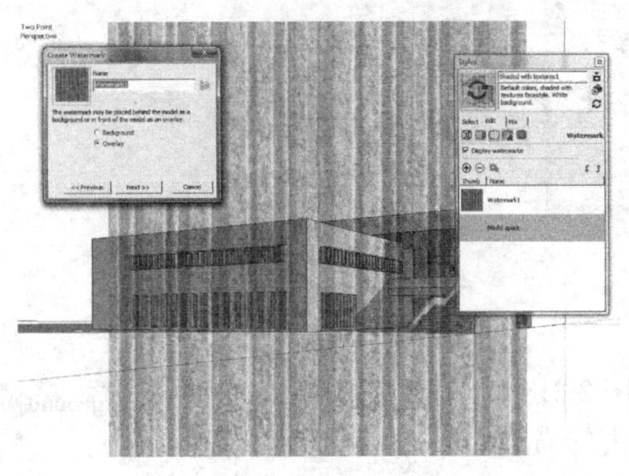

图 2-221

③ 在创建水印对话框中我们可以输入创建的水印图像的名称，还可以选择添加的图像作为模型的背景(Background)还是前景(Overlay)。此次我们将添加的图像作为模型的背景，因此在对话框中选择背景(图 2-222)。

④ 点击“Next”，进入创建水印的下一步设置。其中创建遮罩(Create Mask)表示利用水印图像的色彩明度创建遮罩，图像明度高的部分趋于透明化，而明度低的部分则使用模型场景的背景色。一般来说这种遮罩效果主要用于前景水印。“Blend”则表示水印图像的融合程度，以滑块的形式出现。滑块向左则增加图像的透明度，更多地显示背景；向右则减少图像的透明度，使图像本身更为明显。

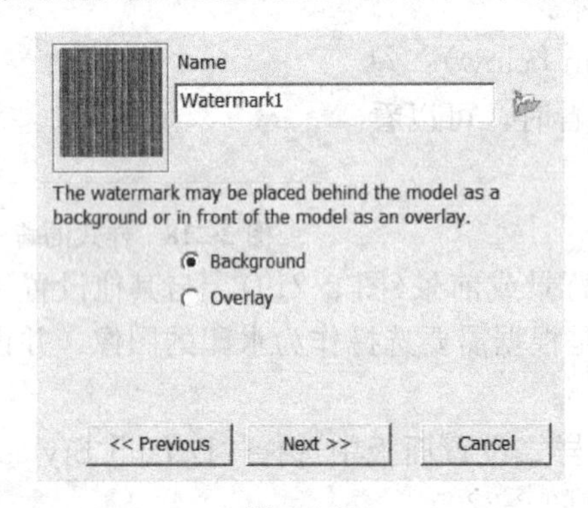

图 2-222

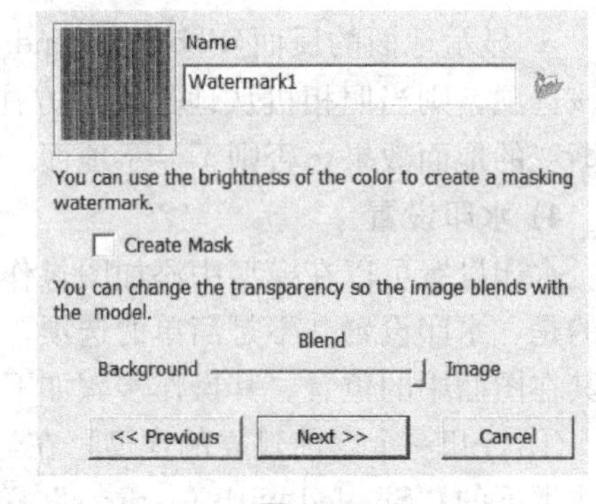

图 2-223

⑤ 点击“Next”，进入创建水印的下一步设置。这一步主要是设置水印图像的位置，共有三个选项(图 2-224)。拉伸至满屏(Stretched to fit the screen)表示将图像放大至整个绘图窗口。该选项后面还有个附加选项锁定比率(Lock Aspect Ratio)，表示是否锁定图像的长宽比例。

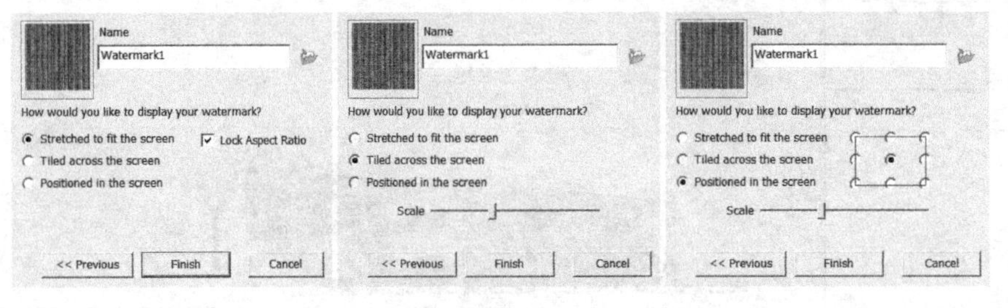

图 2-224

平铺复制(Tiled across the screen)表示以水印图像为单元通过平铺复制的方法充满整个绘图窗口。选择该选项时，会出现一个表示图像比例的滑动条，滑动滑块可以改变水印图像的比例大小。固定位置(Positioned in the screen)表示将水印图像固定在绘图窗口的某个位置。选择该选项时，会出现一个表示图像在绘图窗口位置的九宫格，点击不同的选项即可选择相应的位置。同时也会有表示图像比例的滑动条。

⑥ 选择平铺复制模式，并将比例滑块适当向左滑动。点击“Finish”按钮，完成水印创建，此时模型场景效果和水印设置面板如图 2-225 所示。

注意：可以添加更多的前景水印和背景水印，它们以从上至下的顺序叠合在一起，上面的水印会遮挡下面的水印，因此需要设置各水印合适的透明度和位置。利用向上和向下箭头可以调整其显示顺序。

5) 模型设置

在模型设置中，不但可以指定多种模型要素的默认颜色，还可以控制一些要素的显示状态(图 2-226)。对模型设置的改动一般较少。

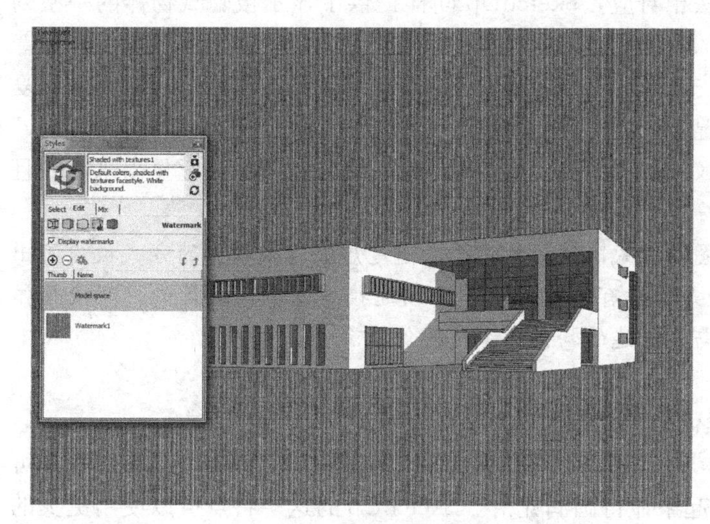

图 2-225

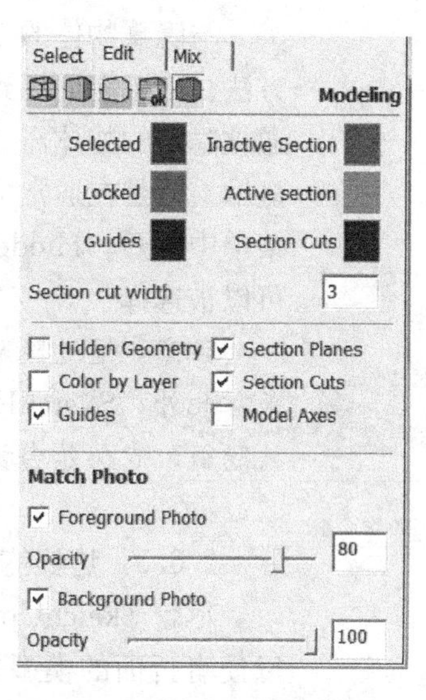

图 2-226 样式的模型设置

混合(Mix)标签下提供了更方便快捷设置新的显示样式的操作，可以通过选择预设样式的各种特性得到类似于“Assorted Styles”类中的样式。

Mix 标签下的面板上同样有五栏设置，分别是边线、面、背景、水印和模型。在面板的最下方则添加了一个新的选择面板，当鼠标移到该面板的显示样式上时光标会自动变成吸管，表示这种选择并不是直接应用到模型中，而是吸取了该样式的各种显示设置。吸取任何一种显示样式后，将鼠标移动到 Mix 标签下的五栏设置上，光标变成油漆桶。点击任意一栏，如边线设置，则刚才吸取样式的边线设置就可以被赋予到模型中。通过这种方法可以快速混合现有样式中的各种设置以得到新的显示样式。

无论是在编辑中还是在混合中改变了当前的显示样式，样式浏览器中左上角样式的预览图上都会出现环形箭头标志，表示该样式已不再是软件中的预设样式了。此时可以直接在样式名称框中输入新的名称并点击右侧按钮以确认修改并生成新的显示样式。

2.6.2 物体的隐藏与显示

将一部分几何体隐藏起来是 SketchUp 建模过程中常用的方法，或是为了简化并加速当前视图的显示，或是想看到物体内部并在其内部工作。隐藏的几何体不可见，但是它们仍然存在于模型中，需要时还可以重新显示。

SketchUp 中的任何物体都可以被隐藏，包括：群组、组件、图像、文字、尺寸标注、辅助线、剖切面和坐标轴。除了通过隐藏图层的方式隐藏物体外，SketchUp 还提供了一系列的方法来控制单个物体的隐藏。除了使用菜单或关联菜单外，对于线条，最方便的方法是在使用删除工具的同时，按住 Shift 键，就可以将选择的边线隐藏。

除了这些普通的隐藏方法外，通过菜单 View，可以控制辅助线、剖切面、坐标轴的显示和隐藏。

与隐藏物体的方法相对应，SketchUp 同样提供了显示被隐藏物体的一系列方法。除了上面提到的辅助线、剖切面和坐标轴具有全局控制显示的方法外，普通被隐藏的物体需要先选择，再利用编辑菜单、关联菜单或实体信息对话框恢复显示。但是在通常情况下，被隐藏的物体是无法被选择的，此时需要在“View”菜单中打开“Hidden Geometry”的选择，所有隐藏的物体都被虚显出来，并且可以被选择。

注意：通过隐藏图层方式隐藏的物体无法通过虚显隐藏物体的方式被虚显出来。此外，SketchUp 是以所有的几何体都互相连接为基准而设计的，即使物体被隐藏，它仍然会被与其相连的物体的编辑操作所影响。

2.6.3 边线的柔化与表面的光滑

尽管 SketchUp 本质上不存在曲线和曲面，但通过对边线的柔化处理，可以使有折面的模型看起来显得圆润光滑。SketchUp 的这一特点可以使用更少的折面来表现更光滑的曲面，从而可以减轻计算机的工作量，得到更快的运行效果。但这种光滑处理的折面在近距离观察时仍然会有一定的欠缺。因此，在建模时需要找到一个平衡点，既使面的数量尽量少，又能得到相对较好的显示效果。

柔化边线有多种方法，最方便的方法还是利用删除工具。在使用删除工具时按住 Ctrl 键，则可以柔化边线，使边线所在的两个面的连接变得光滑。

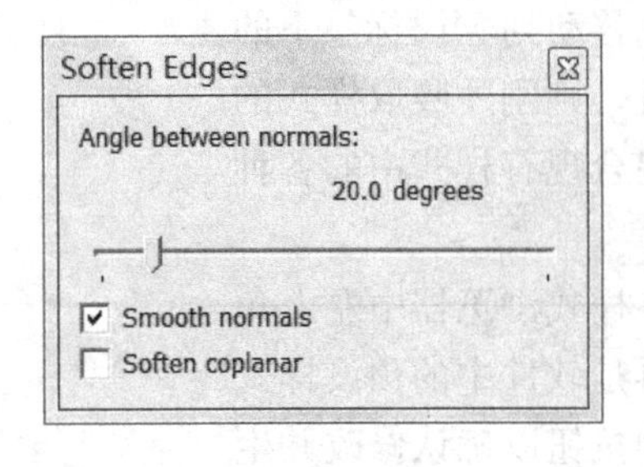

图 2-227

如果需要柔化的边线较多，则可以使用边线柔化对话框。选择多条边线后，在选集上单击鼠标右键，从关联菜单中选择“Soften/Smooth Edges”，将打开边线柔化对话框(图 2-227)。也可通过选择菜单 Window>Soften Edges 打开该对话框。

对话框中，允许角度范围 Angle between normals 是一个在 0 度至 180 度之间选择的滑动条，通过拖动滑动块，我们可以指定产生柔化效果的最大角度，只有两个相邻面的法线夹角(或者说是相邻面夹角的补角)小于这一角度，其相邻的边线才会被柔化。光滑 Smooth normals 选项表示符合柔化条件的两个面将被进行光滑处理。共面 Soften coplanar 选项表示把相邻的处于同一平面上的表面之间的边线柔化。

柔化后的边线会自动隐藏，但仍存在于模型中。在“View”菜单中打开“Hidden Geometry”的选择，被柔化而不可见的边线就会以虚线的方式显示出来。

在打开“Hidden Geometry”后，我们还可以选择这些被柔化的边线进行取消柔化的操作。

2.6.4　SketchUp材质的赋予

对于建筑模型来说，除了形体本身的大小、比例等之外，其材质的使用对效果的表达也是非常重要的。

SketchUp 提供了一种实时、快速的材质系统，可以帮助我们更方便地推敲形体与材质间的关系。

SketchUp 的材质属性包括：名称、颜色、透明度、纹理贴图和尺寸大小等。材质通常应用于表面、群组和组件。

SketchUp 的材质大体可分为默认材质、颜色材质、贴图材质、透明材质和透明贴图材质五类(图 2-228)。

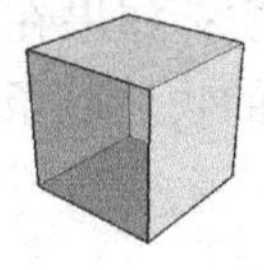

默认材质

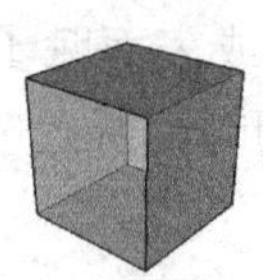

颜色材质

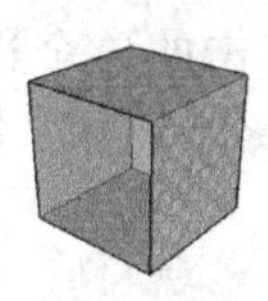

贴图材质

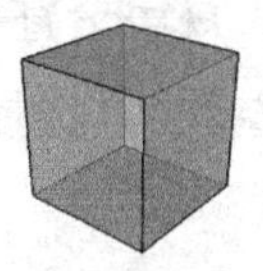

透明材质

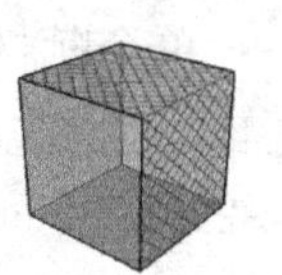

透明贴图材质

图 2-228

默认材质是 SketchUp 中一个独特的设定，SketchUp 中创建的几何体一开始会被自动赋予默认材质。默认材质有一组特别的、非常有用的属性：

• 一个表面的正反两面上的默认材质的显示颜色是不一样的。默认材质的双面特性是我们更容易分清表面的正反朝向。正反两面的颜色可以在场景信息对话框的颜色标签中进行设置。

• 群组或组件中具有默认材质的物体有很大灵活性。当一个群组或组件内既包含默认材质的物体也包含其他材质的物体时，向该群组或组件赋予新的材质，只有使用默认材质的部分会获得该材质，而其余部分必须在编辑该群组或组件状态下才能被赋予新的材质。

• 如果群组或组件已经被赋予了新的材质，那么在编辑该群组或组件的状态下，新建的几何体将被自动赋予该材质，而不是默认材质。在退出编辑状态后，新建的几何体还是拥有类似于默认材质的特性，即可以随群组或组件被赋予的材质的改变而改变。

除了默认材质同时具有正反双面的材质设定外，其他材质一般一次只能赋予表面的一个面，可以通过分批操作为表面的正反面赋予不同的材质。

除默认材质外，颜色材质指具有单一颜色，没有贴图和透明度的材质，这也是一种最基本的材质。

贴图材质指具有贴图的材质。透明材质指具有透明度的材质，有无贴图均可。而透明贴图材质是一种特殊的材质，具有一定的透明度，而且其透明度是靠贴图文件自身所带的透明通道实现。

材质的赋予通常需结合材质工具和材质浏览器进行。材质浏览器则用于选择材质，材质工具用于赋予材质。

注意：必须将显示模式切换至贴图着色模式，材质的贴图效果才能被显示。

由于每个表面都有正反双面，又可以被赋予不同材质的特性，在选择了多个物体时，材质的赋予还会遵循以下的规律：

• 表面的哪个面被赋予材质取决于材质工具点击的那个面。如果材质工具在赋予材质时点击的是某个表面的正面，则选择集中所有面的正面被赋予该材质，反之则所有面的反面被赋予材质。

• 边线是否被赋予材质取决于材质工具点击的那个面。当选择集中包含了表面以及边线，如果材质工具在赋予材质时点击的是某个表面的正面，则选择集中所有的边线被赋予该材质，反之则所有边线不被赋予材质。注意需要将显示样式中边线设置的颜色设定为按材质才能看出边线的材质变化。

材质工具除了给单个物体或选择集中的物体赋予材质外，结合Ctrl，Shift，Alt等修改键，还可以快速地给多个表面同时分配材质。

• 单个赋材质：材质工具为点击的单个边线或表面赋予材质；如果在激活材质工具之前先用选择工具选择了多个物体，则同时给所有选中的物体赋予材质(图2-229)。

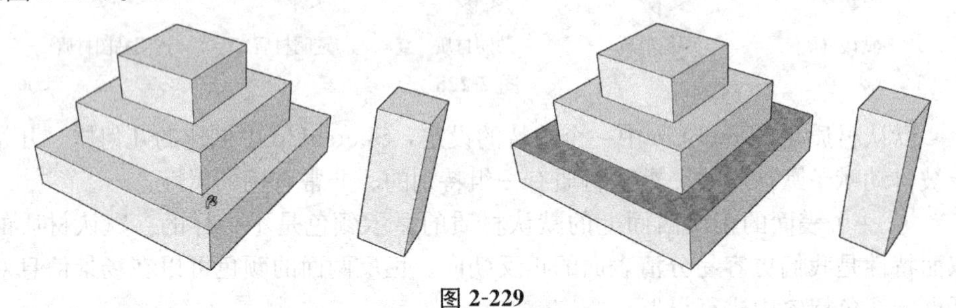

图2-229

• 邻接赋材质(Ctrl)：在为一个表面赋材质时按住Ctrl键，光标会变为[光标图标]，将材质同时赋予与所选表面相邻接并且与所选表面具有相同材质的所有表面(图2-230)。

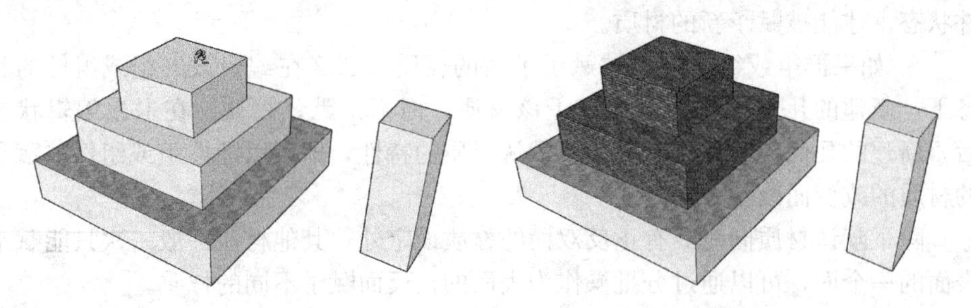

图2-230

• 替换材质(Shift)：在为一个表面赋材质时按住 Shift 键，光标会变为🖌，并用当前材质替换所选表面的材质，而且模型中所有使用该材质的物体都会同时改变为当前材质(图 2-231)。

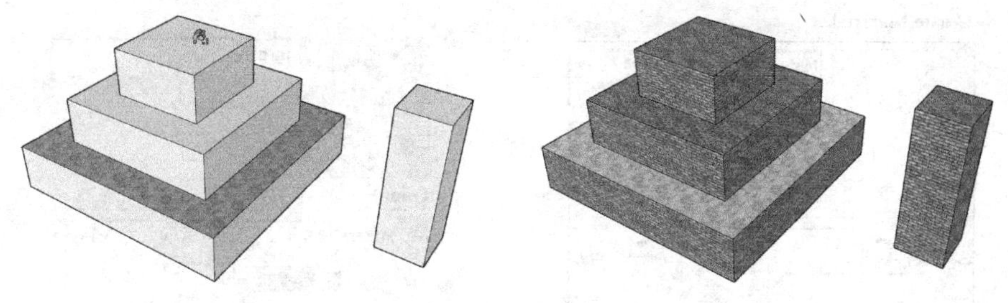

图 2-231

• 邻接替换(Ctrl+Shift)：在为一个表面赋材质时同时按住 Ctrl 和 Shift 键，光标会变为🖌，并会实现上述两种方法的组合效果。材质工具会替换所有所选表面的材质，但替换的对象限制在与所选表面有物理连接的几何体中(图 2-232)。

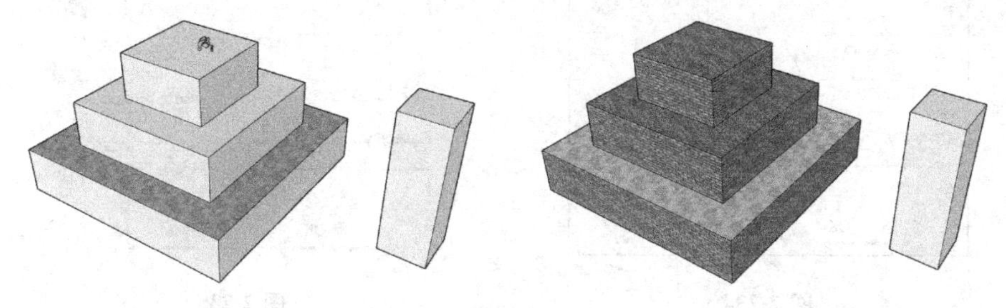

图 2-232

• 提取材质(Alt)：激活材质工具后，按住 Alt 键，光标会变为🖊，再点击模型中的物体，就能提取该物体的材质作为当前材质。

2.6.5　材质的创建和编辑

材质浏览器不但可以选择预设材质库中的材质，也可以创建或编辑材质。材质浏览器可以在选择材质工具时打开，或者也可以选择菜单 Window>Materials 打开直接材质浏览器对话框(图 2-233)。

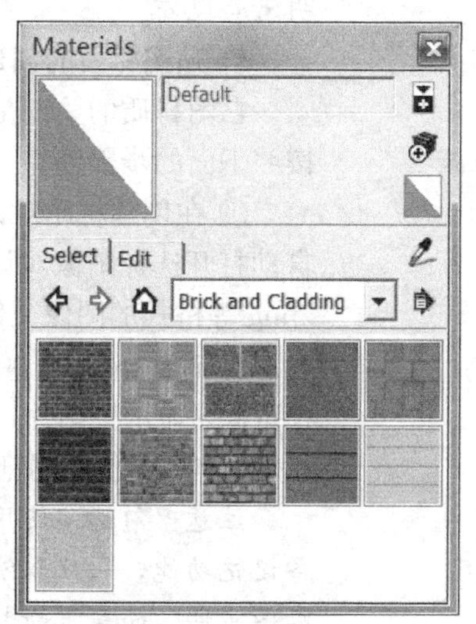

图 2-233

材质浏览器分为上下两部分，上半部分除了左侧大图标是当前材质的显示外，右侧还有三个功能按钮，其中创建材质(Create Material)以当前材质为模板创建新材质，并打开创建材质对话框(图 2-234)。对话框顶部文本栏内可以输入创建材质的名称，下面的颜色(Color)、贴图(Texture)和不透明度(Opacity)栏用来设定不同的材质特征。

1）颜色材质的创建

颜色材质是只有颜色变化，没有肌理特征的一种材质，其创建也最为简单。

在创建材质对话框的颜色栏内分别有色轮、HLS、HSB 和 RGB 等四种模式,在任何一种模式下通过不同滑块滑动设置颜色,左上角的材质预览会即时作出调整。将材质名称更改为“green”(图 2-235),确定后该材质被添加到当前模型中。

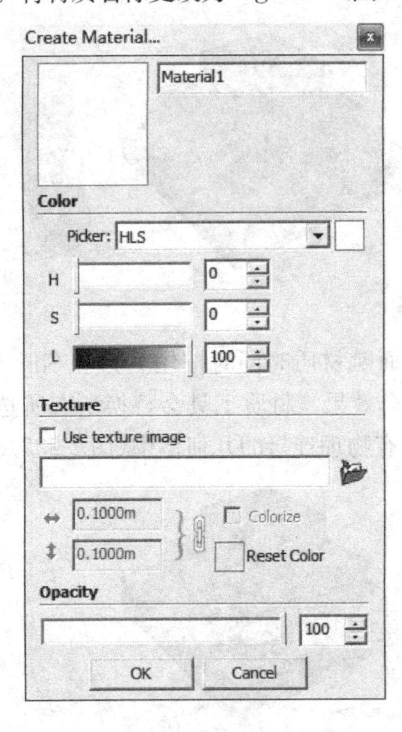

图 2-234

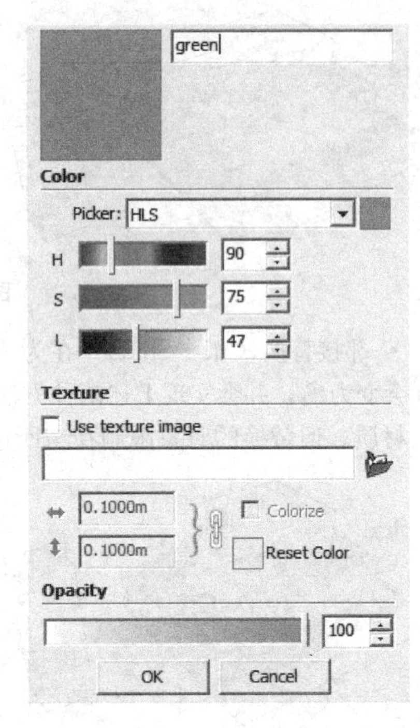

图 2-235

注意:当把材质赋予物体时,物体看上去的颜色会和此处设置的颜色有一定的区别,这是因为在 SketchUp 场景中的物体会受到光照的影响而呈现出不同的明暗表现。

2) 贴图材质的创建

贴图材质的关键是贴图文件,通过贴图得到更为逼真的材质表现。我们可以按照下面的步骤创建一个新的贴图材质:

① 在创建材质对话框中勾选使用材质贴图(Use texture image)选项,系统会自动打开选择图像对话框,从中选择相应的文件即可。贴图文件可以是 .jpg 或 .png 等格式的图像文件。

② 选择下载文件中的“Brick _ Rough _ Tan. jpg”,此时创建材质对话框左上角预览框内显示该图片,同时贴图文件的名称显示贴图栏中的文本框内(图 2-236)。点击文本框右侧的浏览按钮可以再次打开选择图像对话框重新选择贴图文件。

注意:勾选“使用贴图”选项后,不要轻易取消,因为在此 SketchUp 不具备记忆功能,一旦取消该选项然后又再次勾选,SketchUp 无法恢复刚才选择的贴图文件,而是重新打开选择图像对话框让你重新选择贴图文件。

③ SketchUp 中的贴图材质不仅受贴图文件的影响,还会受材质本身颜色的影响。因此我们可以通过颜色的调整改变材质的表现效果(图 2-237)。当材质本身颜色修改后,仍然可以通过贴图栏右下角的重设颜色(Reset Color)按钮恢复贴

图的本来色调。另外，调色(Colorize)选项有助于将贴图图片调整为相似的色调，改善材质颜色的协调。

④ 最后一个影响材质表现的是贴图文件在模型中的显示尺寸，有宽度和高度两个参数。在宽度的文本框内输入 1，高度也被自动改为 1m(场景的单位是米)。这是因为贴图的高宽比被锁定了，点击右侧的切换按钮可以解锁，该按钮变为，此时就可以设定不同的高宽了。在改变了贴图的高宽比后再次点击切换按钮，则修改后的高宽比被锁定。点击左边的撤销高宽比修改按钮可以恢复到最初的尺寸设定。在实际应用中应尽量根据贴图内材质的真实尺寸设定准确的贴图图像尺寸。

⑤ 将材质名称更改为“brick”，确定后该材质被添加到模型中。

3) 透明材质的创建

无论是颜色材质还是贴图材质，都可以通过增加材质透明度的方式形成透明效果。具体来说，是在创建材质对话框的底部，滑动表示不透明度的滑块，数值越小，材质透明度越高。同时，在对话框左上角的预览方图被分成两个三角形，左上角代表材质的本来状态，右下角代表材质的透明状态(图 2-238)。

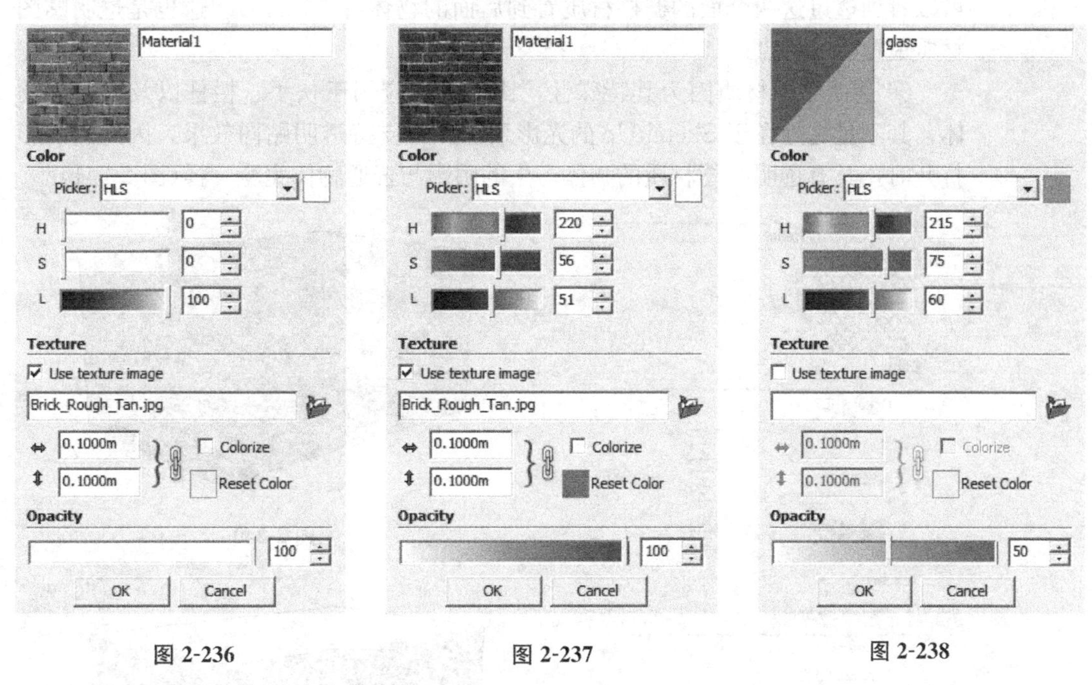

图 2-236　　图 2-237　　图 2-238

在 SketchUp 中，有透明度的材质有一些特殊的属性，包括对表面双面性的特殊设定。

对于表面的双面性，SketchUp 的材质通常是赋予表面的一个面(正面或反面)。然而如果给一个带有默认材质的表面赋予透明材质，这个材质会同时赋予该面的正反两面，这样从两边看起来都是透明的了。如果一个表面的背面已经赋予了一种非透明的材质，在正面赋予的透明材质就不会影响到背面的材质。同样的道理，如果再给背面赋予另外一种透明材质，也不会影响到正面。因此，分别给正反两个面赋予材质，可以让一个透明表面的两侧分别显示不同的颜色和透明度。

此外，对于透明材质对于阴影的产生也有特殊的设定。首先，不透明度有一个阈值——70，低于该阈值，阳光可以穿过该材质，并不会在背后产生阴影，而高于或等于该阈值，阳光无法穿过该材质，等同于普通不透明材质。其次，有透明度的材质不会接受投影，即便其透明度很低，这也就造成了在 SketchUp 中，阴影设置打开时，墙上窗户位置没有阴影，在一定程度上降低了其真实效果。

4）透明贴图材质的创建

最后我们还要介绍一种特殊的材质——透明贴图材质，这种材质具有的透明特性不是通过改变材质的不透明度获得的，而是采用了具有透明度的贴图，这类贴图主要是 .png 格式的图像文件，这种格式的图像文件包含一个阿尔法通道，该通道设定了图像不同部分的透明度，因此图像本身就具有了透明的性质，操作步骤如下：

① 在创建材质对话框中勾选使用材质贴图选项，在选择图像对话框中选择下载文件中的“fence. png”，将贴图尺寸改为 2m 宽，保持其不透明度为 100，将材质名称改为 fence(图 2-239)。

② 创建一个简单的长方体，将刚才创建的 fence 材质赋予长方体的两个面，可以看到透过这两个面的栅栏材质看到后面的物体(图 2-240)。这也是透明贴图材质最重要的特点。

③ 透明贴图材质因为其特殊性，比较适合应用于扶手、栏杆以及树木等物体。其不足之处在于 SketchUp 的光影系统并不支持透明贴图效果，因此当阴影打开时，具有透明贴图材质的物体产生的阴影与普通物体完全一样(图 2-241)。

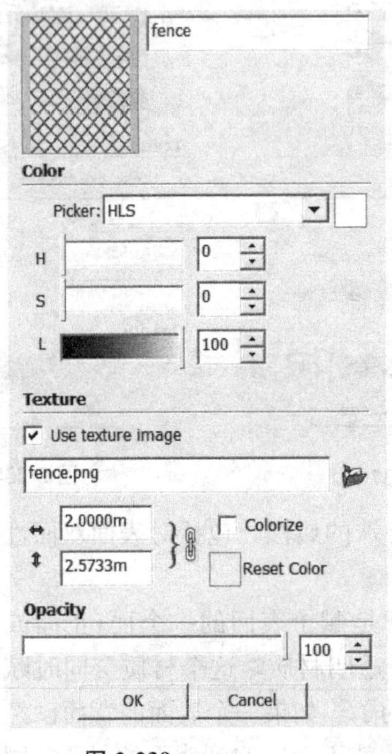

图 2-239

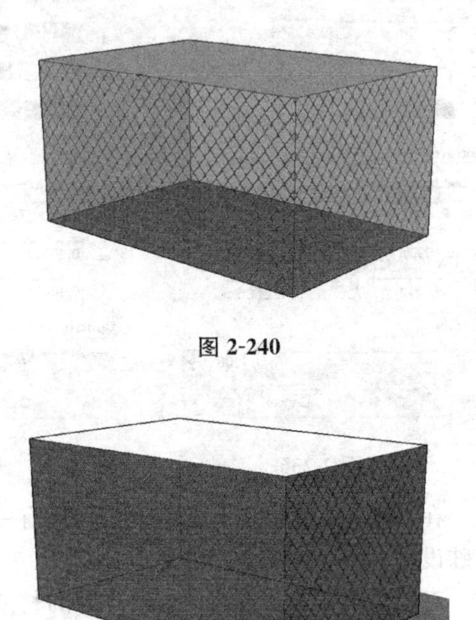

图 2-240

图 2-241

5）材质的编辑

已加载到模型中的材质都可以进行编辑，而且 SketchUp 可以将你对材质所作的编辑实时地反映到模型中，让你随时查看编辑的效果，这一特点非常有助于对模型和材质的推敲。

在材质浏览器中选择编辑（Edit）标签，即进入当前材质的编辑状态（图 2-242）。

从编辑对话框中的内容可以看出，与创建材质对话框中的内容基本相同，操作也没有什么区别。

SketchUp 通过文件夹方式管理材质。在材质浏览器中选择标签下的材质都被保存在 SketchUp 安装目录下的“Materials”目录中，每一类材质是一个文件夹，每一种材质就是文件夹中一个后缀名为 .skm 的文件。当创建了一些常用的材质后，我们应该将它们保存起来，以备下次建模时调用。

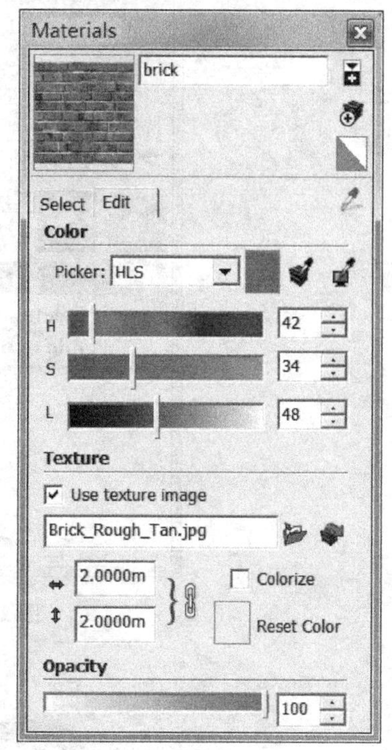

图 2-242

2.6.6 贴图坐标的编辑

对于贴图类材质，除了贴图文件本身的影响外，还有很重要的一点就是贴图坐标的设定。贴图坐标的合适与否对模型效果的表达有时具有至关重要的作用。

SketchUp 提供了三种编辑贴图坐标的方式，其中两种与别针有关：锁定别针方式和自由别针方式，还有一种是投影方式。

锁定别针方式是一种更为准确的编辑方式，而自由别针方式则有助于将贴图与某个特定的面结合起来。下面我们通过一些实例来说明两种方式的应用。

1）锁定别针方式

操作如下：

① 新建一个 SketchUp 文件，避开坐标原点位置创建一个 1 米见方的立方体。

② 打开材质浏览器，在 Tile 材质库下选择 Tile _ Limestone _ Multi 材质，在该材质上单击右键，选择添加到模型（Add to model）（图 2-243）。

③ 单击模型中（In Model）按钮，选择 Tile _ Limestone _ Multi 材质，点击编辑标签，进入编辑模式，并将贴图尺寸的宽和高改为 1m（图 2-244）。

④ 将该材质赋予立方体（图 2-245）。可以看到，材质与立方体边缘没有对齐。此外，用移动工具移动该物体，可以发现，贴图并未随着物体的移动而移动，而是仿佛固定在场景中一般。

⑤ 在立方体的前表面单击鼠标右键，选择关联菜单中的贴图（Texture）>位置（Position）（图 2-246）。

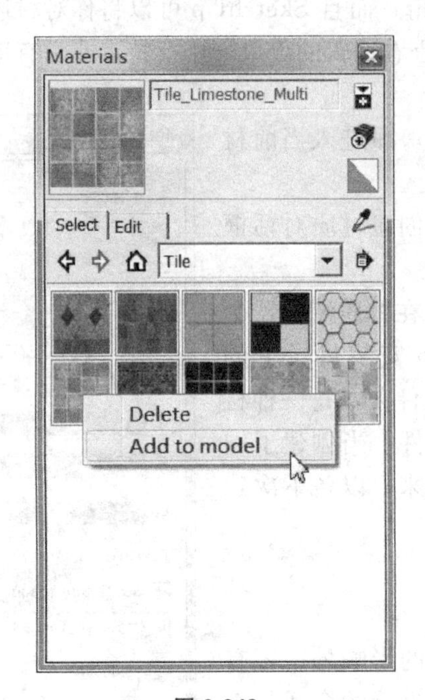

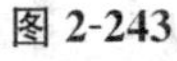

图 2-243

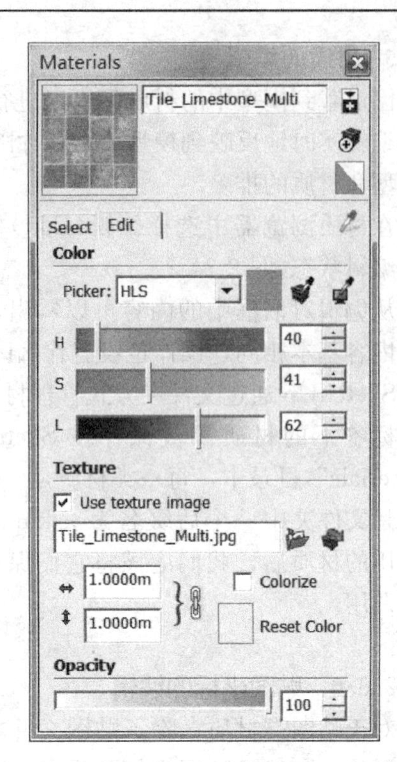

图 2-244

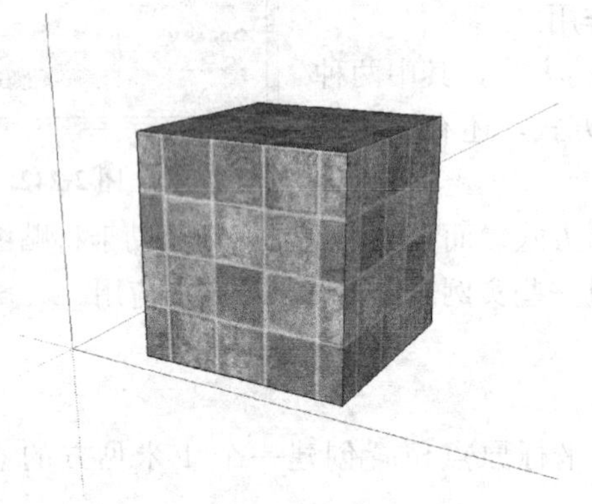

图 2-245

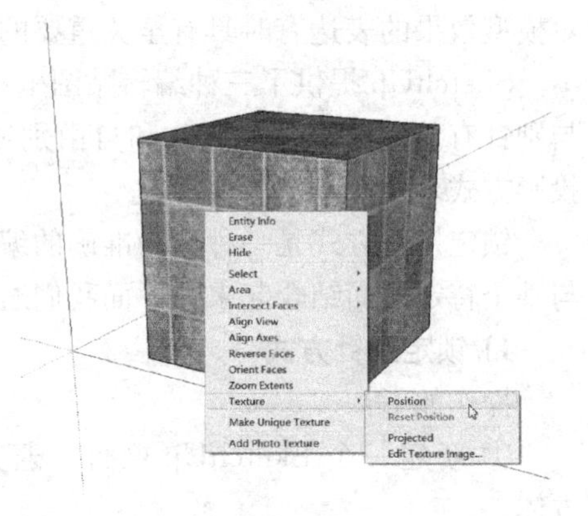

图 2-246

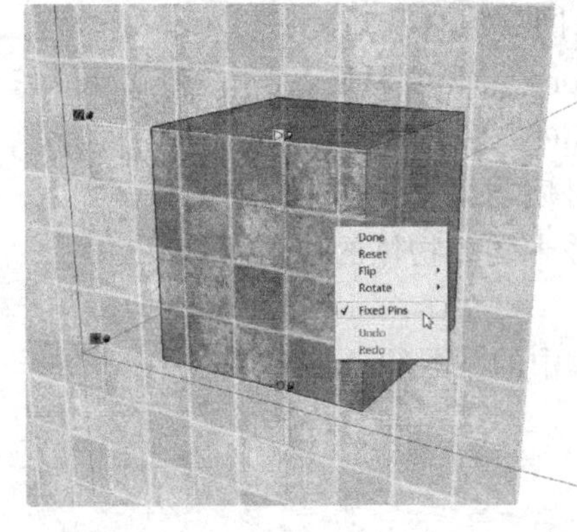

图 2-247

⑥ 图中将出现代表锁定别针方式的四个不同颜色的别针，如果出现的是代表自由别针的相同颜色的四个别针，则单击鼠标右键在关联菜单中勾选锁定别针(Fixed Pins)(图 2-247)。

四个别针中，红色别针位置代表了基准锚点，所有的编辑动作都是相对于该锚点进行的。不同颜色的别针又各有其功能，红色别针可以移动贴图，绿色别针可以缩放和旋转贴图，蓝色别针可以缩放和剪切贴图，黄色别针可以扭曲贴图。除了红色别针外，直接拖动贴图也能移动它。

⑦ 点击红色别针并且不要松开鼠标，拖动红色别针至立方体的左下角再松开鼠标(图 2-248)。注意此时对端点和中点的智能参考依然有效。

⑧ 点击绿色别针并且不要松开鼠标，拖动绿色别针至立方体底边的中点再松开鼠标(图 2-249)。此处用到了该别针的缩放功能，这是一种等比例的缩放。

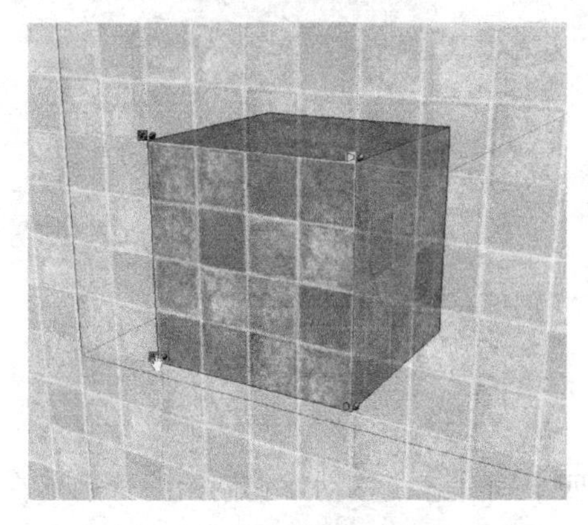

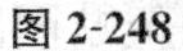

图 2-248

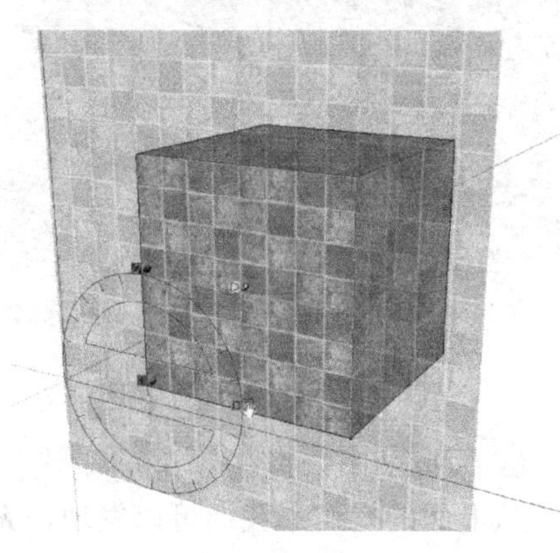

图 2-249

⑨ 再次点击绿色别针并拖动其旋转 45 度(图 2-250)。注意旋转该别针时，会有一条蓝色的圆弧虚线出现，保持鼠标在该圆弧线上可以保证贴图的比例不变，否则贴图会同时被旋转和缩放。

⑩ 现在撤销刚才对绿色别针所做的操作。在贴图的任意位置单击鼠标右键并在关联菜单中选择撤销(Undo)，再次执行撤销操作，回到图 2-248 所示状态。点击并拖动蓝色别针向下移至边线中点，贴图被缩小，但与绿色别针不同的是此次的缩放不是等比例的(图 2-251)。

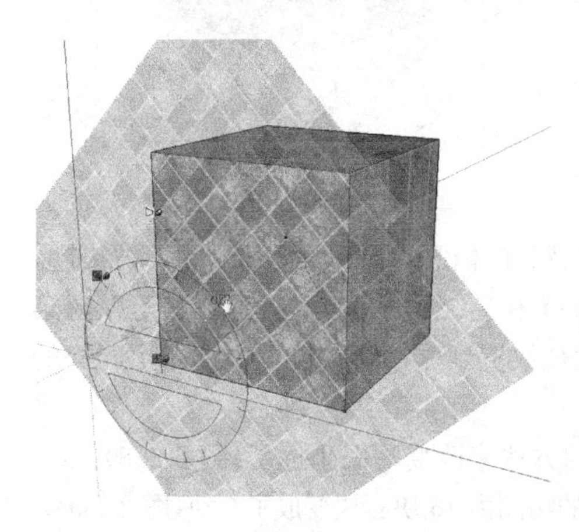

图 2-250

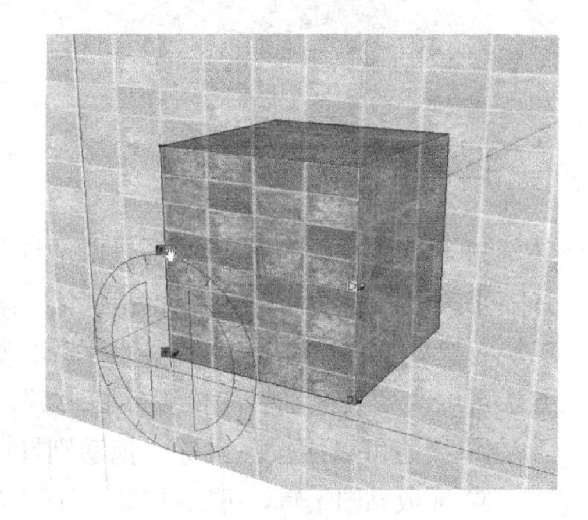

图 2-251

⑪ 执行撤销操作，回到图 2-248 所示状态。在贴图的任意位置单击鼠标右键并在关联菜单中选择完成(Done)(图 2-252)，退出贴图编辑。

⑫ 移动立方体的边线至图中所示形状(图 2-253)。

⑬ 再次对梯形面进行贴图编辑，点击并拖动黄色别针向下移至边线顶点(图 2-254)。

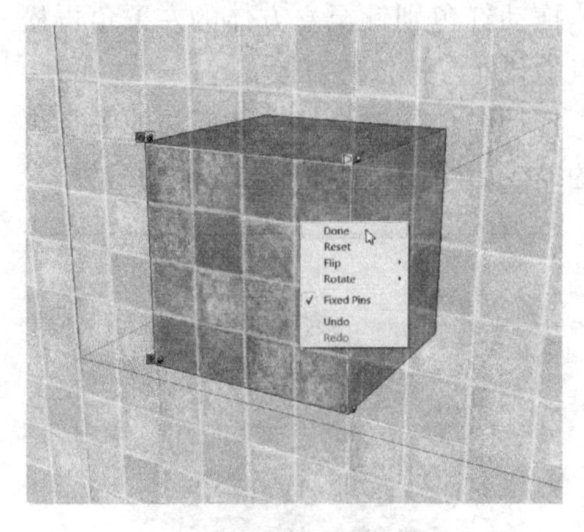

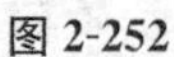
图 2-252

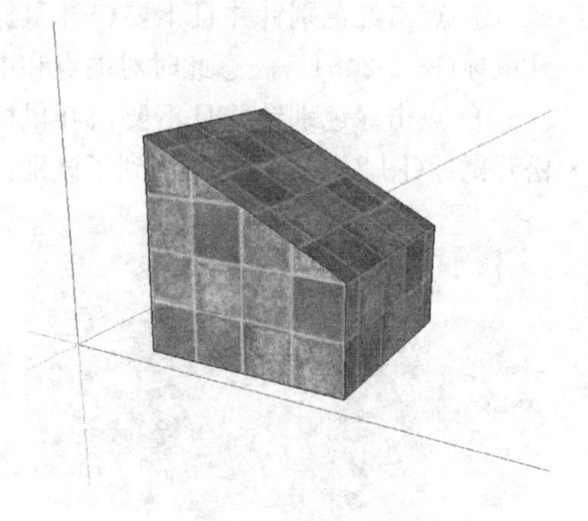
图 2-253

⑭ 完成贴图编辑(图 2-255)。

从上面的操作中我们可以发现，无论四个别针怎么移动，它们始终分别落在贴图的四个角上。实际上，SketchUp 还可以将别针移动至贴图的其他位置，以方便我们准确把握贴图的编辑。

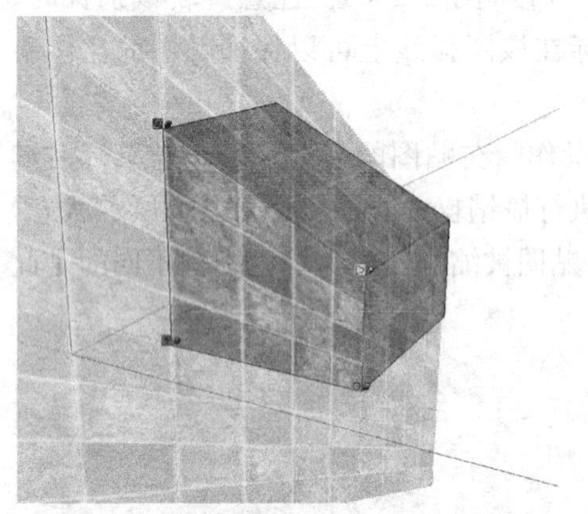
图 2-254

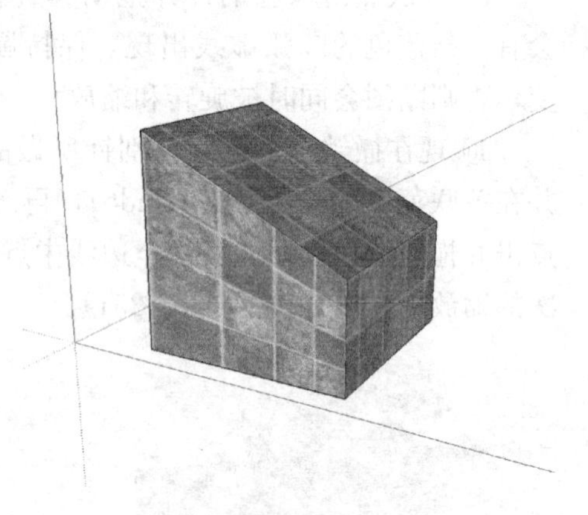
图 2-255

⑮ 再次进入贴图编辑状态，单击红色别针并松开鼠标，此时该别针被拔起，并随着鼠标的移动而移动，而贴图本身保持不变(图 2-256)。将别针移至贴图第二块石块处，再次单击鼠标，红色别针就被放置到这一新的位置上了。用同样的方法可以改变其他别针的位置(图 2-257)。

⑯ 接着可以用按住鼠标并拖动别针的方法来改变贴图坐标了(图 2-258)。

⑰ 完成贴图编辑，可以看到梯形面上的贴图由 16 块石块变成了 9 块(图 2-259)。

现在我们已经改变了模型的一个梯形面的贴图坐标，而其余的面均保持不变。如果想要使其他面也都调整贴图坐标以符合梯形面的改变，可以利用吸取材质的功能。

⑱ 选择菜单 Edit＞Undo，回到立方体状态。激活材质工具，按住 Alt 键，光标变成吸管状，点击已经改变过贴图坐标的表面(图 2-260)。

⑲ 光标恢复成油漆桶形状，按住 Ctrl 键的同时点击梯形体块，该体块的所有面的材质贴图的坐标均被改变(图 2-261)。

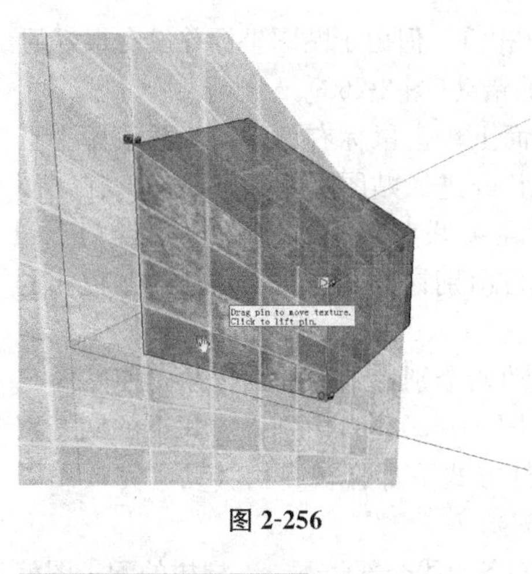

图 2-256

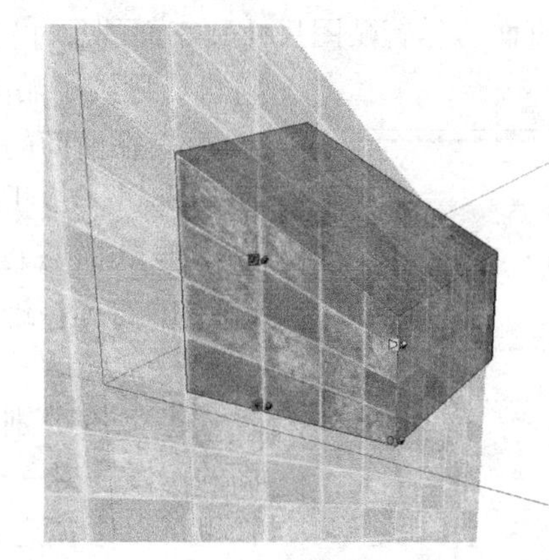

图 2-257

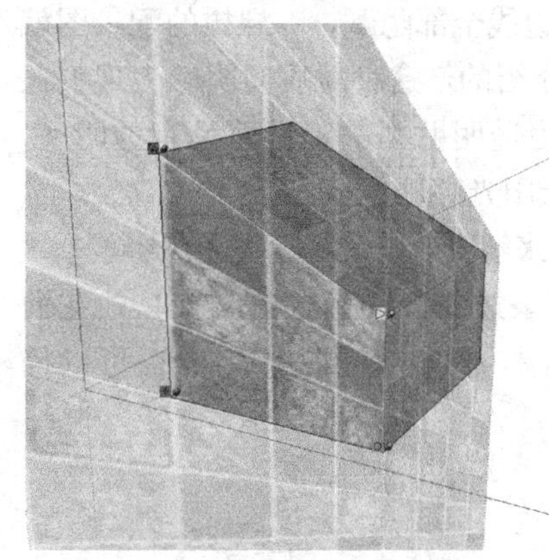

图 2-258

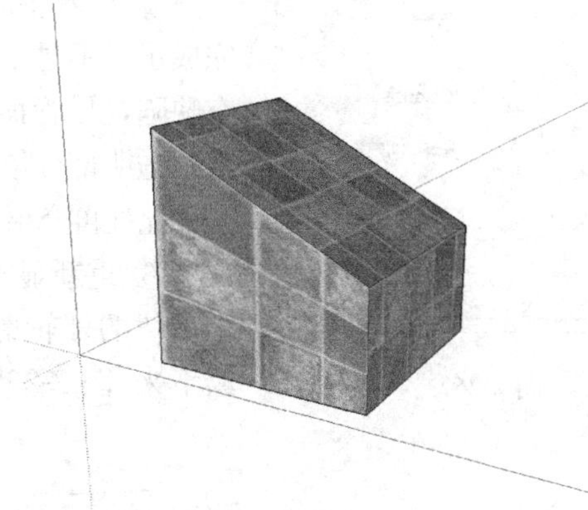

图 2-259

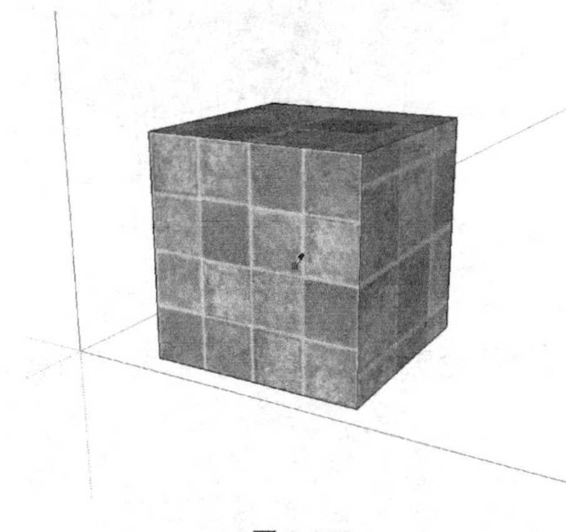

图 2-260

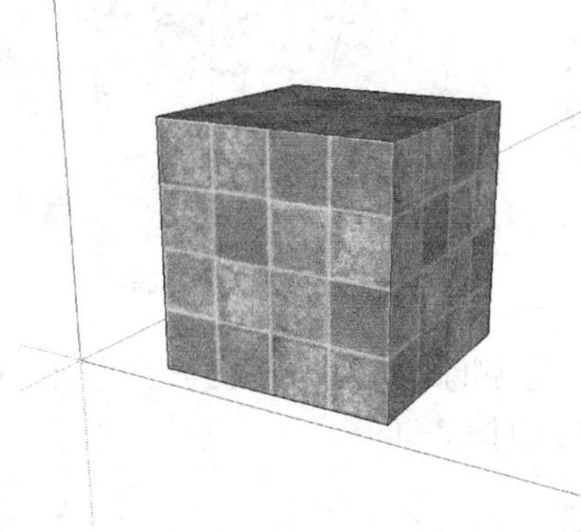

图 2-261

2）自由别针方式

这次我们将结合前面介绍过的透明贴图材质进行练习，作一些操作：

① 新建一个 SketchUp 文件，以默认材质为当前材质创建新材质，材质名称为“tree”，贴图文件为下载文件中的 tree. png，贴图宽 2m，高 3m(图 2-262)。

② 创建两个 2m 宽 3m 高的垂直面，前后相距 2m。将材质“tree”赋予前面

的垂直面。尽管贴图尺寸和表面的尺寸完全相符，但由于贴图坐标并没有很好的符合，导致了贴图的错动(图 2-263)。

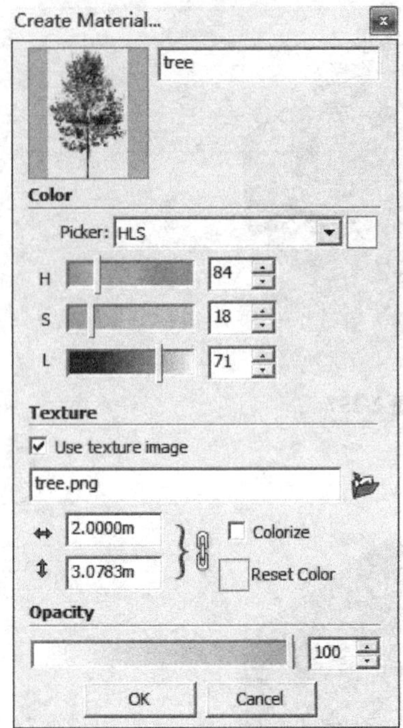

图 2-262

③ 在前面的表面上单击鼠标右键，在关联菜单上选择 Texture—>Position 进入贴图坐标编辑状态。在贴图上单击鼠标右键，在关联菜单上取消锁定别针(Fixed Pins)的勾选，进入自由别针方式，四个别针的颜色相同(图 2-264)。

④ 现在分别拖动四个别针到面的四个角，使贴图与面的位置取得一致(图 2-265)。自由别针方式下的四个别针也可以像锁定别针方式下那样被自由移动。完成贴图坐标的编辑(图 2-266)。

⑤ 接着将面的四条边线全部隐藏，一棵树的配景图就完成了。不过正如前面介绍的，这种材质在阴影表现上还有缺陷，尽管面本身因为透明贴图的特性而具有透明型，可是透明部分依然无法让阳光穿透(图 2-267)。

此处再介绍一个技巧来解决透明贴图材质的阴影问题。

⑥ 重新显示面的四条边线，使用自由线工具，在面上沿树的外轮廓描绘一圈，树枝中的一些空隙也可以描绘下来(图 2-268)。

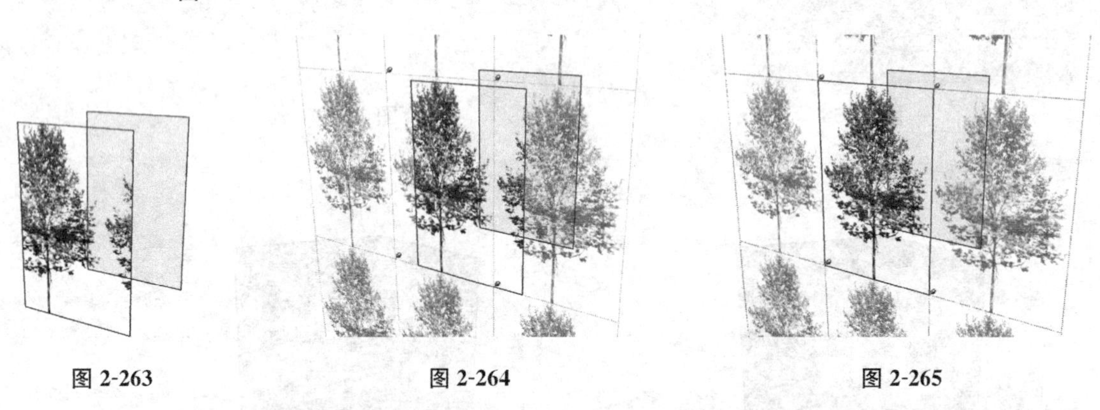

图 2-263　　图 2-264　　图 2-265

⑦ 删除数轮廓外围的面、边线。最后将树的轮廓线隐藏，完整的配景树就完成了(图 2-269)。

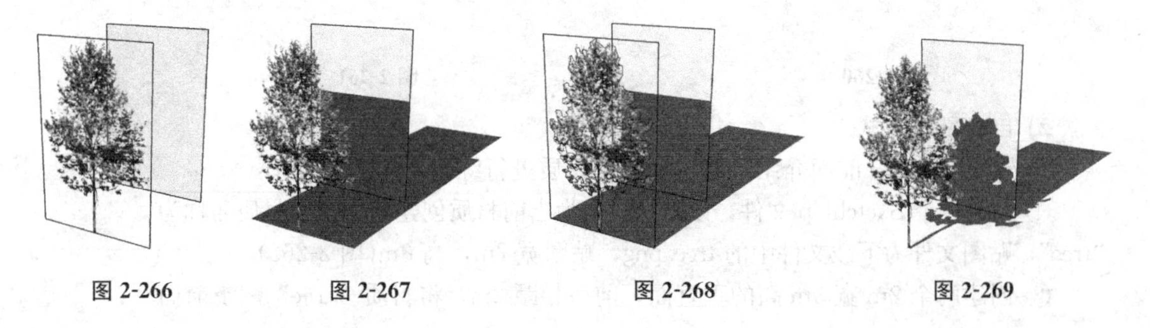

图 2-266　　图 2-267　　图 2-268　　图 2-269

利用完成的配景树，我们还可以进一步将其组合成组件，方便以后的调用。

⑧ 选择配景树，创建组件，在创建组件对话框中，将其命名为“tree1”，勾选总是面向相机(Always face camera)和阴影朝向太阳(Shadows face sun)选项(图 2-270)。

⑨ 点击设置组件轴线(Set Component Axes)按钮，将组件的坐标原点放在树干的底部(图 2-271)。点击创建(Create)按钮完成组件的创建。

⑩ 选择菜单 Window>Components，打开组件管理器，点击模型中(In Model)按钮，刚刚创建的“tree1”组件已经在预览框内了(图 2-272)。

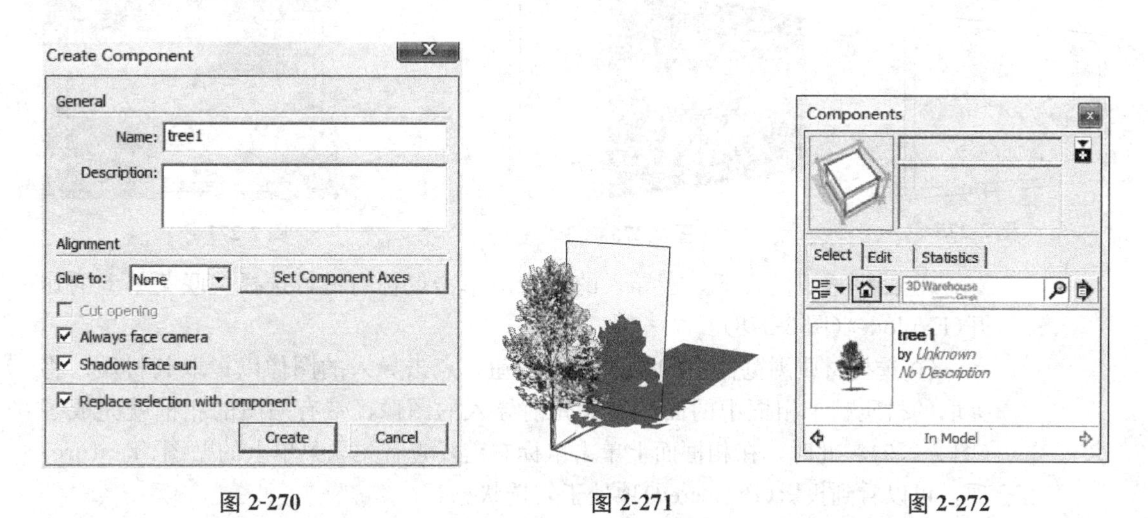

图 2-270　　图 2-271　　图 2-272

⑪ 点击“tree1”组件并在模型中插入该组件，可重复此操作以插入多棵配景树(图 2-273)。

⑫ 旋转视角察看不同角度下的组件效果(图 2-274)。

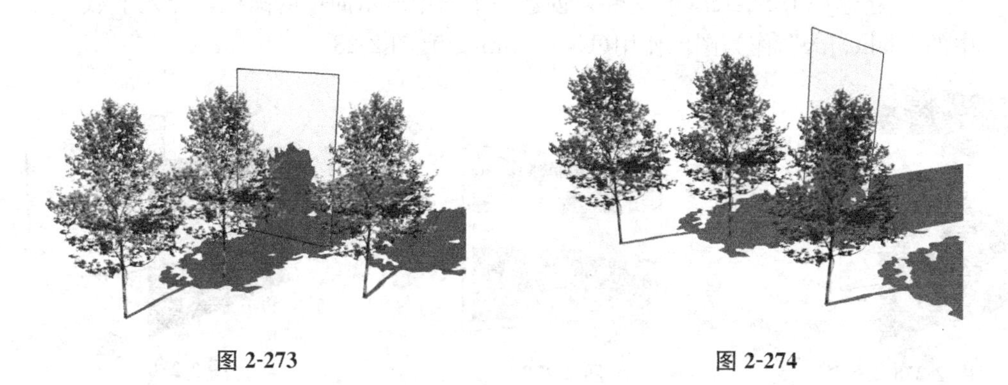

图 2-273　　图 2-274

3）投影方式

在 SketchUp 中，对于贴图和面要求完全一致的情况还有另外一种处理方法——投影(Project)。投影方式的贴图如同使用投影仪，将一张图像投射到另一个物体上，保持物体上贴图与原图像的大小、位置完全一致。这种方法主要应用了提取材质的功能。提取材质相当于在投影仪前放置原图像，赋予材质相当于将原图像投射到物体上。我们将通过下面的例子对这种方法作详细说明，操作如下：

① 新建一个 SketchUp 文件，创建一个图中所示简单的相框(图 2-275)，我们将以贴图的方式为相框中加上一张图片。

② 选择菜单 File>Import，导入下载文件中的“lake. jpg”图像文件(图 2-276)。注意右侧选项中应该选择作为图像使用(Use as image)。

③ 将导入的图像放在相框前面，并使用缩放工具以保证图像完全覆盖了相框(可以借助于轴测显示和 X 光显示模式)(图 2-277)。

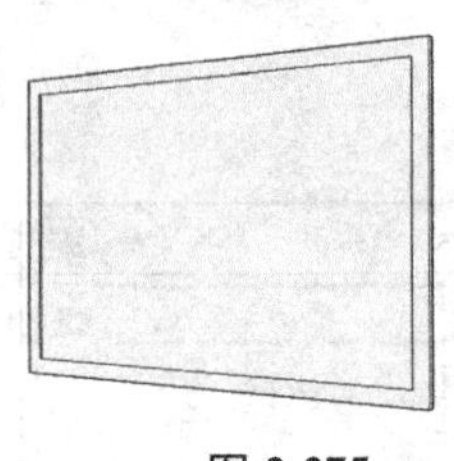

图 2-275

图 2-276

图 2-277

④ 回到透视模式下，在导入的图像上单击鼠标右键，选择关联菜单上的炸开(Explode)(图 2-278)。

⑤ 选择材质浏览器中的提取材质按钮，点击导入的图像以提取其材质。将提取的材质赋予相框中的面，删除先前导入的图像，带有贴图的相框就完成了(图 2-279)。此时，在相框面上单击鼠标右键，查看关联菜单上的贴图(Texture)项，可以看到投影(Projected)项处于勾选状态。

类似的投影法在对圆柱等曲面物体赋材质时特别有用，因为 SketchUp 中的曲面实际上是由许多小的面拼合而成，每个小面都有自己的贴图坐标，不用投影法的话会导致贴图一片混乱，如以下操作：

① 新建一个 SketchUp 文件，创建一个图中所示简单的圆柱，导入下载文件中的“lake. jpg”作为图像使用(Use as image)(图 2-280)。

图 2-278

图 2-279

图 2-280

② 将导入的图像放在圆柱前面，并使用缩放工具以保证图像完全覆盖了圆柱(可以借助于轴测显示和 X 光显示模式)(图 2-281)。

③ 在导入图像炸开，并直接用该材质赋予整个圆柱，可以看到贴图存在明显的接缝，效果不好(图 2-282)。

④ 按住 Alt 键，光标变为提取材质的吸管样式，点击导入的图像以提取其材

质，将提取的材质赋予整个圆柱，贴图完整，无接缝(图 2-283)。

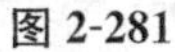

图 2-281

图 2-282

图 2-283

2.6.7　清理未使用材质

SketchUp 中，所有添加到模型中的材质都会保存在模型文件中。颜色材质文件量较小，但是贴图材质的文件量就可能很大。因此为避免模型文件过于臃肿，除了尽量控制贴图的大小外，一个有效的方法就是清理未使用的材质。所谓未使用的材质指的是已经被添加到模型中，但并未被赋予模型中的任何物体，也就是在材质框内右下角没有白色三角形的材质。

使用材质浏览器右侧的细节(Details)按钮，在关联菜单中选择清理未使用材质(Purge Unused)(图 2-284)，就可以将模型中所有不带小三角形的材质全部清理掉，而模型本身并没有任何变化。

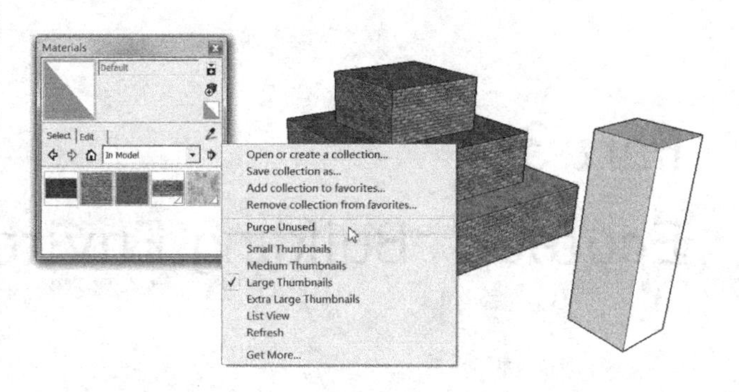

图 2-284

第 3 章
Ecotect 建筑环境分析

Part 3
Ecotect：Building Environment Analysis

Autodesk Ecotect 是一款面向建筑设计人员的辅助环境设计和分析软件，能够在热环境模拟、日照分析、造价分析、声学分析、光环境模拟等方面帮助建筑师进行优化设计。因其使用界面可视化程度高、操作简易等特点，近几年来在国内外建筑设计人员中得到了较广泛的应用，尤其是在建筑的概念和初步设计阶段[1]。此外，Ecotect 不仅支持 Revit、AutoCAD 的数据模型，并带有与 EnergyPlus，DAYSIM，Radiance 等专业能耗软件的数据转换接口。本部分主要介绍 Ecotect 基本的建模以及热和光、日照等的分析功能。

Ecotect Analysis 最初是由英国 Square One 公司开发的生态建筑设计软件。从 1997 年推出的第一个商业版本 Ecotect 2.5 版，在其 5.2 版本时软件逐渐发展成熟。软件不仅保留了强大的分析功能和可视化视图特点，还继续精炼了软件对于各项建筑性能计算的运算法则。2008 年，Ecotect 被 Autodesk 公司收购。收购后，Ecotect 主要的改进都是在建模和可视化部分，在计算方法、计算准确性和对进阶软件的导出支持上并没有实质性的进步。Ecotect 最新的版本是 Ecotect 2013，目前只有英文版，国内的学者云鹏对其进行了部分汉化并在自己的博客里提供汉化包的下载。Autodesk 的官方网站上提供了 30 天试用期的安装文件[2]。此外，如果是高校学生，可以从 Autodesk 学生联盟网站的官网(英文版)下载和使用 36 个月的免费 Ecotect 软件(英文版)，可下载的版本是 Ecotect 2011(32 位)[3]。

Ecotect 功能强大，操作较为简单方便，结果直观易懂，受到广大建筑设计人员的喜爱，以下总结了 Ecotect 的主要优点：

(1) 容易操作：复杂的操作界面、操作当中的参数设置和非直观的数字化建模一直都是建筑设计人员在使用能耗分析软件的主要问题。Ecotect 采用较为灵活而又直观的三维模型操作，与传统的辅助建筑设计软件如 AutoCAD 的建模方式极为相似，并且整合了很多复杂的参数设定并设置成默认简化设置，如一些热工参数、设备参数的设定，这为一些不熟悉该领域的建筑设计师提供了极大的便利[4]。

(2) 全面的能耗模拟和分析功能：Ecotect 具有较为全面的技术分析和模拟功能，它涵盖了建筑的热环境、声环境、光环境、经济性与可视度等建筑物理环境的众多方面。从对建筑的室内采光、能耗、声场到室内外太阳辐射、日照、风场(需要借助外部插件)都可以进行模拟分析，甚至于整栋建筑的二氧化碳排放量和建筑的整体造价，也能在进行相应的设置后得到计算结果。正是 Ecotect 如此广泛的模拟性能，得到众多设计人员的青睐[5]。

(3) 直观可视的计算结果：一般专业能耗模拟软件的输出结果往往为一系列

[1] 云朋，ECOTECT 建筑环境设计教程，中国建筑工业出版社，5～6。

[2] AutoDesk 在中国的官网. http：//www.autodesk.com.cn.（访问时间：2014.4）。

[3] 欧特克学生联盟英文网站 http：//www.autodesk.com/education/student-software(访问时间是 2014.4)，目前，欧特克学生联盟中国网站为 http：//students.autodesk.com.cn/page/products/。

[4] 云鹏. ECOTECT 建筑环境设计教程. 中国建筑工业出版社. 2007：1-3。

[5] 王真琦. ECOTECT 在园林被动式生态设计中的应用. 东北林业大学硕士论文. 2011：15-16。

表格和数据，非专业人员很难明白。Ecotect 则将计算结果数值通过不同的颜色显示在平面或者其他设置好的网格上，使最后的计算结果变的更为直观，Ecotect 计算结果的可视化和直观性，不仅提高了结果的可读性，也更加符合建筑师的习惯。

尽管具有很多强大功能，但在使用 Ecotect 的时候，建筑设计人员需要注意以下几个问题：

(1) 简化建模方式

Ecotect 是能耗模拟软件，它的建模方式和原则与普通的建筑设计辅助软件是不一样的。如在使用 AutoCAD、Sketchup 等建筑辅助设计软件时，所建立的三维模型一般会要求越细致越好。但对于能耗模拟软件，则需要根据所模拟分析的对象进行必要的简化，因为过于复杂的数字模型只会增加不必要的运算时间，但并不一定能提高运算精度。

以下是 Ecotect 建模时的一些基本简化原则：

① Ecotect 功能强大，可以模拟声、光、热等多种物理环境，因此建立数字模型时，要根据自己需要模拟分析的物理环境特点进行简化。如要模拟热物理环境时，就没有必要设定光环境所需要的参数；

② 如果是多层建筑，只用建立顶层、中间层和底层即可，没有必要把所有层数都建立上；

③ 如果做热工模拟，需要根据热工分区加以简化标准层，但不宜过于简化；

④ Ecotect 数字模型的墙体厚度是在材质设定中确定，不需要数字模型中建立；

⑤ Ecotect 中较难模拟曲线，建议将曲线做成多边形。

对于没有接触过能耗模拟软件的建筑设计人员来说，如何能在不提高计算时间、不影响模拟精度下简化数字模型，确实较难掌握，初学者可以根据以上的一些基本原则，逐步摸索。

(2) 建立数字模型时，一定要检查数字模型的精准性问题

不准确的数字模型，如在屋顶和墙面的结合处出现了缝隙，做天然采光模拟时就会出现漏光的现象。对于一些追求渲染效果的建筑辅助设计软件，对数字三维模型准确性的要求并不如能耗模拟软件要求严格，尤其是对于从其他 CAD 软件导入到 Ecotect 中的数字模型，很容易出现上述问题，因此，对于从其他 CAD 软件导入的数字模型，一定要仔细检查其准确性。此外，Ecotect 需要在材质设定时特别指认窗户，并要与所属墙面进行绑定，所以要养成在模拟之前检查模型准确性的习惯，预防这些问题的发生。

(3) Ecotect 是一个适用于建筑方案阶段的能耗模拟软件，需要正确看待模拟分析准确性问题。

在 Ecotect 的官方网站上就提出以下警告：

WARNING: although the graphical interface is very nice and easy to use, you should not take the results at face value. Some of the calculation methods for room acoustics for example are very simple, while some others calculation methods are totally inappropriate. [1]。(警告：虽然 ECOTECT 软件操作便捷且结果直观，但是不能把它的计算结果看成是实际结果。例如，室内声模拟的一些计算方法非常简单，而其他的一些计算方法可能是完全不适用的。)

目前已知的是 Ecotect 能够比较准确模拟的是日照分析、热辐射、遮阳计算等。Ecotect 在热工和光环境模拟上，采用的是较为基础的计算法，所以模拟的准确性值得商榷，其结果需要谨慎对待，其结果仅供参考。此外，正如 Ecotect 所警告的，其声模拟计算方法非常简易，目前无论是在方案设计阶段还是在实践工程都较少使用。

在天然采光模拟中，Ecotect 仅能模拟 CIE 全阴天空 (CIE Overcast Sky Condition)和 CIE 不变天空下(CIE Uniform Sky Condition)计算，对于其他天空形式(例如晴天、多云天)都无法模拟。此外，Ecotect 是不能够认识数字模型中建筑的内窗和外窗的差别，这就在计算中经常会出现房间内部的采光系数远高于建筑中靠近外窗的位置的异常现象。

Ecotect 由于在热工计算上所采用的计算公式比较简单，因此在能耗模拟方面有一定的误差，所以当需要比较精准的模拟结果时，建议使用相关专业的能耗模拟软件，如热工能耗软件 DOE，Energy Plus 等。目前 Ecotect 与很多专业软件都有相衔接的接口，除热工软件外，光环境模拟软件包括天然采光软件 DAYSIM，Radiance 等，也都可以较方便的导入并进行能耗模拟分析。

总体而言，Ecotect 可以对绿色节能设计作量化分析，以此促进建筑设计人员对低碳城市与绿色建筑的深入认识。在这里需要告诫的是，在使用建筑能耗模拟技术时应清醒地认识到，无论再好的能耗模拟分析都会与实际情况有一定差距。

3.1 Ecotect 建模

关于 Autodesk Ecotect 的操作界面，在 Autodesk，Inc 主编《Autodesk Ecotect Analysis 绿色建筑分析应用》以及云鹏主编的《ECOTECT 建筑环境设计教程》中都有较详细的介绍[2,3]，本部分主要讲解如何在 Ecotect 中建立数字模型，以及一些基本的光、热模拟分析。

3.1.1 创建模型的基本信息

第一步是确保一个全新的文件，以及正确的设定一些基本的参数。

(1) 从菜单栏 File 选择 New (新建)或点击 按钮

该选择项可以保证模型的内存以及重新载入内置的材料库文件。

(2) 从菜单栏 View 选择 Perspective (透视图)或按键盘上的 F8 进入透视图(图 3-1)

---

[1] Autodsek 官方论坛. http://forums.augi.com/showthread.php? 103430-Ecotect-thermal-engine-deficiencies.(访问时间 .2012.3)。

[2] Autodesk, Inc (主编)，Autodesk Ecotect Analysis 绿色建筑分析应用，北京：电子工业出版社，2011。

[3] 云鹏，ECOTECT 建筑环境设计教程，北京：中国建筑工业出版社，2007。

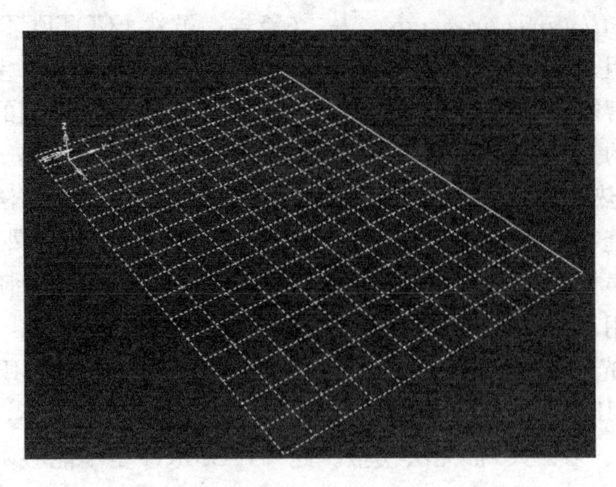

图 3-1 Ecotect 初始界面

看见图 3-1 三维的网格线和透视图，熟悉 Ecotect 的一些基本操作键。按住鼠标右键，转动透视图；按住 Shift 键和鼠标右键，可以放大和缩小透视图；按住 Ctrl 键和鼠标右键，上下左右移动图像；滚动鼠标中间轴，放大和缩小透视图。

(3) 从菜单栏 View 选择 Fit Grid to Model (Ctrl+F)，或者单击工具栏上缩放到适合模型大小的 。

如果视图内无物体的话，则视图缩放到内置网格的大小；如有的话，视图缩放到已建模型大小。

(4) 从菜单栏 Model 选择 Model Settings(模型设置)，或者单击工具栏上的 ，进入 Model Settings 对话框，见图 3-2。

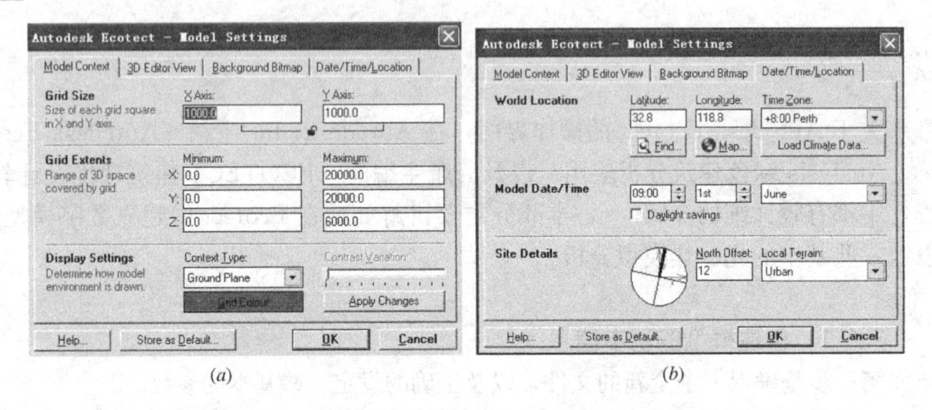

图 3-2 Model Settings 对话框中 Model Contexts 和 Date/Time/Location 设置

首先，进入 Model Contexts 面板，进行如图 3-2 所示设置，单击 OK 按钮完成设置。该设置确保网格的尺寸是 1000×1000，网格的边界外置的长、宽、高分别是 20m×20m×6m。

然后，进入 Date/Time/Location(日期/时间/地点)面板，进行如图所示设置，单击 OK 按钮完成设置。该设置的目的是确保建筑将位于南京市，建筑的朝向为南偏东 12 度。

(5) 从菜单栏 File 选择 User Preferences，或者单击工具栏上的自定义设置按钮的 Settings 按键，弹出 User Preferences（自定义设置）的 Cursor Snap 面板，进行设定。进入 Cursor Snap 面板，建议进行如图 3-3 所示设置，单击 This Session Only 按钮完成设置。

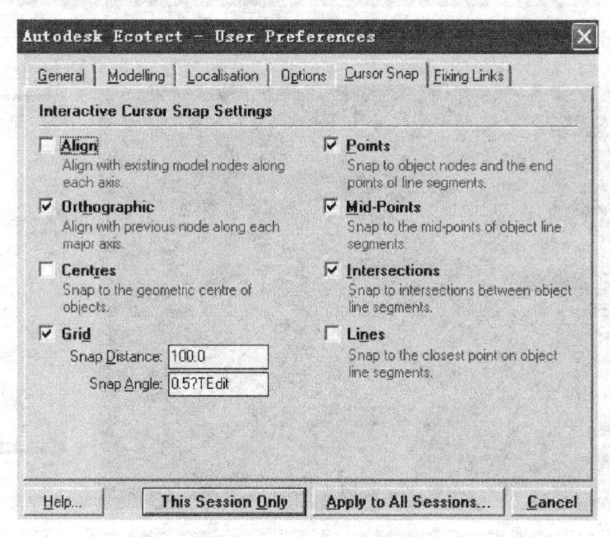

图 3-3　User Preferences 对话框 Cursor Snap 设置

该面板设定捕捉距离、角度以及捕捉点的位置。如图 3-3 所示的设置是捕捉为网格点、正交点、中间点和相交点。该捕捉点设置可以根据自己的使用习惯自行改变，或也可以随时单击拉下菜单进行设置。如在绘图之中需要改变的话，可以在 Ecotect 左下角的捕捉点面板 Snaps: GI MOP 上，单击鼠标左键进行设置。

3.1.2　创建第一个区域模型

设置完基本信息后，就可以建立第一个 Zone（区域），Zone（区域）在 Ecotect 当中可以看做是一个小房间，或者是一个热工分区。以下讲建立一个最简单的矩形房间。

（1）从菜单栏 Draw 选择 Zone（区域），或点击建模工具栏的按钮。

Zone（区域）命令可以建立一个含有墙、顶棚和地板的房间。首先建立一个 12000mm（长）×6000mm（宽）×2800mm（高）的房间。

（2）将鼠标放到绘图面板上。

在绘图面板上移动鼠标，可以看见屏幕右上方坐标输入栏，尺寸随着鼠标移动的变化而变化。将鼠标移动到坐标原点（0，0，0），单击坐标原点。如果较难用鼠标找到鼠标原点，可以等到坐标输入栏的 dX 框变蓝，输入“0”，按回车键或者单击鼠标左键确定。然后单击键盘 Tab 键让坐标输入栏的 dY 框变蓝，输入“0”；按回车键或者单击鼠标左键确定。然后单击键盘 Tab 键让坐标输入栏的 dZ 框变蓝，输入“0”，这样 Zone 的第一个点落在绝对 0，0，0 坐标上。

（3）将鼠标向 X 正方向拖动，此时会看到屏幕右上方坐标输入栏的 dX 框变

蓝，dX 12000 dY 0.0 dZ 0.0 输入“12000”后按回车键或者单击鼠标左键确定(图 3-4)。

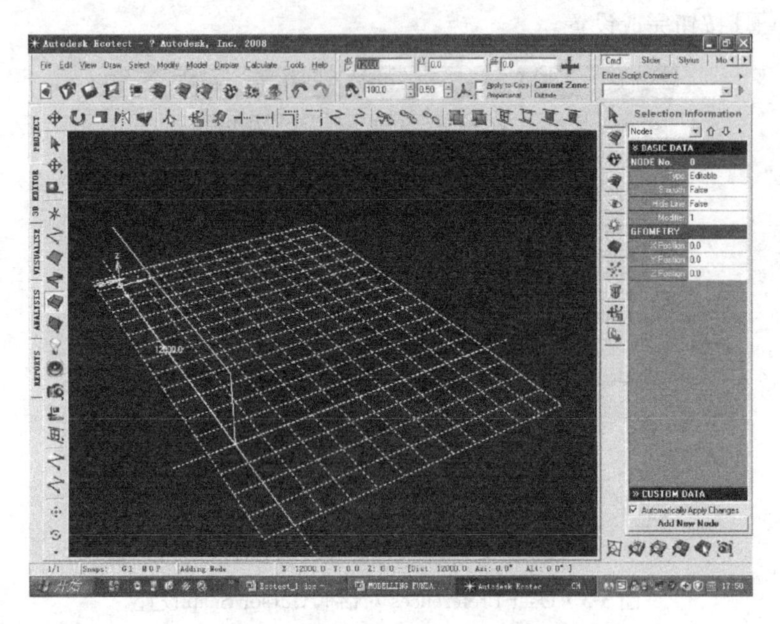

图 3-4　绘制区域模型第一步

【提示】当鼠标向 X 正方向拖动时，注意坐标输入栏的 dX 框变蓝，数值为正；而鼠标向 X 轴原点负方向移动时，坐标数值为负。

(4) 将鼠标沿 Y 轴的正方向拖动，坐标输入栏的 dY 框变蓝，输入“6000”后按回车键或者单击鼠标左键确定，图 3-5。

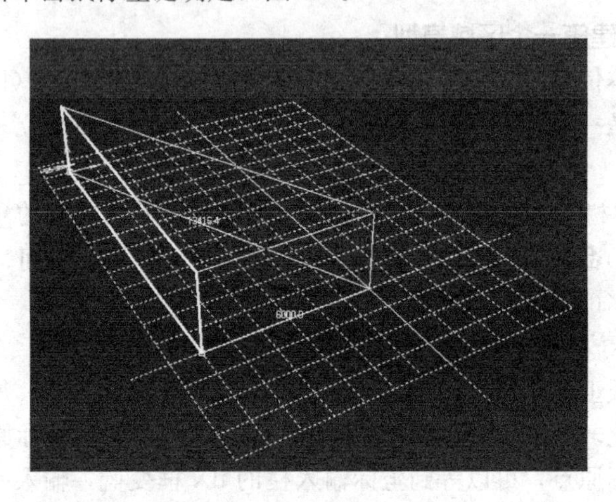

图 3-5　绘制区域模型第二步

【提示】当鼠标沿 Y 轴移动时，坐标输入栏的 dY 框变蓝。或者单击键盘 Tab 键让坐标输入栏的 dY 框变蓝。

(5) 将鼠标沿 X 轴的副方向拖动，坐标输入栏的 dX 框变蓝，输入“－12000”后按回车键或者单击鼠标左键确定(图 3-6)。

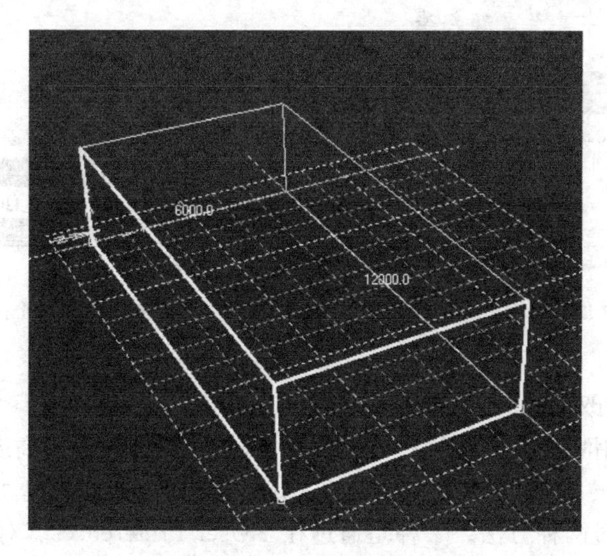

图 3-6 绘制区域模型第三步

【提示】如果捕捉正交点设置正确的话 ，当鼠标移动到 X、Y 轴正交的地方，提示线会都变红。

(6) 最后鼠标回到坐标原点，确认后按 ESC 键完成创建(图 3-7)。

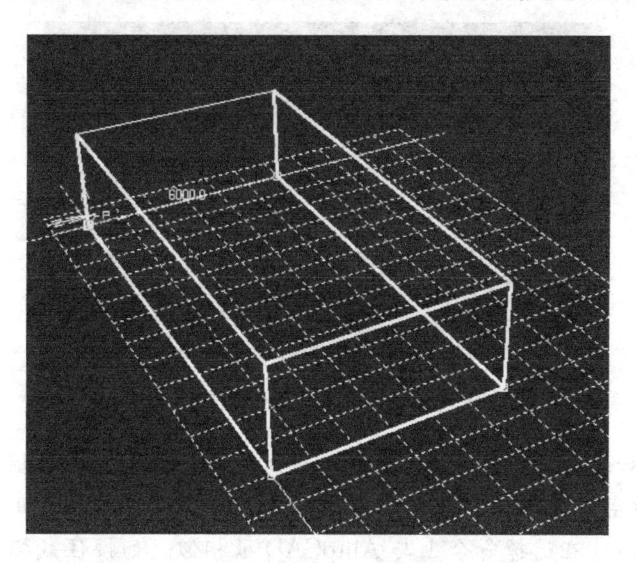

图 3-7 完成第一个区域模型

【提示】除去在坐标内输入数值外，你也许会注意到当鼠标移动到 X 轴和 Y 轴的交会处，一个"P"字母出现在交会处，这表面二者为 X、Y 轴的正交处。你可以直接单击鼠标左键确定。

(7) 按 ESC 键推出后会弹出 Rename Zone(重命名区域)对话框图，进行如图 3-8所示设置，单击 OK 按钮完成设置。

【提示】你也可以根据自己的习惯给 Zone 命名。如果需要修改 Zone 的特性的话，可以到屏幕右手边的控制面板选择器，单击 Zone Management，如图 3-9

修改Zone的名字甚至是颜色等。

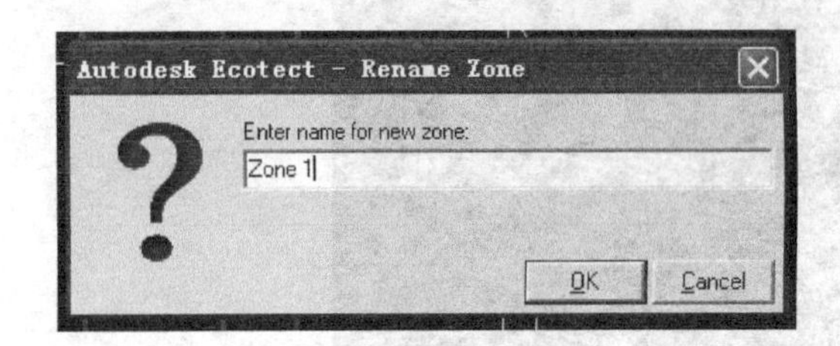

图3-8 给区域模型命名

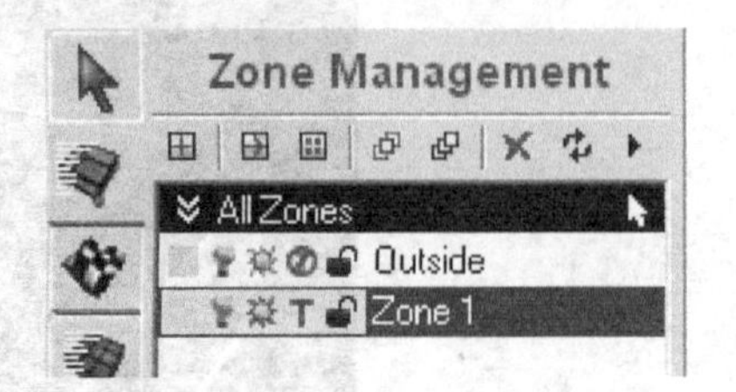

图3-9 Zone Management面板

3.1.3 更改Zone区域模型的高度

如果我们用测量长度工具(Ctrl+F3)测量一下Zone 1的高度的话，会发现刚刚建立的Zone的高度只有2400。因此，下一步是修改我们刚建立起的Zone 1的高度，可以通过两种方法。一种是通过在"User Preferences"对话框中默认设定修改；一种是通过利用"Extrusion Vector"(拉伸矢量)命令修改。

(1) 使用按钮，选择我们刚做好的区域的地板。

选择地板元素是因为它是整个区域(Zone)的关键元素，它控制区域中的其他元素(图3-10)。

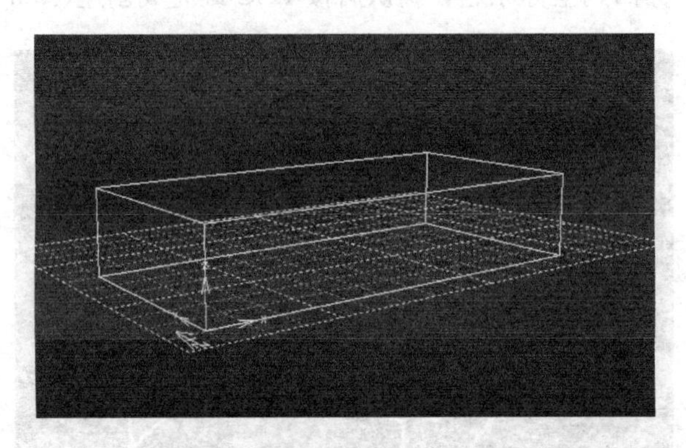

图3-10 选择区域Zone 1的地板

【提示】如果你发现你无法选择到地板元素，而总是选择到相邻的墙体元素时，你可以按空格键来选择你需要选择的元素；如果你以前使用过AutoCAD，你会发现Ecotect在选择命令上与AutoCAD很相似。如按住鼠标左键顺时针选择时，只有全部圈住的元素才能选上，当按住鼠标左键逆时针选择时，只要鼠标左键碰到的元素都会被选择上。在这次建模中，我们按住鼠标右键顺时针小心的全部圈住地板，地板就被选择上了。

【提示】你会注意到被选择上的元素会改变线形或颜色，在旧版本Ecotect中一般既会改变颜色，也会改变线形。但在Ecotect2010后，通常只会改变一种，默认为改变线形。如果习惯改变颜色，可以在从菜单栏File选择User Preferences，在Modelling对话框Selection Highlight上选择By Color(见图3-11)。

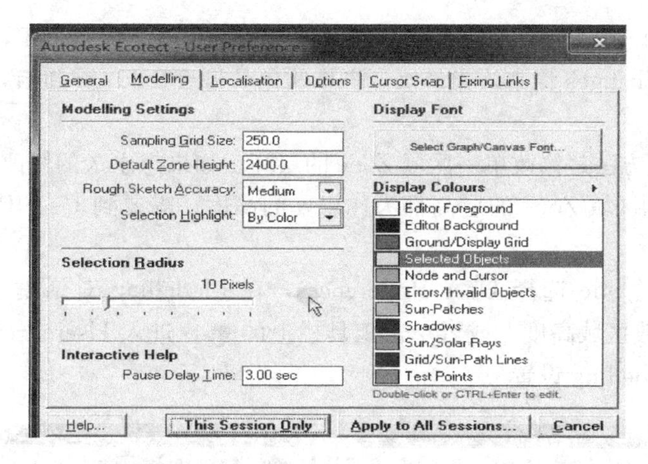

图 3-11 修改选择元素(Highlight)设置

(2) 当地板元素被选择上后，在可以到屏幕右手边的控制面板选择器，单击 Selection Information，如图修改 Extrusion Vector 中 Z Axis 值为 2800。

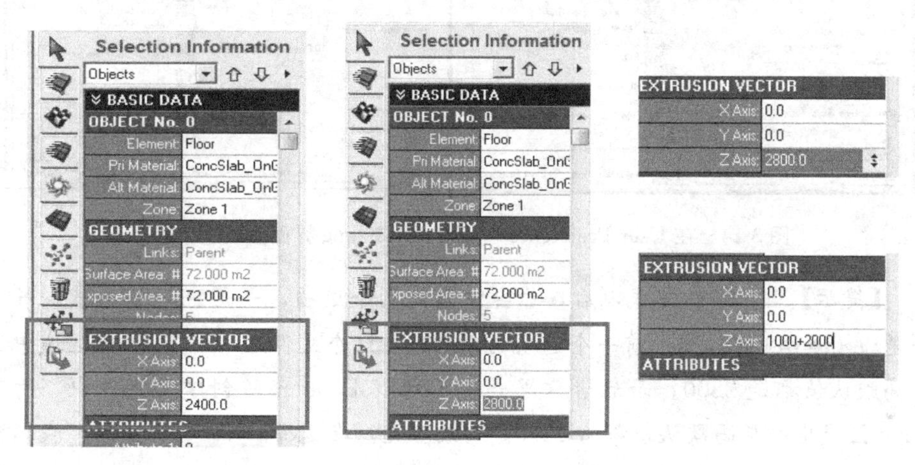

图 3-12 在 Selection Information 面板上修改层高

修改层高的时候，可以直接键入层高的数字，也可以通过按数字边的小箭头来修改数字。Ecotect 甚至允许你键入一个方程。例如，你可以输入 2000+1000，然后按 Enter 键，你会注意到 Z 轴值变成 3000。

(3) 修改完 Z 轴层高后，在 Selection Information 面板底部，单击 Apply Changes 键，完成修改区域 Zone 的层高。

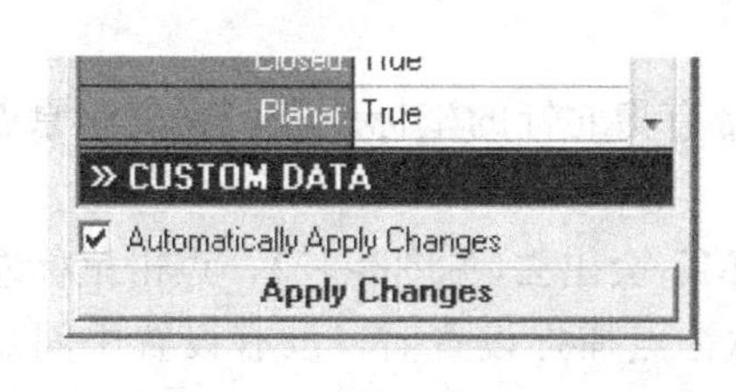

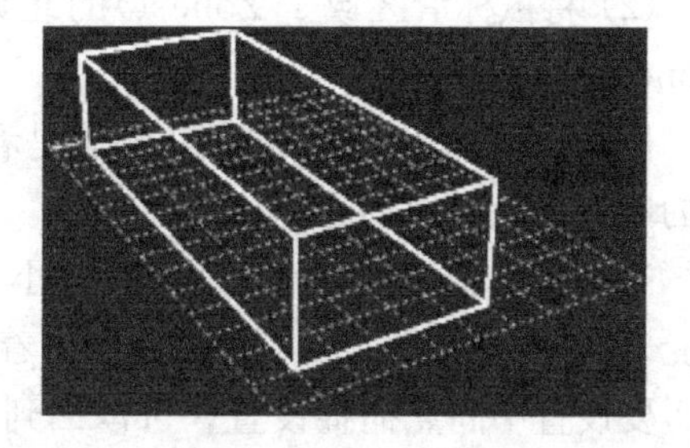

图 3-13 在 Selection Information 面板底部修改 Automatically Apply Changes 设置

【提示】如果你的Automatically Apply Changes已经勾选上了，你就不需要单击Apply Changes键来改变修改。当修改完数据后按Enter键后，层高会自动修改完成。

(4) 以上方法是修改单一区域Zone的层高。如果想永久的修改区域的层高，即以后建立的区域Zone的层高都为你想要的高度，需要到User Preferences对话框里修改。

从菜单栏File选择User Preferences，在Modelling对话框Default Zone Height上修改区域高度。或者单击工具栏上的，进入User Preferences对话框，选择Modelling设置。

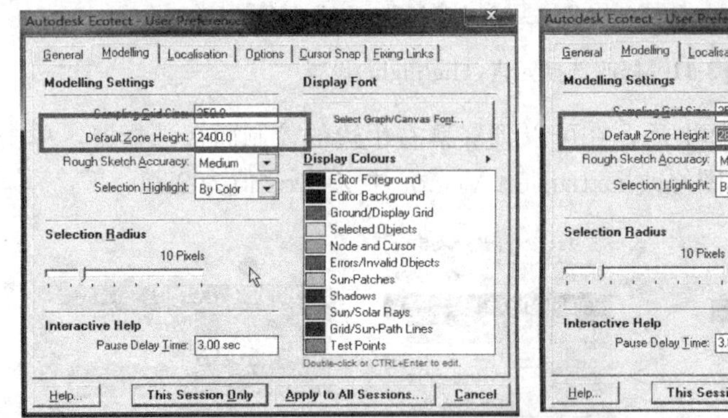

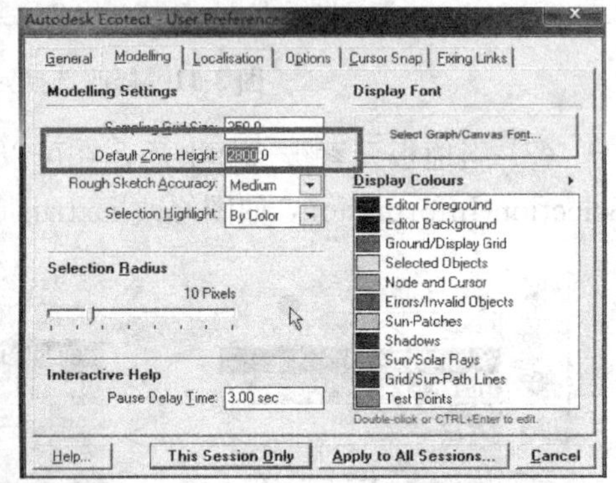

图3-14　在User Preferences对话框Modelling界面修改默认层高

【提示】当你修改完成以后，你会注意到两个选项，一是 This Session Only ，另一个是 Apply to All Sessions... 。前一个选项的意思是在这个文件里，所有Zone区域中的层高默认值都是2800。而后者意思是以后所有Ecotect所创建的文件中，所有Zone区域中的层高默认值都为2800。由此可见，在选择 Apply to All Sessions... 我们要谨慎小心。在这次建模中，我们选择为 This Session Only 。

3.1.4 添加第二个区域模型

下一步是在已有的区域北边再添加一个新区域Zone。新区域尺寸为5000(长)×4000(宽)×2800(高)。这次我们尝试用不同的方式建模。

(1) 从菜单栏Draw选择Zone(区域)，或点击建模工具栏的按钮。

(2) 将鼠标沿区域1(Zone 1)的北侧墙移动，在北侧墙的中间点开始区域2(Zone 2)的第一个点。

检查区域1(Zone 1)的最北侧墙是看带有指北针的坐标原点，离坐标原点最远的墙就是该区域的北侧墙。

当鼠标沿着北侧墙移动时，一个小‘M’会出去(见图3-15)，点击鼠标左键接受。如果小‘M’没有出现，意味着你在点捕捉设置时，没有设置中间点捕捉。要设置中间点捕捉设置，可以回到菜单栏File选择User Preferences，或者单击工具栏上的自定义设置按钮的Settings按键，弹出User Preferences(自定义设置)的 Cursor Snap 面板，进行设定。或者直接点击 Ecotect 下部 Snape 工具栏，点击‘M’打开中间点捕捉设置。

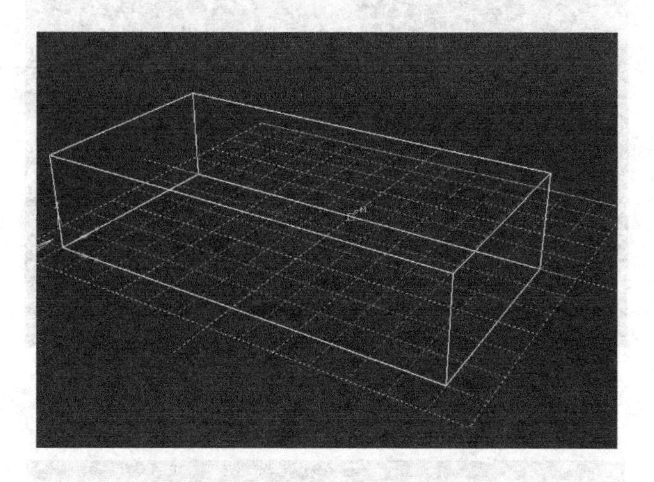

图 3-15 在区域 1(zoon 1)捕捉北侧墙的中间点‘M’

(3) 将鼠标沿 X 轴方向移动，然后键入 5000(不要按 Enter 键)

当键入 5000 后将鼠标在画面上移动，注意到鼠标在 X 轴上的正方向和负方向上都限制在 5000 单位上(图 3-16)，当鼠标靠近 X 轴移动时，鼠标会自动捕捉到 X 轴上，这是因为正交捕捉点也是打开的。

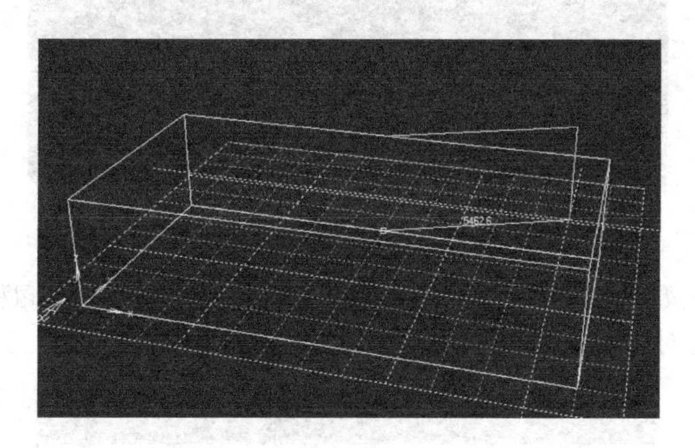

图 3-16 绘制区域 2(zoon 2)的第一片墙

(4) 捕捉到 X 轴上刚刚设置的 5000 点，点击鼠标左键接受改点。然后将鼠标沿 Y 轴移动，观察屏幕右上方坐标输入栏的 dY 框数值达到 4000 后，按 Enter 键。

图 3-17 所示为绘制区域 2 的第 3 片墙。

(5) 单击工具栏上的自定义设置按钮，点击 Align 捕捉点。

当 Align 捕捉点打开时，鼠标向左移动到 X 轴和 Y 轴正交的地方时，如图 3-18 所示，一个小的 XY 出现在屏幕上，这表明该点正交对齐了 X 轴和 Y 轴，点击鼠标左键接受该点，这样就建成 Zone 2 的第 3 片墙。

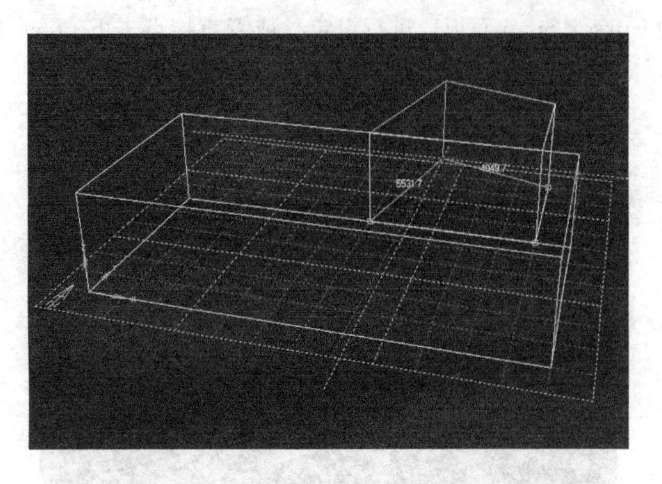

图 3-17 绘制区域 2(zoon 2)的第 2 片墙

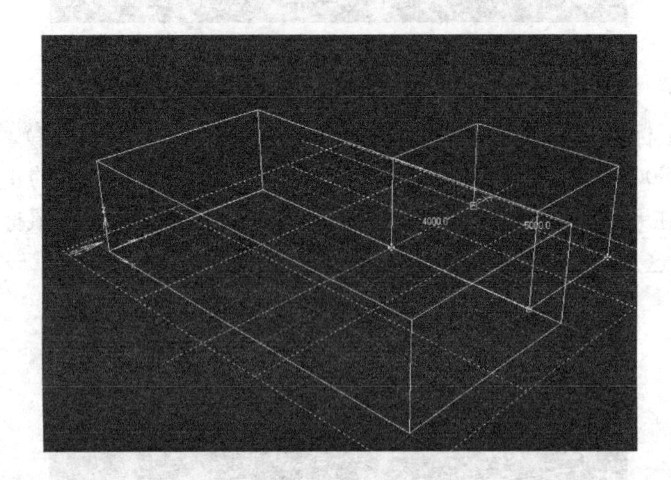

图 3-18 绘制区域 2 的第三片墙

(6) 移动鼠标到 Zone 2 的起始点，当一个小 P 出现后，点击鼠标左键接受该点。一个警告对话框出现(图 3-19)，点击 YES 键，然后在键盘上按 Esc 键。

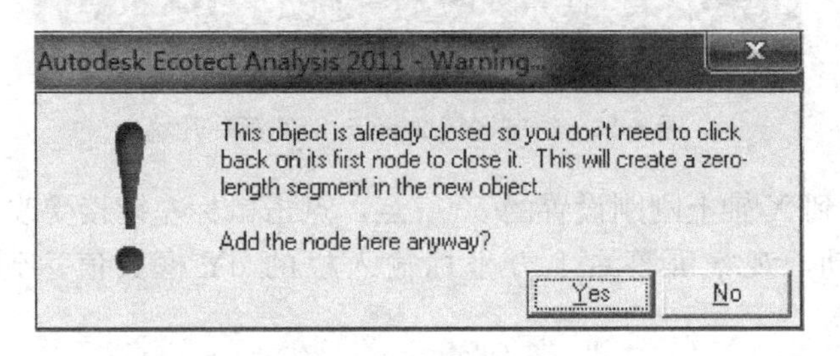

图 3-19 警告对话框

这时一个新对话框 Rename Zone 出现，键入这个区域的名字或保留 Ecotect 默认的名字 Zone 2，点击 OK 键。

这样第二个区域 Zone 2 就建成了(图 3-20)。

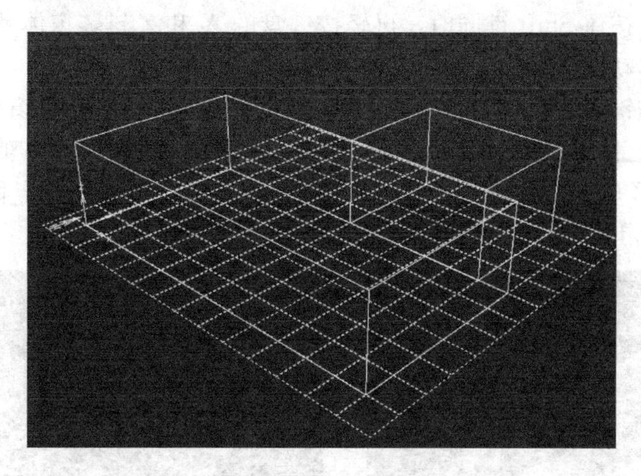

图 3-20　完成绘制区域 2

3.1.5　添加门窗 Child Object（子物体）

下一步是为我们所建立的两个区域添加门窗。在 Ecotect 里添加门窗有两种方式，一是通过插入子物体的方式，另一种是通过鼠标自己画出。在这里仅介绍插入子物体的方式。

（1）利用选择刚建立的 Zone 2 区域的最北侧墙，按键盘上 Insert 键，或者从绘图菜单栏 Draw 选择 Insert Child Object（插入子物体），选择插入 Window 窗户，宽度和高度分别为 2100×1200mm，窗台高度 900mm（图 3-21）。

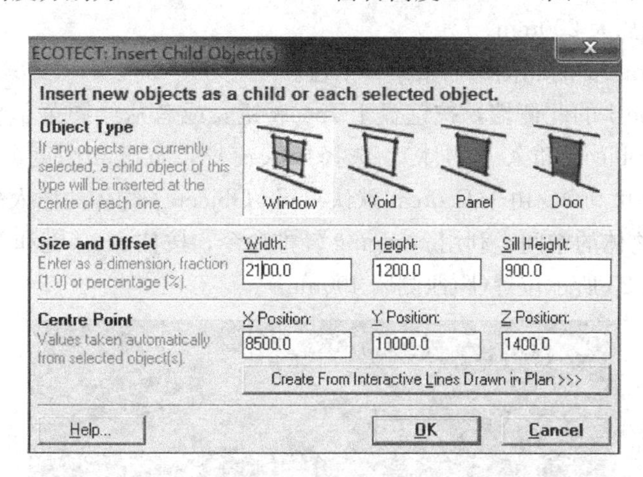

图3-21　在 Insert Child Object（插入子物体）对话框设置窗口大小

【提示】在 Ecotect 中，所有的 Child Object（子物体）是依附在另一个 Parent 物体上的，如果 Child Object 超出了 Parent 物体范围，Ecotect 就会出现错误警告。

（2）利用 Ecotect 轻推（Nudging）命令，即通过键盘 X，Y，Z 快捷键改变窗的位置。

利用选择已建立的窗体，轻按键盘的 X 和 Z 键，窗体就会沿 X 和 Z 轴的正方向移动。按住 Shift 键同时，再轻按键盘的 X 和 Z 键，窗体就会沿 X 和 Z 轴的负方向移动。

如果轻按键盘的 Y 键，你会发现窗户并不移动。这是因为该窗是最北侧墙的 Child Object，根据 Child Object 的依附特性，窗体只能在 X 和 Z 轴范围内移动。虽然在 X 和 Z 轴上的移动可以超出北侧墙体的范围，但如果窗户移动超出它所依附物体的范围，Ecotect 就会出现报错的颜色(图 3-22)。

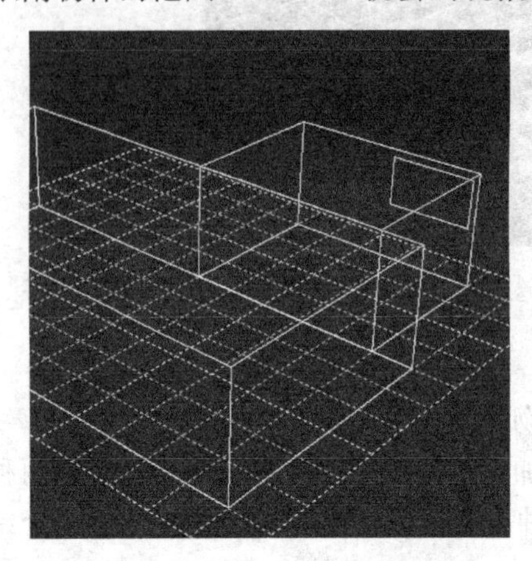

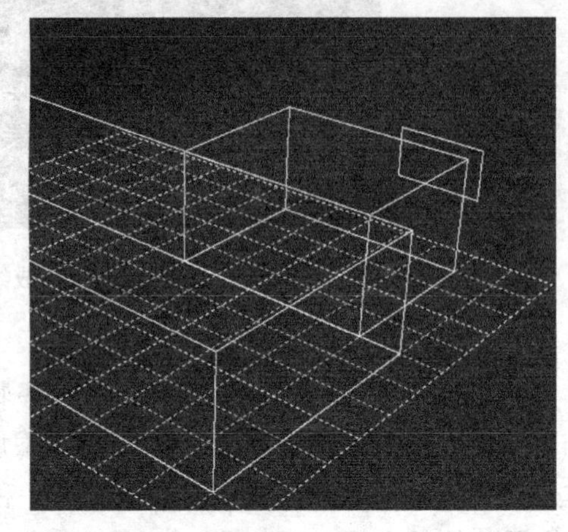

图 3-22 利用轻推(Nudging)命令来修改窗口位置

Ecotect 每次轻移 Nudging 的默认距离是 100mm，如果要修改移动距离，可以在自定义按钮 上修改距离。如果修改成 200mm，每轻按一次 X，Y 或 Z 键，移动距离为 200mm。

(3) 在 Zone 1 的北侧墙插入第 2 个窗。

选择 Zone 1 的北侧墙，按键盘上 Insert 键，或者从绘图菜单栏 Draw 选择 Insert Child Object(插入子物体)，选择插入窗户，宽度和高度分别为 3000×1200，窗台高度 900。由于 Ecotect 默认 Child Object 子物体的插入命令，插入位置为 Parent 物体的中间，利用 Nudging 轻推命令，按住 Shift 键和 X 键，将窗体移动到如图 3-23 所示位置(距西侧墙 400mm)。

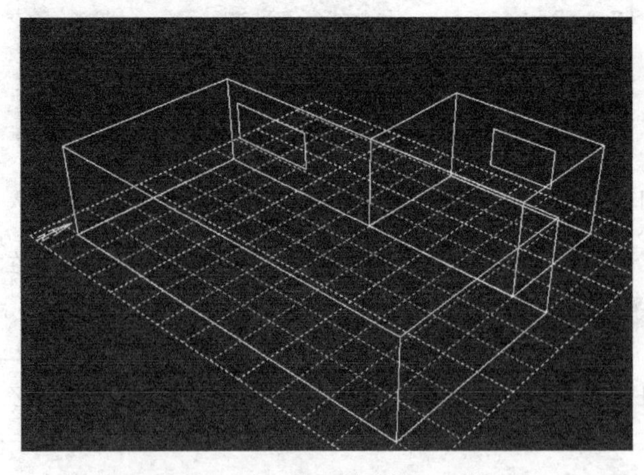

图 3-23 在区域 1 插入第一个窗口

(4) 在 Zone 1 和 Zone 2 的交接处插入 1 个门。

利用选择 Zone 2 的南侧墙(如选到 Zone 1 的北侧墙，按空格键选择想要选择的物体)，按键盘上 Insert 键，或者从绘图菜单栏 Draw 选择 Insert Child Object(插入子物体)，选择插入 Door 门，宽度和高度为 1000×2100mm。

利用 Nudging 轻推命令，按住 X 键，或者 Shift 键和 X 键，将门移动到如图 3-24 所示位置(距 Zone 2 西侧墙 200mm)。

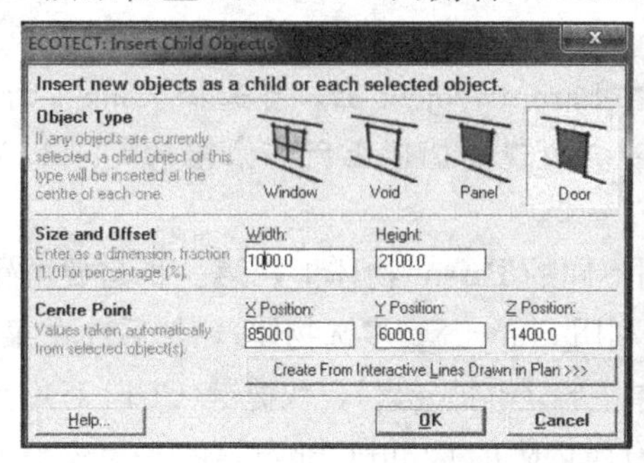

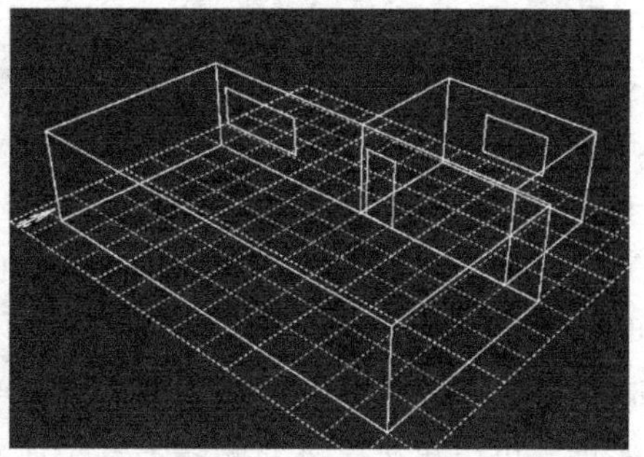

图 3-24　在区域 1 和 2 之间插入门

当插入 Child Object (子物体)如门(door)、窗(Window)、开口(Void)时，如果两面墙是相邻的，选择一侧墙添加即可。例如，本例中 Zone 1 的北侧墙和 Zone 2 的南侧墙是一堵墙，我们只需选择 Zone 2 的南侧墙添加门(door)，Ecotect 在计算声、光、热时，即使是 Zone 1，也会默认采用在 Zone 2 插入门(door)和窗(Window)的材质和特性进行计算。

【提示】在此值得注意的是，4 个 Child Object (子物体)选择项中的 Panel(隔板)、门 (door)、洞口 (void) 和窗 (window) 在插入 Parent 时属性不同。Ecotect 在计算时，只按照你插入区域中的 Panel(隔板)的材质和特性进行计算，而不是像门、窗和洞口那样两区域结合部分合二为一。例如，本例中 Zone 1 的北侧墙和 Zone 2 的南侧墙是一堵墙，只需选择 Zone 2 的南侧墙添加 Panel(隔板)，Ecotect 在 Zone 1 做计算时，还是会默认 Zone 1 的北侧墙为墙体，而不是 Panel(隔板)。

(5) 在 Zone 2 的东墙添插入第 2 个门(1000mm 宽×2100 高)，如图 3-25 所示。

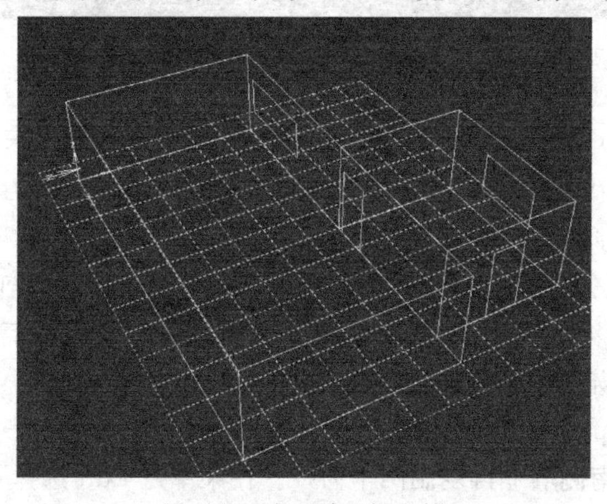

图 3-25　在区域 2 插入门

3.1.6 复制门窗Child Object(子物体)

在Ecotect复制门窗与普通的AutoCAD文件不相同，因为在Ecotect中门、窗等元素并不算独立的元素，而是依附在Parent Object上的子物体，所以复制时要特别注意。

(1) 将Zone 1北侧墙的窗体与北侧墙解锁

【提示】由于在Ecotect中Child Object(子物体)是依附在Parent物体，要检查北侧墙内的Child Object是否依附在Parent Object上，可选择Zone 1的北侧墙，在主菜单Select选择Children，就会出现北侧墙上所有依附的Child Object。

要想将Child Object(子物体)复制到不同的Parent物体上，第一步是要解锁。同时选择Zone 1北侧墙和窗两个物体(可利用Shift+ 多选物体)，然后在主菜单Edit选择Unlink Object，或者按选择菜单上 (解锁元素)，快捷键(Ctrl+U)。解锁完后，可以再次检查北侧墙上是否还有所依附的Child Object。

【提示】解锁后的窗体不再是该墙体的附属物(Child Object)，所以当进行模拟计算时，Ecotect不会承认该窗体。所以切记在复制完成后，还需要将该窗体和墙元素重新链接起来。

(2)在画面版上选择解锁后的窗体后，在主菜单栏点击 Move命令。

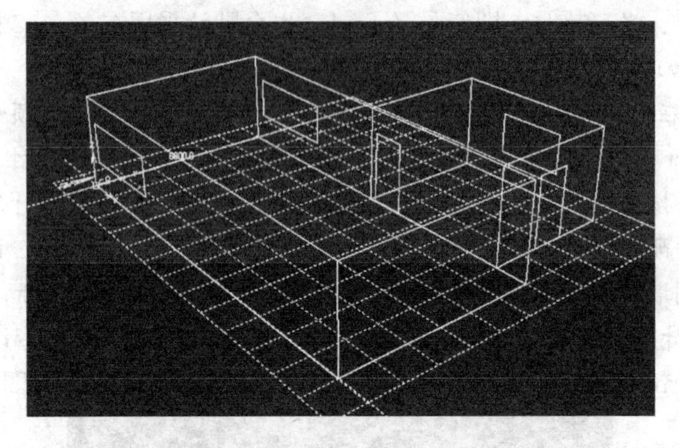

图3-26 将区域1北侧墙的窗复制到南侧墙

【提示】Ecotect中Move移动命令和Copy复制命令都需要点击 按钮，如需复制，确保在捕捉工具栏Apply to Copy ☑ Apply to Copy 勾住。如果不勾住的话，就为Move移动命令。

将鼠标捕捉Zone 1北侧墙的右下角，点击接受后，注意到被复制窗体跟着鼠标移动，然后移动鼠标到南侧墙的右下角，捕捉到交接点后按接受，图3-26所示北侧墙上的窗已经复制到南侧墙上。

(3) 利用Duplicate Selection(多重复制)命令复制多个窗户

下一步是在南侧墙上再复制两个窗户。在菜单栏Edit选择Duplicate (Ctrl+D)，图3-27中在X Offset (*X*轴平移)上填写4000，在Y Offset (*Y*轴平移)和Z

Offset（Z 轴平移）填写 0，并确保勾住 Don't Prompt me for this again（不要再次提醒我），然后点击 OK 按钮，复制第 2 个窗户，然后按键盘 Ctrl＋D 复制第 3 个窗户（见图 3-28）。

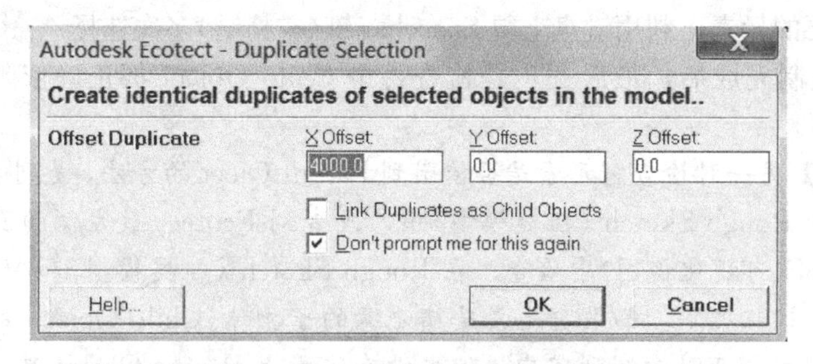

图 3-27　Duplicate Selection 对话框

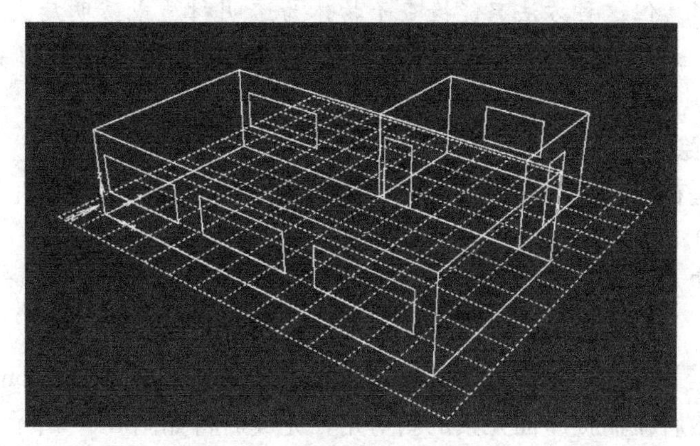

图 3-28　在南侧墙上复制 3 个窗

【提示】平移的距离是根据该物体为原始点，如窗户为 3000（长）×1200（高），向东侧每间隔 1000 放置一个窗，就需要填写 4000（图 3-29）。

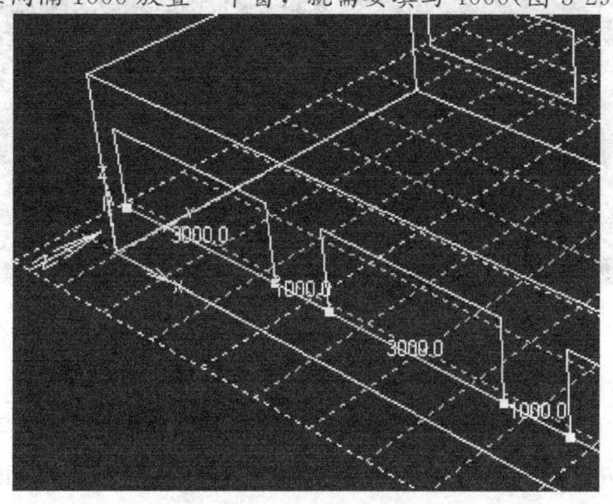

图 3-29　窗口及各窗口之间的距离

（4）重新将窗与墙链接

复制完成后，需要将窗体与墙体重新链接起来。利用键盘上 Shift 键同时选择 Zone 1 北侧墙和窗体，然后到菜单栏 Edit 选择 Link Objects (Ctrl+K)，或者点击按钮，将二者重新链接起来。同样，将南侧墙的窗和墙体链接起来。

如果不慎多选元素，可以按住键盘上的 Ctrl 键减掉多选的元素，如果无法选到所想要的元素，利用键盘上得 Spacebar 键(空格键)多次选择。

(5) 复制完成后，最后一步是检查每个 Child Object 都正确依附到 Parent Object。

【提示】另一种检查窗元素是否依附到 Parent Oject 的方法，是到主菜单 Display 中选择 Rough Sketch (粗糙模型)中，或者到 Ecotect 最左侧的页面选择器 VISUALISE(可视化视图)中检查。在 Rough Sketch (粗糙模型)和 VISUALISE (可视化视图)状况下，如果窗元素是墙元素的子物体(Child Object)的话，窗元素就是透明的，可以看穿到室内。但当没有依附上 Parent Object 时，则是一个不透明的矩形。但这种方法只能检查子物体为透明材质或透明度大于 0.2(20%)的材质情况。如不是透明材质的物体，像门元素的话，就检查不出来。

3.1.7 绘制斜屋顶

这一步是在我们已经建立的两个区域 Zone 1 和 Zone 2 添加两个斜屋顶，挑檐深度为 600。

(1) 在建模工具栏，选择斜屋顶，或者从主菜单 Draw 选择 Pitched Roof 项。

先选择上 Zone1 的屋面元素，然后点击，利用鼠标捕捉 Zone 1 屋面元素的一个角，然后在捕捉屋面元素的斜对角，完成后将如图 3-30 所示。

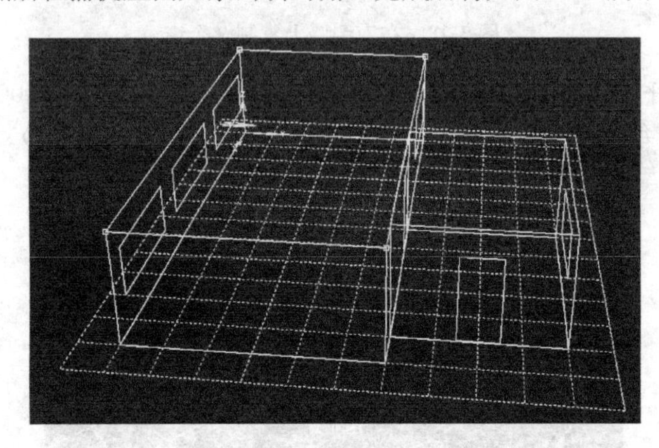

图 3-30 绘制斜屋顶第一步

(2) 然后在 Ecotect 右侧的控制面板选择器的 Parametric Objects 里修改参数(见图 3-31)。

在 Roof Type(屋顶种类)中选择 Gable(三角形屋顶)，在 Ridge Axis (屋脊轴线)设置为 X 轴，在 Eaves Depth(屋檐深度)设置为 600mm，Gutter Height (排水沟高度)和 Pitch(Deg)(屋顶倾斜度)保持不变。

然后点击 Create New Object(产生一个新元素)，建立出第一个屋顶。

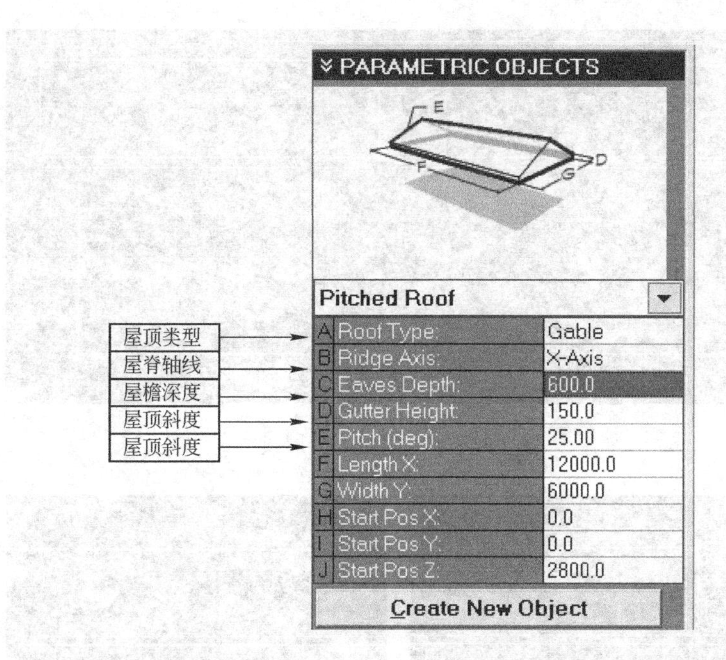

图 3-31　在控制面板选择器的 Parametric Objects 对话框中设置斜屋顶参数

然后以此类推，为 Zone 2 也创建一个屋顶。建立 Zone 2 屋顶时，其他参数不变，但需要把 Ridge Axis（屋脊轴线）设置为 Y 轴。

仔细观察图 3-32 中 Zone 1 和 Zone 2 的两个屋顶，二者相交的地方并不对，下一步是相交处的修改。

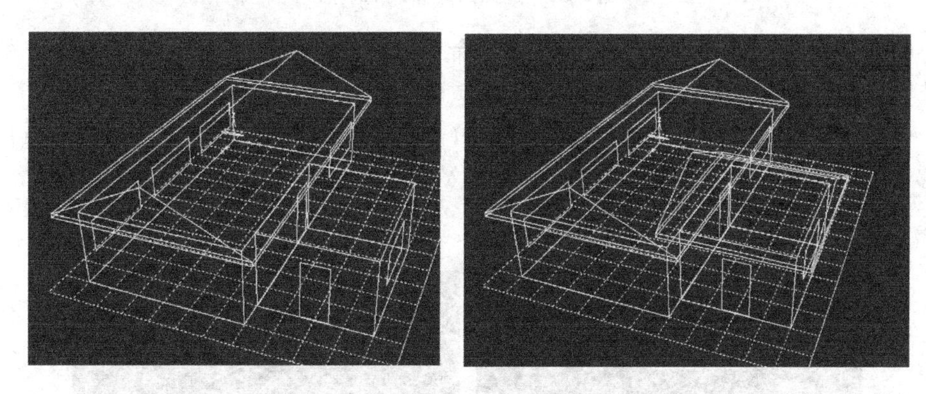

图 3-32　为两个区域绘制斜屋顶

【提示】斜屋顶的 Ridge Axis（屋脊轴线）一般随建筑的长轴，如 Zone 1 的长轴是沿 X 轴。但有时候也是根据设计而决定的。

(3) 进入 Node Model(节点模式)修改屋面元素。

在菜单栏 View 选择 Side (YZ)，或者利用快捷键 F6，进入侧立面(Y 轴与 Z 轴的侧立面)，选择到 Zone 2 的屋顶元素，当 Zone 2 元素被选择上后，从主菜单 Select 中选择 Nodes，(快捷键 F3)，或者双击鼠标，出现如图 3-33 画面。

(4) 选择需要修改的节点，修改节点位置。

从右到左拉动鼠标选择如图 3-34 所示的节点，注意到选择上的节点变成实

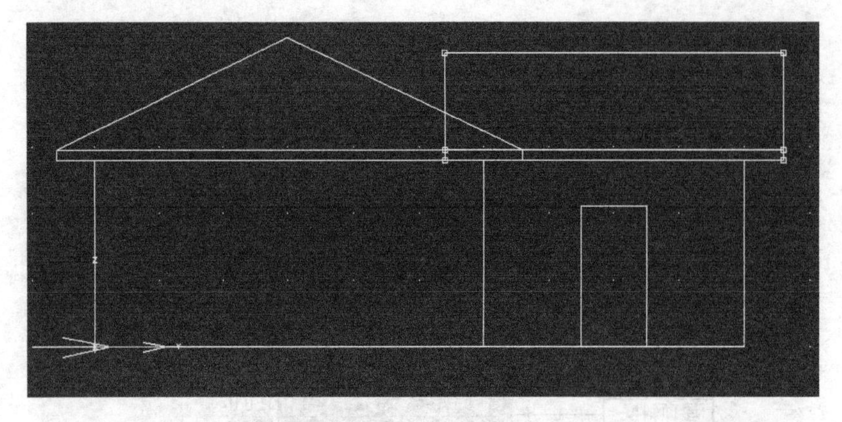

图 3-33　修改区域 2 斜屋顶

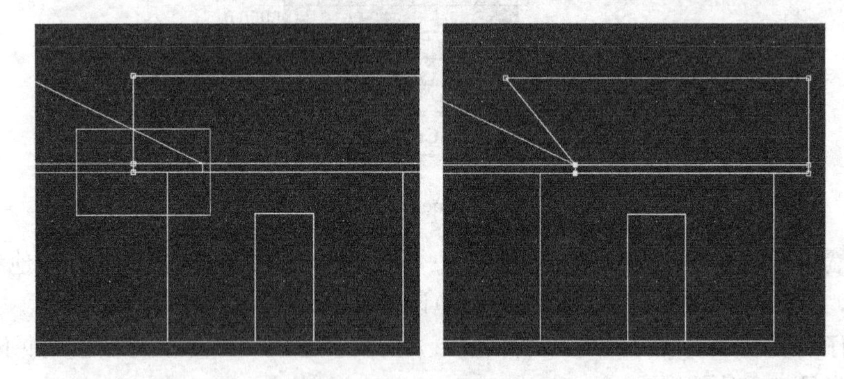

图 3-34　选择需要修改的节点

心的后，利用我们前面所讲的节点位移命令，在键盘上点击 Y 键，将被选择的节点移动到与 Zone 1 最右侧的屋檐对齐。

然后，根据上述办法，如图 3-35 选择 Zone 2 屋顶左上侧节点，利用节点位移命令，在键盘上按住 Shift 键，并点击 Y 键，将被选择的节点移动到与 Zone 1 屋脊对齐。

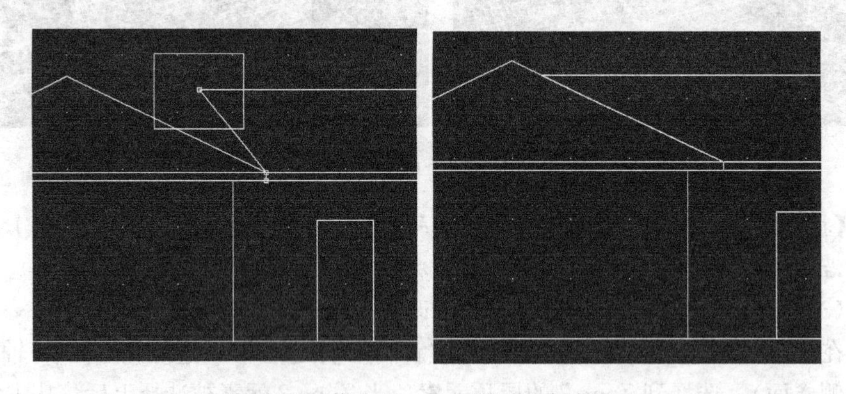

图 3-35　修改 Zone 2 屋顶左上侧节点

(5) 按快捷键 F8 返回到透视图，检查模型。

修改完 Zone 2 的屋面元素后，返回透视图画面检查建好的模型。

为更好的观察模型，可以到主菜单 Display 中选择 Rough Sketch（粗糙模型）中，检查屋顶元素的修改情况。或者到 Ecotect 最左侧的页面选择器 VISUALISE(可视化视图)(见图 3-36)观察。

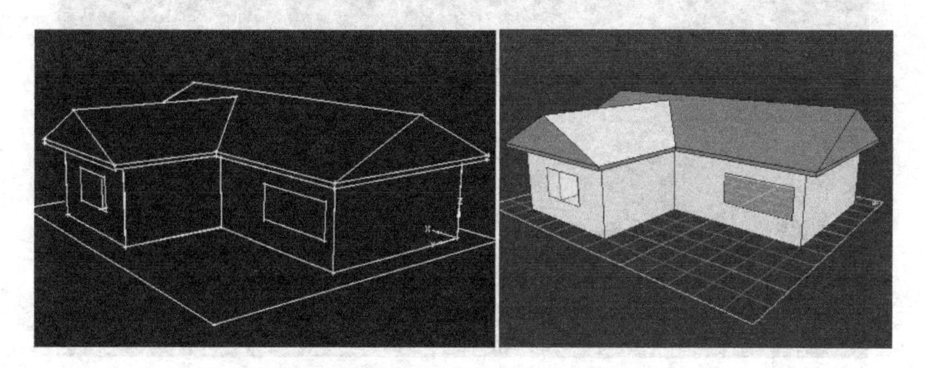

图 3-36　检查已建成的模型

3.1.8　插入 AUTOCAD 文件

(1) 在主菜单 File 中选择 Import(导入)命令中选择 3D CAD Geometry，从本书所给的附件中选择一个名为 SHU. DXF 的 AUTOCAD 文件

按如图 3-37 所示进行设置，然后选择 Import Into Existing(导入既有文件)。

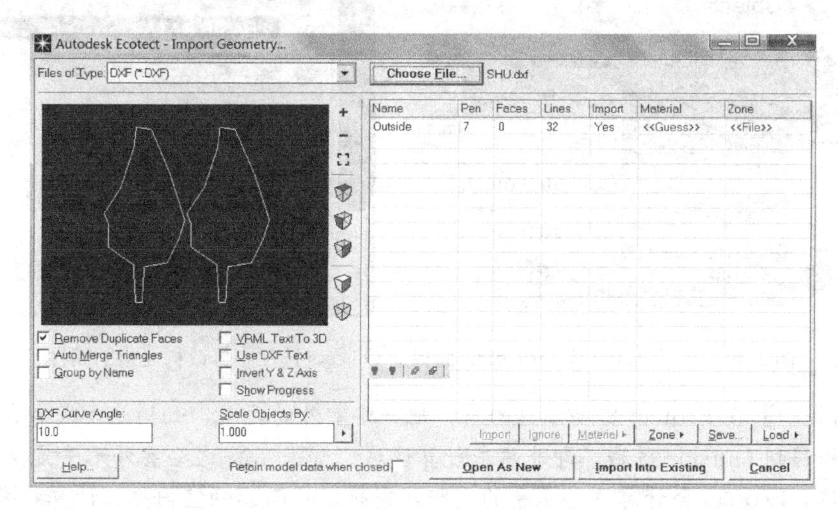

图 3-37　Import(导入)文件对话框

注意 Ecotect 自动调整轴线网格范围，使将新导入的两棵树放在网格范围内。

如不满意 Ecotect 默认放置的位置，可利用节点位移命令，在键盘上点击 X 键或 Shift+X 键，移动如图 3-38 所示位置。

(2) 检查新导入的树元素是否到 Outside 区域。

导入树元素后，利用选择树元素，观察 Ecotect 右侧的控制面板选择器，在 Selection Information 面板下 Objects 选项中查看 SHU. dxf 的 Zone 区域是否在 Outside(室外)区域里。

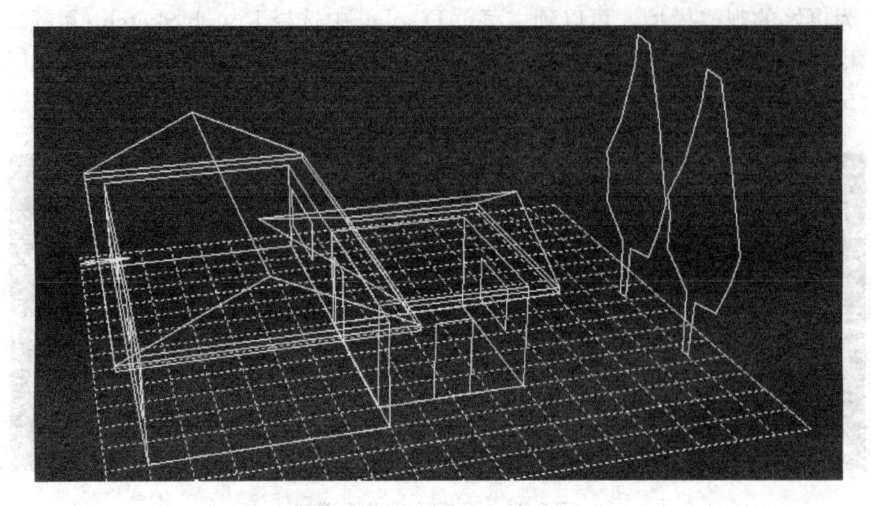

图 3-38　移动所插入的树的位置

如果不在，如图 3-39 点击 Options ▶ 选择 Select Zone，在 Select Zone 对话框里选择 Outside Zone，然后点击 OK 键，这样将 SHU. dxf 改成 Outside 区域。

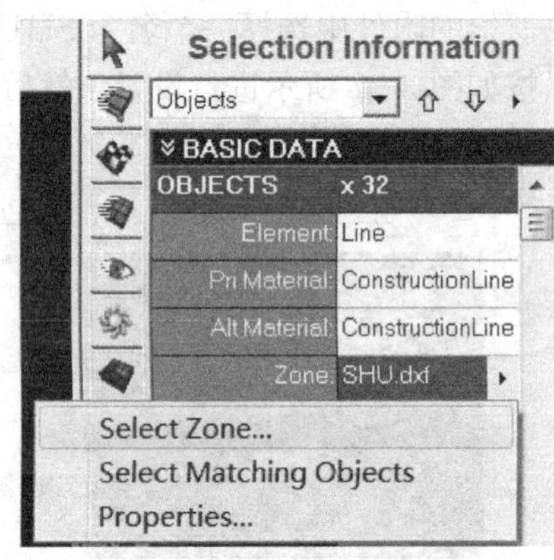

图 3-39　在 Selection Information 面板下 Objects 选项中修改树元素的属性

【提示】在 Ecotect 需要注意的是，把一些室外的元素，如树元素或者室外遮阳格栅移到 Outside 区域，即非热工计算区域。如果不将这些室外元素定义到室外区域，Ecotect 会计算这些元素的太阳辐射热，从而影响室内热工计算结果。

(3) 最后检查模型，并存储。

到目前为止，数字模型已经建立完全，我们有必要将所建模型存储起来。进入主菜单 File 的 Save 项，找到你想存储的路径，将文件存成 NanjingU. eco。

3.2　日照和遮挡分析

气候条件是建筑环境设计的一个重要因素。建筑节能设计中应充分考虑当地的气候条件，并有针对性地采用主动或者被动建筑节能技术。尤其是对日照和遮挡分析，以及建筑热环境进行模拟时，当地气候数据是一项必不可少的基础条件。

3.2.1 气象数据和Weather Tool介绍

Weather Tool是Square One公司开发的逐时气象数据分析和转换软件。早期的Ecotect和Weather Tool是分开的，需要单独下载。Ecotect 2010后二者已经打包在一起，需要时到主菜单Tools选择Run Weather Tool就可以打开Weather Tool的操作界面，图3-40所示的Weather Tool界面，其中包括菜单栏、分析面板、查看工具栏、气象数据显示板与显示区域等几部分。关于Weather Tool操作界面的详细介绍，可以参看《Autodesk Ecotect Analysis绿色建筑分析应用》。

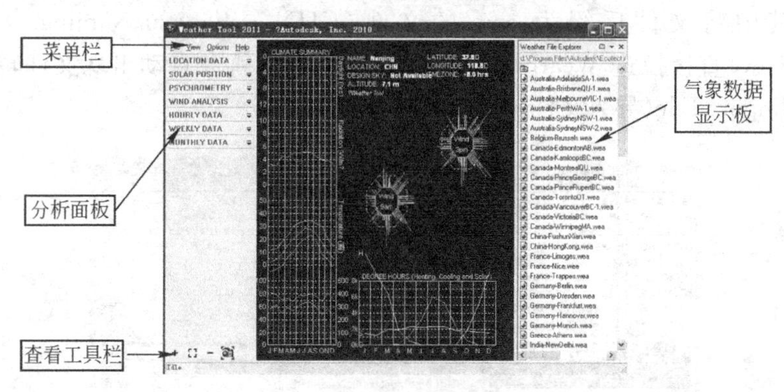

图3-40 Weather Tool操作界面

Weather Tool可以读取并转换TMY、TMY2、TRY和DAT等一系列常用的气象数据格式。Ecotect本身所带的国内气象数据较少，国内数据可以通过以下方式获得：

1)使用Energy Plus的EPW数据转换，这一数据可以直接从美国能源部网站免费下载[1]；Energyplus官网上提供了多种不同来源的气象数据，主要的气象格式有CSWD、CTYW、IWEC、SWEAR等四种，IWEC的数据来源于美国国家气象中心，其中有少量数据是计算得来的，例如太阳辐射、云量等。CSWD(Chinese Standard weather Data)中国标准气象数据，其数据主要来源于中国气象局采集的实测数据，只有中国部分。CTYW(Chinese Typical Year Weather)中国典型年气候数据来源于美国国家气象数据中心，国内的学者张晴源对其作了处理，目前已由机械工业出版社出版。遗憾的是，目前该网站已经不再提供中国典型气候年的气象资料，仅提供标准气候年数据。SWERA数据来源于联合国环发署空间卫星的测量数据，此数据主要用于太阳能和风能的分析[2]。一般建筑能耗分析采用都是CSWD、CTYW、IWEC这三种格式。

由于Energyplus官网不在提供CTYW(Chinese Typical Year Weather)数据，所以本书使用的是在此网站下载中国标准气象年资料（CSWD Chinese Standard

[1] 美国能源部网站中国气候数据下载网址，http：//apps1. eere. energy. gov/buildings/energyplus/cfm/weather _ data3. cfm/region=2 _ asia _ wmo _ region _ 2/country=CHN/cname=China，美国能源部网站对其气象数据的来源介绍见http：//apps1. eere. energy. gov/buildings/energyplus/weatherdata _ sources. cfm。

[2] http：//www. shenlvse. com/viewthread. php? tid=10809&page=1(访问时间2012. 4)。

Weather Data)。

2）使用“中国建筑热环境分析专用气象数据集”数据转换，包含国内 270 个气象台站的数据。

【提示】当你打开美国能源部 Energy Plus 的 Weather data Sources 时 http：//apps1. eere. energy. gov/buildings/energyplus/weatherdata _ sources. cfm，下载 CSWD(Chinese Standard Weather Data 中国标准气候数据)。

以南京气候资料为例(见本书所附的数据包)，Energy Plus 下载的南京典型气象年数据压缩包 CHN _ Jiangsu. Nanjing. 582380 _ CSWD. zip，解压后有 3 个文件，其中将文件后缀为 epw 的文件(CHN _ Jiangsu. Nanjing. 582380 _ CSWD. epw)直接拉进 Weather Tool 操作界面内，就会自动出现文件转换对话框，按 Import File(导入文件)。

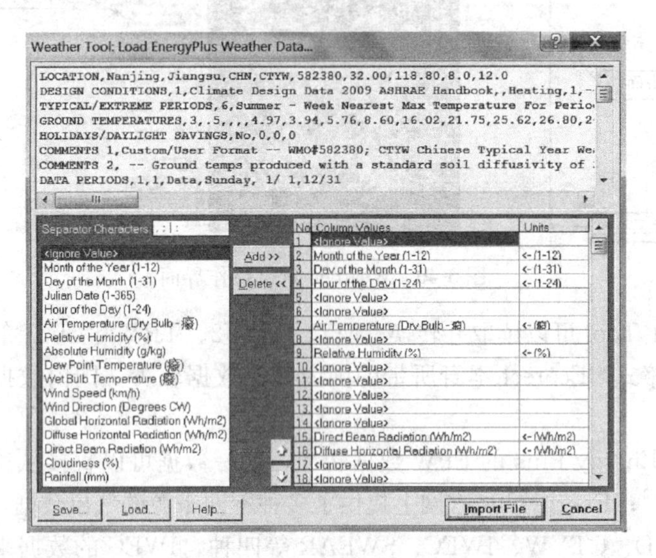

图 3-41　气象数据导入界面

导入气象数据后，在菜单栏 File 中 Save(存储)起来，以备后用。气象数据可以存储在任何文件夹里，但这里建议最好存储在 Ecotect 本身所带的气象文件夹里，方便下次使用时直接提取。Weather Tool 气象数据显示板的右上侧可以看见 Ecotect 气象数据的默认存储路径，这里将导入的南京典型气象年数据存储为 China-Nanjing CSWD. wea。

Weather Tool 中使用扩展名为 wea 的气象数据记录文件，其中包含了大部分基础气象数据如大气压力、干球温度、湿球温度、蒸汽压力、相对湿度、风速、风向、云量、太阳辐射等。建筑环境模拟分析时通常需要的气象要素包括以下几类(表 3-1)：

主要气象数据　　表 3-1

气象要素	
空气温度 Dry-Bulb Temperature	干球温度日最高值 Maximum Dry Bulb Temperature
	干球温度日最低值 Minimum Dry Bulb Temperature
	干球温度平均值 Average Dry Bulb Temperature

续表

气象要素	
露点温度 Dew-point temperature	露点温度日最高值 Maximum Dew-point temperature
	露点温度日最低值 Minimum Dew-point temperature
	露点温度平均值 Average Dew-point temperature
风 Wind	风速日最大值 Maximum Wind Speed
	风速日平均值 Average Wind Speed
太阳辐射 Solar Radiation	水平面总辐射平均值 Average Horizontal Solar Radiation
	直射辐射日平均值 Average directly Solar Radiation

Weather Tool 可以根据给定的气候条件，进行日轨分析(Solar Position)、焓湿图(Psychrometry)、风分析(Wind Analysis)、逐时(Hourly Data)、逐周(Weekly Data)、逐月(Monthly Data)的温湿度、风速、太阳辐射能的分析。

焓湿图在暖通、空调工程中用来确定空气的状态，即温度、含湿量、大气压力和水蒸气分压力与热环境的关系，是暖通、空调专业中进行节能设计中的一个重要参数。Weather Tool 中的主动和被动节能设计也是根据焓湿图进行分析。由于我国目前建筑学专业大部分建筑技术课程内容没有涉及焓湿图这个概念，这里就不多介绍。这里仅介绍建筑学专业中使用最多的分析——太阳辐射分析。

3.2.2　太阳辐射分析

Ecotect 中分析较为准确的、使用较为广泛的是 Solar Radiation 太阳辐射分析和 Best Orientation 最佳朝向分析。在 Weather Tool 的气象数据显示板中找到我们刚刚存储的 China-Nanjing CSWD. wea 文件，双击打开，在打开分析面板的 Solar Position(太阳位置)，单击 Solar Radiation(太阳辐射)，显示如图 3-42。

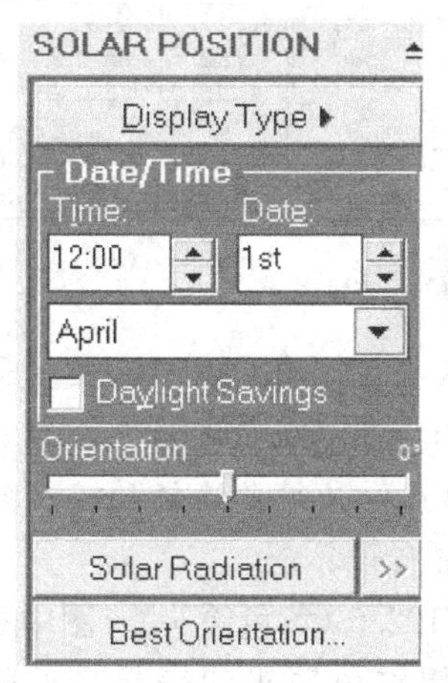

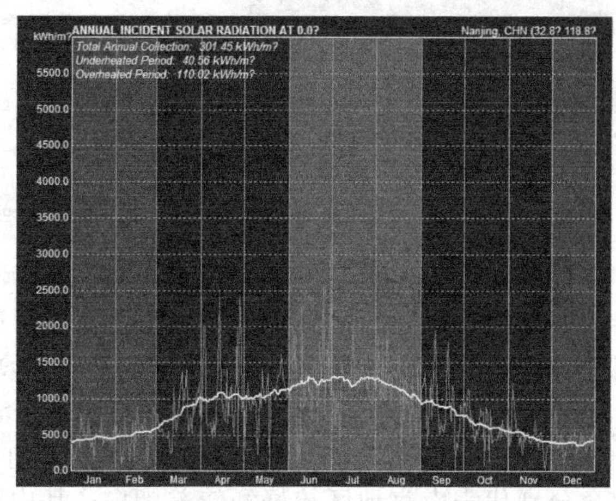

图 3-42　Solar Position(太阳位置)操作面板及 Solar Radiation 太阳辐射分析界面

【提示】由于 Ecotect 是英文版本，所以在中文 Window 系统中，一些单位为乱码，尤其是单位上标很容易为乱码。如图中 Annual Incident Solar Radiation at 0.0? 中的“?”为辐射角度 Annual Incident Solar Radiation at 0.0°中的“°”，辐射量的单位 kW/m? 实际应为 kW/m^2。

图 3-42 中红色和蓝色区域显示出一年中过热或过冷的月份，在这里可以看出南京地区最热的月份在 6～8 月之间，冬天则在 12～2 月之间。较粗的黄线表示平均辐射量，较细的黄线表示全年逐时太阳辐射量。

图 3-42 中左上角 Annual Incident Solar Radiation at 0.0? 表示太阳在 0°角时的辐射情况。

Total Annual Collection 表示太阳在 0°角度时的全年总辐射量，Underheated Period 表示过冷时间短(蓝色区域)的总辐射量，Overheated Period 表示过热时间的总辐射量。单击 » 按钮，就会显示不同角度的太阳辐射情况的动画。该动画可以显示在冬季和夏季太阳辐射量最高的角度。

在 Weather Tool 中，Best Orientation(最佳朝向)是 Ecotect 在建筑环境设计中使用较为广泛的一个分析手段，单击 Best Orientation 按钮，在弹出的对话框中点击 OK 按钮。

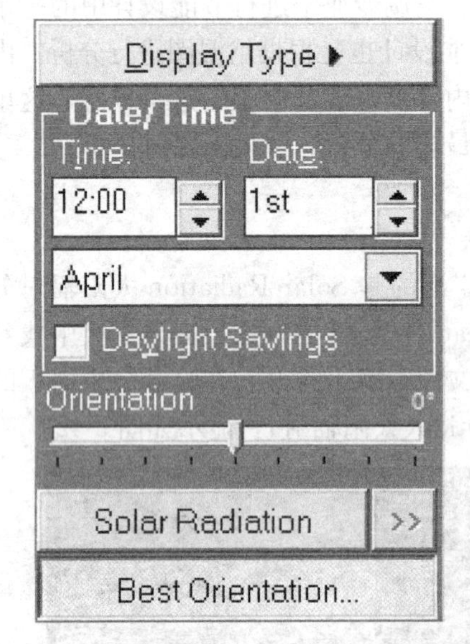

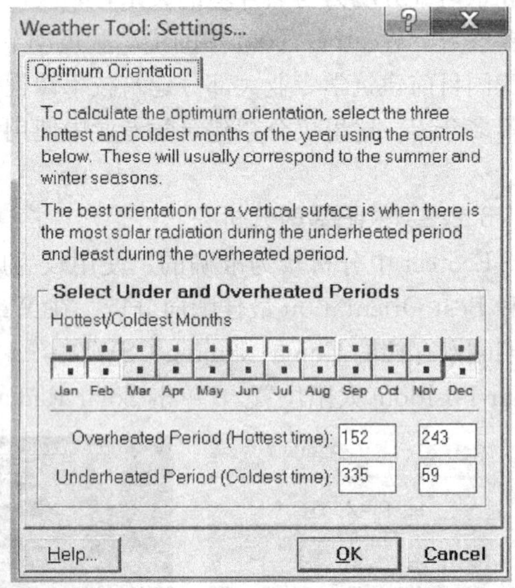

图 3-43 Best Orientation(最佳朝向)对话框

【提示】Ecotect 中最佳朝向的计算，是根据在最冷 3 个月中垂直面接受最多太阳辐射能和最热 3 个月中垂直面接受最少太阳辐射能而来的。最冷 3 个月和最热 3 个月可以根据实际情况自己选择，但所选择的月份必须是连续的。一般而言，Weather Tool 会根据给定的气象数据自动选择进行计算。

图 3-44 是 Ecotect 计算出来的南京地区最佳朝向 192.5°(黄色箭头)。图中黄色和红色分别代表南京地区较好和较差朝向，其中粗红色箭头代表是最差朝向 282.5°。而细红色箭头和蓝色箭头分别代表南京最热时期和最冷时期得到太阳辐射能量最多的朝向。绿色箭头代表南京地区全年平均得到太阳辐射能量最多的朝向。

点击鼠标右键，选择 Orthographic Projection(垂直投影)，垂直投影图中黄色箭头显示 Compromise(最佳)朝向(图 3-45)。

最佳朝向是建筑节能设计中常用到的分析图。利用查看工具栏 + ⛶ - 调整 Weather Tool 中显示区域中的大小，然后在菜单栏 View 中选择 Copy to Clip-

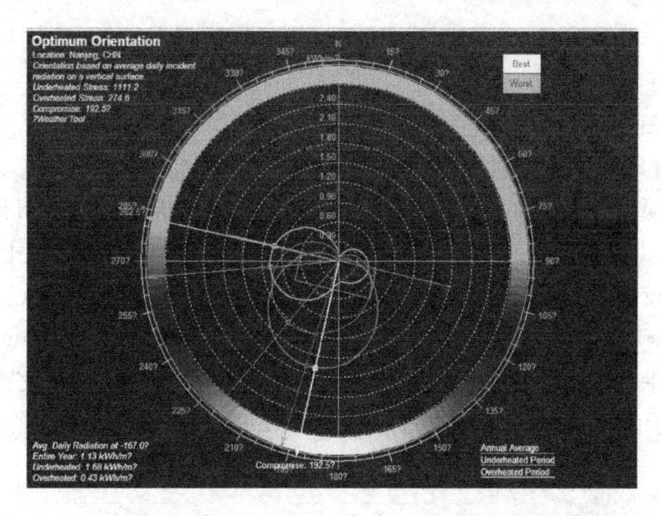

图3-44　南京地区最佳朝向Stereographic Projection(立体投影)表示

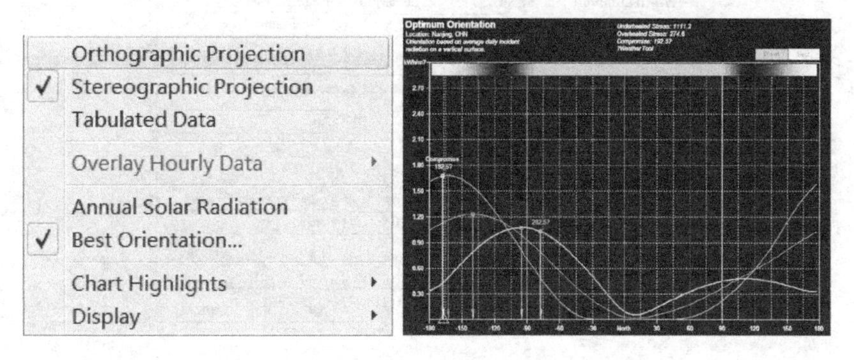

图3-45　南京地区最佳朝向Orthographic Projection(垂直投影)表示

board，将最佳朝向分析图存储成As Metafile文件(快捷键为Ctrl＋M)或As Bitmap文件(快捷键为Ctrl＋B)，或者点击查看工具栏中，存储分析图。

3.2.3　日照间距和日照时间计算

我国《住宅建筑规范》GB 50368—2005和《城市居住区规划设计规范》GB 50180—93(2002年版)，根据不同气候分区对住宅日照标准进行了相应的规定，见表3-2。

住宅建筑日照标准[1]　　表3-2

建筑气候区划	Ⅰ、Ⅱ、Ⅲ、Ⅶ气候		Ⅳ气候区		Ⅴ、Ⅵ气候区
	大城市	中小城市	大城市	中小城市	
日照标准日	大寒日(1月29日)			冬至日(12月21日)	
日照时数(h)	≥2	≥3		≥1	
有效日照时间带(h)	8～16			9～15	
计算起点	底层窗台面(底层窗台面是指距室内地平0.9m高的外墙位置)				

[1]　引自《住宅建筑规范》GB 50368—2005表4.1.1

在这里，我们利用 Ecotect Analysis 日照阴影分析功能，计算日照间距，检验是否满足日照标准。

1) 建立日照研究建筑

(1) 设置地理位置信息

打开 Ecotect 中的 NanjingU. eco，并存储成一个新的文件“日照分析 . eco”从菜单栏 Model 选择 Model Settings(模型设置)，或者单击工具栏上的，进入 Model Settings 对话框，进入 Date/Time/Location(日期/时间/地点)面板，点击 Load Climate Data... ，导入我们在 3. 2. 1 小节中存储的 China-Nanjing CSWD. wea 南京气象文件，进行如图所示设置，单击 OK 按钮完成设置。该设置的目的是确保建筑将位于南京市，建筑的朝向为南偏东 12 度。

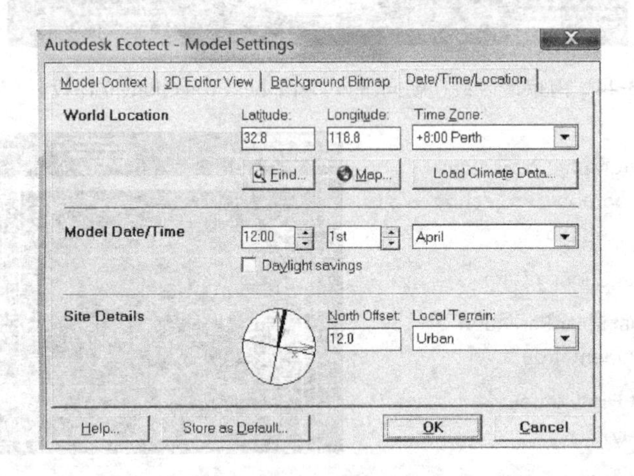

图 3-46 在 Date/Time/Location(日期/时间/地点)面板导入气象文件

【提示】气象数据也可以在区域工具栏里中 Load Weather File 选项中载入。

(2) 删除树元素

用鼠标选择树元素，在菜单栏 Edit 中选择 Delete Object(s)，或直接点击键盘快捷键 DEL。

(3) 进入 Zone Management 区域管理面板，单击新建区域按钮 ，在弹出的 Rename Zone 对话框中输入命令“日照研究建筑”，给新建区域命名。

(4) 在 Zone 1 区域上单击鼠标右键，选择 Select Objects On(选择区域的物体)命令

注意图 3-47 上，Zone 1 所有元素全变成了颜色，这意味着所有元素都被选择上了。

(5) 按键盘 CTRL+C 和 CTRL+V，复制所有选取的物体。

【提示】如果直接按键盘 CTRL+C 和 CTRL+V 不工作时，可以到菜单栏 Edit 中选择 Copy Object(s)，在弹出如图 3-48 提示框后，点击 Yes 键，然后继续在菜单栏 Edit 中选择 Paste into Model。这时观察 Zone Management 区域管理面板时，一个新建的 Zone3 就会出现在 Zone Management 区域管理面板里。

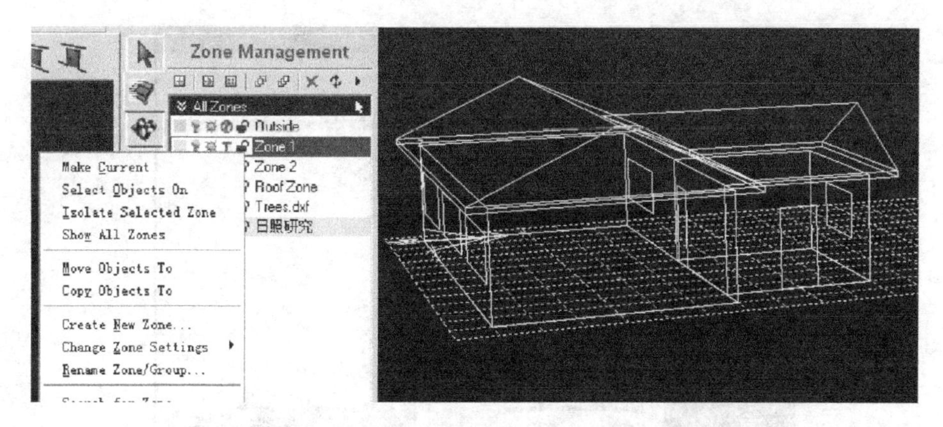

图 3-47 利用 Select Objects On 命令选择区域元素

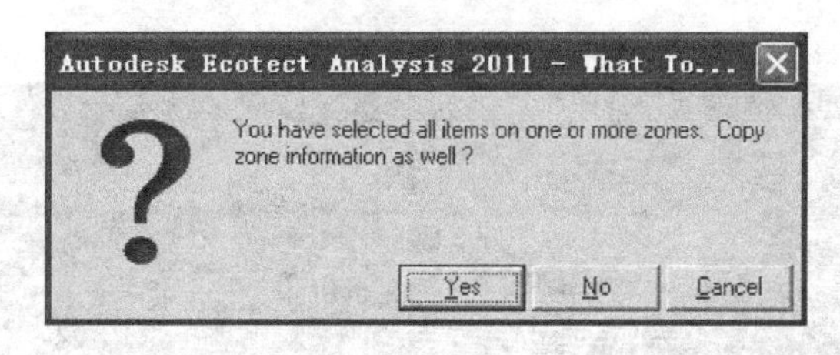

图 3-48 复制元素提示框

(6) 在控制面板选择器，单击 按钮，进入 Object Transformation(物体变换)面板，在 Transformation(变化)栏的下拉菜单中选择 Move(移动)命令，在 Y Move(Y 轴移动)中输入“12000”，单击 Create Array 按钮，向北复制 Zone 1 模型，单击 ，显示全部模型(图 3-49)。

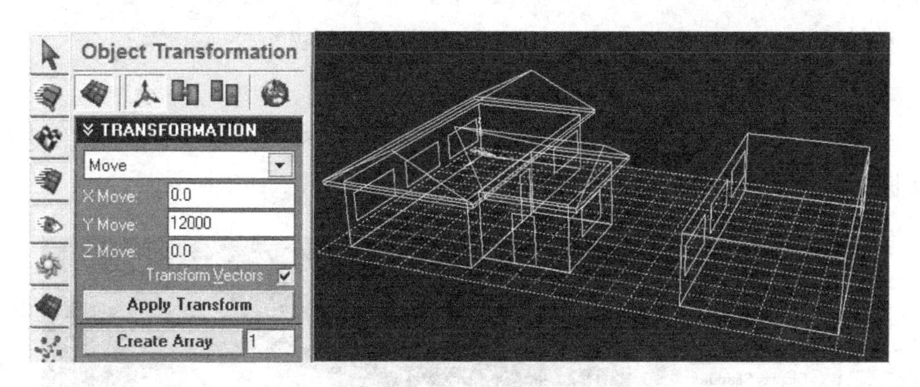

图 3-49 利用 Object Transformation(物体变换)移动物体

(7) 在绘图面板选择新建 Zone3 所有 Objects，点击鼠标右键可出现以下对话框，选择 Zone 中的 Move Selection to Zone，出现对话面板，选择面板上“日照研究建筑”(图 3-50)，点击 OK 键，你会发现新建的区域已经变成“日照研究建筑”的颜色。

(8) 重复第 4、5、6、7 步，将“日照研究建筑”加高一层(图 3-51)。

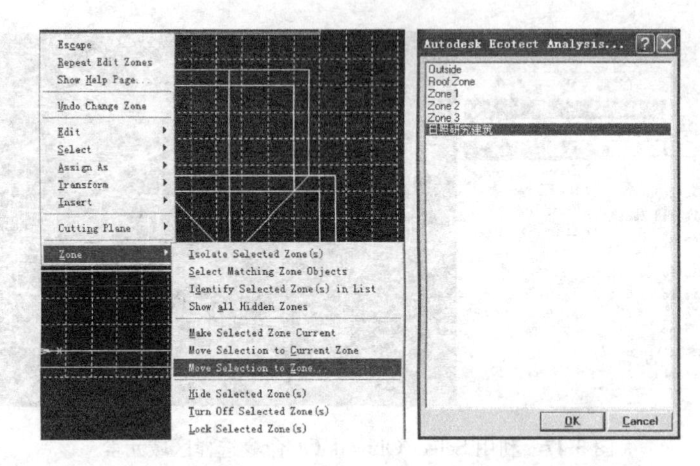

图 3-50　移动到不同的区域

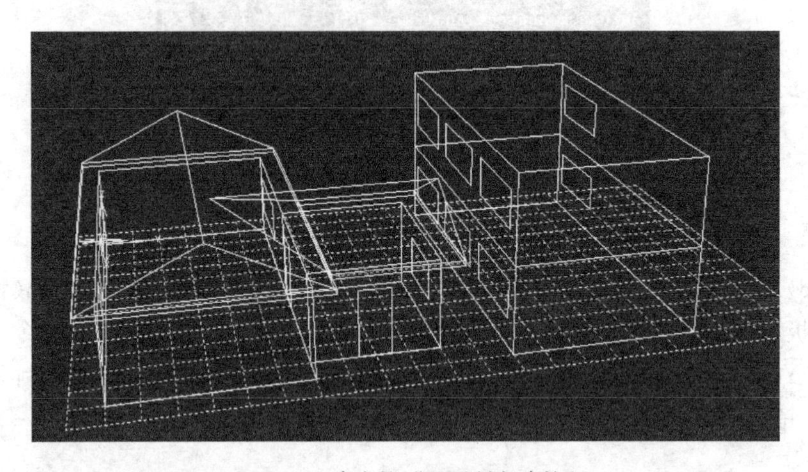

图 3-51　建成的"日照研究建筑"

2）光影分析

（1）单击控制面板选择器右侧的 按钮，进入 Shadow Settings(阴影设置)面板，单击 Display Shadows 按钮。

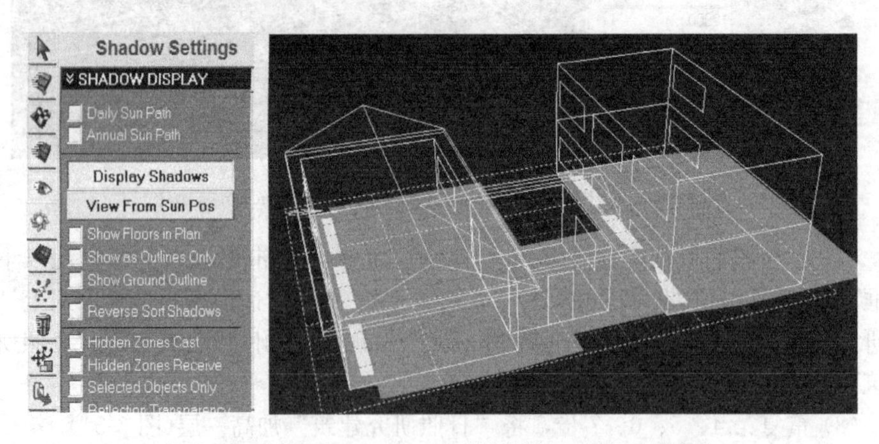

图 3-52　利用 Shadow Setting(阴影设置)研究光影变化

（2）在区域/指针工具栏中将日期设置到冬至日（12 月 21 日）时间是早上 7：30AM点正 ，单击时间栏右侧的按钮向上（如果鼠标有中间滚轴，可以以滑动滚轴代替按钮），每向上按一次，时间以 15 分钟增长。连续按动或滑动鼠标中间滚轴，直到下午 5：00PM。如图 3-53 为南京地区冬至日中午 12 时的阴影变化。

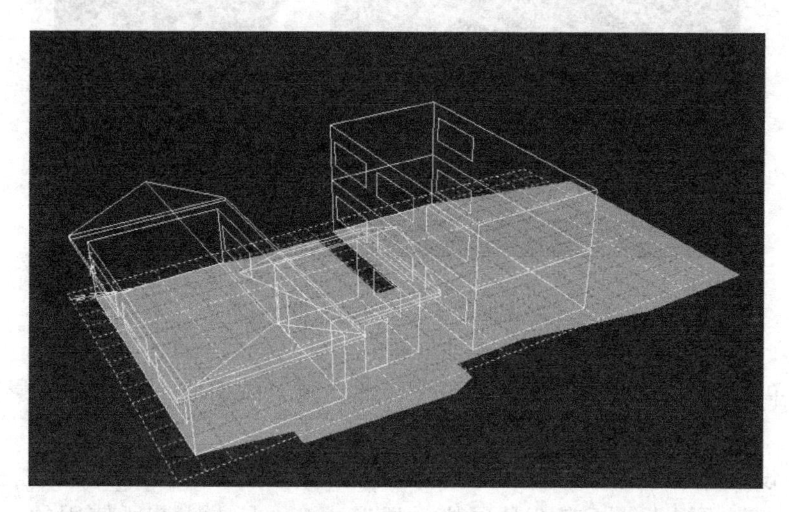

图 3-53　南京地区冬至（12 月 22 日）中午 12 点时的阴影变化

【提示】当时间在 7：30AM，整个绘图区域是灰色，说明太阳还没有升起来。当时间调整到 7：45 时，可以看见阴影出现，说明太阳出来。在下午 5：00PM以后，绘图区又变成灰色，说明太阳落下去了。

（3）研究受影面的阴影变化

这里主要关注的是我们新建在北面建筑是否受已有南面的小房子影响。所以选择新建建筑的南墙，在 Shadow Setting（阴影设置）面板，在 TAG OBJECTS（标记物体）的栏目下，单击 Shaded（受影）下拉菜单，选择 Tag Selected Objects（标记选定的物体）见图 3-54。

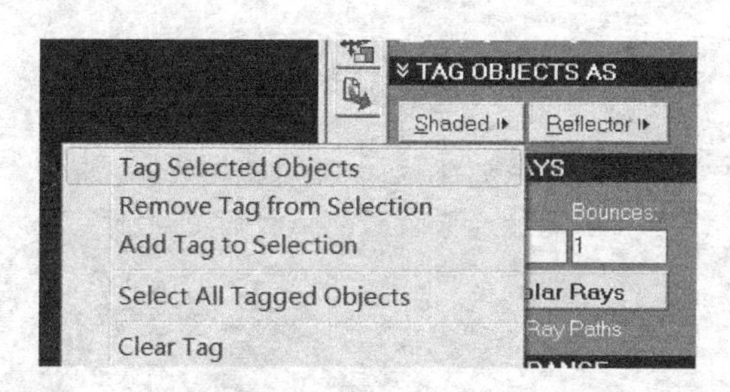

图 3-54　在 Shadow Setting（阴影设置）面板选择受影面

此时，可以发现除去刚刚选择的墙面外，其他阴影都消失了（图 3-55）。这样设置是为了更好的观察被遮挡面的阴影变化。

（4）利用动画观察阴影变化

在 Shadow Setting（阴影设置）面板下方，寻找 ANIMATE SHADOWS 的栏

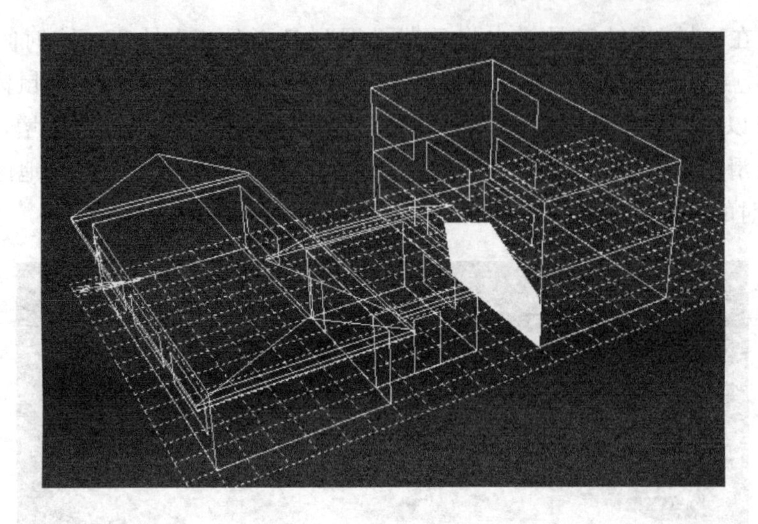

图 3-55　受影面上的光影变化

目中，单击 Hourly 按钮，观察在冬至日北向建筑的南墙一天中的光影变化的动画。

3）设置分析网格

Ecotect 可视化分析有两种网格设置形式，一是本小节所使用的 Analysis Grid（分析网格），另外一种为 Surface Subdivision（表面细化）方式。较后者而言，由于 Analysis Grid（分析网格）设置上相对灵活，方便隐藏等特点，是 Ecotect 可视化分析的一个重要手段。然而分析网格的设置是 Ecotect 中的一个较难的部分，初学者很容易出现问题。

（1）选择日照最不利的窗口，即北侧建筑的底层东侧窗（见图 3-56）。

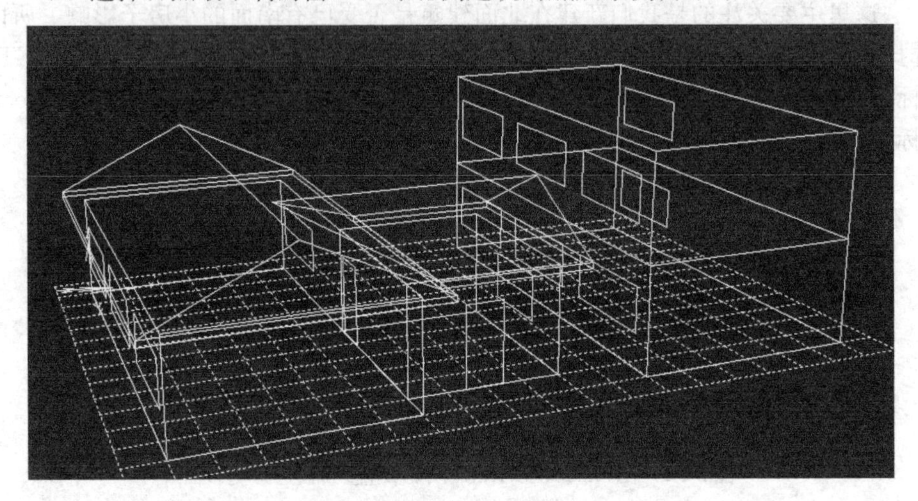

图 3-56　选择需要分析的窗口

（2）单击控制面板选择器右侧的 按钮，进入 Analysis Grid（分析网格）界面，如图 3-57 选择，按 Display Analysis Grid 按钮，然后到在 2D SLICE POSITION 栏目下面，在 Axis 的下拉菜单中选择 *XZ* 轴，点击 Auto-Fit Grid to Object(自动调整网格)。

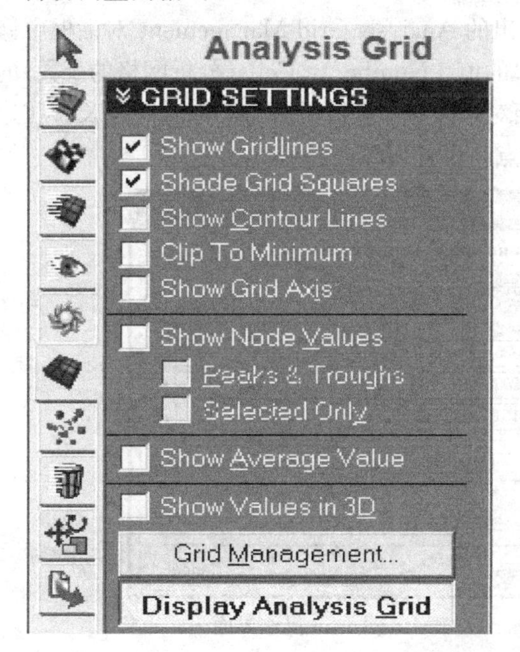

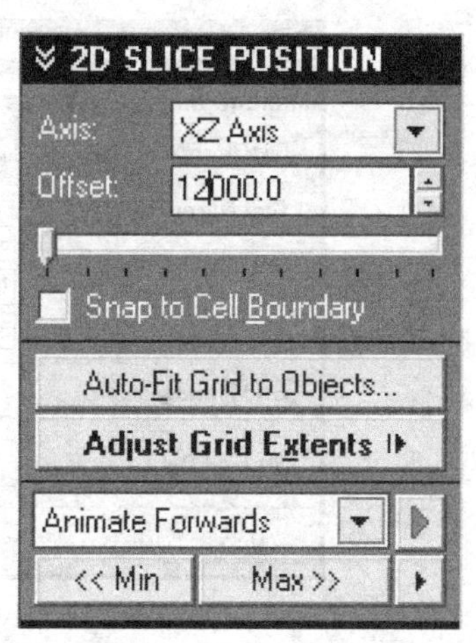

图 3-57 Analysis Grid(分析网格)操作界面

在 Fit Grid Extents 对话框中(图 3-58),在 Type To Fit 中选择，点击 OK 键，然后观察三维编辑视图中的分析网格:

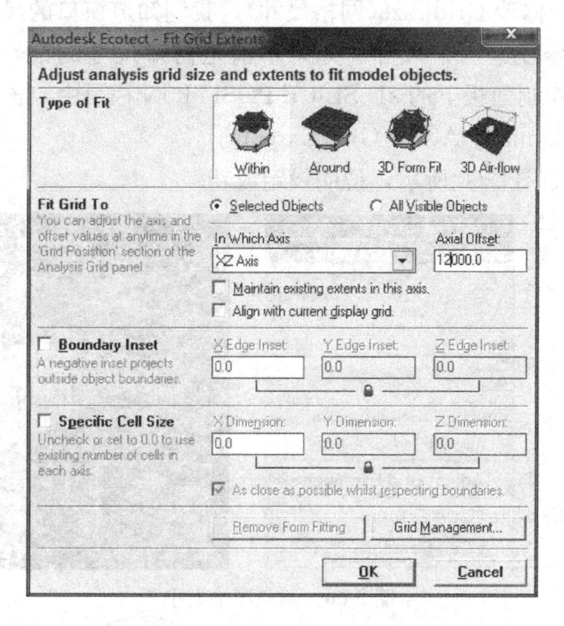

图 3-58 Fit Grid Extents 操作界面

① 分析网格是否落在窗口的垂直面上。如果没有的话，查看 Fit Grid Extents 对话框中 Fit Grid To 是否选择了 Selected Objects(所选择的元素)以及 In Which Axis(哪一个垂直面)选择了 *XZ* 轴。如果有问题的话，按图 3-58 填写。

② 如果发现分析网格太大或太小，在 Fit Grid Extents 对话框中，点击 Grid Management 按钮(图 3-58)，在跳出的 Analysis Grid Management 对话框中修改 Number of Cells(分析网格的个数)的值。Number of Cells(分析网格的个数)的值越大，说明分析网格越细密，但相对来说，计算机所需的模拟时间越长。在这里我们将 Ecotect 默认值略为提高一点，设置如图 3-59 所示。

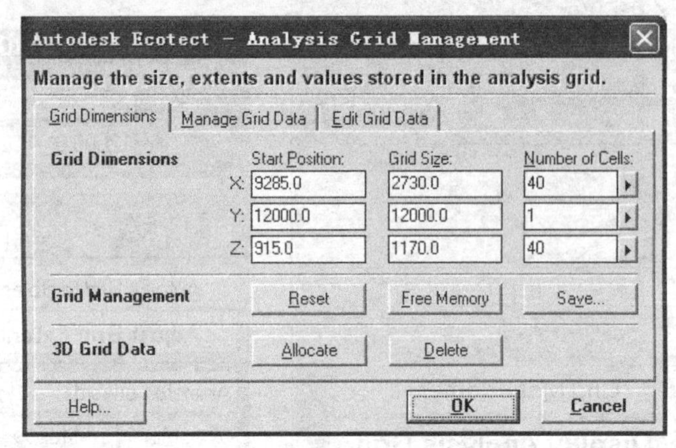

图 3-59 Analysis Grid Management 操作界面

【提示】分析网格是在 XZ 垂直面，所有修改网格数是 X 轴和 Z 轴，而 Y 轴是不用分析的，可以修改成 1。

③ 检查分析网格是否铺满窗口，如果没有的话，可以在 Analysis Grid Management 对话框中修改 Grid Size(网格尺寸)，我们知道窗口的尺寸是 3000(长)×1200(高)，可以修改这两个尺寸。如果不清楚窗口尺寸的话，可以在 Analysis Grid(分析网格)控制面板下的 2D SLICE POSITION 栏目中点击 Adjust Grid Extents 按钮选择 Manually Adust Grid Extents。

当分析网格如图 3-60 所示，说明设定成功。

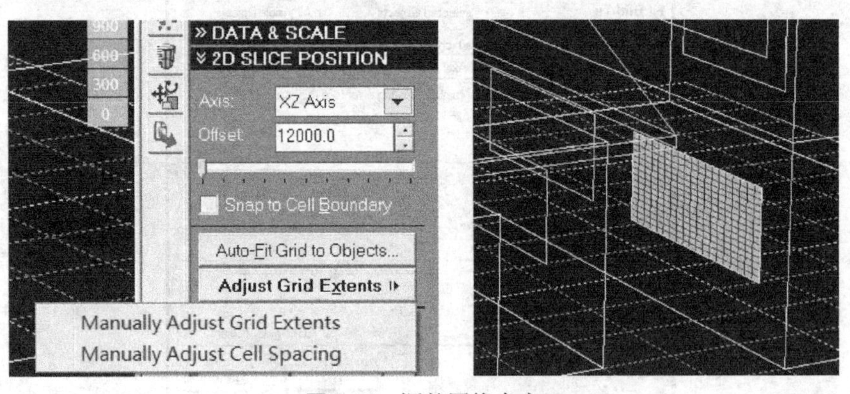

图 3-60 调整网格大小

【提示】分析网格的设置是 Ecotect 中的一个较难的部分，初学者很容易出现问题。如果出现问题，检查以上 3 个步骤，一般都会解决。

4）日照时间分析

该步骤是检验“日照研究建筑”，是否满足大寒日日照时间 2 个小时的规范。

(1) 将在区域/指针工具栏中将日期设置到大寒日(1月29日) 29th January 根据国家有关规范，应满足受遮挡居住建筑的居室在大寒日的有效日照不低于2小时，居室是指卧室、起居室。

(2) 在主菜单Calculate(计算)中选择Solar Access Analysis (太阳能分析)，在弹出的对话框中选择Shading，Overshadowing and Sunlight (投影、遮挡和日照时间)，然后按Next按钮，见图3-61。

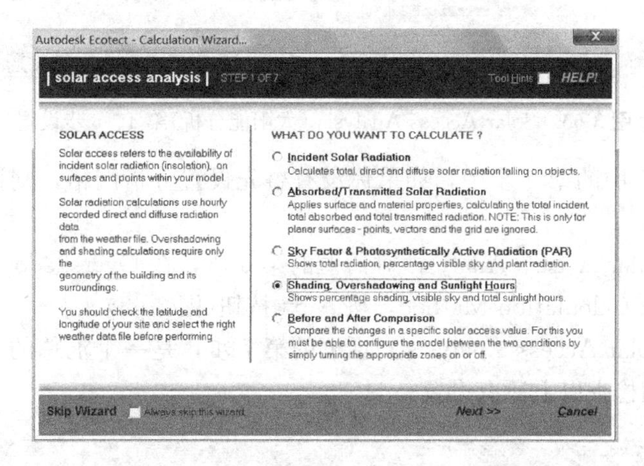

图3-61　Solar Access Analysis (太阳能分析)对话框第1步设置

(3) 选择For Current Day(选择当前日)，我们已经在开始时将日期修改成大寒日，按Next按钮(图3-62)。

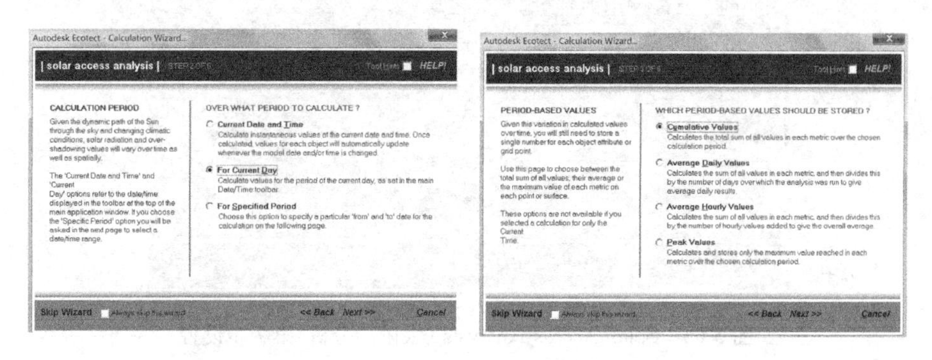

图3-62　Solar Access Analysis (太阳能分析)第2～3步设置

(4) 选择Cumulative Values(累加值)，按Next按钮(图3-62)。

【提示】根据南京市的日照规定，有效日照时间可以分段累积计算，但必须有一个时段不少于连续1小时，其他时段不得少于连续20分钟。我国天正日照软件可以针对以上规定进行模拟日照计算。但笔者所知Ecotect却没有更好的方法，在日照情况复杂的条件下，建议采用短时间段的模拟方法，如从8～9点一次，然后自行累积。

(5) 在Solar Access Analysis对话框的第4步(图3-63)，选择Analysis Grid (分析网格)，按Next按钮。在Solar Access Analysis对话框的第5步，仅有Perform Detailed Shading Calculations (详细遮阳计算)可选，直接按Next按钮。

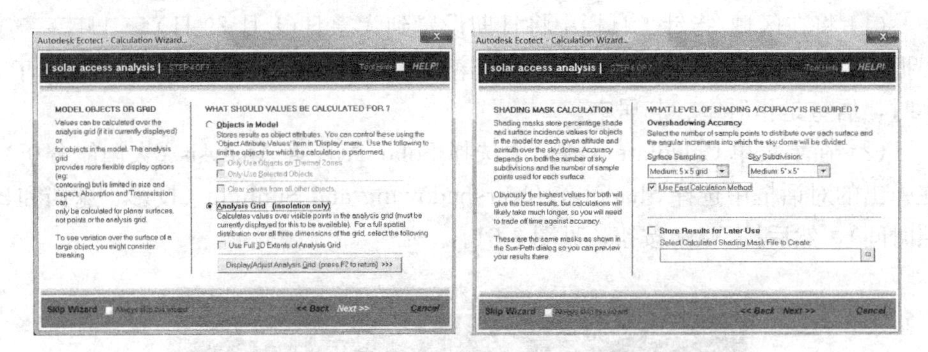

图 3-63　Solar Access Analysis (太阳能分析)第 4、6 步设置

如图 3-63 中的第 4 步中，如果你没有事先设置分析网格，则该选择项则无法选择。

(6) 在 Solar Access Analysis 对话框的第 6 步，在 Overshadowing Accuracy 勾住 Use Fast Calculation Method，按 Next 按钮(图 3-63)。

(7) 在 Solar Access Analysis 对话框的第 7 步，是一个汇总的对话框，如图 3-64 所示仔细检查以上所有设置。

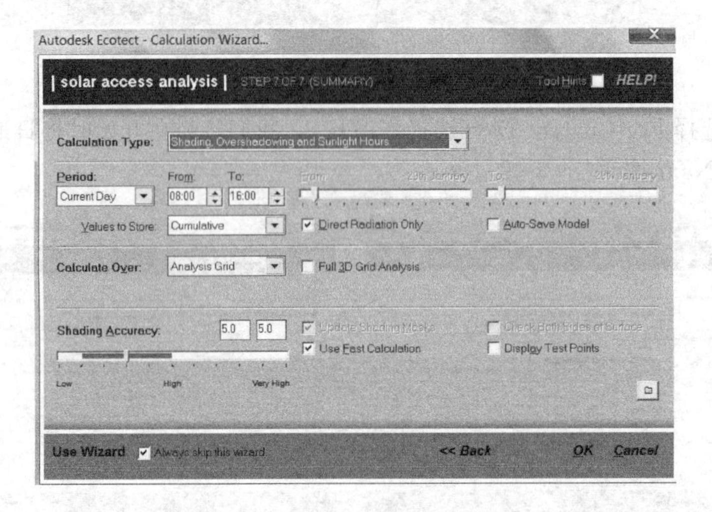

图 3-64　Solar Access Analysis (太阳能分析)第 7 步设置

根据我国日照规范的规定，有效日照时间是从早上 8：00 到下午 16：00，所以将时间改成 8：00～16：00，勾住 Direct Solar Radiation(直射太阳辐射)，点击 OK 键。

(8) 当计算结果出来后，点击控制面板选择器右侧的 按钮，进入 Analysis Grid(分析网格)界面，在 GRID SITTINGS(网格设置)进行如下图选择，然后查看模拟结果(图 3-65)。

从模拟结果可以看出，有超过一半窗户的面积日照时间是在 2 个小时以下。

(9) 如果想要更清楚的观察，可以如图 3-66 所示在 Analysis Grid(分析网格)界面的 Data & Scale(数据和比例)上更改比例，Minimum 是最小尺寸，Maximum 是最大尺寸，Contour 是登高间距，点击 Colours(颜色)按钮，可以更改色

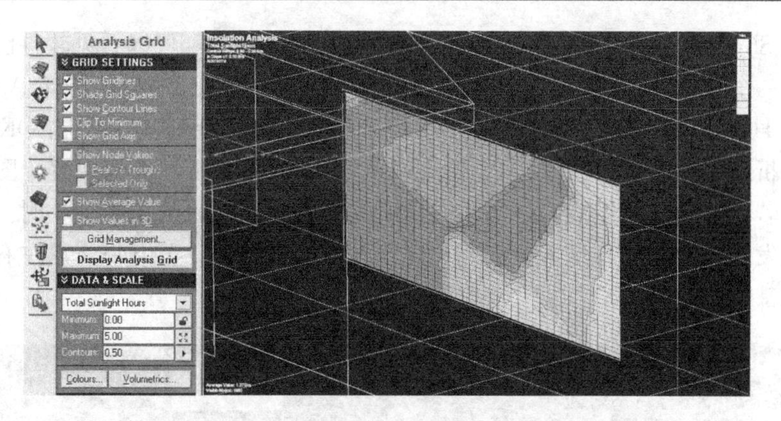

图 3-65 GRID SITTINGS(网格设置)及模拟结果

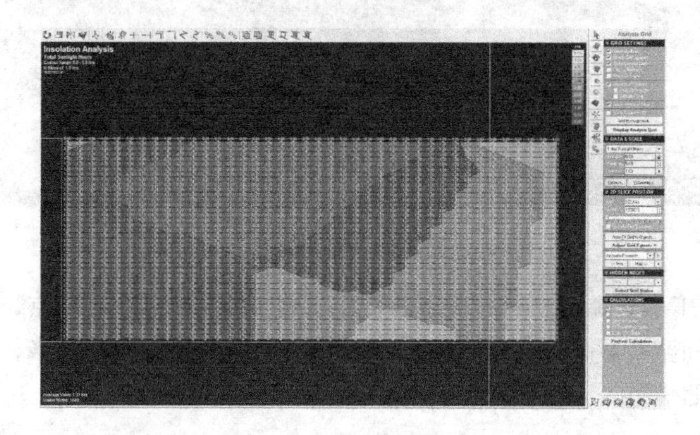

图 3-66 调整 GRID SITTINGS(网格设置)及模拟结果

系。然后按 F7，进入到前视图(图 3-66)。

【提示】一般而言，我们希望所有窗口都满足日照规范。所以日照分析时挑选一个日照状况最差的窗口来检查，这是计算速度最快的方式。除 Analysis Grid 分析网格方法外，也可以选择 Model Objects(模型物体)的方法来分析，后面 3.4.2 节中会介绍。

(10) 利用三维遮挡分析该窗口被南侧建筑遮挡的具体情况。

选择我们刚刚分析过的窗口，在主菜单 Calculate(计算)选择 Shading Design Wizard(遮阳设计向导)，在弹出的对话框里选择 Extrudes Objects for Solar Envelope (按太阳包络体拉伸物体)选项，单击 Next 按钮(图 3-67)。

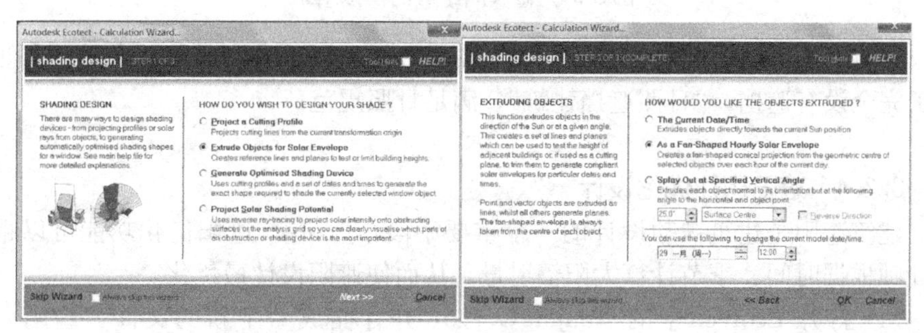

图 3-67 利用遮阳设计中的三维遮挡功能分析遮挡状况第 1、3 步

在 Shading Design Wizard(遮阳设计向导)的第 2 步，可以看见软件已经提示选择了一个物体，继续单击 Next 按钮。在第 3 步(见图 3-67)，选择 As a Fan-shaped Hourly Solar Envelope(扇形逐时太阳包络分析)单选项，单击 OK 按钮。

分析结果出现后，可以进入 Visualise 可视化图 3-68，进行观察。图中扇形曲面由若干个小三角组成，每个小三角所夹的时间范围大约是半个小时。观察模型可以发现，在大寒日这天，南侧小建筑大概从早上 9 点至下午 4 点左右对其北侧建筑都有遮挡。

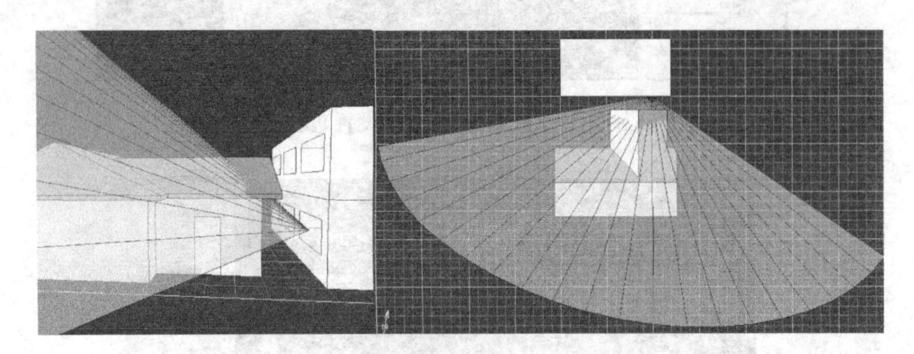

图 3-68　模拟结果

(11) 由于不能满足日照时数，我们根据日照间距系数(在南京，大寒日 2 个小时的日照间距系数是 1.24)，将“日照研究建筑”向北移动 2 米，日照模拟后发现满足日照规范。

【提示】移动建筑后，不需要重新设置分析网格，仅需 XZ 轴平移，距离从 12000 改成 14000 即可。

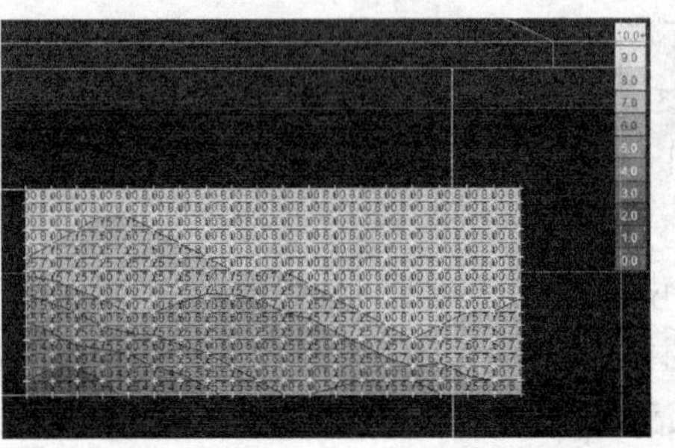
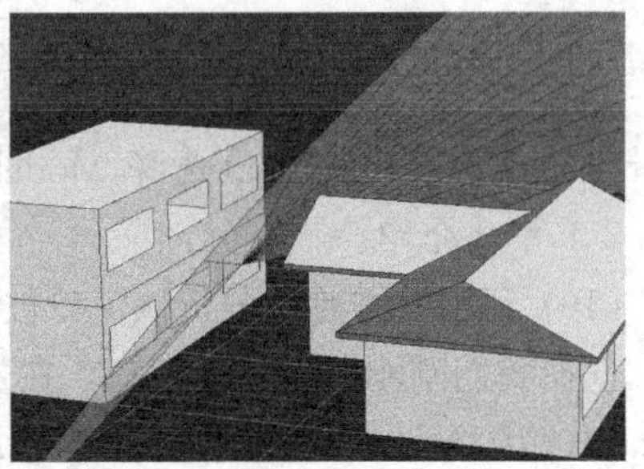

图 3-69　修改间距后的模拟结果

重新利用日照时间和三维遮挡两项模拟分析，可以看出北移 2 米后，南侧小房子完全没有遮挡，“日照遮挡建筑”，满足日照规范。

3.2.4　遮阳构件优化设计

建筑遮阳是建筑被动设计的一个重要手段，Ecotect 遮阳优化功能可以帮助设计师根据时间、季节计算太阳辐射量，从而使遮阳设计最优化。

(1) 打开 Ecotect 中的 NanjingU.eco，并存储成一个新的文件“遮阳设计.eco”，载入南京气象数据 China-Nanjing CSWD.wea。

（2）选中南向最西侧的窗户，在主菜单 Calculate（计算）中选择 Shading Design Wizard（遮阳设计向导），弹出 Shading Design（遮阳设计向导）对话框。见图 3-70，选择 Generate Optimised Shading Device（生成优化遮阳设计），单击 Next 按钮。

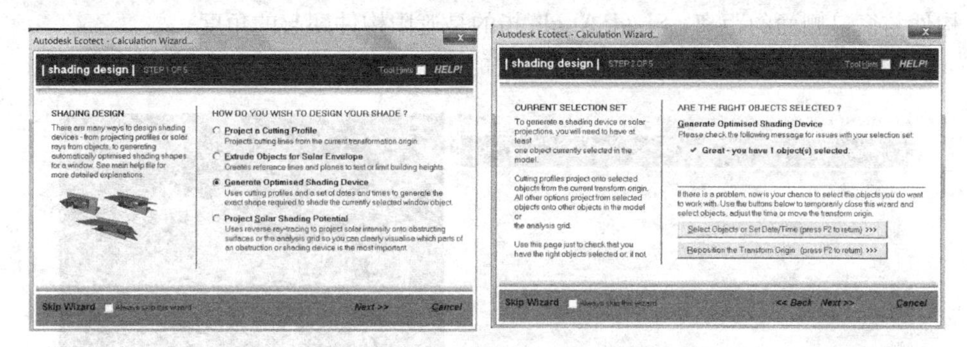

图 3-70　Shading Design Wizard（遮阳设计向导）设置的第 1、2 步

（3）由于我们已经选择了一个窗口，所以在 Shading Design（遮阳设计向导）的第 2 步（图 3-70），直接按 Next 按钮。

如果没有选择任何窗口或者打算重新选择窗口，单击 Select Objects or Set Date/Time (press F2 to return) >>> 按钮，重新回到绘图图面，选择要添加遮阳设计的窗口。

（4）Shading Design（遮阳设计向导）的第 3 步是让你选择遮阳的日期段和时间段，在下拉菜单里选择“Summer”，在遮阳的时间选择早上 8：30 到下午 17：30，单击 Next 按钮（见图 3-71）。

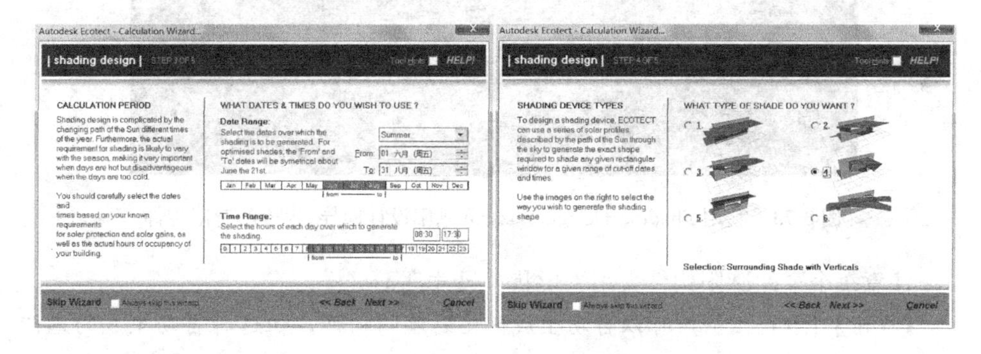

图 3-71　Shading Design Wizard（遮阳设计向导）设置的第 3、4 步

遮阳主要是遮挡夏季的阳光，Ecotect 默认的时间是 6 月 1 日到 8 月 31 日，时间是从上午 8 点到下午 6 点，你也可以根据需要更改日期和时间。

（5）Shading Design（遮阳设计向导）的第 4 步是让你选择遮阳的类型，如图 3-71 选择 4 号遮阳设计构件 Surrounding Shading（环绕遮阳），单击 Next 按钮。

Ecotect 在遮阳设计中提供了 6 种最常见的遮阳方式：①Rectangular Shading（水平矩形遮阳）；②Optimised Shading（On）（水平优化遮阳—指定时间点）；③Optimised Shading（Until）（水平优化遮阳—指定时间段）；④Surrounding Shading（环绕式遮阳）；⑤Solar Pergola（格栅遮阳）；⑥Node Profiles（节点遮阳

曲线)。

(6) Shading Design(遮阳设计向导)的第 5 步是总结刚才的几步，按照下图仔细检查所有设置，如果没有问题，就按 OK 键。

Top offset 指的是遮阳构件平行与窗户顶部的距离，Side Offset 指的是遮阳构件与窗口侧面的距离，ShadeAngle 指的是遮阳构件翘起的角度。

如图 3-72 所示，这是一个四周环绕的遮阳。

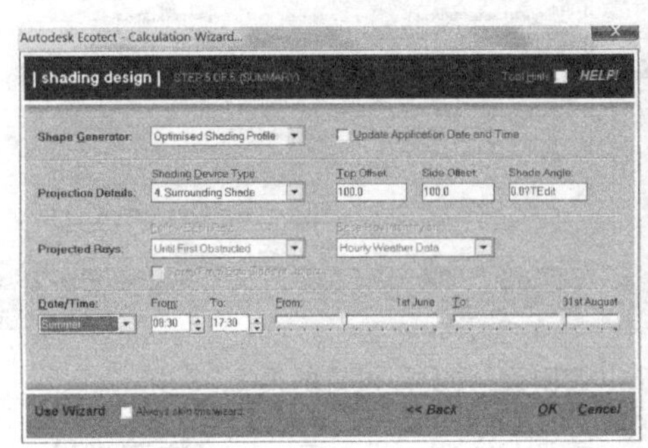

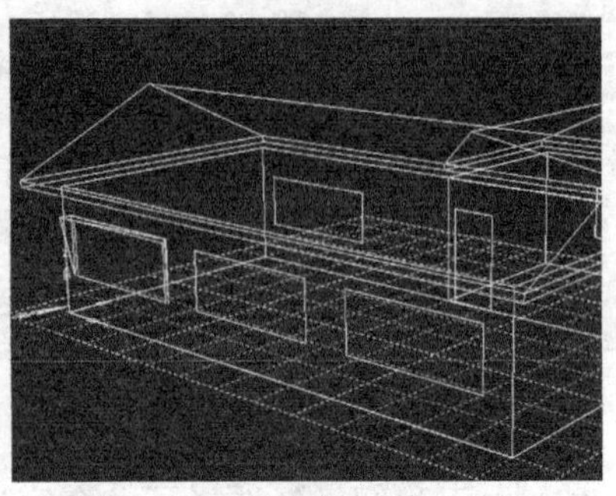

图 3-72 Shading Design Wizard(遮阳设计向导)设置的第 5 步及生成的遮阳构件

(7) 我们使用相同的方法创建出其他 2 个窗户的遮阳构件。

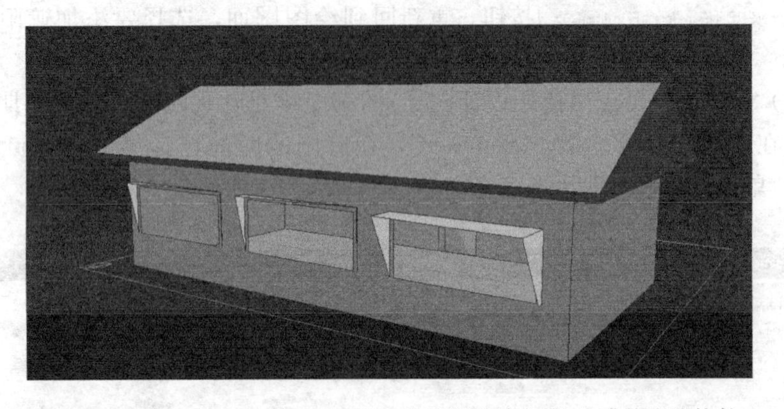

图 3-73 利用 Shading Design Wizard(遮阳设计向导)生成的遮阳构件

注意每个窗的遮阳构件大小、形状、尺寸都不一样。

【提示】Ecotect 虽然可以自动生成优化的遮阳构件，但这种自动生成的遮阳设计仅仅只是为建筑设计人员提供一个尺寸参考。在真正设计遮阳构件，还要考虑当地地区的遮阳标准和规范，以及综合评估遮阳构件对室内的采光、通风、耐久、造价等的多项因素，更要配合立面的表皮设计，根据具体情况和具体问题进行设计，千万不要盲目遵从软件自动生成的构件。

3.3 太阳辐射和太阳能利用分析

Ecotect 在太阳能辐射分析功能上较为准确，可以利用这些模拟项进行各种定量太阳辐射分析，以及衍生出来的太阳光电分析和场地植物配置分析。

3.3.1 遮阳构件对太阳辐射量的影响设计

在夏热冬冷地区采用外遮阳设施，可显著减少空调能耗，同时可提高室内舒适度。当东、南、西向采用活动外遮阳设施时，夏季可降低室温3.5℃以上，大大缩短室内空调运行时间。江苏省在2001年制定了省级地方标准《江苏省民用建筑热环境与节能设计标准》(DB 32/478—2001)，第一次提出了遮阳率的概念，并将遮阳率作为强制性的设计标准，要求南、东、西向窗均应设置外遮阳设施，外遮阳设施宜采用活动式外遮阳，遮阳率应达到80%。《省标》中对“遮阳率”的解释是“在窗户洞口面积范围内，遮阳设施在夏至日阻止直射阳光进入室内的辐射能与该范围内直射阳光总辐射能的比”。由于遮阳率在实际应用中较难控制，2008年重新修订的《江苏省居住建筑热环境和节能设计标准》(DGJ 32/71—2008)中，根据国家相关节能设计标准的规定，将遮阳率修正为遮阳系数。标准第5.4.1强制性条文规定了建筑外门窗(包括阳台的透明部分)的遮阳系数限值，并规定对东西向外窗可取玻璃的遮阳系数与外遮阳系数的乘积，而南向外窗仅计算外遮阳系数。第5.4.2条规定南向外窗应设置外遮阳设施，宜设置为活动式；东西向外窗宜设置外遮阳设施，设置时应为活动式外遮阳。这一模拟分析就是根据这一规定，计算设置遮阳构件前后窗户的太阳辐射量的变化情况。

(1) 打开“遮阳设计.eco”文件，检查气象数据是否是“China-Nanjing CSWD.wea”，并将日期调整到夏至日(6月21日)。

将在3.3.4节生成的遮阳构件移动到“Shading Device”区域，单击 按钮，将二者关闭 。

(2) 如图3-74设置分析网格，然后在主菜单Calculator(计算)中选择Solar Access Analysis(太阳能评估分析)，进入Solar Access Analysis Wizard(太阳能评估分析向导)，选择Before and After Comparison (前后对比分析)，单击Next按钮。

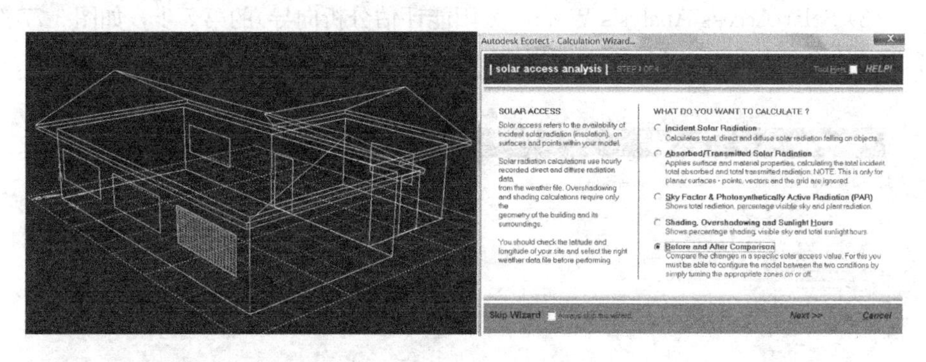

图3-74 设置分析网格并进行Solar Access Analysis(太阳能评估分析)设置第1步

(3) Solar Access Analysis Wizard(太阳能评估分析向导)的第2步，如图3-75选择Stage 1-ExistingCondition(第1阶段-既有现况)，单击Next按钮。

(4) Solar Access Analysis Wizard(太阳能评估分析向导)的第3步，选择For Current Day (当前日期)，单击Next按钮。

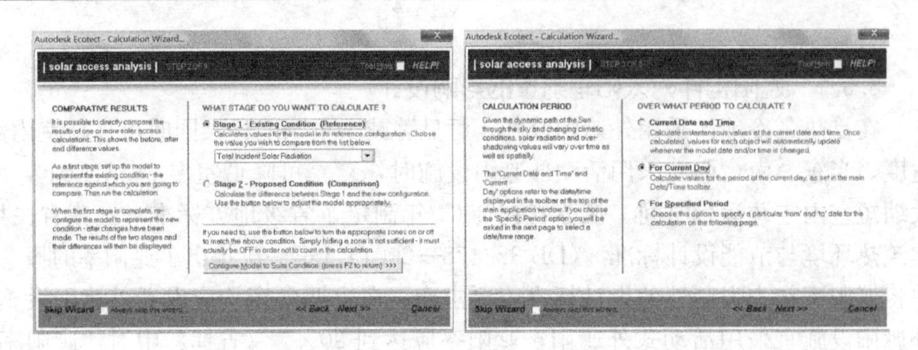

图 3-75　Solar Access Analysis(太阳能评估分析)设置第 2、3 步

(5) Solar Access Analysis Wizard(太阳能评估分析向导)的第 4 步(见图 3-76)，选择 Cumulative Values (累积值)，单击 Next 按钮。

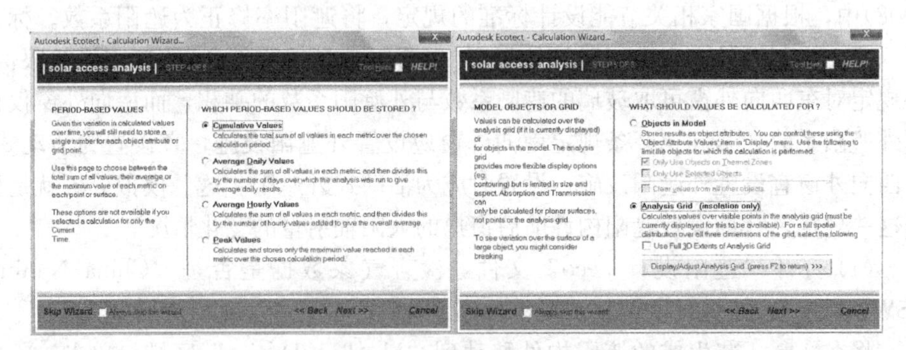

图 3-76　Solar Access Analysis(太阳能评估分析)设置第 4、5 步

(6) Solar Access Analysis Wizard(太阳能评估分析向导)的第 5 步，如图 3-76 选择 Analysis Grid(Insolation only)(分析网格-仅计算入射值)，单击 Next 按钮。

(7) 在 Solar Access Analysis Wizard(太阳能评估分析向导)的第 6 步，仅有 Perform Detailed Shading Calculations (详细遮阳计算)一项可选，直接点击 Next 按钮。

(8) Solar Access Analysis Wizard(太阳能评估分析向导)的第 7 步，如图 3-77 选择 Use Fast Calculation Method(使用快速计算方法)，单击 Next 按钮。

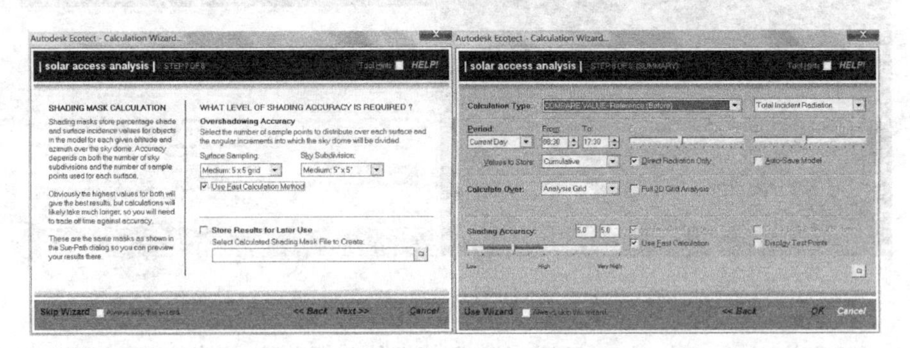

图 3-77　Solar Access Analysis(太阳能评估分析)设置第 7、8 步

(9) Solar Access Analysis Wizard(太阳能评估分析向导)的第 8 步，是对以上选择的总结，仔细检查所有设置是否如图 3-77 一致，单击 OK 按钮，开始模

拟计算。

从图 3-78 中可以看出在没有遮阳构件的情况下，被分析窗口的平均太阳直射辐射量为 621.43Wh。

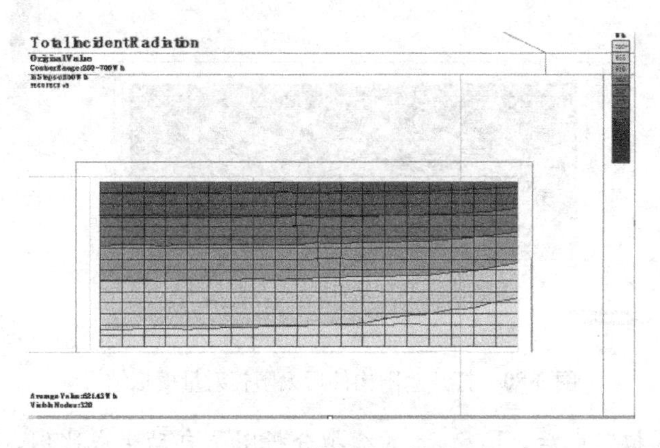

图 3-78 模拟分析结果

【提示】要显示分析网格的平均值，需要打开 Analysis Grid（分析网格面板）中的 GRID SITTINGS（网格设置）中的勾选 ☑ Show Average Value 。

（10）回到控制面板选择器的（Zone Management）区域设置，单击 打开“Shading Device”区域，并在三维编辑视图框观察遮阳构件是否出现。

（11）在控制面板选择器的 Analysis Grid 分析网格面板，下拉至 Calculations（计算）栏，如图 3-79 选择 Insolation Levels（入射辐射分析），单击 Perform Calculation 按钮。

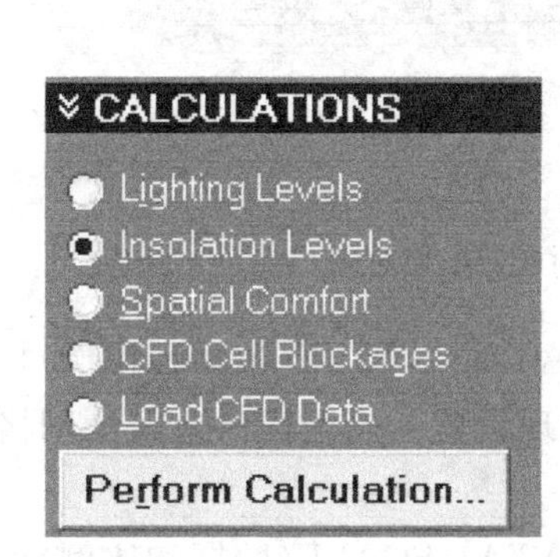

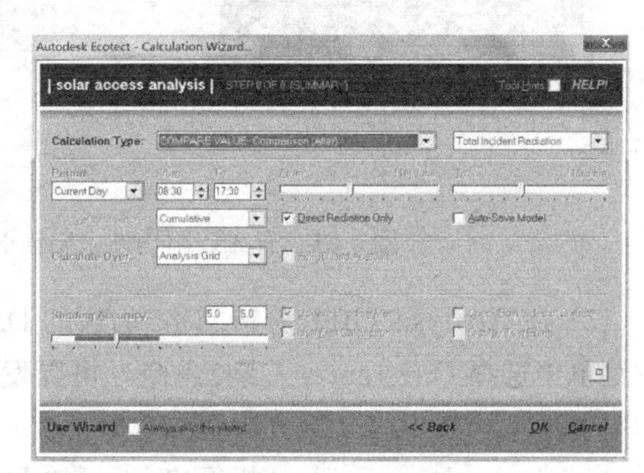

图 3-79 打开遮阳构件后重新设置

（12）Solar Access Analysis Wizard（太阳能评估分析向导）对话框中重新选择 Before and After Comparison（前后对比项），单击 Skip Wizard（忽略向导），选择 Compare Value-Comparison (After)（比较后设置值），单击 OK 按钮，开始模拟计算（见图 3-79）。

计算完毕后，在 Analysis Grid（分析网格）面板的 DATA&SCALE（数据和比例）栏的下拉菜单中选择 Modified Value（修改情况），分析网格如图 3-80 所示。这将是设置遮阳构件后太阳的辐射量，每个网格的太阳直射辐射量平均值为 395.85Wh。

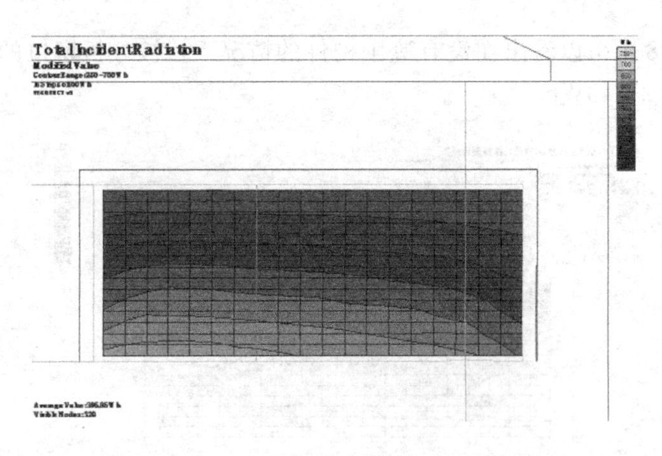

图3-80 打开遮阳构件后太阳辐射量模拟结果

【提示】模拟完成后，Ecotect的模拟分析图是自动生成比例，也就是现状辐射分析和修改后辐射分析后的模拟图比例尺不一致，有时候你会发现两张图看起来很相似。比例不一致的图是完全没有可比性。如果要做比较的话，一定要在DATA&SCALE(数据和比例)中将两张图调整成一个比例(图3-81)。

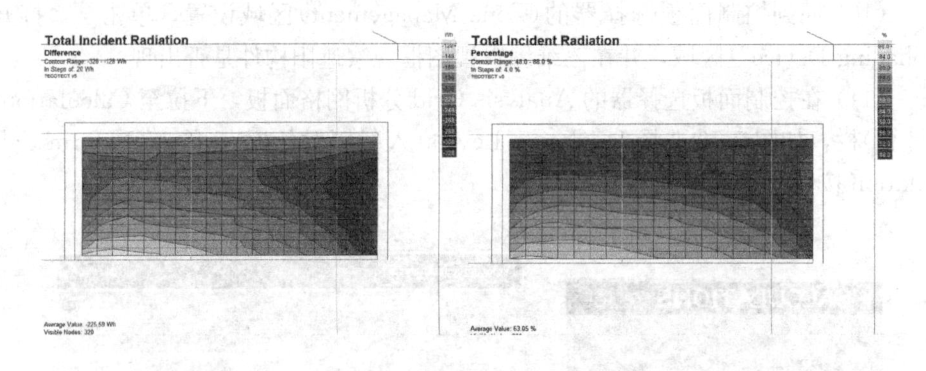

图3-81 有无遮阳构件太阳辐射模拟结果对比

(13) 在Analysis Grid(分析网格)面板的DATA&SCALE(数据和比例)栏的下拉菜单中选择Difference(差别)命令，可以发现设置了遮阳构件后每个网格的太阳辐射量平均减少了225.59Wh。

(14) 在Analysis Grid(分析网格)面板的DATA&SCALE(数据和比例)栏的下拉菜单中选择Percentage(百分比)命令，可以发现设置了遮阳构件后每个网格的太阳辐射量平均值只相当于没有设置遮阳构件的63.5%。

【提示】Ecotect中的所得到百分比值相当于我国建筑节能设计中“建筑外遮阳系数”一值，我国对外遮阳系数的定义为：透过有外遮阳构造的外窗的太阳辐射得热量与透过没有外遮阳构造的相同外窗的太阳得热量的比值。

《江苏省居住建筑热环境和节能设计标准》(DGJ 32/71—2008)中，第5.4.1强制性条文规定了建筑外门窗(包括阳台的透明部分)的遮阳系数限值。但由于本案例中南侧墙的窗墙比仅为0.225，标准对于窗墙比小于等于0.25层以下的建筑，其建筑外门窗(包括阳台的透明部分)的遮阳系数(南向外窗仅计算外遮阳系数)没有做任何规定，因此满足规范。但假如本案例中南侧窗墙比大于 0.25 时，外遮阳系数就不应大于 0.60(窗墙比>0.25 且≤0.30)，而目前的模拟值就不能满足目前江苏省的规范，需要做一定的修改。

3.3.2　太阳能光电板

在现在的绿色建筑设计中，一项很重要的建筑节能设计手段就是利用太阳能，设置太阳能热水器或太阳能光电板。

1) 选择太阳能光电板的最佳放置

为了使太阳能收集能力最大化，需要分析不同朝向，从中选择最佳朝向来安置太阳能收集器的最佳朝向。

(1) 打开“日照研究建筑 . eco”文件，存储为“太阳能光电研究 . eco”文件，检查气象文件是否加载，将时间调整到冬至日 12 月 21 日。

(2) 在建模工具栏中选择 Plane(建立面工具)，如图 3-82 沿着小屋子南向屋顶建立一个新的面，并放置在新的区域，起名为“太阳能光电板”。

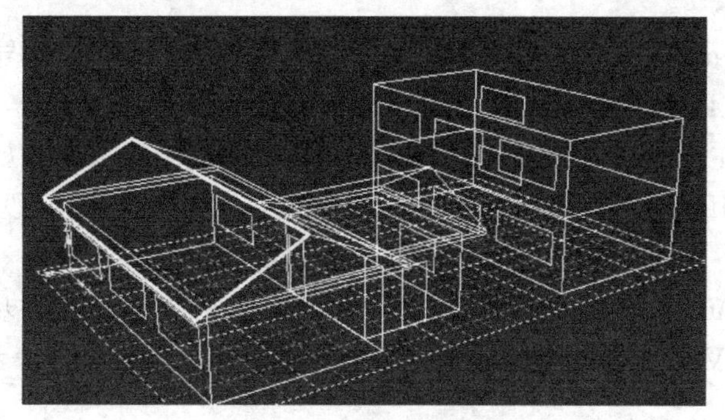

图 3-82　选择南侧斜屋顶

(3) 选择新建的面，单击主菜单 Modify(修改)的 Subface Subdivision(表面细化)中的 Rectangular Tiles(矩形面片)命令。

在 Subdivision Size(细分尺寸)上，Ecotect 一般默认为 1000，但我们这个小屋子比较小，所以可以将细分尺寸改成 200(图 3-83)。在这里需要注意的是细分尺寸和模拟精度和时间息息相关，尺寸越小，模拟精度越高，但模拟所需要的时间越长。所以要将模拟精度和时间控制到一个比较平衡的状态。

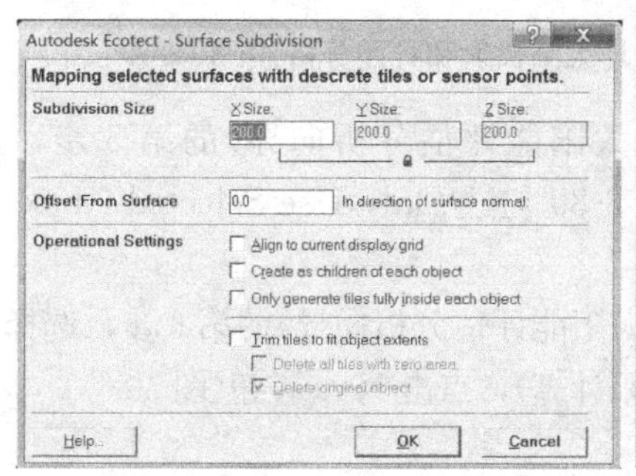

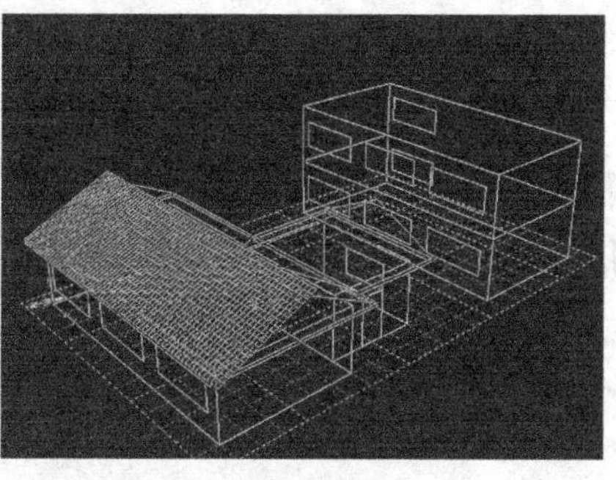

图 3-83　利用 Subdivision Size(细分尺寸)命令建立分析网格

【提示】Subdivision Size(细分尺寸)和 Analysis Grid(分析网格)命令很相似，也是 Ecotect 可视化分析中的重要手段。Subdivision Size(细分尺寸)较适合这种斜面如坡屋顶。

(4) 在主菜单 Calculate(计算)选择 Solar Access Analysis(时均太阳辐射和日照分析)命令。在 Solar Access Analysis(时均太阳辐射和日照分析)对话框选择 Incident Solar Radiation (太阳辐射量)命令(图 3-84)。

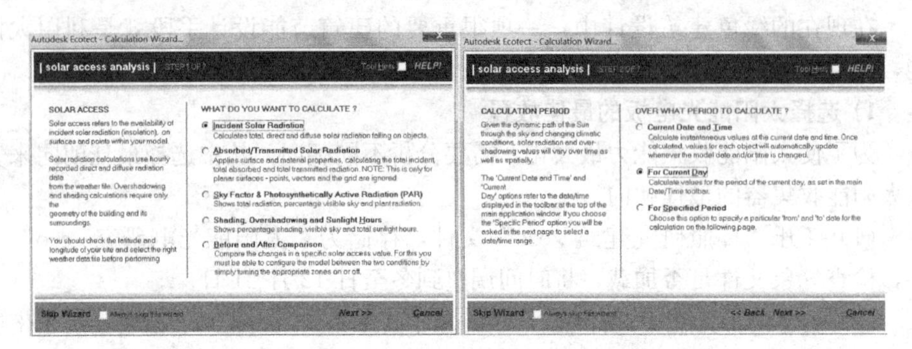

图 3-84 Solar Access Analysis(时均太阳辐射和日照分析)第 1、2 步

(5) 在 Solar Access Analysis(时均太阳辐射和日照分析)向导的第 2 步，选择 For Current Day(当前日)命令(图 3-84)。

我们研究在日照最差的时候，南向坡屋顶上的太阳辐射量。如果想要研究一定时间段的太阳辐射量，可以选择 For Special Period(一定时间段)，在那里可以选择从每个月、到不同季节以致全年的太阳辐射量。

(6) Solar Access Analysis Wizard(太阳能评估分析向导)的第 4 步，如图 3-85 选择 Cumulative Values (累积值)，单击 Next 按钮。

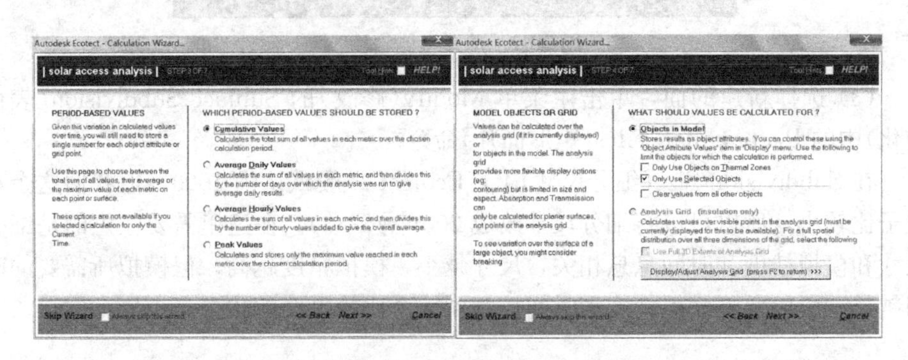

图 3-85 Solar Access Analysis(时均太阳辐射和日照分析)第 3、4 步

(7) Solar Access Analysis Wizard(太阳能评估分析向导)的第 5 步，选择 Objects In Model(模型中的物体)，如图 3-85 勾选 Only Use Selected Objects(仅使用选择的目标)，单击 Next 按钮。

(8) 在 Solar Access Analysis Wizard(太阳能评估分析向导)的第 6 步，选择 Perform Detailed Shading Calculations (详细遮阳计算)，点击 Next 按钮(图 3-86)。

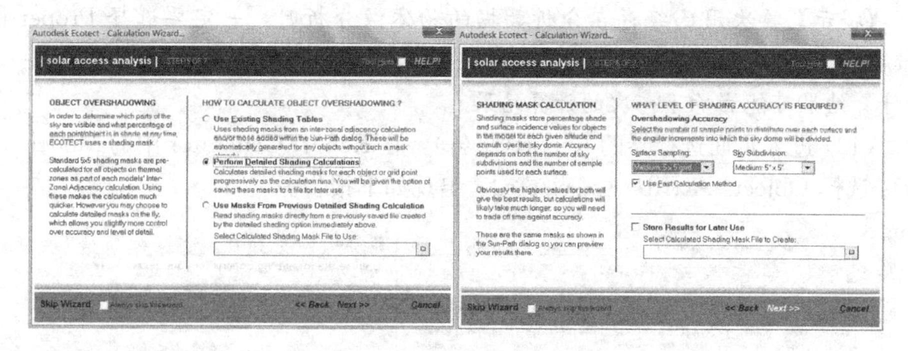

图 3-86　Solar Access Analysis(时均太阳辐射和日照分析)第 5、6 步

(9) Solar Access Analysis Wizard(太阳能评估分析向导)的第 7 步，勾选 Use Fast Calculation Method(使用快速计算方法)，单击 Next 按钮(图 3-86)。

(10)Solar Access Analysis Wizard(太阳能评估分析向导)的第 8 步，是对以上选择的总结，所有设置如图 3-87，点击 OK 按钮，开始模拟计算。

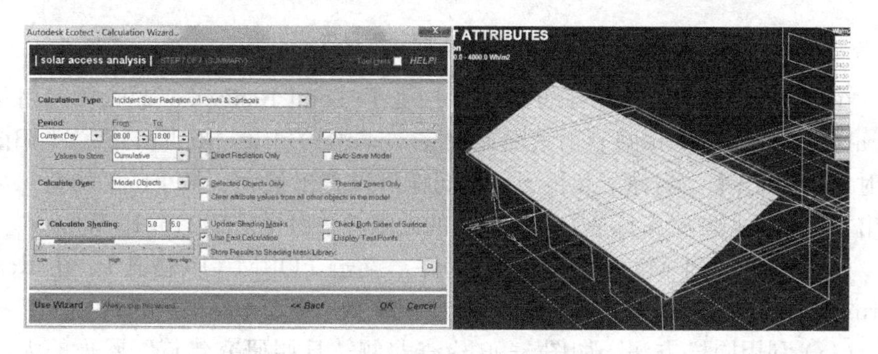

图 3-87　Solar Access Analysis(时均太阳辐射和日照分析)第 7 步及模拟结果

(11) 在主菜单 Display(显示)中的 Object Attribute Values(物体属性值)下来菜单(图 3-88)，可以显示不同的模拟计算结果，显示数值、修改比例等，在 Properties(属性)对话框中可以导出数据、生成数据报表以及清除已经计算的数据等。

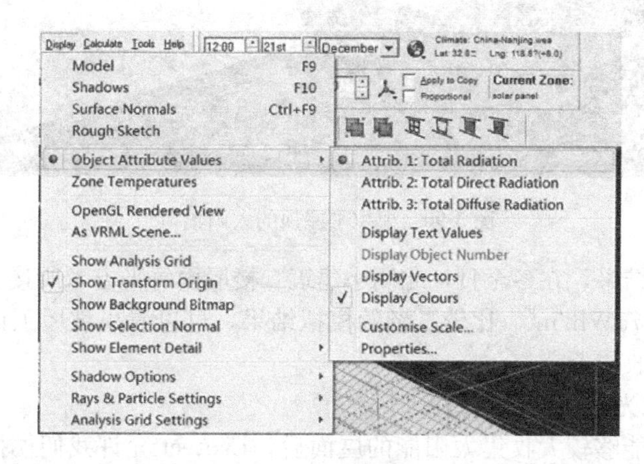

图 3-88　在 Object Attribute Values(物体属性值)修改表面细化的设置

【提示】再次用已经存在分析数据的物体做分析时，一定要选择 Properties (数据)对话框中的 Reset Zero(重置到零)命令清除已经存在的数据，否则前一次的计算结果可能影响下一次的计算结果。

(12) 进入页面选择器的 Report(报告)，在 Report Generator 中的 Model Objects 选择 Objects Attributes-selected，出现如下报告。

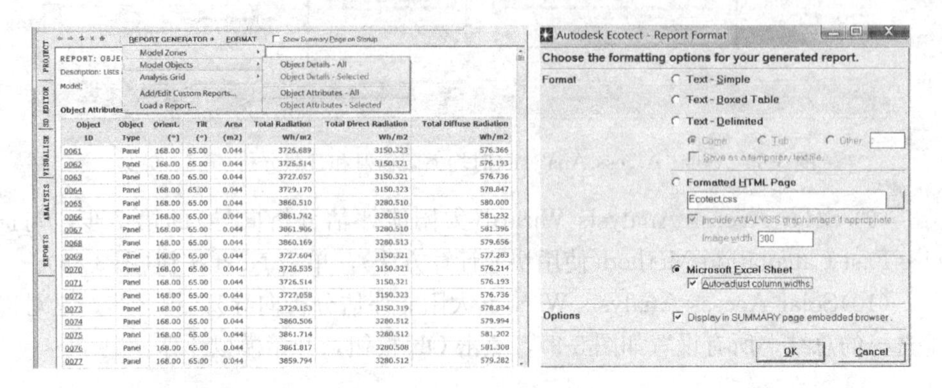

图 3-89　生成分析报告

在报告里，不仅将每个细分的表面接受了 Total Radiation(总太阳辐射量)、Total Direct Radiation(总直射太阳辐射量)、Total Diffuse Radiation(总太阳散射辐射量)报告出来，当你下载报告，你同样可以查出最大、最小、平均值。可以看出在冬至日，坡屋面每平方米所接受的太阳总辐射量是 87475.19 Wh/m^2。

如果想导出到 Microsoft Excel 文件，点击 FORMAT(格式)，在 Report Format(报告格式)中选择 Microsoft Excel Sheet，点击 OK 键。

(13) 利用同样方法，如图 3-90 检查北侧“日照研究建筑”屋顶的太阳辐射能。

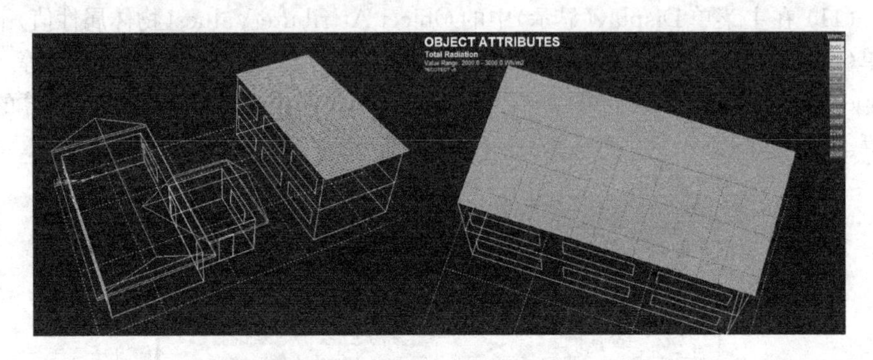

图 3-90　模拟平屋顶的太阳辐射

根据模拟结果，在冬至日，北侧小建筑二楼屋面每平方米所接受的太阳总辐射量是 67640.75Wh/m^2。比较二者的模拟结果，可以看出坡屋顶比平屋顶更适合摆放太阳能收集器。

2) 太阳能光电板的发电量

在选择了能够较大收集太阳能的屋面后，Ecotect 允许我们模拟计算光电板的发电量。

(1) 选择表面细化网格，轻按鼠标右键，选择 Undo Subdivde Tiles，点击控制面板选择器的 按钮，进入 Material Assignment(材质指定)面板，在其下拉菜单中选择 Solar Collector(太阳能收集器)命令，单击 Solar Collector 材质，将朝南的坡屋面定义为太阳能收集器并在 Material Assignment(材质指定)面板最小面，勾住 ☑ Automatically Apply Changes（自动修改)。

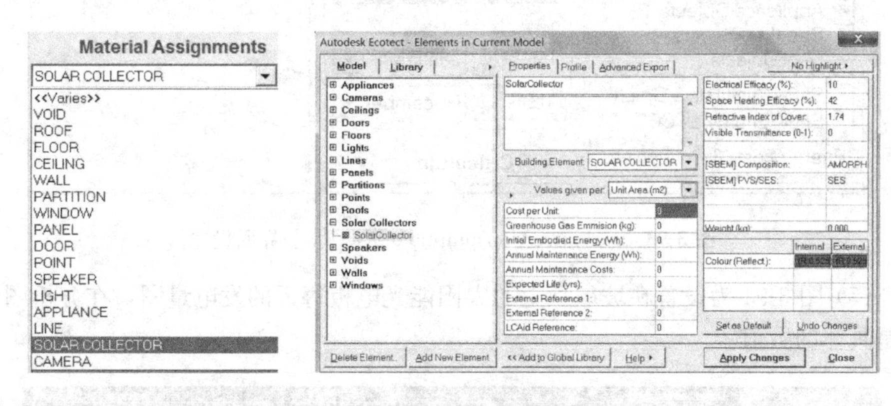

图 3-91 设置材料

【提示】进入 Material Assignment（材质指定）面板，如果不勾住 ☑ Automatically Apply Changes（自动修改），在每次修改以后一定要切记点击 Apply Changes 按钮。

(2) 双击 Solar Collector 面板，弹出材质设置对话框，如图 3-91 在 Electrical Efficient(%)(发电效率)填 10%，点击 Apply Change(更改)。

Electrical Efficient(发电效率)就是光电转换效率，即模拟光电板将多少太阳能转换为电能，一般光电转换效率在 6%～14%之间，Ecotect 给的默认值是 12%，我们取的是中间值。

(3) 在主菜单 Calculation(计算)选择 Inter-Zonal Adjacencies (区域间相邻)命令，在对话框中点击 Skip Wizard(跳过向导)，在 Inter-Zonal Adjacencies (区域间相邻)最后一步如图 3-92 设置，点击 OK 按钮。

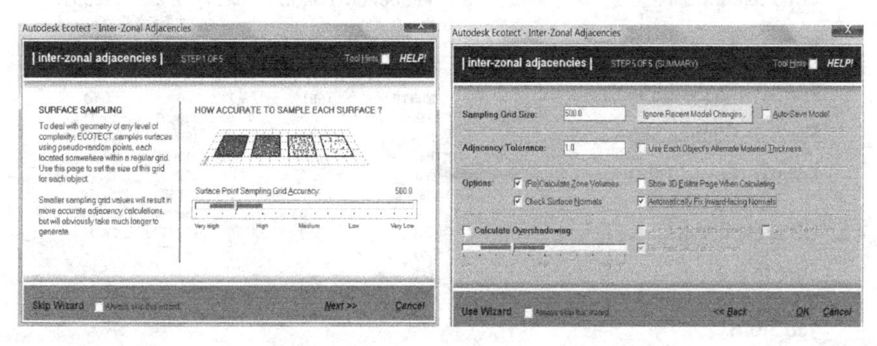

图 3-92 利用 Inter-Zonal Adjacencies (区域间相邻)计算发电量

关闭弹出来的警告对话框。

(4) 在页面选择器里选择 Analysis(分析页面)，进入分析视图。在分析视图下面点击 Resource Consumption(资源消耗)选项中，进行如图 3-93 设置，单击 Calculate(计算)按钮。

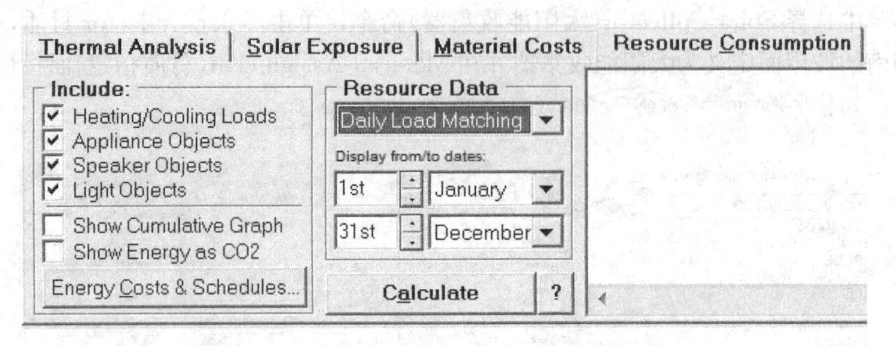

图 3-93　Resource Consumption(资源消耗)界面设置

(5) 图 3-94 为设置在坡屋顶上的太阳能光电板每天的发电量图，在分析图底下是具体的数值。

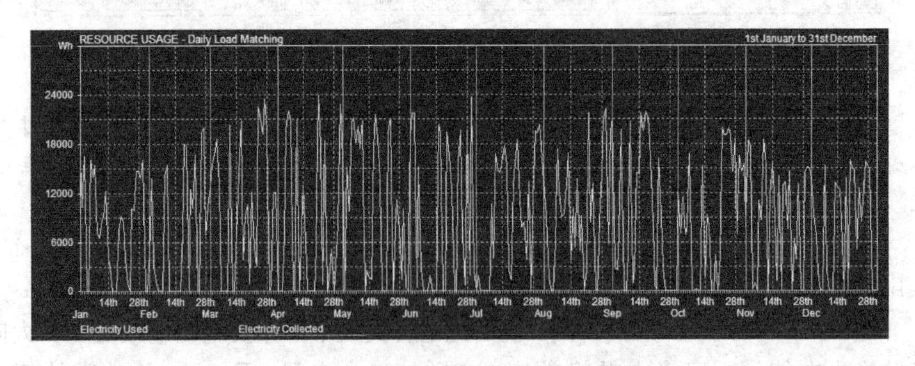

图 3-94　太阳能光电板每天的发电量图

要想将数值转换成 Excel 文件，只需将鼠标点击到数值报告窗口内，点击鼠标右键，选择 Generate Report (产生报告)，在对话框选择 Excel 文件即可。

Copy to Clipboard
Format - Tab Seperated
Format - Space Seperated
Format - Comma Seperated
Format - Boxed Table
Generate Report...
Save to File...
Tab Stops...

	A	B	C	D	E
1	RESOURCE USAGE - Daily Load Matching				
2	Model: E:\工作磁盘\Books\ecotect\太阳能光电研究.eco				
3	Collector Area:52.433 m2 [1 Object(s)]				
4					
5		CTRICITY USE		SOLAR COLLECTION	
6	MONTH	(Wh)	(¥)	(Wh)	(¥)
7	Jan	0	0	248407	16.15
8	Feb	0	0	180044	11.7
9	Mar	0	0	312616	20.32
10	Apr	0	0	212902	13.84
11	May	0	0	337623	21.95
12	Jun	0	0	259092	16.84
13	Jul	0	0	278767	18.12
14	Aug	0	0	288777	18.77
15	Sep	0	0	273437	17.77
16	Oct	0	0	273565	17.78
17	Nov	0	0	271096	17.62
18	Dec	0	0	253944	16.51

图 3-95　生成报告

3.3.3　场地分析

Ecotect 的太阳辐射功能，可以模拟特定时间段的太阳辐射情况，以此为依据来规划场地的植物配置。

(1) 使用上一节模型，在控制面板选择器内选择 按钮，进入 Analysis Grid(分析网格)界面。点击 Auto-Fit Grid to Objects... ，进入对话框，进行如图 3-96 设置，单击 Grid Management 按钮，进入该对话框，修改 Number of Cell(网格数)。

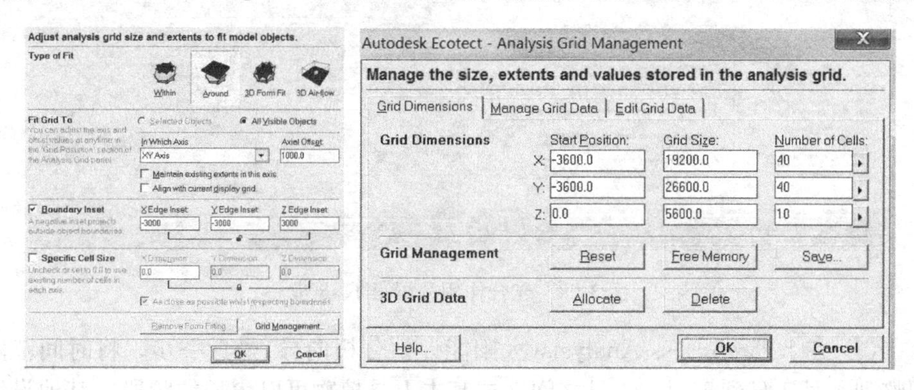

图 3-96　设置分析网格

在 Type of Fit 里选择 Around(周围)，将分析网格调整到 *XY* 轴，网格高度是 1000mm，Boundary Insert(边界加入)先打开 *X*、*Y*、*Z* 轴的联动锁，然后在 *X*、*Y*、*Z* 轴分别填写，－3000、－3000、3000。

【提示】我们希望向外扩大边界的话，在 *X*、*Y* 轴应该为负数，但在 *Z* 轴方向是正，如果也为负数的话，*Z* 轴要向地下扩展 3m。因此要注意解锁 *X*、*Y*、*Z* 轴的联动，如果不解锁的话，*Z* 轴会自动跟随 *X*、*Y* 轴成为－3000。

在 Grid Management 对话框中，设置网格数不能太多，以免模拟时间太长，但也不能太少，缺乏精确性，因此要把握一种较均衡的状态。图 3-97 为所设置的分析网格。

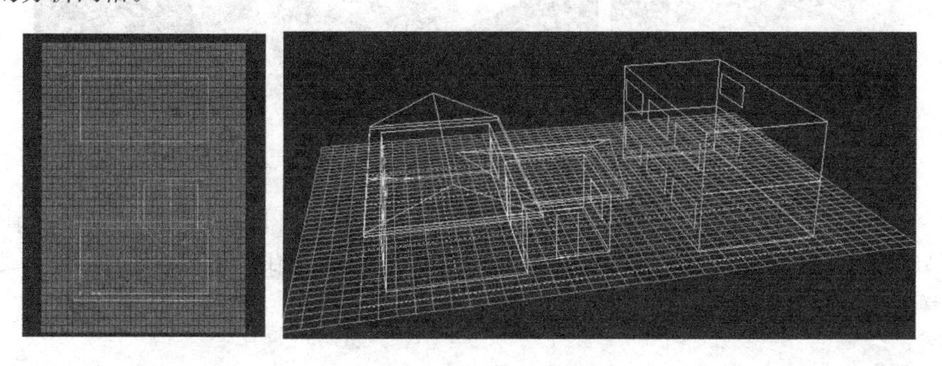

图 3-97　分析网格设置结果

【提示】网格设置一直是 Ecotect 初学者存在问题最多的地方。很多初学者会经常发现自动网格设置所设置出来的网格并不是自己希望设置的。在这种情况下，可以在 Grid Management 对话框中，点击 Reset 和 Free Memory 按钮，尝试重新设置。另一种方法是自己比较清楚建筑的位置和大小，一旦发现错误，进行手动调整。

(2) 在主菜单 Calculate(计算)里选择 Solar Access Analysis(太阳能评估分析向导)，选择 Sky Factor & Photosynthetically Active Radiation (PAR) (天空亮度和光合有效辐射)，单击 Skip Wizard(忽略向导)按钮(图 3-98)。

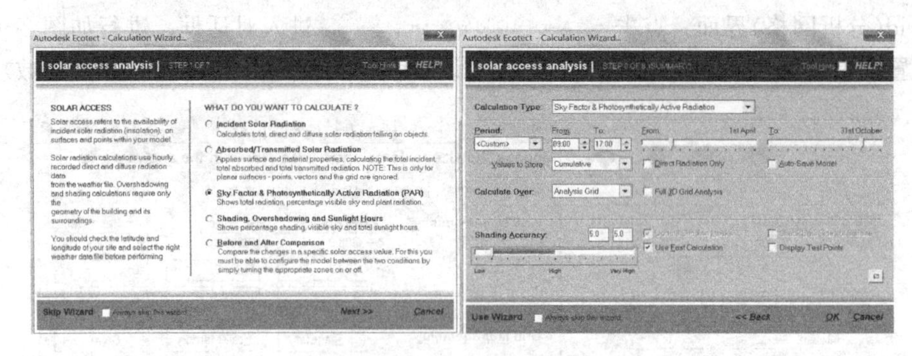

图 3-98　光合作用分析第 1、8 步

(3) 在 Solar Access Analysis(太阳能评估分析向导)最后一步，将时间范围调整到 4 月 1 日到 10 月 31 日之间，这基本上是植物可以生长的阶段，其他设置按图 3-98 所示，点击 OK 键，开始模拟计算。

(4) 计算结果如图 3-99 所示。分析图可以明确：当太阳辐射能小于 $3MJ/m^2d$ 的区域就需要种植喜阴性植物；太阳辐射介于 $3MJ/m^2d$ 和 $6MJ/m^2d$ 之间的区域可以种植中性植物；太阳辐射能高于 $3MJ/m^2d$ 时，就可以种植喜阳植物。

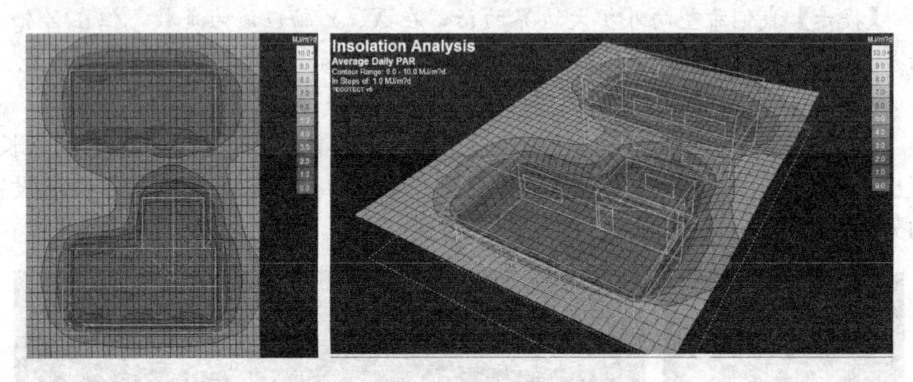

图 3-99　光合作用模拟分析结果

【提示】我们在网格设置时，在 Z 轴也设置了网格，因此我们可以进入 Grid Analysis 网格分析界面，在 Grid Sitting(网格设置)栏勾住 ☑ Show Values in 3D ，这样就可以出现图 3-99 的三维图形了。

3.4　热环境分析

Ecotect 在热环境方面提供逐时温度分析、逐时得失热量分析、逐月能耗分析、逐月不舒适分析、温度分布分析、逐月逐时的热分析、被动组分的热分析、被动适应指数分析、温度的热对比分析、PMV-PPD、辐射温度与室内风速分析等丰富的分析功能。然而，在使用这些热工模拟功能时，切莫不求甚解的盲目使用，一定要切记针对需求进行模拟。模拟后还要通过仔细解读模拟效果，理性分析，才能有效的改进建筑方案的热工性能。本书在介绍热工能耗模拟的同时，也加入一定的结果分析和解读部分。因为只有更好的理解模拟结果，进行比较分析，计算机模拟节能才能有效地帮助建筑节能设计。

在使用 Ecotect 进行热工分析时，以下几个方面会影响热环境模拟结果，要加以注意：

(1) 数字模型：必须确定空间封闭、相邻空间的材质可选项不冲突、物体间的继承关系正确、热量区域开关正确。在建立形体复杂的建筑时，Ecotect 有可能无法建模，有时候有些模拟错误解决不了，这时就要根据经验，适当简化模型。此外，由于 ECOTECT 模型未考虑结构和构件的实际厚度，这将会直接影响到建筑能耗模拟结果的准确性。

(2) 材质设置：Ecotect 热环境分析采用“准入法”[1]，在云鹏的《ECOTECT 建筑环境设计教程》和 Autodesk 自己编写的官方教程中都对准入法的具体计算方式和计算特点作过详细介绍。由于准入法问题，只能自动计算部分物理参数，有些物理参数如延迟时间等必须手工计算；而且围护结构中有空气层时，Ecotect 自动计算出的物理参数并不正确，需要手工计算或其他附加软件解决。上述两本书推荐了借助外部软件来计算 ECOTECT 自定义材料的各种属性，目前市面上的 EcoMat 和 EcoCal 都可以用于计算 ECOTECT 材质热物理参数的小工具，适合于 CIBSE 所使用的准入法。在包含空气间层的材料属性计算中，这两款小软件也较准确。这两款软件目前都是收费软件。EcoMat 价格在 80 欧元左右，下载后可以免费试用一个月。可计算材料的传热系数(U-Value)、准入系数(Admittance)、衰减系数(Thermal Decrement)，延迟时间(Thermal Lag)等。

(3) 热环境设置：影响建筑热工环境的因素有很多，通常在热工分析设定中，将这些因素主要分为内扰和外扰。内扰主要和空间的使用状况相关，主要包括室内人员、电脑、照明设备等的散热、散湿。内扰的设定在 Ecotect 中称为热环境设定。

相对于专业能耗模拟软件，Ecotect 的内扰设置较为简单。除了室内人员的活动外，其他照明和设备器械的热影响直接简化成了显热得热(Sensible Gain)和潜热得热(Latent Gain)。用户需要根据房间的具体情况将这个值自己估算出。也就是除了人员以外的所有设备影响都要在这两个参数里面体现。具体应该填多少，在 ECOTECT 官方的教程里举例是某个办公室的照明功率密度值是 $11w/m^2$，电器设备功率密度值为 $20w/m^2$，其总和就是 $31w/m^2$。根据很多文献的研究，显热得热和潜热得热的综述可以按照室内灯具与小型电器铭牌功率的 33%计算。

---

[1]　准入法是一种动态负荷计算方法，这种运算法较为灵活，运算法本身对于建筑物的体形、区域数量等都没有限制。准入法计算速度较之其他的方法要快很多，在完成前期环境遮挡和区域特性的计算后，系统会以非常快的速度进行计算并导出计算结果。

所以在这里显热得热和潜热得热的总数约等于 10 w/m²。而显热得热和潜热得热的比例根据计算温度和湿度的不同也有很大差别，一般情况下可以设定比例为 70%和 30%。此时则可以在显热得热和潜热得热的文本框内分别填入 7 和 3[7]。由此可见 Ecotect 为了简化操作，内扰的设置较为简单，尽管符合了建筑师在方案设计阶段的工作特点，但由于无法对室内的实际状况进行有效的描述，这也必将会影响 Ecotect 对于建筑空调能耗结果计算的精确度。

(4) 气象数据：气象数据就是我们常说的外扰。外扰主要是指建筑外部环境的影响，主要包括室外温度变化、太阳辐射、自然风等。外扰在设定上一般分为气象数据和通风的设定。我们在 3.3.1 节里介绍的 Weather Tool 和气象数据，就是对外扰的设定。

即使完全满足以上四个要点，对于 Ecotect 的热环境分析结果还是要慎重对待，仅能作为建筑方案阶段的参考。如需要更精准的热工模拟结果，笔者还是建议采用专业热工分析软件如 DOE-2、Energy Plus、Designbuilder 等。

3.4.1 材质设置

本文还是以前面建立的 NanjingU 模型为例。打开 NanjingU. eco 并存储成“热工研究 . eco”，并加载气象数据“China-Nanjing CSWD. wea”。

在赋予材质之前，先要仔细检查以前的模型。点击主菜单 Select(选择)的 By Element Type(根据元素类型)，逐一点击 Roofs(屋顶)、Ceilings(吊顶)、Walls(墙)、Windows(窗)、Doors(门)等元素，看 以前建立的数字模型是否正确，见图 3-100。

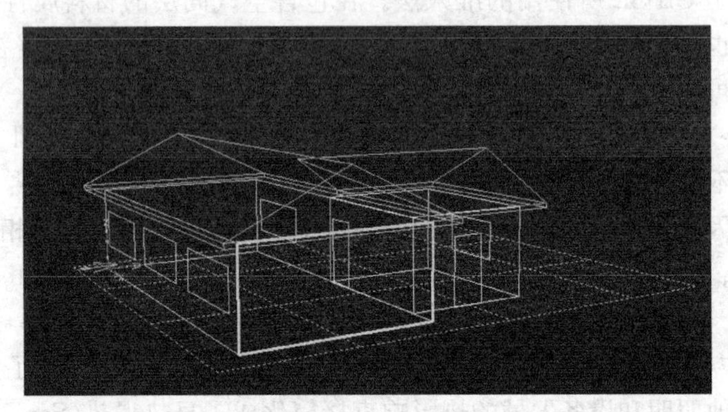

图 3-100 检查模型

为减少计算时间，将不必要的树元素删除。

(1) 在绘图板上任选一个墙面，单击控制面板选择器的 按钮，进入 Material Assignments 面板(图 3-101)，这时你会注意到 Ecotect 已经自动赋予了墙的材质“Brick Timber Frame”，双击“Brick Timber Frame”，进入 Element in Current Model(材质管理器)，编辑修改材质。

见图 3-102，在 Element in Current Model(材质管理器)的 Properties(属性)选项卡材质名称中输入“Nanjing exterior Wall”，在说明栏中输入“240mm 黏土多孔砖+30mmEPS 外保温，10mm 内外抹灰”。单击 Add New Element(添加新

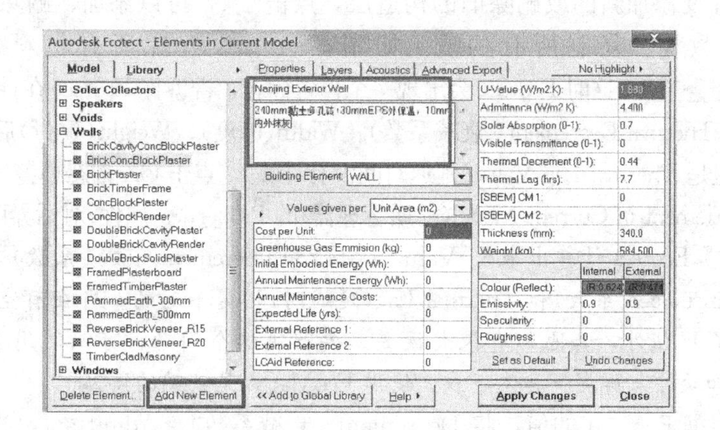

图 3-101　Material Assignments 面板编辑材质

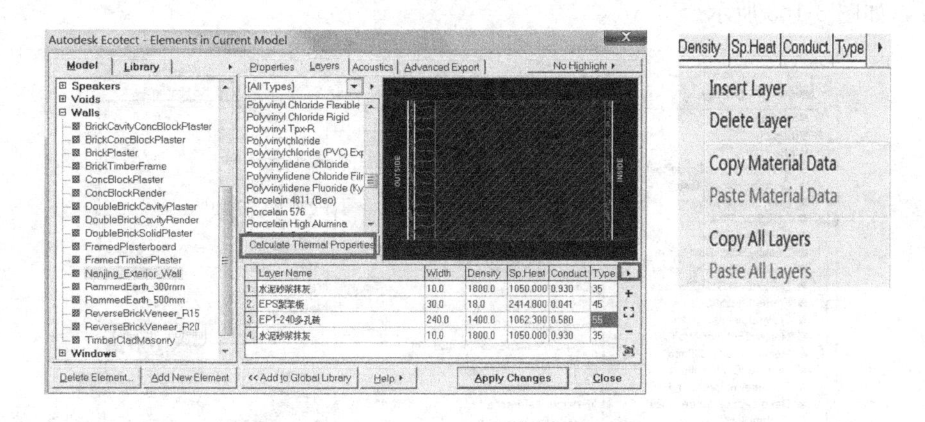

图 3-102　编辑材质构造层

材质按钮)。

(2) 单击 Element in Current Model(材质管理器)的 Layers(构造层)，进入构造层选项对话框(图 3-102)。单击 Layer Name(构造层名称)下开始逐一输入材料名称、Width(厚度)、Density(密度)、Sp. Heat(比热容)、Conduct(导热系数)。

【提示】Ecotect 本身附有材质库，但也可以根据自己需要编辑材质。在编辑构造层时，Width(厚度)根据设计需要，Density(密度)、Sp. Heat(比热容)、Conduct(导热系数)可以使用本书附带的“江苏省建筑节能材料热物理性能参数表”查找，或者查找《暖通空调常用数据手册》第二版所附的常用建筑材料热物理性能表[1]。

Type(类型)是指材料的填充类型，这个可以通过点击 Type 的空格后，按住鼠标右键选择一种填充类型。

[1]　建筑工程常用数据系列手册主编组．暖通空调常用数据手册(第 2 版)．北京：中国建筑工业出版社．2002。

如果需要添加新的或删除旧的构造层，点击 ▸ ，可以添加、删除、复制构造层材料数据、复制所有构成，如图 3-102 设置完所有材料后，点击 Calculate Thermal Properties ，这时 Ecotect 会出现一个警告标志，告诉你 Ecotect 在计算 U-Value(U 值)、Thermal Decrement (衰减系数)、Width(厚度)、Weight(重量)后，可以更新数值，但是 Thermal Lag Value(延迟时间没有计算)，点击 OK 键忽略警告标志，就自动进入 Element in Current Model(材质管理器)的 Properties(属性)对话界面。

【提示】Ecotect 计算出来 U Value(U 值)和 Decrement (衰减系数)是正确的，而 Admittance(准入系数)和 Thermal Lag(延迟时间)是不对的。当在有空气层的构造中，除了 U 值外，其他都有很大误差。要解决这个问题，可以使用 EcoMat 或 EcoCal 附加软件来解决。具体下载、使用 EcoMat 详见云鹏的博客[1]。

(3) 根据 EcoMat 的值，将 Decrement (衰减系数)、Admittance(准入系数)和 Thermal Lag(延迟时间)进行一定修改，单击 Apply Change，完成外墙材质设置，如图 3-103 所示。

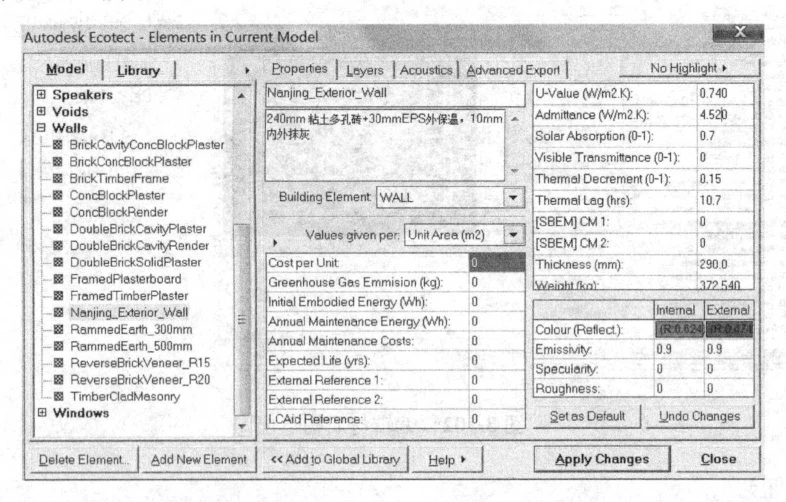

图 3-103 Decrement (衰减系数)、Admittance(准入系数)和 Thermal Lag(延迟时间)

【提示】注意检查 U-Value [W/(m²·K)] 是否满足规范规定。在这里，我们可以把 U 值近似看成中国的传热系数 K 值[2]。根据《夏热冬冷地区居住建筑节能设计标准》JGJ 134-2010 第 4.0.8 条的规定，以及江苏省的建筑节能规定里，当房屋小于三层时，即使在热惰性指标大于 2.5 时，外墙传热系数值都应小于或等于 1.0。

[1] http://blog.sina.com.cn/s/blog_53e2f61e0100dcox.html，载录时间 2013 年 1 月。

[2] 从定义和概念上看，U 值和 K 值都是衡量材料隔热性能的物理量，即传热系数。建筑材料的 U 值和 K 值都定义为：在标准条件下，单位时间内从单位面积的玻璃组件一侧空气到另一侧空气的传输热量。但实际上 K 值和 U 值完全不同。美国是有标准的 U 值，中国也有标准的 K 值。比如说美国的 U 值，拿中国的 K 值的标准来衡量是有问题的。美国冬季 U 值与夏季 U 值，冬季 U 值的测试环境为外部温度－20℃，内部温度 21℃，风速 3.3m/s，相当于夜晚环境；夏季 U 值测试环境为外部 32℃，内部 23.8℃，风速 6.7m/s，相当于有阳光照射下的环境。中国的测 K 值的测试环境为外部温度 2.5℃，内部温度 17.5℃，风速 4m/s，无阳光直接照射(相当于夜晚环境)。这个值测出来是不一样的。用深圳南玻的一款玻璃举例说明，以 6CEB21＋12A＋6C 为例，中国 K 值为 1.68，美国冬季 U 值为 1.77，夏季 U 值为 1.95，结果是：中国 K 值小于美国 U 值。

(4) 在模型材质库下选择我们已建好的“Nanjing _ Exterior _ Wall”材质，单击 Add to Global Library(添加到全局库)按钮，完成模型材质的保存。在库选项卡下单击 Library ▸ 按钮，在下拉菜单中选择 Select Library(选择库)命令，保存到库。

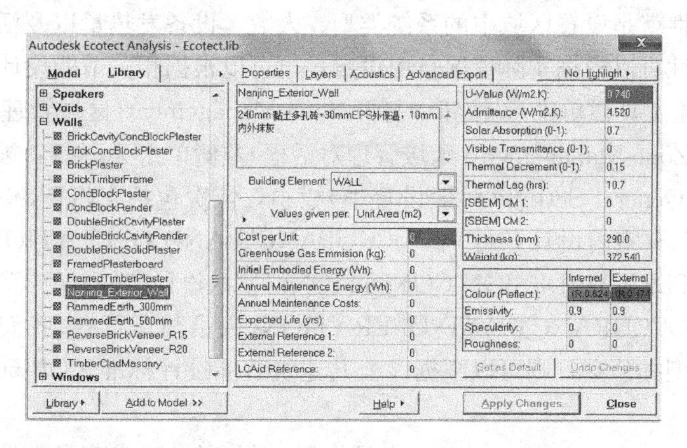

图 3-104　保存新建的材质

如果要调取已保存的库，则需要在库选项下单击 Library ▸ 按钮，在下拉菜单中选择 Select Library(选择库)命令，导入库文件。如果要将库材质载入模型材质，则要先在库选项卡中选择需要的材质，单击 Add to Model >> 添加到模型按钮。

(5) 进入主菜单 Select(选择)的 By Element Type(根据元素类型)，点击 Walls(墙)选择所有的墙元素，在 Material Assignments 面板双击“Nanjing _ Exterior _ Wall”材质，这样所有的外墙都被赋予该材质。

(6) 点击控制面板选择器的 ↖ 按钮，进入 Selection Information(选择信息)，点击任意一个窗口，Pri Material 窗口的下来菜单中选择 Select Material，在弹出的对话框里选择 DoubleGlazed _ AlumFrame(铝合金窗框+双层玻璃)(图 3-105)。

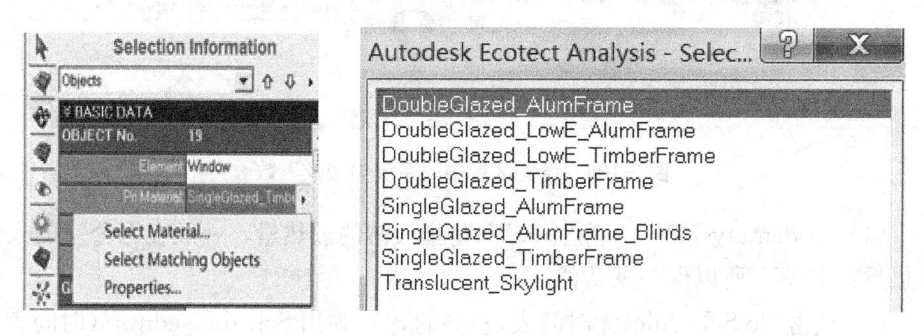

图 3-105　利用 Selection Information(选择信息)修改材质

采用方法(5)，将所有窗设置为以上材质。

(7) 采用相同设置，将 Floor 地板材质选择 Ecotect 自带的材质“Concflr _ Carpeted _ Suspended”(带有地毯的混凝土水泥地板)，将 Roof 屋顶设置为“ClayTiledRoof”瓦屋顶，将门设置成“HollowCore _ Plywood”(中空硬木门)。

【提示】将所有材质设置好后，应仔细检查。在绘图板点击不同元素，查看 Material Assignment 面板上的材质是不是你刚刚设置好的材质。

3.4.2 区域属性设置

区域属性就是设置区域中的系统类型、人数、设备发热量以及活动运行时间表。区域属性可以根据实际情况自由设定，也可以根据相关节能设计标准设定。

(1) 在主工具栏单击按钮，打开 Zone Management(区域管理对话框)。

(2) 在 Zone Management(区域管理对话框)左侧单击 Zone 1，被选择区域为蓝色。对于 General Setting(一般设置中)栏中，依次包括 INTERNAL DESIGN CONDITIONS(室内设计条件)和 OCCUPANCY AND OPERATION(人员与运行)。在 INTERNAL DESIGN CONDITIONS(室内设计条件)保持默认。

(3) 在 OCCUPANCY AND OPERATION(人员与运行)中我们假设该小房子是一个小型办公室，则可以根据《公共建筑节能设计标准》GB 50189-2005 进行设置。

如图 3-106，点击 Occupancy(人员设置)栏中的下来菜弹中选择 Custom，单出警告对话框，单击 Yes 按钮后，Ecotect 出现以下对话框 Enter Number of m^2 per person in each zone(在区域中每人的使用面积)，根据"公建标准"规定是普通办公室人均占有使用面积是 $4m^2$，所以输入 4，点击 OK 键，软件计算出 Zone 1 有 18 个人。

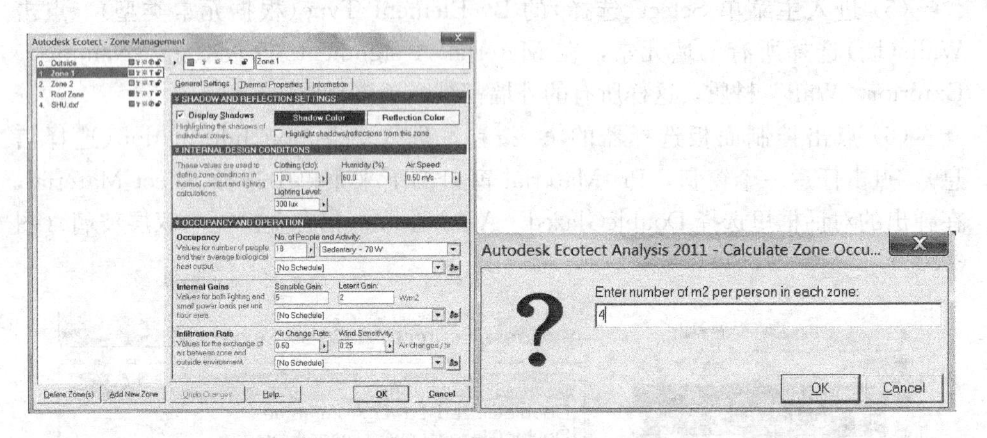

图 3-106 设置区域中的系统类型及人数

(4) "Sedentaty-70W"(静坐-70W)是指人体的散热量，一般在办公室的人体散热量在 70W，所以保持默认值。

(5) 点击 No Schedule(无时间表)右侧的，弹出 Schedule editors(时间表编辑器)对话框(图 3-107)。在 Schedule Name 中填写"公建标准-occupancy"，单击 Add New Schedule 按钮，添加在时间列表里。

用鼠标选择日历中"Mon-Fri"，单击"Standard Weekday"标准工作日，点击 << Assign 按钮，然后在 Hour 12:00 13:00 14:00 15:00 16:00 17:00 18:00 19:00 20: Value 80 80 95 95 95 95 30 30 0.0 上，按根据《公共建筑节能设计标准》附录 B 表 B. 0. 6-2 进行设置，逐时人员在室率应如图 3-107 所示，设置

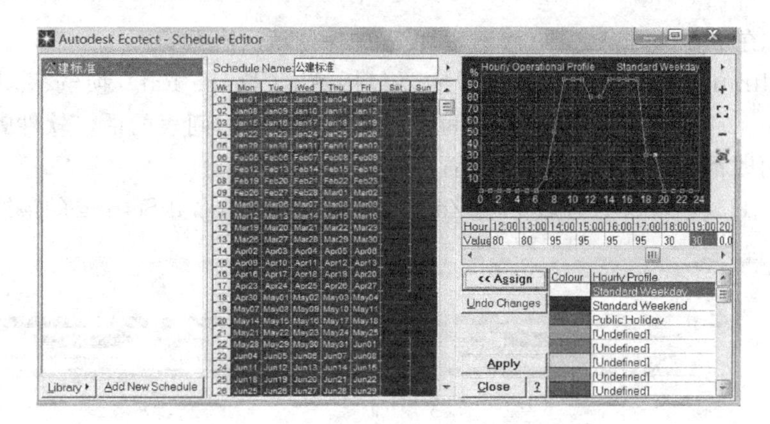

图 3-107　设置区域中的活动运行时间

完成后，点击 << Assign 按钮。如上布置选择 Sat 和 Sun 为 Standard Weekend，逐时人员在室率不用设置。Occupancy 里选择我们刚刚设置的“公建标准-occupancy”如图 3-108 所示。

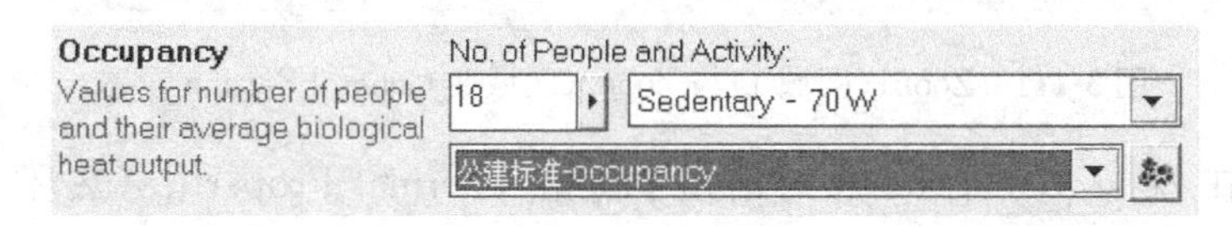

图 3-108　选择时间表

(6) Internal Gains(室内得热)设置中，Sensible Gain(显热得热)和 Latent Gain(潜热得热)(图 3-109)分别填写 7 和 3，即一般情况下显热和潜热的比例分别为 70%和 30%。在室内得热时间表里面，根据《公共建筑节能设计标准》附录 B 表 B. 0. 7-2 进行设置，见图 3-110。

图 3-109　Sensible Gain(显热得热)和 Latent Gain(潜热得热)设置

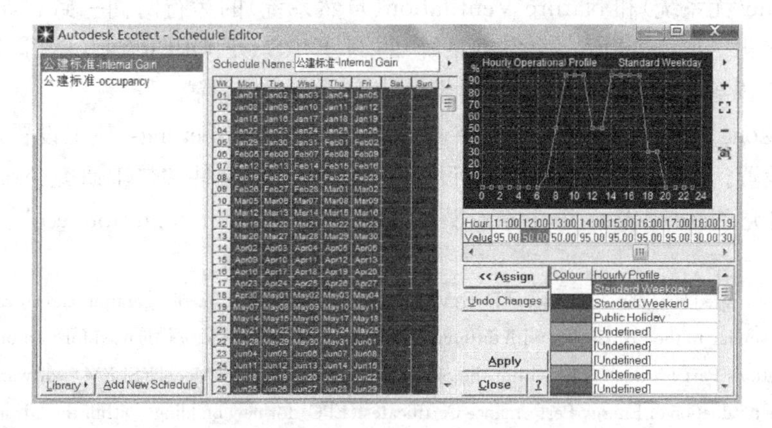

图 3-110　InternalGain 室内得热时间表设置

(7) 在 Infiltration Rate(渗透率)设置中保持默认值不变。

Infiltration Rate(渗透率)设置主要包括 Air Change Rate(换气率)与 Wind Sensitivity(环境附加换气率)与时间表。如果不设置时间表的话，软件默认 365 天每天每时都 100%计算相应的设置。

图 3-111 为 Zoon1(区域 1)与 Zoon2(区域 2)中 General Setting 的最终设置。

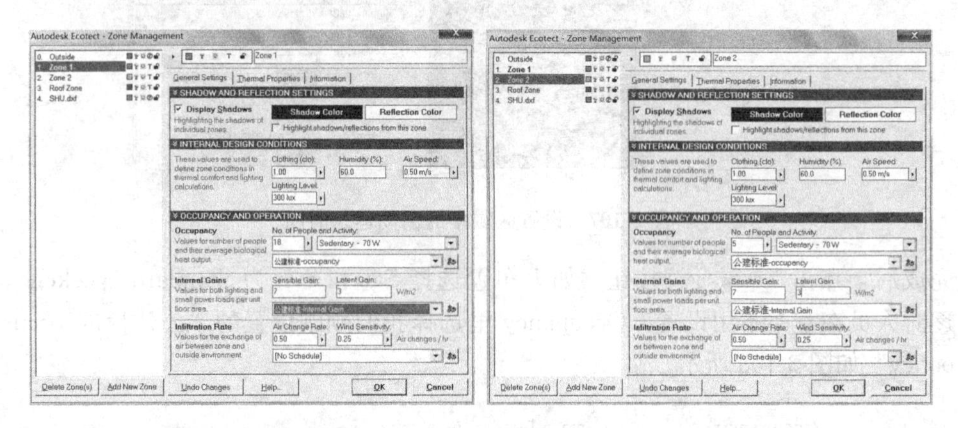

图 3-111 Zoon1(区域 1)与 Zoon2(区域 2)General Setting 设置

(8) 在 Zone Management 对话框中点击 Thermal Properties(热环境属性)，该选项界面包含 HEATING，VENTILATION &AIR CONDITIONING(暖通空调)、UK PART L-SBEM PROFILE (英国暖通空调设备标准)[1]、HOURS OF OPERATION(运行时间)。

HEATING，VENTILATION &AIR CONDITIONING(暖通空调)(系统类型)的下拉菜单中有 None(无系统)、Nature Ventilation(通风)、Mix-Mode System(混合模式系统)、Full Air-Condition(全空调系统)、Heating Only(仅采暖)、Cooling Only(仅制冷)6 个选项，我们这里仅研究 None(无系统)、Nature Ventilation(通风)、Full Air-Condition(全空调系统)三种类型。

Comfort Band(舒适温度区)与我国节能标准一致，保持默认值不变，如图 3-112。

None(无系统)和 Nature Ventilation(自然系统)的运行时间一致，如上左图设置。Full Air-Condition(全空调系统)的 HOURS OF OPERATION(运行时间)根据《公共建筑节能设计标准》附录 B 表 B. 0. 3 进行设置。

将 Zone 2 的 General Settings(一般设置)和 Thermal Settings(热工设置)按 Zone 1 步骤设置。然后将文件按照系统设置分别存为三个文件“热工研究-None. eco”、“热工研究-Natural Ventilation. eco”、“热工研究-Full air condition. eco”。

---

[1] In the United Kingdom, a Seasonal Energy Efficiency ratio (SEER) for refrigeration and air conditioning products, similar to the ESEER but with different load profile weighting factors, is used for part of the Building Regulations Part L calculations within the Simplified Building Energy Model (SBEM) software, and are used in the production of Energy Performance Certificates (EPC) for new buildings within the UK and the European Union; both as part of the European directive on the energy performance of buildings (EPBD).

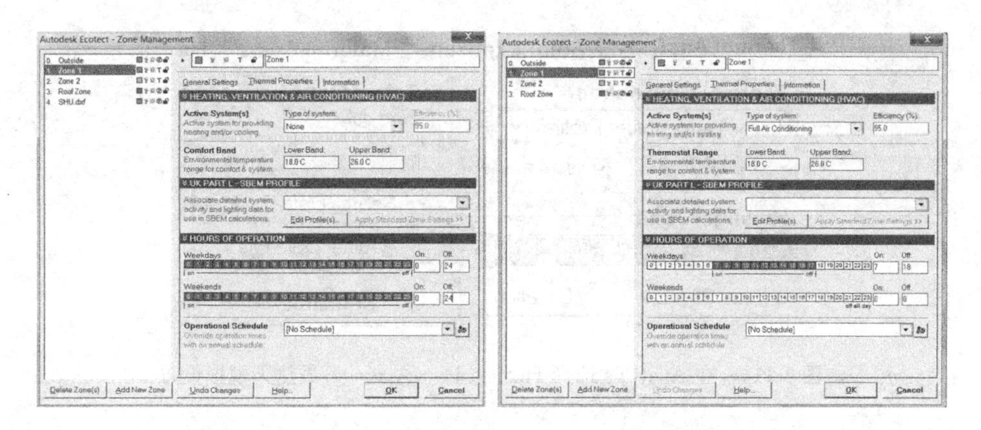

图 3-112　Zoon 1 的 Thermal Properties(热环境属性)设置

【提示】在 Ecotect Analysis 中进行对比研究时，最好将不同的情况单独存成一个文件，而不是在一个文件上修改，因为软件可能因为数据残存而造成模拟误差。

3.4.3　热环境分析

3.4.3.1　逐时温度分析

该项模拟分析可以有每个区域一天室内的逐时温度变化，同时也给出了当天的室外温度、太阳辐射量、风速等室外气象数据。

(1) 打开“热工研究-None. eco”文件，在主菜单 Calculate(计算)里面选择 Thermal Analysis(热工分析)，弹出热工分析导向对话框(图 3-113)，选择 Temperatures(温度)，点击 Skip Wizard 按钮。

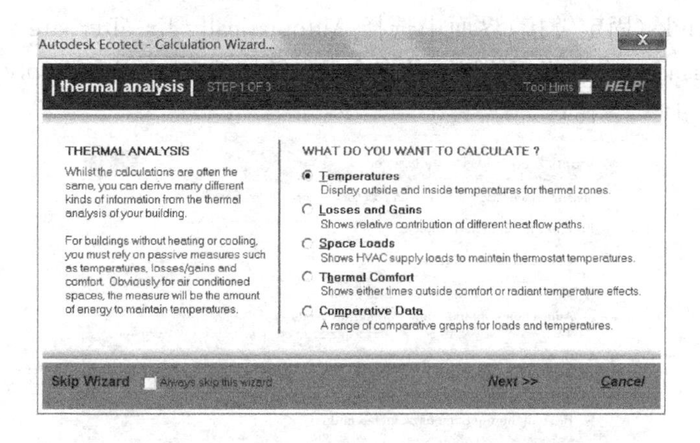

图 3-113　Thermal Analysis(热工分析)逐时温度设置

(2) Ecotect 直接进入 Analysis 页面(图 3-114)。在 Search Data For 下拉菜单中选择 Hottest Day(Average)命令，单击 Calculate(计算)，开始计算。

(3) 这时 Ecotect 弹出警告标志(图 3-115)，说明有些材料互相干扰，等待计算完毕，先点击 OK 准备修复这些问题。

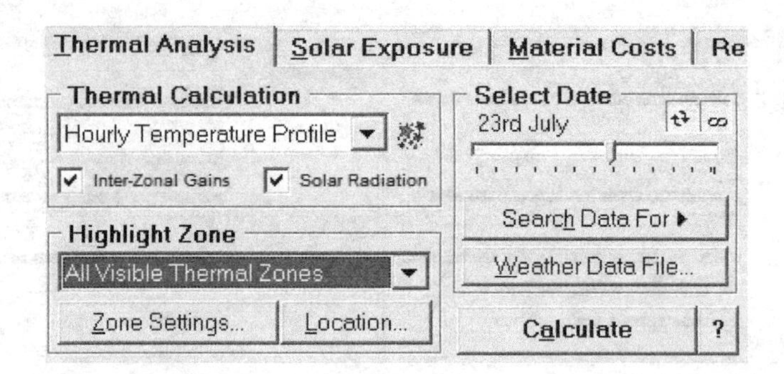

图 3-114 在 Analysis 选择 Hottest Day(Average)最热天模拟设置

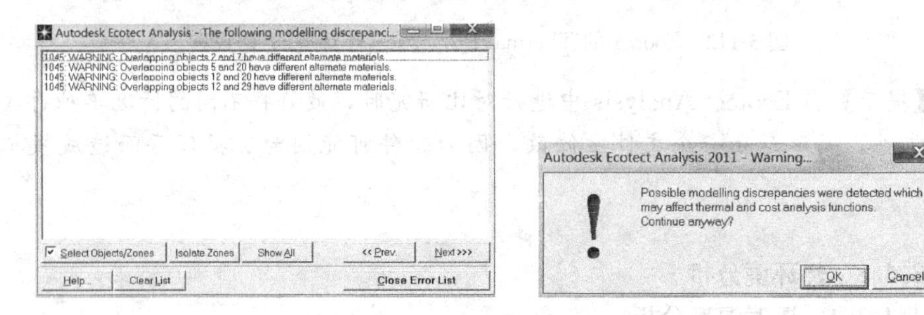

图 3-115 Ecotect 警告标志

回到三维绘图状态，通过主菜单 Select(选择)中的 By Object Index(元素编码)检查具体哪些元素有互相干扰，注意到主要是屋顶和吊顶、Zone 1& Zone 2 外墙等相邻空间之间的元素互相冲突。

要修复这种材料间的冲突，点击 进入 User Preference(用户设置)对话框中 Fixing Links(固定链接)界面中选择 Automatically fix alternate materials for adjacent surfaces(自动将相邻界面的多余材料链接起来)，点击 Apply to All Sessions 按钮(见图 3-116)。

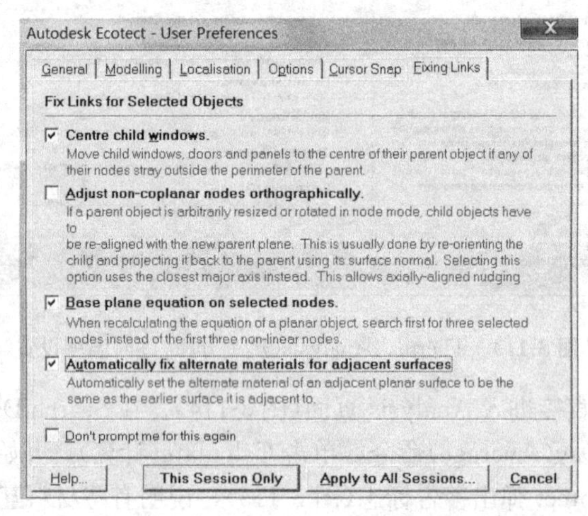

图 3-116 在 User Preference (用户设置)对话框修改元素互相冲突问题

重新返回上个步骤进行计算，看是否有其他警告标志出现。

(4) 图 3-117 为南京市平均最热天室内、外的温度。在 Highlight Zone(高亮区域)中，选择 Zone 1，则 Zone 1 温度线变粗。

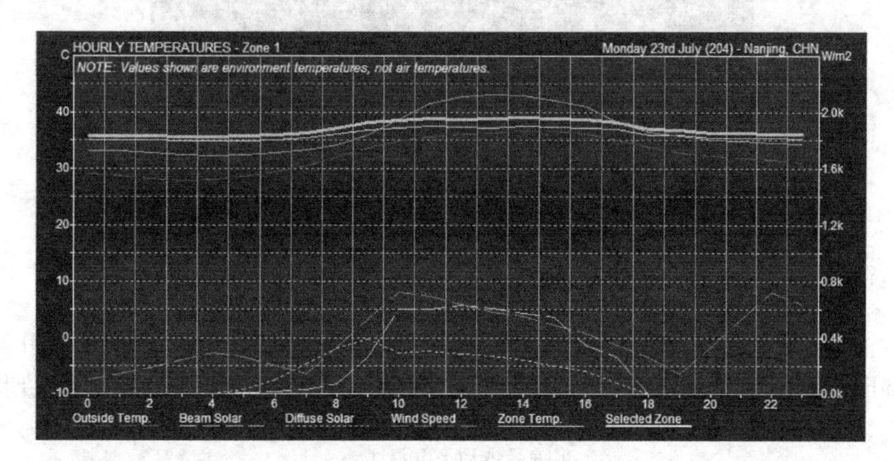

图 3-117　无空调状态南京平均最热天室内、外逐时温度模拟结果

图 3-118 中 X 坐标为南京最热天(7 月 23 日)24 小时时间，Y 坐标为温度值。图表中不同颜色、类型线段的图例见最下面，如蓝色虚线为室外温度，棕色长虚线为太阳直射温度，棕色短虚线为太阳散射温度，亮绿色实线为 Zone 1 的室内温度。

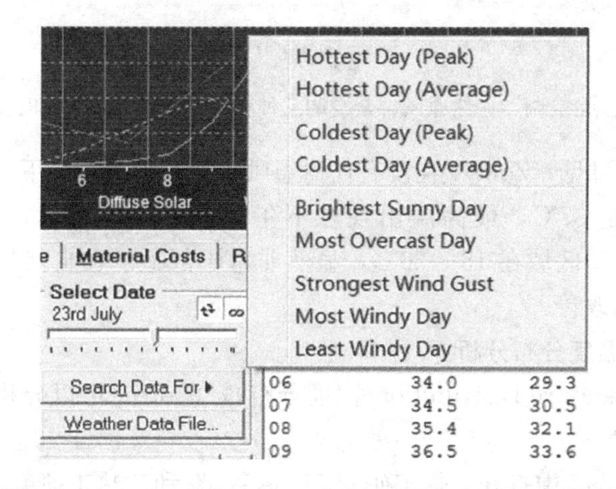

图 3-118　在 Search Data For 中选择不同气候环境进行模拟

每小时的具体数值见右下侧，利用 3.3.2 小节的方法，可将数据导入到 Excel 文件，以便将来分析。

点击 Search Data For(图 3-118)，可以选择 Coldest Day(最冷日)等继续分析。

(5) 重复以上步骤，将自然通风和全空调情况计算出来。图 3-119 为当室内为全空调系统时的室内外分布。

注意当室内为全空调分布时，在工作时间内室内温度是空调温度。

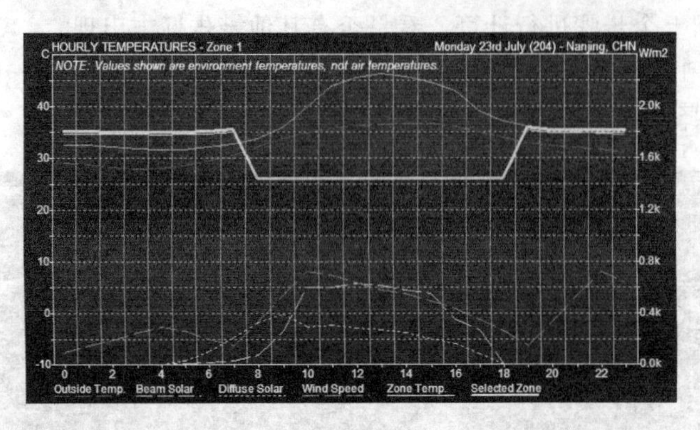

图 3-119 全空调系统南京平均最热天室内、外逐时温度模拟结果

(6) 将“热工研究 - Natural Ventilation. eco”、“热工研究 - Full air condition. eco”如上步骤进行模拟分析，将数据结果导到 Excel，比较三种结果。

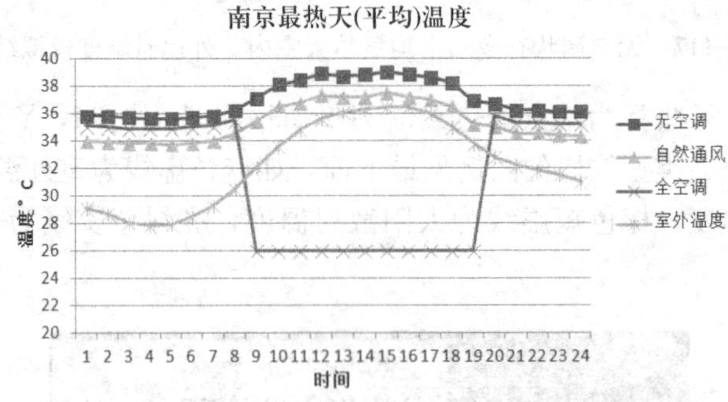

图3-120 无空调、自然通风、全空调三种状态下南京最热天逐时温度比较

从图 3-120 可见，Zone 1 在没有任何通风和空调设备情况下，在最热天里面室内平均气温是 37℃，最高温出现在下午 2 点，为 38.9℃，最低温也只有 35.6℃。人的舒适区域在 18～26℃，显然非常不舒适。在自然通风情况下，温度几乎没有任何改善。

3.4.3.2 温度分布分析

利用 Temperature Distribution(温度分布)，Ecotect 可以分析全年小时的室内温度分布规律。

分别在 Ecotect 中打开“热工研究-None. eco”和“热工研究-Natural Ventilation. eco”。

(1) 在 Analysis 页面的 Thermal Calculation(热环境计算)下拉菜单中选择 Temperature Distribution(温度分布)命令，单击 Calculate(计算)按钮。

图 3-121 为无空调系统、无自然通风时在 Zone 1 全年的温度分布。*X* 轴为温度，*Y* 轴为小时。因为设定温度舒适度区域为 18～26℃，蓝色区域为室内过冷温度，偏红区域为室内过热温度区域，全年舒适温度时间为 2741hrs，占全年舒适时间的 31.3%。同理计算有自然通风的情况下，全年温度舒适温度时间为 3005 Hrs 占全年舒适时间的 34.3%。说明自然通风只有对提高温度舒适起到很小作用。

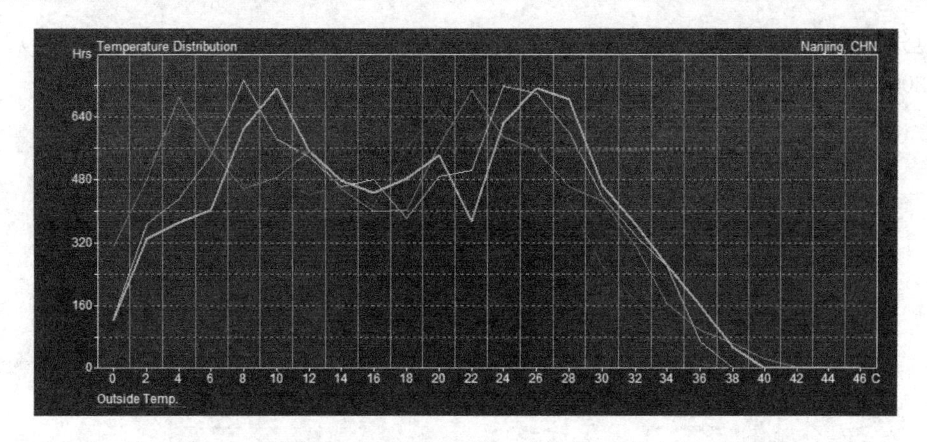

图 3-121 无空调系统、无自然通风时在 Zone 1 全年的温度分布

(2) 将两个文件的结果导入 Excel 文件，进行比较分析。

图 3-122 为 Zone1 和 Zone2 在有自然通风、无自然通风和空调情况下，全年温度分布的百分比。从图中可以看出在南京地区，室内温度在冬天偏冷，大部分分布在 8～12℃左右。夏天稍微好一点，但超过 26℃的也占有 20%以上。

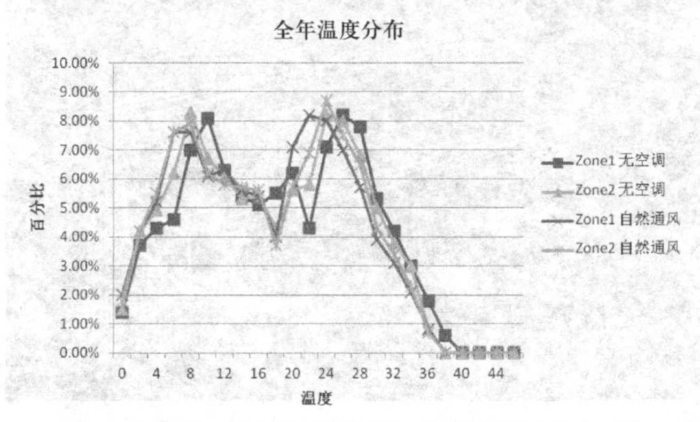

图 3-122 在有自然通风、无自然通风和无空调情况下全年温度分布的百分比

注意我们并没有做全空调时的温度分布比较分析，因为全空调时温度都控制在一定舒适程度内，所以没有必要作此分析。

3.4.4 能耗模拟分析

由于在公共建筑中占最大比例的能耗是采暖和空调能耗，所以狭义的讲，建筑节能设计就是如何减少采暖空调能耗。Ecotect 可以模拟建筑整体和各个区域的逐月采暖空调的能耗和全年采暖、制冷的最大负荷。

(1) 打开“热工研究-Full Air-condition. eco”文件，将该文件分别存成“热工研究-Full Air-condition-A. eco”、“热工研究-Full Air-condition-B. eco”、“热工研究-Full Air-condition-C. eco”三个模型，“热工研究-Full Air-condition-A. eco”所有参数设置保持不变，对“热工研究-Full Air-condition-B. eco”的窗口材料全部改成 SingerGlazeed _ AlumFrame(单层铝合金窗)(图 3-123)；“热工研究-Full Air-condition-C. eco”删除 Zone 1 南侧靠东和靠西的两个窗口，保留中间窗口，

但分别在东、西墙上各加一个窗口，窗口尺寸和原窗口大小一样 3000(宽)×1200(高)，距地 900，其余保持不变(图 3-124)。

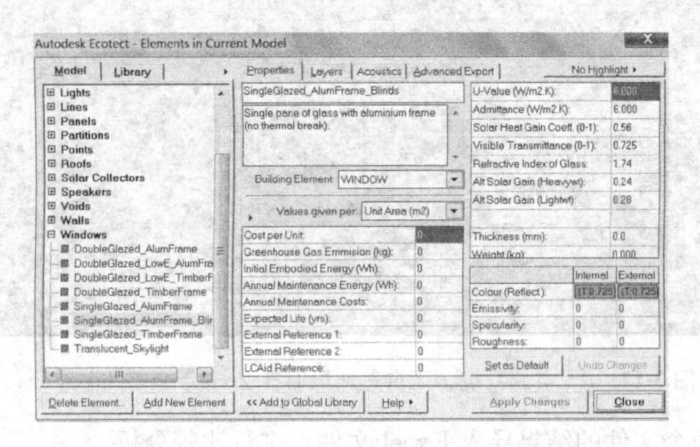

图 3-123 修改“热工研究-Full Air-condition-B. eco”中窗口材质

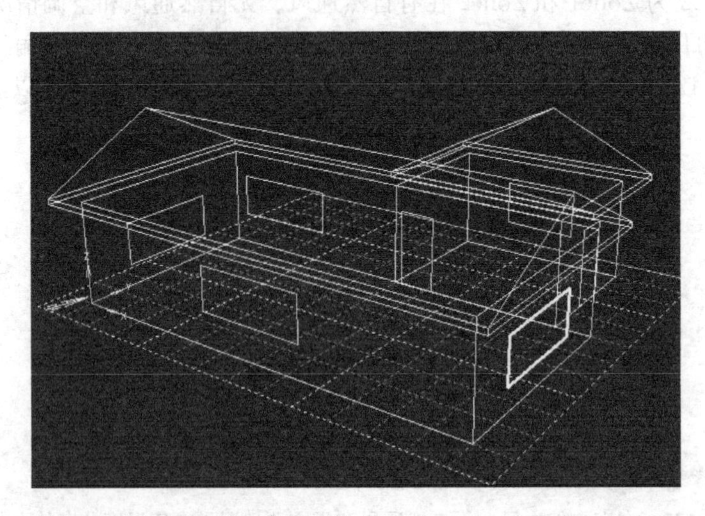

图 3-124 修改“热工研究-Full Air-condition-C. eco”开窗位置

注意“热工研究-Full Air-condition-B. eco”的窗口材料为 SingleGlazed _ AlumFrame，其 U 值(传热系数)是 6，这个并不符合现行的节能设计规范。“热工研究-Full Air-condition-A. eco”的窗口材料为 DoubleGlazed _ AlumFrame，其 U 值(传热系数)是 2.7，是满足我国现行的建筑节能规范。

(2) 分别打开“热工研究-Full Air-condition-A. eco”、“热工研究-Full Air-condition-B. eco”和“热工研究-Full Air-condition-C. eco”三个文件，在 Analysis 页面的 Thermal Calculation(热环境计算)下拉菜单中选择 Monthly Loads/Discomfort(逐月能耗)，勾选 Inter-Zonal(区域间得热)和 Solar Radiation(太阳辐射)，其余按默认设置，单击 Calculate(计算)按钮，见图 3-125。

【提示】对于“热工研究 - None. eco”和“热工研究 - Natural Ventilation. eco”，二者都没有任何空调系统，因此是不用做能耗分析的。

Ecotect 的这一功能可以模拟分析在全空调状态下，不同节能设计中哪一种更节能。

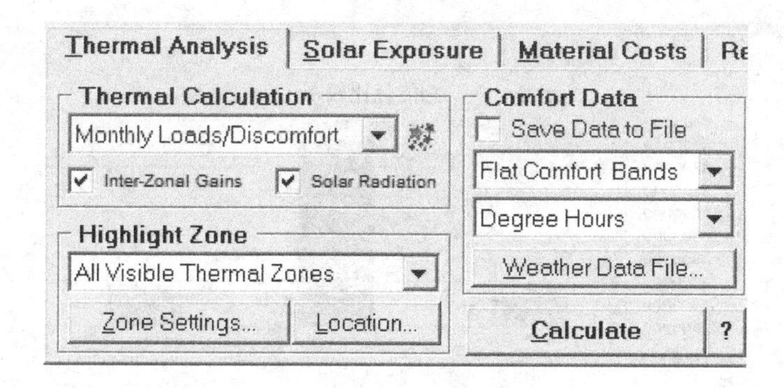

图 3-125　计算 Monthly Loads/Discomfort(逐月能耗)

(3) 图 3-126 是"热工研究- Full Air-condition. eco-A"的模拟结果。

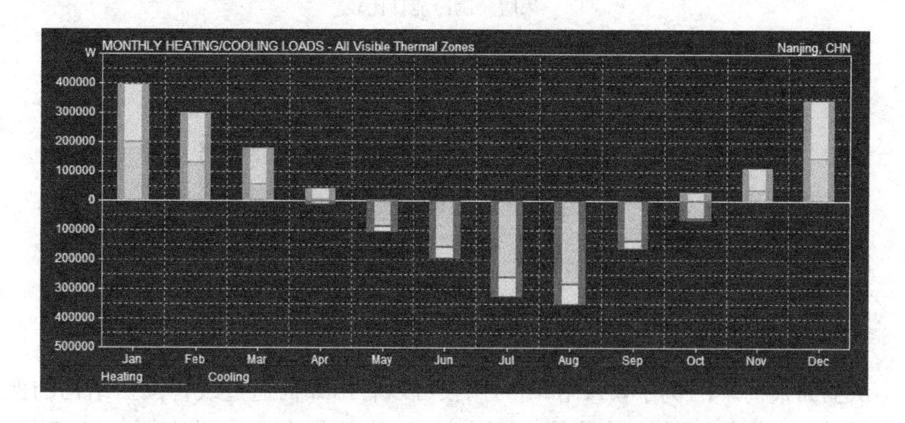

图 3-126　"热工研究- Full Air-condition. eco-A"逐月能耗模拟结果

图 3-126 柱状图内部的绿色和灰色分别代表不同区域 Zone 1 和 Zone 2，这两个颜色是跟建模时选用区域的颜色相对应。柱状图外部的红色和蓝色分别代表采暖和制冷能耗。如果在 Highlight Zone(高亮区域)下拉 Zone 1，这时柱状图就会显示如无空调系统一样的柱状图。

注意此模拟结果的两个重要数据：一是总能耗；一是总采暖和总制冷负荷。其中总能耗的对比分析将是建筑节能设计的关键。

(4) 将三个文件按以上步骤模拟，导入到 Excel 里面。首先观察的是总能耗模拟。

图 3-127 为"热工研究-Full Air-condition-A. eco"、"热工研究-Full Air-condition-B. eco"、"热工研究-Full Air-condition-C. eco"三个模型总能耗的比较分析。可以看出窗口的传热系数对总能耗影响最大，当从普通的单层铝合金窗改成目前双层铝合金窗，其能耗减少 20.6%。当所有材料不变，但将窗口的位置从南侧移到东、西两侧，能耗增加 1.7%。

图 3-128 为分别分析这三种设计的采暖、制冷负荷，可以看出改变窗口的传热系数后(A 和 B 比较)，主要增加的是采暖负荷。当窗口改为东、西两侧后(A 和 C 比较)，采暖和制冷负荷都会增加。

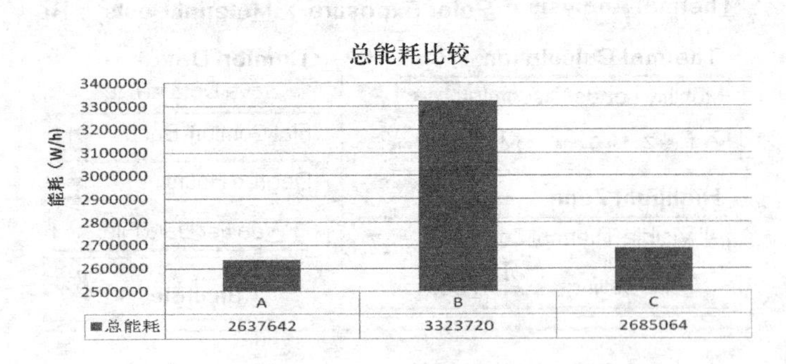

图 3-127　三种模型总能耗比较

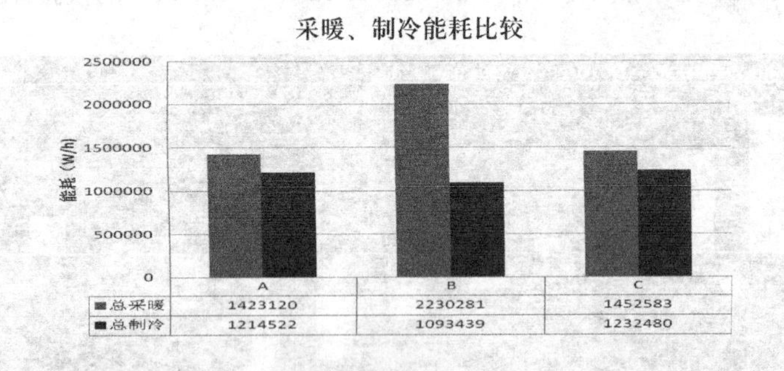

图 3-128　三种模型采暖、制冷能耗分别比较

从上面最简单的例子，A和B的比较可以看出如何通过改善围护结构的保温隔热材质，来提供建筑物的节能。而比较A和C是在所有设定不变的情况下，通过改变不同的建筑设计，其能耗不同的状况。

【提示】模拟结果中有一个Max Heating/Cooling Load(最大负荷)的单位是W，是功率范畴。而Monthly Heating/Cooling Loads(逐月采暖空调能耗)的单位是Wh，是能耗范畴。

3.4.5　热工性能模拟分析

比较了A、B和C的能耗结果，可以看出A最为节能。下一个步骤是研究这三种设计的围护结构热工性能。在Ecotect可以从宏观和微观两个方面来了解。

3.4.5.1　逐时得热/失热分析

(1) 分别打开“热工研究-Full Air-condition-A. eco”、“热工研究-Full Air-condition-B. eco”和“热工研究-Full Air-condition-C. eco”三个文件，在Analysis页面的Thermal Calculation(热环境计算)下拉菜单中选择Hourly Heat Gains/Losers(逐时得热/失热)命令，单击 Search Data For ▸ 按钮，如图3-129选择Hottest Day(Peak)(最热天)，单击Calculate(计算)按钮。

(2) 下面是“热工研究-Full Air-condition-A. eco”的计算结果。

图3-130是南京最热天室内逐时的冷、热负荷情况，*X*轴为时间，单位是小时，*Y*轴负荷，单位是W。绿色实线代表的是HVAC Load空调制冷负荷，因为

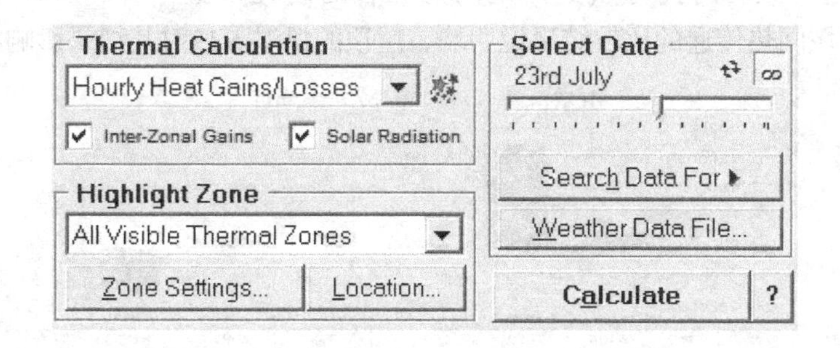

图 3-129 计算最热天 Hourly Heat Gains/Losers(逐时得热/失热)

我们设置的工作时间是从早上 7 点到晚上 8 点，所以空调是在这个时间段开始制冷。红色实线 Conduction 是导热，由于我们计算的是夏天，可以看出主要是得热，即从室外向室内传热。但如果是冬天，这个红线应该是在下面，是失热，即从室内向室外传热。红色虚线 SolAir 是综合温度产生的热度。在具体数值列表中，Ecotect 已经将 Conduction 和 SolAir 自动合并成为围护结构的得失热(FABRIC)。棕色实线 Direct Solar 是直射太阳辐射得热，可以看出直射太阳辐射得热分量很大。要减少直接太阳辐射，我们可以采用不同类型的遮阳设计来减少得热。暗绿色实线 Ventilation 是热风渗透所得的热量。深蓝色实线是 Internal 是内部人员和设备得热，我们在区域热环境设定中设置从早上 7 点到下午 6 点，所以只有在这段时间区间才有。最后一个天蓝色是实线 Inter-Zonal 是指区域间(Zones)之间的热损失。

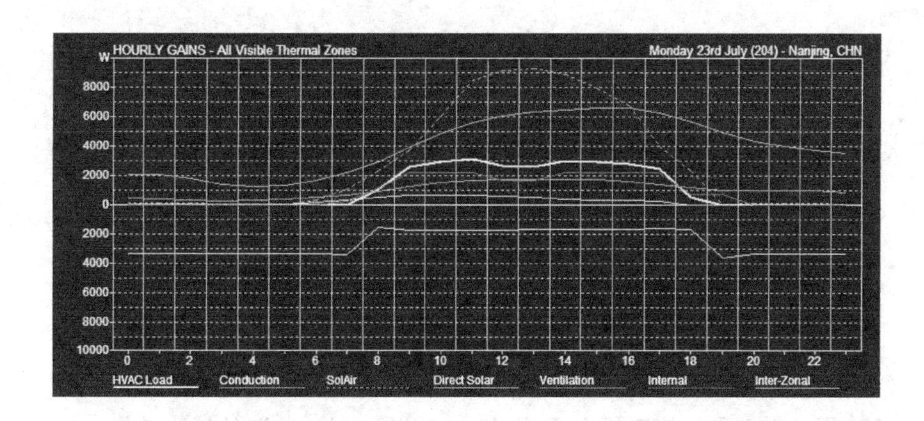

图 3-130 A 模型南京最热天 Hourly Heat Gains/Losers(逐时得热/失热)模拟结果

(3) 将三个文件的 Hourly Heat Gains/Losers(逐时得热/失热)计算出来，导入 Excel 中进行分析比较，可以看出：

图 3-131 是三种设置全空调情况下，南京最热天逐时得热分析。从 HVAC(空调系统负荷)来看，B 的能耗最大。从所有得热情况看，FABRIC(围护结构)的热传导对能耗影响最大，尤其是 B 的外窗热工性能低，建筑能耗高。由于 C 把南窗改到东、西两侧，东晒和西晒造成 C 所受到的直接太阳辐射得热最多。通风和内扰

得热结果是一致，内扰得热一样是因为三者的内扰设置一样，所以结果一样。ZONAL 区域间热传递的比较结果说明墙、屋顶的保温隔热对其结果影响相当大。

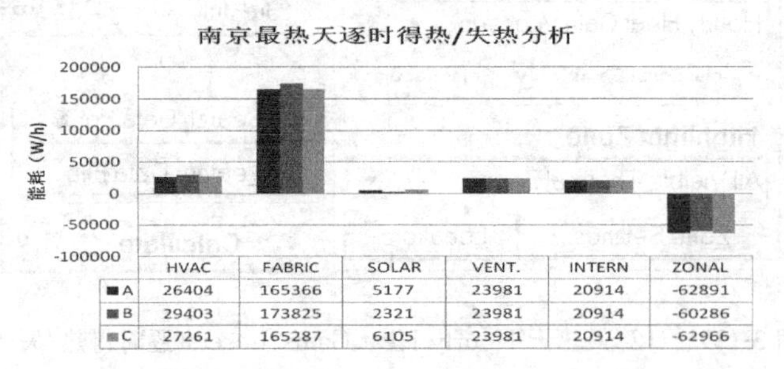

	HVAC	FABRIC	SOLAR	VENT.	INTERN	ZONAL
A	26404	165366	5177	23981	20914	-62891
B	29403	173825	2321	23981	20914	-60286
C	27261	165287	6105	23981	20914	-62966

图 3-131　三种模型最热天逐时得热比较

3.4.5.2　被动组分得/失热分析

这一功能相当于将上述逐时得/失热情况统计成一年，并计算同一项内扰(包括了围护结构导热的得失热、综合温度产生的热量、太阳直射辐射得热、冷风、热风渗透得失热、内部人员与设备得热、区域间得失热)所占的比例。

(1) 分别打开“热工研究-Full Air-condition-A. eco”、“热工研究-Full Air-condition-B. eco”和“热工研究-Full Air-condition-C. eco”三个文件，在 Analysis 页面的 Thermal Calculation(热环境计算)下拉菜单中选择 Passive Gains Breakdown(被动组分得/失热)命令(图 3-132)，在 Highlight Zone(高亮区域)下拉菜单选择 All Visible Thermal Zone(所有可见热量区域)，单击 Calculate(计算)按钮，图 3-132。

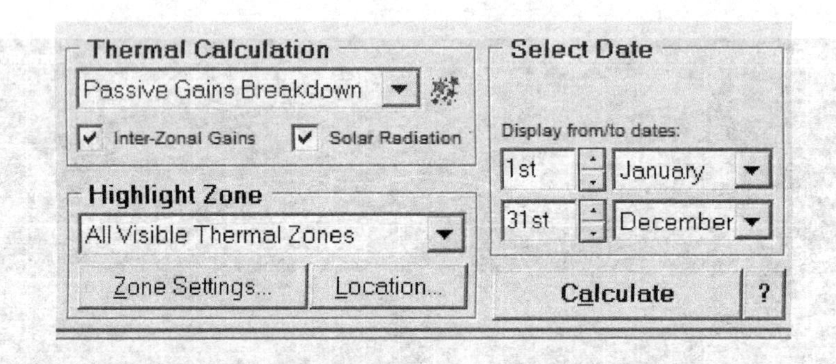

图 3-132　计算全年 Passive Gains Breakdown(被动组分得热)

(2) 图 3-133 是“热工研究-Full Air-condition-A. eco”的计算结果。

图 3-133 是模型 A 在南京全年得热、失热的情况，X 轴为时间，单位是日期，Y 是轴负荷，单位 Wh/m^2。从该图可以看出主要热损失还是来自于围护结构的导热，因此提高围护结构的保温隔热系数，可以大大减少冷热负荷。

【提示】在被动组分得/失热分析里面的具体数值，Ecotect 没有将 Conduction 导热和 SolAir 自动合并成为围护结构的得失热(FABRIC)，而是将 Conduction 导热改写为围护结构的得/失热(FABRIC)。

(3) 将三个文件的 Passive Gains Breakdown(被动组分得/失热)计算出来，

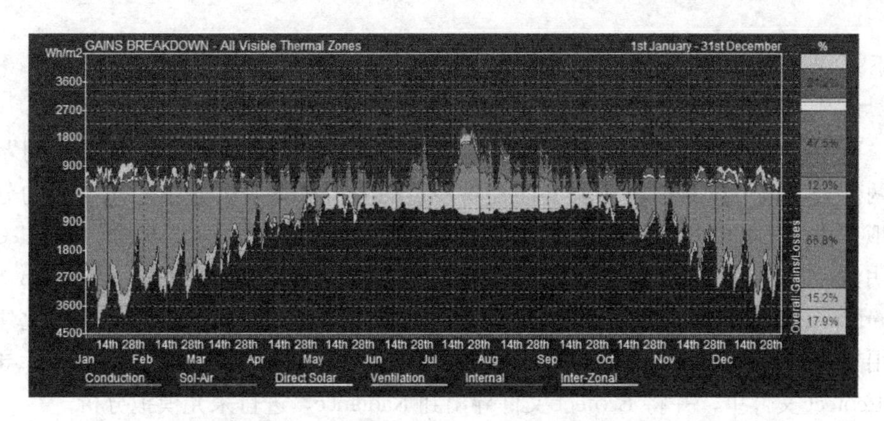

图 3-133 A 模型的全年得热、失热模拟计算结果

导入 Excel 中进行分析比较：

图 3-134 为全年被动组分失热分析，可以看出围护结构主要热损失是导热，其次是冷风的热渗透，最后是区域间的热损失。太阳辐射主要是得热，所以在失热一栏是 0。要减少冬季的热损失，需要提高围护结构的保温隔热性能和密闭性。

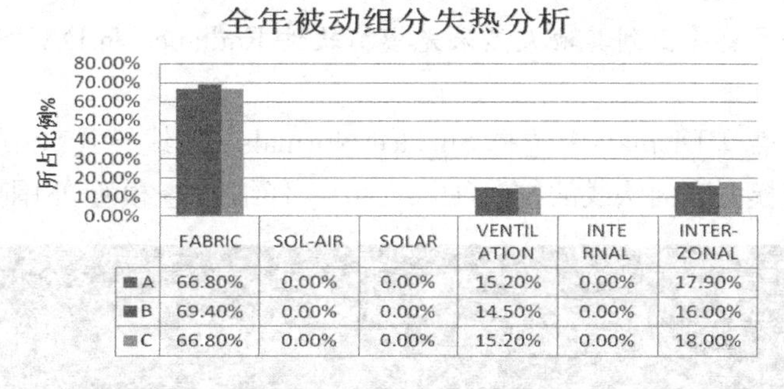

	FABRIC	SOL-AIR	SOLAR	VENTIL ATION	INTE RNAL	INTER-ZONAL
A	66.80%	0.00%	0.00%	15.20%	0.00%	17.90%
B	69.40%	0.00%	0.00%	14.50%	0.00%	16.00%
C	66.80%	0.00%	0.00%	15.20%	0.00%	18.00%

图 3-134 三个模型被动组分全年失热模拟分析比较

图 3-135 为全年被动组分得热分析，占得热比例最高的是太阳辐射，其次内扰得热。所以要减少夏季得热，可以从减少太阳得热着手，如采用遮阳、绿化等手段，要减少内扰得热可以减少室内电器的使用等。

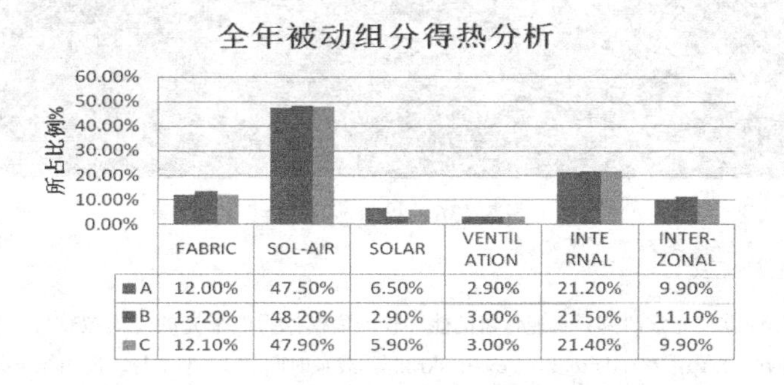

	FABRIC	SOL-AIR	SOLAR	VENTIL ATION	INTE RNAL	INTER-ZONAL
A	12.00%	47.50%	6.50%	2.90%	21.20%	9.90%
B	13.20%	48.20%	2.90%	3.00%	21.50%	11.10%
C	12.10%	47.90%	5.90%	3.00%	21.40%	9.90%

图 3-135 三个模型全年被动组分得热模拟分析比较

3.5 光环境分析

Ecotect的光模拟主要包括“天然采光模拟”和“自然采光+人工照明”模拟两部分，也可以对建筑照明节能提供一定的分析，本书仅介绍天然采光的分析模拟。由于Ecotect在天然采光方面有一定的局限性，如Ecotect仅能模拟CIE全阴天空（CIE Overcast Sky Condition）和CIE均匀天空下(CIE Uniform Sky Condition)计算，对于其他天空形式(例如晴天、多云天)都无法模拟，因此建议使用专业光模拟软件Radiance[1]和DAYSIM[2]。本书将介绍如何将不同材质库导入到Ecotect文件里，并将Ecotect文件导出到Radiance，进行采光模拟分析。

3.5.1 天然采光模拟

打开以前建立的“NanjingU. eco”，将其转存为“采光研究 . eco”。

3.5.1.1 模型处理

(1) 打开“采光研究 . eco”，载入气象数据“China-Nanjing CSWD. wea”。

【提示】在使用Ecotect分析天然采光时，因为使用CIE天空模型，其实不用加载当地气象数据，但需要在Model Setting的Location中输入模型所处的位置。此外，如果要导出到其他天然采光模拟软件Radiance和DAYSIM里，还是需要加载气象数据。

(2) 在主菜单Display中选择Surface Normals（法线模式），或按Ctrl+F9组合键，检查模型表面法线的方向(图3-136)。仔细检查模型外围护结构的表面

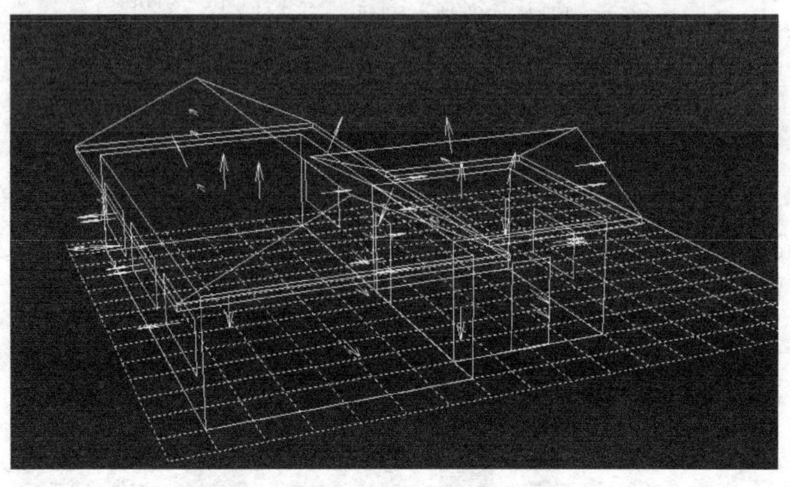

图3-136 检查模型法线

[1] Radiance是一款被光学研究界普遍认可的能够较准确模拟天然采光的光模拟软件，有关Radiance的介绍可以访问网站：http：//radsite. lbl. gov/deskrad/，载录时间2013年2月。Radiance是一个免费软件，下载地址http：//radsite. lbl. gov/deskrad/download下载，也可以在本书所带有的数据库下载。

[2] DAYSIM是一款在Radiance基础上发展出来的全年动态光模拟软件，其下载地址是www. DAYSIM. com。

法线是否都向外，如果发现有表面法线向里的，选择该面，在主菜单 Modify 中选择 Reverse Normals（反转法线），快捷键为 Ctrl＋R。

【提示】Ecotect 采光分析要求模型的表面法线必须朝外，否则在计算采光分析时会出现误差。

检查完毕后，在主菜单 Display 中选择 Model(模型模式)，或按 F9 快捷键将法线模式恢复到普通模式。

（3）点击主工具栏 按钮，进入 Elements in Current Model（材质管理器），检查材质的光学物理参数，见图 3-137。

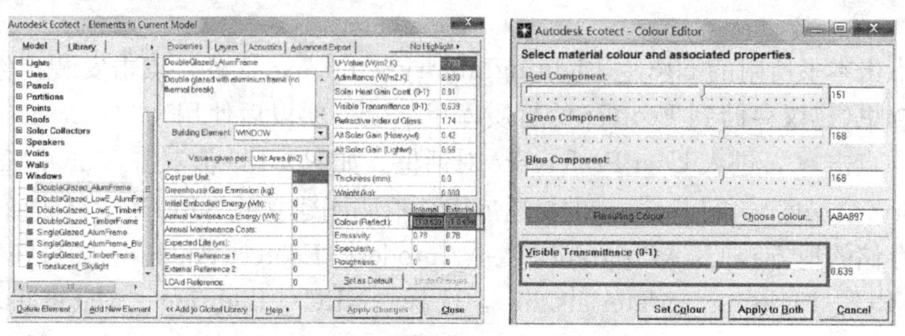

图 3-137　修改模型材质的光物理特性

材料的光学物理参数主要包括 Visible Transmittance(透射率)、Surface reflectively(反射率)、Colour Reflect（不同色彩的反射率)、Emissivity(发射率)、Refractive Index of Glass（玻璃的折射率)、Specularity(高光度)、Roughness(粗糙度)6 个参数。其中 Visible Transmittance（透射率)、Refractive Index of Glass（玻璃的折射率)对于窗口玻璃的透光材质设置很重要，Surface reflectively(反射率)、Colour Reflect（色彩与反射率)和 Roughness(粗糙度)对墙面、顶棚、地面等室内不透明材质设定很重要。材料的光物理特性可以见建筑物理书，或者参见《Autodesk Ecotect Analysis 绿色建筑分析应用》的附表 3：饰面材料的光反射比[7]。

双击 Colour（Reflect)颜色(反射)里面的数字，可以进入 Colour Editor(颜色编辑)对话框(图 3-137)。滑动 Surface Reflectance(材料反射率)鼠标时，注意当 Surface Reflectance(材料反射率)超过蓝色的范围，Ecotect 就会给你提出红色警

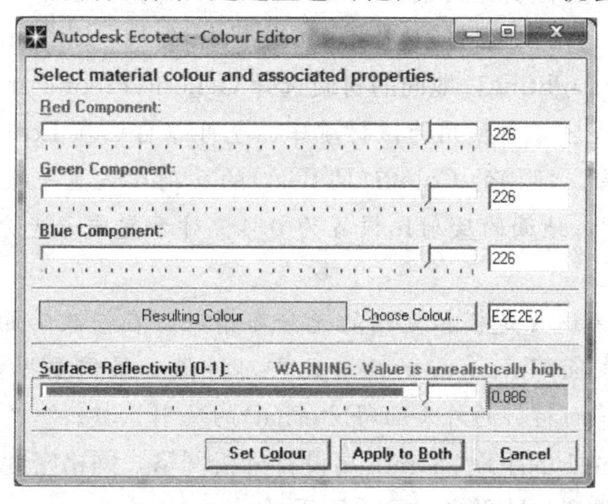

图 3-138　Ecotect 警告标示

告（图 3 - 138）：反射面材料的反射值高的不真实(Warning：Value is unrealistically high)。这时，除非你选择是特殊的反射面，否则就需要仔细检查你的设置。

【提示】当设置围护结构的光物理特性时，Ecotect 会根据选择的围护结构是否是透明或非透明，自动进行调整。如对墙、地板、吊顶等非透明围护结构，其材质的光物理特性就调整成为反射比(Surface reflectively)。而当选择材质为窗户时，其材质的光物理特性就会自动调整成为透射比(Visible Transmittance)。

(4) 为更准确进行光模拟，我们采用一个专门为采光模拟所开发的一个材质库。

点击本书所附的 NRC _ LightingLibrarySetup. exe 文件，点击安装到你熟悉的文档里(建议存储到 Ecotect 的材质库里，以方便以后使用)。在 Ecotect 主工具栏中点击，进入 User Preference 对话框。如图 3-139 值双击 Global Material Library(全局库)，到 Ecotect 的材质库中选取刚刚建立的 NRC 光学材质库(或你刚刚存储的地方)，C：\Program Files\Autodesk\Ecotect Analysis 2011\Materials\NRC _ Lighting _ Materials. lib ，选择‘NRC _ Lighting _ Materials. lib’，然后点击 This Session Only。然后打开 Elements in Current Model (材质管理器)，将全局库中的‘NRC _ Lighting _ Materials. lib’载入到现在的模型库。

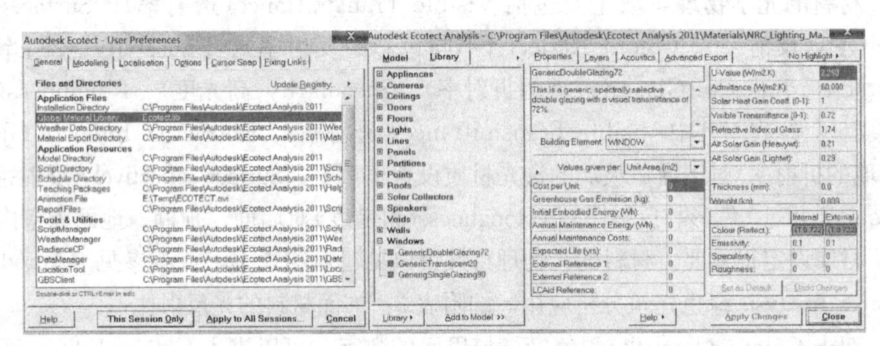

图 3-139　导入专用光学材质库

我们将模型中的材质更换成导入专用光学材质库，窗口的材质选择 Generic Double Glazing72，吊顶的材质选择 Generic Ceiling For Lighting，墙的材质选择 Generic Wall For Lighting，地面的材质选择 Generic Floor For Lighting。

【提示 1】如果不愿意使用为该材质库，也可以自己在 Ecotect 的材质库里自行设置。一般而言，顶棚的 Colour(Reflect)的反射比设置一般为 0.80，墙面的反射比设置为 0.7，地面的反射比设置为 0.4。对于室内采光分析，一般会将室内颜色默认为灰色。

【提示 2】因为这里是模拟室内的光分布情况，在修改饰面材料的反射系数时，仅用修改内表面(Internal)的反射比即可。但如果需要模拟室外的光环境，则需要仔细设置饰面材料的外表面(External)的反射系数。

(5) 选择 Zone 1 的距地 750mm 高设置分析网格，网格密度见图 3-140。如果想将分析网格设置到与墙平齐，可采用手动设置。

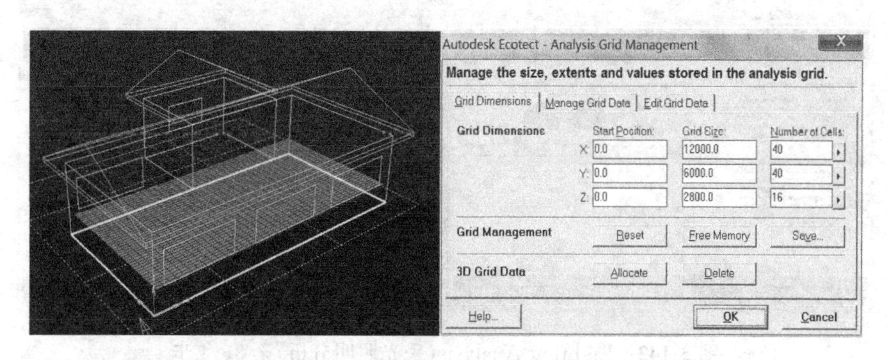

图 3-140　设置光学模拟用的分析网格

【提示】根据《建筑采光设计标准》GB 50033—2013 规定民用建筑光学参考平面高度为距地 0.75 米。由于该标准没有规定网格的分析密度，可以根据需要来设定分析网格的密度。一般而言，分析网格设置越密，模拟分析越细致，但模拟时间也就越长。如果是模拟体育场的采光照明，就需要根据《体育场照明设计及检测标准》JCJ 153—2007，该标准规定了分析网格的大小，因此在模拟分析体育场的采光照明时需要按照该标准执行。

3.5.1.2　利用 Ecotect 进行采光模拟

(1) 在主菜单 Calculate(计算)中选择 Lighting Analysis(采光照明分析)，弹出 Lighting Analysis 导向对话框(图 3-141)，选择 Natural Lighting Levels(自然光照度)，单击 Next 按钮。

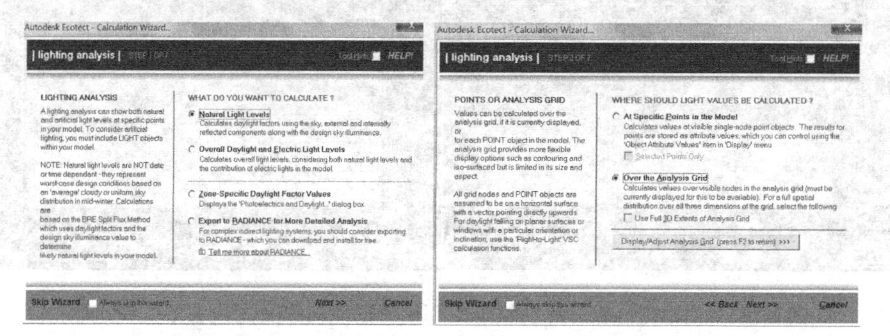

图 3-141　Lighting Analysis(采光照明分析)第 1、2 步

(2) 在 Lighting Analysis 导向对话框的第 2 步，由于我们设置了分析网格，如图 3-141 选择 Over the Analysis Grid，点击 Next 按钮。

(3) 在 Lighting Analysis 导向对话框的第 3 步(图 3-142)，询问模拟的精确度，选择默认的 High，单击 Next 按钮。

【提示】提高精确度的代价是更长的运算时间。尤其是对于天然采光模拟，如选择更高的精确度，模拟时间则需要延长很多，但精度却提高不大。所以，如果没有特别需要，将天然采光的模拟精度设置到 High Precision 即可。

(4) 图 3-142 是光学模拟设定第 4 步—Sky Condition(光气候)。其中第一个问题是询问天空照度值，Ecotect 默认的是 Calculate from Model Latitude(从模型所在的维度计算)，另一个是 Tregenza 天空模型计算。以天然采光计算机模拟

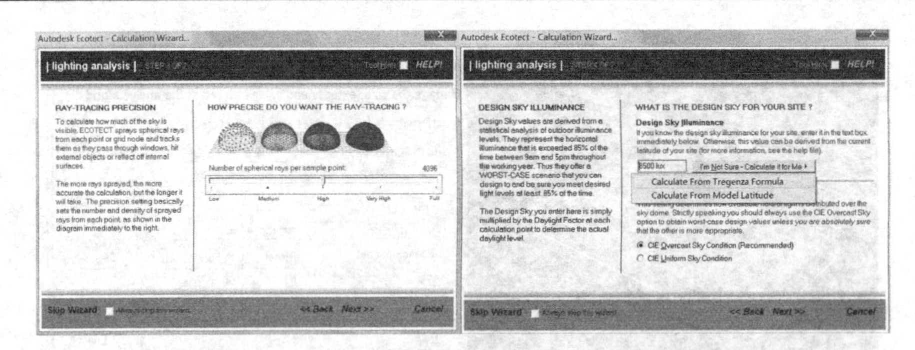

图 3-142 Lighting Analysis(采光照明分析)第 3、4 步

而言，国际光学研究界认为 Tregenza 天空模型较为准确，因此这里选择由 Tregenza 天空模型计算出来的 8641 LX 作为天空照度。本页面的另一个选项是 Sky Luminance Distrubion Model(天空亮度分布模型)，我们选择 CIE Overcast Sky (CIE 全阴天)。

【提示】如果要模拟室内采光是否满足我国的室内采光规范，在模拟时需要根据我国《建筑采光设计标准》规定的设计照度值来填写。比如本例所在地是南京，光气候Ⅳ区，设计照度值为 13500Lx。

图 3-143 为设定南京地区设计照度值 13500Lx 时的室内照度值和采光系数分布。室内平均照度值为 545.81Lx，室内平均采光系数为 4.04%。

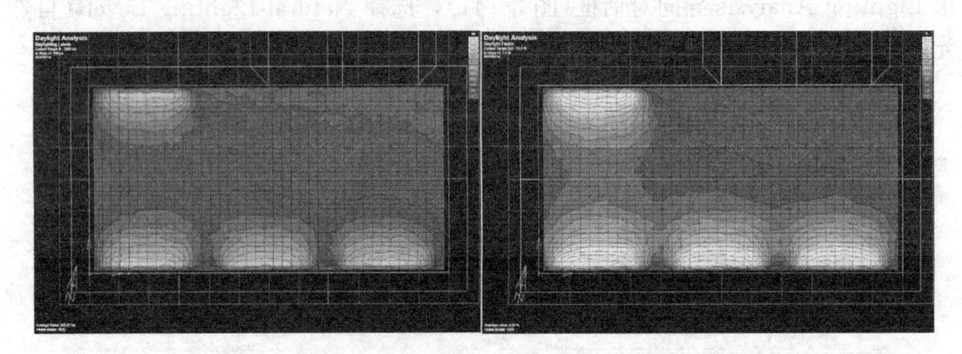

图 3-143 南京地区设计照度值 13500Lx 时的室内照度值和采光系数分布

图 3-144 为使用 Tregenza 天空模型计算法计算出的天空照度 8641Lx 时的室内照度分布。室内平均照度值为 349.36Lx，室内平均采光系数为 4.04%。

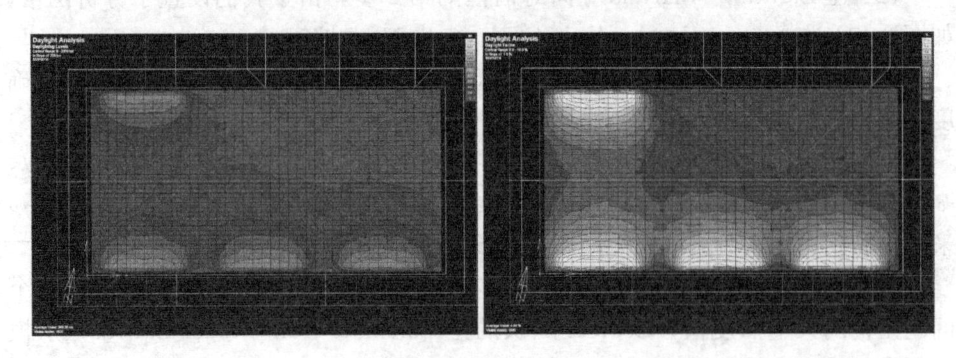

图 3-144 使用 Tregenza 天空模型计算法时室内照度值和采光系数分布

从上述两个模拟结果可以看出，无论是使用我国标准的设计照度值 13500 Lx，还是使用 Tregenza 天空模型计算法计算出的天空照度 8641Lx，其室内天然采光系数的模拟值是不变的。这是因为天然采光系数的定义是在全阴天空下室内外的照度比值。因此大空亮度值并不会影响室内的采光系数。但由于我国标准规定的室外设计照度值远远高于 Tregenza 天空模型所计算出的值，因此模拟出来的室内天然光照度值也相对较高。

(5) 在 Lighting Analysis 导向对话框的第 5 步是询问房屋的光学基本设置(图 3-145)，在窗口的干净程度上选择平均值。勾选 Calculate Room-Averaged Window 一项。

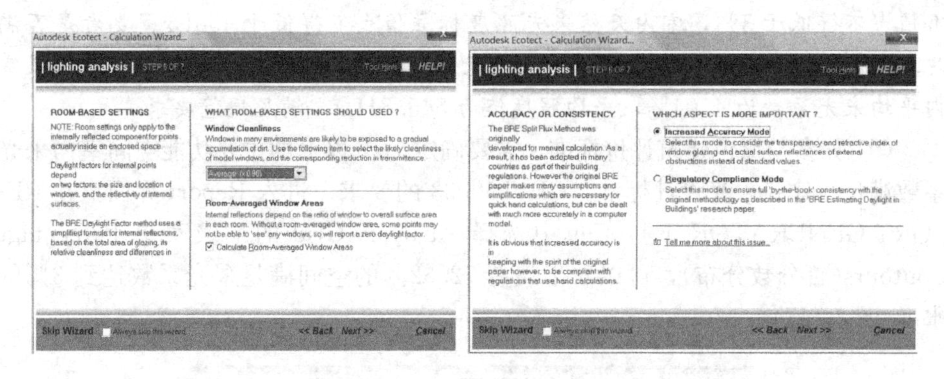

图 3-145　Lighting Analysis(采光照明分析)第 5、6 步

(6) 在 Lighting Analysis 导向对话框的第 6 步是选择 Increase Accuracy Model(图 3-145)，因为选择此模式，Ecotect 将考虑窗户的透明度和折射系数，同时使用室外障碍物的真实表面反射系数；若不然，Ecotect 将采用"BRE 建筑自然采光估算"一种较简单的计算方法。

(7) 在 Lighting Analysis 导向对话框的第 7 步是总结上面的问题，仔细检查所有设置是否跟图 3-146 一样，如果没有问题，点击 OK 按钮，开始室内光照度和天然采光系数的模拟计算。

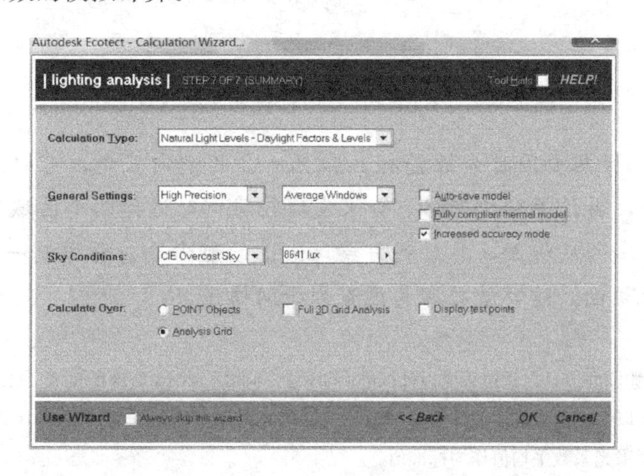

图 3-146　Lighting Analysis(采光照明分析)第 7 步

(8) 采光系数分布图可以见图 3-143 或 3-144 右图，室内平均采光系数为 4.04%。

在设置 Sky Condition(光气候)中已经提到(第 4 步)，Tregenza 天空模型计算出来的天空照度值和我国规范规定的设计照度值不同，Ecotect 模拟出来的室内天然光照度值是不一样。但室内天然采光系数值是相同，因此这里以采光系数为准。如果想要针对我国规范进行采光设计，建议使用我国规范规定的设计照度值。但想要模拟出来的室内照度值更接近真实的全阴天室内光环境，建议采用 Tregenza 天空模型计算法计算出来的数值。

【提示】《建筑采光设计标准》GB 50033—2013 规定，办公室的采光系数标准值[1]不得低于 3%，室内天然采光照度标准值[2]不得低于 450Lx。要看是否满足我国规范，可将天空照度改为我国规范规定的 13500Lx 即可，模拟出来结果室内平均采光系数为 4.04%，平均照度值为 545.81Lx，满足规范要求。

(9) 如参与绿色建筑评价标准，需要确定 75%以上的主要功能空间室内采光系数满足《建筑采光设计标准》GB/T50033 的要求。进入 Report 界面，在 REPORT GENERATOR 下拉菜单中选择 Analysis Grid 的下级菜单 Percentage Contours(百分数分布)，可以看出仅有 72.62%的空间满足采光系数达到 3%的水准(图 3-147)。

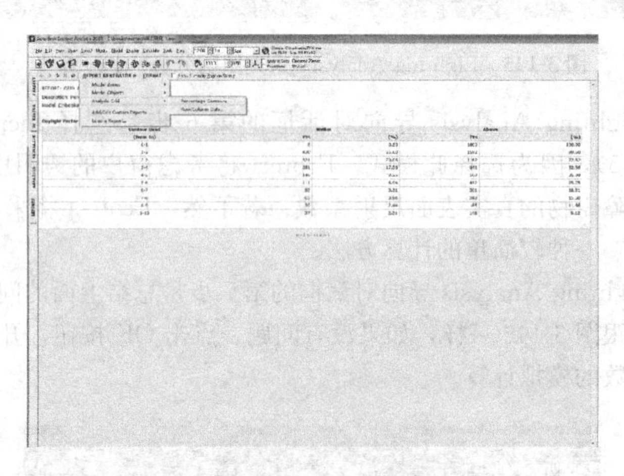

图 3-147　在 Report 界面查看采光系数百分比

【提示】如果想要同时分析 Zone1 和 Zone2 的室内采光，可以同时选择两个区域的地板面，再设置分析网格。如果发现较难同时选择两个区域的地板面，可以删掉两个区域的底板面，然后利用 plane 绘制命令，再绘制一个包含 Zone1 和 Zone2 的地板面，这样就较容易设置分析网格了。

---

[1] 室内采光系数标准值是《建筑采光设计标准》GB/T 50033 —2013 新增的概念。GB/T 50033 —2001 旧标准中侧面采光以采光系数最低值作为标准值，顶部采光采用平均值作为标准值；GB/T 50033 —2013 新标准中统一采用采光系数平均值作为标准值。

[2] 室内天然采光照度标准值是《建筑采光设计标准》GB/T 50033 —2013 新增的概念，指室内参考平面上照度值的平均值。

（10）在Zone 1和Zone 2之间加个室内窗。

尝试Zone 2南侧墙插入一个室内窗，然后根据上述步骤进行模拟，图3-148为加了室内窗后采光系数模拟结果，注意Ecotect在模拟时虽然能自动合成为一个面和一个窗，但中间窗周围的采光系数几乎和外窗一样，这是因为Ecotect在做采光模拟的时候，把每个窗口简单的看成一个光源进行模拟，所以模拟的结果是错误的。

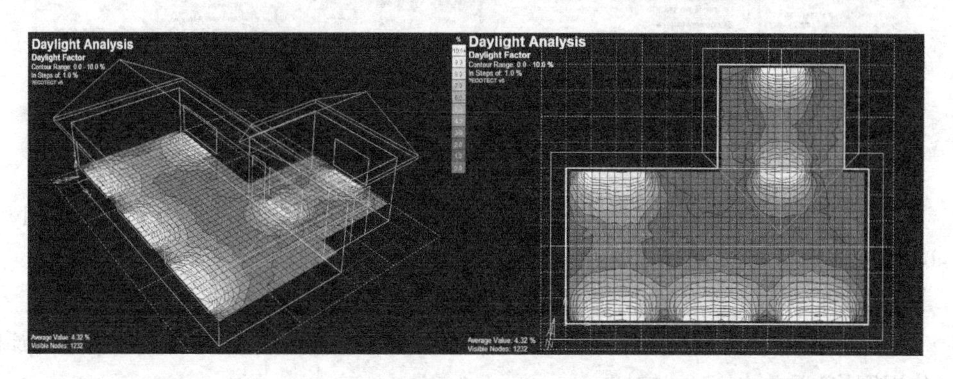

图3-148 在Zone 1和Zone 2之间加室内窗后采光系数模拟结果

【提示】对于较准确的模拟有室内窗的天然采光，Ecotect尚无较好方法解决，建议采用专业光模拟软件如Radiance等模拟较复杂的光环境。

3.5.1.3 利用Radiance进行采光模拟

由于Ecotect在模拟天然采光方面有一定的局限性，以下介绍如何利用Ecotect的外接软件Radiance来模拟天然采光。

在http：/radsite.lbl.gov/deskrad/网站下载Radiance，也可以在本书所带有的数据库下载‘adiance3P7forWindows.zip’，将Radiance安装或解压缩到‘C：/RADIANCE’。要使Radiance正确装载，建议最好使用建议的路径。如果将Radiance安装到其他硬盘，安装路径不要有任何空格[1]。

打开“采光研究.eco”文件，将其存储为“Radiance_study.eco”，在Zone 1和Zone 2之间添加一个内窗。检查表面法线，载入“China-Nanjing CSWD.wea”气象数据。

（1）点击控制面板选择器进入Export Manager(导出管理)面板，在Radiance/DAYSIM下点击，在C盘里创建一个文件夹，并将新的文件起名为Nanjing.rad，点击保存，这时Radiance Analysis导向对话框弹出来。

【提示】如果点击 Export Model Data... 按键，Radiance Analysis导向对话框将会直接弹出来，文件名将会在后面的默认设置中出现。Radiance对路径非常敏感，默认设置的路径通常非常难找，如果不按默认路径而又在后面设置，Radiance往往又找不到路径，因此建议在一开始就设置好路径和文件，方便寻找和分析。

（2）图3-149为Radiance Analysis导向对话框，右图为第1步，选择Illuminance Image (Lx)照度影像图，单击Next按钮。

[1] 要使Radiance正确运行，所有文件和文件存储路径不要使用中文和有任何空格，如文件名可以叫做“Projece_1”而不是“Padiance”文件不要存储到计算机的桌面，因为到达计算机的桌面路面含有空格。

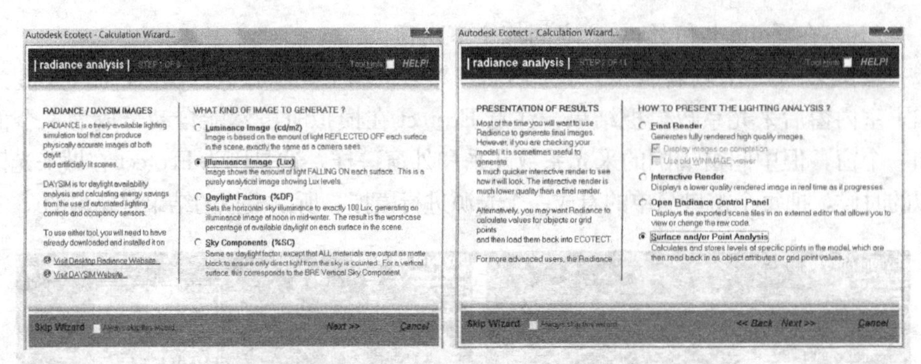

图 3-149　Radiance 采光分析设置第 1、2 步

(3) 在 Radiance Analysis 导向对话框第 2 步选择 Suface and/or Point Analysis(表面或点分析)，单击 Next 按钮(图 3-149)。

如果你想要较真实的室内三维渲染图像，可以选择 Final Render。

(4) 在如图 3-150 在 Radiance Analysis 导向对话框第 3 步选择 Analysis Grid (分析网格)，单击 Next 按钮。

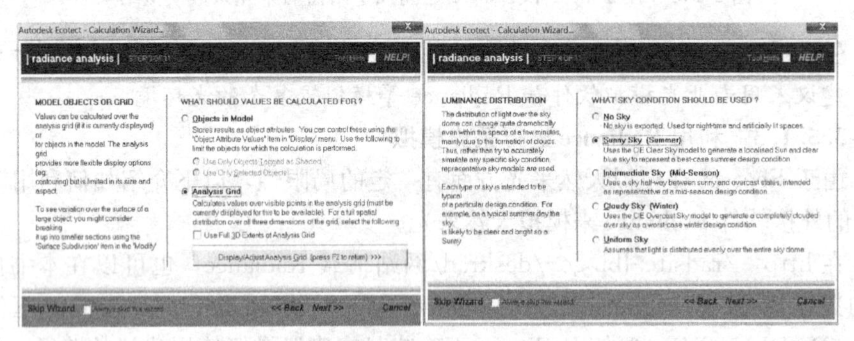

图 3-150　Radiance 采光分析设置第 3、4 步

(5) 在 Radiance Analysis 导向对话框第四步选择 Sunny Sky(晴天)，单击 Next 按钮(图 3-150)。

(6) 在 Radiance Analysis 导向对话框第 5 步 At Specified Date and Time(选择特定的日期和时间)中将日期修改为 9 月 21 日早上 9 点，单击 Next 按钮(图 3-151)。

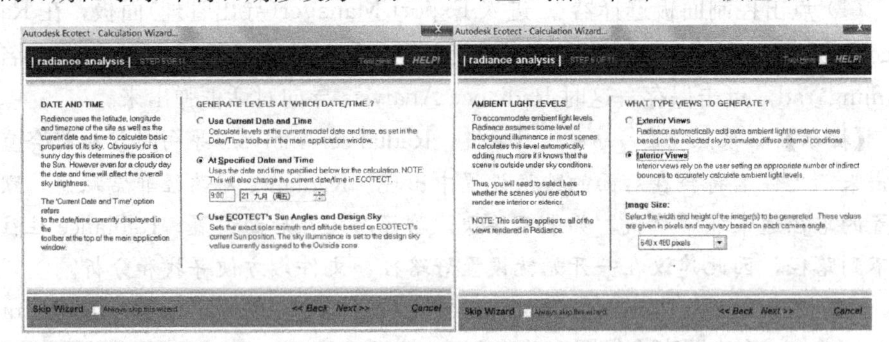

图 3-151　Radiance 采光分析设置第 5、6 步

美国能源与环境设计 Leadership of Energy and Enviornment Design(LEED)评价体系中对天然采光的要求比我国绿色建筑评价标准更加严格，因为它要求不

仅有下限还有上限。在最新的 LEED2009-NC 天然采光项规定:“使用软件模拟 9 月 21 日 9 点和 15 点晴天天空条件下的室内天然采光的照度，如果计算结果显示 50 %的经常使用空间中室内照度在 25FC(约 270Lx)和 500FC(约 5400Lx)的照度，即可满足此条款”。

(7) 在 Radiance Analysis 导向对话框第 6 步选择 Interior View(室内景象)，单击 Next 按钮(图 3-151)。

(8) 在 Radiance Analysis 导向对话框第 7 步勾选 Current 3D Edior View(目前三维编辑景象)和 Selected Camera Views(选择照相机景象)，单击 Next 按钮(图 3-152)。

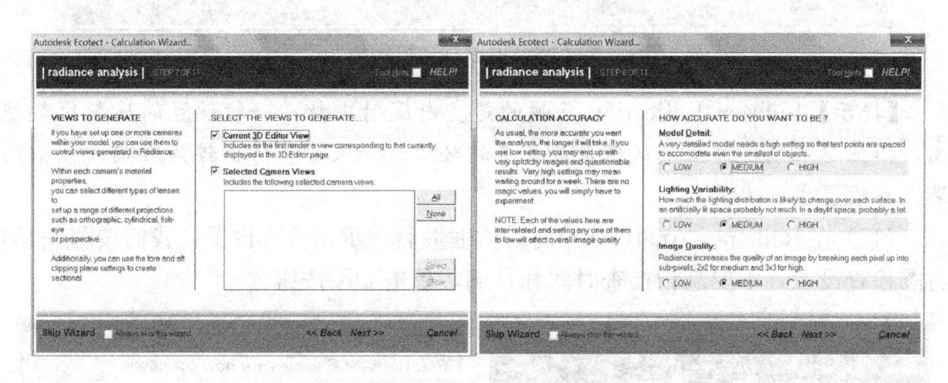

图 3-152　Radiance 采光分析设置第 7、8 步

(9) 在 Radiance Analysis 导向对话框第 8 步的精确度都选择 MEDIUM，单击 Next 按钮(图 3-152)。

如果没有必要，无需选择 HIGH(高)精度，因为选择高精度的话，会大大延长模拟时间。

(10) 在 Radiance Analysis 导向对话框第 9 步是检查 Radiance 安装路径。

如图 3-153 中 Ecotect 无法找到 Radiance 运行路径，点击 Fix，在安装 Radiance 的子路径 Bin 中寻找‘rad. exe’文件，我们安装 Radiance 地址是‘C:\Radiance\bin\rad. exe’，单击‘rad. exe’文件安装，在没有红色警告标志后，单击 Next 按钮。

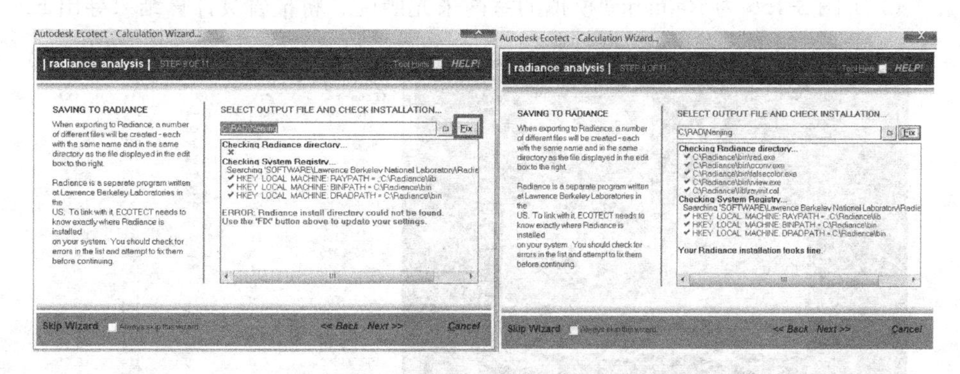

图 3-153　Radiance 采光分析设置第 9 步

(11) 在 Radiance Analysis 导向对话框第 10 步是 RTRACE 设置，我们保持默认值即可，单击 Next 按钮（图 3-154）。

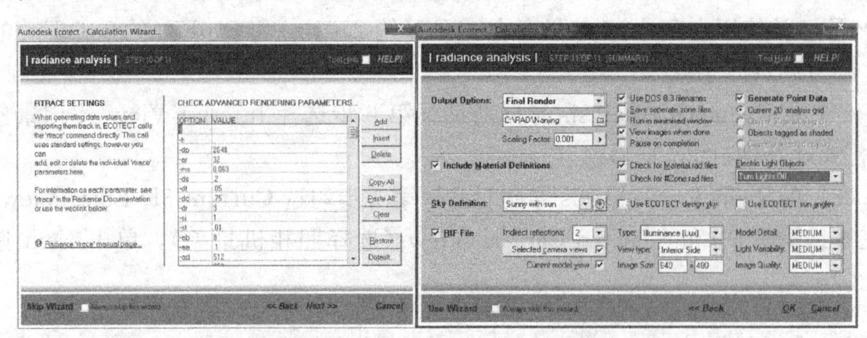

图 3-154　Radiance 采光分析设置第 10、11 步

【提示】Indirect Reflection 反映的是室内反射次数，一般设置的反射次数越高，模拟越准确，这里默认值是最基本的 2 次。如果希望得出较为准确的模拟结果，可设置成 5 次。

(12) 在 Radiance Analysis 导向对话框最后一步是检查设置，我们按图 3-154 右图检查设置，不要忘记检查时间和日期，单击 OK 按钮。

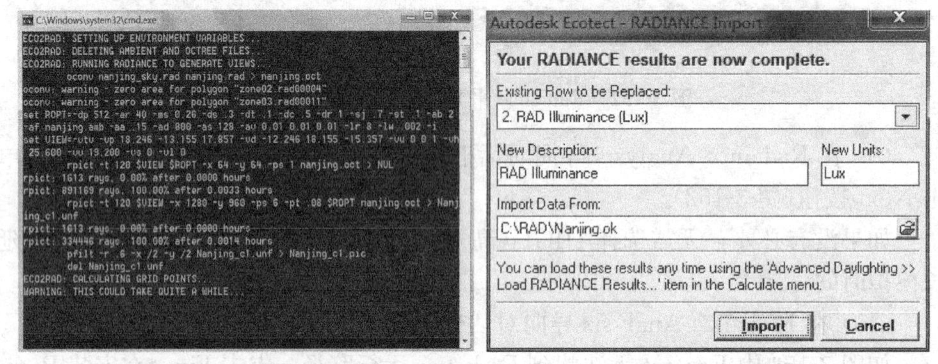

图 3-155　Radiance 运行的 DOS 运行窗口及 Radiance Import 对话框

点击 OK 按钮，一个 DOS 窗口弹出，这只是一个通知界面。当计算完全完成后 Ecotect 会弹出一个 Radiance Import 对话框，点击 Import 按钮(图 3-155)。

(13) 图 3-156 为 Radiance 模拟的室内采光照度。将报告页计算结果导出 Ex-

RAD Illuminance Contour Band (from-to)	Within Pts	(%)	Above Pts	(%)
270-540	215	17.45	1153	93.59
540-810	171	13.88	938	76.14
810-1080	139	11.28	767	62.26
1080-1350	155	12.58	628	50.97
1350-1620	144	11.69	473	38.39
1620-1890	84	6.82	329	26.7
1890-2160	62	5.03	245	19.89
2160-2430	44	3.57	183	14.85
2430-2700	19	1.54	139	11.28
2700-2970	5	0.41	120	9.74
2970-3240	1	0.08	115	9.33
3240-3510	0	0	114	9.25
3510-3780	0	0	114	9.25
3780-4050	0	0	114	9.25
4050-4320	0	0	114	9.25
4320-4590	0	0	114	9.25
4590-4860	0	0	114	9.25
4860-5130	0	0	114	9.25
5130-5400	0	0	114	9.25

图 3-156　Radiance 采光模拟结果

cel，可以看出在270～5400Lx之间所占的范围84.33%，完全满足LEED2009-NC的EQc8.1的要求。

【提示】270～5400Lx之间所占的范围用求和Within部分的百分比。

3.5.2 可视度分析

可视度分析可以分成两种，一种叫做“规划可视度”，是指周围一定范围的区域中对于指定建筑的可见程度，其计算结果有绝对可视面积、采样点可视百分率、以及物体可视百分率等，其影响因素包括建筑的几何特征及周围环境的形态。

另一个叫做“室内可视度分析”是指室内各点对于室外环境的可见程度。影响因素包括窗户的尺寸和位置、房间的形状布局、以及建筑层高等。LEED2009要求至少45%的经常使用的室内空间可以通过外窗直接获得室外视野。

我们在这里分别介绍“室内可视度分析”和“规划可视度”。

3.5.2.1 室内可视度分析

打开以前建立的“NanjingU.eco”，将其转存为“室内可视度分析.eco”。

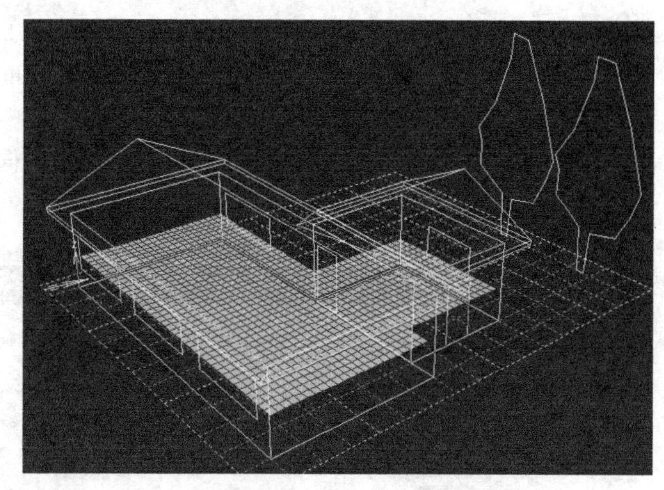

图3-157 设置室内可视度模拟的分析网格

(1) 建立分析网格。分析网格距地1000 mm(42in)[1]，这个位置一般是人端坐时的视野高度(图3-157)。

【提示】LEED 2009对室内可视度的规定是使用者在45%的经常使用空间可以通过外窗直接获得室外视野。LEED特别对计算可视度的外窗高度做了规定，就是仅计算高于地面0.76m(30in)至2.29m(90in)高度之间的外窗面积[2]。如果你设计的窗口高度大于LEED规定的高度，最简单的方法就是按照LEED的规定修改窗口高度。

(2) 选择Zone1和Zone2中所有窗口，然后在主菜单Calculate(计算)中选择Spatial Visibility Anylysis(空间可视度分析)，弹出Visibility Analysis(可视度分析)导向对话框，如图3-158左图选择Access to Views Through Selected Window(s)(从选择的窗口向外看)，即窗户所获得的视野范围，单击Next按钮。

(3) Visibility Analysis(可视度分析)导向对话框的第2步告诉你已经选择了5个元素(即最开始选择的窗口)，单击Next按钮(图3-158)。

---

[1] LEED 2009建议：The line of sight used to determine horizontal views is assumed to be 42 inches to reflect the average eye level of a seated person.

[2] LEED 2009规定：“Achieve a direct line of sight to the outdoor environment via vision glazing between 30 inches and 90 inches above the finished floor for building occupants in 45% of all regularly occupanied areas.”，p411.

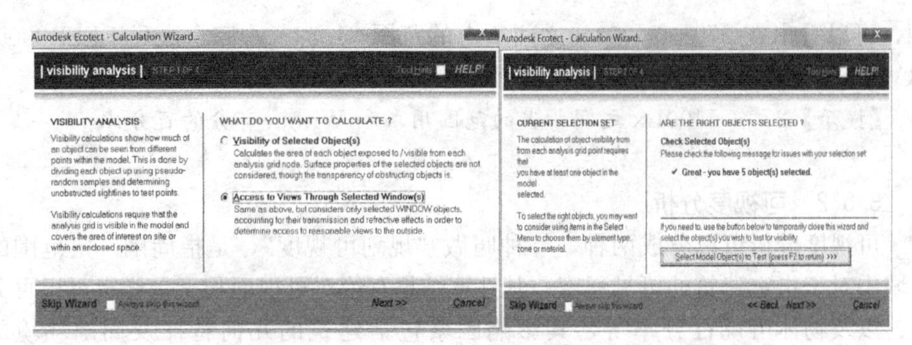

图 3-158　Visibility Analysis(可视度分析)设置第 1、2 步

如果你事先没有选择窗口 Object(s) 的话，可单击 Select Model Object(s) to Test (press F2 to return) >>> 按钮，重新回到绘图版面选择想要选择的 Object(s)窗口。

(4) Visibility Analysis(可视度分析)导向对话框的第 3 步询问网格的密度，保留默认，单击 Next 按钮(图 3-159)。

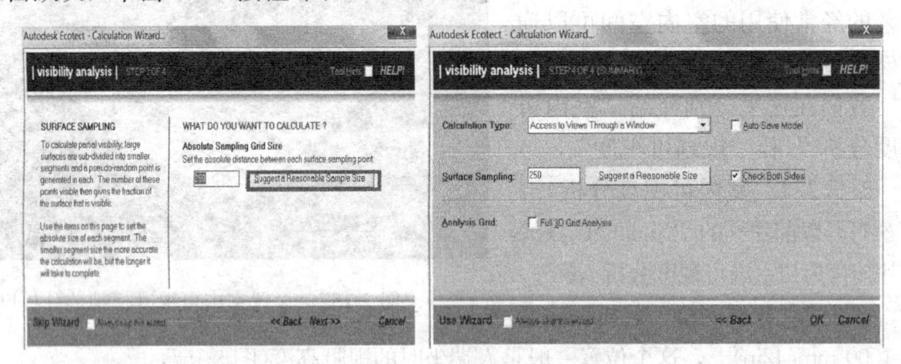

图 3-159　Visibility Analysis(可视度分析)设置第 3、4 步

【提示】对于规划可视度，默认的网格一般较密，所需的模拟时间会比较长。因此，建议点击 Suggest a Reasonable Sample Size 按钮，适当放大模拟网格，这样模拟时间会保证在较合适的长度。

(5) Visibility Analysis(可视度分析)导向对话框的第 5 步是汇总，勾选 Check Both Sides(检查双面)，单击 OK 按钮(图 3-159)。

(6) 为了便于观察，可以在分析网格的 DATA&SCALE 数据与比例界面，查看 Actual VisibleArea(绝对面积)。

根据图 3-160 可以看出视觉最佳位置，是位于 Zone 1 西北侧中的一个亮黄色区域，达到了 60%左右，即能看到所有窗户采样点中的 60%。图中蓝色区域是无法获得任何对外视野的面积，即在靠近 Zone2 的北墙一侧。进入 Report 分析页面可以看出仅有 2.92%的室内面积没有或有很少视野。

3.5.2.2　规划可视度分析

打开 Ecotect 自己携带的例子“Estate. eco”，转存为“规划可视度分析 . eco”。

(1) 按下图设置分析网格，分析网格距地 1.6m，即人眼的高度，网格个数是 40(图 3-161)。

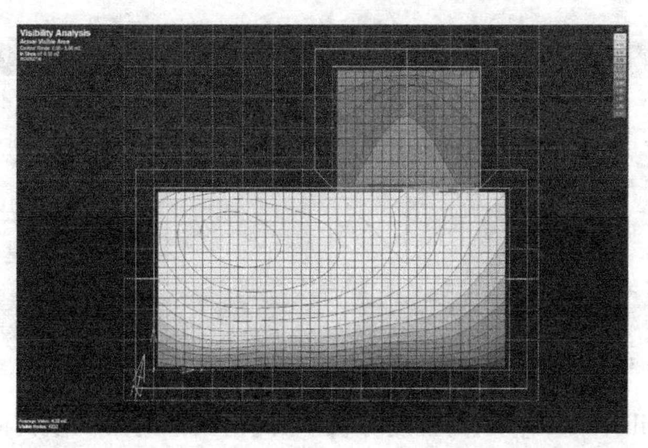

图 3-160 Visibility Analysis(可视度分析)模拟结果

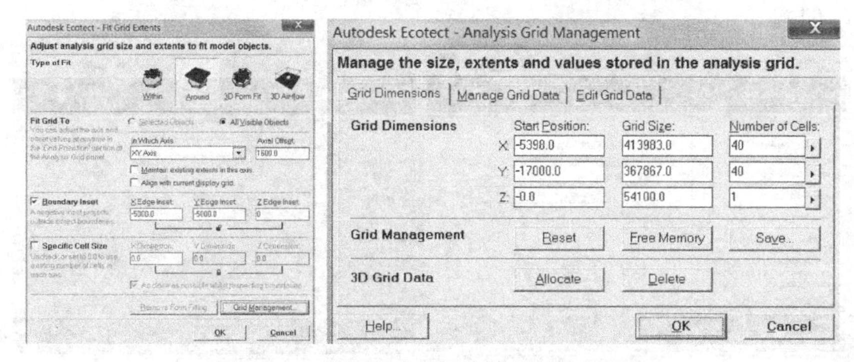

图 3-161 设置室内可视度模拟的分析网格

(2) 在 Zone Management 界面，选择 RedBuilding 中的所有 Objects 元素。

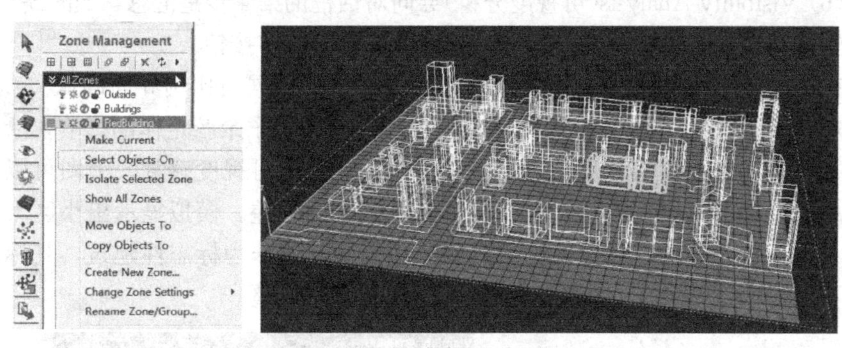

图 3-162 选择目标建筑

如图 3-162 将小区中心的绿色建筑设置为目标建筑，检验小区内(即分析网格内)对该目标建筑的可见程度。

(3) 在主菜单 Calculate(计算)中选择 Spatial Visibility Anylysis(空间可视度分析)，弹出 Visibility Analysis(可视度分析)导向对话框，选择 Visibility of Selected Object(s)(被选物体的可视度)，即从广场的任何角度看被选物体，单击 Next 按钮(图 3-163)。

(4) Visibility Analysis(可视度分析)导向对话框的第 2 步告诉你已经选择了 56 个元素，单击 Next 按钮(图 3-163)。

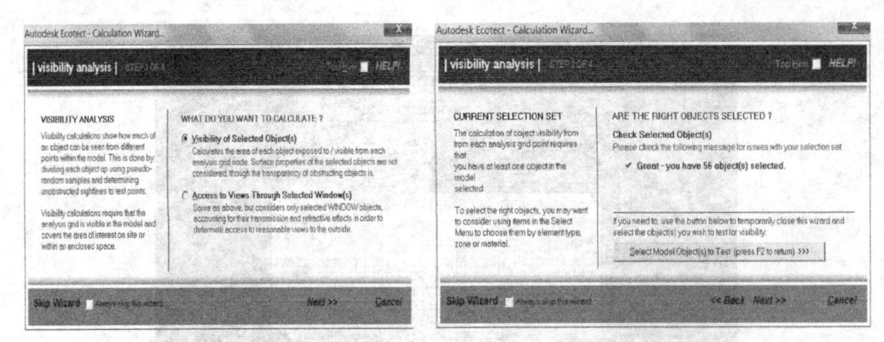

图 3-163　Spatial Visibility Anylysis(空间可视度分析)设置第 1、2 步

(5) Visibility Analysis(可视度分析)导向对话框的第 3 步询问网格的密度，点击 Suggest a Reasonable Sample Size ，让软件选择合适的尺寸，单击 Next 按钮(图 3-164)。

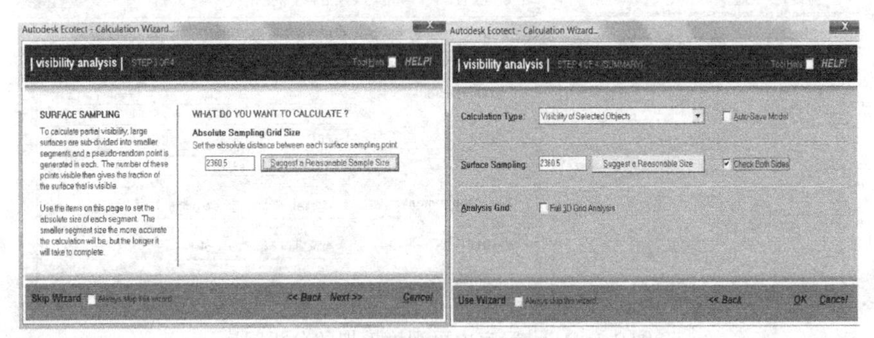

图 3-164　Spatial Visibility Anylysis(空间可视度分析)设置第 3、4 步

(6) Visibility Analysis(可视度分析)导向对话框的第 4 步是汇总，如图 3-164 检查设置，勾选 Check Both Sides(检查双面)，单击 OK 按钮。

在 Analysis Grid 分析网格的 DATA&SCALE 数据与比例界面确认“Actual Visible Area”实际可视面积(图 3-165 右)。由于考虑了余弦定律的影响，所以实际可视面积能较为真实地反映出人眼对于目标建筑的可视度感觉。上图可以看出南侧中央方向的可视度效果最好，西侧和北侧方向最差。模拟显示出小区大部分地区是看不见设定的目标建筑物的，如果想以该建筑作为标志性建筑，其标志性显然不够强，建筑师应对目标建筑物的高度做适当调整。

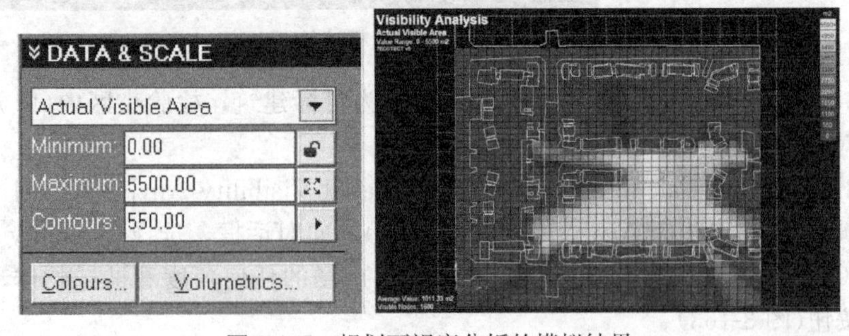

图 3-165　规划可视度分析的模拟结果

3.5.3　眩光分析

随着城市化的高速发展，城市光污染成为一个日益严重的问题。眩光的概念是视野中由于不适宜亮度分布，或在空间或时间上存在极端的亮度对比，以致引起视觉不舒适和降低物体可见度的视觉条件。1984 年北美照明工程学会对眩光的定义为在视野内由于远大于眼睛可适应的照明而引起的烦恼、不适或丧失视觉表现的感觉。

眩光的光源分为直接眩光和反射眩光，前者包括太阳光、太强的灯光等，反射眩光是指来自反射度高的镜面物体表面的反射强光。城市规划中考虑的光污染主要是由于高层建筑、特别是有大面积玻璃幕墙的高层建筑引起的反射眩光。这种反射眩光不仅会造成人眼的不舒适，有时甚至会造成汽车驾驶员的暂时性失明，十分危险。

我们还是以刚才‘规划可视度分析 . eco’为例，将其转存为‘眩光分析 . eco’，载入‘China-Nanjing CSWD. wea’气象数据。

我们假设小区中间的绿色建筑是一个玻璃幕墙建筑，研究该建筑对其北侧建筑有什么眩光影响。

(1) 将‘眩光分析 . eco’中绿色建筑的南侧所有立面选中(图 3-166)，赋予成为玻璃的材质成为‘DoubleGlazed _ AlumFrame’即普通的双层铝合金窗，在 Element in Current Model(材质库里)将 Colour(Reflect)修改为 0. 796。

(2) 继续选择该建筑的所有的南侧墙，如图 3-167 点击鼠标右键，在下拉菜单 Assign As(赋予)中选择 Solar Reflector(太阳光反射器)。

(3) 在 Zone Management (区域管理面板) 的最下方点击 Zone Management... 区域属性对话框按钮，或者点击主工具栏上的区域管理器 。在对话框的右上角 Reflection Colour(反射色)选项中选择反射颜色为橙色(图 3-167 右图)。

(4) 将该建筑北侧建筑的南侧墙选择上，把这些墙指定为 Shaded Surface(受影面)。

(5) 点击 Ecotect 左侧的页面选择器，进入 VISUALIZE 视图，在右侧的控制面板选择器中点击 ，进入 Shadow Setting (投影设置面板)，在投影显示里仅勾选 Show Reflection Only(显示反射)，并按下 Display Shadows(显示阴影按

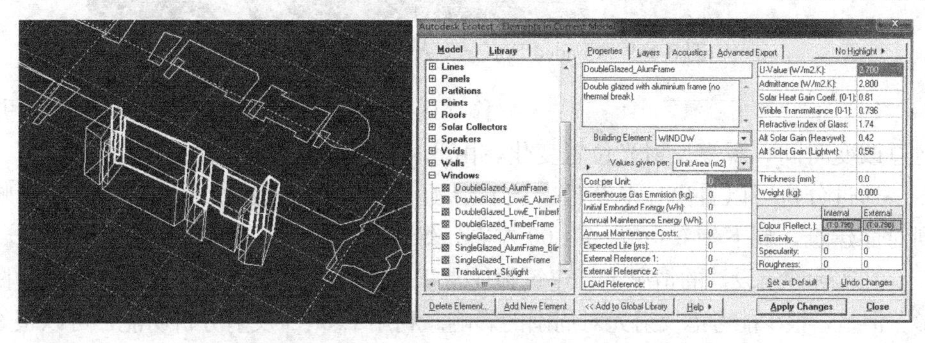

图 3-166　选择目标建筑并修改材质

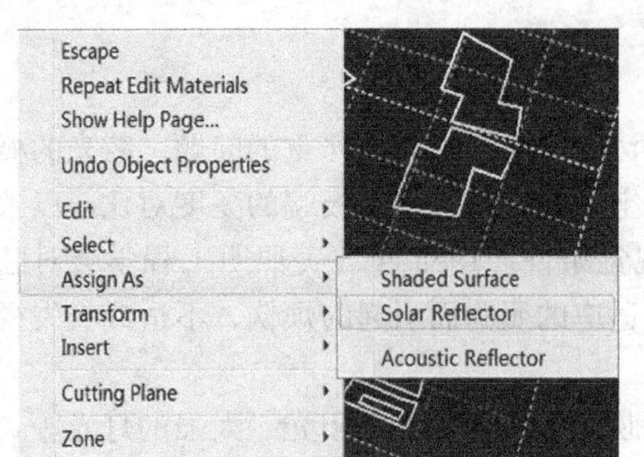

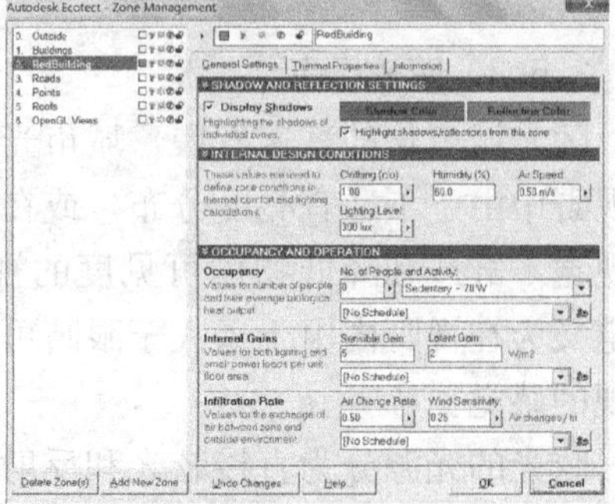

图 3-167 选择太阳光反射板并修改反射板颜色

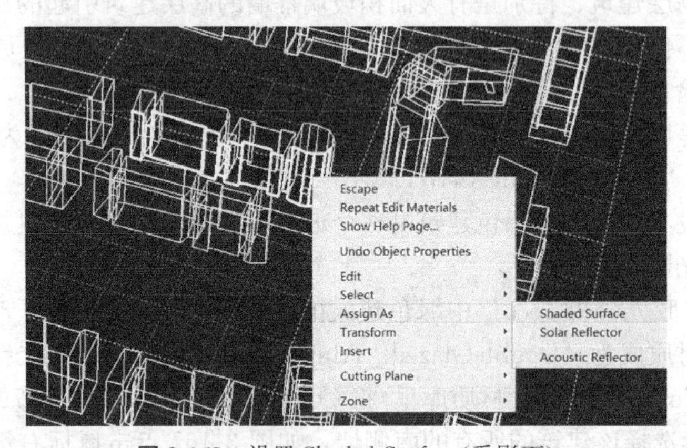

图 3-168 设置 Shaded Surface(受影面)

钮)，见图 3-169。

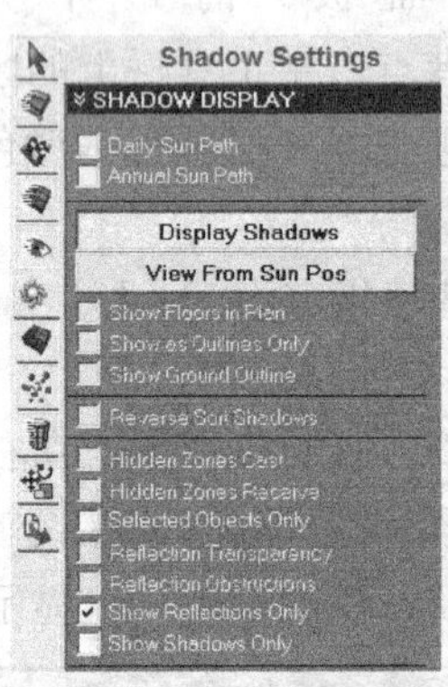

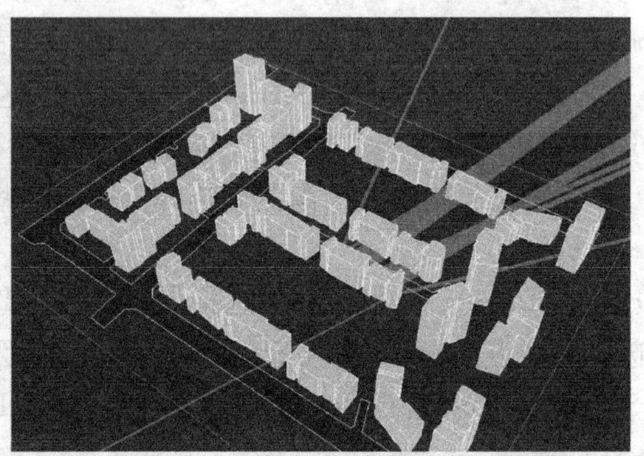

图 3-169 Shaded Surface(受影面)显示光影变化

(6) 在 移动区域/指针工具条中，选择夏至日，并通过改变时间，观察反射光位置变化，由此可以找出反射光最大的位置。

通过分析可以看出在夏至日，从下午 4：30 左右绿色建筑的反射光开始影响到对面建筑，到下午 6：00～7：00 左右，绿色建筑对对面建筑的光干扰最大。

在实际建筑设计的情况下，建筑师凭常识，可以主观预测的是太阳光投射的阴影。但是，很少能考虑反射光对周围的影响。利用 Ecotect 反射分析功能，可以很好的帮助建筑师预测光干扰情况，采取相应的应对措施，较好的解决城市光污染现象。

第 4 章
Revit Architecture 建筑信息模型

Part 4
Revit Architecture: Building Information Modelling

4.1 Revit基本概念

Revit Architecture(以下简称Revit)是一款全新概念的三维建筑设计软件，它不是AutoCAD软件为基础的升级软件，也不同于犀牛等工业设计软件。在学习Revit之前，我们有必要弄清楚Revit的几个基本概念，这有助于学习中对相关操作方法和操作命令的理解。

4.1.1 Revit与BIM(建筑信息模型)

Revit是基于BIM概念的建筑设计软件。BIM的英文全称是Building information modeling，翻译为建筑信息模型。所谓BIM，我们可以这样简要地描述它：通过数字信息仿真模拟建筑物所具有的真实信息，信息的内涵不仅仅是几何形状描述的视觉信息，还包含大量的非几何形信息，如建筑构件的材料、重量、价格等。由此可以看出，BIM是一种描述建筑信息的方式，只要能够仿真模拟建筑所有真实信息的软件都可以称之为BIM软件。目前，全球能以BIM方式进行建筑设计的软件达数十种之多，而本教材使用的Revit Architecture就是Autodesk公司推出的一种BIM软件。

4.1.2 构件组合建模

Revit是一款全新概念的三维建筑设计软件，Revit从实质上讲是将建筑构件，诸如墙、楼板、梁进行组合建模，在组合建模过程中并不需要采用过多的传统建模语言，如拉伸、旋转等，而是对已有的构件库(称为族库)进行拼装，然后修改相应的参数，进而改变构件的属性，满足设计的要求。建模过程就好比真实搭建一幢建筑的过程。在建模过程中，每个建筑构件将对应一个模型构件，这与草图大师(Sketchup)等三维设计软件有本质的区别。在草图大师中，墙与梁并没有属性的差别，只是建筑师在视觉上假设的墙与梁，而在Revit中，墙与梁是完全不同的构件，不能互相替代，这样才具备利用计算机进行各种信息统计的可能性。

4.1.3 构件关联建模

在Revit建模过程中，当建筑师修改某个建筑构件时，建筑模型将进行自动更新，而且这种更新是相互关联的，这就是构件关联建模。例如，我们在设计中经常会遇到修改层高的情况，在Revit中我们只需修改每层标高的数值，那么所有的墙、柱、窗、门都会自动发生改变，因为这些构件的参数都与标高相关联，而且这种改变是三维的，并且是准确和同步的，我们不再需要去分别修改平立剖面。构件关联建模不仅提高了建筑设计的工作效率，而且解决了长期以来图纸之间的错、漏、缺问题。

4.1.4 参数化建模

参数化建模是Revit建模的基本方法，操作者在建模过程中可以通过修改参数(尺寸、材质、可见性等)来替换或者改变建筑构件的属性。参数化建模包含两个基本内容：一是族的建模，另一个是自适应构件建模。所谓族，可以理解为某个建筑构件，但我们可以通过改变参数而改变这个建筑构件的规格和形状等属性，这些因参数改变而产生的构件都源于同一个基础构件，由此得名为族。族的建模就是对基本建筑构件的建模。族是 Revit 建模的基础，我们必须学会建族模型才能高质高效地完成建筑模型的搭建。

自适应构件建模是 Revit 2011 版本推出的建模方法，主要应用于自由形态和表皮的建模，它的主要特点是构件模型可以根据设定的情况进行灵活地变形适应，而又能保持最初的拓扑关系。自适应构件属于 Revit 的高级应用命令，有较高的难度，其灵活运用需要熟练掌握族的知识。

4.2　Revit 工作环境

Revit 软件专业性极强，2013 年 Autodesk 公司对其进行了较大调整，在其推出的 Autodesk Revit 2014 版本中，将建筑、结构和设备相关的专业软件全部整合在一个界面之下。这虽然方便了工种设计中的配合，但命令众多，界面层次较为复杂，这给初学者带来了一定的难度。我们并不需要掌握所有的界面和命令，只需要熟悉与建筑设计相关的工作环境即可。

4.2.1　基本界面

Revit 2014 启动完成后，将出现如图 4-1 所示的“初始界面”，最左边是项目和族，中间是用户最近使用过的文件简图，最右边是帮助和简易教程。建议观看

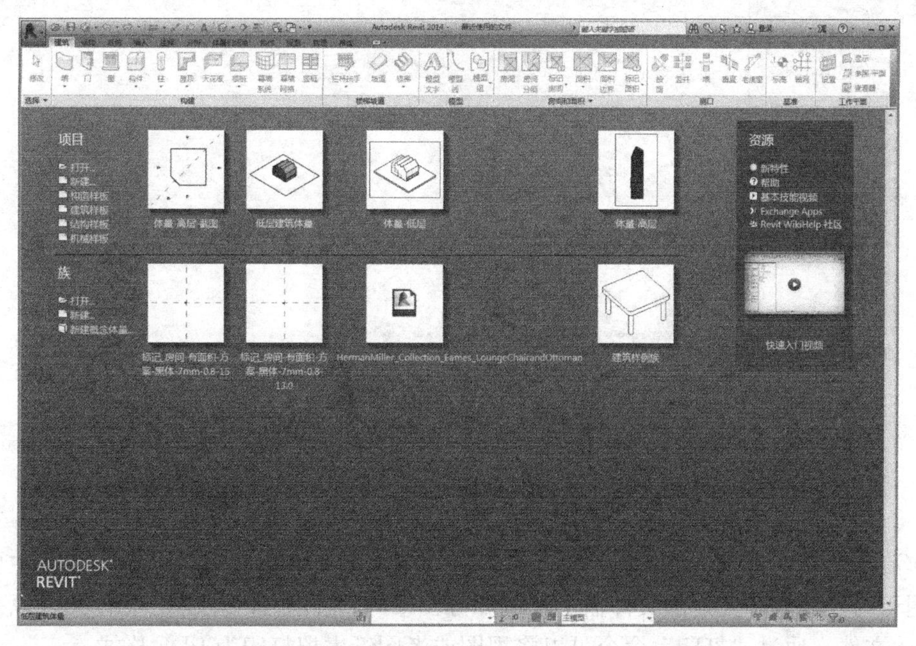

图 4-1

一下快速入门视频，以便对软件有个基本的认识。

项目栏下面有 6 个选项，如果是老用户，直接打开中间的文件简图进入“工作界面”。如果是新用户，可以有两种方式进入工作界面：①点击“新建”图标，界面跳出如图 4-2 所示窗口，注意在样板文件栏下拉选择“建筑样板”，窗口默认为项目文件，然后点击确定即可进入工作界面；②直接点击项目栏下面的“建筑样板”，将直接进入工作界面，然后用另存的方式保存为项目文件。

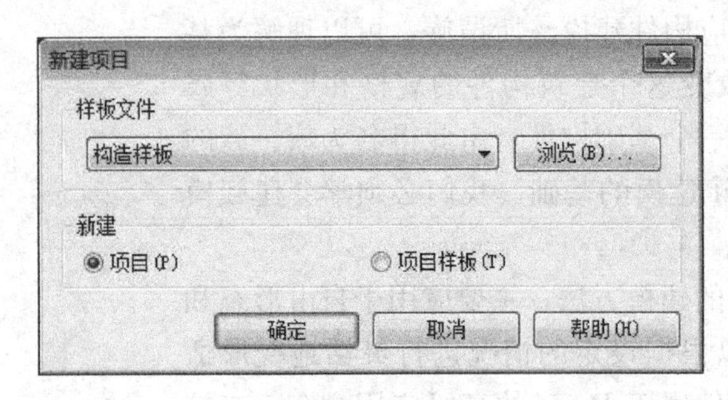

图 4-2

第一种新建项目的方式，用户可以点击“浏览”按钮选择自己定义的样板文件，第二种方式用户将使用系统默认的样板文件。

进入项目工作界面，如图 4-3 所示。工作界面借鉴了微软 Office 软件的 Ribbon 界面，将 Revit 的各种功能按照工作流程组织在选项卡和面板中。

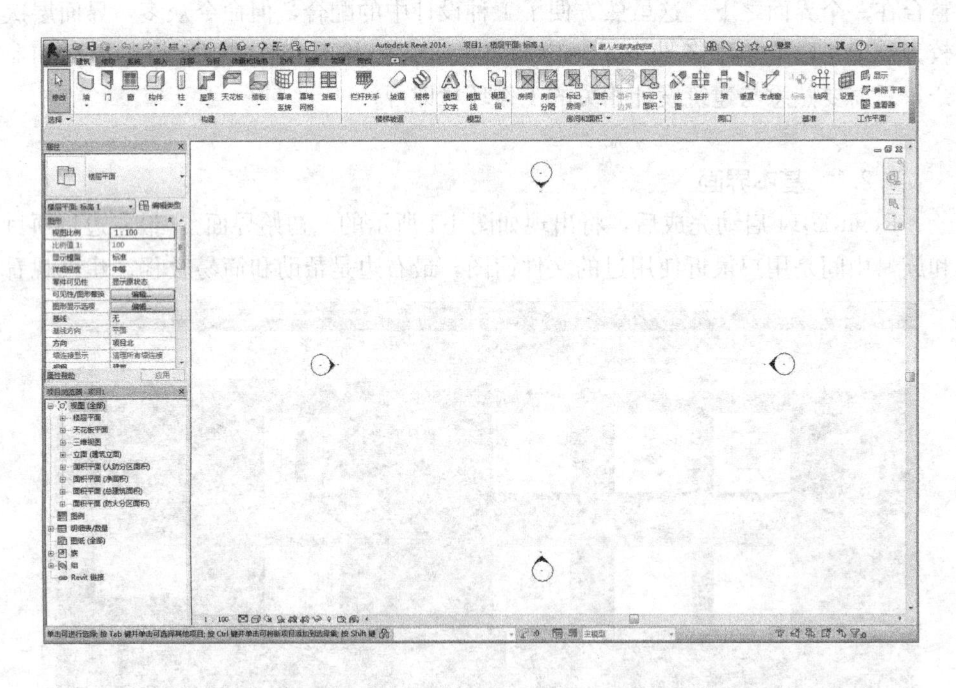

图 4-3

(1) 应用程序菜单(图 4-4)

主要是通用的命令设置，包含打开、新建、保存、另存为、导出、suite 工作流、发布、打印、授权以及关闭。其中“导出”是使用频率较高的命令，主要用于与其他软件交互的文件输出，例如导出 dwg 文件、JPG 文件、tiff 文件以及 sat 文件。通过“打印”命令可以将视图或者图纸虚拟打印为 PDF 格式。

用户可以通过“应用程序主菜单”＞“选项”＞“用户界面”＞“快捷键”＞“自定义”按钮来导入自定义的快捷键以提高绘制效率。

(2) 选项卡和功能区(图 4-5)

选项卡和功能区是相互关联的。当点击选项卡中的某项，如“建筑”，功能区就会展开所有与建筑相关的命令。选项卡中“结构”和“系统”两选项分别为结构专业和设备专业，建筑方案设计阶段基本上不会用到这两个选项，施工图阶段才会用到部分命令。

(3) 项目浏览器

项目浏览器是用来组织一个设计项目中所有的信息，主要包括视图、明细表、图纸、族、组，如图 4-6 所示，用户绘制的所有平立剖图纸、选择的透视角度、渲染的图片，使用的族都被自动地归类在项目浏览器中，十分方便查找和调用。

(4) 属性面板

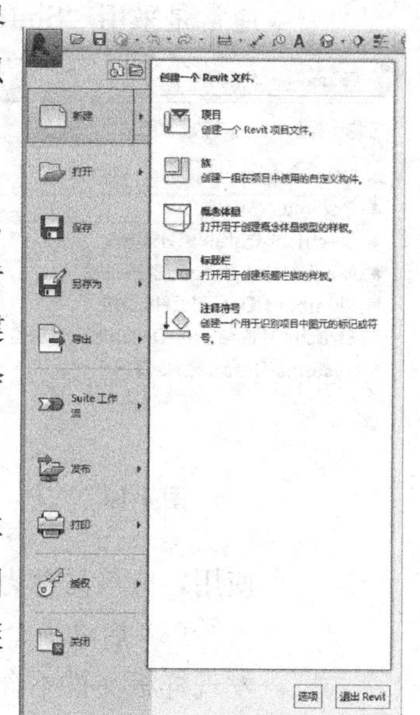

图 4-4

属性面板(图 4-7)是 BIM 软件的典型特征之一，BIM 软件的构件是用各种属性来描述和定义的。属性面板是一个动态面板，当用户点击任何一个模型构件或命令，属性面板将自动切换并与之对应，十分方便用户修改构件的参数。

图 4-5

(5) 视图控制栏

1 : 100

视图控制栏位于窗口的最底部，可以快速访问与视图控制相关的功能，包括图纸比例设置、视图显示详细程度设置、模型显示样式设置、打开/关闭日光路径、打开/关闭阴影、裁剪视图、显示或隐藏裁剪区域、临时隐藏或隔离、显示隐藏的图元、临时视图属性、隐藏分析模型。

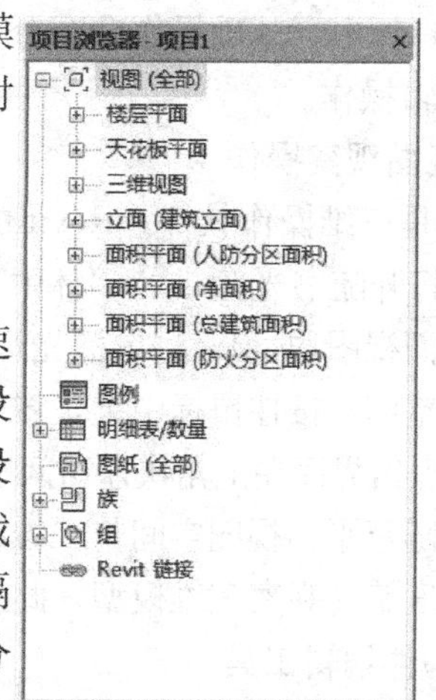

图 4-6

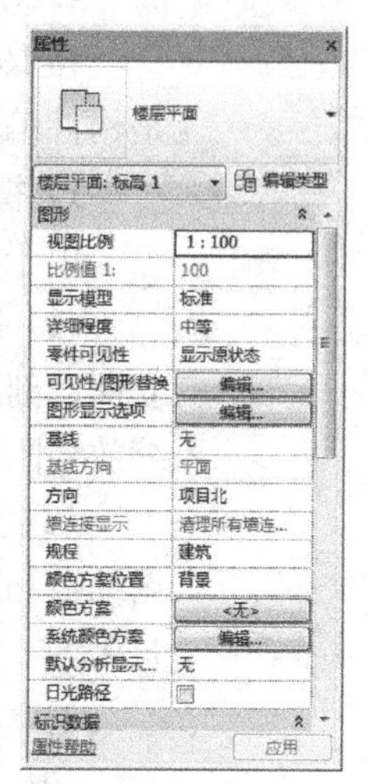

图 4-7

(6) 全导航控制盘(图 4-8)

可以让用户围绕模型进行漫游和观察，在实际操作中利用率较低。

(7) View Cube(图 4-9)

三维导航工具，让用户直观地调整视点观察模型，在实际操作中利用率较低，用户

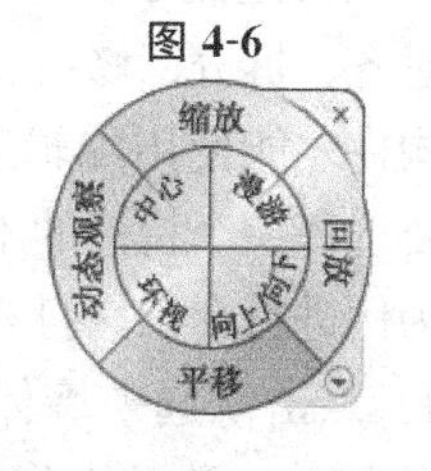

图 4-8

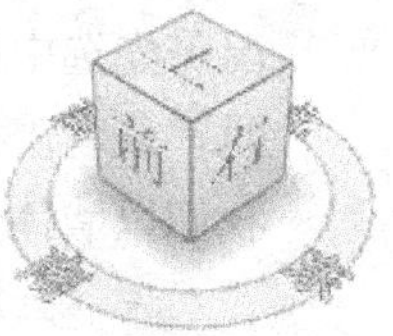

图 4-9

通常是采用“Shift+鼠标中键”来完成实时的三维导航。

图 4-10

4.2.2 样板文件

在 Revit 中，样板文件就是一个预先设定好制图标准、用户常用构件类型、常用操作习惯的一个项目启动文件，后缀为“. rte”。从 Revit 2010 版本起，Autodesk 公司推出了适合中国用户使用的本地化样板文件。如图 4-10，用户只要选择建筑样板选项即可使用本地化建筑样板。在样板文件使用中用户需注意以下几点：

(1) 不要直接打开后缀为“. rte”的样板文件直接使用，应该另存为“. rvt”项目文件使用。

(2) 启动一个新的项目，一定要调用一个合适的样板文件。在使用过程中，发现样板文件不合适，虽然可以采用“传递项目标准”调用其他样本文件中的内容，但使用很不方便。

(3) 用户可以根据某个完善的建筑模型创建新的样板文件，方法是删除多余和重复的图元类型、清理不必要的模型类别和注释类别后将文件另存为后缀名为“. rte”格式的样板文件。

(4) 样板文件可以允许用户修改和编辑。

4.2.3 基础操作工具

在 Revit 中，基础操作命令分为两部分，一部分是视图观察操作，另一部分是构件编辑操作。

1) 视图观察操作

由于是三维操作软件，Revit 的视图观察分为二维观察操作和三维观察操作。

(1) 打开随书光盘中的“林中工作室-单体”项目文件，进入二维视图(平面、立面、剖面视图均可)。将鼠标光标放在工作区任意位置，滚动鼠标中键可以自由缩放视图空间。按住鼠标中键，将出现“+”光标，用户可以随意平移视图空间。

(2) 点击界面左上角快速访问工具栏的“默认三维视图”进入三维视图。自由缩放和随意平移视图空间与二维视图相同。同时按住“shift”和鼠标中键，可以自由 360 度旋转观察三维模型。此外，用户也可用 View Cube 进行三维观察操作。

2) 构件编辑工具

构件编辑工具适用于整个软件的使用过程之中，包括移动、复制、旋转、阵列、镜像、对齐、拆分、修剪、偏移、缩放等工具。注意在 Revit 操作中，多数情况需先选中构件才能使用编辑工具，如果我们需要从很多构件中选择出一个构件时，或者需要选择一个构件的不同面时，可以使用【Tab】键进行切换选择。下面我们以墙体为例进行介绍。打开随书光盘中的“林中工作室-单体”项目文件：

• 移动：点击以选中墙体，再点击功能区的“移动”图标，可以将墙体进行任意方位移动，移动中将有蓝色数据跟随移动方向，可以观察数字确定移动距离，也可直接通过键盘输入需要的数值。

• 复制：点击以选中墙体，再点击功能区的“复制”图标，可以将墙体进行任意方位复制，距离输入操作与移动命令相同。勾选复选框中的“多个”，可进行多重复制。

• 旋转：选中墙体，再点击功能区的“旋转”图标，系统默认构件几何中心为旋转原点，可以用鼠标拖拽蓝色中心点改变旋转原点。勾选复选框中的“复制”，可在旋转的同时保留原有墙体。

• 阵列：选中墙体，再点击功能区的图标，在屏幕上任意点击一点作为阵列起点，输入需要阵列的距离 2000mm，回车后屏幕跳出阵列个数复选框，输入数值 5 即可。阵列完毕，继续点击墙体，可以再次修改阵列个数。

• 镜像：选中墙体，再点击功能区的“镜像-绘制轴”图标，通过绘制一条轴线完成镜像；点击功能区的“镜像-拾取轴”图标，通过拾取一条轴线完成镜像。

• 对齐：选中墙体，向右复制 7000mm，再旋转 90 度。点击功能区的“对齐”图标，选择水平墙体的左侧，再点击垂直墙体的右侧，垂直墙体将向右移动与水平墙体左侧对齐。

• 拆分：点击功能区的“拆分”图标，将出现“拆分”光标，点击墙体，可将墙体拆分为几段。

• 修剪：点击功能区的“修剪-延伸为角”图标，再依次点击工作区相互垂直的两段墙体，墙体将延伸到直角；点击功能区的“修剪-延伸单个图元”或“修剪-延伸多个图元”图标，可以延伸单个或多个墙体至某个目标构件。

• 偏移：点击功能区的“偏移”图标，在工作区左上角复选框设置偏移数值，点击墙体完成偏移。用户也可以选择图形方式完成偏移。

• 缩放：点击功能区的“缩放”图标，可以调整构件的大小。注意此命令不能同时缩放一个构件的长宽高，只能按照构件属性进行缩放，如墙体只能在平面视图中缩放长度，而高度和厚度均不能缩放。

4.3 基本建筑构件的绘制

本章以一个虚拟的建筑为例，着重讲述基本建筑构件的建模方法，基本建筑构件包括柱子、墙(幕墙)、楼板、门窗、屋顶、楼梯(坡道)等，如图 4-11。基本建筑构件是 Revit 建筑建模过程中最重要的组成部分，Revit 绘制建筑模型顺序和 Autocad 绘图顺序类似，都是按照由轴网-柱子-墙体-楼板-门窗-楼梯的基本顺序。需要注意的是，在建模过程中尽可能按照真实建筑的交接关系来组织建筑构件。

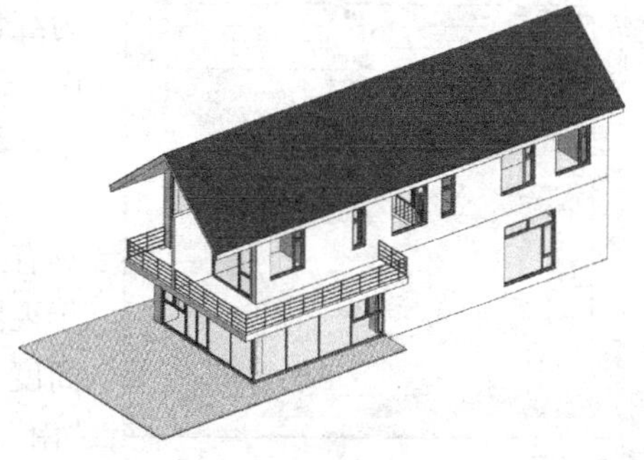

图 4-11

在进行基本的建筑构件绘制之前，我们需要新建一个项目并对建筑的轴网和标高进行绘制和设置。

新建项目部分的具体操作请参考 4.2.1 基本界面部分的内容，新建完成后将其保存为项目文件“建筑单体”。在保存文件对窗口中可以通过“选项”按钮定义文件的备份数量，目的是防止软件崩溃可能导致的文件损坏或者找回不同时间所绘制的模型文件，建议备份数量为“2”或者“3”。

4.3.1 轴网

1）轴网的绘制

进入项目浏览器中的“楼层平面”>“标高 1”，在功能区中选择“建筑”菜单下的“轴网”，单击轴网的起点和终点，绘制一根轴线。在此轴线的基础上结合复制、移动命令绘制一个 6300mm×5400mm×6300mm×6000mm 的轴网，如图 4-12 所示。

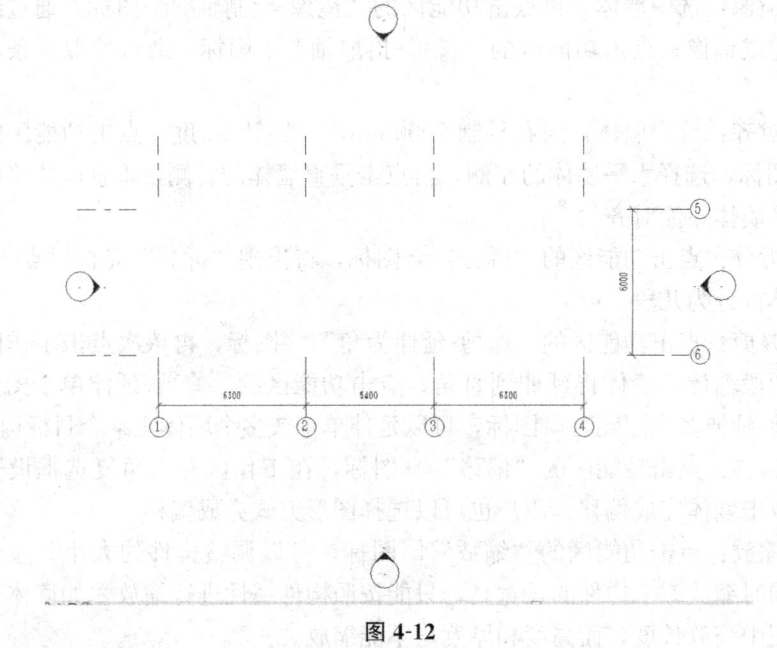

图 4-12

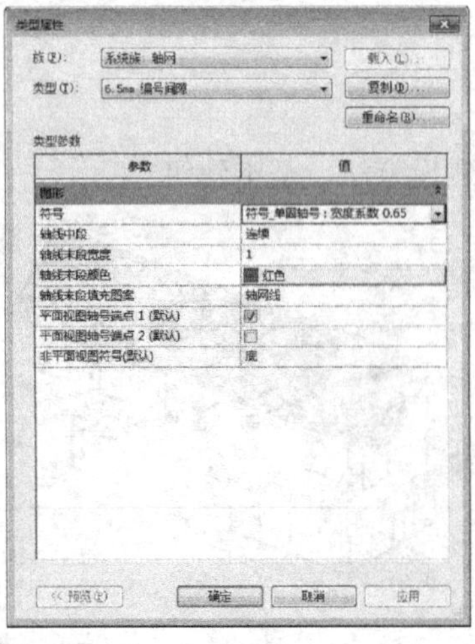

2）修改轴线的属性

选择一个轴线，在左侧属性栏中选择“编辑类型”按钮，弹出“类型属性”对话框。在“轴线中段”子选项中选择“连续”，在“轴线末端颜色”子选项中定义其颜色为红色，取消对“平面视图轴号端点”子选项的勾选，如图 4-13，单击“确定”按钮。

图 4-13

3）轴网的三维属性

不同于 Autocad 平台下的轴线定义，Revit 中的轴线具有三维的属性，我们平面视图所看到的轴线其实是垂直于视图的一个面，在相应的立面中，我们可以看到轴线的高度。比如在项目浏览器中打开“视图”>“立面”>“南”，进入南立面视图，即可看到轴线的“高度”，如图 4-14。选中轴线，向上拖拽其端点，可以改变其高度。

轴网绘制完成后不要轻易删除轴线，可以通过全选轴线后在“修改”选项卡中的“锁定”按钮将轴线锁定。

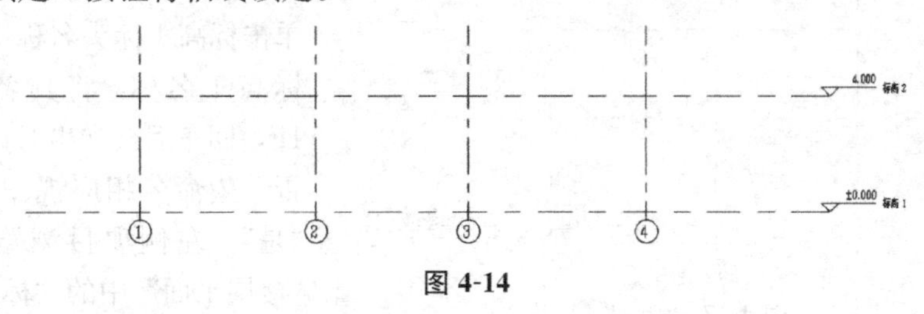

图 4-14

4.3.2　标高

1）标高的创建

双击项目浏览器中的“立面”＞“南”进入南立面视图，我们可以通过以下方式创建或者修改标高：

(1) 通过“标高”命令创建：点击“建筑”＞“标高”按钮，在立面视图中点击标高的起点和终点创建一个新的标高 3。

(2) 通过复制现有标高的方式创建：选中南立面视图中的标高 2，点击“复制”按钮后向下拖拽标高 2 并输入室内外高差数值，得到新的标高 3；复制标高 2 向上拖拽并输入层高数值得到标高 4，如图 4-15。

在层数较多的建筑绘制中，我们也可以通过阵列方式来创建新的标高。

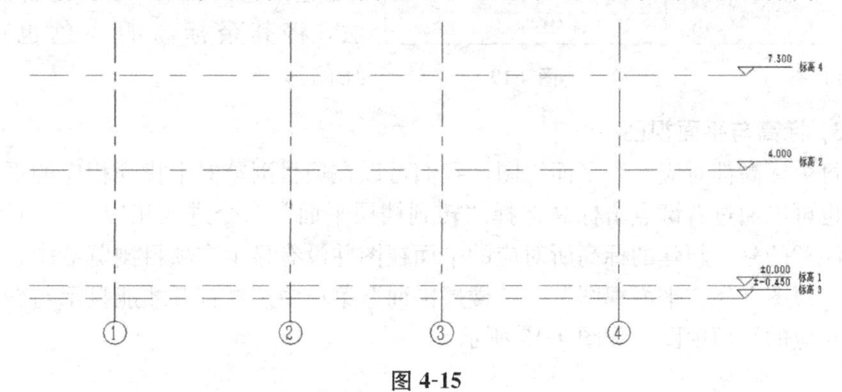

图 4-15

2）标高的修改

新的标高创建后或者在设计过程中经常需要对标高进行调整，除了通过使用移动命令之外，我们也可以通过以下方式来调整标高：

(1) 通过两次单击标头的标高数值直接修改标高高度的方式修改，如图 4-16 所示。

(2) 选中标高 2，在视图中会显示一个蓝色的临时尺寸标注，通过修改临时尺寸标注也可以修改标高高度，如图 4-17。

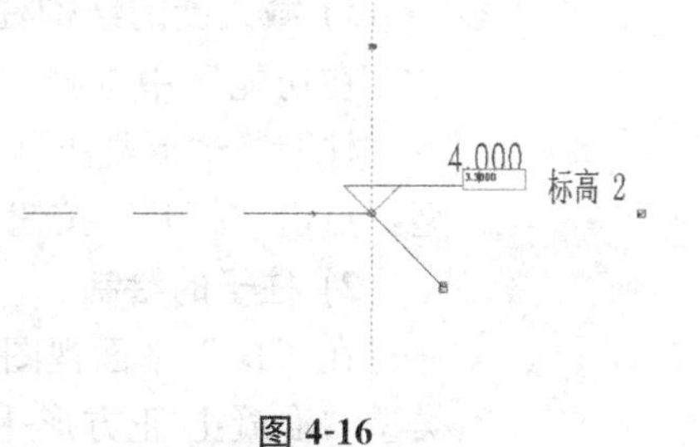

图 4-16

通过修改临时尺寸标注的方法移动图元是 Revit 中常用的方法，用这种方法同样可以移动模型线、墙体、参照平面等多种图元。

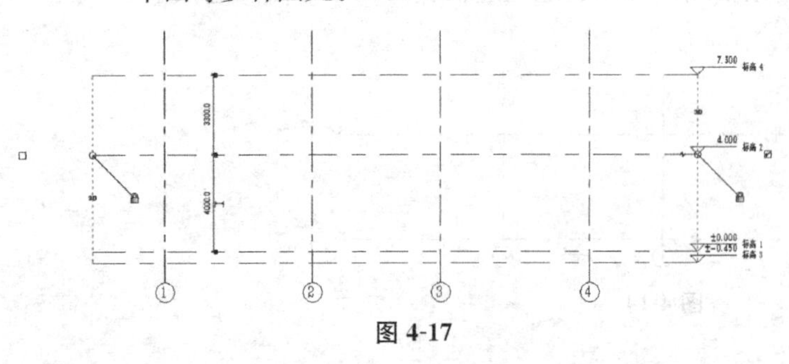

图 4-17

(3) 标高的重命名：两次单击标高 1 标头名称即可修改标高 1 名称，将其名称改为 1F，回车后会弹出对话框“是否希望命名相应视图”，选择“是”，左侧项目浏览器中的“楼层平面”中的“标高 1”也将名称自动修改为“1F”。同样的方法，将“标高 2”命名为“2F”，“标高 3”命名为“0F”，“标高 4”命名为“RF”。

(4) 标高类型的选择：选中标高“0F”，在属性栏中将标高的类型由“正负零标高”改为“下标头”；在属性栏中点击“编辑类型”按钮，将其类型中的线型图案改为“中心线”，将其颜色改为“红色”，如图 4-18。同样的方法，将其余标高的颜色也改为红色。

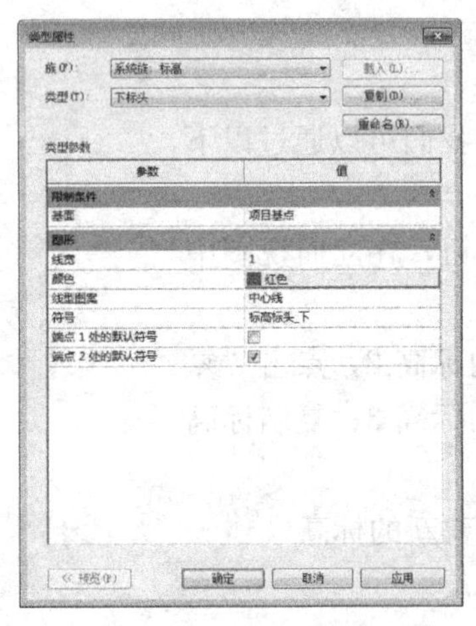

图 4-18

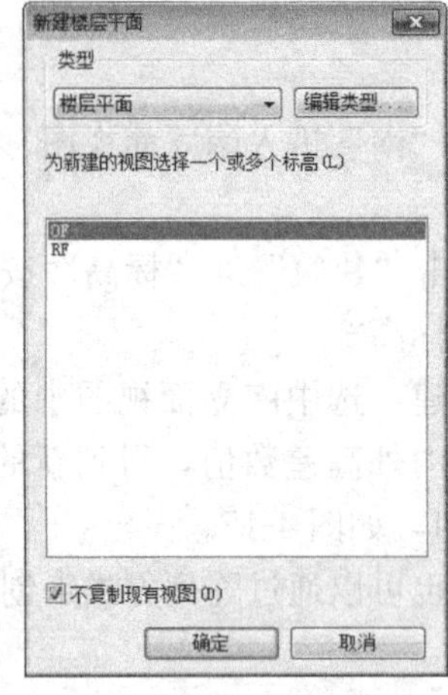

图 4-19

3) 标高与平面视图

每个标高都对应一个平面视图，我们可以在项目浏览器中找到相应的平面视图，也可以通过右键点击标高选择“转到楼层平面”命令进入相应的平面视图。需要注意的是，新建的标高所对应的平面视图并没有显示在项目浏览器中，需要通过“视图”＞“平面视图”＞“楼层平面”菜单中选择打开才能显示与新建标高相对应的平面视图，如图 4-19 所示。

4.3.3 柱子

Revit 中按照真实建筑中柱子是否承担荷载将柱子分为建筑柱和结构柱两种类型，可以通过功能区中“建筑”＞“柱”＞“结构柱/建筑柱”来选择柱子类型，也可以通过载入族的方式载入项目样板中不存在的柱子类型。

1) 载入新的结构柱族类型

在功能区中选择“插入”＞“载入族”，打开载入族对话框，打开“结构”＞“柱”＞“混凝土”，选中“混凝土-圆形-柱”和“混凝土-正方形-柱”两个类型，点击“打开”按钮。

2) 柱子的绘制

在“1F”平面视图中，通过“建筑”＞“柱”＞“结构柱”选择已载入的族类型“混凝土-正方形-柱 450×450(mm)”，在视图选项卡中对插入柱子相应的设定如图4-20，单击轴网交点处即可创建柱子，也可以通过全选轴网后使用“在轴网交点处”命令创建柱网。

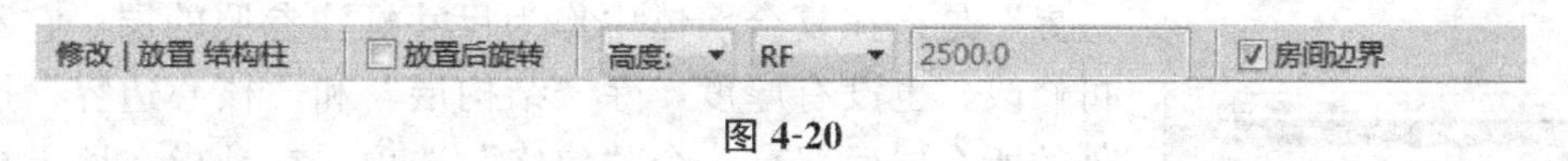

图 4-20

3)创建新的柱子类型

在同一个项目中我们经常会用到不同类型的柱子，圆柱、不同尺寸的方柱或者矩形柱子，我们需要通过复制命令创建新的柱子类型。选中单个柱子“混凝土-正方形-柱450×450(mm)”，点击右键，选择“选择全部实例”＞“在整个项目中”，即选择到了项目中所有的“混凝土-正方形-柱子450×450(mm)”，点击图元属性栏中的“编辑类型”＞“复制”，将其名称修改为“400×400(mm)”，并将“类型参数”＞“尺寸标注”中的“b”和“h”的参数修改为400，点击确定之后即创建了一个新的柱子类型，对新的柱子类型参数进行的修改不会影响到原有柱子类型的参数。

需要注意的是，在Revit建筑建模的过程中，经常会通过复制的方法创建新的图元类型，这会提高建模的效率，并且能对图元很方便地进行管理。

4) 柱子的高度修改

选中单个柱子“400×400(mm)”，点击右键，选择“选择全部实例”＞“在整个项目中”，在左侧属性栏中“底部标高”约束的标高设置为“0F”，“顶部标高”设置为“RF”，即可实现对柱子高度的约束控制，如图4-21。

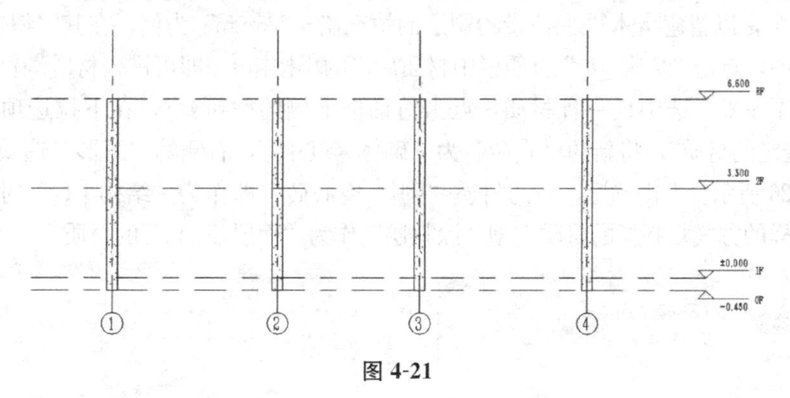

图 4-21

在Revit中类似柱子、墙体、楼梯等多种图元的高度都是通过属性栏中的标高来约束的，这样做的方便之处是在调整标高的时候，可以实现图元与标高的联动，提高了绘图效率和准确性。

4.3.4 墙、幕墙

墙和幕墙是基本建筑构件中最重要的组成部分，墙体是按照真实建筑中墙体构造方式来模拟的。以样板文件中的“基本墙-内部-砌块墙100”为例，通过“编辑类型”按钮打开“类型属性”对话框，点击“构造”选项卡下的“编辑”按钮，打开“编辑部件”对话框，我们可以很清楚地看到“基本墙-内部-砌块墙

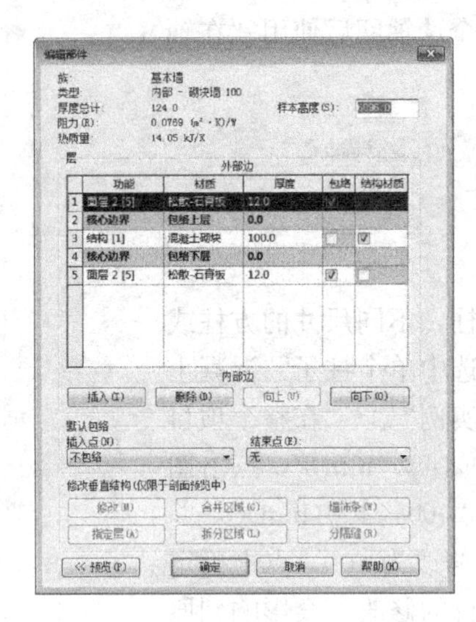

图 4-22

100”的构造组成方式，如图 4-22。其中，“面层”、“结构层”是墙体构成部分，需要指定其材料和厚度；“核心边界”是指在复合墙体中作为尺寸标注参照的层，它不可修改，也没有厚度，除“结构层”和“核心边界”层外的所有层后都有一个“包络”选项，它是指在墙上插入窗的情况下该层是否包络进墙面开口的选项。

幕墙是基本建筑构件中可以灵活使用的一种建筑构件，它可以和墙体自动剪切，在方案阶段，我们可以用它来表达各种门窗洞口甚至隔断和栏杆。

1) 墙体的绘制

(1) 复制新的墙体类型并设定其材质：在功能区中选择“建筑”>“墙”>“墙：建筑”命令，在属性栏中选择“常规－200mm-实心”，点击“编辑类型”按钮，在弹出的“类型属性”对话框中点击“复制”，将新的墙体命名为“外部-带粉刷层的填充墙－225mm”；在“类型参数”>“构造”>“结构”栏中点击“编辑”按钮，打开“编辑组件”对话框，将其构造组成设置成如图 4-23 所示。

同样的方法在墙体类型“内部-砌块墙 190”的基础上新建新的墙体类型“内部-填充墙 200mm”，其构造组成设置如图 4-24 所示。

样板文件默认的材料相对有限，我们在绘图的过程中经常需要复制新建新的材料种类，以新建墙体“外部-带粉刷层的填充墙－225mm”为例，在其“编辑组件”对话框中，点击“结构 [1]”材质栏中材质后面的小按钮 即可进入材质浏览器对话框，如图 4-25。选中任一种材质，点击对话框下侧的按钮 ，在下拉选项中选择“复制选定的材质”，将新的材质命名为“砌体 空心砖”，右侧的“图形”选项卡设置如图 4-26 所示。点击确定，新的材质“砌体 空心砖”即作为“结构 [1]”对应的材质。同样的方式复制新的材质类型“涂料层”作为“面层 1 [4]”的材质。

图 4-23

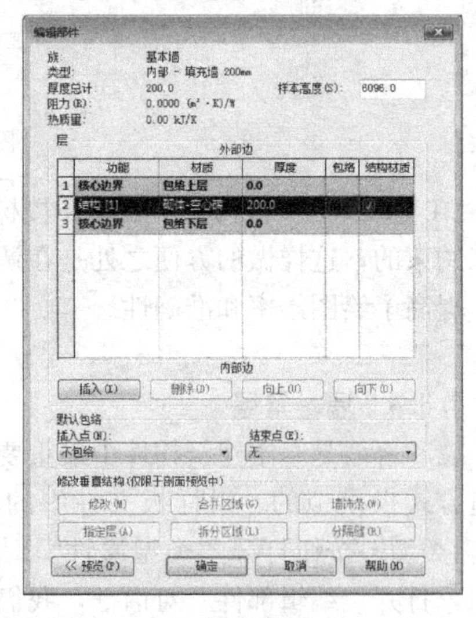

图 4-24

材质浏览器是Revit中对材质库进行管理的工具，在4.6节《建筑模型渲染》中我们会更详细讲到它的运用。

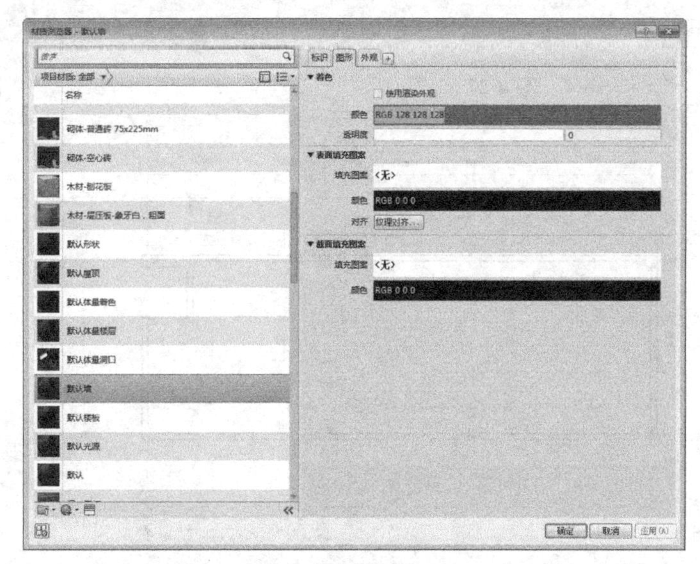

图 4-25

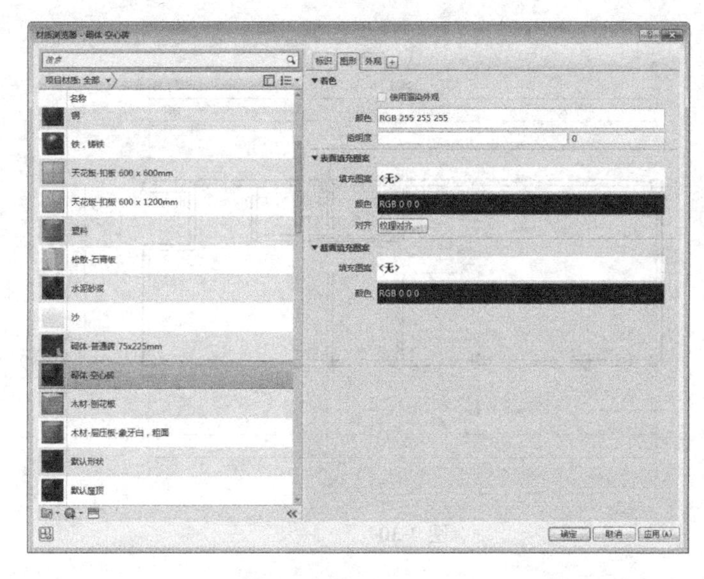

图 4-26

（2）一层墙体的绘制：在功能区中选择“建筑”选项卡＞“墙”＞“墙：建筑”，在属性栏中选择“基本墙-外部-带粉刷层的填充墙－225mm”，功能区下方选项栏的设置如图4-27。此时功能区最右侧会出现绘制选项卡，如图4-28，可以选择多种方式来绘制墙体(在绘制其他类型的图元的时候同样会使用到该选项卡，需要在练习的过程中灵活掌握)。绘制完成的外墙如图4-29所示，其中轴线4和轴线B处为双墙。同样的方式绘制一层平面的内墙部分：墙体类型选择“基本墙：内部-填充墙200”，底部限制条件为1F，顶部限制条件为2F，绘制完成后如图4-30所示。

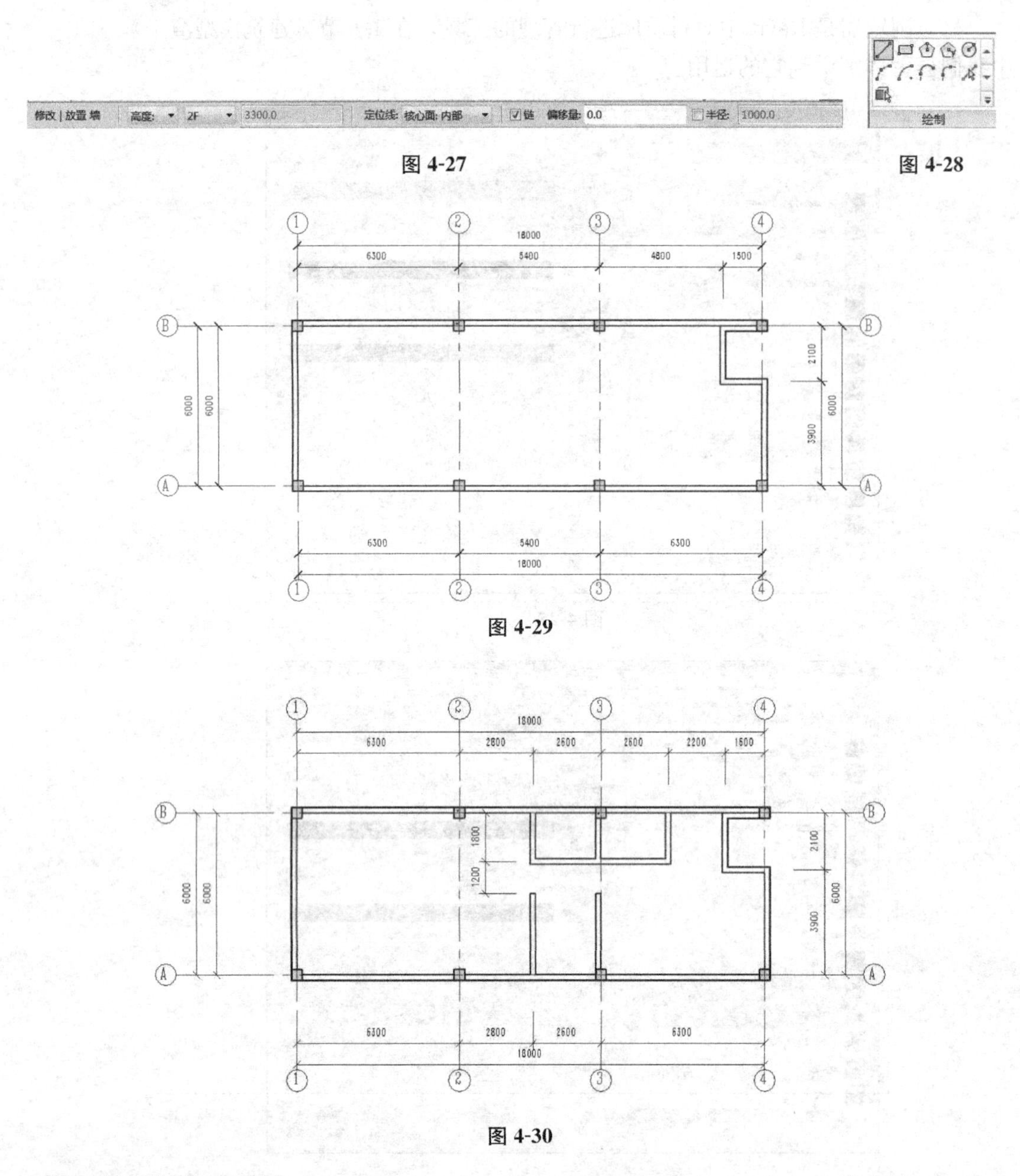

图 4-27　　图 4-28

图 4-29

图 4-30

图 4-31

默认情况下，视图是以粗线模式显示的，在绘制某些局部或者交接复杂的图元时，可以通过点击“视图”＞“细线”按钮将视图切换为细线的显示模式。

(3) 二层墙体的绘制：选中 1F 中所有外墙、内墙，使用热键“Ctrl＋C”，将其复制到剪贴板。在功能区中使用“修改”＞“粘贴”＞“与选定的标高对齐”命令，弹出“选择标高”对话框，如图 4-31 选择标高“2F”后点击确定，一层墙体即复制到 2F 中。在项目浏览器中打开“楼层平面”＞“2F”，点击左下角视图控制栏的“显示精度”按钮，如图 4-32 所示。将显示精度调整为“中等”。

调整二层平面的布局，如图 4-33 所示，默认情况下，我们能看到一层平面的墙体以灰色显示，可以通过将在视图属性栏的“基线”选项由“1F”调整为“无”，即可取消一层墙体在二层平面的显示。

1 : 100

图 4-32

2）幕墙的绘制和修改

(1) 幕墙的基本设置：在“建筑”＞“墙”＞“墙：建筑”中选择“幕墙”，点击“编辑类型”按钮，进入“类型属性”对话框，点击“复制”按钮后输入新的名称“幕墙-手动分割”，点击确定后即新建了一个新的幕墙类型。在类型属性对话框中的“构造”子选项中勾选“自动嵌入”选项，如图 4-34，点击确定。

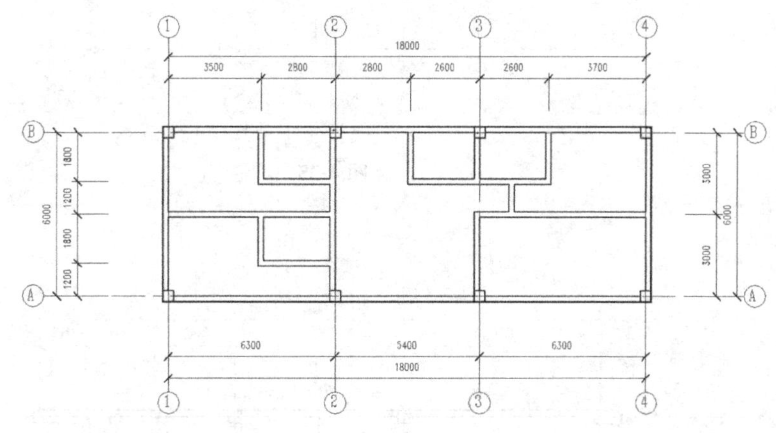

图 4-33

(2) 幕墙的绘制：在幕墙的绘制之前，我们需要对一层平面西侧部分进行调整：将轴线 1 和轴线 A 墙体做 600 的悬挑处理，并将交点处的方柱替换为“混凝土-圆形-柱 400mm”；轴线 1 和轴线 B 处墙体绘制为双墙，如图 4-35 所示。

在出挑的外墙上使用“幕墙-手动分割”绘制一个底部约束为 1F，顶部约束为 2F 的建筑幕墙，幕墙会自动剪切外墙“外部-带粉刷层的填充墙-225mm”，如图 4-36。但在幕墙的转角部分，并没有完美剪切外墙，我们需要使用“建筑”选项卡中的“墙洞口”命令对没有完美剪切的墙体进行修改。修改完成后的一层平面图如图 4-37，三维视图如图 4-38 所示。

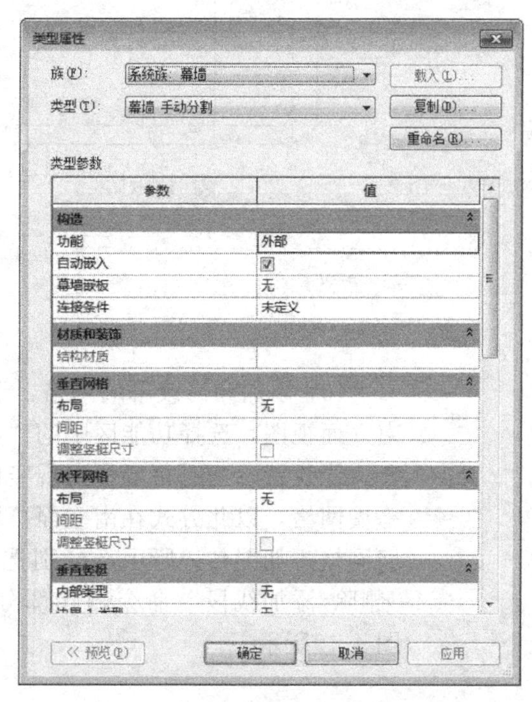

图 4-34

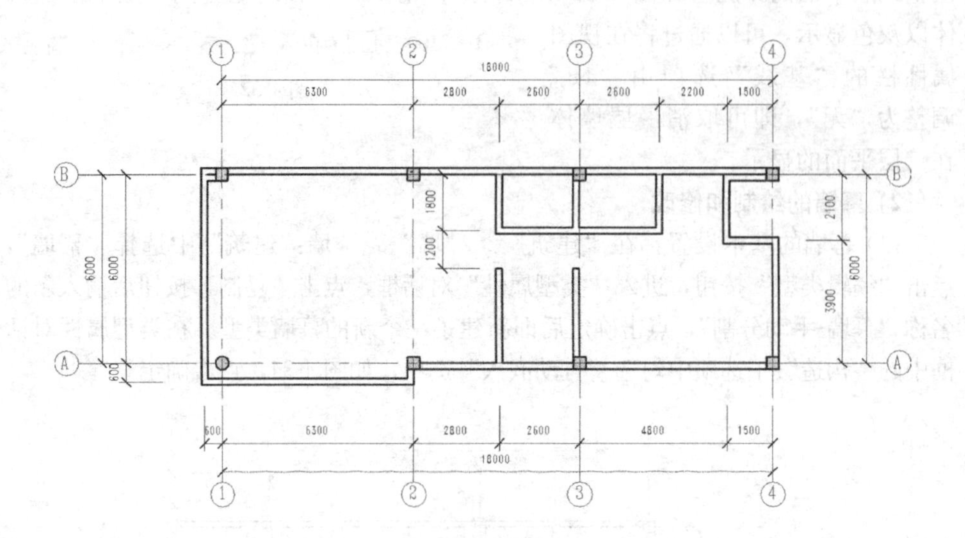

图 4-35

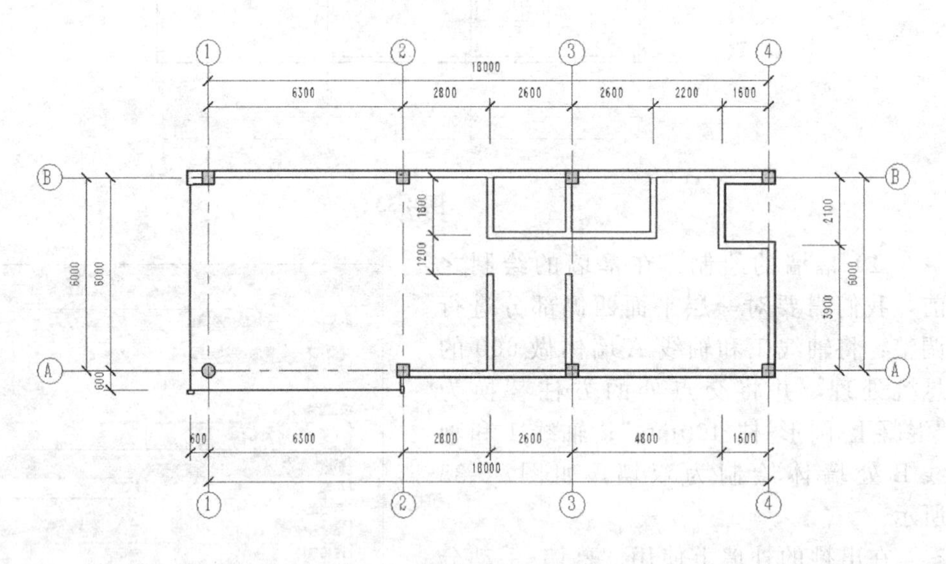

图 4-36

(3) 添加和修改幕墙网格：双击项目浏览器中的“立面”＞“南”，进入南立面视图，选择功能区中的“建筑”＞“幕墙网格”后将鼠标悬停在幕墙上边缘位置，这时幕墙会出现竖向蓝色虚线，单击鼠标即添加了一个竖向的幕墙网格，以此方式在南立面幕墙上添加三道竖向幕墙网格线，两道横向幕墙网格，如图4-39所示。分别选中两道横向幕墙网格，使用功能区右侧的“删除/添加线段”命令删除部分幕墙网格，只保留右侧的横向幕墙网格如图 4-40所示。

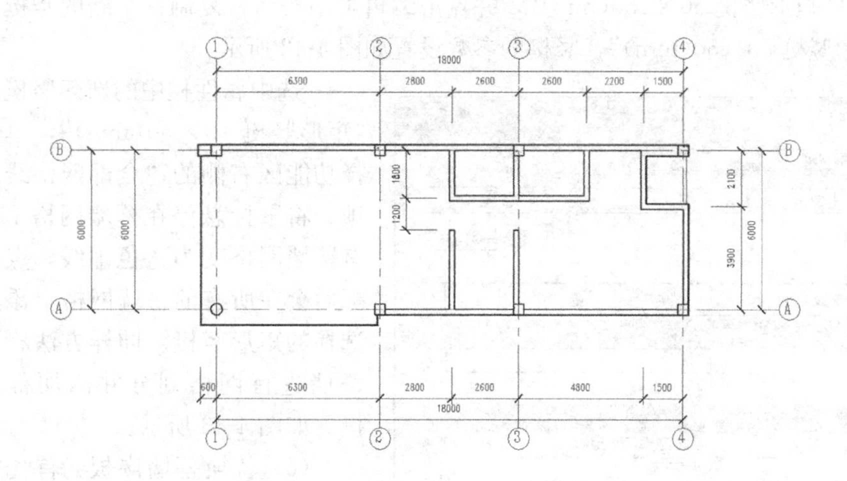

图 4-37

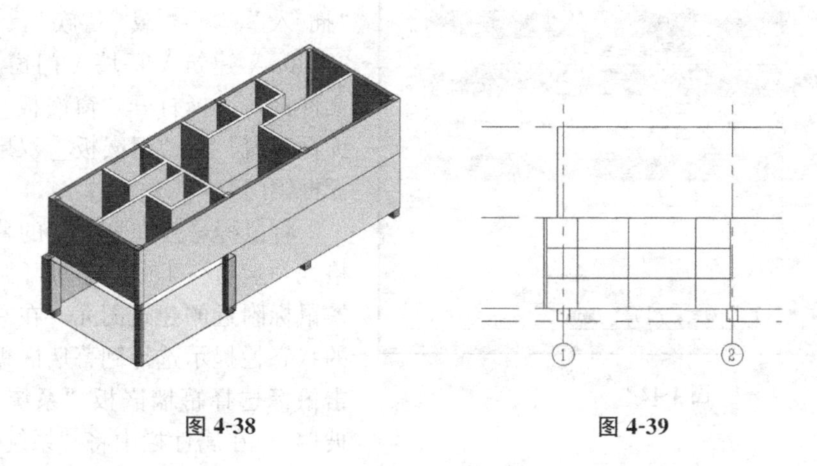

图 4-38　　图 4-39

调整幕墙网格线的间距：在南立面视图，在功能区中选择“注释”选项卡＞“对齐”命令，依次拾取幕墙左右边缘和竖向幕墙网格对其进行尺寸标注，拾取尺寸标注线，点击尺寸线上方的等分图标 EQ，对幕墙网格进行等分。并在右侧幕墙网格内添加一条竖向幕墙网格，如图 4-41。

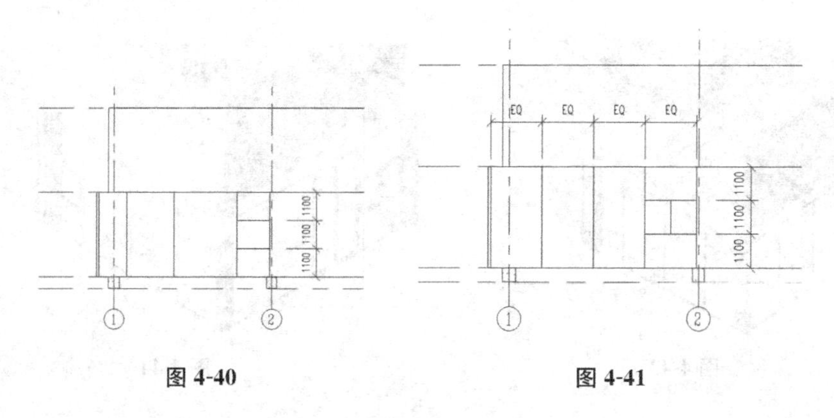

图 4-40　　图 4-41

(4) 添加幕墙竖梃：在功能区中选择“建筑”＞“竖梃”命令，在属性栏中选择“矩形竖梃 50×150(mm)”，并点击编辑类型按钮，复制一个新的竖梃类型“矩形竖梃 50×50(mm)”，竖梃的参数设置如图 4-42 所示。

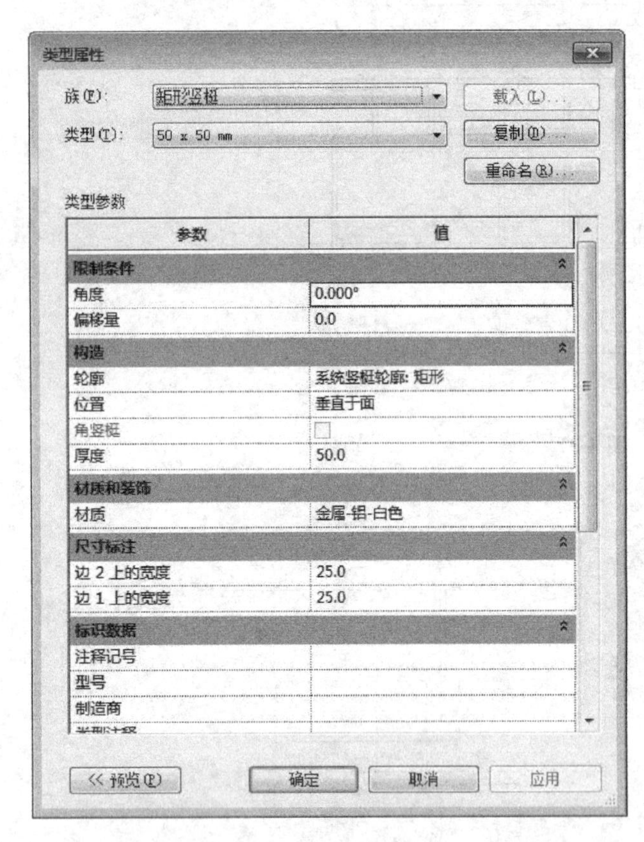

图 4-42

选中属性栏中的新建竖梃类型“矩形竖梃 50×50(mm)”，单击选择功能区右侧的“全部网格线”选项，将鼠标悬停在幕墙网格上，所有幕墙网格变为蓝色虚线，点击鼠标后会在所有的幕墙网格上添加所选择的矩形竖梃。同样方法将西侧幕墙进行网格划分并添加幕墙竖梃。如图 4-43 所示。

(5) 替换幕墙嵌板：首先需要载入相应的门窗嵌板族文件，选择“插入”＞“载入族”，进入“China \ 建筑 \ 幕墙 \ 门窗嵌板”文件夹，选择打开“窗嵌板 _ 上悬无框铝窗”和“门嵌板 _ 双扇推拉无框铝门”。

将鼠标悬停在划分好的幕墙网格处，点击“Tab”键即可循环切换鼠标附近的建筑图元，在左下角的状态栏提示选择到幕墙嵌板时单击鼠标选择幕墙嵌板“系统嵌板：玻璃”，在属性栏中将“系统嵌板：玻璃”替换为之前载入的“窗嵌板 _ 上悬无框铝窗”。使用功能区“修改”选项卡左侧的“匹配类型属性”命令，将另一侧的幕墙嵌板匹配为“窗嵌板 _ 上悬无框铝窗”，并把西侧幕墙的一个单元格的幕墙嵌板替换为“门嵌板 _ 双扇推拉无框铝门”，如图 4-44 所示。

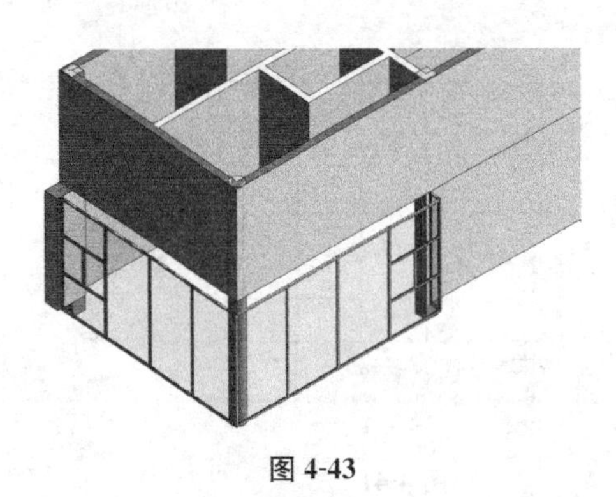

图 4-43

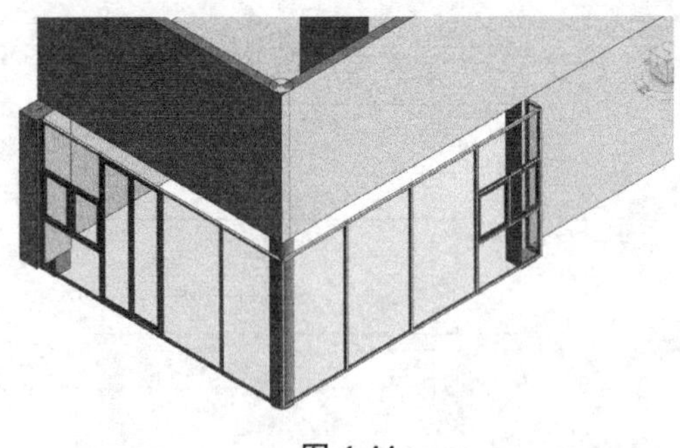

图 4-44

4.3.5　楼板

楼板也是一种可以灵活运用的建筑构件类型，我们除了可以用它来做建筑楼板之外，也可以用它来表达场地道路，概念体块，屋顶等。

1) 楼板的绘制

(1) 室内楼板的绘制

打开平面视图“2F”，在“建筑”选项卡中选择“楼板”＞“楼板：建筑”，属性栏中选择“楼板：常规－300mm”，并复制一个新的类型“楼板：常规－500mm”，厚度设置为 500mm，材料设置为“混凝土＿现场浇筑混凝土”。点击功能区右侧的“绘制”命令即可进行绘制楼板。绘制草图如图 4-45 所示，楼板外边缘和绘制完成后点击“完成”按钮，会弹出对话框“是否希望将高达此楼层标高的墙附着到此楼层的底部?”，如图 4-46 所示，选择“否”，完成楼板的绘制。

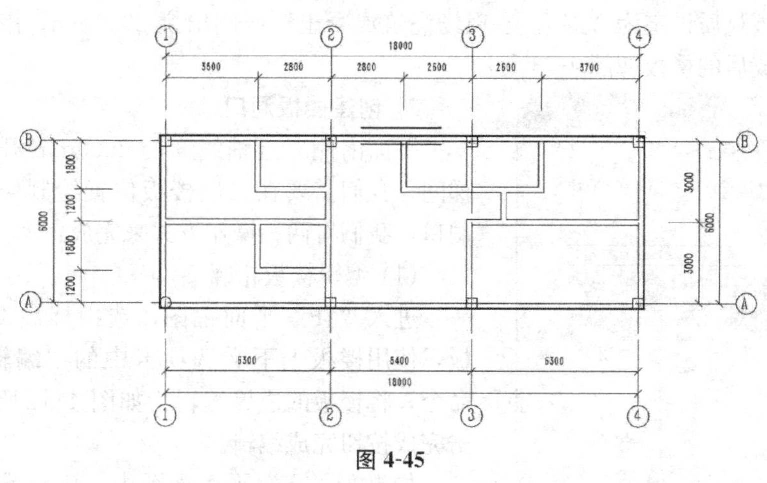

图 4-45

楼板的绘制可以通过直线绘制、拾取墙、拾取线、矩形框等多种方式，若使用拾取墙体方式绘制，移动墙体时楼板边界将会和墙体一起移动，在楼板边界比较复杂的情况时不建议用拾取墙体的方法绘制。

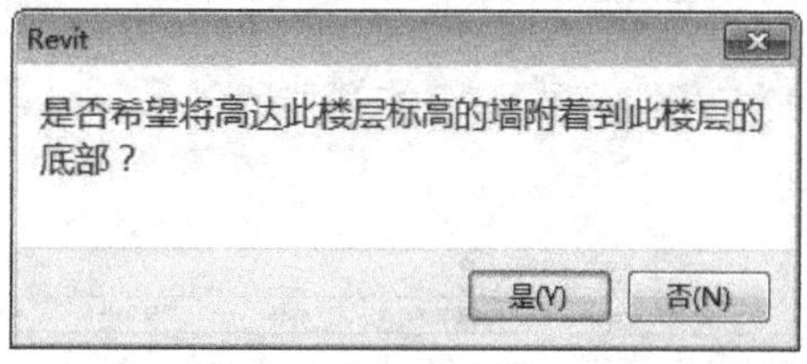

图 4-46

选中 2F 标高的楼板，使用热键“Ctrl＋C”将其复制到剪贴板，使用功能区中的“修改”＞“粘贴”＞“与选定的标高对齐”命令将其复制到 1F。进入三维视图“3D”，选中一层平面的所有外墙，将其底部限制条件改为“0F”，此时转角处幕墙的交接会出现分离，如图 4-47 所示。进入平面视图“1F”，选中幕墙，在幕墙端点处点击右键，在弹出的对话框中选择“不允许连接”，如图 4-48，使用功能区中“修改”选项卡中的“修剪/延伸单个图元”命令对转角处的幕墙进行修改，完成后如图 4-49 所示。

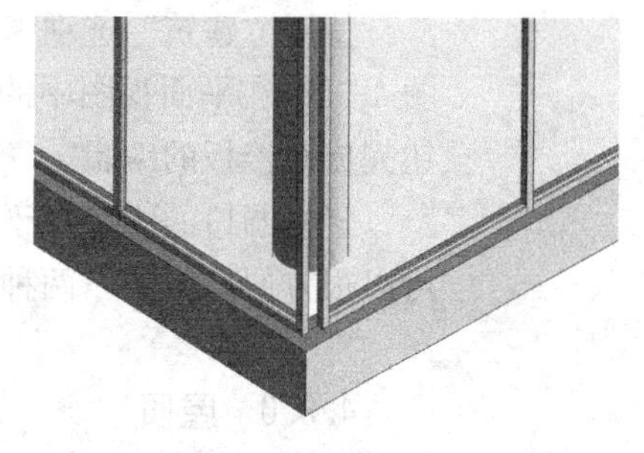

图 4-47

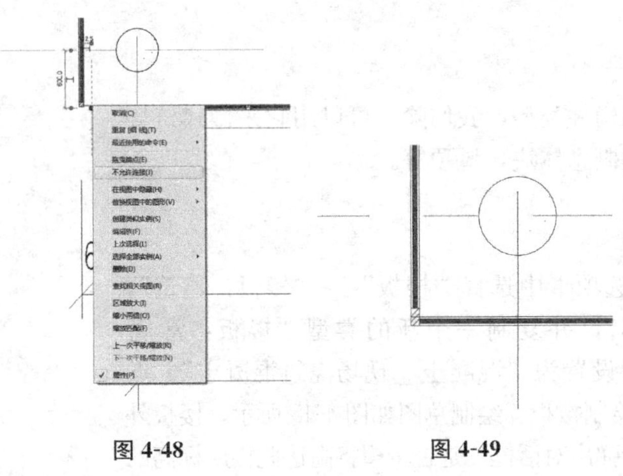

图 4-48　　图 4-49

(2) 1F 标高室外楼板的绘制

使用“建筑”＞“楼板”命令，在属性栏选择“楼板 常规一500mm”，并在其基础上复制新的楼板类型“常规 室外架空木底板面层 50mm”，如图 4-50，其材质“木地板”在材质浏览器中的图形设定如图 4-51。完成楼板在“1F”平面图的轮廓如图 4-52，其关联标高为 1F。

(3) 2F 标高室外楼板的绘制

进入“2F”楼层平面视图，使用楼板命令，在属性栏中选择“楼板 常规一300mm”，楼板材质设定为“混凝土-现场浇筑混凝土”西侧出挑 2000mm，南侧出挑 1500mm。绘制完成后的楼板如图 4-53 所示。

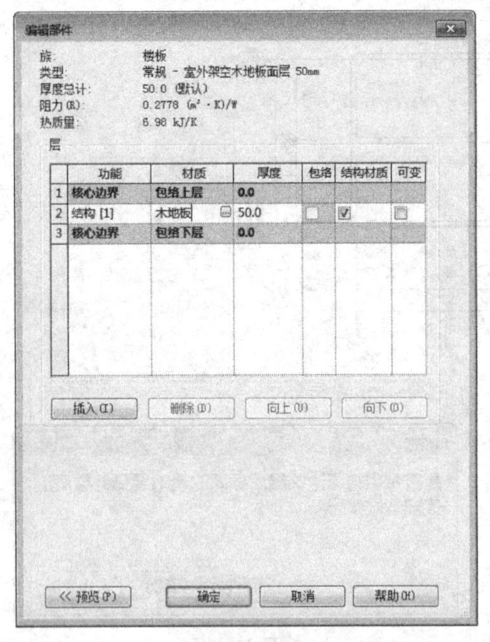

图 4-50

2) 创建楼板洞口

平面南侧靠近轴线 3 的 2600mm 开间为楼梯间，我们需要在二层楼板位置绘制楼梯间的洞口，我们有两种操作方式来完成：

(1) 编辑楼板轮廓

进入“2F”平面视图，选中标高 2F 的楼板，使用楼板上下文选项卡中的“编辑边界”命令，将楼板的边界编辑为如图 4-54 所示，点击完成按钮完成编辑。

如果在“2F”平面视图中，比较难选择到标高“2F”的楼板，也可以在三维视图中选择，然后回到“2F”平面视图进行轮廓编辑；在编辑楼板过程中需要看到“1F”平面视图以对洞口边缘定位，可以将视图属性栏中的“基线”设定为“1F”一层平面即以灰度显示。

(2) 使用“竖井洞口”命令

使用“建筑”选项卡中的“竖井洞口” 命令，竖井洞口的限制条件设置如图 4-55。在平面视图中的楼梯间位置绘制竖井洞口的草图轮廓，点击“完成”按钮完成对楼板的编辑。

竖井洞口的优势在于它可以贯穿多个标高的楼板，在层数较多的建筑建模中可以很方便地使用，两种方式绘制完成的楼梯间洞口如图 4-56 所示。

4.3.6 屋顶

Revit 屋顶命令提供了三种绘制屋顶的方法：迹线屋顶、拉伸屋顶、基于体量的面屋顶，如图 4-57 所示。此外，我们还可通过对楼板进行修改子图元的方法创建坡屋顶。

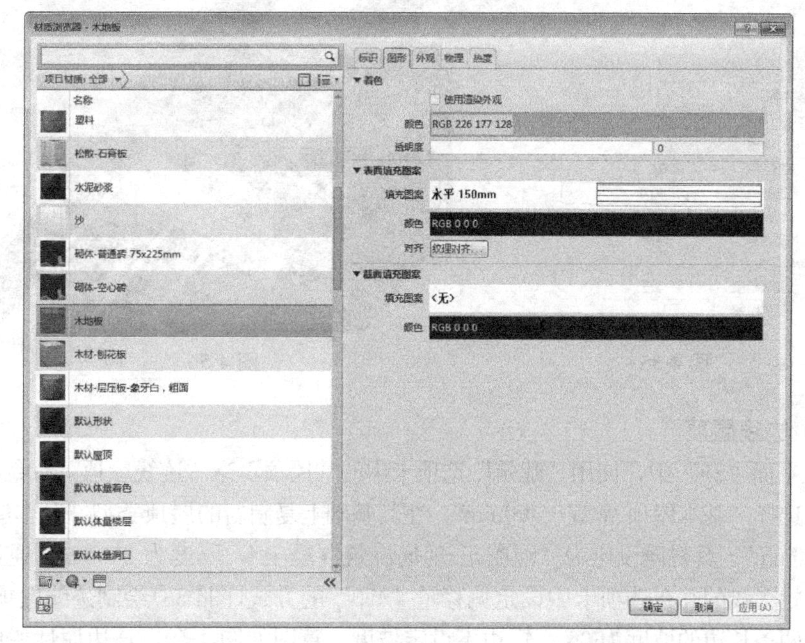

图 4-51

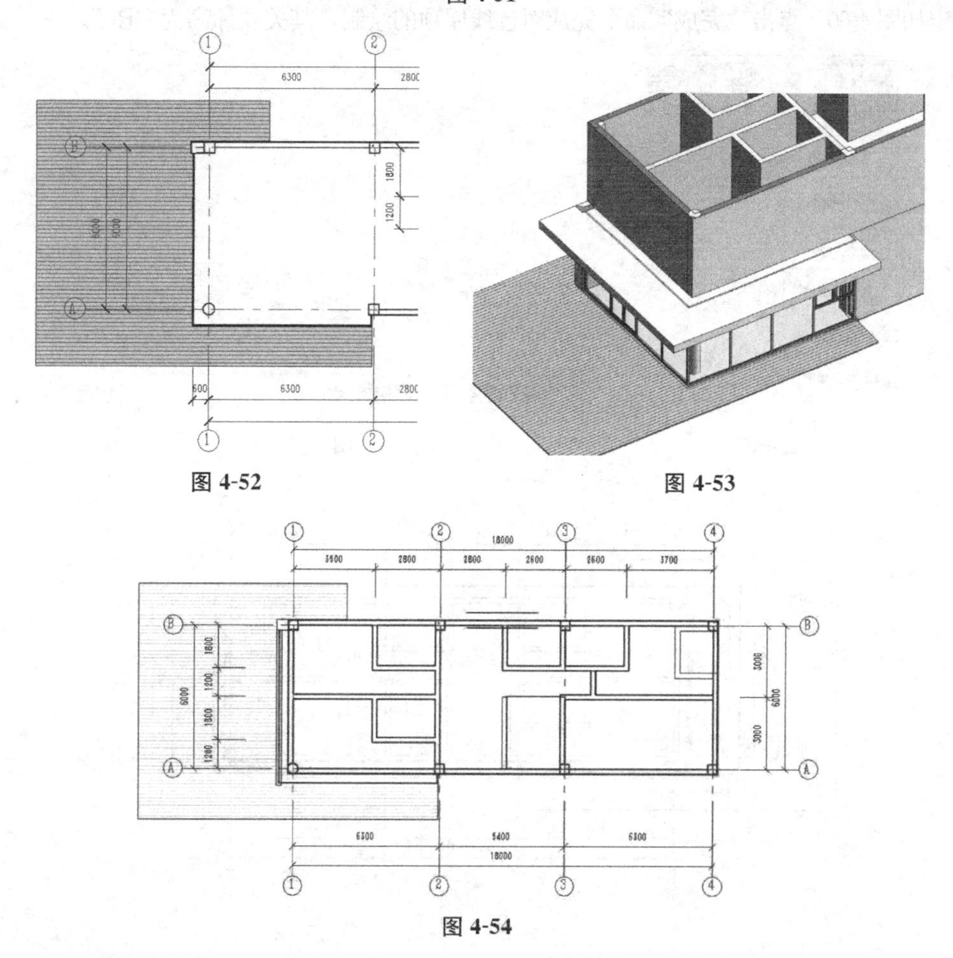

图 4-52

图 4-53

图 4-54

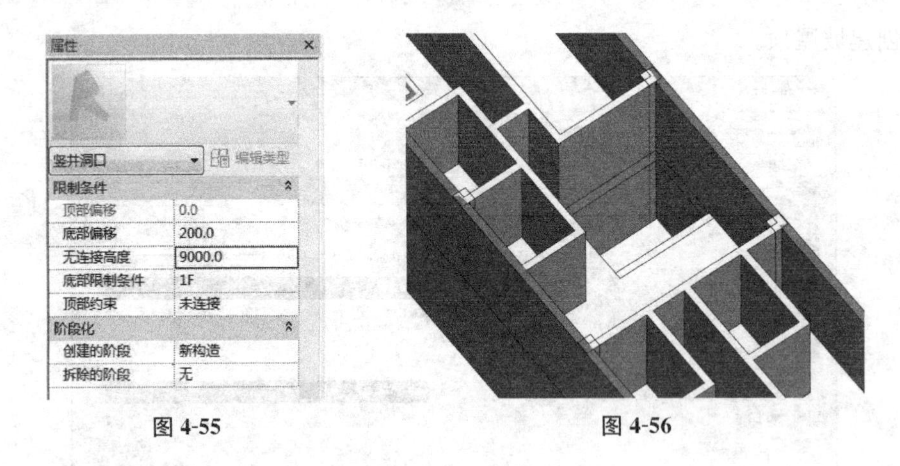

图 4-55　　　　图 4-56

1）迹线屋顶

在平面“2F”中，使用“建筑”选项卡中的“屋顶”＞“迹线屋顶”命令，在属性栏中选择“基本屋顶-常规－400mm”，在其基础上复制新的屋顶类型“基本屋顶-常规－300mm”，其材质设定为“混凝土-现场浇筑混凝土”，厚度为300mm，通过拾取线外墙轮廓线的并在选项卡中设定偏移量“450”的方式(图4-58)绘制迹线屋顶草图，并设定两条长边的坡度为36°，短边不设定坡度，草图如图4-59，长边属性栏中的设定如图4-60。点击“完成”命令完成对迹线屋顶的绘制，其关联标高为“RF”。

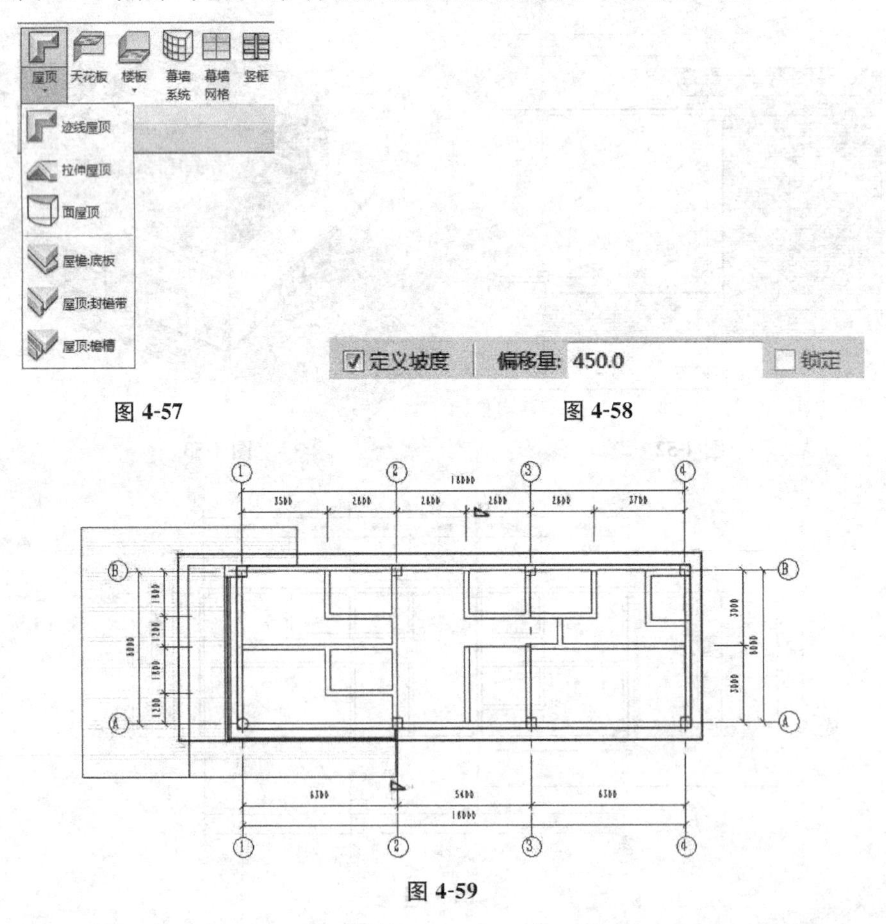

图 4-57　　　　图 4-58

图 4-59

通过迹线屋顶可以绘制复杂的坡屋顶，如图 4-61。

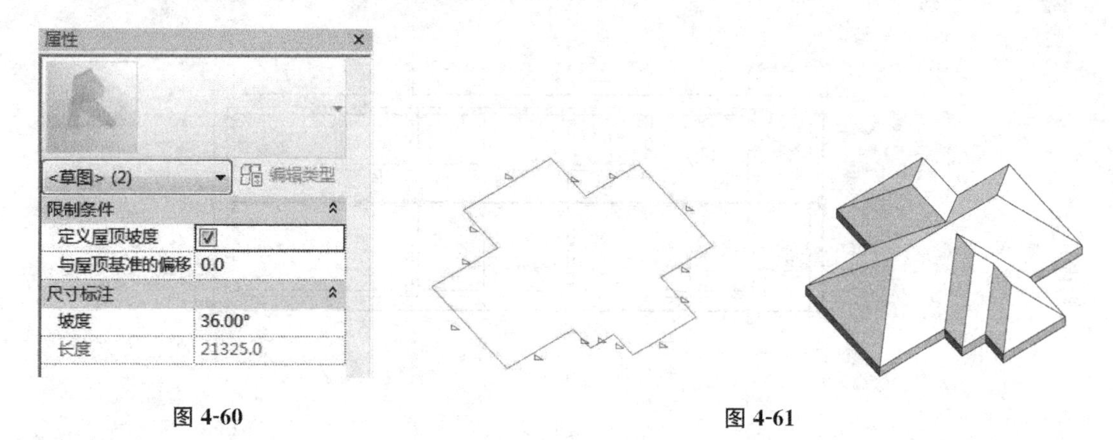

图 4-60　　图 4-61

2）通过对楼板使用“修改子图元”命令创建坡屋顶

删除上面通过迹线屋顶方式绘制的屋顶，我们用修改子图元的楼板来表达屋顶。

（1）绘制标高为“RF”的楼板进入“RF”标高视图，创建一个标高为“RF”的楼板，楼板属性选择“楼板-常规一300mm”，楼板边缘以外墙为基准向外偏移 450mm，西侧是以出挑楼板外边缘为基准向外偏移 450mm，如图 4-62，点击完成，在弹出的“是否希望将高达此楼层标高的墙附着到此楼层的底部?”对话框，选择“否”。

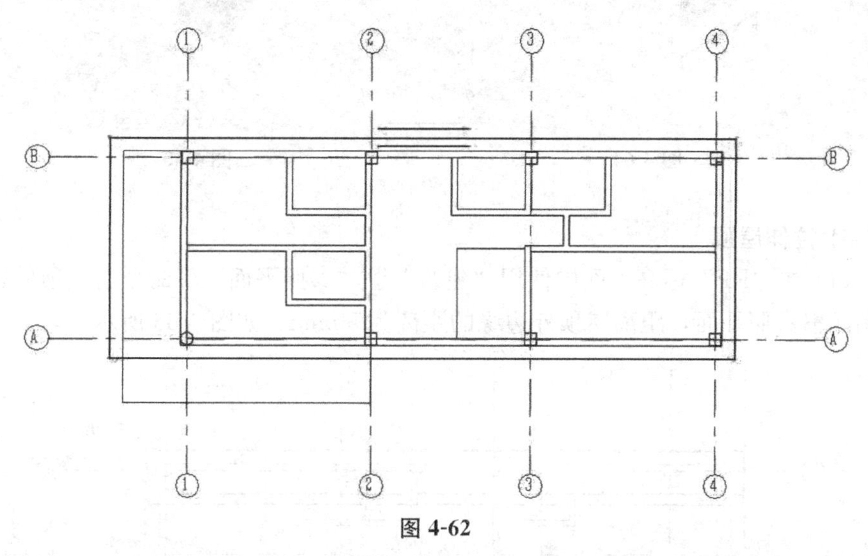

图 4-62

（2）在楼板上添加分割线并修改子图元：选中楼板，在功能区出现的上下文选项卡中选择“添加分割线”添加分割线命令，沿楼板东西向中线添加一条分割线，如图 4-63 所示。进入三维视图，选中楼板，在功能区中选择“修改子图元”命令，分别拾取所添加分割线的两端的操纵柄，并将其数值设为“3000”，如图 4-64，按“Esc”键退出修改子图元编辑模式，选中剪切到屋顶的竖井洞口，拖拽其顶面的箭头或者调整其属性栏的高度，如图 4-65，使其无法剪切到屋面，屋顶创建完成。

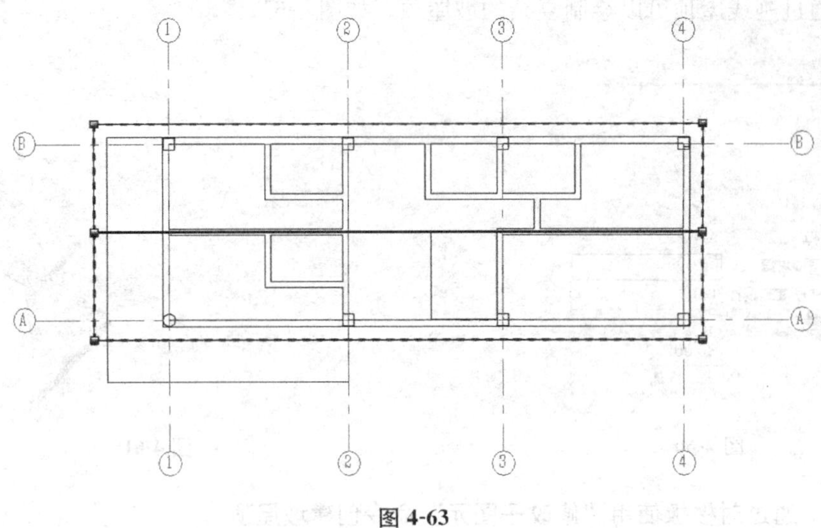

图 4-63

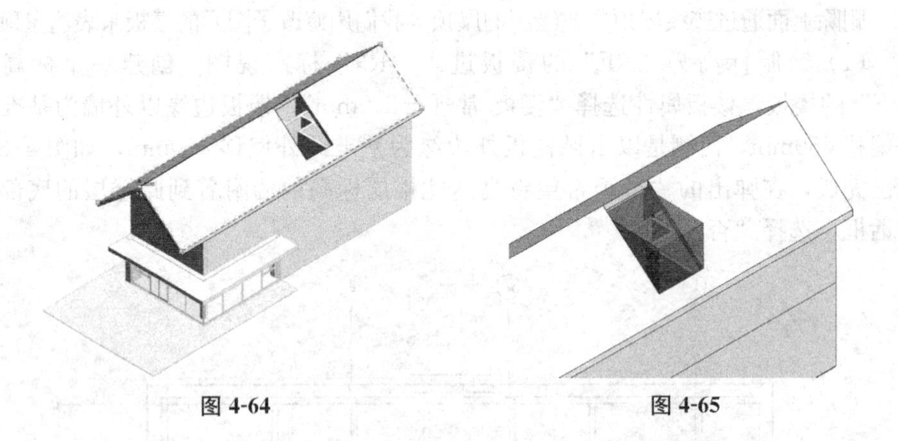

图 4-64　　图 4-65

3）拉伸屋顶

（1）在“RF”标高平面中使用“建筑”>“参照平面”命令沿屋顶外边缘绘制四根参照平面，距离屋顶外边缘的距离为 50mm，如图 4-66 所示。

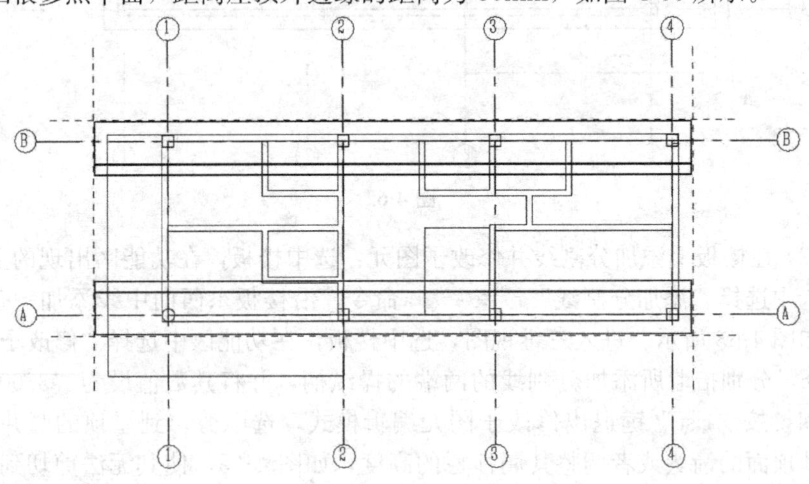

图 4-66

参照平面是虚拟的二维平面，在编辑族文件时经常用作控制线，在项目文件中，经常用作辅助线。

(2) 进入“西立面”视图，在“建筑”选项卡中选择“屋顶”＞“拉伸屋顶”命令，弹出“工作平面”对话框，需要我们指定创建屋顶所在的工作平面，选择“名称”中的“轴网 1”，如图 4-67，点击“确定”，即我们设定“轴网 1”所在的平面为我们的工作平面，在后面弹出的“屋顶参照标高和偏移”选择标高为“RF”，偏移量为“0.00”，点击确定后绘制拉伸屋顶的草图，如图 4-68 所示，点击“完成”。

拉伸屋顶默认为“基本屋顶 常规-300mm”，我们在其基础上复制新的屋顶类型“基本屋顶 面层-20mm”，其材质为新建材质类型油毡瓦，其在材质浏览器中的图形设定如图 4-69。

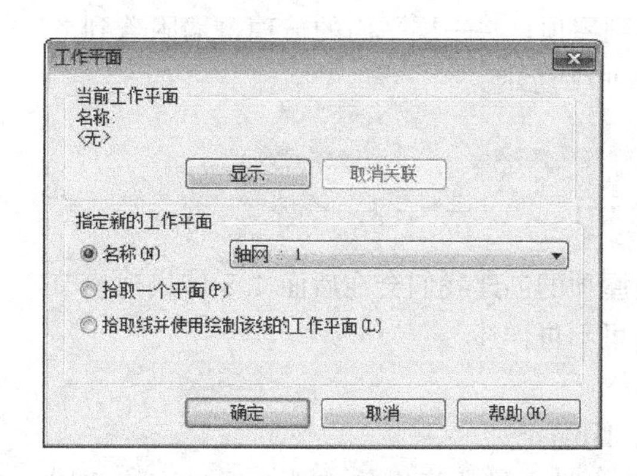

图 4-67

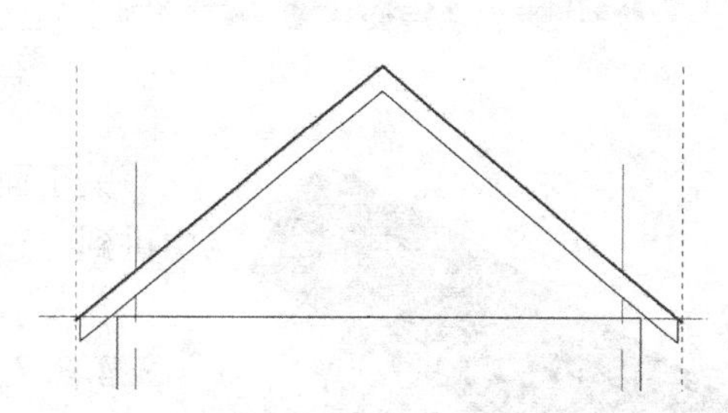

图 4-68

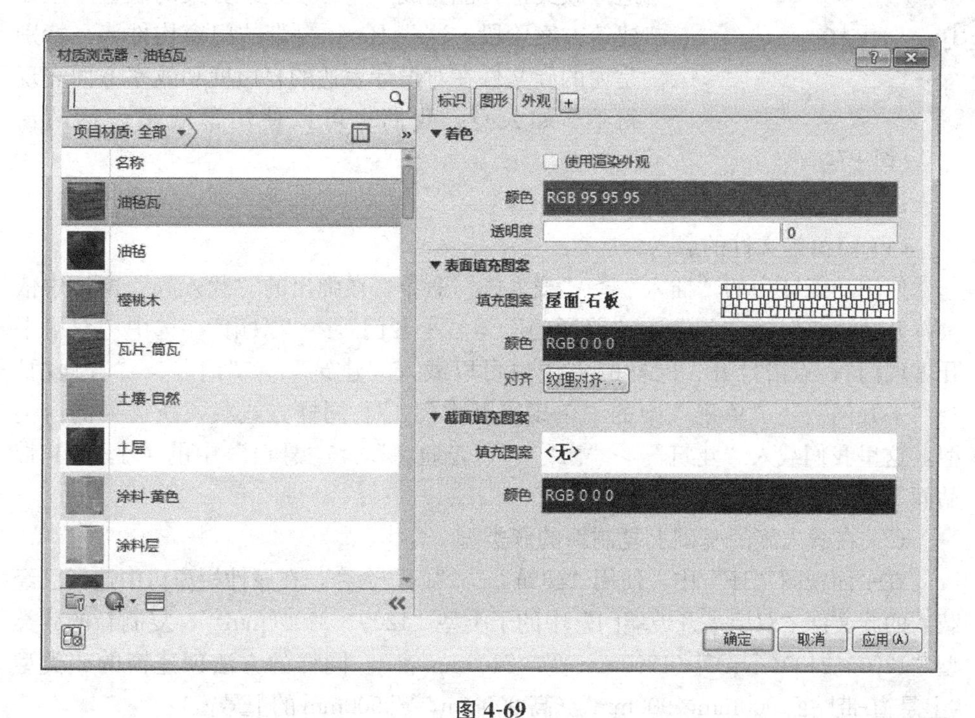

图 4-69

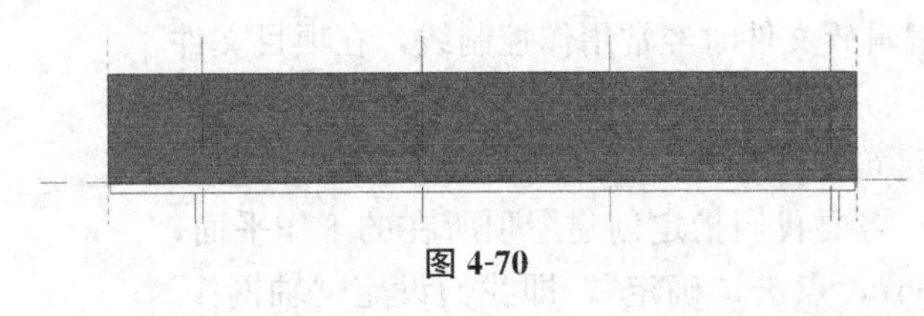

图 4-70

(3) 进入“南立面”视图，使用“对齐”命令将拉伸屋顶的两端与参照平面对齐，如图 4-70 所示。拉伸屋顶绘制完成。

4) 将柱子和墙体附着到屋顶

使用上面三种方法所创建的屋顶在创建完成后都存在与柱子、墙体交接不完整的问题，我们需要通过将柱子、墙体附着到屋顶的方法来完善模型。

点击功能区上方的图标进入三维视图，选择到柱子“混凝土-正方形-柱 400×400(mm)”，点击右键，在弹出的菜单中选择“选择全部实例”＞“在整个项目中”，在功能区中选择“附着顶部/底部”命令，选项栏的设置如图 4-71 所示，再选择要将柱子所附着到的屋顶“楼板-常规-300mm”，柱子的附着完成。同样的方法，选择内墙与外墙将其附着到屋顶；将一层平面的玻璃幕墙附着到二层平面出挑的楼板，完成后的模型如图 4-72 所示。

修改 | 结构柱　附着柱: ◉ 顶 ○ 底　附着样式: 剪切柱　附着对正: 最大相交　从附着物偏移: 0.0

图 4-71

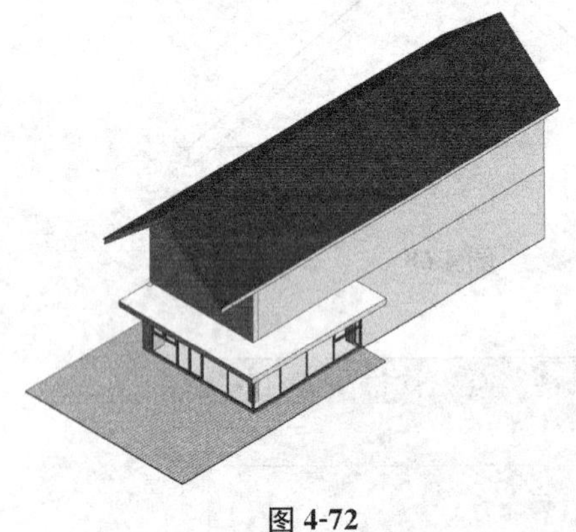

图 4-72

关于面屋顶的创建我们会在后面 4.5 体量建模节中讲到，这里不再详述。

4.3.7 门窗

Revit 中自带大量的门窗族文件，通过直接使用这些族文件，能完成一些常规建筑方案的表达，但在建筑方案阶段，这些 Revit 自带的门窗构件族，特别是窗的族文件在对设计表达的自由度和效率方面表现得不尽如人意，我们也可以使用幕墙来表达门窗洞口。

1) 门、窗族文件的应用

(1) 门窗族文件的载入

使用功能区中的“插入”＞“载入族”命令，在弹出的“载入族”窗口中依次打开“建筑”＞“门”＞“普通门”＞“平开门”＞“双扇”，选中“双扇平开玻璃门”，点击打开；同样的方法也可以载入“建筑”＞“门”＞“普通门”＞“平开门”＞“单扇”中的“单扇平开木门 1”。同样方式载入所需要的窗类型，这里我们载入“建筑”＞“窗”＞“普通窗”＞“悬窗”中的“上悬窗-带贴面”。

(2) 在载入族的基础上复制新的族类型

在平面视图“1F”中，使用“建筑”＞“门”命令，在属性栏窗口中选择已经载入的族文件“双扇平开玻璃门”中的子类型“1200×2100(mm)”，复制新的族类型“1200×2400(mm)”(1200mm 宽，2400mm 高)。同样的方法创建窗的族类型“上悬窗-带贴面 900mm×900mm”(高 900mm，宽 900mm 的上悬窗)。

(3) 在模型中使用门窗族

进入平面视图“1F”，使用“建筑”＞“门”命令，在属性栏中选择“双扇平开玻璃门：1200×2400(mm)”，将鼠标悬停在入口处的外墙上，即可预览门插入的位置和开启方向，点击即可插入门，同样的方式在北侧外墙插入窗“上悬窗-带贴面 900mm×900(mm)”，如图 4-73 所示。

我们需要在南侧外墙上插入一个 2700×2700mm 的落地窗，如图 4-74，我们会发现很难利用 Revit 中自带的窗类型来表达我们所需要的设计——这需要对窗的族文件进行编辑修改，这部分内容我们会在 4.7 节《族的概念和创建构件族》中详细讲到。在建筑方案阶段，我们可以灵活运用幕墙的形式来表达门或者窗。必须要注意的是，在施工图阶段，仍然需要以窗的族文件来表达窗，否则在明细表中无法统计窗的数量。

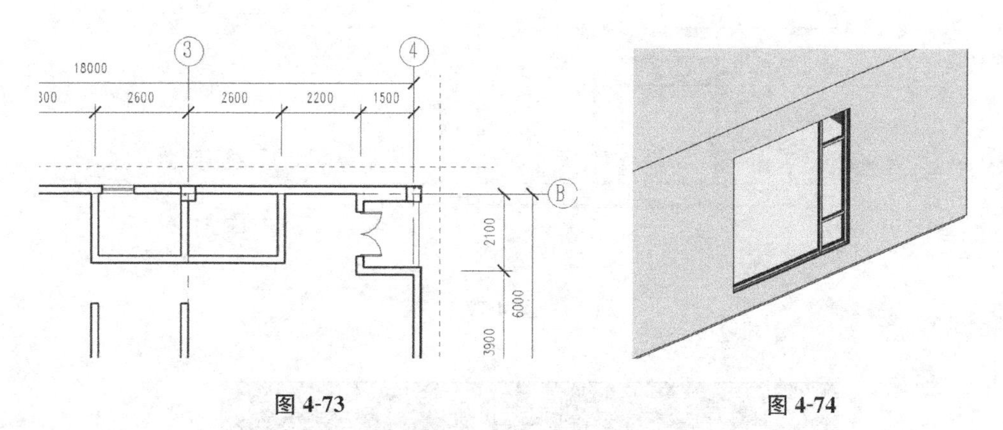

图 4-73　　图 4-74

2) 以幕墙方式来表达门窗洞口

在 4.3.4 节中，我们在建筑西南侧上绘制了一个转角幕墙，并对其进行了幕墙网格的划分，并用替换幕墙嵌板的方法来表达门和窗，同样的方法，我们也可以用幕墙来表达尺寸更小的门窗，结合模型组的使用，会大大提高创建模型的自由度和效率。

(1) 用幕墙来表达门窗

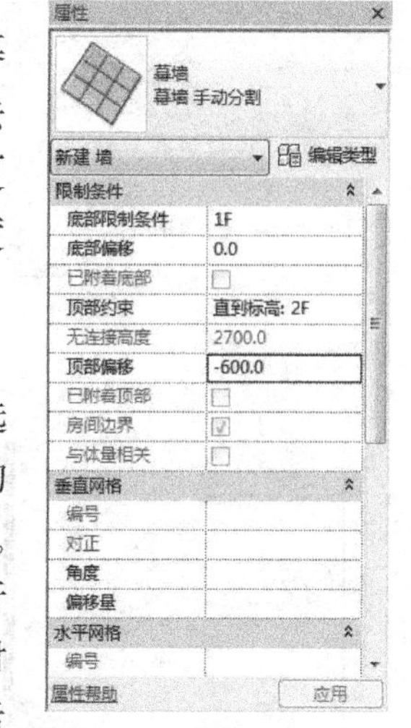

图 4-75

进入“1F”视图，使用“建筑”＞“墙”命令，在属性栏中选择“幕墙-手动分割”，在一层南侧外墙绘制幕墙洞口，属性栏中的限制条件如图 4-75 所示，幕墙的长度为 2700mm，高度为 2700mm。进入南立面视图，使用“建筑”＞“幕墙网格”命令，对幕墙进行划分，划分方式如图 4-76 所示。使用“建筑”＞“竖梃”命令，对幕墙应用“矩形竖梃 50×50mm”，并替换相应的幕墙嵌板，完成后的幕墙开口如图 4-77 所示。

以同样的方式以手动分割的幕墙在绘制二层南立面的方窗和竖窗，尺寸分别为 1800×1800(mm)和 700×1800(mm)，完成后如图 4-78。

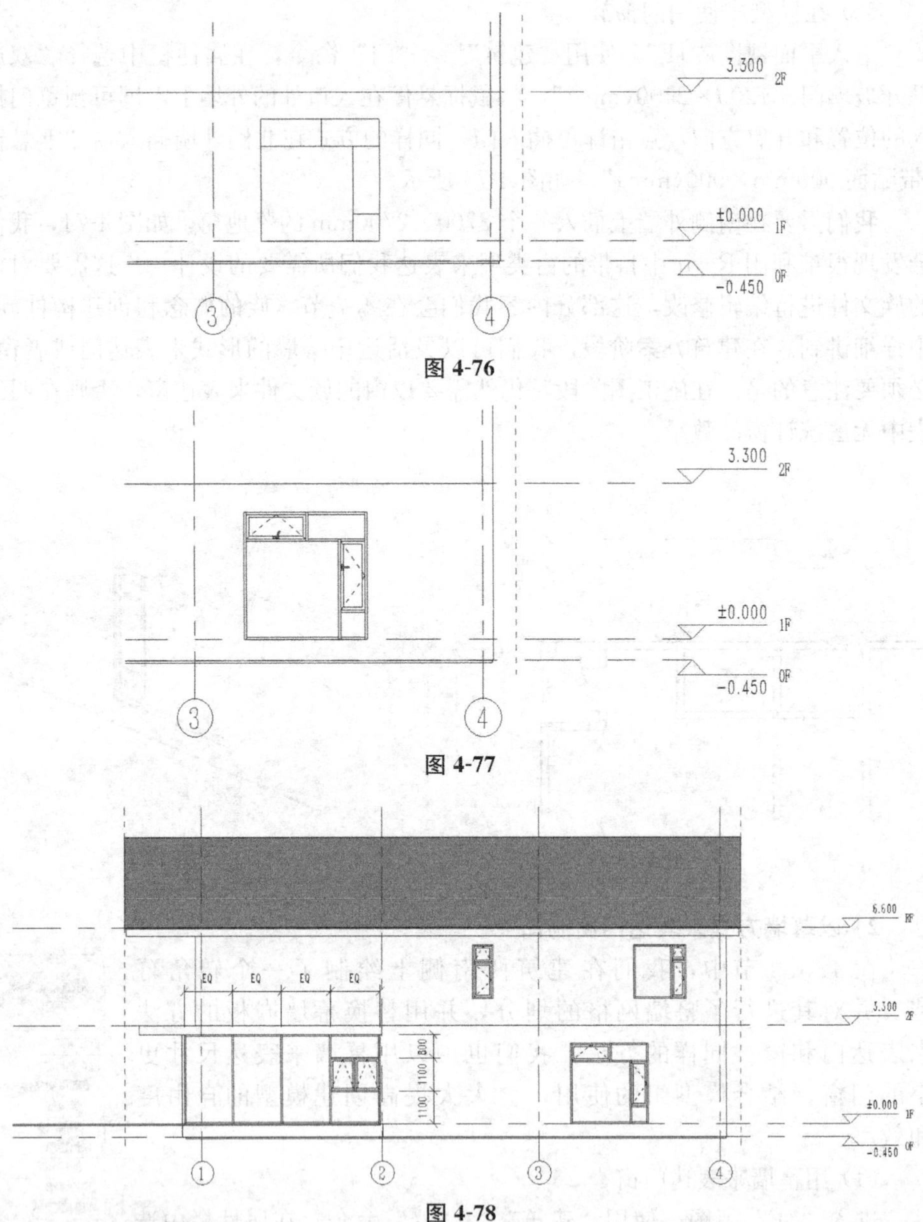

图 4-76

图 4-77

图 4-78

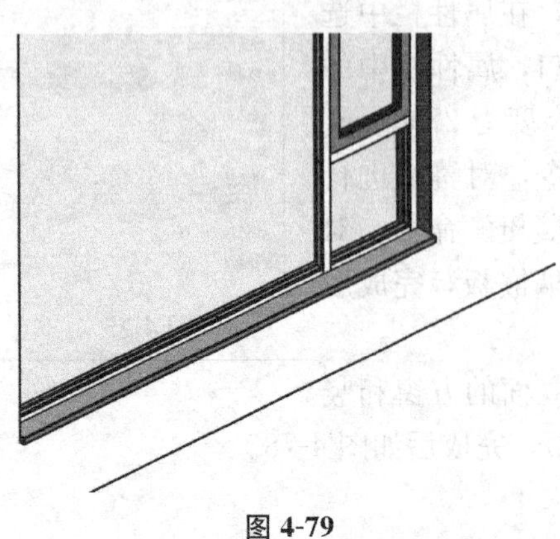

图 4-79

（2）用楼板来表达窗户的披水板

① 绘制披水板：使用“建筑”选项卡中的“楼板”命令，以“楼板 常规-150mm”为基础创建“楼板-窗台披水板-30mm”，即厚度为 30mm 的楼板。在一层平面图中以轴线 3 和轴线 4 之间的窗外侧为基准创建一个楼板，与窗同宽，南侧飞出外墙 30mm，限定标高为“1F”，且自标高的高度偏移数值设定为“20”，创建完成后如图 4-79。

② 以同样方式绘制二层平面图中的其余窗台披水板。

(3) 以幕墙为基础创建模型组，并对其进行复制：在平面视图“2F”中，选中所创建的尺寸为 1800×1800mm 的“幕墙 手动分割”及窗台披水板，使用关联选项卡中的“创建组”命令，弹出“创建模型组”对话框，将所创建的组命名为“窗 1800×1800(mm)”，点击确定后组创建完成。同样方式将轴线 2 与轴线 3 之间的窗创建为模型组“窗 700×1800(mm)”。

进入平面视图“2F”，同时结合南立面视图对模型组“窗 1800×1800(mm)”和“窗 700×1800(mm)”进行复制，复制完成后如图 4-80 所示，具体位置可参见图 4-105。

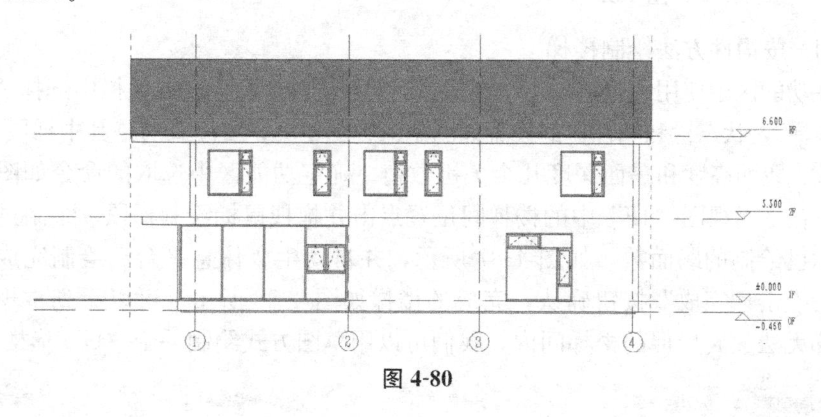

图 4-80

(4) 在其余立面以幕墙方式绘制窗洞口

用类似的方法，分别在北立面、东立面和西立面绘制相应的开窗，窗的平面位置参见图 4-104，4-105，完成后的立面如图 4-81～图 4-83 所示。其中西立面需要添加两个房间的分户墙。

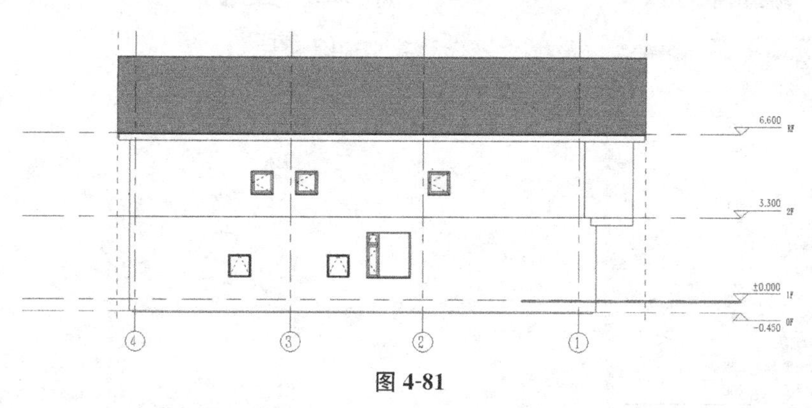

图 4-81

4.3.8 楼梯、坡道和栏杆

楼梯在基本建筑构件的表达中是相对复杂的部分，Revit2014 版本相比之前的版本，在楼梯的绘制方法上有了较大的变化，对于常规楼梯可以通过设定参数，直接以三维构件方式绘制；对于非常规的楼梯，Revit 提供了草图绘制模式，绘制的自由度更高。坡道和栏杆绘制方法相对简单，Revit 自带族库也提供了一些常用的栏杆类型，可以通过载入的方式使用这些栏杆样式。

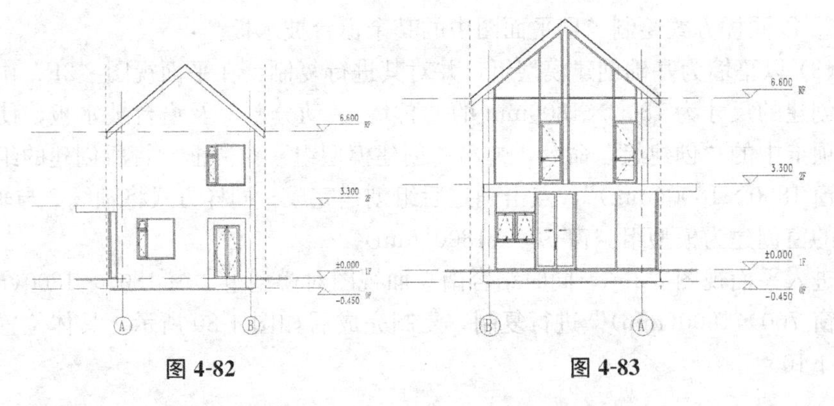

图 4-82　　　　图 4-83

(1) 按构件方法绘制楼梯

在功能区中使用“建筑”＞“楼梯”＞“按构件”命令，属性栏中选择“整体浇注楼梯”，状态栏和属性栏的设置如图 4-84、图 4-85，要注意的是其中梯段宽度、踢面数、踢面高度和踢面深度几个关键数值。确定功能区中选取的命令如图 4-86 所示。在平面视图“1F”中的楼梯间位置点击并拖拽鼠标绘制梯段，绘制过程中会提示已绘制的踢面数，如图 4-87 所示，并自动生成休息平台。绘制完成双跑楼梯后点击“完成”按钮确认，完成的楼梯如图 4-88 所示。可以看到常规的双跑楼梯无法放到局促的楼梯间内，我们可以用草图方式绘制一个“U”形楼梯。

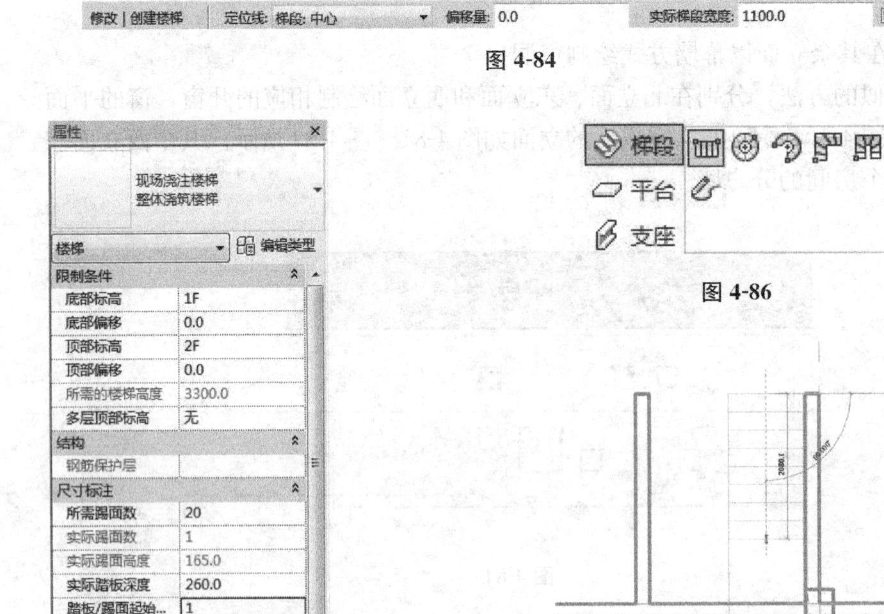

图 4-84

图 4-85　　　　图 4-86　　　　图 4-87

（2）按草图方式绘制楼梯

在功能区中使用“建筑”＞“楼梯”＞“按草图”命令，属性栏的设定如图 4-89，在功能区中的绘制栏中选择“边界”命令，绘制楼梯的两条边界，如图 4-90；在功能区中选择“踢面”命令，绘制楼梯的踢面，如图 4-91，点击“完成”按钮确认，完成后的楼梯如图 4-92。

另外，我们也可以灵活运用楼板来表达特殊设计的踏步，例如我们用楼板来表达一层平面入口处的踏步，如图 4-93。

（3）栏杆的绘制

进入视图“2F”，使用功能区中的“建筑”＞“栏杆扶手”＞“绘制路径”命令，属性栏的栏杆类型选取“栏杆扶手：900mm 圆管”在西侧平台绘制栏杆的路径，路径从平台边缘向内偏移 50mm，绘制草图如图 4-94，点击完成按钮确认。同样方式绘制西北侧平台和楼梯间的栏杆，绘制完成后的栏杆如图 4-95。

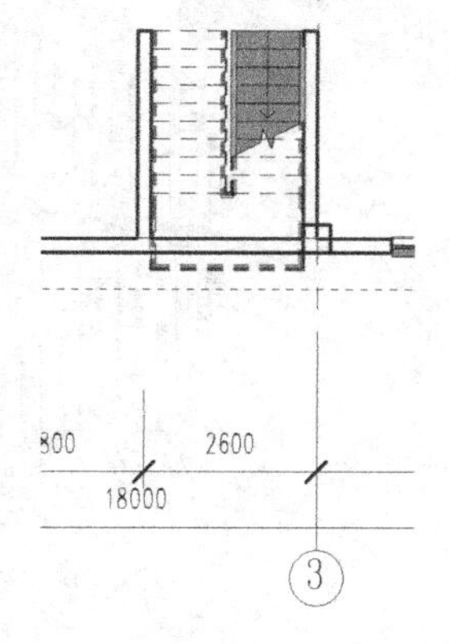

图 4-88

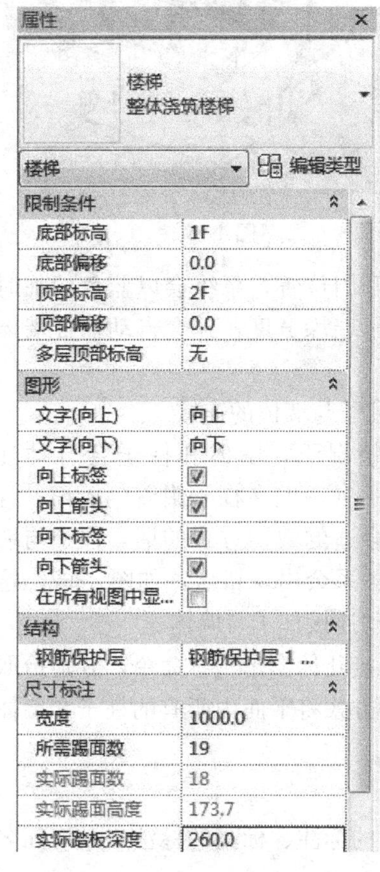

图 4-89

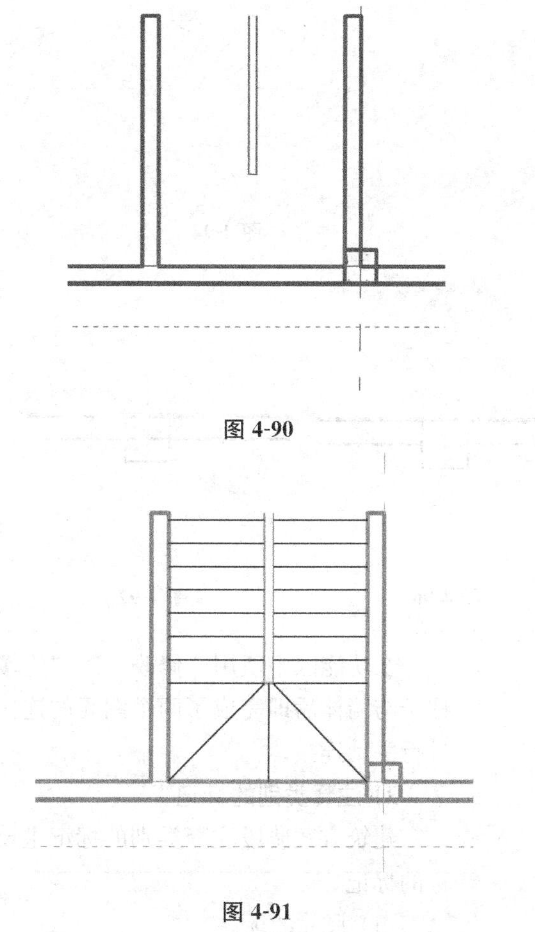

图 4-90

图 4-91

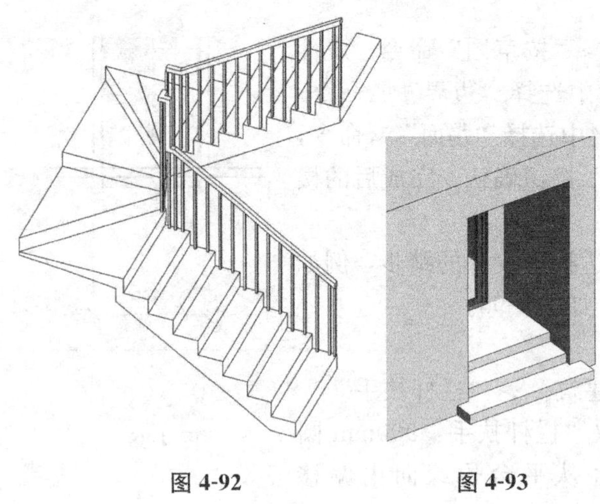

图 4-92　　　　图 4-93

4.3.9　建筑平面的完善、注释类别标记和布置平面家具

1）建筑平面的完善

注释类别标记的同时需要对平面的其他内容进行完善，主要是添加门，柱子和墙体的剪切。

(1) 添加内门

插入门部分我们在 4.3.7 小节中已经有比较详细的讲述，对于平面的内门，我们可以选取构件族“单扇平开木门 1”来添加各个房间的门，插入门时，鼠标悬停在墙体的开门位置，系统会以蓝色的临时尺寸来显示墙垛宽度，并会自动捕捉墙体的中点。

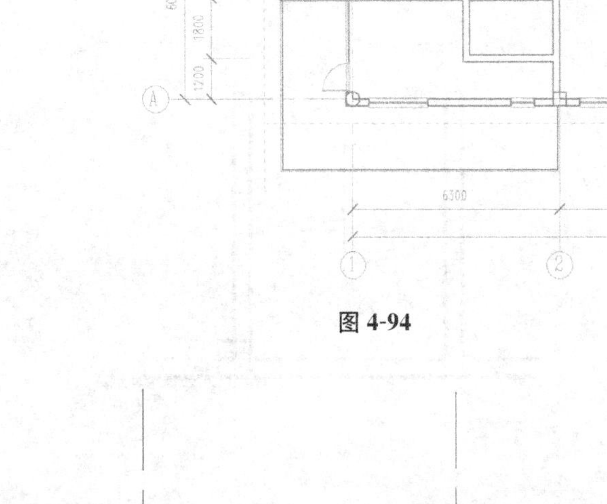

图 4-94

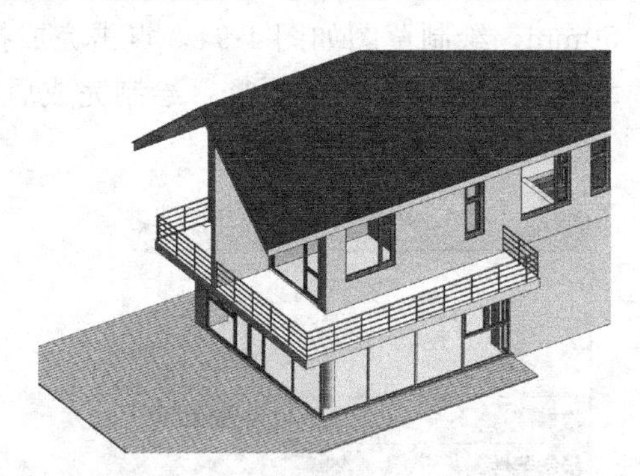

图 4-95

(2) 柱子与墙体的连接

默认情况下，墙体和柱子会自动连接，如图 4-96，但在柱子附着到屋面，且没有选择合适的剪切方式的话，柱子与墙体的连接关系会出现错误，如图 4-97，这时需要手动连接柱子与墙体。

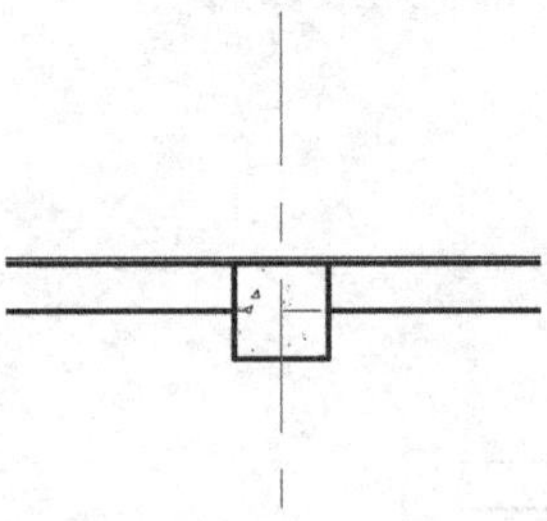

图 4-96 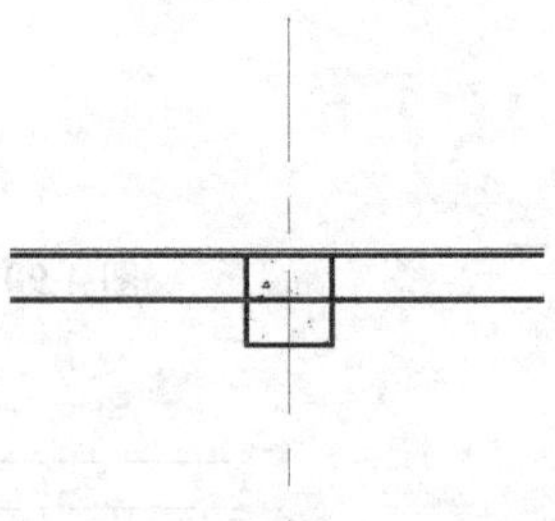　　　　图 4-97

在功能区中使用“修改”＞“连接”＞“连接几何图形”命令，分别拾取柱子与墙体后即完成了两个图元的连接。同样的方式将平面中所有的柱子和墙体进行手动连接。

2）注释类别的标记

建筑方案阶段注释类别的标记主要包括尺寸的标注、标高的标注以及房间名称的标记。

(1) 尺寸的标注

尺寸标注分为临时尺寸标注和永久性尺寸标注，除了对长度进行标注之外，还可以标注半径、直径、弧长。尺寸标注和其所标注的图元是关联在一起的，可以通过选中图元后修改临时尺寸标注修改图元的位置。

进入平面视图“1F”，使用功能区中的“注释”选项卡＞“对齐”命令，依次拾取需要标注的轴网后点击视图空白处即创建了一个尺寸标注。选中该尺寸标注后，使用关联选项卡中的“编辑尺寸标注”命令，可以对其进行修改；拾取该尺寸标注所关联的图元后，相关的尺寸标注变为临时尺寸标注，修改临时尺寸标注的数值，可以实现图元的移动，如图 4-98。

立面的尺寸标注主要是对层高线的标注，操作方式与平面尺寸标注的方法相同。标注完成后的立面尺寸如图 4-99。

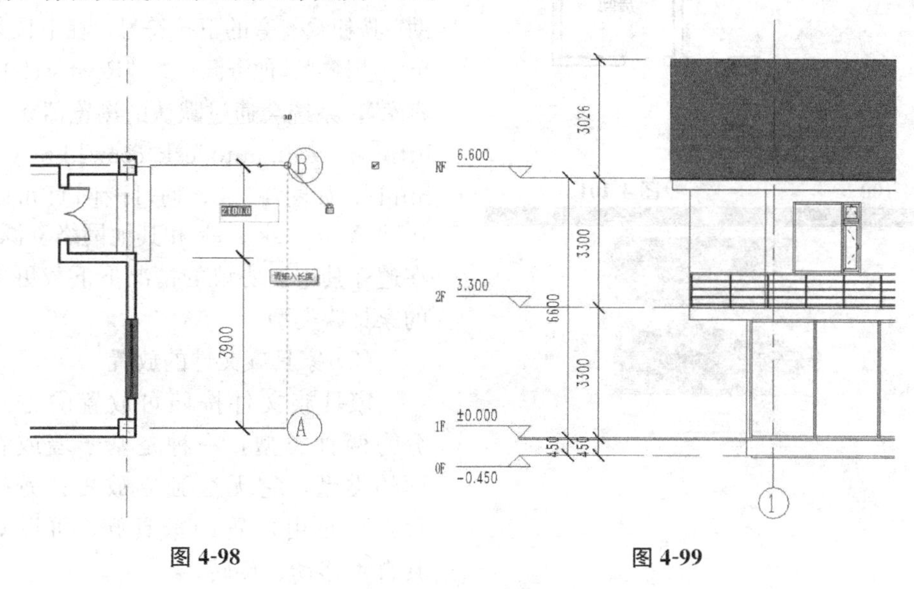

图 4-98　　　　图 4-99

(2) 标高的标注

进入平面视图“1F”，使用功能区中的“注释”＞“高程点”命令，选项卡中取消对“引线”选项的勾选，单击平面空白处，系统会自动捕捉楼板所在的标高±0.000，再次点击鼠标以确定标高水平段的方向，选中标高，在属性栏中将其替换为“正负零高程点(项目)”类型，如图 4-100，标高的标注完成。其余平面和立面图元标高的标注方式与此相同。

(3) 房间名称的标注

使用功能区中的“建筑”＞“房间”命令，在属性栏中选择“标记_房间-有面积-方案-黑体—4.5mm—0.8”标记类型，将鼠标悬停在所要标注房间位置，系统会以蓝线显示所标记房间的边界，(如果房间为开放式的房间，可以采用“建筑”＞“房间分隔”命令绘制房间分割线用以划分房间，并可以通过视图可见性命令中的“模型类别”＞“线”下拉选项中控制房间分割线的可见性)，单击鼠标放置房间标记，如图 4-101，此房间标记类型包含房间面积。两次单击房间名称可以对房间重命名。

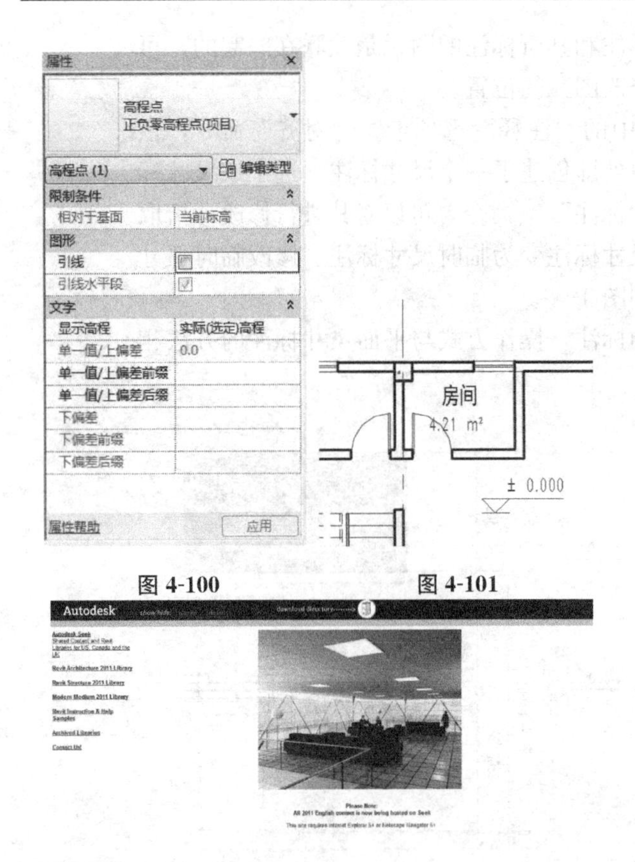

图 4-100　　图 4-101

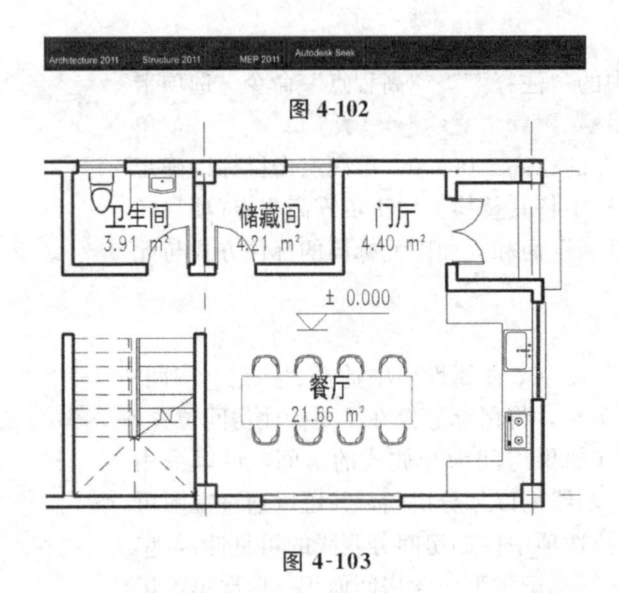

图 4-102

图 4-103

3) 平面家具的布置

(1) 家具族文件的载入

Revit 自带的族库包含了一定量的家具种类，通过选项卡中的“插入”>“载入族”命令，在弹出的窗口中打开“建筑”>“家具”文件夹，选择二维或者三维的族文件载入到项目中。也可以通过访问网络资源下载更多的家具类型，单击软件窗口界面右上角的“帮助”按钮 ⑦· 旁的下拉符号，在下拉菜单中选择“其他资源”>“Revit web 内容库”，系统会通过默认的浏览器访问 http：//revit. autodesk. com/library/html/，如图 4-102，通过该网页可以访问 Autodesk seek 和其他网络资源，在遵守其用户协议的情况下下载更多的家具族类型。

(2) 家具族文件的放置

家具族文件按照可放置的方式分为两种类型，一种是基于墙或者面的类型，它无法独立放置；另一种是可自由放置的家具族，可以对其自由移动、旋转。

进入平面视图，使用选项卡中的“建筑”>“构件”命令，在属性栏中选择相应的家具族类型，在平面视图中单击鼠标即可将其插入到平面视图中。除了利用二维或者三维的构件族之外，也可以采用注释线或者模型线简化地表达部分家具，如图 4-103，厨房操作台面和卫生间的洗手台面是用“注释”选项卡>“详图线”命令绘制的。

完善后的平面如图 4-104，图 4-105。

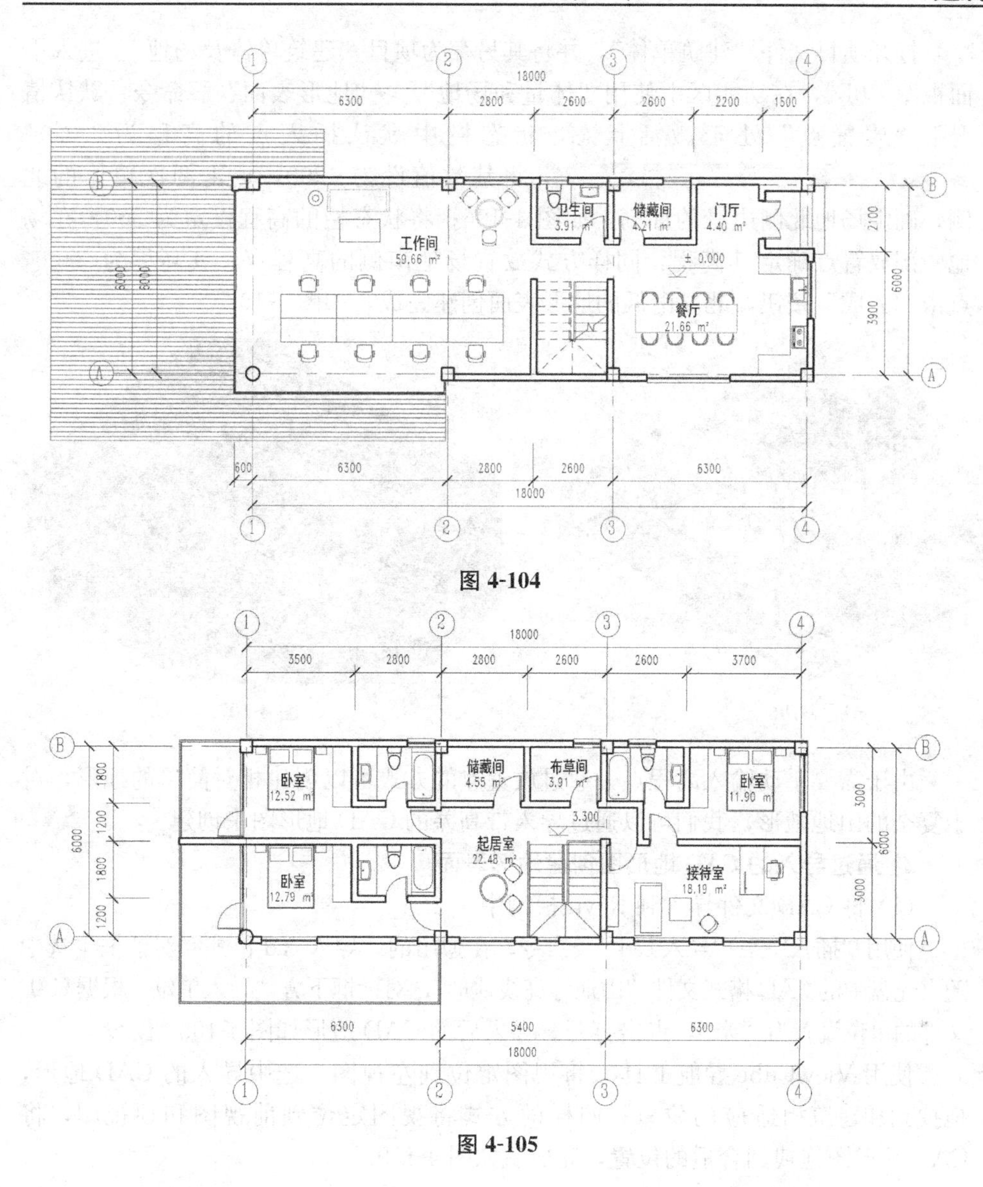

图 4-104

图 4-105

4.4 建筑场地建模

在设计中遇到的场地通常可分为平地和山地两种类型，对于平地我们可以用楼板来表达道路和室外场地，如图 4-106，而对于山地场地的操作相对复杂一些，本章着重讲述在 Revit 平台下对于山地地形的处理。

4.4.1 创建地形

1）通过放置点方式创建地形

在已知场地标高的情况下，可以通过直接输入高程点来创建地形。打开在 4.3 节中所创建的建筑单体文件，我们以它为例，创建山地地形。

打开项目文件“建筑单体”，并将其另存为项目“建筑单体及场地”。进入平面视图“0F”，在功能区中使用“体量和场地”>“地形表面”命令，默认情况下“放置点”处于激活状态，状态栏中默认插入点的高程为“0.0” 修改 | 编辑表面 高程 0.0 绝对高程 ，将其数值设为 4200，点击两次单体的北侧，确定场地北侧边缘的标高，如图 4-106；将状态栏的高程设定为 300，在场地中部放置点确定其高程，同样方式放置场地南侧的高程点，其高程为-2400，点击“完成”按钮，北高南低的地形表面创建完成，如图 4-107。

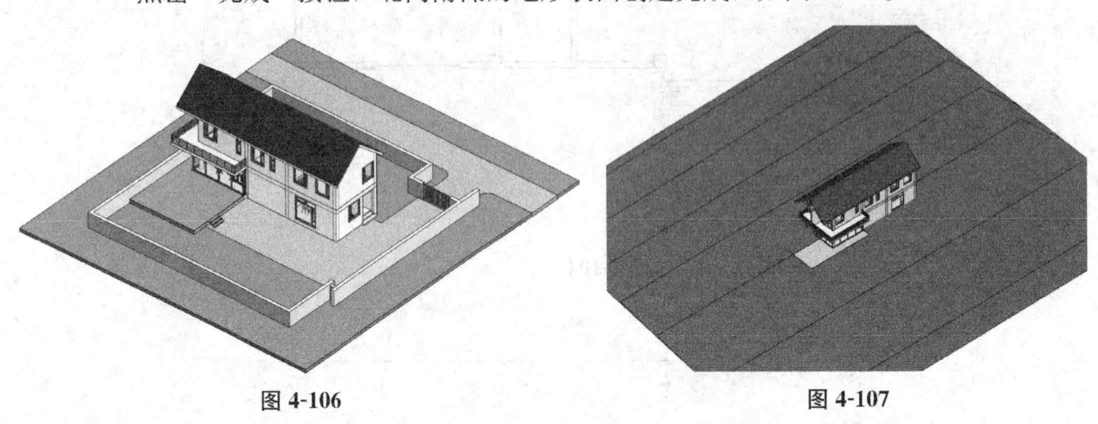

图 4-106　　图 4-107

由于需要手动输入高程点，通过放置点的方式可以创建相对简单的地形，对于复杂的山地地形，我们可以通过导入带高差的 CAD 地形图来创建。

2) 通过导入的 CAD 地形图创建地形表面

(1) 将 CAD 文件导入到 Revit 模型中

使用“插入”>“导入 cad”命令，在弹出的“导入 cad 格式”对话框中选中随书光盘中的 CAD 格式文件“山地等高线地形”，对话框下方“导入单位”根据 CAD 文件的单位设置为“米”，点击打开。导入后的 CAD 地形如图 4-108 所示。

使用 ViewCube 导航工具将视图定位到左视图，选中导入的 CAD 地形，拖拽到和建筑相适应的位置；同样的方式将视图定位到前视图和顶视图，将 CAD 地形图拖拽到合适的位置，完成后如图 4-109。

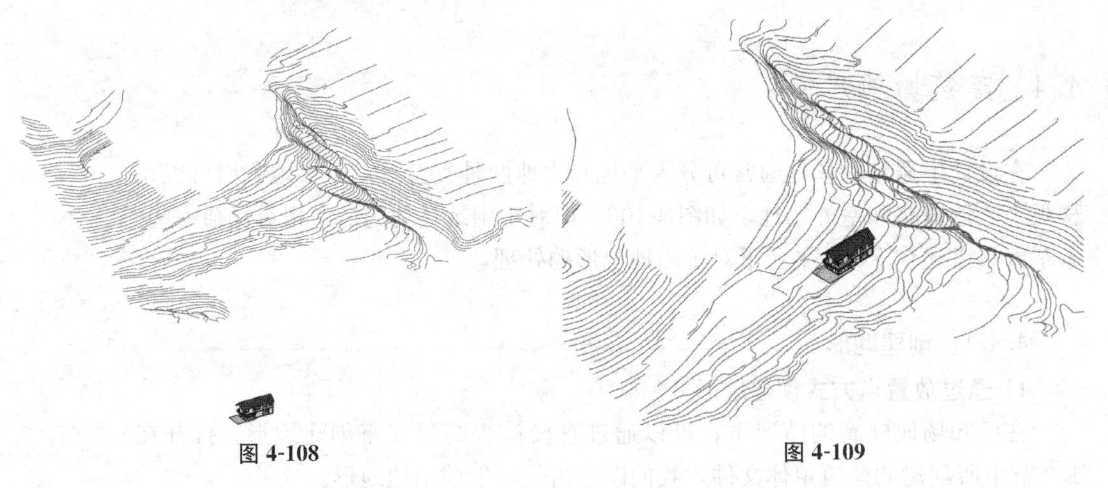

图 4-108　　图 4-109

（2）通过CAD地形创建地形

使用功能区中的“体量和场地”＞“地形表面”＞“通过导入创建”＞“选择导入实例”命令，拾取导入的CAD文件，弹出“从所选图层添加点”，如图4-110，点击确定，系统会根据三维的等高线生成地形表面，点击完成按钮，地形表面绘制完成，如图4-111。

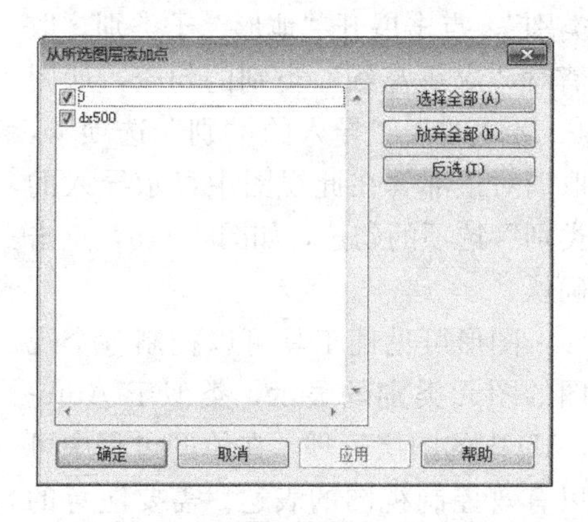

图4-110

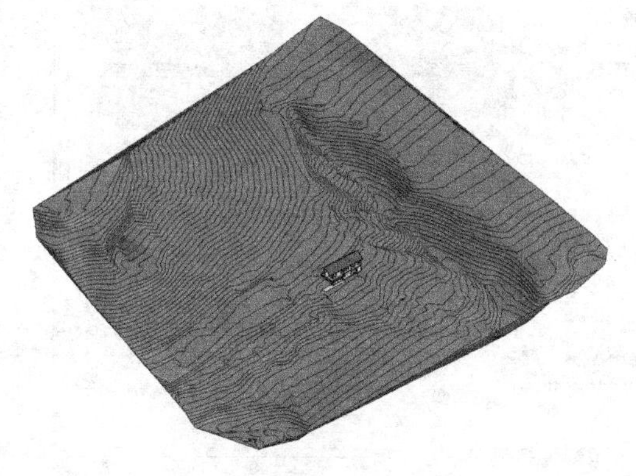

图4-111

（3）指定地形表面的材质

选中生成的地形表面，在左侧的属性栏中点击“材质”框中＜按类别＞后面的按钮，弹出材质浏览器对话框，点击材质浏览器左下角按钮，选择“新建材质”，右键新建材质“默认新建材质”将其重命名为“草地”；在选中材质“草地”的状态下点击材质浏览器左下角的“打开/关闭资源浏览器”按钮，在弹出的“资源浏览器”对话框中选择左侧的“外观库”＞“现场工作”子类别，在右侧的材质窗口中双击“深黑麦草色”材质，如图4-112。关闭资源浏览器窗口，在材质浏览器中的“草地”材质的图形选项卡中勾选“使用渲染外观”项，如图4-113，点击“确定”。

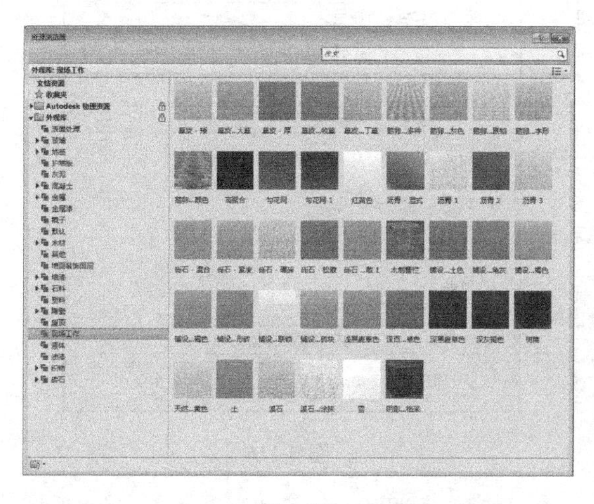

图4-112

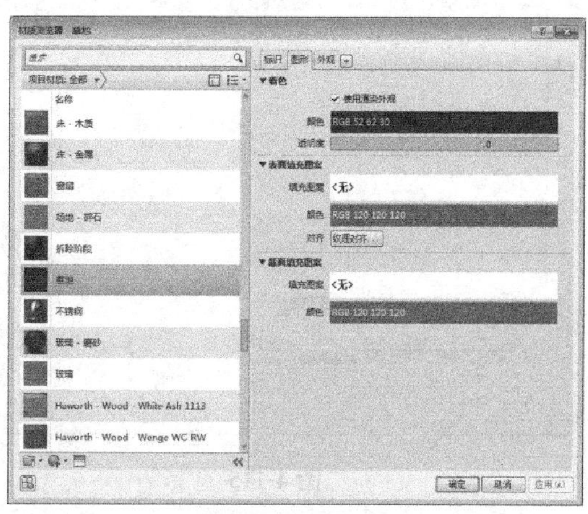

图4-113

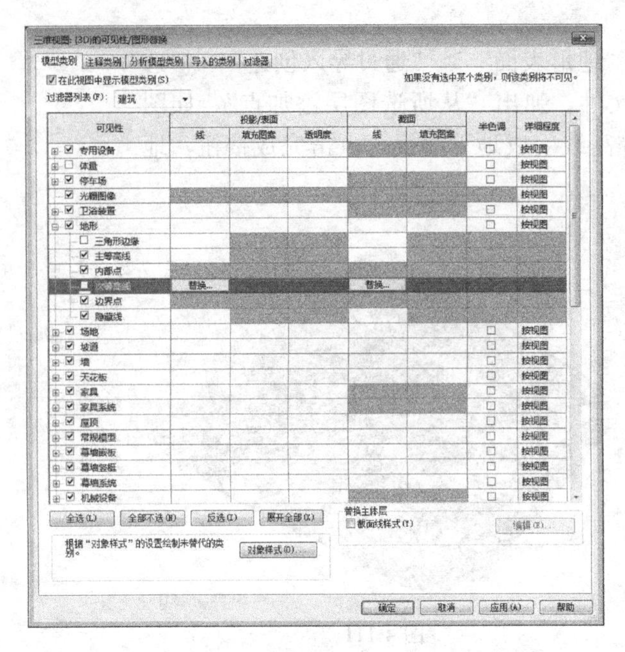

图 4-114

3）图形可见性及显示选项的设置

（1）调整视图可见性的设置

进入三维视图，使用“视图”选项卡＞“可见性/图形”命令，在弹出的三维视图可见性窗口中选择“模型类别”，点击展开“地形”子类别，取消对“次等高线”类别的勾选，如图 4-114；进入“导入的类别”选项卡，取消对顶部“在此视图中显示导入的类别”选项的勾选，如图 4-115，点击确认。

图形可见性工具可以控制各个视图的图元类别的显示，类似于 AutoCAD 中的图层管理，在绘图过程中可以有效控制视图的表达。需要注意的是，每个视图可见性的设置是相互独立的。

（2）图形显示选项的设置

在三维视图中，点击视图控制栏中的“视觉样式”按钮，在下拉菜单中选择“图形显示选项”，弹出“图形显示选项”对话框，如图 4-116。点击“照明”项的下拉菜单，将“环境光”的参数调整为 30，点击确定后，视图的整体亮度会相应提高。

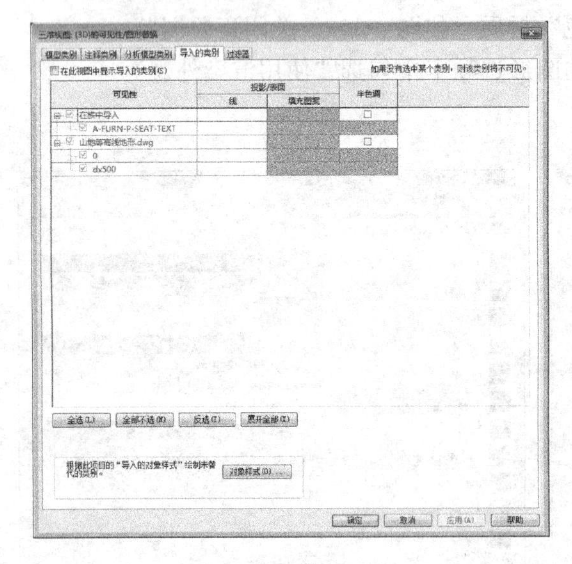

图 4-115

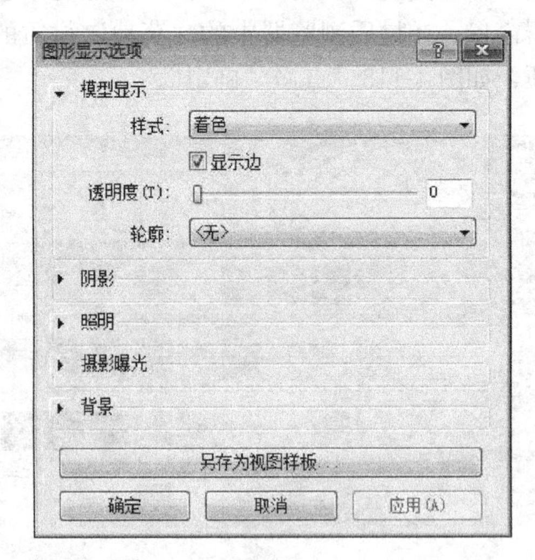

图 4-116

在图形显示选项卡中可以调整视图的显示样式、阴影、背景等，通过它可以优化视图或者图纸的表现。

(3) 在三维视图中添加剖面框

由于所创建的地形表面太大，为方便绘图，我们需要对地形进行一些裁剪。进入三维视图，在属性栏中勾选“剖面框”选项，三维视图中会出现一个立方体的透明剖面框，选中剖面框，在立方体的六个面会出现控制箭头，如图 4-117，选中箭头拖拽到合适的位置，剖面框会对地形进行剪裁。打开视图可见性对话框，在“注释类别”选项卡中取消对“剖面框”的勾选，在视图中将不再显示线框，完成后如图 4-118。

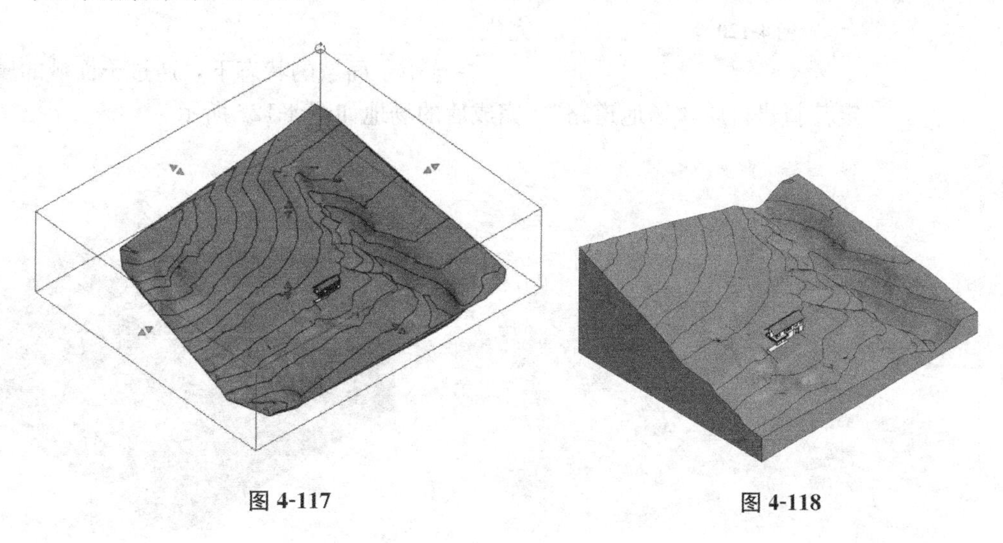

图 4-117　　　　图 4-118

4.4.2　地形表面的编辑

1) 建筑地坪的绘制

进入平面视图“1F”，为方便绘图，点击视图左下角的“视觉样式”按钮，将显示模式切换为“线框”。使用功能区中的“体量和场地”>“建筑地坪”命令，绘制建筑地坪的轮廓如图 4-119 所示，建筑地坪的限定标高为“0F”，绘制完成后点击完成按钮，建筑地坪将会创建一个标高为“0F”的台地，如图 4-120 所示。

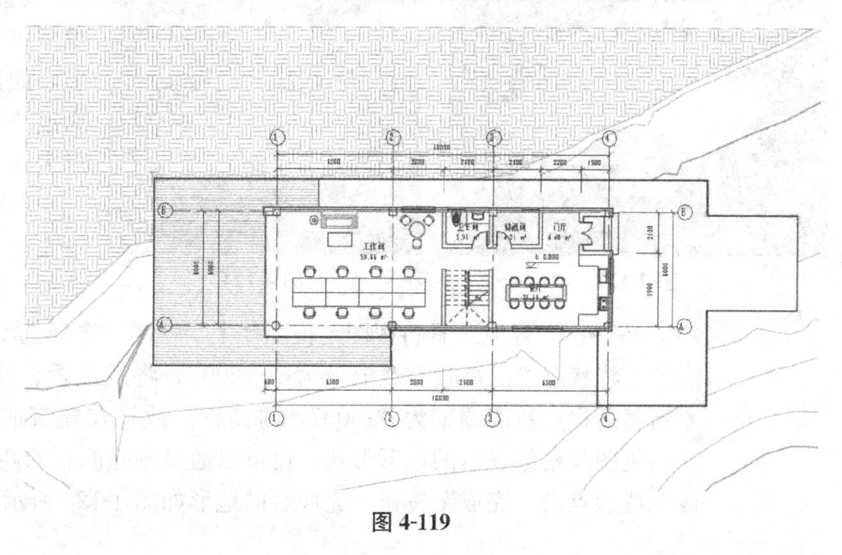

图 4-119

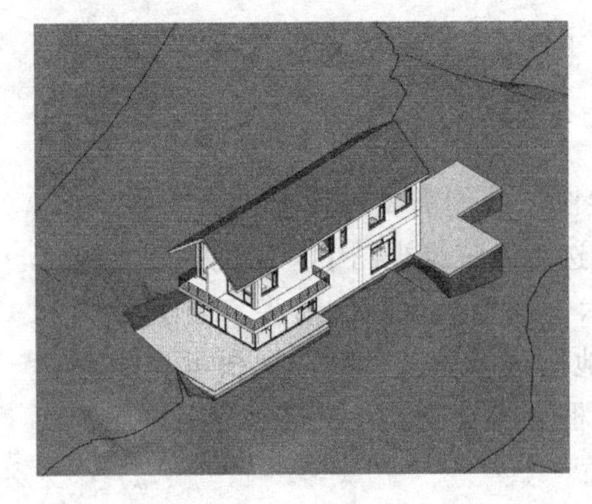

图 4-120

在三维视图中选中建筑地坪，点击“编辑类型”按钮，在弹出的“编辑部件”对话框中可以指定建筑地坪的材质，我们需要新建一个材质，设定其名称为“室外地坪”，图形选项卡中的表面填充图案为“正方形 250mm”。

2）场地道路的绘制

进入平面视图“0F”，使用“体量与场地”>“子面域”命令，在地形表面内绘制子面域的草图如图 4-121，点击功能区的“完成”按钮，子面域绘制完成。

在选中子面域的状态下，通过子面域的属性栏指定其新建材质“场地道路”。完成后的场地如图 4-122 所示。

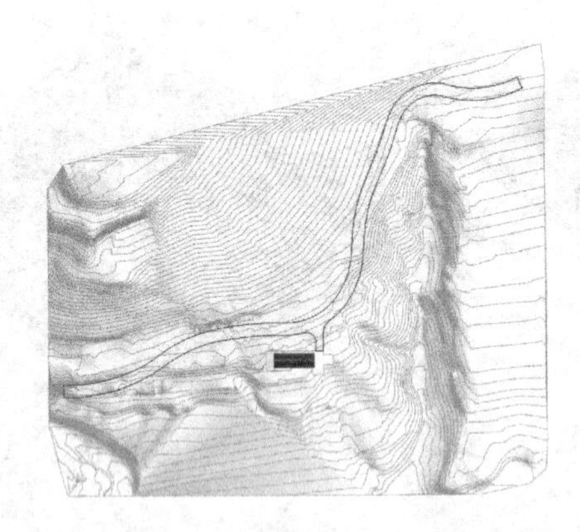

图 4-121

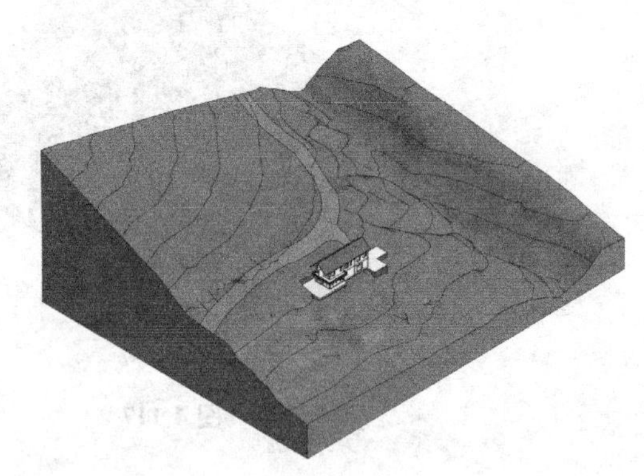

图 4-122

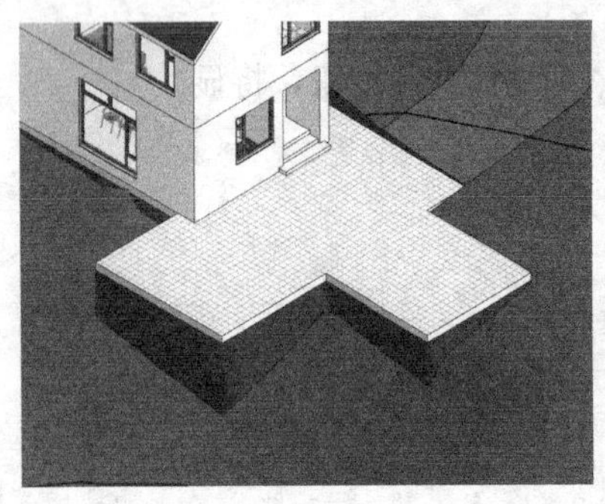

图 4-123

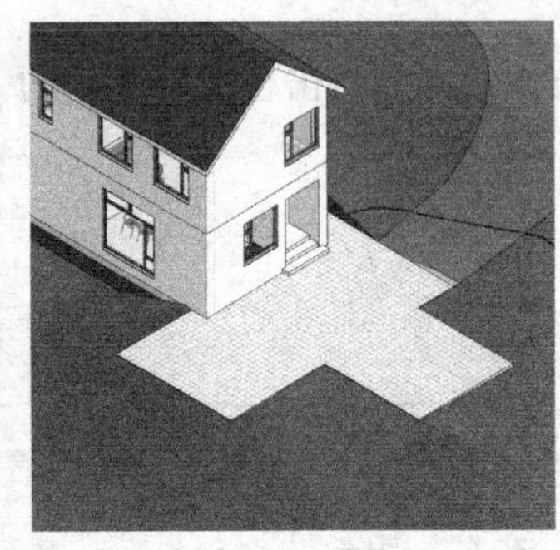

图 4-124

3）通过放置点编辑地形

创建建筑地坪后，建筑地坪周边会有特别陡峭的地形，如图 4-123，我们可以通过放置点的方法来完善地形表面。

选中地形表面，使用上下文选项卡中“编辑表面”命令，进入三维视图，使用“View Cube”导航工具将视图定位在“上”视图。选择选项卡中的“放置点”命令，将状态栏的高程点数值设为“-1200”，将点放置在建筑地坪的南侧边缘；重新将高程点数值调整为“-500”，将高程点放置在建筑地坪的东南侧边缘，并旋转视图观察修改后的地形形状，也可以通过删除原有的高程点来调整地形。修改完成后点击“完成”按钮，完成后的地形如图 4-124 所示。

4.4.3 绘制用地红线

1）调整视图显示

进入平面视图“0F”，默认状态下，视图控制栏中的剪裁线显示是关闭的，在视图控制栏中点击按钮，或者在视图属性栏中勾选“剪裁区域可见”选项，即可打开剪裁区域范围线。在视图剪裁按钮是打开的状态下调整视图剪裁范围。

按照 4.4.1 节“图形可见性及显示选项的设置”部分的操作打开“图形显示选项”对话框，并调整环境光的亮度，同时点击“图形显示选项”>“照明”下拉菜单中的“日光设置”按钮，打开日光设置对话框，将其设置为如图 4-125，点击确认按钮，调整完成，调整后的视图如图 4-126。视图比例为 1∶200，显示详细程度为中等。

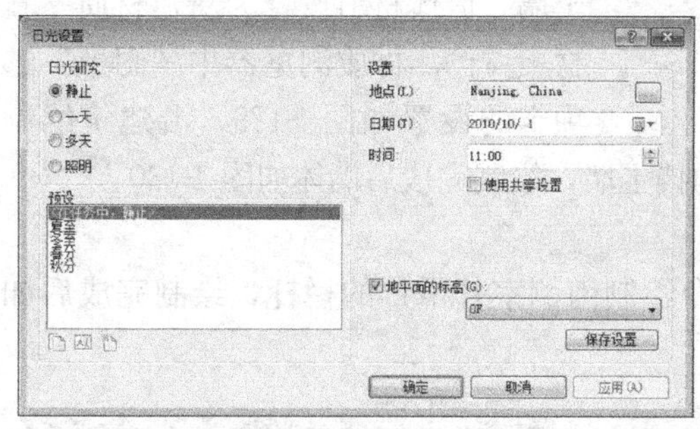

图 4-125

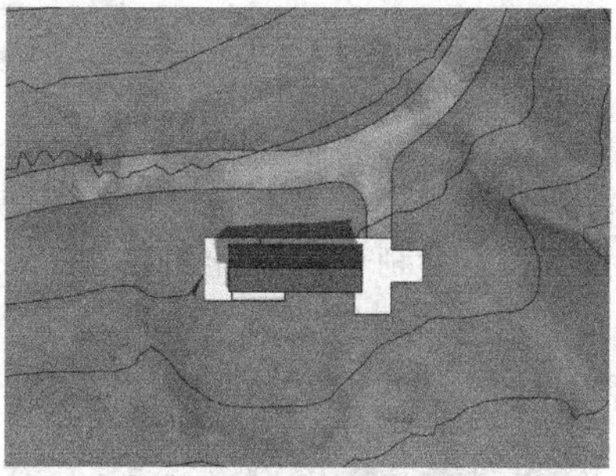

图 4-126

2）绘制建筑红线

在平面视图“0F”中，使用“体量和场地”>“建筑红线”命令，弹出“创建建筑红线窗口”如图 4-127，提示创建建筑红线的方式，单击选择“通过绘制创建”，绘制草图如图 4-128，点击“完成”按钮，建筑红线绘制完成。

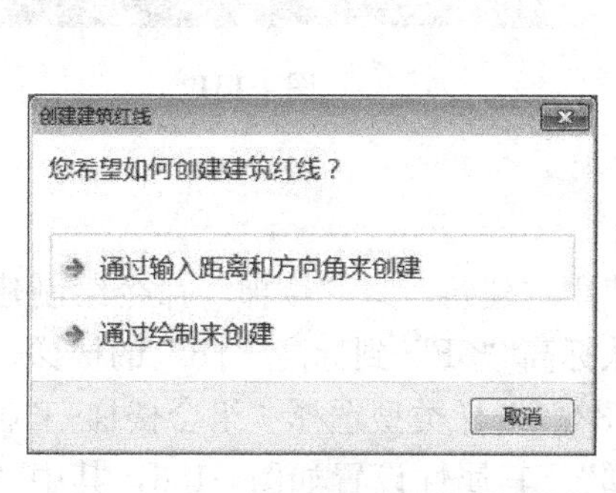

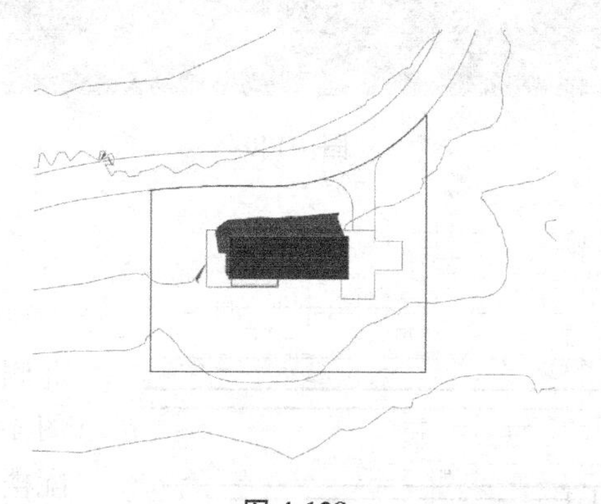

图 4-127

图 4-128

拾取建筑红线后可以在其属性栏中读取建筑红线的面积。通过视图选项卡中的“视图可见性/图形”>“模型类别”>“场地”中可以实现对建筑红线可见性的控制。

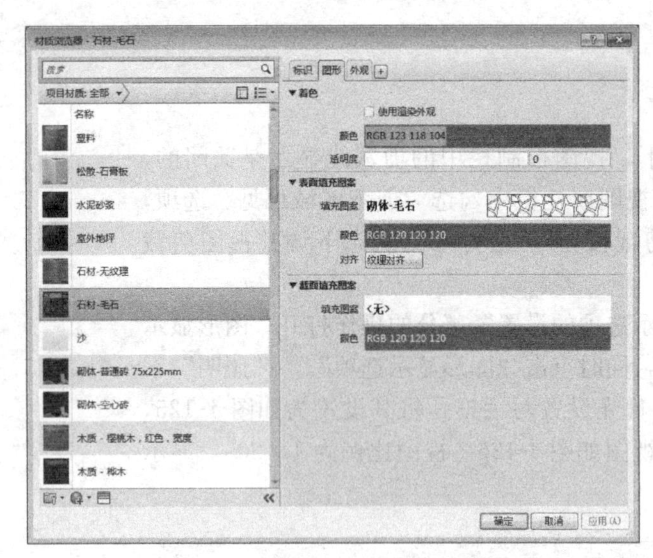

图 4-129

4.4.4 完善建筑模型和场地环境

在场地地形绘制完成后，我们需要对建筑模型做进一步的完善，同时也要通过载入人物和植物类别的族文件来完善对环境的表达。

1）完善建筑模型

(1) 绘制挡土墙

选中一层平面的外墙，将其底部限定标高设定为“0F”，使用“建筑”>“墙体”命令，属性栏中选择“基本墙 挡土墙-300mm 混凝土”绘制挡土墙，墙体材料设置为新建材质“石材-毛石”，材质浏览器中“图形”选项卡的设置如图 4-129，沿建筑绘制标高在“1F”之下的墙体和场地周边的挡土墙，绘制完成后墙体如图 4-130。

(2) 绘制平台栏杆和台阶

使用“建筑”>“栏杆扶手”命令绘制南侧室外平台的栏杆，绘制完成后如图 4-131。

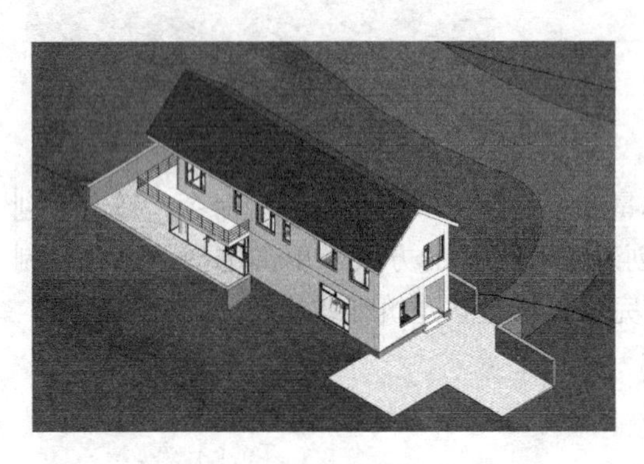

图 4-130

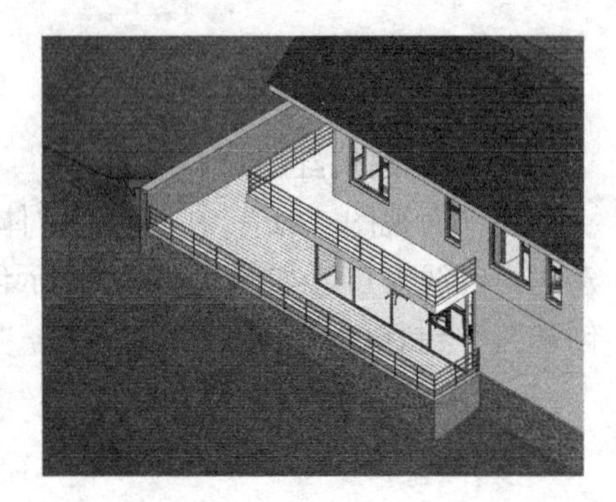

图 4-131

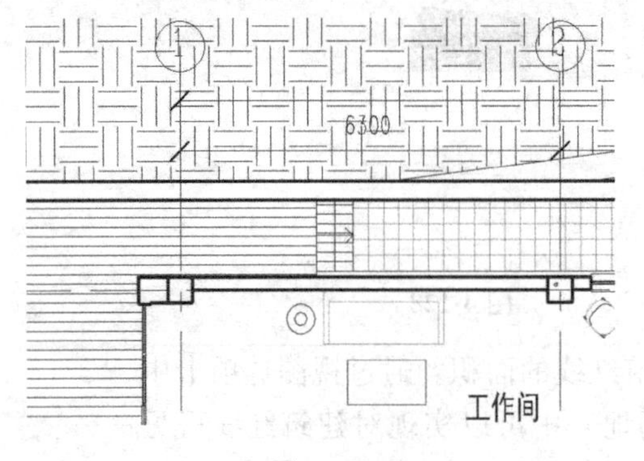

图 4-132

使用“建筑”>“楼梯”命令绘制建筑北侧从标高“0F”到标高“1F”的楼梯，如图 4-132。楼梯类型选择“组合楼梯-工业装配楼梯”，其属性设置如图4-133，其中“梯段类型”项的设置如图 4-134。设置完成的楼梯如图 4-135。

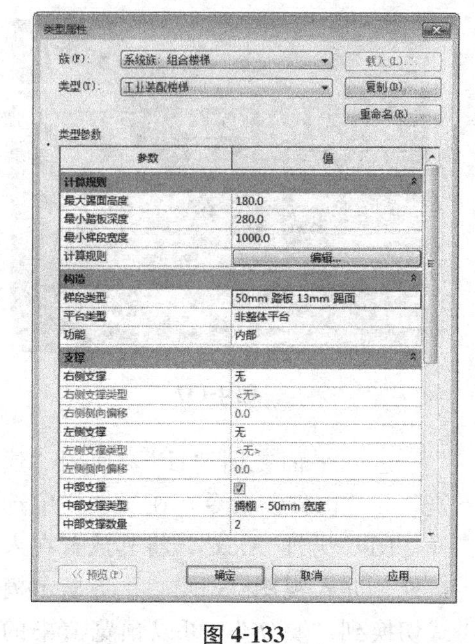

图 4-133

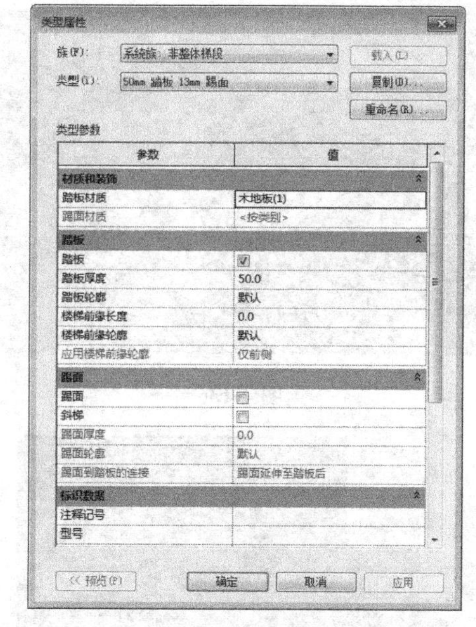

图 4-134

2）载入植物和环境类别

Revit 提供了多种表现树木、人物等环境类别的构件族，配合 mental ray® 渲染引擎，可以实现照片级别的建筑及环境表现。

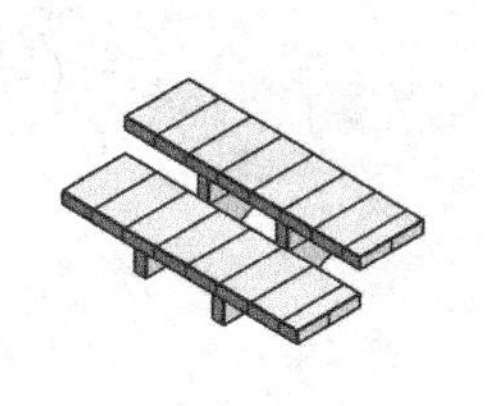

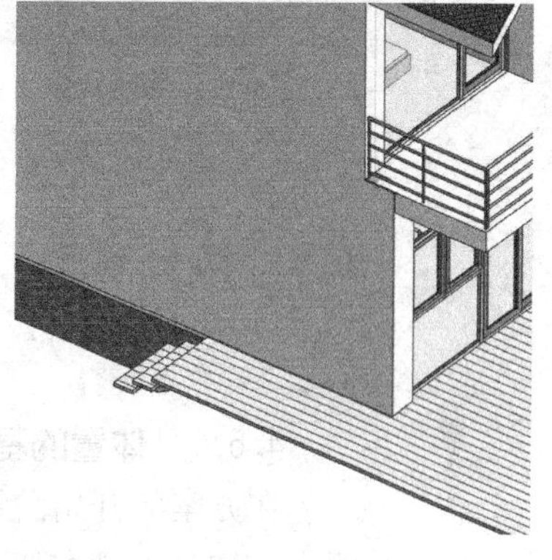

图 4-135

(1) 载入并放置植物构件族

使用功能区中的“插入”＞“载入族”命令，打开“建筑”＞“植物”＞“RPC”，选中“RPC 树-春天”和“RPC 树-秋天”，点击“打开”按钮将其载入到项目中。

进入平面视图“0F”，使用“建筑”＞“构件”＞“放置构件”命令，在属性栏中选中“RPC 树-春天 猩红栎-12.5 米”，单击鼠标在地形上放置该构件，系统会自动捕捉到地形表面，使植物构件族放置在地形表面上。放置完成后如图 4-136。

选中部分植物构件族“RPC 树-春天 猩红栎-12.5 米”，在属性栏中将其替换为“RPC 树-秋天 Black Oak-18.0 Meters”。将视图显示模式切换为“真实”，可以预览植物的渲染效果，如图 4-137。

(2) 载入并放置人物构件族

使用功能区中的“插入”＞“载入族”命令，打开“建筑”＞“配景”，选中“RPC 男性”和“RPC 女性”，点击打开按钮将其载入到项目中。

图 4-136

图 4-137

图 4-138

进入平面视图“1F”，使用“建筑”＞“构件”命令，在属性栏中选择“RPC 男性 Alex”，将其放置在入口处。进入视图“3D”，并将显示模式切换到“真实”，可以预览渲染的人物效果，如图 4-138。

同样的方式可以根据表现需要，在项目中放置其他环境构件族，比如汽车、景观小品、室内装饰品等等。

4.5 体量建模

4.5.1 体量的基本概念

在方案的开始阶段，可以使用体量工具对方案构思做概念研究，就设计方法而言，体量工具类似于方案研究中的实体概念模型，通过快速的修改、比较建筑体量以推动设计的进行。

体量工具是在 Revit2010 版本中被首次引入的，体量工具引入之后，Revit 的曲面建模的自由度得到很大的提升，所以它也经常作为曲面建模的工具。通过体量工具可以方便地统计建筑面积、体积、外表面积等数据，在确定概念方案以后可以在体量的基础上对建筑模型进行深化，为其添加楼板、墙体、幕墙等建筑图元，并且在继续调整建筑体量的情况下，可以实现对建筑图元的自动更新。

有两种创建体量族的环境，一种是通过公制体量族样板文件创建概念体量族文件，创建完成后可以将其载入到项目文件中；另外一种是直接在项目文件环境中创建建筑体量族，我们这里采用第二种方法来创建建筑体量

本节中我们将通过一个低层的建筑和一个高层建筑的体量建模来学习建筑体量的基本应用。

4.5.2　低层建筑体量的创建

1）新建项目并设定标高

（1）新建项目的方式同 4.2.1 节“基本界面”部分，通过“应用程序主菜单”>“新建”>“项目”，在弹出的“新建项目”对话框中选择“建筑样板”，点击确定。

（2）进入南立面视图，将“标高 2”的标高值修改为“4.200”选中并向上复制“标高 2”，得到“标高 3”和“标高 4”，将“标高 1”向下复制得到“标高 5”，选中“标高 5”在属性栏中将其设置为“标高：下标头”。标高数值的设定如图 4-139。

图 4-139

（3）将项目保存为“低层建筑体量”。

2）创建体量模型

（1）创建实心体量模型

在南立面视图中使用“体量和场地”选项卡>“内建体量”命令，弹出的“名称”对话框，使用默认体量名称“体量 1”，点击“确定”按钮。进入视图“标高 1”，在出现的上下文选项卡的“绘制”栏选择“参照”，在平面中绘制一个 27.3 米深，22 米宽的矩形参照线，如图 4-140。进入视图“3D”，选中矩形参照线，在出现的上下文选项卡中选择“创建形状”>“实心形状”命令，在出现的创建类型选择图标中选择前面的三维图标，在出现的体量草图中调整临时尺寸修改体量的高度为“22000”，如图 4-141。选中体量的底面，视图中将出现红绿蓝三色方向按钮，如图 4-142，将视图切换到南立面，拖拽向下的蓝色图标，将体量底边拉伸到“标高 5”。

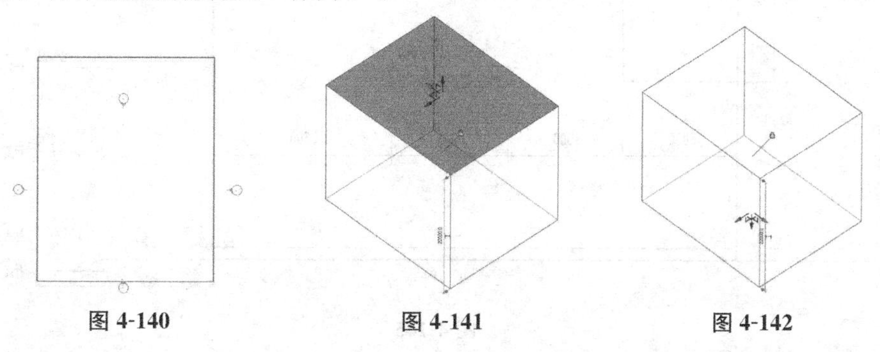

图 4-140　　图 4-141　　图 4-142

选中体量的一个面或者整个体量，在属性栏中定义体量的材质为新建材质“体量材质-白色”，其图形选项卡的设置如图 4-143，点击“完成体量”按钮，实心体量绘制完成，如图 4-144。

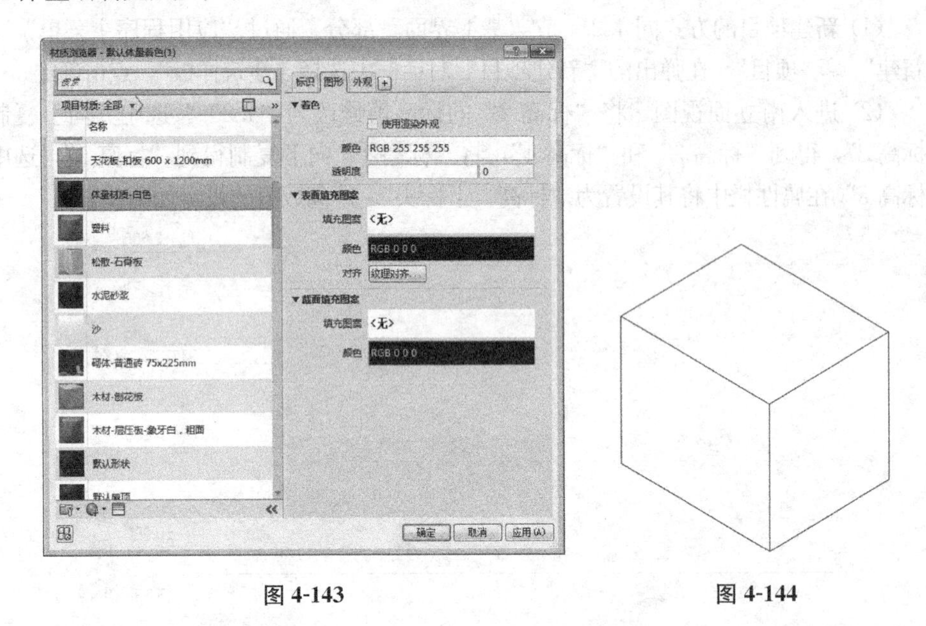

图 4-143　　　　图 4-144

(2) 创建空心体量模型

进入西立面视图，选中“体量 1”后，选择上下文选项卡中的“在位编辑”——或者双击“体量 1”——进入对体量 1 的编辑模式。使用上下文选项卡中的“修改”＞“创建”＞“参照”，在弹出的“工作平面”对话框中选择“拾取一个工作平面”后点击“确定”按钮，用鼠标拾取体量的西立面将其设置为工作平面并绘制参照线如图 4-145 所示，确定绘制的参照线其在同一工作平面并且闭合。

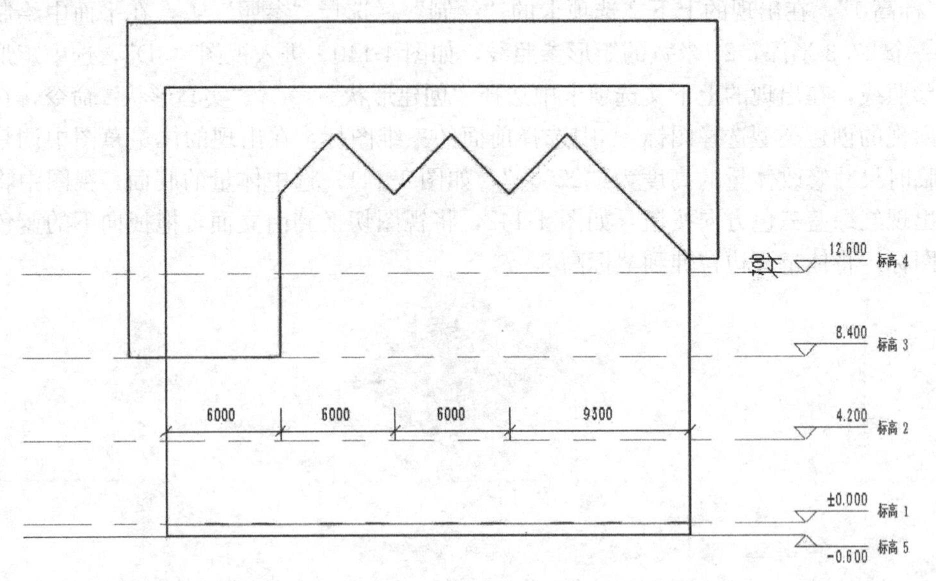

图 4-145

进入视图“3D”，拾取西立面的参照线，在上下文选项卡中点击“创建形状”>“空心形状”，在出现的提示图标中选择三维形状，生成的体量如图 4-146，选中被空心剪切的侧边，如图 4-147，向右拖拽红色箭头使空心体量完整剪切实心体量，完成后点击“完成体量”按钮。完成后的体量如图 4-148 所示。

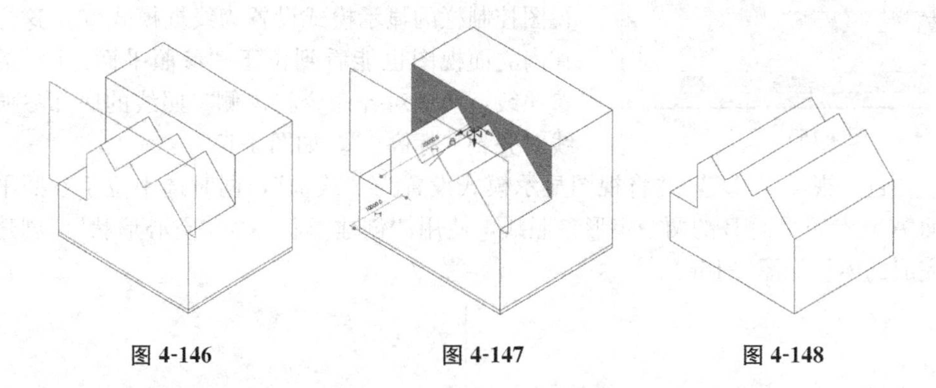

图 4-146　　图 4-147　　图 4-148

(3) 添加南立面参照平面并调整立面视图深度

进入平面视图“标高 1”，在体量南侧使用“建筑”>“参照平面”命令绘制一个参照平面，选中此参照平面，在其属性栏中设定其名称为“A”。将参照平面“A”向北复制 2100mm，并将其命名为“B”。如图 4-149。

在平面视图“标高 1”选中南立面的视图符号，如图 4-150 所示，视图中会显示南立面视图剪裁线，向南拖拽视图剪裁线至体量南侧，在其属性栏中勾选“剪裁视图”和“剪裁区域可见”，并点击“远剪裁”栏的“不剪裁”按钮，在弹出的“远剪裁”对话框中选择“剪裁时有截面线”选项，如图 4-151，点击确定。选中南立面的视图符号，如图 4-152 所示，可以通过调整视图剪裁线的端点和虚线部分的箭头来控制立面视图的范围和深度。

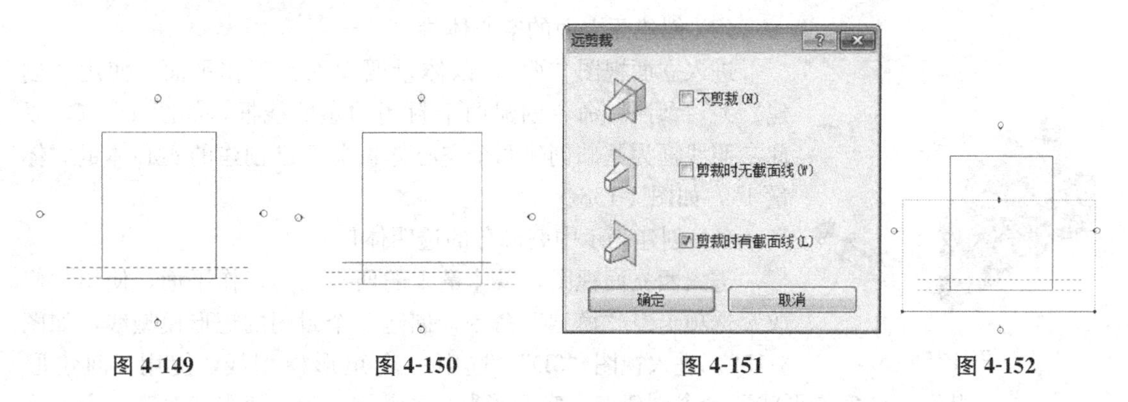

图 4-149　　图 4-150　　图 4-151　　图 4-152

(4) 创建南立面空心体量

进入南立面视图，双击“体量 1”进入编辑体量模式——如果南立面视图中无法看到“体量 1”，请检查视图可见性设置中是否在模型类别中勾选了“体量”，或者检查南立面视图深度设置——使用“创建”>“参照”命令，在弹出

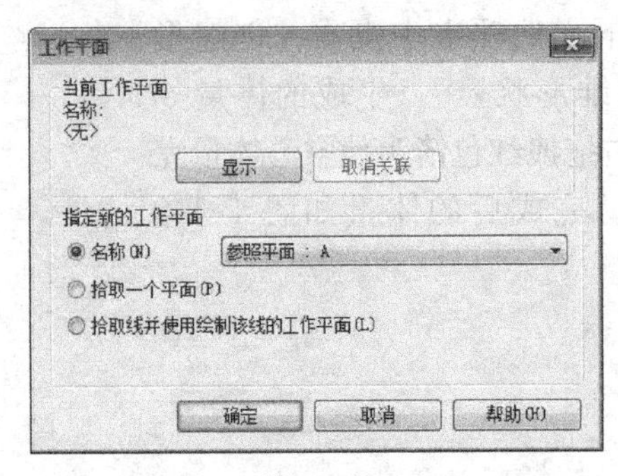

图 4-153

的“工作平面”对话框中选择“名称”>“参照平面 A”，如图 4-153，点击确定按钮。分别绘制两个封闭的矩形参照线，如图 4-154。选中内侧的矩形参照线，在状态栏中将“主体”项的工作平面设置为“参照平面：B” 主体: 参照平面 : B 。将视图控制栏的显示模式设置为线框模式，这样在南立面视图也能看到位于“参照平面：B”的参照线，使用对齐命令将内侧参照线的底部参照线对齐到“标高 1”，如图 4-155。

进入视图“3D”，并将视图显示模式设置为“线框”，同时选中位于参照平面 A 和参照平面 B 的两个矩形参照线，使用“创建形状”>“空心形状”，创建完成的体量如图 4-156。

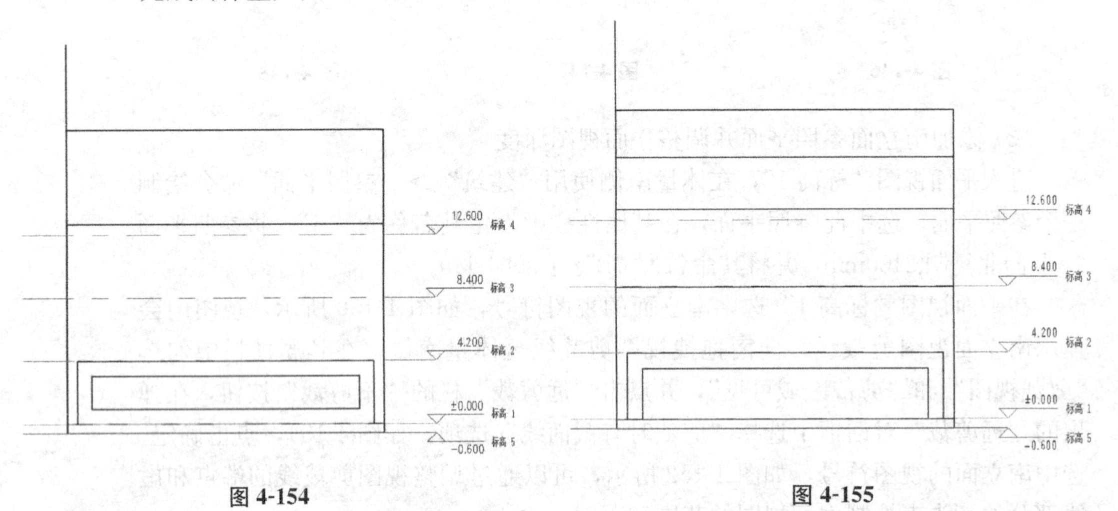

图 4-154　　图 4-155

(5) 创建西立面的空心体量

进入立面视图“西”，以体量西立面为工作平面，使用“创建”>“参照”命令创建两个封闭的参照线框，如图 4-157，以此参照线框为基础创建两个空心体量剪切已创建的实心体量“体量 1”，如图 4-158。

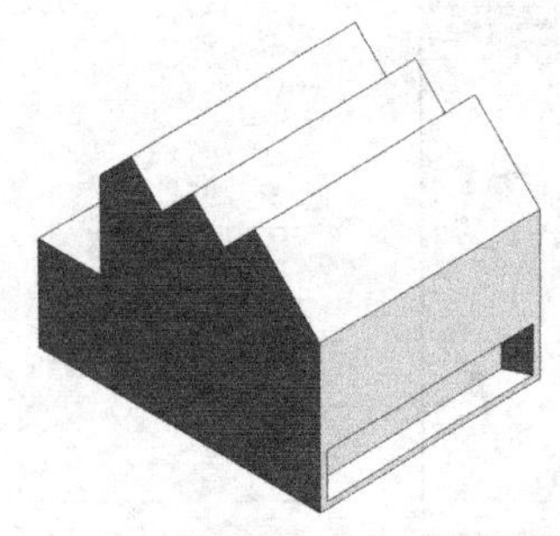

图 4-156

(6) 创建表示中庭部分的透明体量

进入西立面视图，以体量 1 的西立面为工作平面，使用“修改”选项卡>“模型”命令，创建三个封闭的矩形模型线，如图 4-159。进入视图“3D”，选中一个矩形模型线，使用“创建形状”>“实心形状”命令创建三个实心形状，如图 4-160，使用“对齐”命令将实心形状的两侧分别与“体量 1”的东、西两个面对齐(灵活使用 Tab 键切换所选择的图元)；同样的方式分别选中另外的两个矩形模型线创建实心体量，并将三个实心体量的材质定义为“玻璃”，创建完成后的体量如图 4-161。

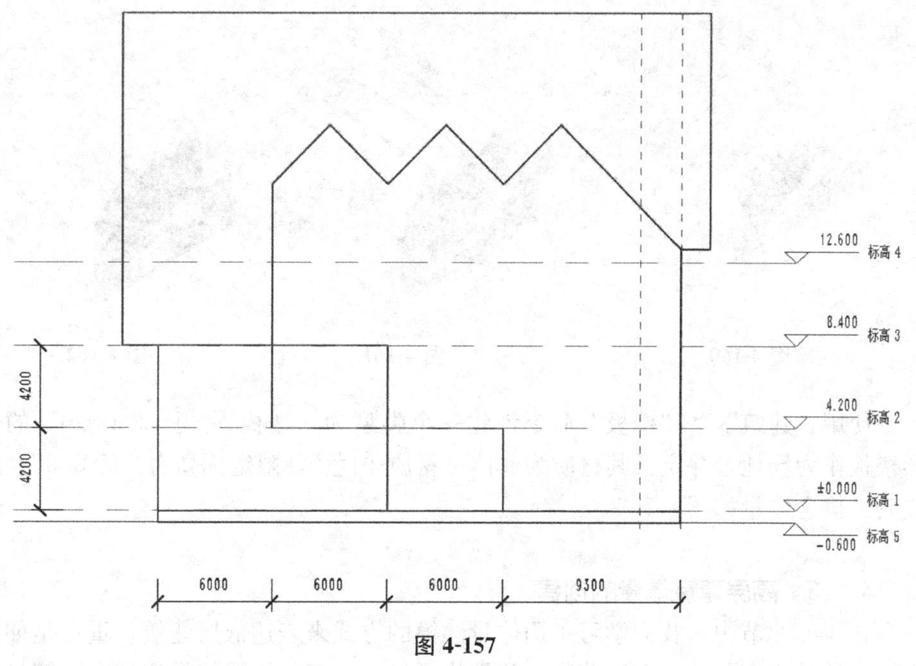

图 4-157

(7) 定义南侧洞口的材质并创建场地

进入视图“3D”，使用功能区中的“修改”＞“填色”命令，在弹出的“材质浏览器”对话框中选择“玻璃”材质，将鼠标悬停在南立面的内侧的墙体，墙面会变为蓝色，单击鼠标后会将“玻璃”材质附着到该墙面，此后通过编辑体量状态下对体量材质所做的修改将不会影响使用“填色”命名所修改的面。只有通过“修改”＞“填色”＞“删除填色”命令才能删除“填色”命令所修改面的材质。

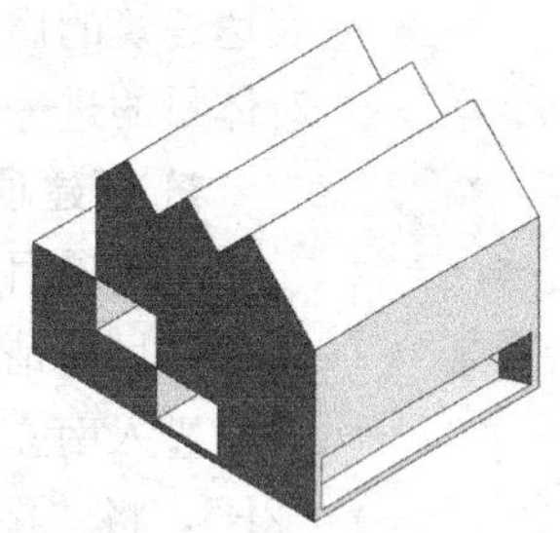

图 4-158

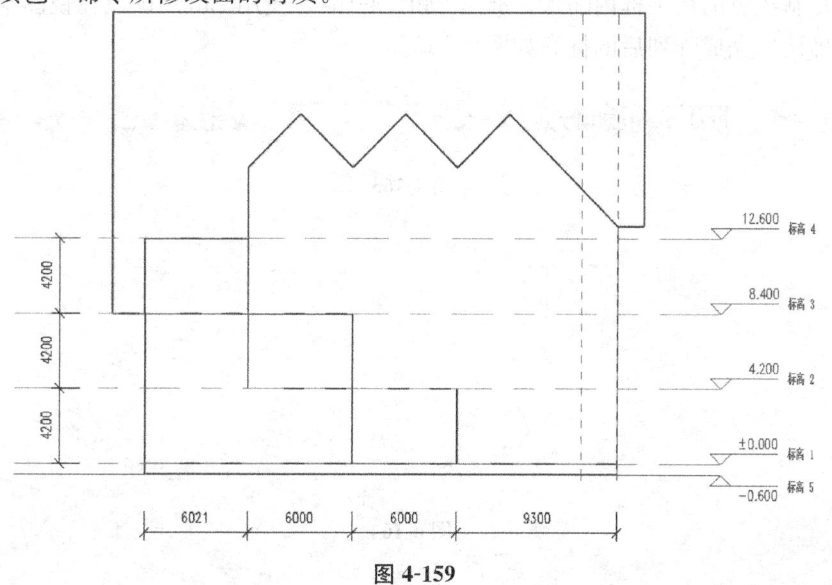

图 4-159

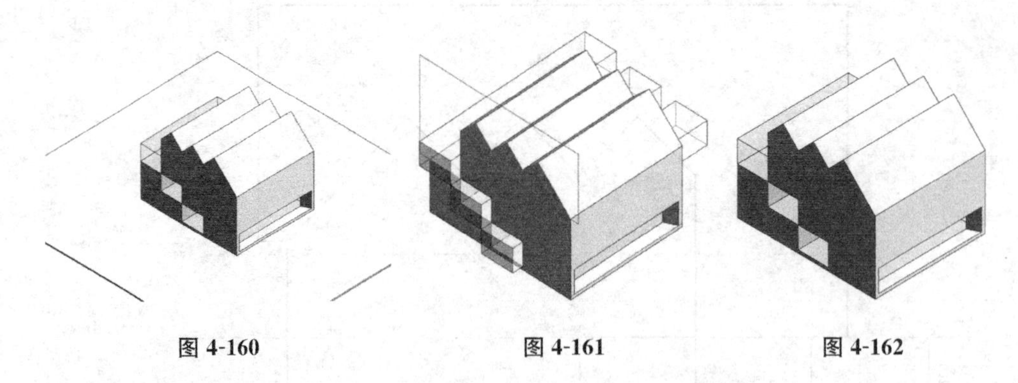

图 4-160　　图 4-161　　图 4-162

使用“建筑”＞“楼板”命令创建一个类型为“楼板 常规－300mm”的矩形楼板作为场地，并定义其材质为“体量材质-白色”，限定标高为“标高 5”。完成后的概念体量如图 4-162。

4.5.3　高层建筑体量的创建

在 4.5.2 节中，我们学习了用体量建模的方式来表达低层建筑，重点是如何表达建筑的虚实关系。在本节中，我们将通过一个高层塔楼体量实例来了解如何对体量的进一步操作。

1）新建项目并设置标高

新建项目的操作请参考 4.2.1 节“基本界面”部分或者本节 4.5.2-1 部分，新建项目后请将项目保存为“体量-高层”。

进入南立面视图，将“标高 2”的标高调整为“6.000”，并将其重命名为“2F”，将“标高 1”重新命名为“1F”。选中标高“2F”使用“阵列”命令向上阵列(状态栏的设置如图 4-163 所示)，并输入向上复制的距离“4200”，在出现的复制数量的数字框内输入“36”，如图 4-164，使用 Enter 键或在视图空白处点击确认，完成阵列后的标高如图 4-165。

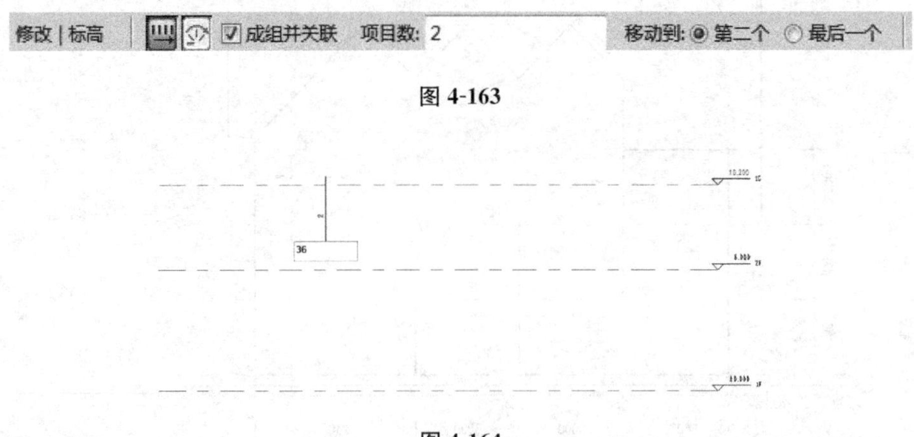

图 4-163

图 4-164

框选所有阵列得到的标高，使用选项卡中的“解组”命令，取消标高之间的关联，并以标高“2F”为基准分别将标高重命名为“3F”-“37F”。

2）创建高层塔楼体量

（1）创建实心体量

进入平面视图“1F”，使用“体量和场地”＞“内建体量”，在弹出的对话框“名称”中使用默认名称“体量1”，点击确认。使用上下文选项卡中的“修改”＞“参照”命令，在平面视图“1F”中创建一个尺寸为36m×36m的封闭矩形参照线。

进入视图“3D”，选中矩形参照线，使用“创建形状”＞“实心形状”命令，创建一个高度为156米的实心体量，并定义其材质为“体量材质-白色”，点击“完成体量”按钮确认，创建完成的体量如图4-166。

图4-165　图4-166 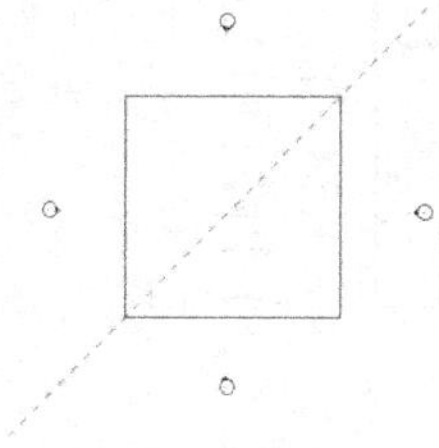　图4-167 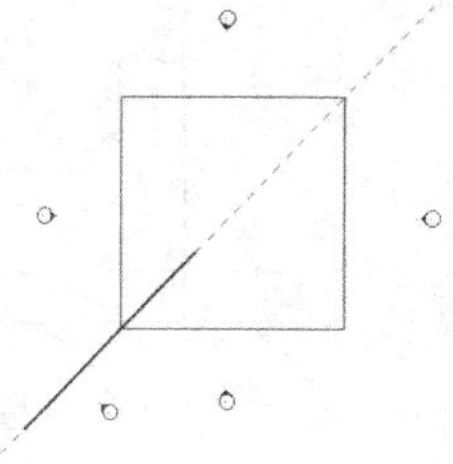　图4-168

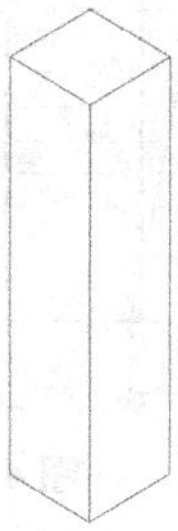

（2）创建空心体量

进入平面视图“1F”，沿体量对角线绘制参照平面，如图4-167，在其属性栏中并将其命名为“A”。沿参照平面绘制一面墙“基本墙 常规－200mm”作为参照墙面。

使用“视图”＞“立面”命令，将鼠标悬停在参照墙面上，系统会自动捕捉到参照墙面，点击鼠标添加一个与参照墙面垂直的立面“立面1-a”，如图4-168。

进入立面视图“立面1-a”，删除参照墙面“基本墙 常规－200mm”，并调整视图剪裁框。默认立面视图可见性设置中，体量的显示是关闭的，使用“视图”＞“可见性/图形”命令，在弹出的“立面1-a的可见性/图形替换”对话框＞“模型类别”中勾选“体量”类别，点击“确认”按钮，立面视图“立面1-a”显示如图4-169。或者即使是在“可见性/图形”设置中的“体量类别”是关闭的，但通过切换“体量和场地”＞“按视图设置显示体量/显示体量形状和楼层”按钮同样可以控制体量的显示。

将立面视图“立面1-a”的显示模式调整为线框模式，双击“体量1”进入体量编辑模式，使用“修改”＞“参照”命令，在弹出的“工作平面”对话框中选择将参照平面 A 作为工作平面，设置如图 4-170。绘制闭合的参照线，如图 4-171，进入视图“3D”，选中闭合的参照平面，使用“创建形状”＞“空心形状”，创建完成后如图 4-172。

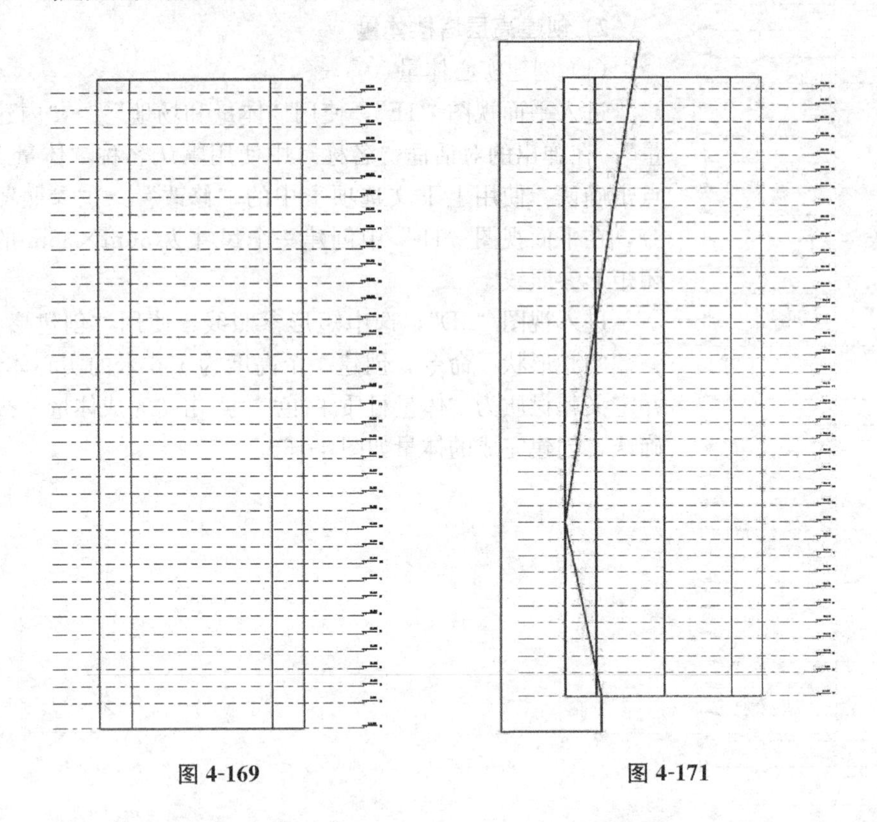

图 4-169　　　　图 4-171

进入立面视图“立面 1-a”，选中参照线并调整参照线的形状以完善建筑形体，完成后的建筑体量如图 4-173。

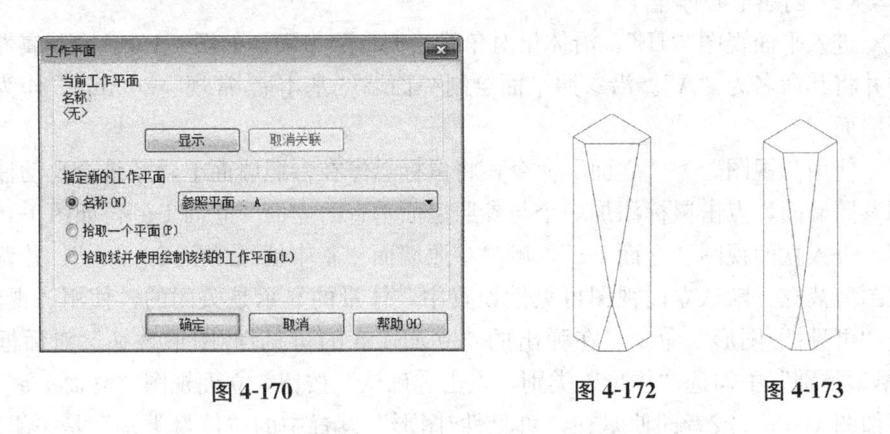

图 4-170　　　　图 4-172　　　　图 4-173

(3) 添加体量楼层

进入视图“3D”，选中体量 1，在属性栏中点击“体量楼层”＞“编辑”按钮，在弹出的对话框“体量楼层”对话框中勾选所有楼层，如图 4-174，点击“确定”按钮，完成后的体量如图 4-175。选中任一体量楼层，在其属性栏中即可

显示

其楼层的建筑面积，如果选中建筑体量1，则在其属性栏中显示整个塔楼的总楼层建筑面积、总表面积和总体积。

图4-174

图4-175

4.5.4 从体量表面创建图元

在用体量工具完成对建筑概念的推敲之后，可以从体量实例创建楼板、墙体等建筑图元，我们在本小节中将以前面创建的两个体量实例为例学习如何为体量添加建筑图元。

1）创建建筑外墙、屋顶和幕墙

（1）创建外墙

打开项目文件“体量-低层”，进入视图“3D”，使用“体量和场地”>“墙”命令，属性栏中墙的类型选择“基本墙 常规-200mm”，状态栏中墙体定位线选择“核心层中心线”，定位线：核心层中心线 将鼠标停在建筑体量南立面，相应面的边线会以蓝色显示，单击鼠标即可放置外墙。同样方式可以放置南立面其余外墙和北立面外墙，放置完成后如图4-176。

对于两侧的山墙，由于存在角对角关系的窗户，所以无法自动生成墙面，需要手动绘制三段墙体：进入平面视图“标高1”，选择“基本墙 常规-200mm”，绘制西立面的三段墙体，并使用“镜像”命令将其镜像到东立面，如图4-177。

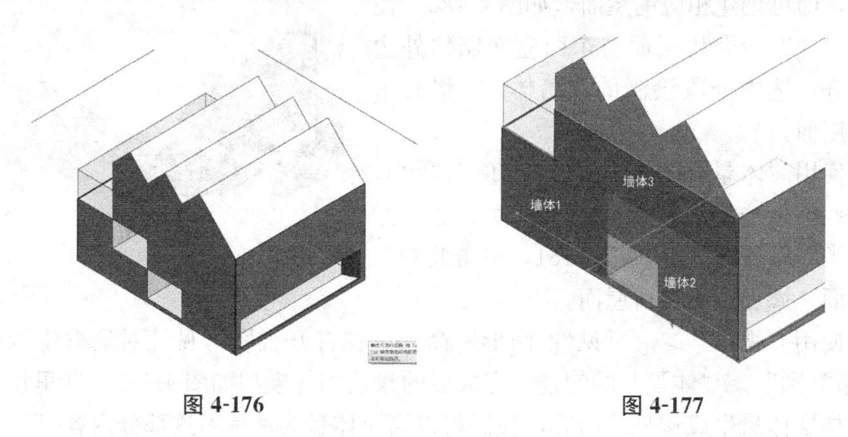

图4-176　　图4-177

（2）创建幕墙

选中西立面的三段墙体，使用视图控制栏中的“临时隐藏/隔离”>“隐藏图元”命令将其隐藏。使用“体量和场地”>“墙”命令，在属性栏中选择“幕墙”并点击“编辑类型”按钮，并复制一个新的幕墙类型“幕墙 自动分割-1500mm”，其类型属性如图4-178。将鼠标分别单击在体量中表示窗和幕墙的部分，系统将自动生成幕墙“幕墙 自动分割-1500mm”。使用“临时隐藏/隔离”>“重设临时隐藏/隔离”命令取消对山墙墙体的临时隐藏，完成后如图4-179。

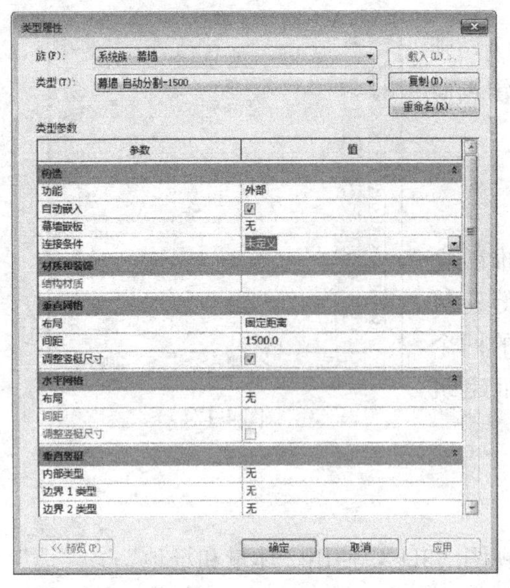

图 4-178

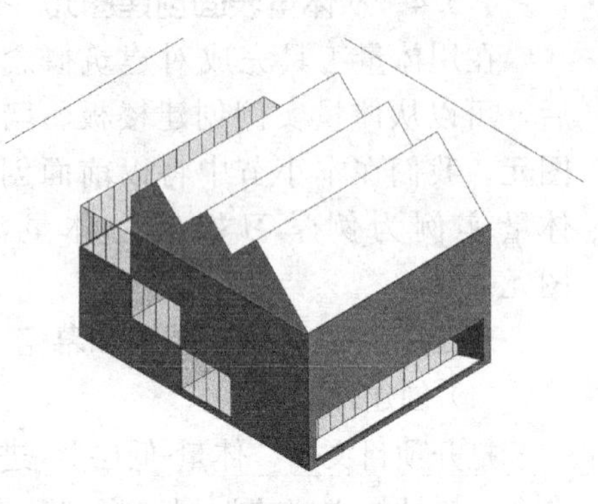

图 4-179

(3) 创建屋面

使用“体量和场地”>“屋顶”命令，属性栏中选择“基本屋顶 常规—125mm”，将鼠标悬停在“体量 1”的屋面处并分别单击以蓝色边线着重显示的面，选中所有的屋面后在选项卡中点击“创建屋顶”命令，即可创建相应的屋面，如图 4-180。使用“对齐”命令将屋面与东西立面墙体外边缘对齐，选中分段绘制的“墙体 3”将其附着到屋面。

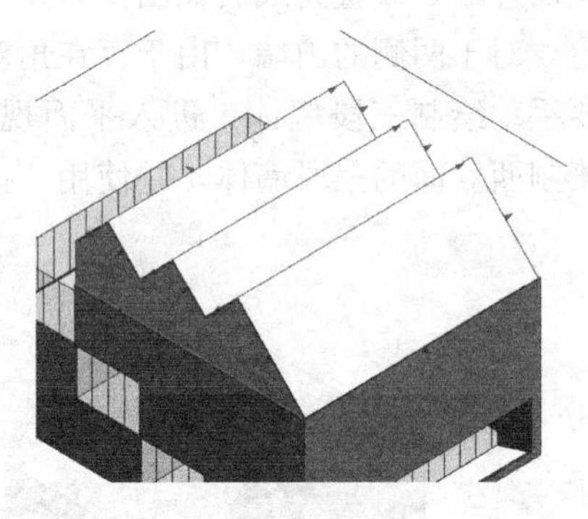

图 4-180

使用“体量和场地”>“屋顶”命令，在属性栏中选择“玻璃斜窗”屋面类型，并将其类型属性的设置如图 4-181，单击北侧退台屋面，添加玻璃斜窗屋面。

使用“视图”>“可见性/图形”命令，在打开视图可见性对话框中取消对“模型类别”>“体量”的勾选，完成后的建筑构件模型如图 4-182。这里没有涉及从楼层体量生成楼板的内容，我们将以高层体量为例练习这部分内容。

2）创建楼板和有理化处理体量表面

(1) 创建楼板

打开项目文件“体量-高层”，进入视图“3D”，使用“体量和场地”>“楼板”命令，在属性栏中选择“楼板 常规—300mm”，并在其基础上复制新的楼板类型“楼板 常规—700mm”，鼠标框选建筑体量内的所有体量楼层，状态栏中偏移量设置为“200” 修改 | 放置面楼板 偏移: 200 ，点击选项卡中的“创建楼板”命令，

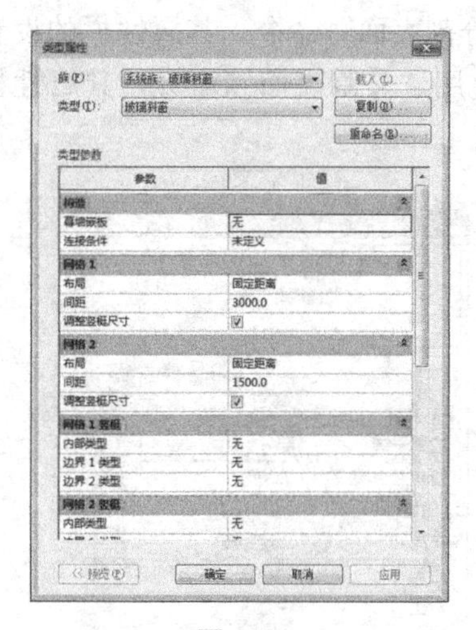

图 4-181

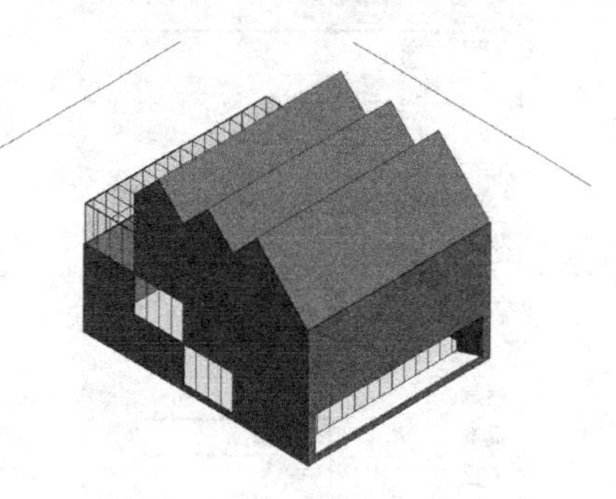

图 4-182

系统将会以每个体量楼层为基础创建从体量表面向内偏移 200mm 的楼板，如图 4-183。

选中体量，选择其属性栏中的“体量楼层”＞“编辑”按钮，在弹出的体量楼层对话框中取消对所有楼层的勾选。

（2）分割体量表面

双击体量进入编辑体量模式，选中体量几个垂直表面，在选项卡中点击“分割表面”按钮，属性栏的设置如图 4-184，分割完成的体量表面如图 4-185。

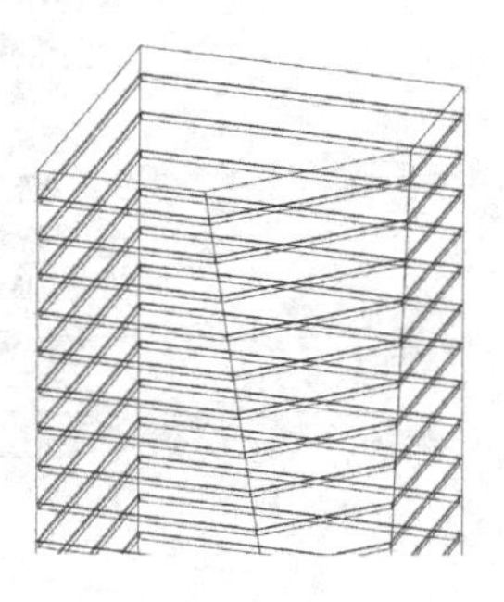

图 4-183

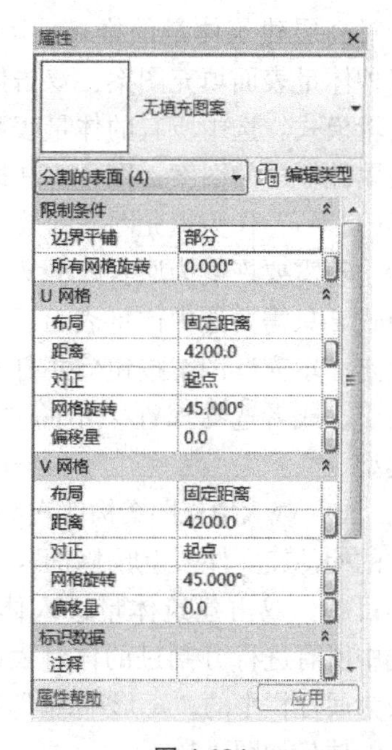

图 4-184

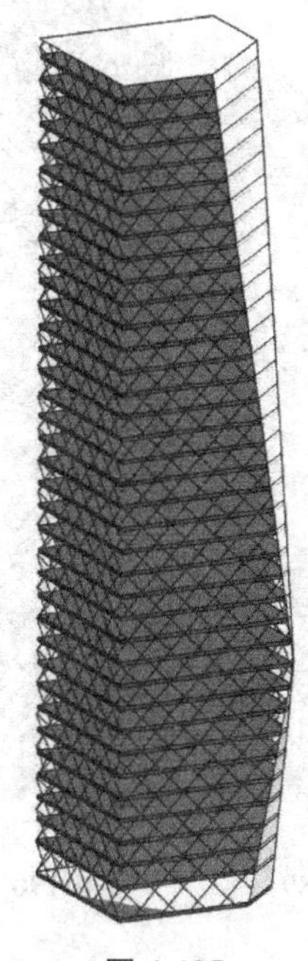

图 4-185

选中高层体量上侧部分的斜面并使用“分割表面”命令，其属性栏的设置如图 4-186；选中塔楼体量下侧部分的斜面并使用“分割表面”命令，其属性栏的设置如图 4-187，完成分割表面后的体量如图 4-188。

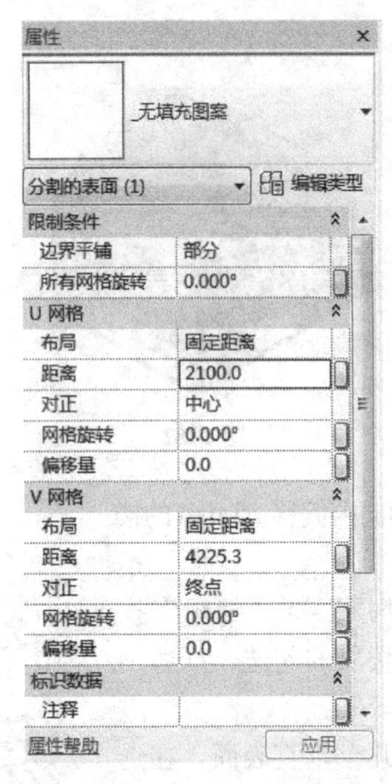

图 4-186

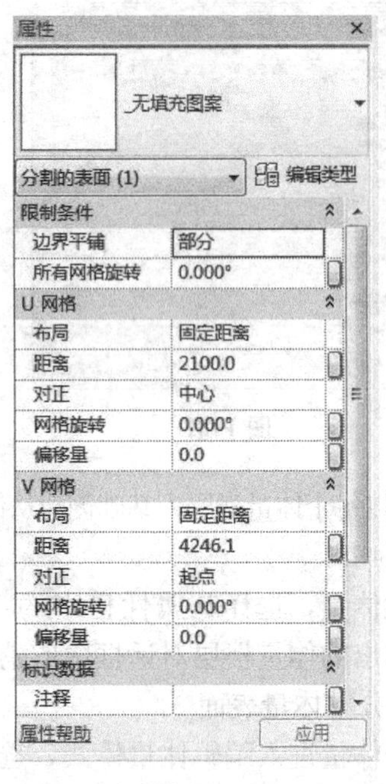

图 4-187

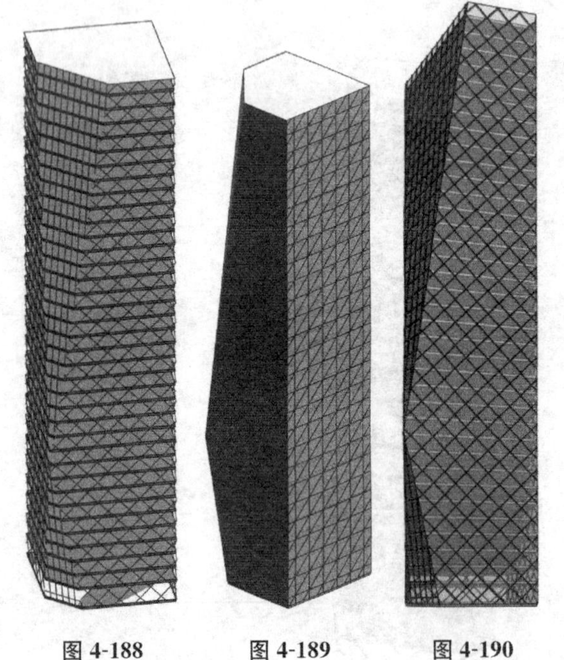

图 4-188　图 4-189　图 4-190

(3) 在体量表面填充图案

在完成分割表面的基础上可以进一步进行对高层建筑体量的推敲，Revit 中提供了多种体量表面填充图案：双击体量进入体量编辑模式，选中所有的体量表面，将其替换为属性栏中的图案。图 4-189 即是以“三角形(扁平)”作为填充图案的效果。

若需要恢复为原有的 UV 网格表面分割模式，只需要选中体量表面后，在选项卡中关闭“填充”图案按钮并打开“表面”按钮，或者选择属性栏中的“无填充图案”类型。

(4) 载入填充图案构件族：打开随书光盘中的构件族文件“矩形-隐框”，并将其载入到项目中。双击建筑体量进入体量编辑模式，选中所有进行分割过的体量表面，并将其替换为属性栏中的“矩形-隐框”构件族，完成后的体量如图 4-190。

所载入的构件族“矩形-隐框”是根据 Revit 自带的“基于公制幕墙嵌板填充图案”的族样板所创建的构件族，根据该样板可以创建基于多种填充图案构件族。

4.6　建筑模型渲染

在项目的绘制过程中和绘制完成后都可以利用 Revit 平台对项目做不同程度的表现，以用于项目的推敲、分享或者演示。在绘制三维建筑模型过程中可以使用“真实”视图模式或者“光线追踪”这两种显示模式推敲或演示项目；在项目阶段性的工作完成后，可以利用渲染工具创建照片级别的表现图，本章重点练习三维视图的渲染。

4.6.1　创建三维透视图

需要提醒的是，在绘制三维建筑模型的过程中创建各个角度的三维视图是推敲设计的重要方法，并不是在绘制完成建筑模型之后为了制作渲染图而去创建三维视图。这里我们以前面创建的项目文件“建筑单体及场地”为例，练习如何创建及调整三维视图。

1）创建并调整三维视图

（1）创建三维视图

打开项目文件“建筑单体及场地”，并将其另存为项目文件“建筑渲染”。进入平面视图“1F”，使用命令“视图”＞“三维视图”＞“相机”命令，在平面视图上单击鼠标以确定视点位置，然后拖拽鼠标以确定视点方向，如图 4-191，松开鼠标后会弹出窗口“三维视图 1”，如图 4-192，拖拽边框可以调整视图范围。

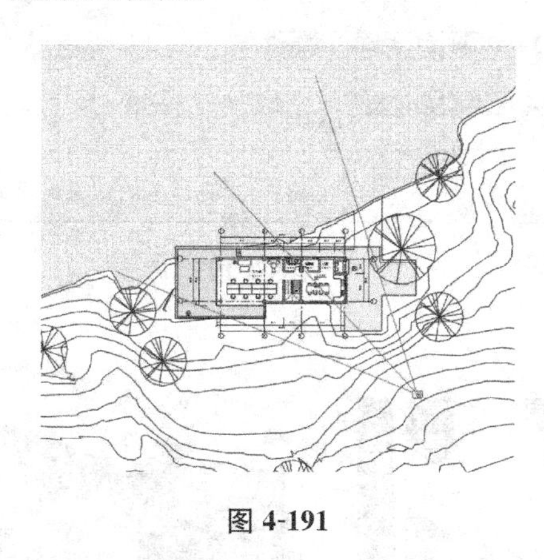

图 4-191

图 4-192

（2）调整三维视图

使用“视图”＞“平铺窗口”命令，视图“三维视图 1”和平面视图“1F”会以平铺模式显示在绘图区域中，选中三维视图的边框，在平面视图中会同时显示相机位置及方向，如图 4-193。激活平面视图，调整相机，同时比较三维视图

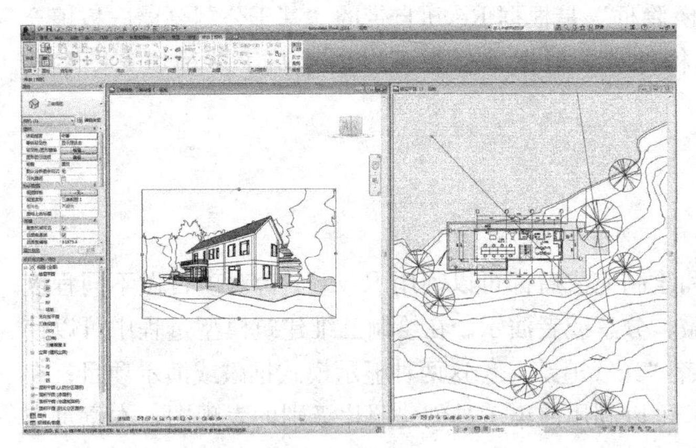

图4-193

构图优劣，并确定最终的三维视图构图。

默认情况下创建的三维视图是两点透视，在误操作(在三维视图中不小心旋转了视图，两点透视变成了三点透视)的情况下，可以通过将三维视图属性栏中的视点高度和目标高度的数值设置为相同高度，将视图重新调整为两点透视，如图4-194。同时可将视图显示模式设置为“着色模式”，并调整视图显示选项中的“照明”＞“环境光”的参数，打开“视图可见性/图形替换”对话框取消对“导入的类别”选项的勾选，如图4-195。对于一层和二层墙体之间的分割线，如图4-196，可以使用“修改”＞“连接”＞“连接几何图形”命令，分别拾取两面外墙即可调整完成后的三维视图如图4-197。

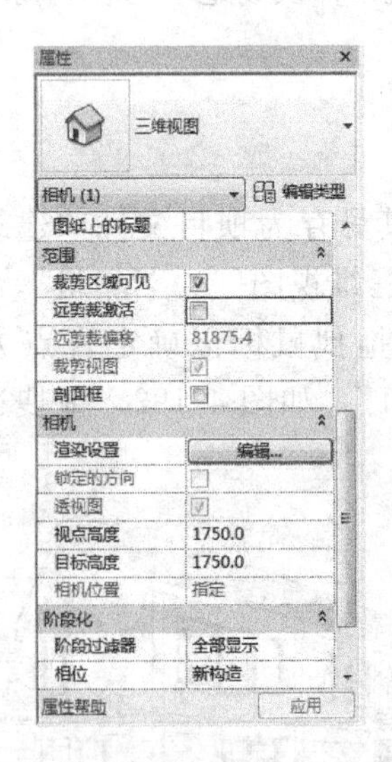

图4-194

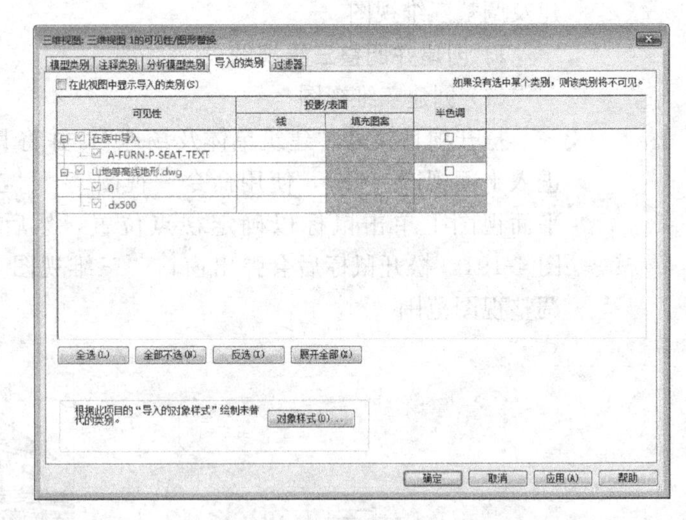

图4-195

图4-196

图4-197

同样的方式创建一点透视“三维视图 2”（图 4-198）。

在项目浏览器中右键点击“三维视图 2”，在弹出的对话框中选择“复制视图” > “带细节复制”，复制得到三维视图“副本：三维视图 2”，并将其重命名为“三维视图 3”。选中“三维视图 3”的相机，将其顺时针旋转约 55°。打开“图形显示选项”对话框，调整“照明” > “环境光”的参数；点击“背景”选项，在下拉的“背景”选项中选择“渐变”，点击“确定”。调整后的“三维视图 3”如图 4-199。

图 4-198

以同样的方式复制创建室内一点透视图“三维视图 4”，如图 4-200。

图 4-199

图 4-200

（3）创建鸟瞰视图

在项目浏览器中右键点击“三维视图 3” > “复制视图” > “带细节复制”，复制得到“副本：三维视图 3”，将其重命名为“鸟瞰图 1”。将平面视图“场地”和三维视图“鸟瞰图 1”平铺显示，选中“鸟瞰图 1”的视图裁剪框，在属性栏中将其“视点高度”和“目标高度”两个数值高度均设置为“21000”，相机位置如图 4-201，调整好的“鸟瞰图 1”如图 4-202。

2）材质的预览

进入三维视图“3D”，将其显示模式设置为“真实”视觉模式，如图4-203，即可预览材质贴图。针对真实模式下的贴图问题我们需要通过材质浏览器重新定义材质贴图。

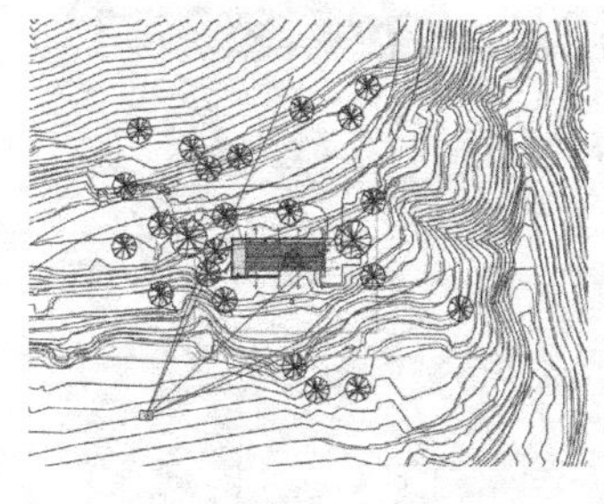

图 4-201

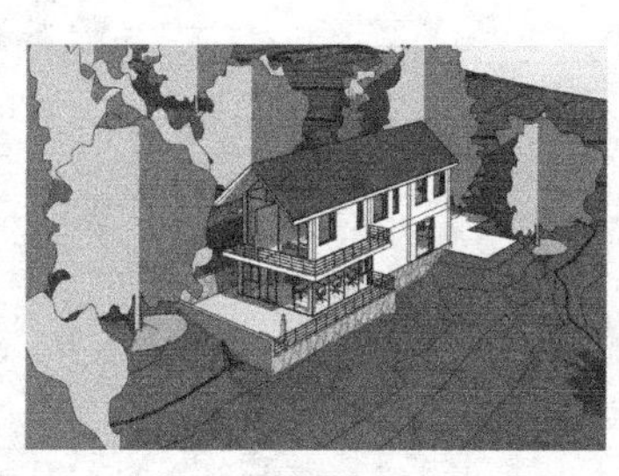

图 4-202

图 4-203

4.6.2 设置材质

1) 材质浏览器的使用方法

前面各节绘制建筑模型的过程中我们对材质浏览器的使用已经有所涉及，这里我们更详细地学习材质浏览器的使用。

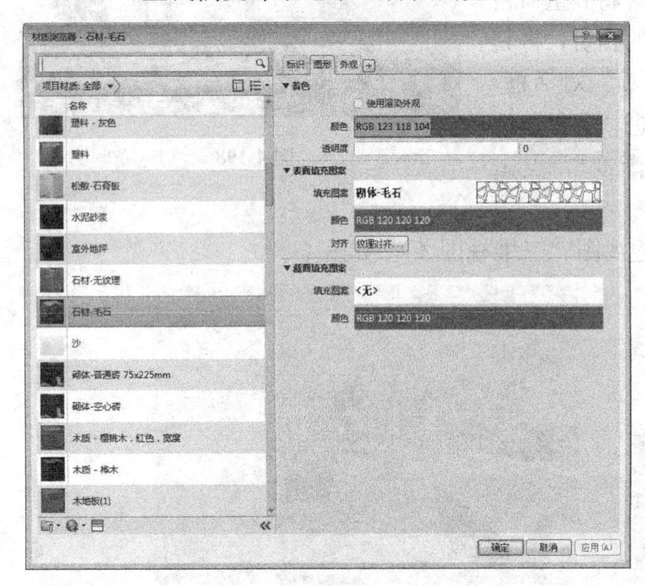

图 4-204

使用“管理”＞“材质”命令打开材质浏览器对话框，默认情况下，材质浏览器显示前面所编辑材质的“图形”选项卡，如图4-204。左侧为项目材质列表，显示项目中所用到的所有材质，并能使用对话框顶部的搜索功能和单独显示某类别材质；右侧显示所选中材质的相关选项卡。其中“标识”选项卡可以显示或者定义材质的名称、类型等信息，如图4-205；通过“图形”选项卡定义材质的着色、表面和截面显示图案等信息，这些信息与项目的“着色”显示模式相对应，如图4-206；通过“外观”选项卡可以定义与材质贴图、表面纹理等信息，这些信息与项目的“真实”、“光线追踪”显示模式以及图像渲染相关，如图4-207。

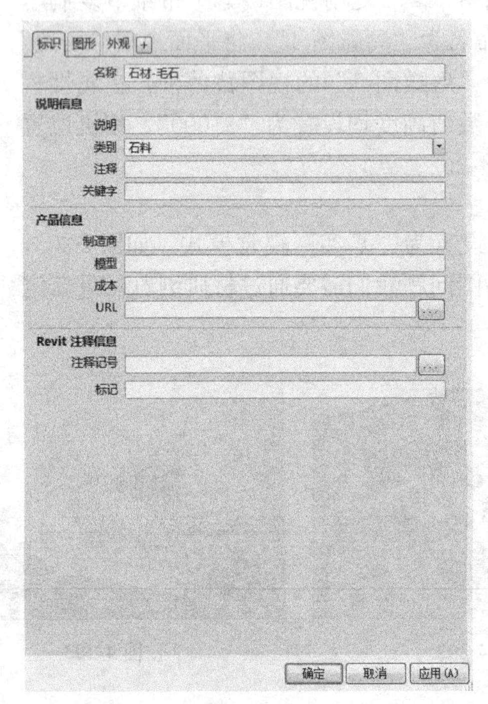

图 4-205

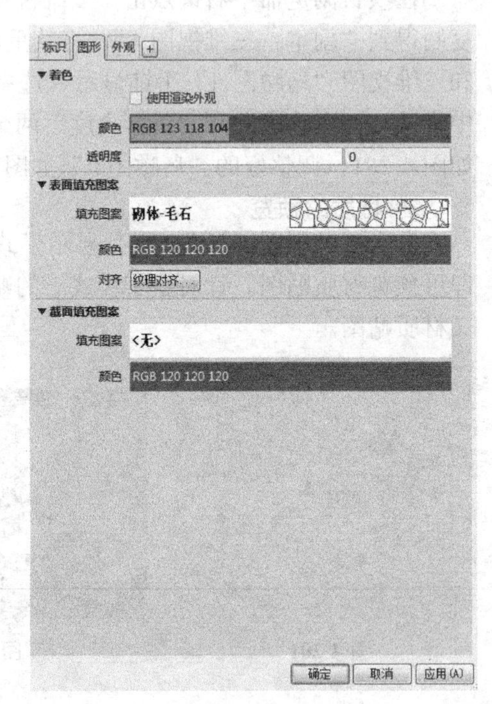

图 4-206

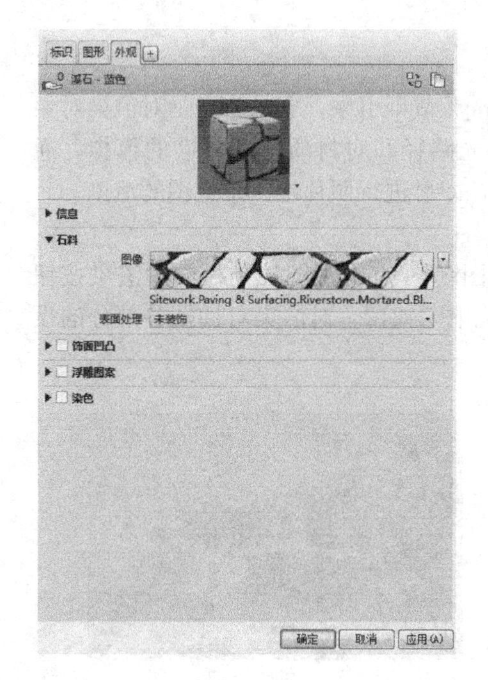

图 4-207

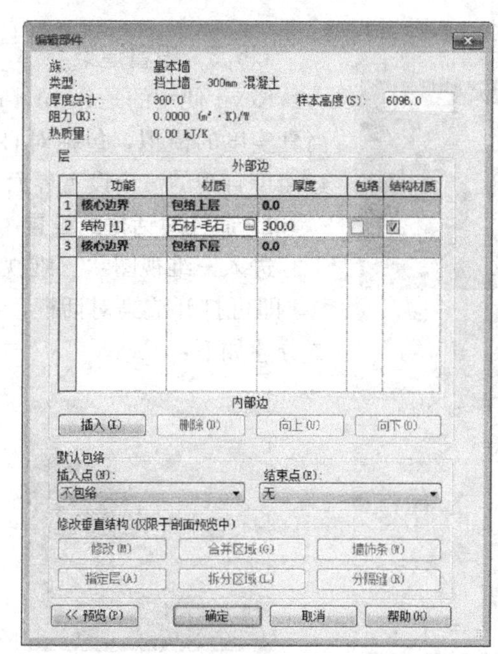

图 4-208

材质浏览器左下角三个按钮的作用分别是：①左侧按钮 可以打开已有材质库或者创建新的材质库；②中间按钮 可以新建或者复制现有材质；③右侧按钮 可以打开资源浏览器对选定材质定义新的材质属性。

2）调整项目材质设置

进入视图“3D”，将视图显示模式设置为“真实”以方便预览材质调整效果。选中“基本墙：挡土墙-300mm 混凝土”，点击属性栏中的“编辑类型”按钮，在弹出的对话框中的“构造”项中点击“编辑”按钮进入“编辑部件”对话框，如图 4-208，点击构成墙体的材质“石材-毛石”后的按钮 进入材质浏览器，选择“外观”选项卡，点击图像下方的贴图路径即可进入贴图所在的文件夹，win7 系统下默认路径为“C：\Program Files(X86)\Common Files\Autodesk Shared\Materials\Textures\1\Mats\”，打开随书光盘，复制贴图文件“masonry-rock-wall-seamlessly-tileable”到“Mats”文件夹中，双击该贴图，即将其应用在所选材质“石材-毛石”上。

Autodesk 提供的材质库中包含了大量的材质贴图，在使用的过程中用户也可以创建自己的材质库或者根据表达需要灵活替换 Revit 自带材质库的贴图文件。

单击图像中的贴图，打开“纹理编辑器”对话框，如图 4-209，可以调整贴图的亮度、角度、尺寸大小等信息，将“比例”>“样例尺寸”调整为“1500mm×1500mm”，单击完成按钮。完成后的贴图在三维视图中预览如图 4-210。

同样的方式调整屋面、外墙、楼板、玻璃、幕墙竖梃、室外架空木地板、栏杆、草地等图元的材质及贴图，调整完成后的预览如图 4-211。

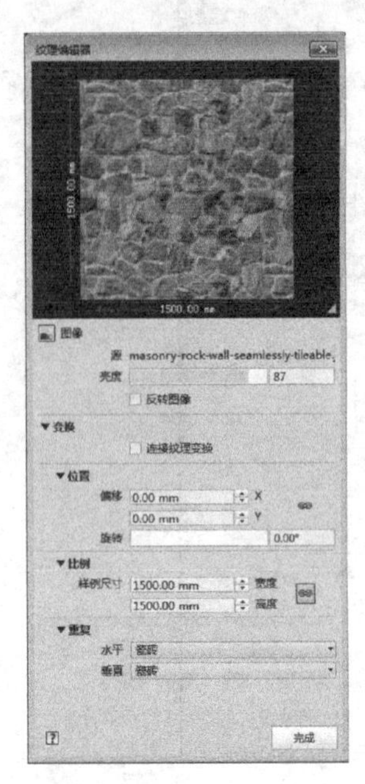

4.6.3 设置渲染

Revit 使用的是 mental ray®渲染引擎，它的特点是对渲染对象高真实度的模拟，包括对日光路径和对材质物理属性的模拟，通过简单直观的渲染设置界面，即可进行照片级三维视图的渲染。

1) 渲染对话框的设置

进入三维视图“三维视图 3”，点击视图控制栏中的渲染按钮即可打开渲染对话框，如图 4-212。对渲染对话框各部分的设置分述如下：

图 4-209

图 4-210

图 4-211

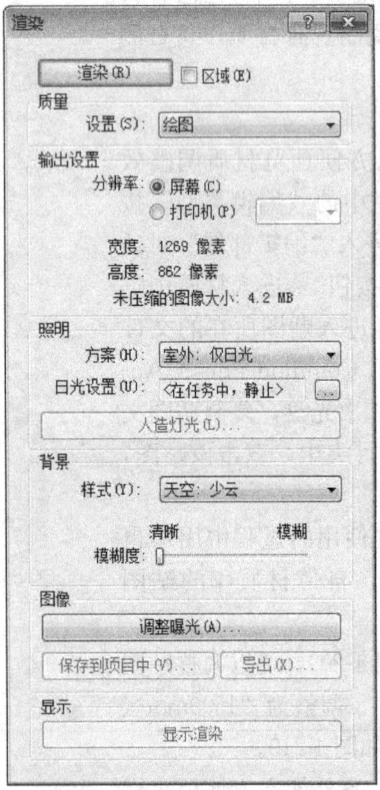

图 4-212

(1) 渲染按钮：设置完成后点击渲染按钮即可进行视图渲染，特殊情况下需要对视图进行局部渲染时勾选按钮右侧的“区域”选项即可。

(2) 渲染质量：Revit 对渲染质量从低到高提供了从“绘图”到“最佳”以及“自定义”六种选择，渲染速度从快到慢，用于预渲染通常会选择“中”，对于会用于打印输出的渲染则会选择“最佳”。

(3) 输出设置：提供了不同分辨率的渲染选择，“屏幕”选项渲染图像的分辨率是和屏幕相同的分辨率；通过“打印机”选项可以定义从 75DPI 到 1200DPI 的分辨率，不同的电脑硬件条件对渲染图像的分辨率也有限制，过高的分辨率可能会导致渲染失败或者完成渲染的图像无法导出。

(4) 照明设置：照明方案是指渲染过程中是否考虑人造光的因素，通过日光设置按钮可以模拟在不同季节和不同时间段的日照条件下渲染效果。

(5) 背景样式：通过背景样式定义不同的天气条件。

(6) 图像管理：通过调整曝光按钮控制曝光值的大小，类似于机械相机 B 门对曝光时间长短的控制，如图 4-213。通过“保存到项目中”和“导出”两个按钮可以将渲染图保存在项目中或者导出为 JPG 或者 TIFF 等几种常用的图像格式。

(7) 模型与渲染图像的切换按钮：在渲染完成后可以在渲染图像与模型显示模式之间切换，以方便检查模型错误或者渲染效果。

2）粗略预渲染

进入三维视图“三维视图 3”，点击视图控制栏中的“渲染”按钮，将“渲染对话框”设置如图 4-214，其中对日光设置如图 4-215 所示。点击“渲染”按钮，渲染完成后的效果如图 4-216。我们会发现如下问题：①图面缺少明确的色调，过于生硬；②玻璃颜色过深，反射太强；③周边树木缺少层次，过于空旷。

针对上面的问题对项目文件做相应的调整：①将日光设置中的时间修改为 16：40；②调整玻璃的颜色和反射率；③增加场地中树木的数量和构图。

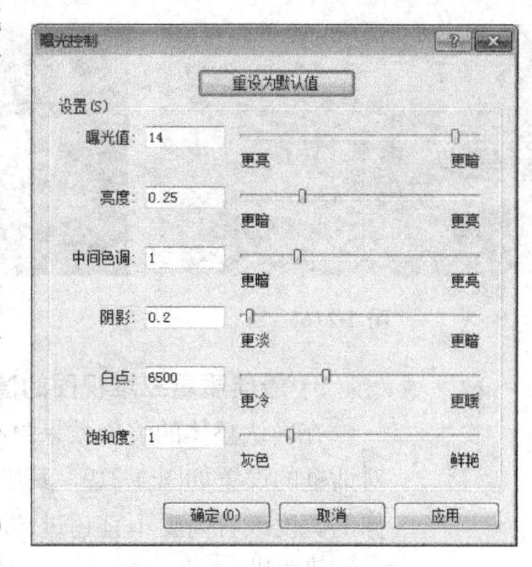

图 4-213

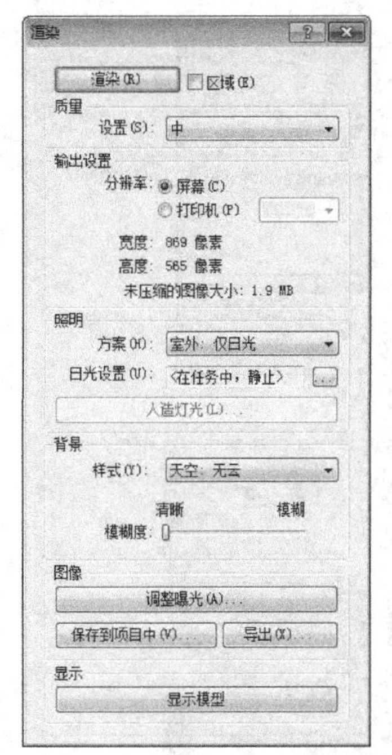

图 4-214

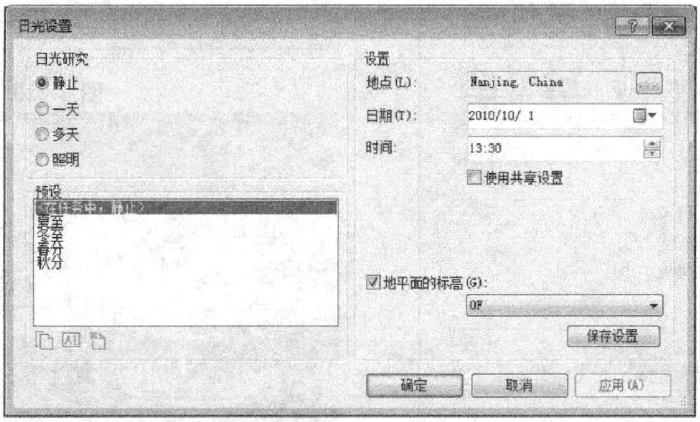

图 4-215

调整完成后再次进行粗略渲染，渲染效果如图 4-217。由于画面过暗，需要调整曝光值，点击“调整曝光”按钮，将曝光值由“14”修改为“12.5”，点击确定按钮，调整过曝光值的渲染效果如图 4-218。经过类似的反复尝试和调整，以达到相对理想的渲染效果。

图 4-216

图 4-217

图 4-218

3) 最佳质量三维视图的渲染

在确认整体的渲染效果没有问题之后，就可以以最佳质量进行渲染。“渲染”对话框的设置如图 4-219，其中日光设置如图 4-220。在最佳质量渲染的情况下，图像的宽度或者高度不宜超过 3500 点像素，过大的像素尺寸会导致渲染时间过长或者渲染失败。

渲染完成的图像如图 4-221，点击“保存到项目中”按钮会将渲染图像保存到项目文件中，点击“导出”按钮可以将渲染图像导出为 JPG、TIFF 等常用图像格式。

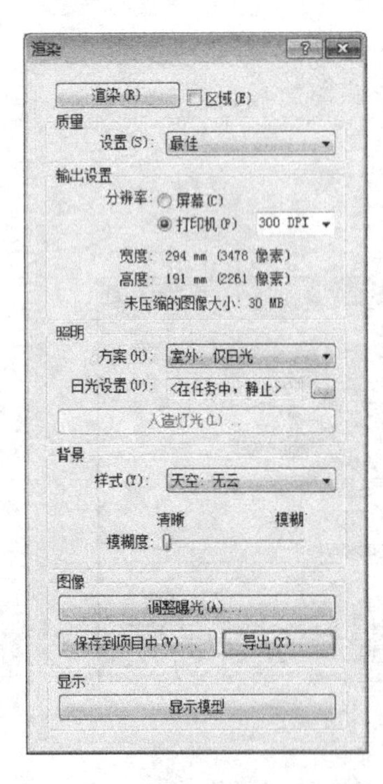

图 4-219

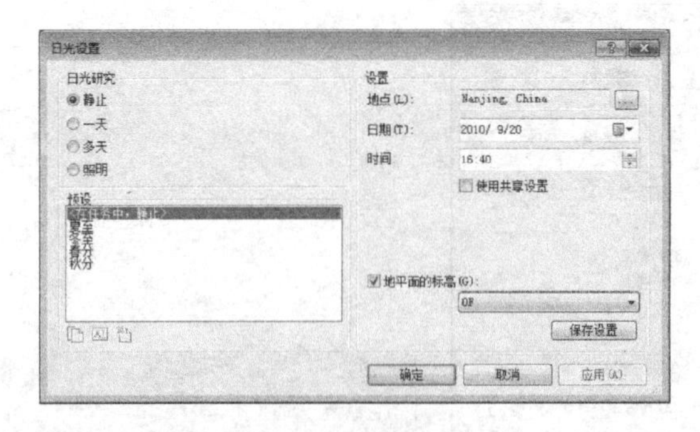

图 4-220

图 4-221

4.6.4 渲染效果

针对概念方案和某些需要表达气氛的建筑模型可以采用不同的渲染表达，本节中我们将以前面所创建的项目文件“体量-低层”为例练习概念体量的渲染；以项目文件“建筑渲染”为例学习添加室内人造光情况下的三维视图渲染。

1）概念体量的渲染

（1）管理建筑体量模型的材质

打开项目文件“体量-低层”，进入三维视图“3D”并将其显示模式切换为“真实”，并打开视图控制栏中的视图剪裁按钮，如图 4-222。双击建筑体量进入编辑模式，选中表达实体体量的部分，可以在属性栏中看到其材质为“体量材质-白色”，进入材质浏览器将其外观指定为“塑料”>“精细带纹理-白色”，如图 4-223；同样的方式指定表达幕墙洞口部分的材质“玻璃”外观指定为“塑料”>“透明-浅灰色”。点击“完成”按钮完成对体量材质的管理，如图 4-224。

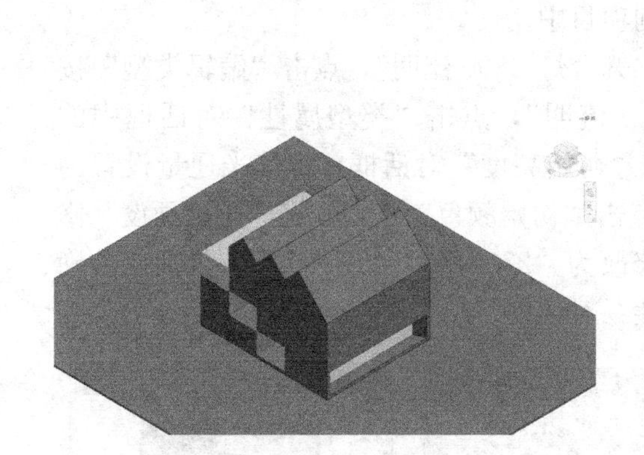

图 4-222

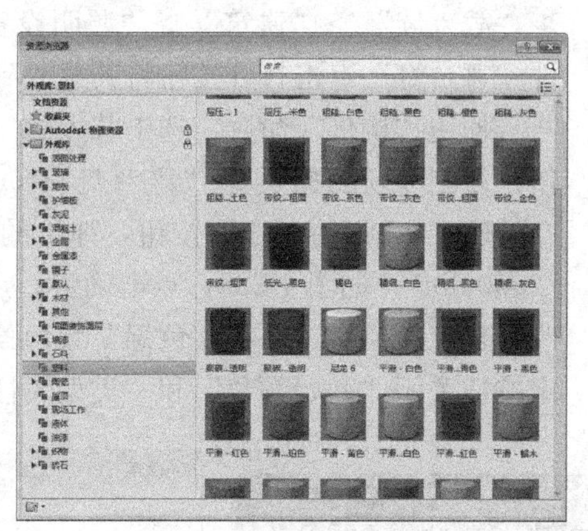

图 4-223

（2）渲染概念体量

点击视图控制栏中的渲染按钮，将渲染质量设置为“中”，分辨率设置为“150 DPI”，进行预渲染，渲染完成后的效果如图 4-225。我们会发现如下问题：①表达幕墙的透明塑料颜色过深。②表达建筑场地的楼板过薄，偏大。对以上问题做出调整，包括“透明-浅灰色”塑料的颜色、调整日照角度和场地楼板厚度等，调整完成后重新渲染，如图 4-226。

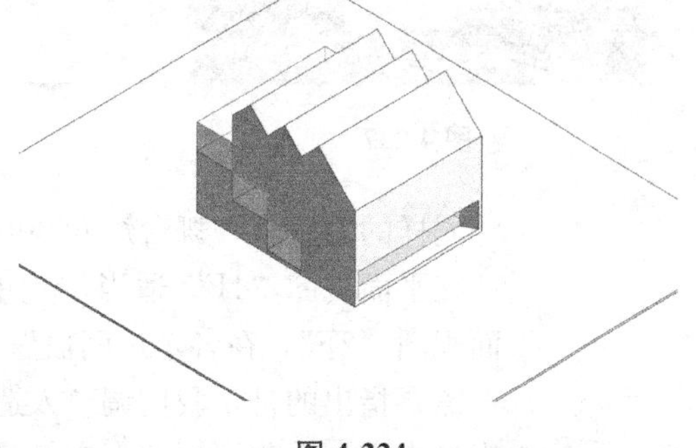

图 4-224

在确定大的渲染效果没有问题之后即可进行正式的渲染，将渲染质量设置为最佳并调整渲染视图的分辨率，以最佳质量渲染完成的三维视图如图 4-227。

白色素模表达概念方案只是其中一种方式，也可以用木材或者其他素色材料来

图 4-225

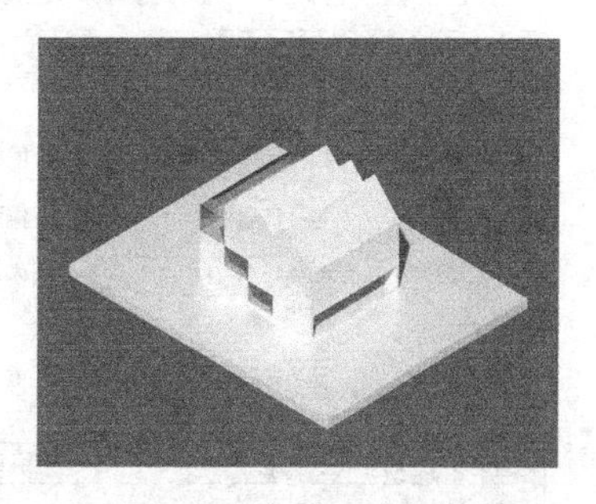

图 4-226

做表现，建议初学者多做尝试。

2）带人造灯光的建筑模型渲染

在某些建筑场景中需要表达诸如温馨或者热闹的气氛，或者需要模拟不同的灯光效果，这种情况下可以在建筑中加入人造灯光，在渲染中选择“室外：日光＋人造光”的照明方案。本小节中我们以项目文件“建筑渲染”为例练习带有人造灯光建筑模型的渲染。

(1) 在建筑模型中添加人造灯光

打开项目文件“建筑渲染”，进入平面视图“1F”，在功能区中选择“插入”＞“载入族”＞“建筑”＞“照明设备”＞“其他”＞“舞台灯具”，选中族文件“舞台灯”点击打开按钮将其载入到项目中。

使用“构件”命令，选中载入的“舞台灯 6800 流明”，点击“编辑类型”按钮，复制为新的族类型“舞台灯 20000 流明”，点击“类型属性”对话框中的“光域”＞“初始亮度”按钮，弹出的“初始亮度”对话框，将其光通量设置为“20000lm”，如图 4-228，点击确定；点击“初始颜色”按钮，将“颜色预设”修改为自定义模式，并将“色温”数值修改为“2700K”，如图 4-229。分别点击确定按钮关闭“初始颜色”和“类型属性”对话框。

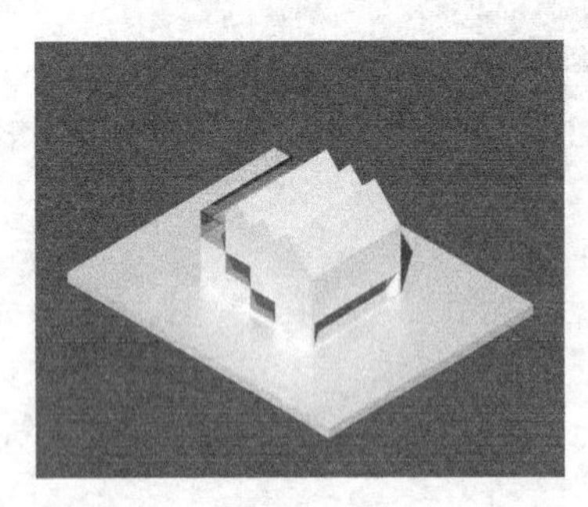

图 4-227

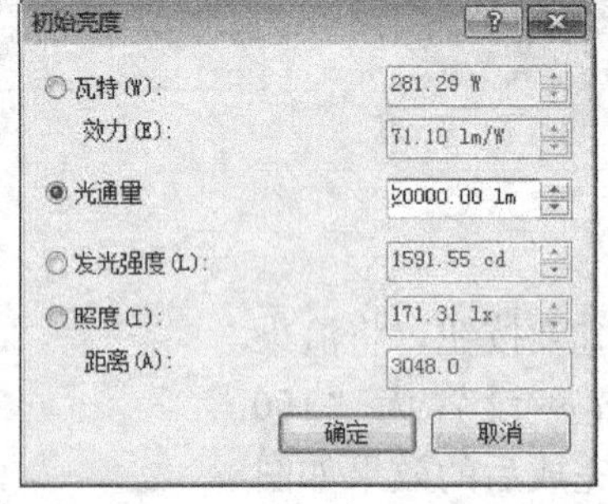

图 4-228

图 4-229

同样的方法将“舞台灯 6800lm”的色温也调整为 2700K。

在平面视图“1F”适当位置单击鼠标以放置数盏“舞台灯 20000lm”。进入平面视图“2F”，在各个房间放置“舞台灯 6800lm”。

需要指出的是，我们调整人造光参数的目的是表达相应的建筑气氛，如果做室内灯光模拟，建议按照真实灯具的参数进行模拟。

图 4-230

如果在平面视图中无法看到人造灯光，可能是以下两个原因造成的：①在“视图”＞“可见性/图形”对话框中没有勾选“模型类别”＞“照明设备”类别，将其勾选即可；②由于所放置人造光默认高度为 2500mm，高于平面视图的剖切面，所以无法看到。此种情况需要在属性栏中点击“视图范围”按钮，将视图剖切位置调整到灯光高度位置以上即可，如图 4-230。

(2) 粗略渲染

进入视图“三维视图 3”，点击“渲染”按钮，渲染对话框设置如图 4-231，其中日光设置如图 4-232。点击“渲染”按钮开始渲染，渲染效果如图 4-233(曝光值为 9)。我们可以看到这张图人造灯光偏暗，人物配景也需要根据情境进行调整。具体调整措施为：①将“舞台灯 20000lm”，将其光通量调整为 3000lm，选中“舞台灯 6800lm”，将其光通量调整为 8600lm；②调整日光设置方案，将渲染时间调整为 8 月 6 日，18：50，即日落之前的十分钟的光线条件；③调整配景人物位置。

调整完成后重新渲染，将曝光值调整为 7.0，渲染效果如图 4-234。

(3) 最佳质量渲染

在确定较为理想的渲染效果后即可进行最佳质量的渲染，在“渲染”对话框中将渲染质量设置为“最佳”，照明方案为“室外：日光和人造光”，渲染时间仍为 8 月 6 日，18：50，背景样式为“天空：无云”。渲染完成后的效果如图 4-235，也可以将渲染的图像导出为 TIFF 格式并在 Photoshop 中进行后期处理，这里对此不再赘述。

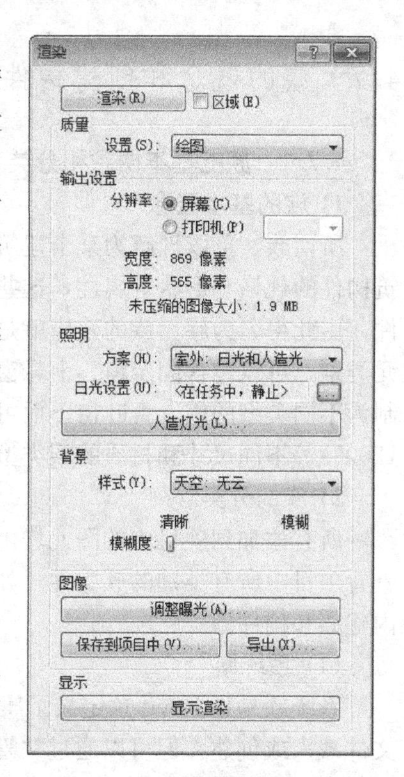

图 4-231

图 4-232

图 4-233

图 4-234

图 4-235

4.7 族的概念和创建构件族

4.7.1 族的基本概念和分类

1) 族的基本概念

所谓族，可以理解为某个建筑构件，但我们可以通过改变参数而改变这个建筑构件的规格和形状等属性，这些因参数改变而产生的构件都源于同一个基础构件，由此得名为族。族的建模就是对基本建筑构件的建模。例如，窗作为一个图元类别，可以包含固定窗、上悬窗、百叶窗等多种族文件，每个族文件又可以复制为不同类型的族，百叶窗下面可以有“百叶窗－600×600”、“百叶窗－600×1200”等不同尺寸和材质的族类型。

2) 族的分类

所有添加到项目中的图元均由不同类型的族文件组成，在项目浏览器中可以查看项目中所有类别的族文件，如图4-236。族文件可以分为三种类型：系统族、内建族和构件族。

(1) 系统族

系统族是指Revit预定义了属性设置和图形表达的族类型，它不能作为单个文件载入或创建，但可以通过“管理”＞“传递项目标准”命令在不同的项目之间进行传递。如墙体、标高、轮廓等均为系统族。

(2) 内建族

内建族是指通过“建筑”＞“构件”＞“内建模型”命令(图4-237)，并使用拉伸、放样、融合等方法(如图4-238)所创建的自定义图元，每个内建族只包含一种类型，无法通过复制内建族类型来创建新的内建族。项目内过多内建族会占用大量的系统资源并会增加项目文件大小，所以需谨慎使用内建图元的方式创建内建族。

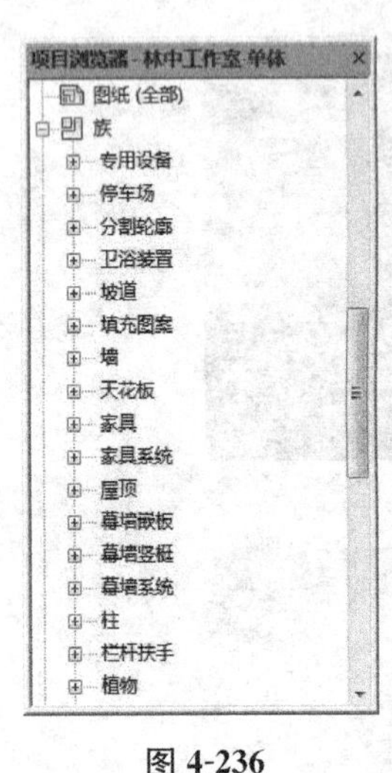

图4-236

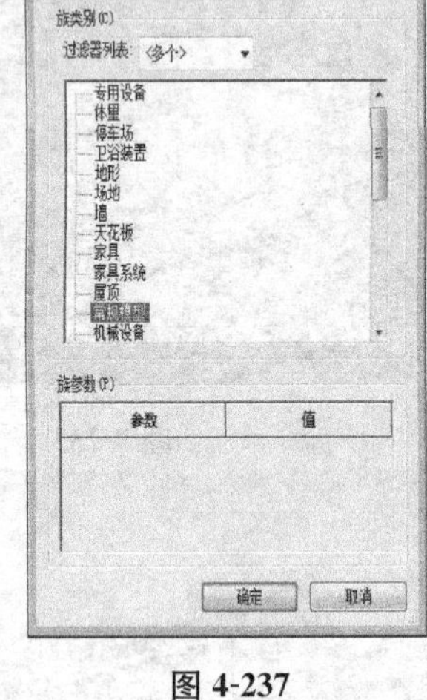

图4-237

拉伸 融合 旋转 放样 放样融合 空心形状

形状

图4-238

(3) 构件族

构件族是指根据族样板文件创建并可以载入到任意项目中族文件，它具有用户可自定义特征，包括模型图元和自定义的一些注释图元，是在Revit文件中经常创建和修改的族，比如门窗、家具和标题栏均为构件族。

4.7.2　百叶窗的制作

掌握构件族的创建方法会大大提高建模效率，在本节中，我们通过创建两个构件族实例来学习创建族文件的方法。

本小节我们将通过练习制作一个可旋转页片角度的百叶窗来学习族文件的创建方法，以及如何添加基本的类型参数来实现对族文件的参数化控制。

1）创建窗框

（1）利用族样板文件创建族

点击主菜单，选择“新建”>“族”，在弹出的“新族-选择样板文件”对话框中选择“公制窗”族样板文件，如图 4-239，点击“打开”按钮，弹出的视图如图 4-240 所示。将此文件保存并命名为“百叶窗-可旋转页片”。

图 4-239

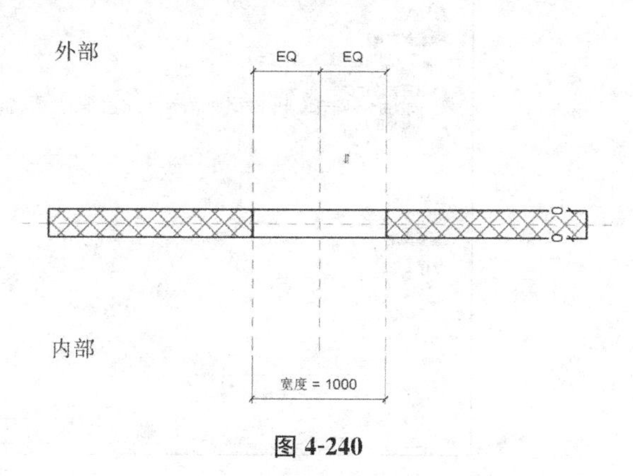

图 4-240

（2）指定工作平面

在“创建”选项卡中点击“设置”命令，在弹出的“工作平面”对话框中选择“拾取一个平面”并点击确定，如图 4-241；在平面视图中选择“参照平面：中心(前后)：参照”，如图 4-242，在弹出的“转到视图”对话框中选择“立面：外部”并点击“打开视图”按钮，打开立面视图“外部”。

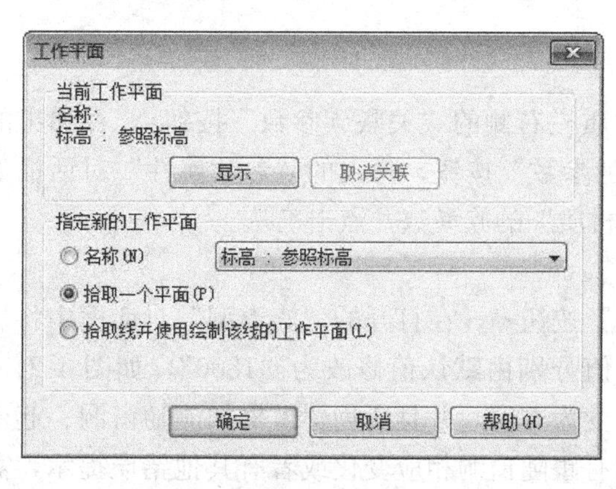

图 4-241

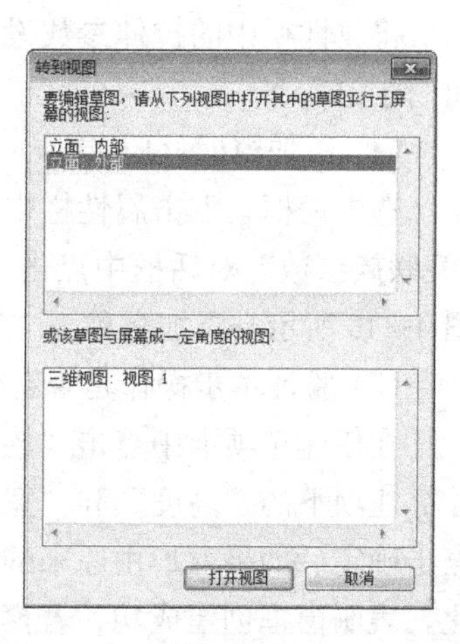

图 4-242

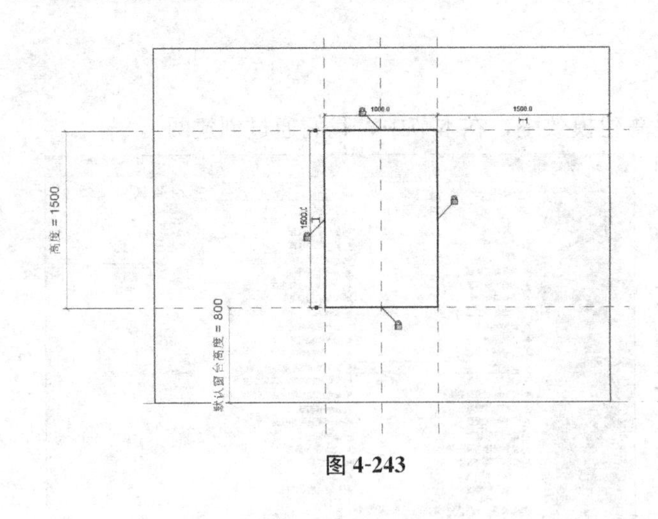

图 4-243

(3) 利用“拉伸”命令创建窗框

使用“创建”选项卡中的“拉伸”命令，使用绘制面板中的“矩形”绘制按钮沿矩形窗洞对角线绘制矩形草图，并逐个单击草图线旁的锁定按钮将四边锁定，如图 4-243。

将草图线向内复制偏移 50 并标注四边草图线偏移的距离，选中四个尺寸标注线，在状态栏的标签选项中选择“添加参数” 标签: <无> 实例参数，在弹出的“参数属性”对话框中添加名称为“窗框厚度”的族参数并点击“确认”，如图4-244、图 4-245 所示。

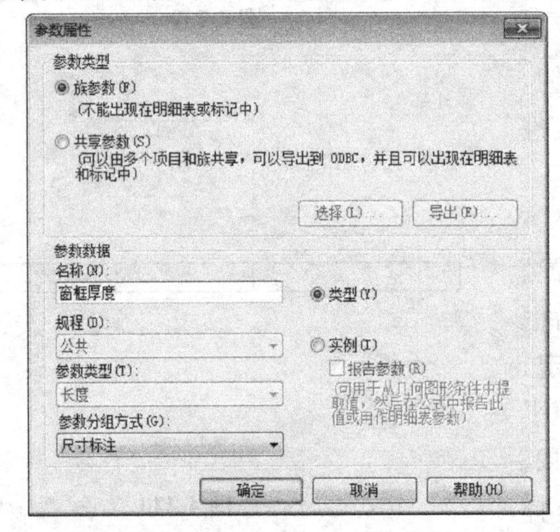

图 4-244

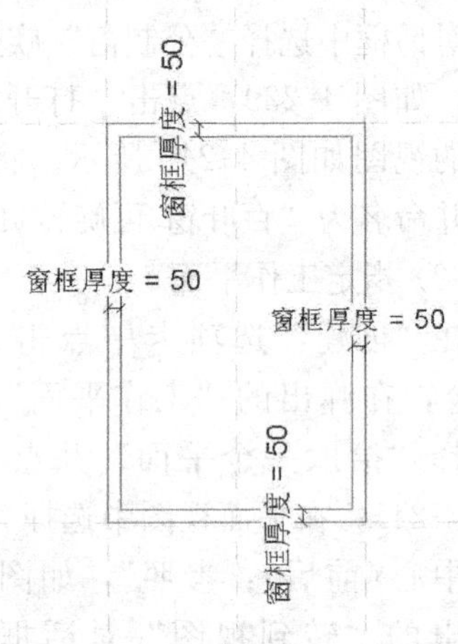

图 4-245

将属性栏中的拉伸参数设置如图 4-246，点击“完成”按钮后所创建的窗框如图 4-247。

(4) 添加窗框材质参数

选中窗框，点击属性栏中的材质栏右侧的“关联族参数”按钮，在弹出的“关联族参数”对话框中点击“添加参数”按钮，弹出的“参数属性”对话框如图 4-248 所示，添加名称为“窗框材质”的族参数并点击确认。

(5) 验证本步操作是否有效

在创建选项卡中点击“族类型”按钮，在打开的“族类型”对话框中将尺寸标注项下的“高度”和“宽度”值分别由默认值修改为“1800”，如图 4-249，点击确定后如果窗户由原来的竖窗变为方窗，并且所创建窗框如能随窗洞一起变化，表明窗框创建成功，若窗框没有跟随窗洞相应变化或者有其他错误提示，需要检查前面几步操作是否有误。

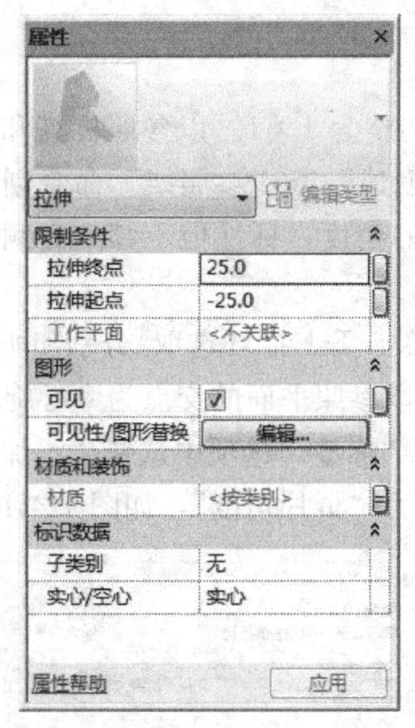

图 4-246

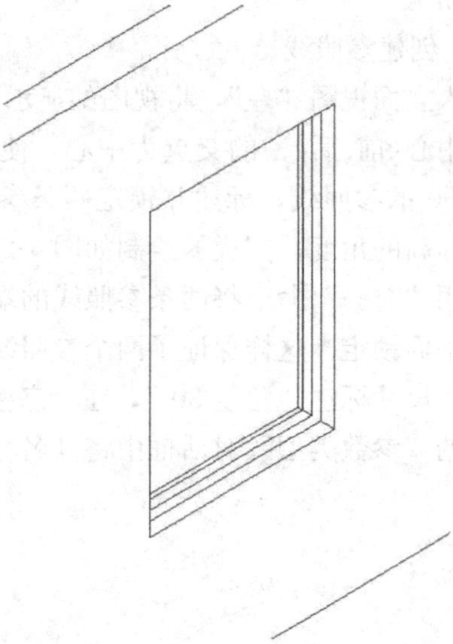

图 4-247

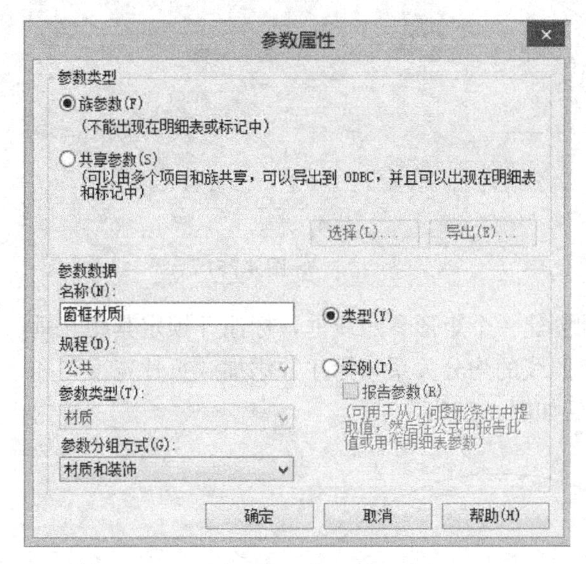

图 4-248

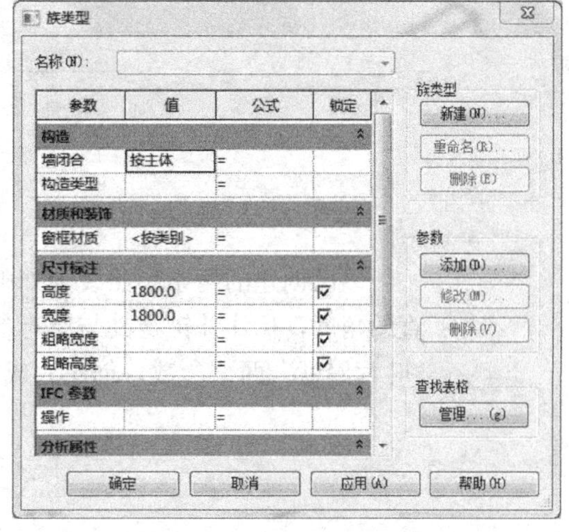

图 4-249

初学者易忽略的问题是步骤(3)中没有将拉伸的草图线与窗洞锁定，或者在验证时将窗洞的尺寸设置过大，超过墙面大小而导致无法生成窗洞。在添加窗框材质参数后，在将族文件载入项目中即可对其定义材质。

2) 创建百页片

在创建复杂的族文件时，需要将一个族文件嵌套进另外一个族文件，并对其参数进行关联，这种族我们称为嵌套族。我们需要创建一个可旋转角度页片的族文件，并将其载入到前面所创建的“百叶窗-可旋转页片”族文件中。

(1) 创建族文件

使用“主菜单”>“新建”>“族”命令，在弹出的“新族-选择样板文件”窗口中选择“公制常规模型”样板文件后点击打开，将创建的文件保存为“页片

-可旋转角度”。

(2) 创建参照线

进入立面视图“左”，将视图的显示比例调整为 1∶1。以参照标高和“参照平面：中心(前/后)”的交点为中心，使用“创建”＞“参照线”命令创建两条角度为 90°的参照线，标注并锁定两条参照线的角度，标注但不锁定右侧参照线和参照标高的角度，完成的绘制如图 4-250。

使用“对齐”命令将两条参照线的端点(单击 Tab 循环选取)分别和所在的两个参照平面锁定，这样保证了两个参照线可以以参照平面的交点为中心旋转。

选中尺寸标注“角度 30°”，在状态栏中的“标签”选项中选择“添加参数”，在弹出的“参数类型”对话框中将其名称命名为“页片角度”，如图 4-251。

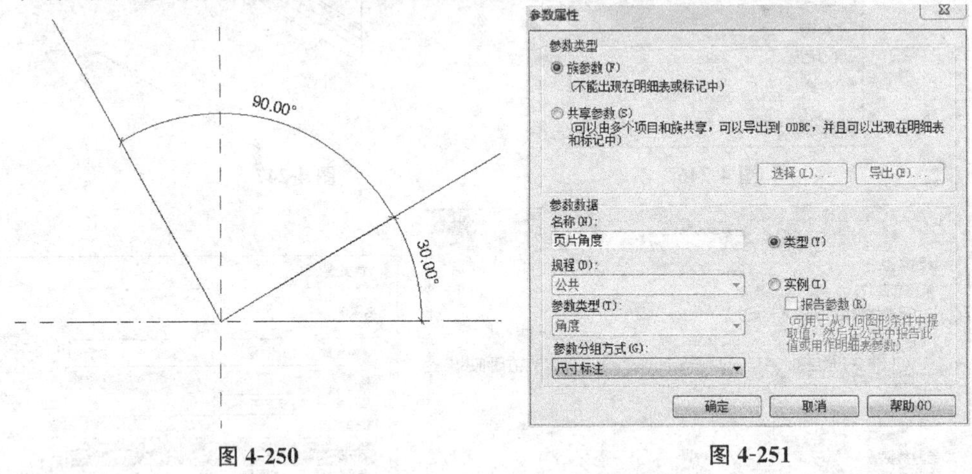

图 4-250　　　　图 4-251

以已创建的两条参照线为基础创建一个矩形参照线框，标注并锁定其相互垂直的角度，标注并锁定其与原有参照线的均分关系，标注并添加“页片宽度”和“叶片厚度”两个参数，创建完成后如图 4-252。

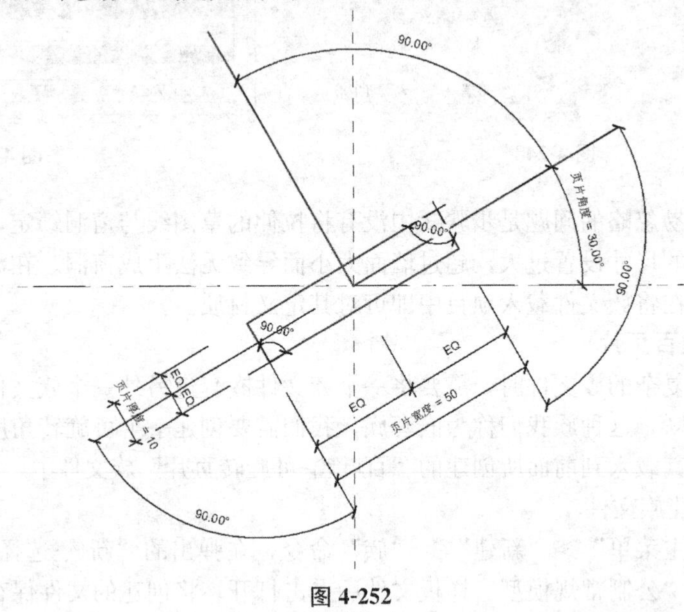

图 4-252

创建完成后即可对本步操作进行验证，打开“族类型”对话框，分别调整“页片角度”参数为45°，90°，0°等验证矩形参照线框是否以参照线交点为中心进行旋转，若有问题请检查前面的操作步骤是否有误。

(3) 使用“拉伸”工具创建页片

在立面视图“左”中，使用“创建”>“拉伸”工具，拾取矩形参照线框并将草图线与参照线框锁定，如图4-253。

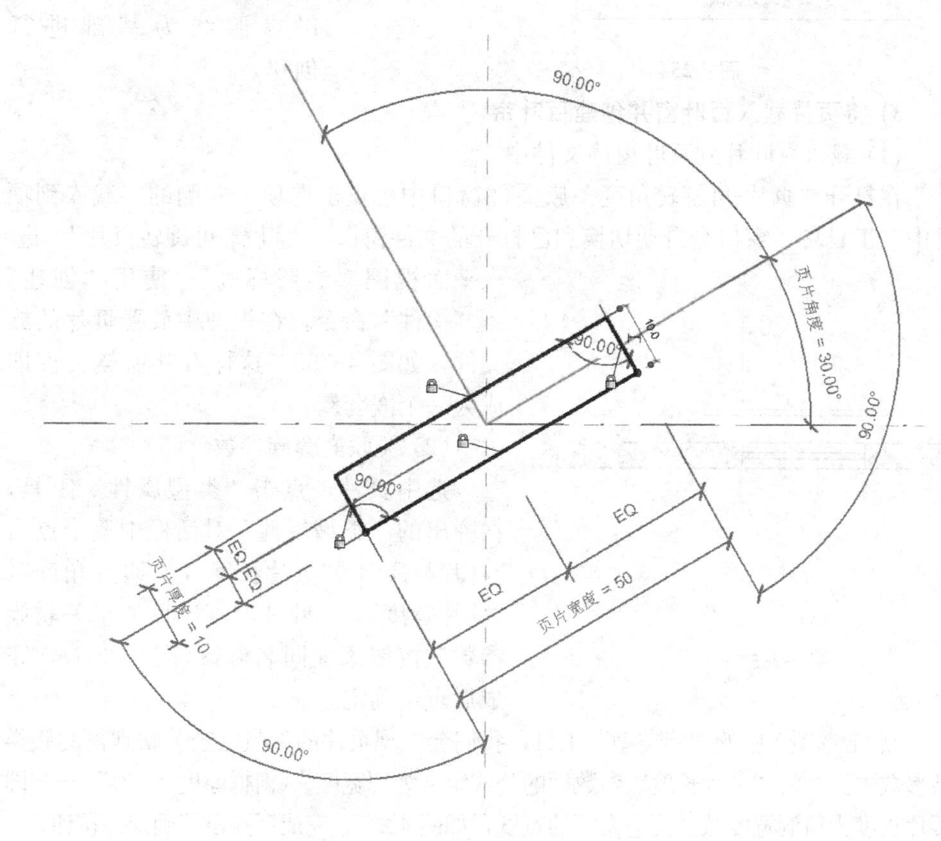

图 4-253

(4) 添加页片材质和长度参数

进入立面视图“前”，使用“创建”>“参照平面”命令创建两条竖向的参照平面，在两个新建的参照平面和“参照平面：中心(左右)”之间标注一道尺寸标注，选中该尺寸标注并点击“均分”按钮；标注两条新建参照平面之间的距离并添加“ 叶片长度”的族参数。使用“对齐”命令将页片与两侧的参照平面对齐并锁定，创建完成后如图4-254。

选中页片，点击属性栏中的“材质”>“关联族参数”按钮▯，添加族参数“页片材质”。

(5) 验证页片是否有效

打开“创建”>“族类型”按钮，在“族类型”对话框中分别调整“页片角度”、“页片厚度”、“页片长度”等参数以验证所创建页片的有效性，若有错误请检查前面的操作步骤。

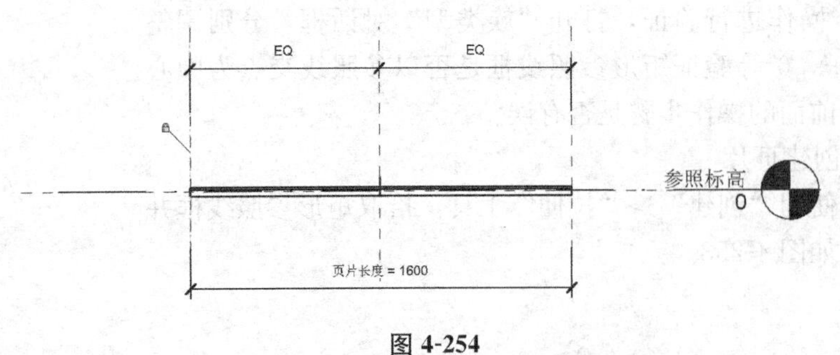

图 4-254

本步骤是创建百叶窗的关键步骤，操作相对复杂。在创建相对复杂的构件族时，经常需要先创建参照线，将参照线与参照平面相关联，构件模型以参照线为基础进行创建。

3）将页片载入百叶窗并创建百叶帘

(1) 载入百叶片到百叶窗族文件中

在打开“页片-可旋转角度”族文件窗口中，点击选项卡右侧的“载入到项目中”工具，窗口会自动切换到已打开的文件窗口“百叶窗-可旋转页片”。进入平面视图“参照标高”，使用“创建”＞“构件”命令，在视图中放置页片的族文件，如图 4-255。这样百叶窗族文件即成为一个嵌套族。

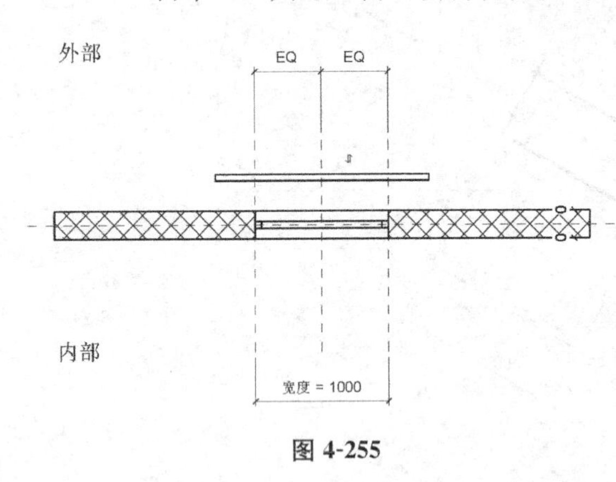

图 4-255

(2) 关联嵌套族参数

选中页片，点击“类型属性”工具，在弹出的“类型属性”对话框中逐个点击“叶片材质”，“页片长度”，“页片角度”，“叶片宽度”，“叶片厚度”后的“关联族参数”按钮添加同名参数(图 4-256)，完成后点击确定。

点击选项卡中的“族类型”工具，我们会发现页片的参数已经关联到窗的族类型参数中。并将“页片长度”参数后的公式定义为“宽度 - (窗框厚度 * 2)”——即页片长度为窗洞宽度减去两边窗框的宽度，如图 4-257，完成后点击“确定”按钮。

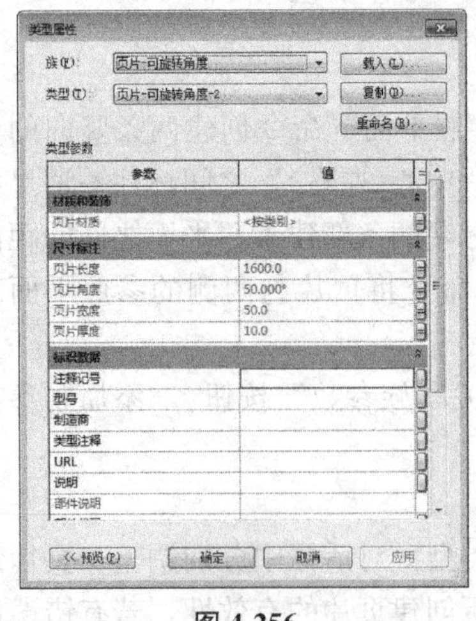

图 4-256

图 4-257

(3) 创建百叶帘

进入平面视图“参照标高”，将页片的横向和纵向两条参照分别和“参照平面：中心(前/后)”，“参照平面：中心(左/右)”对齐并锁定，如图 4-258。

进入立面视图“左”，在窗口内部创建两条距窗框距离为“75”的横向参照平面，并标注参照平面和窗洞间距，选中尺寸标注，在状态栏中添加参数为“页片距窗洞距离”，并将载入的页片中心点与下侧的参照平面对齐锁定，如图 4-259。

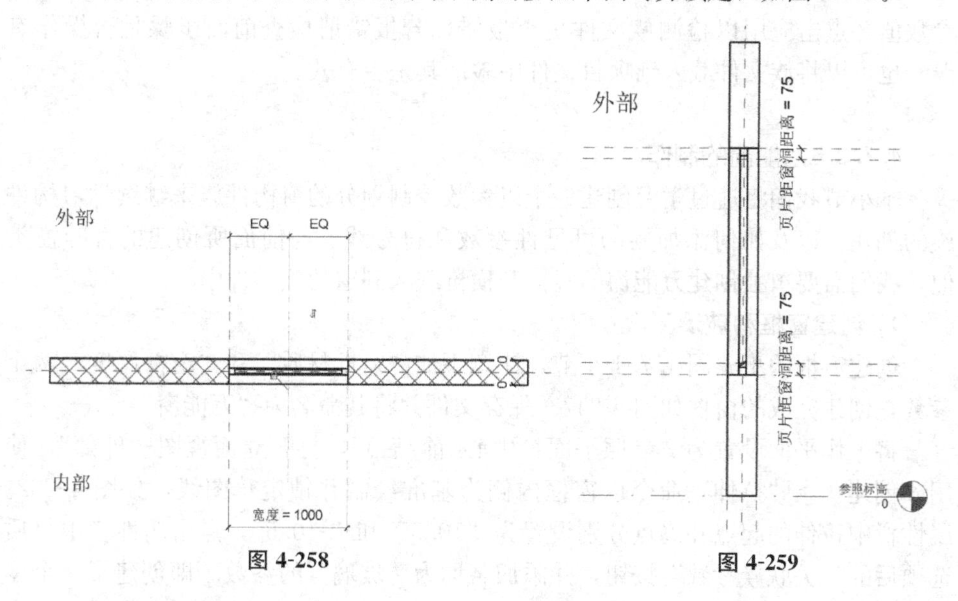

图 4-258　　　　图 4-259

选中页片，使用阵列命令向上阵列，在状态栏中选择“移动到：最后一个”，“项目数”数值为默认的即可，将最上方的页片中心点与上方的参照平面对齐锁定。选中任一页片，左侧会出现阵列的项目数值，选中项目数值并通过状态栏的标签工具添加参数“页片数量”，如图 4-260。

打开“族类型”对话框，以公式定义“页片距离窗洞距离”和“页片数量”两个参数，如果公式书写正确，左侧的值将以灰色显示，书写完成后如图 4-261。点击确认后页片的数量会自动调整适合窗洞。

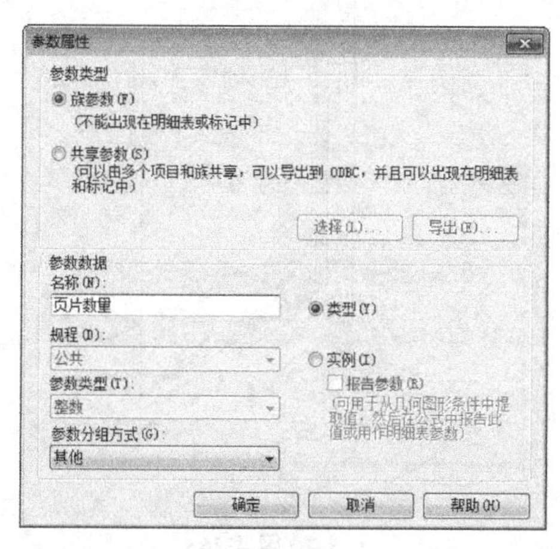

图 4-260

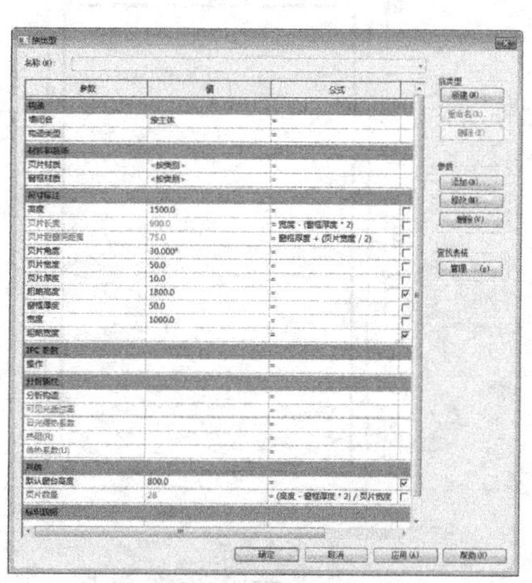

图 4-261

(4) 添加控件

对于左右或者前后不对称的族文件，为了可以在项目文件中方便地前后或者左右翻转方向，可以在平面视图中使用“创建”＞“控件”命令添加控件，但对于本小节所创建的百叶窗，它是前后，左右对称的，不需要添加控件。

4) 验证族文件的有效性

打开“族类型”对话框调整“高度”，“宽度”，“页片厚度”，“页片角度”等参数值并点击应用以检测族文件是否报错，若报错请检查前面步骤是否操作有误。也可以将族文件载入到项目文件中验证其是否有效。

4.7.3 万能窗的制作

本小节我们将通过学习创建一个以参数控制划分的窗构件族来继续学习构件族的创建，以及如何添加族的可见性参数和符号线。与前面所创建的百叶窗类似，我们需要单独创建万能窗的竖梃和横梃载入到窗的族文件中。

1) 创建窗框和玻璃

创建窗框的步骤同 4.7.1 小节，注意添加“窗框材质”和“窗框厚度”两个参数，创建完成的窗框如图 4-247。保存文件并将其命名为“万能窗”。

将工作平面设置为“参照平面：中心(前/后)”，打开立面视图“外部”，使用“创建”＞“拉伸”命令以窗框内侧为基准绘制并锁定草图线，如图 4-262。属性栏中拉伸的起点和终点分别设置为“10.5”和“-10.5”，点击属性栏中材质选项后的“关联族参数”按钮，并添加名称为“玻璃”的参数。即创建了一个厚度为 21 的中空玻璃。

点击“创建”＞“族类型”按钮，打开“族类型”对话框，点击“材质和装饰”栏中“玻璃”参数后的按钮打开材质浏览器，选择玻璃材质并点击确定，这样族文件中的玻璃将以半透明显示，如图 4-263。

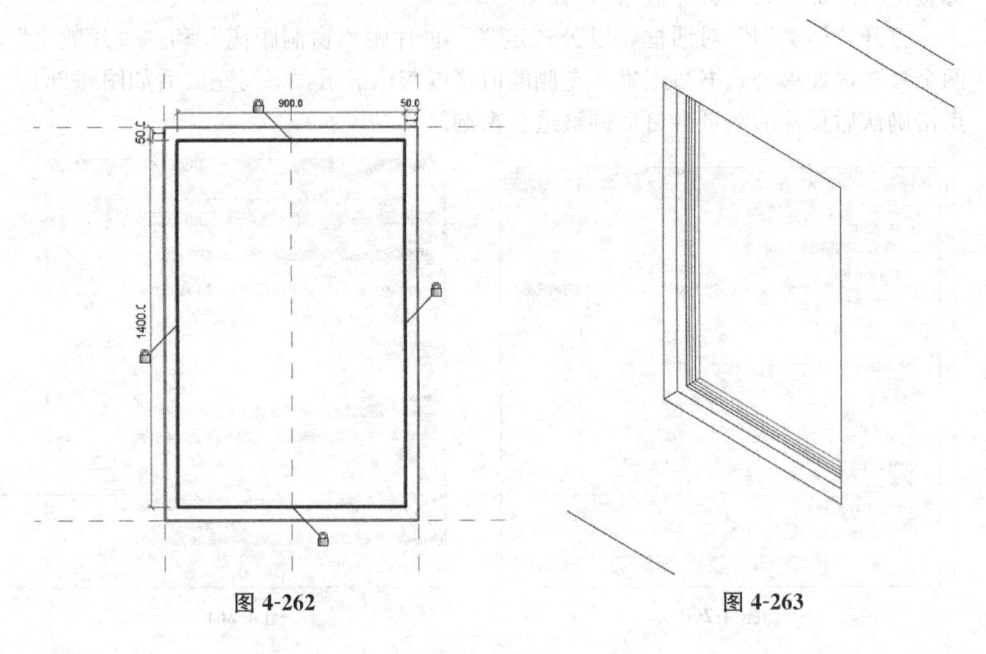

图 4-262　　图 4-263

2）创建竖梃和横梃

（1）创建竖梃

使用“主菜单”＞“新建”＞“族”命令，在弹出的对话框中选择“公制常规模型”样板文件，点击打开并将其保存为“竖梃”。

在平面视图“参照平面”中使用拉伸工具，以两条中心参照线交点为中心创建一个 50×50 的正方形草图线，并定义其边长为参数“竖梃边长”，定义其材质参数为“竖梃材质”，如图 4-264。创建完成后点击完成。

在立面视图“前”中创建两条水平的参照平面，标注两条参照平面并添加名称为“竖梃高度”的参数，将所创建的竖梃上下边与两条参照平面对齐并锁定，完成后如图 4-265。

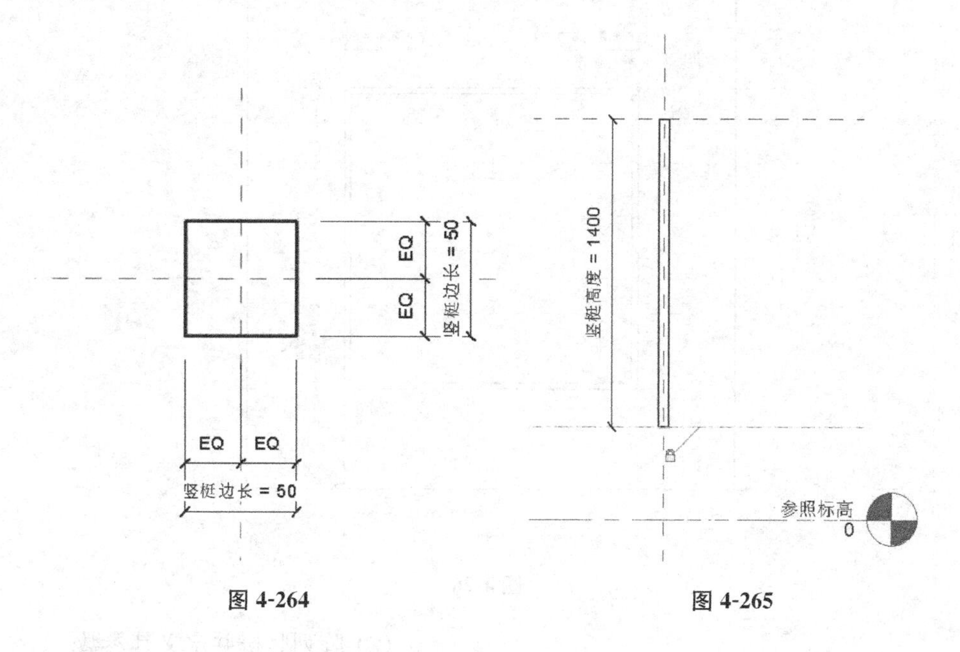

图 4-264　　**图 4-265**

创建完成后修改“竖梃高度”的数值以检查所创建的族文件是否有效。

（2）创建横梃

与创建竖梃方法类似，我们需要创建一条横梃。与创建竖梃不同的是我们需要在“左”或者“右”立面视图中来创建拉伸草图。创建过程中需要添加“横梃边长”，“横梃材质”，“横梃长度”几个参数，创建完成的横梃如图 4-266。

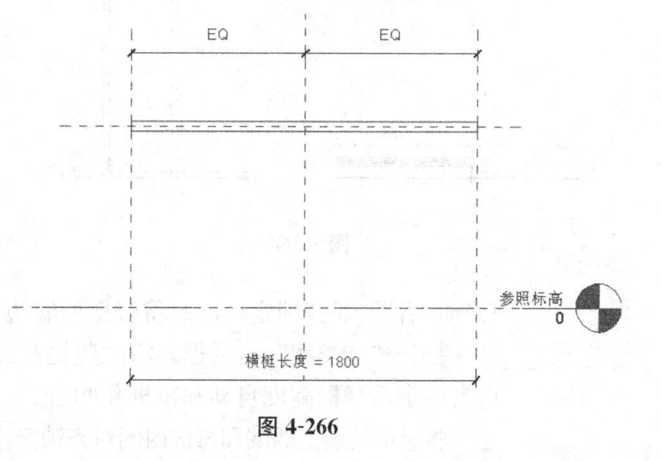

图 4-266

分别将所创建的横梃和竖梃使用“载入到项目中”命令载入到万能窗族文件中。

3) 创建万能窗

(1) 调整主体墙面和窗洞尺寸并绘制参照平面

选中窗洞所在的墙体“墙：基本墙 1”，将其属性栏中的“无连接高度”数值改为 4200，点击“族类型”按钮，在“族类型”对话框中将“高度”和“宽度”分别调整为 2400 后点击确定，即将窗调整为边长 2400 的方窗。

在窗洞四边绘制四个参照平面，标注所添加的参照平面与控制窗洞大小的参照平面距离，分别添加四个尺寸标注为“横梃间距”和“竖梃间距”的族参数，完成后如图 4-267。

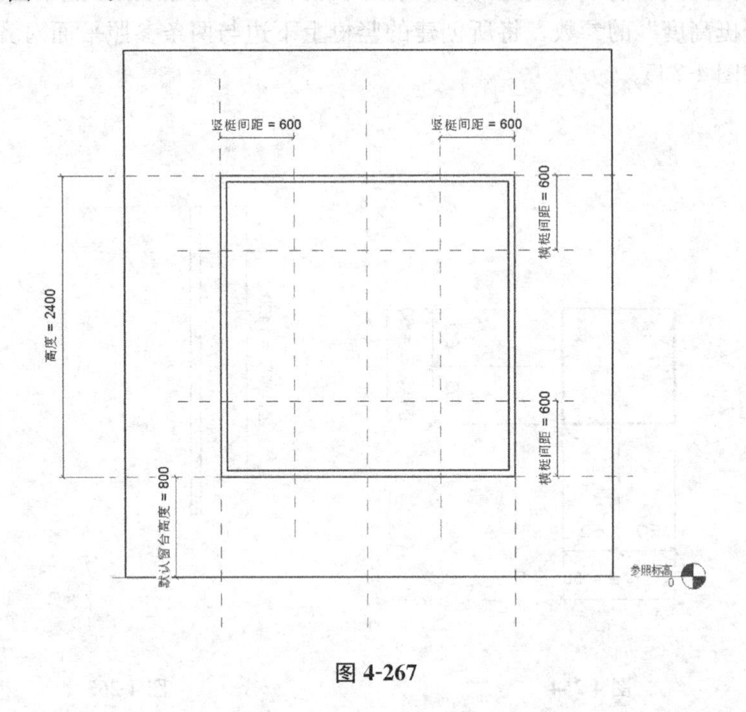

图 4-267

(2) 阵列竖梃并定义其参数

在平面中放置竖梃，选中竖梃，点击“类型属性”按钮打开“类型属性”对话框，分别点击“竖梃高度”，“竖梃边长”参数后的“关联族参数”按钮将其关联到万能窗的族文件中，并将“竖梃材质”关联为“窗框材质”。

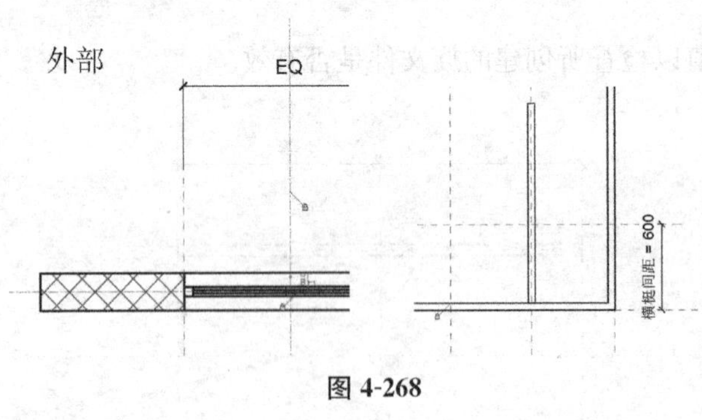

图 4-268

将竖梃的中心线分别和其中的一个竖梃间距控制线及“参照平面：中心(前/后)”对齐锁定，同时将竖梃的底边和窗框的内侧锁定，如图 4-268。

打开“族类型”对话框，将“竖梃高度”参数定义为“高度-窗框厚度＊2”，点击确定后竖梃高度自动和窗框相吻合。

将竖梃的上下两端和窗框内侧对齐锁定，选中竖梃，使用“阵列”命令，将竖梃从右至左阵列，状态栏的“移动到”选项选择“最后一个”，项目数使用默认数量即可。将左侧的竖梃与左侧竖梃间距参照线对齐锁定，并将其上下两端与窗框内侧对齐锁定，选中任一竖梃将阵列数量添加为参数“竖梃数量”，完成后如图 4-269。

打开“族类型”对话框，将“竖梃间距”定义为“宽度 /（1 + 竖梃数量）”，此时调整“竖梃数量”的参数为“4”或者其他数值并点击应用，即可验证前面的操作过程是否有效，如图 4-270。

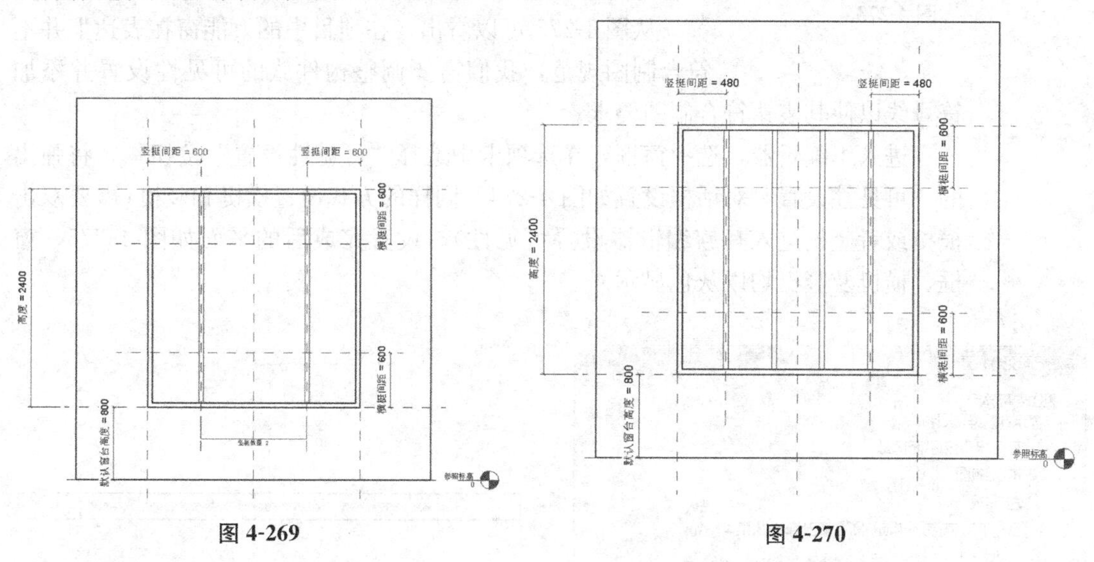

图 4-269　　　　图 4-270

（3）阵列横梃并定义其参数

阵列横梃的方法与阵列竖梃方法类似，这里不再赘述，阵列完成后的万能窗和族参数设置如图 4-271，图 4-272。

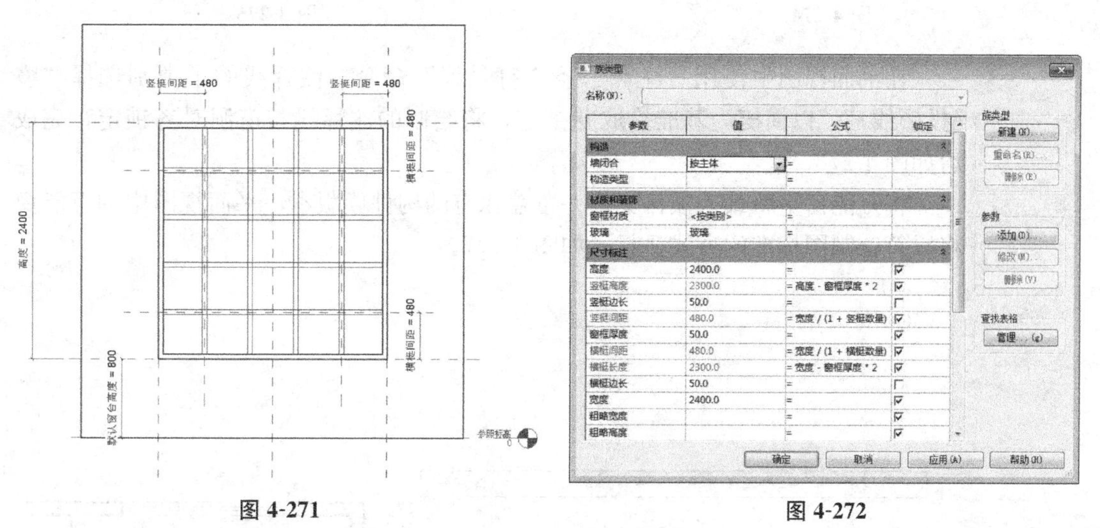

图 4-271　　　　图 4-272

（4）检查所创建族

打开“族参数”对话框，将窗的“高度”和“宽度”参数调整为“3000”，将“竖梃数量”和“横梃数量”调整为“3”，当然也可以将参数调整为其他数值，点击“确定”，检查万能窗是否正常变化，如果有报错请检查前面操作是否有误。

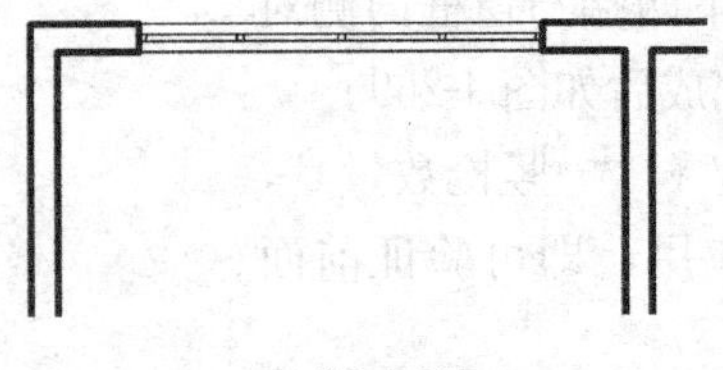

图 4-273

将万能窗载入到项目中，使用“建筑”>“窗”命令，在平面视图的墙上放置万能窗，如图 4-273。选中万能窗，点击类型属性按钮，在类型属性对话框中调整窗洞尺寸及横梃竖梃数量检查构件族是否能正常变化。

4）设置万能窗的可见性并添加符号线

从图 4-273 可以看出，在项目中的万能窗在表达上并不符合制图规范，我们需要调整构件族的可见性设置并添加符号线以使其表达符合制图要求。

进入组编辑器，选中窗框，在选项卡中选择“可见性设置”按钮，将弹出的“可见性设置”对话框设置如图 4-274。同样的方式设置横梃和竖梃(需要双击横梃或者竖梃进入其族编辑器设置可见性)，设置完成后的平面如图 4-275，窗框、横梃及竖梃均以灰色显示。

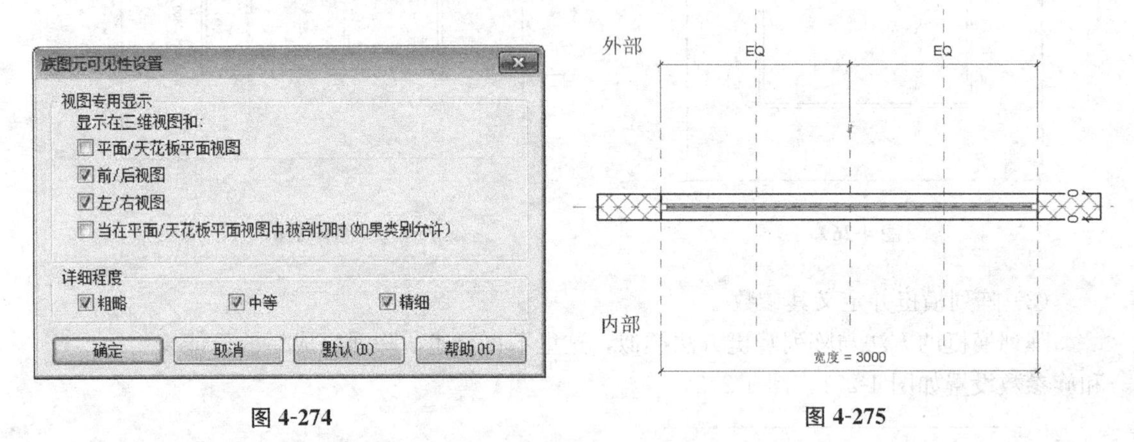

图 4-274　　图 4-275

在平面视图中使用“注释”>“符号线”命令，注释线的子类别选择“窗(投影线)”，以横梃为基准拾取并锁定，将绘制的注释线与窗洞对齐锁定，完成后如图 4-276。

将万能窗重新载入项目文件并覆盖原有的构件族版本，平面视图中的万能窗将以符合制图标准的方式显示，如图 4-277。

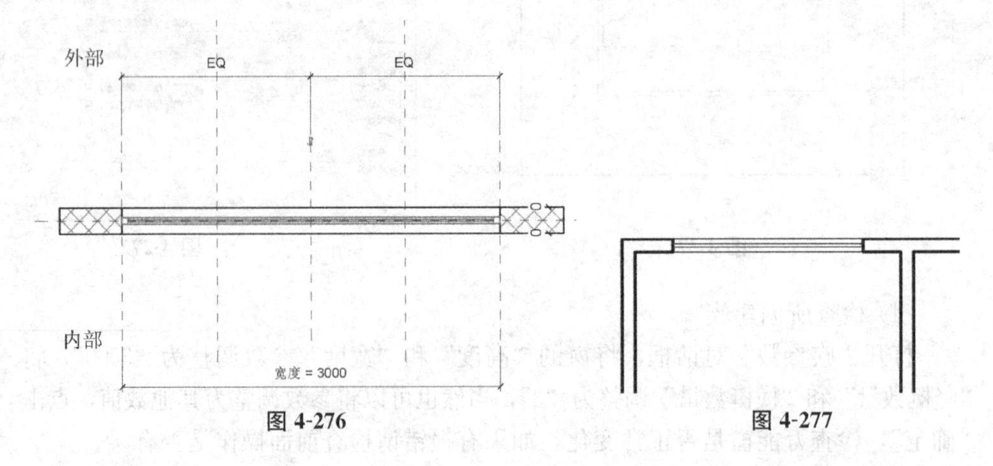

图 4-276　　图 4-277

第 5 章
Grasshopper 参数化建模

Part 5
Grasshopper：Parametric Modelling

近年来，计算机辅助建筑设计取得了较大的进展，一方面，出现了一批以Maya、Catia、Rhino为代表的复杂造型软件，并在建筑设计领域得到较好的应用，使得建筑师能够更好地使用自由形式曲线和曲面来创造和研究空间与形式；另一个方面，各种图形软件的二次开发工具使得建筑师可以通过编程方式、以一定的过程来控制和生成建筑空间与形式，产生了所谓“生成设计”或“算法设计”等新的计算机辅助建筑设计概念。“生成设计”、“算法设计”通常基于参数化建模，即采用一系列以参数控制的、互相关联的模型，设计元素在模型的多层级和每个层级下逐步建立，一个层级的某些参数也成为下一个层级设计元素的发生器，借此延伸，逐步形成整个设计，这样的设计方法通常称作“参数化设计”。

参数化建模技术在计算机辅助建筑设计上的应用越来越广泛，其发展时间短暂，速度却非常迅猛。许多形式新颖的建筑，在其设计过程中，或多或少都有参数化软件的设计辅助。在常用的参数化辅助设计软件当中，Rhino和Grasshopper组成的参数化设计平台是目前最为流行、使用最为广泛的设计平台之一，这主要得益于Rhino强大的造型能力和Grasshopper独特的可视化编程建模方式。

Rhino是由美国Robert McNeel公司推出的一款主要基于NURBS的三维建模软件。NURBS(Non-Uniform Rational B-Splines，非均匀有理B样条)是一种先进的、可以描述复杂的自由曲线和曲面的计算机建模技术。Rhino在Windows系统上的版本叫做Rhinoceros。Grasshopper是一款在Rhino环境下运行的、采用程序算法生成模型的插件。与一般图形软件的二次开发的代码编程环境不同，Grasshopper提供了一系列的运算器，一方面可以实现Rhino的大多数建模功能，同时还包括大量的用于代数和几何计算的运算器。这些运算器相当于以图标方式呈现的各种子程序，用户无需代码，只需通过连接不同运算器之间的输出与输入参数即可完成复杂的程序编写，这样使得用户无需太多的程序语言编写知识，只要通过一些简单的流程方法就可以达到编程目的，这是Grasshopper的最大优点。同时，Grasshopper可以将运算器运行的图形内容即时地显示在Rhino环境下，随时反映参数或程序调整的结果，为建模过程提供了即时反馈机制。Grasshopper的第三个优势在于它是一个开放的系统，有很多第三方为Grasshopper开发了各种插件，进一步提高了它的功能。

当然，Grasshopper的运算器不可能提供所有的功能，其编程方法使得它难以实现某些代码编程可以完成的功能，与代码编程相比，其运行速度也可能较慢。但无论如何，Grasshopper可以胜任一般的建模和计算，是非常强大的图形化编程工具，而且非常容易上手，目前在建筑设计领域十分流行。

本章将系统地介绍Grasshopper的应用方法，采用的版本为0.9.0062，运行环境为Rhinoceros 5。Rhino本身是一个复杂形体的交互式三维建模软件，功能非常强大，但由于目的和篇幅所限，本书只把它作为Grasshopper的支撑平台使用，只涉及非常有限的功能，不对它进行系统介绍，读者可以参见相关书籍或网络上的资料或借助于Rhino的帮助文件做一些必要的了解。另外，本章的定位为

Grasshopper的应用基础，重点在于基本概念和方法，它的一些高级功能，如脚本编程、智能算法运算器Galapagos、以及第三方插件，都不包括在本章的内容之中。

5.1 基本操作及Grasshopper数据类型

5.1.1 界面

运行Rhinoceros 5，在图5-1所示的Rhino界面的命令行输入“grasshopper”命令，打开Grasshopper运行界面。如图5-2所示，Grasshopper界面主要包括以下几个部分：

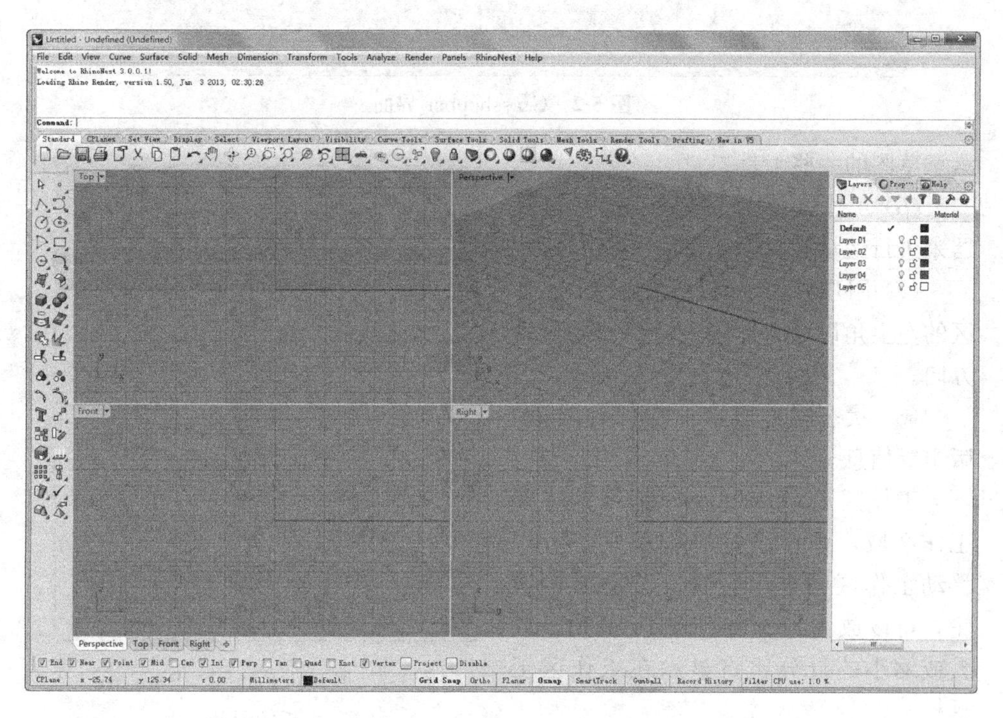

图5-1 Rhinoceros 5界面

（1）主菜单栏：包括File、Edit、View、Display、Solution、Help几个菜单，和经典的Windows菜单相似。

（2）文件浏览控制器：用于在载入的文件间快速的切换。

（3）运算器面板：包括Params、Maths、Sets、Vector、Curve、Surface、Mesh、Intersect、Transform等目录，各目录下有一系列的面板，分类集合了各种Grasshopper运算器。图5-2所示为Params目录下的面板，单击面板右下角的下箭头，可以展开该面板，显示出该面板包括的所有运算器及其名称，如图5-3所示。

（4）窗口标题栏：经典的Windows窗口标题栏，用于显示当前工作的文件。

（5）工作区工具栏：放置了打开、保存文件，以及控制显示和在工作区绘制

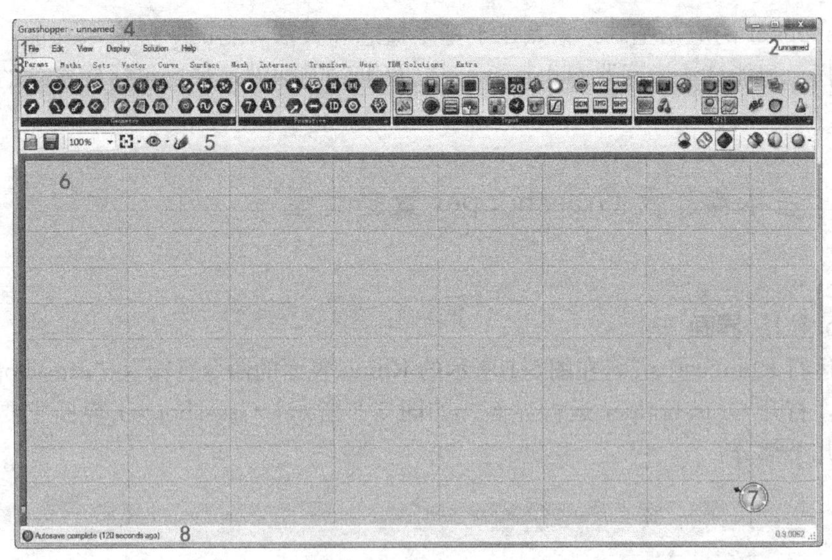

图 5-2 Grasshopper 界面

示意草图的一些工具。

(6) 工作区：用于放置和连接运算器来进行运算和建模工作。

(7) 用户界面工具：用于指示工作区的左上角以及工作区中运算器的位置方向。

(8) 状态栏：显示上次保存时间、版本等信息。

工作区是 Grasshopper 编程的主要工作区域，按住鼠标右键拖动，可以移动工作区的显示位置。转动鼠标滚轮，可以放大或缩小工作区视图，放大或缩小的百分比将显示在工作区工具栏。

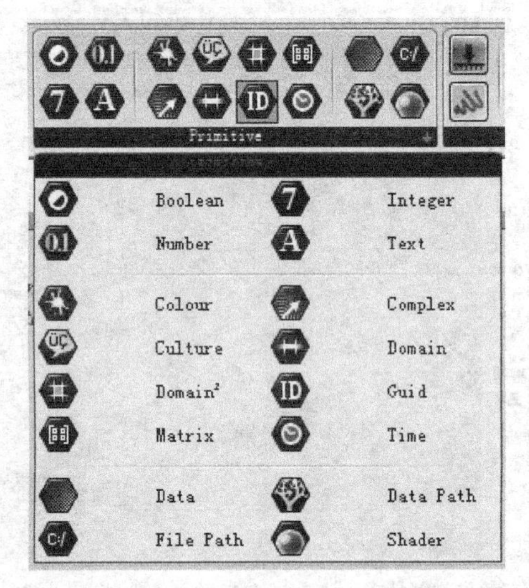

图 5-3 展开的 Params>Primitive 面板的展开

5.1.2 运算器的基本操作

运算器是 Grasshopper 编程的基本单位，每个运算器可以完成一定的功能。运算器图标的左侧为该运算所需的输入参数，右侧为该运算器的运算结果，即输出参数。一般运算器都包括一个或多个输入、输出参数，显示为运算器两端的半圆形，并在运算器图标上显示参数的名称。把鼠标移动到运算器图标上的参数名称，可以显示出参数值。

如果运算器的参数含有图形，则该图形会在 Rhino 里预览显示。当前选择的运算器所包含的图形显示为绿色，未选择的以红色显示。另外，用户还可以通过 Grasshopper 的 Display 菜单，根据自己的喜好来设置和改变预览图形的显示模式和颜色，本书不再赘述。

1）运算器的放置、选择、移动和删除

在运算器面板或展开的运算器面板中单击某运算器图标后，把鼠标移至工作区单击，或在运算器图标按下鼠标并拖动到工作区，即可在工作区放置运算器。

在工作区空白处双击鼠标，在弹出的对话框中输入查找关键字，如运算器名称的前几个字母，可以搜索到符合关键字的一系列运算器，单击所找运算器，可将运算器放置在工作区内。

单击工作区中的运算器图标，即可将其选择；按住 Shift 单击，可以增加选择；而按住“Ctrl”单击，可以减少选择；从空白处按下鼠标并拖动，可以用矩形框进行选择，类似于 AutoCAD 中的“Windows”和“Cross”选择方法。

按住运算器图标可以移动所选图标的位置。

2）运算器的连接与断开

用鼠标按住运算器的输出参数的半圆形，拖动到另一个运算器的输入参数的半圆形，即可将前一个运算器的输出参数作为后一个运算器的输入参数，反过来拖动也可以。按 Shift 键再拖动，可以增加一个连接而不破坏原有的连接，以实现一对多的参数连接；而按住 Ctrl 键进行拖动，可以断开一个连接。鼠标右键单击某个输入或输出参数，在弹出的菜单中单击 Disconnect，可以选择断开和某个运算器的连接。

以下我们把鼠标右键单击而弹出的菜单称作右键菜单。

3）输入参数的赋值、预设(缺省)值、内化、外化和清空

如上述，运算器的输入参数可以通过连接其他运算器的输出参数来赋值。一般的运算器的输入参数也还可以进行手工赋值。如图 5-4 所示，在某输入参数的右键菜单选择 Set Data Item(不同运算器会有所不同)，然后在弹出的对话框中输入参数值后点击 Commit changes，即可对此参数赋值；选择 Set Multiple Data I-tems 可以对参数赋多个值。某些运算器的输入参数本身可能带有预设值。

如果运算器的某个参数为图形或为与图形直接相关的数据类型(见下一节：Grass-hopper 的数据类型)，对它进行手工赋值时，会自动转入 Rhino，要求用户在 Rhino 中绘制或选择图形。如果先行选择了 Rhino 中的图形，当在参数的右键菜单选择 Set Data I-tem 或 Set Multiple Data Items 时，如果所选图形的数据类型符合参数要求的数据类型，则所选图形将被赋予此参数。注意某些图形参数或与图形直接相关的参数只可以绘制，某些只可以选择 Rhino 中的既有图形，还有某些既可以绘制也可以选择，这是由具体参数的数据类型决定的。在选择图形的过程中，一般有两种方式，即关联(Reference)或拷贝(Copy)，如果是关联模式，输入参数的值将随着所选图形的改变而改变，

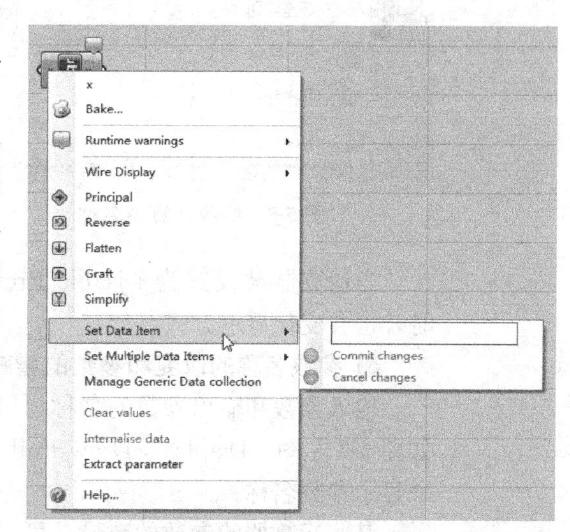

图 5-4 输入参数的手工赋值

而拷贝模式把图形的数据拷贝给输入参数，之后所选图形的改变不会影响输入参数的值。

当运算器输入参数的值是通过连接其他运算器的输出参数、或通过关联 Rhino 图形获得的，它会随着其他运算器输出参数或图形的改变而改变，因而被称作动态参数。

对于动态参数，在其右键菜单选择 Internalise data，可以断开它与其他运算器的连接或断开与 Rhino 图形的关联，此时与之相连的其他运算器的输出参数的值、或与之关联的 Rhino 图形就被拷贝给此参数，成为一个固定值，这个过程称作参数值的内化。我们把具有固定值的参数称作静态参数。

对于一个静态参数或未赋值的参数，在其右键菜单选择 Extract Parameter，会在此参数前出现一个与之相连的数据类型运算器，并将参数值赋给该运算器，这个过程称作参数值的外化，这时静态参数或未赋值的参数变成了动态参数。这个操作在需要把输入参数的值赋给其他运算器、或者对此输入参数进行单独的预览控制时非常有用。在静态参数的右键菜单选择 Clear Values，将会清空其参数值；某些运算器可以同时清空参数值并断开它与其他运算器的连接。

4）运算器的名称与显示

运算器的显示有名称和图形两种模式，本书基本采用名称显示模式。Grasshopper 的 Diaplay>Draw Icons 菜单命令可以切换这两种模式。在运算器右键菜单的首行，可以更改运算器名称(图 5-5)。

工作区中的运算器会显示为不同的颜色，如图 5-6 所示，不同颜色代表了运算器的不同状态：A)深灰色(黑色)：不包含图形参数。B、E)橘色：未进行运算。C)绿色：当前所选运算器。D)浅灰色：包含图形参数。F)红色：运算器运行出错(图 5-6)。

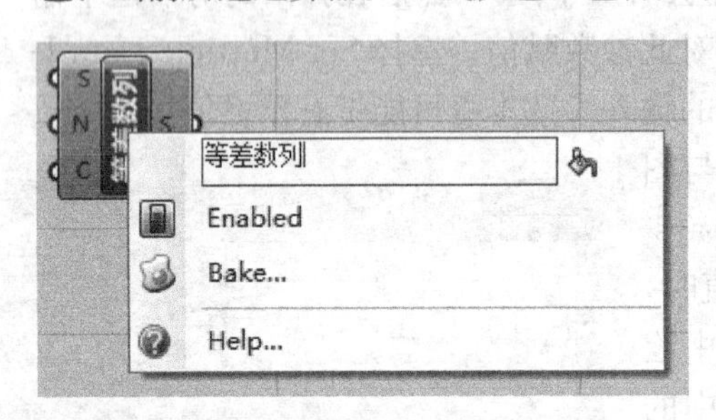

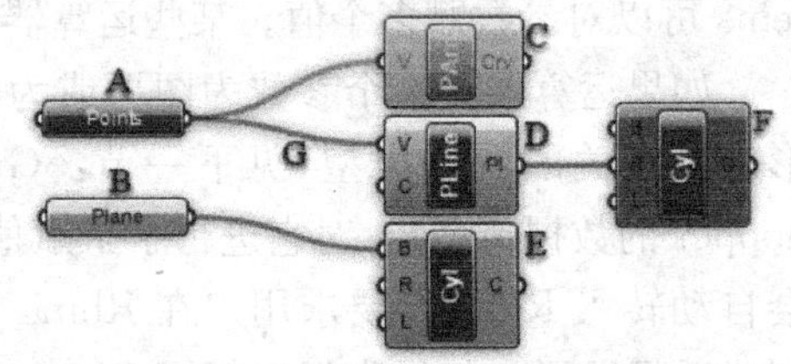

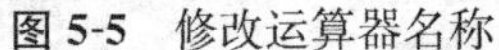
图 5-5 修改运算器名称

图 5-6 运算器图标的颜色显示

当运算器被设置为 Disable Preview 时，将显示为深灰色，设置为 Unable 时，也会变化显示方式。

5）参数名称的改变和参数的增减

输入参数和输出参数的名称可以改变，在参数右键菜单的第一行修改即可，如图 5-7 左图。Diaplay>Draw Full Names 菜单命令可以切换以缩写或全名方式来显示参数名称。

某些运算器的参数的数量是可以改变的。如图 5-7 右图所示，滚动鼠标滚轮放大工作区视窗，当图标放大到一定程度时，这些运算器的输入或输出参数旁边会出现⊕号和⊖号，单击⊖号，将删除这一参数，单击⊕号，会增加一个参数。

6）运算器结果的预览、“烘焙”与运行控制

在运算器右键菜单选择 Preview、Enable 命令，可以切换该运算器是否预览和是否进行运算。要同时改变多个运算器的预览与运行状态，可以先选择这些运算器，然后单击鼠标滚轮，在弹出的面板（图 5-8）单击相应的 Enable Preview、Disable Preview、Enable、Disable 图标即可。

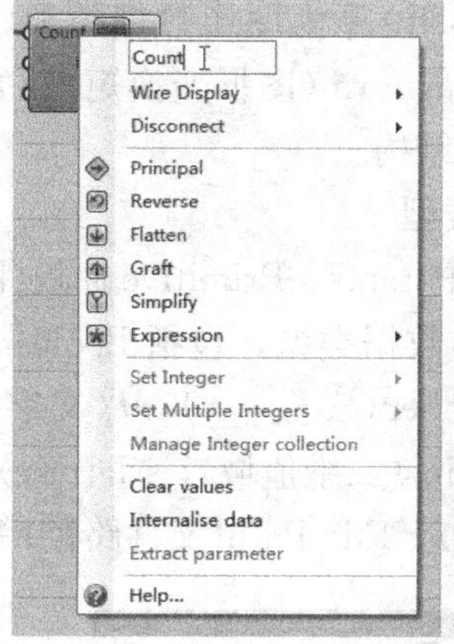

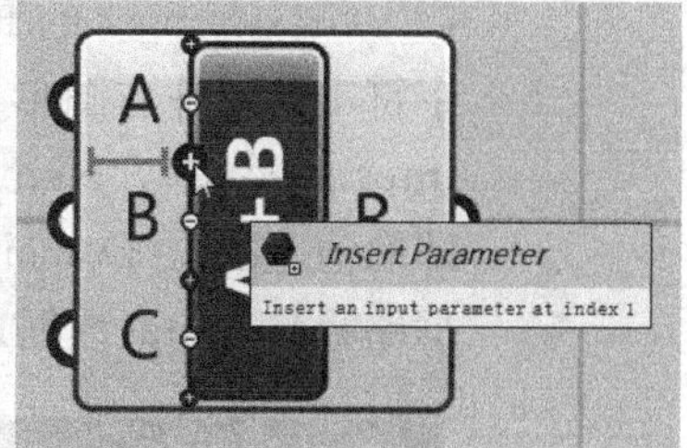

图 5-7 参数名称的改变和参数的增减

当运算器的参数为图形时，可以把图形“烘焙”（拷贝）到 Rhino 中，方法是在该图形参数的右键菜单选择 Bake...，在如图 5-9 所示的 Attributes 弹出对话框中为拷贝的图形设置图层、颜色等属性后，点击“OK”按钮。

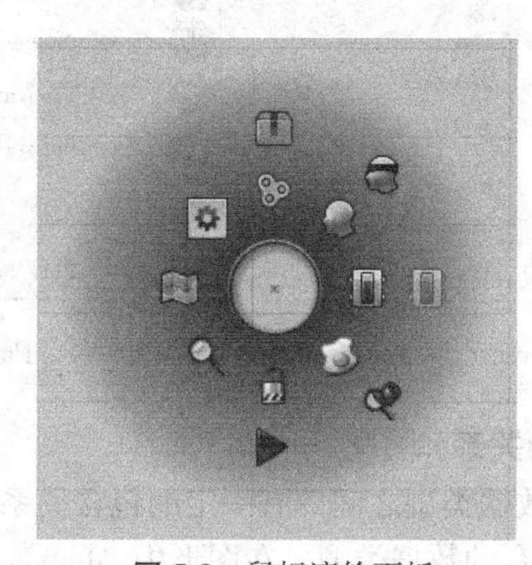

图 5-8 鼠标滚轮面板

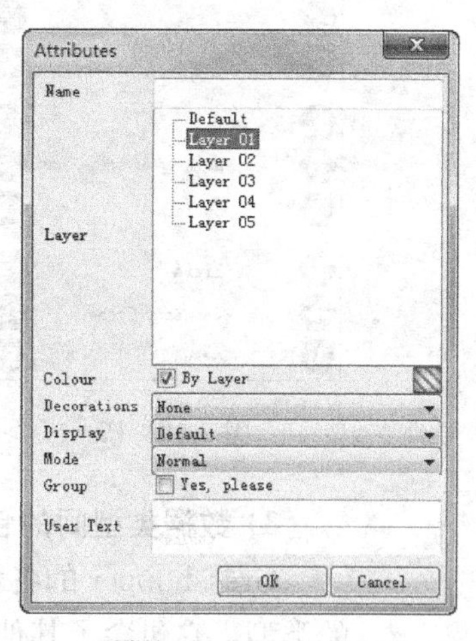

图 5-9 “烘焙”图形的属性设置对话框

5.1.3 Grasshopper的数据类型

对于编程来说，了解数据类型是十分必要的。下面我们对 Grasshopper 的数据类型做一个简单的介绍，具体的应用会在后面的章节中进行必要的说明。在 Grasshopper 中，每一种数据类型基本上都有一个运算器，用于存放该类型的数据，这些运算器位于 Params>Geometry 和 Params>Primitive 面板。

1）图形及与图形相关的数据类型

Grasshopper 的 Params>Geometry 面板（图 5-10）列出了 Grasshopper 的各种图形以及与图形相关的数据类型。其中，Point（点），Circle（圆），Circular Arc（圆弧），Curve（曲线），Line（直线段），Rectangle（矩形），Box（长方体），Brep（面或体）[1]，Mesh（网格），Surface（面），Twisted Box（扭曲长方体），Geometry

---

[1] Brep：Boundary representation（边界表示法）的缩写，其基本思想是一个实体可以通过面的集合来表示，而每个面可以用边来描述，边可以用点来描述。Rhino/Grasshopper 中的实体描述采用的即是边界表示法。简单理解，Grasshopper 的 Brep 数据类型包括各种面和体。

(图形)，Group(图形组)等为图形数据类型。而Vector(向量)，Plane(坐标平面)，Field(场)，Transform(图形变换矩阵)并非直接的图形，它们是图形计算直接相关的一些数据结构。

2) 非图形数据类型

Grasshopper的Params>Primitive面板(图5-11)列出了Grasshopper的数和字符串等各种非图形数据类型，包括Boolean(布尔值，取值为True或False)，Integer(整数)，Number(实数)，Text(文字)，Colour(颜色)，Domain(值域，即取值范围)，Domain^{2}(二维值域)，Matrix(矩阵)，Time(时间)，Data Path(数据路径)，Data(数据)，File Path(文件路径)等。

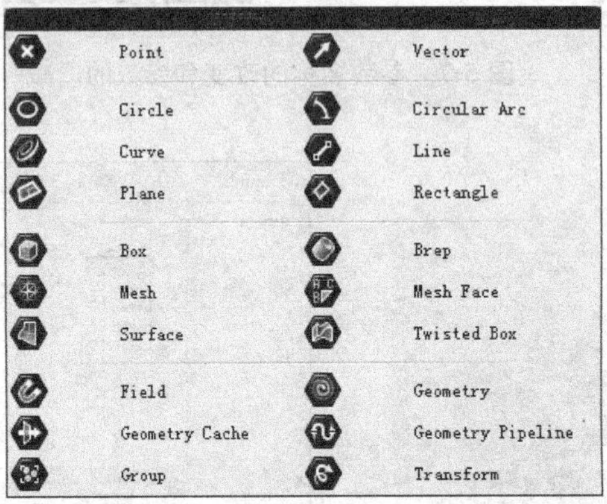

图5-10 Params>Geometry面板

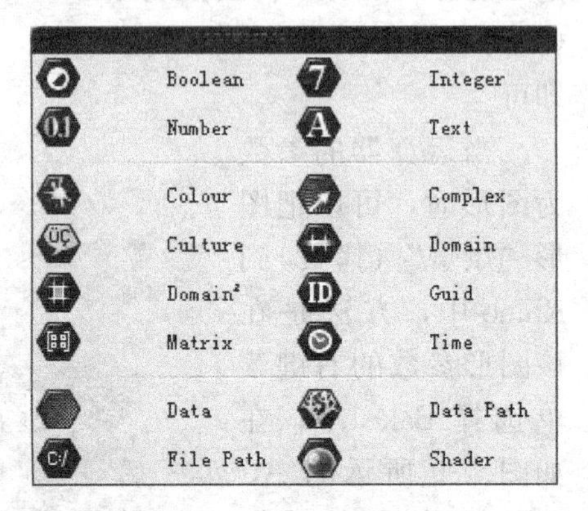

图5-11 Params>Primitive面板

3) 数据类型间的包含关系和转化

Grasshopper的各种数据类型之间具有一定的包含关系，其中Data是最宽泛的类型，它包含了其他所有的数据类型。在图形中，Curve包含了Circle、Circular Arc、Line、Rectangle类型；Twisted Box包含了Box；Brep包含Twisted Box、Surface；而Geometry包含了所有图形。

如果两种数据类型具有包含关系，下级的数据可以直接转化为上级的数据类型；上级的数据如果符合下级数据类型的内部定义并且能够被运算器识别，也可以进行转化。需要注意的是某些数据类型具有特殊的转化方式，例如各种图形都可以转化为Box，这时，除了Box之外，其他图形的转化结果都是包含图形对象的、与坐标系平行的最小长方体。

不同类型的数据也可以进行一定的转化，例如点与向量与坐标平面之间、整数和实数之间，数字和文字之间、整数实数和布尔值之间都可以转化，进行这类转化，应了解内在的转化规则(参见下表)，防止意外的错误发生。

数据转化方式	转化规则
实数→整数	四舍五入后去掉小数部分
文字→整数或实数	全部由数字构成的文字可以转化

续表

数据转化方式	转化规则
整数或实数→布尔值	0→False，其他→True
布尔值→整数或实数	True→1，False→0
点→向量	点的X、Y、Z坐标转化为向量的X、Y、Z分向量
向量→点	向量的X、Y、Z分向量转化为点的X、Y、Z坐标
坐标平面→点	取坐标平面的坐标原点
点→坐标平面	点为坐标平面原点，坐标平面平行于世界坐标系XY平面

4）数据类型运算器的作用

Params＞Geometry和Params＞Primitive面板中的各数据类型运算器的作用在于存放相应类型的数据，他们还同时承担着尝试将其他数据类型转化为该数据类型的作用。另外，Grasshopper的各种运算器的输入和输出参数都有各自的数据类型限定，它们的输入参数同样也有存放数据和转化数据类型的作用。对于静态参数，在其右键菜单中选择Extract Parameter，运算器前端会出现一个运算器与该参数相连，这个运算器必定是Params＞Geometry或Params＞Primitive面板中的某一个，其名称采用的是输入参数的名称而非数据类型运算器的预设名称。

5.2 点、坐标平面、向量

5.2.1 点(point)的基本赋值方法

(1) 可以用Vector＞Point面板的Construct Point运算器，以X、Y、Z坐标来创建点。其中X、Y、Z坐标值可以通过连接其他运算器的数值型输出参数进行赋值，也可以用右键菜单的Set Number赋值(图5-12)。由于Construct Point运算器的输出参数为图形，当赋值完成后，Rhino视窗中会在相应坐标处显示这个点。

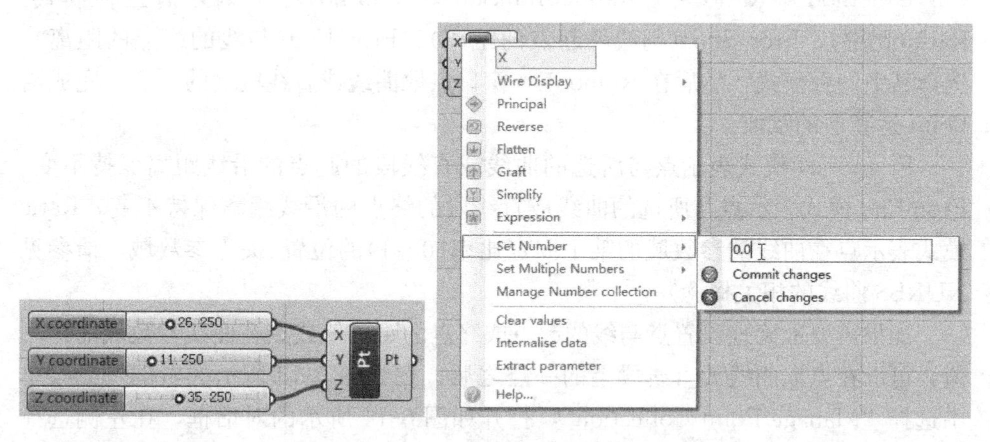

图5-12 Construct Point运算器的赋值

(2) 还可以从 Rhino 中交互式地定位一个点，过程如下：

① 在 Params＞Geometry 面板找到 Point 运算器并放置在工作区，然后在右键弹出菜单中单击 Set one Point(图 5-13)。

② 这时会转到 Rhino 窗口，在 Rhino 命令行将显示“Point object to reference (Type=Point):”或类似的提示。

③ 键入 T，命令行中显示“Grasshopper Point type ＜Coordinate＞ (Coordinate Point Curve):”。

④ 键入 C，然后在 Rhino 工作视窗中点取一个点的位置，这个位置的坐标就输入给了 Point 运算器。这一步也可以采用 Rhino 中设定坐标的其他方式。

在步骤①选择 Set Multiple Points，可以一次设定多个点。

注意：Rhino 窗口的命令行的提示的括号部分为选项，每个选项单词的下划线为选取或进入这个选项的字母。需要选取或进入哪个选项，就在命令行中键入相应字母。

(3) Grasshopper 的点可以和 Rhino 中的点或线进行关联，意味着一旦 Rhino 中关联的点或线发生改变，Grasshopper 的相关点也随之而变。这种方式非常有用，在我们后面的例子中会经常采用。与点关联的过程如下：

①②③同上。

④键入 P，命令行中将显示“Point object to reference (Type=Point):”

⑤用鼠标选择 Rhino 中已经存在的点图形。

这样被选择的点就作为关联参考点输给了 Point 运算器。如果 Rhino 中的这个点发生改变，Point 运算器的值也将随之改变。如果在 Rhino 中预先选择了点，在进行步骤④操作时，被选择的点就直接作为关联参考点输给了 Point 运算器，不需要进行第五步操作。另外，在步骤①选择 Set Multiple Points，可以一次设定多个点进行关联。

如果在步骤④键入 U，可以用曲线或直线段上的某个位置来给 Point 运算器赋值，并建立 Point 运算器与这个位置的关联。此时命令行提示“Point on curve (Type=Curve Method=Ratio)”，键入 M，命令行提示“Grasshopper Point on Curve method ＜Ratio＞ (Ratio FromStart FromEnd):”，表示有三种模式：Ratio(比率)、FromStart(与线的起点的距离)、FromEnd(与线的终点的距离)。选择其中一种模式，然后在 Rhino 工作窗口点取曲线或直线段上的一点，完成给 Point 运算器的赋值。

FromStart 模式表示点与所选的曲线或直线段的起点的沿线距离保持不变，FromEnd 模式表示点与所选的曲线或直线段的终点的沿线距离保持不变，Ratio 模式表示点在曲线的参数域的某个固定比率(0～1)的位置(关于参数域，请参见 NURBS 曲线的相关概念)。

如果需要准确地设置点与线的起点或终点的距离值或点在曲线参数域的比率值，可以在点取曲线或直线段上的一点之后，在如图 5-13 所示的右键快捷菜单中选择“Manage Point Collection”，打开如图 5-14 所示的对话框，在左侧选择“Point on Curve”，然后在右侧的“Distance”或“Ratio(t)”的右侧输入相应的数值。注意，以FromStart和FromEnd模式定位的点只能修改Distance值，以Ratio模式定位的点只能修改Ratio(t)值，其他的修改无效。

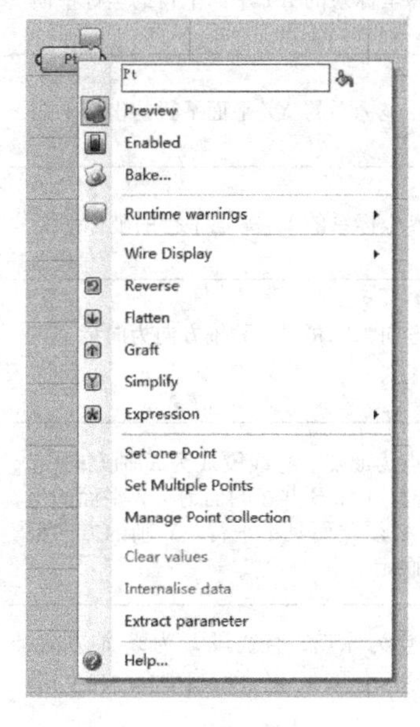

图 5-13

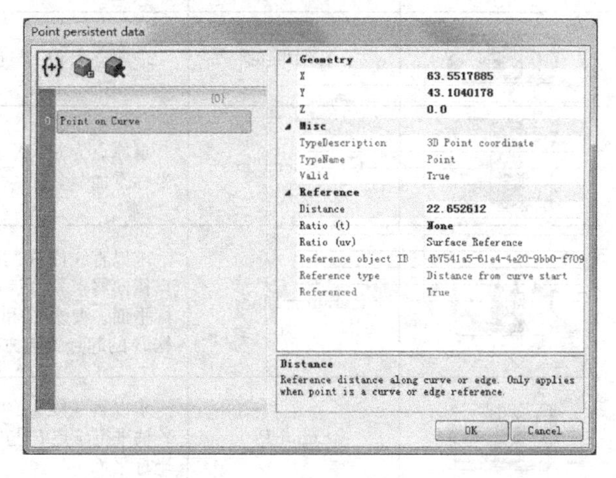

图 5-14 修改点位置的对话框

5.2.2 坐标平面

Grasshopper的Plane类似于AutoCAD中的用户坐标系的概念。Plane是右手定则的空间直角坐标系，Plane一词既可以理解为坐标系本身，也可以理解为坐标系的*XY*平面(Grasshopper通常用Plane表示空间中的平面)，请读者注意辨别。所谓右手定则，即伸出右手的大拇指、食指和中指，并互为90°，用大拇指指向*X*坐标轴的正方向、食指指向*Y*坐标轴的正方向，则中指指向的方向为*Z*坐标轴的正方向。

为了表述清晰，我们把Plane称作坐标平面。Rhino/Grasshopper初始的坐标系称作世界坐标系，它是Rhino/Grasshopper表述空间位置的坐标体系。坐标平面的数据类型运算器位于Params>Geometry面板。Grasshopper的坐标平面的预设显示方式为Rhino中的10×10正交网格，原点位于网格中心点，*X*轴显示为红色的粗线，*Y*轴为绿色粗线。可以通过Display>Preview Plan Size菜单命令改变显示大小。

1) 用运算器设置坐标平面

Grasshopper的Vector>Plane面板中(图5-15)包括了操作坐标平面的各种运算器，提供了各种设置坐标平面的方法，如下表所示。

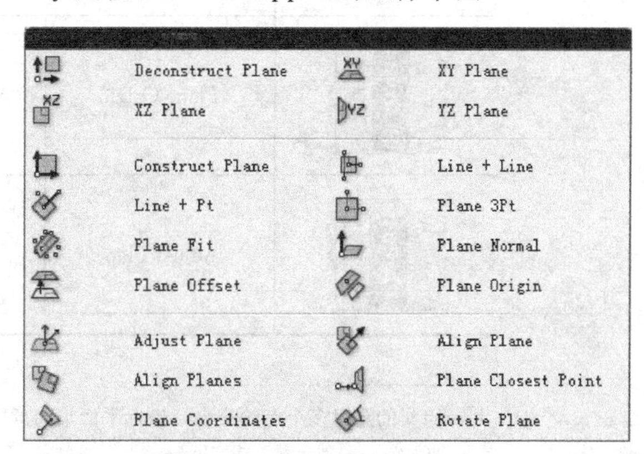

图 5-15 Vector>Plane面板

图标	名称	功能
O XY P	*XY* Plane	求原点为 *O*、与世界坐标系的 *XY* 平面平行的坐标平面
O XZ P	*XZ* Plane	求原点为 *O*、与世界坐标系的 *XZ* 平面平行的坐标平面
O YZ P	*YZ* Plane	求原点为 *O*、与世界坐标系的 *YZ* 平面平行的坐标平面
O X Y Pl Pl	Construct Plane	求原点为 *O*、*X* 轴方向为向量 *X*、*Y* 轴方向为向量 *Y* 的坐标平面
A B LnLn Pl	Line+Line	求以直线段 *A* 的起点为原点、直线段 *A* 为 *X* 轴方向(起点指向终点)、以直线段 *A* 和 *B* 共在的面为 *XY* 平面的坐标平面。要求 *A* 和 *B* 必须共面且不平行，*Y* 轴的方向根据 *B* 的起点终点方向而定
L P LnPt Pl	Line+Pt	求以直线段 *L* 的起点为原点、直线段 *L* 为 *X* 轴方向、*Y* 轴平行于点 *P* 与直线段 *L* 的垂线(方向为垂点到点 *P*)的坐标平面
A B C Pl 3Pt Pl	Plane 3Pt	求 *XY* 平面位于 *A*、*B*、*C* 三点确定的平面的坐标平面。可以理解为上述方式中的参数 *L* 被替换为起点 *A* 和终点 *B*
P PlFit Pl dx	Plane Fit	根据点集[1] *P* 拟合坐标平面 *PI*，另一个输出参数 *dx* 为 *P* 中的点与坐标平面的最大距离
O Z Pl P	Plane Normal	求经过 *O* 点、*Z* 轴平行于向量 *Z* 的坐标平面
P O Pl Offset Pl	Plane Offset	求将坐标平面 *P* 沿其 *Z* 轴平移后的坐标平面，*O* 为平移距离
B O Pl Origin Pl	Plane Origin	求将坐标平面 *B* 从其原点平移到点 *O* 的坐标平面
P N PAdjust P	Adjust Plane	求将坐标平面 *P* 的 *Z* 轴方向转动到与向量 *N* 平行的坐标平面，原点不变

[1] 点集的意思多个点的集合，坐标平面集的意思是多个坐标平面的集合，等等。

续表

图标	名称	功能
Align	Align Plane	求坐标平面 P 绕 Z 轴转动、使得 X 轴平行于向量 D 在 XY 平面的分向量(在 XY 平面的投影)的坐标平面。输出参数 A 为转动的角度(弧度)
Align	Align Planes	把坐标平面集 P 绕各自的 Z 轴转动、使得 X 轴在目标坐标平面 M 上的投影与 M 的 X 轴平行。如果 P 中的某坐标平面与 M 垂直，假设 M 的 X 轴在 M 的向量为 $(a, b, 0)$，则该坐标平面转动后的 X 轴在 M 的向量为 $(a, 0, b)$。如果 M 为空值，则以 P 中的第一个坐标平面为目标坐标平面
PRot	Rotate Plane	求将坐标平面 P 绕 Z 轴逆时针转动 A 的的坐标平面，A 为弧度值

2）坐标平面的手动赋值

坐标平面的手动赋值方法是在右键弹出菜单中选择 Set one Plane 或 Set Multiple Planes，然后在 Rhino 窗口中设定坐标原点、X 轴方向、Y 轴方向，或者在 Rhino 命令行输入 w、o 或者 r，把坐标平面设置为世界坐标系的 XY、YZ、ZX 平面。Rhino 提供了操作坐标平面的各种方法和命令，但遗憾的是，Grasshopper 没有提供选择和关联 Rhino 坐标平面的手段。另外，Grasshopper 的一些图形分析运算器提供了与各种图形相关的构造坐标平面的方法，我们将在相关内容中加以介绍。

3）坐标平面的分析、基于坐标平面的点赋值和坐标转化

Vector>Plane 面板中，有以下三个运算器分别用于分析坐标平面、求点到坐标平面距离、求点在坐标平面的坐标。

图标	名称	功能
DePlane	Deconstruct Plane	对坐标平面 P 进行分析数据提取，输出参数 O 为原点坐标，X、Y、Z 分别为 X 轴、Y 轴、Z 轴方向的单位向量
CP	Plane Closest point	求点 S 到坐标平面 P 的正投影，输出参数 P 为投影点，uv 为投影点在坐标平面 P 的坐标，D 为 S 点到投影点的距离
PlCoord	Plane Coordinates	求点 P 在坐标平面 S 中的 X、Y、Z 坐标

前面讲到了通过 Construct Point 运算器来定位点，Vector>Point 面板中还提供了一个 Point Oriented 运算器，用于通过坐标平面的坐标值来定位点(图 5-16，输入参数 P 为坐标平面，U、V、W 为点在 P 中的三个坐标值)。

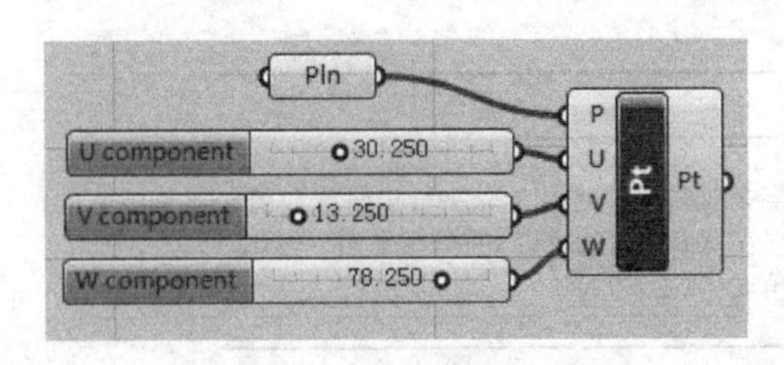

图 5-16 通过坐标平面的坐标值来定位点

除了通过直角坐标系系统来定位点之外，Grasshopper 还提供了一些采用其他坐标系统来定位点和转换坐标系统的方式，包括 Vector>Point 面板中的 Point Cylindrical、Point Polar 和 To Polar 运算器。Point Cylindrical 采用柱坐标来定位点，Point Polar 运算器采用空间极坐标来定位点，而 To Polar 运算器可以把直角坐标计算为极坐标。这些运算器的使用都涉及坐标平面，其使用方法我们就不具体介绍了，读者可以自己尝试一下。

注意，虽然坐标可以在不同的坐标系之间进行转化，但 Grasshopper 中的点最终都是以世界坐标系的坐标来表示的。另外，Grasshopper 目前只有坐标平面这一种可以表示空间直角坐标系的数据类型，没有表示其他类别坐标系的数据类型。

5.2.3 向量

前面的内容已经涉及了一些向量(Vector)的问题，本节将对向量及相关运算器进行介绍。

数学中，既有大小又有方向，且遵循平行四边形定则(三角形定则)的量称作向量(图 5-18、图 5-19)，向量又称矢量，由于我们经常会碰到矢量图形的说法，为避免混淆，这里采用向量一词。向量可分为自由向量与固定向量，自由向量只确定方向与大小，而不在意位置，而固定向量还要确定起点位置。Grasshopper 中的向量是自由向量，只有方向和大小两个属性。自由向量没有位置，可以理解为可以是任何位置，只有大小和方向不变。向量不是一种几何形体，但它为几何运算提供了巨大的便利。大小为 1 的向量称作单位向量，大小为 0 的向量称作 0 向量。

1）向量的赋值

在 Grasshopper 中，虽然向量和点属于不同的数据类型，但它们的内在表述是一样的，即它们都是采用世界坐标系的 X、Y、Z 坐标来表示。不同点在于，点表示的是坐标系中的位置，而向量表示的是方向和大小，其方向为从坐标原点指向点(X，Y，Z)的射线方向(包括所有平行的方向)，其大小为坐标原点到点(X，Y，Z)的距离。

Vector>Vector 面板的 Vector XYZ 运算器提供了为向量赋值的基本方法，操作方法与 Construct Point 运算器相同，其输出参数 L 为向量的大小。

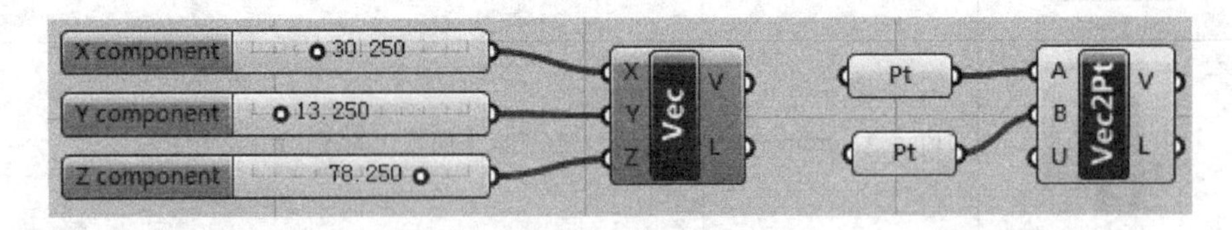

图 5-17 用 Construct Point 运算器和 Vector 2Pt 运算器为向量赋值

Vector 2Pt 运算器也是一种常用的向量赋值的办法，它得到方向为从点 A 指向点 B 的向量，大小为 A、B 两点的距离，如果输入参数 U 为 True，则结果为单位向量，大小为1。

Unit X运算器、Unit Y运算器和Unit Z运算器分别将向量设置为世界坐标系的X、Y、Z轴方向，输入参数F为向量大小，预设值为1(即单位向量)。

鼠标右键单击向量类型运算器(Param>Geometry面板中的Vector运算器)、或数据类型为向量的输入参数，在弹出菜单中选择Set one Vector或Set Multiple Vectors，可以在Rhino窗口中给向量赋值；在Rhino命令行中输入U、N或I，可以将向量设置为世界坐标系的X、Y或Z轴方向的单位向量，输入S，可以通过起点、终点来设置向量。

2）向量及点的操作

Grasshopper中向量与点属于不同的数据类型，但它们的内在描述方式是一样的。当把坐标为(x, y, z)的点作为参数输入给一个要求数据类型为向量的运算器参数时，Grasshopper会把它直接转化为(x, y, z)的向量，反之亦然。

Vector>Vector面板提供了其他的一些有关向量操作的运算器，其中Unit Vector运算器用于求向量的单位向量，即大小为1，方向与输入向量参数相同的向量。Reverse运算器用于求与输入向量参数大小相同、方向相反的向量。Vector Length运算器用于求向量的大小。其他运算器功能如下：

图标	名称	功能
	Amplitude	求大小为A，方向与输入参数V(向量)相同的向量
	Angle	如果设置了输入参数P(坐标平面)，则求坐标平面P上围绕Z轴由A向量逆时针旋转到B向量的经过的角度A(弧度)；如果未设置输入参数P，则求A、B两向量在空间的夹角A，A小于等于π。输出参数R为A的反角，即2π-A
	Cross Product	求向量A和B的叉积V(向量)，另一个输出参数L为V的大小。如果输入参数U为$True$，则V为单位向量。叉积是向量的一个重要计算，它的意义在于：①V的方向垂直于A和B，且按A、B、V次序构成右手系，若A、B共线，则V为0向量；②V的大小等于以A和B为边的平行四边形的面积(想象一下把A和B各自考虑为两条长度为向量大小的线段，并将两条线段平移拷贝构成的平行四边形的情况)
	Dot Product	求向量A和B的点积D，D等于A的大小乘以B的大小再乘以A、B的夹角的余弦，当A垂直于B时，D=0
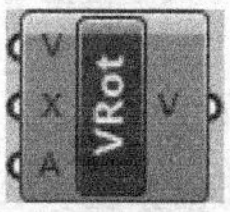	Rotate	求向量V围绕轴X(向量)旋转弧度A的向量
	Deconstruct Vector	把向量V分解为X、Y、Z三个分值

另外，Vector Display 运算器用于在 Rhino 中显示向量：输入参数中除了需要显示的向量之外，需要设置一个向量显示的起始点 A，这样 Rhino 中会显示一个以 A 为原点、长度为向量大小的带箭头的线。Vector Display Ex 运算器还允许设置颜色和线条粗细来显示向量。

Grasshopper 的 Math>Operators 面板的一些算术运算器可以进行向量的相关计算：

图标	名称	功能
A B A+B R	Addition	加法运算器，可以计算两个向量的加法，其结果如图 5-18所示；也可以计算点＋向量，其结果为 A 点沿着向量 B 的方向、移动向量 B 的大小后的点的位置。输入参数 B 也可以为点，这时运算器会自动把点转化为向量进行计算
A B A-B R	Subtraction	减法运算器，可以计算两个向量的减法，其结果如图 5-19所示；也可以计算点-向量，其结果为 A 点沿着向量 B 的反方向、移动向量 B 的大小后的点的位置。和加法运算器一样，输入参数 B 也可以为点，这时运算器会自动把点转化为向量进行计算
x Neg y	Negative	负号运算器，可以计算向量的负向量，即如果输入参数为(x，y，z)的向量，输出为($-x$，$-y$，$-z$)的向量；如果输入参数为(x，y，z)的点，则输出为($-x$，$-y$，$-z$)的点
A B A×B R	Multiplication	乘法运算器，可以计算向量或点和一个数值的乘积，即如果输入参数为(x，y，z)的向量或点和数字 r，则输出(rx，ry，rz)的向量或点
A B A/B R	Division	除法运算器，可以计算向量或点除以一个数值的结果，即如果输入参数为(x，y，z)的向量或点和数字 r，则输出(x/r，y/r，z/r)的向量或点

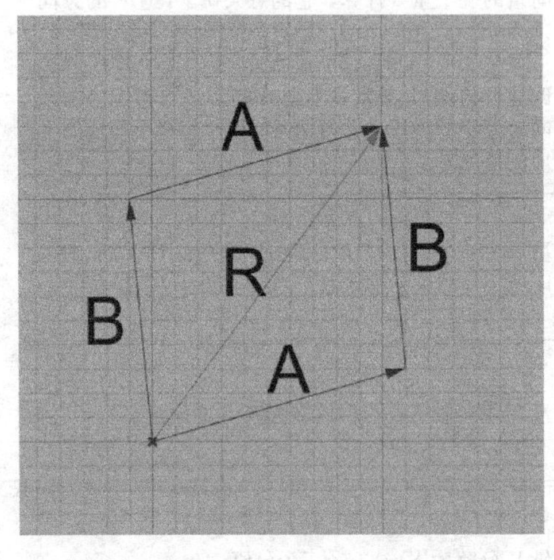

图 5-18 向量的加法

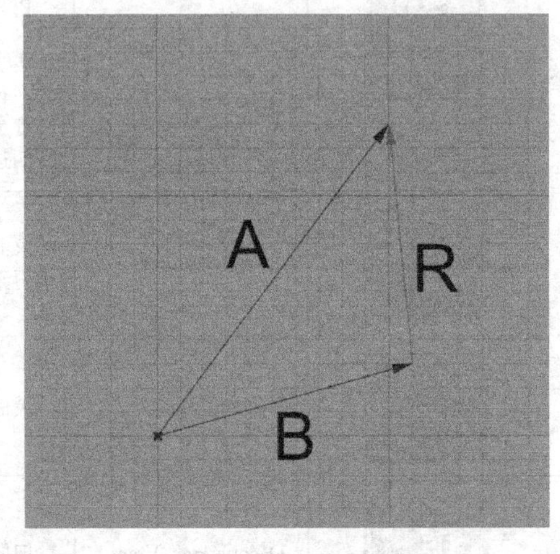

图 5-19 向量的减法

5.3 (曲)线

5.3.1 基本二维图形的创建

Curve>Primitive面板提供了各种运算器用于直线段、圆、圆弧、正多边形等基本二维图形的创建。

1) 直线段

创建直线段最基本的方法是采用Line运算器。将两个点分别输入给运算器的A、B输入参数即可创建一条起点为A、终点为B的直线段(图5-20)。Line SDL运算器采用起点、方向向量和长度来创建直线段(图5-21)。Line 4Pt运算器创建A、B投影到直线段L的垂点间的直线段。另外，Tangent Lines运算器可以求点到圆的垂线，Tangent Lines (Ex)运算器和Tangent Lines (In)运算器分别用于求两个圆之间的外切线(两圆同侧的公切线)和内切线(两圆异侧的公切线)，Fit Line运算器可以根据一组点拟合成一条逼近直线段。

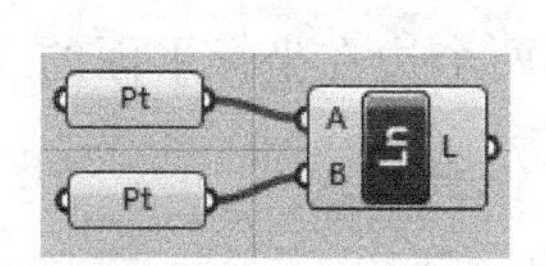

图5-20 Line运算器创建直线段

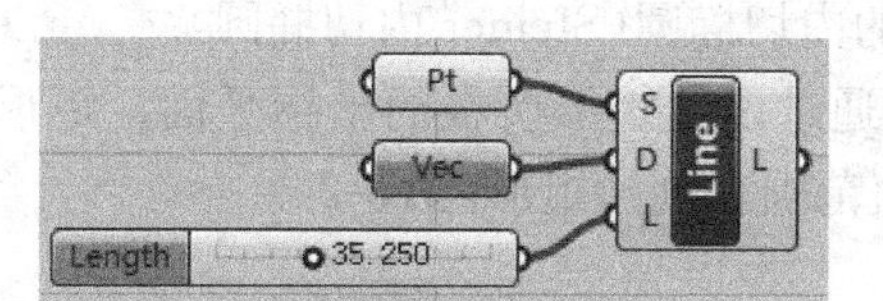

图5-21 Line SDL运算器创建直线段

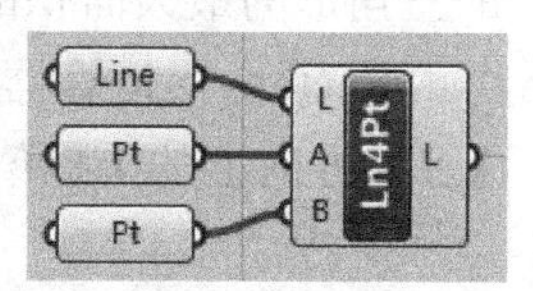

图5-22 Line 4Pt运算器创建直线段

2) 圆

圆的创建方法也有多种。Circle运算器创建位于坐标平面P(圆心为P的原点)、半径为R的圆，(图5-23)。Circle 3Pt运算器创建过A、B、C三点的圆C，输出数P为创建的圆所位于的坐标平面，R为半径(图5-24)。InCircle运算器创建由A、B、C三点构成的三角形的内切圆。Circle CNR运算器创建圆心为C、半径为R、法向量(与圆的平面垂直的方向)为N的圆。Circle TanTan运算器用于创建与两条线相切的圆，Circle TanTanTan运算器用于创建与三条线相切的圆，Circle Fit运算器用于在一组点中拟合一个圆。

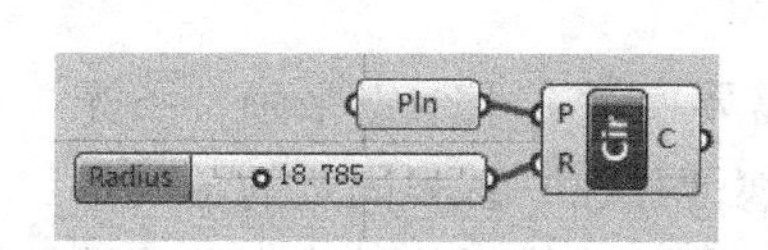

图5-23 Circle运算器创建圆

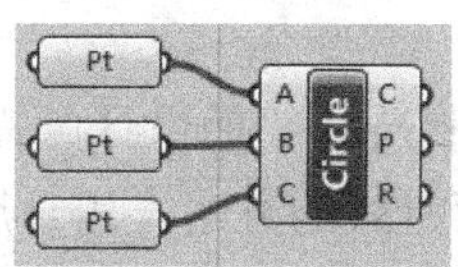

图5-24 Circle 3Pt运算器创建圆

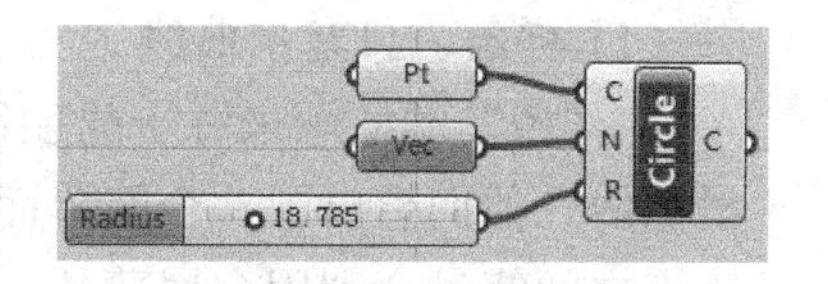

图5-25 Circle CNR运算器创建圆

3) 圆弧

Arc运算器用于创建位于坐标平面P(圆心位于坐标系原点)、半径为R、弧度范围为A的圆弧(图5-26)。Arc 3Pt运算器创建起点为A、经过点B、终点为C的圆弧，输出参数P为圆弧所位于的坐标平面，R为半径(图5-27)。Arc SED

运算器根据起点、终点、起点处圆弧的切向量创建圆弧；BiArc 运算器根据起点、起点处圆弧的切向量、终点、终点处圆弧的切向量、半径创建圆弧；Modified Arc 运算器通过改变输入的圆弧参数的半径和弧度范围来创建圆弧；Tangent Arcs 运算器可用于求与两个圆相切的圆弧。

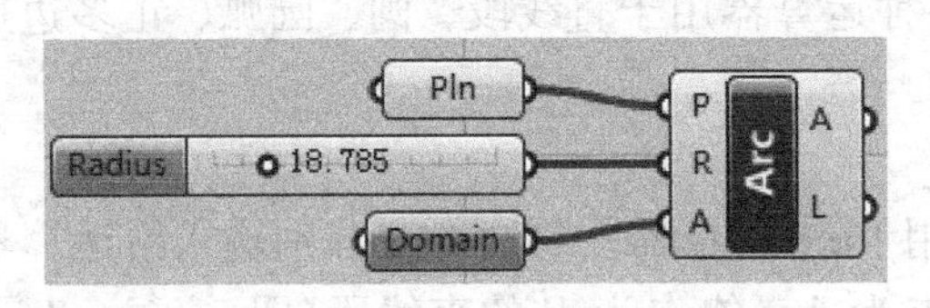

图 5-26 Arc 运算器创建圆弧

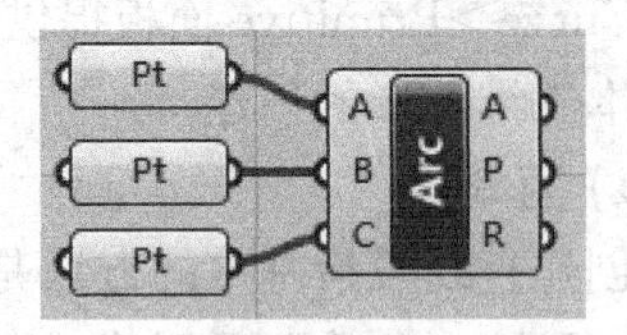

图 5-27 Arc 3Pt 运算器创建圆弧

4) 椭圆、矩形、正多边形

创建椭圆最基本的方法是采用 Ellipse 运算器，它通过设置椭圆所在的坐标平面和长短轴的半径来创建椭圆(图 5-28)，创建的椭圆心位于坐标平面原点，两轴分别平行于坐标平面的 X、Y 轴。另外，InEllipse 运算器可以求由三个点构成的三角形的最大面积的内切椭圆(Steiner 内切椭圆)。

Rectangle 运算器通过设置矩形所在的坐标平面、矩形两个边在坐标平面的 X、Y 方向上的坐标值范围来创建矩形(图 5-29)。

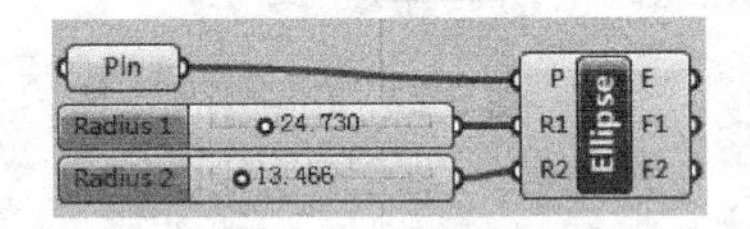

图 5-28 Ellipse 运算器创建椭圆

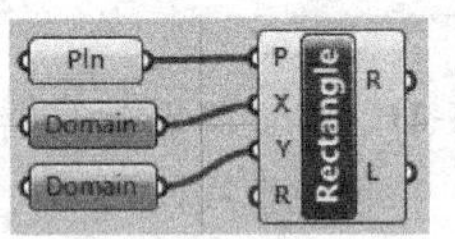

图 5-29 Rectangle 运算器创建矩形

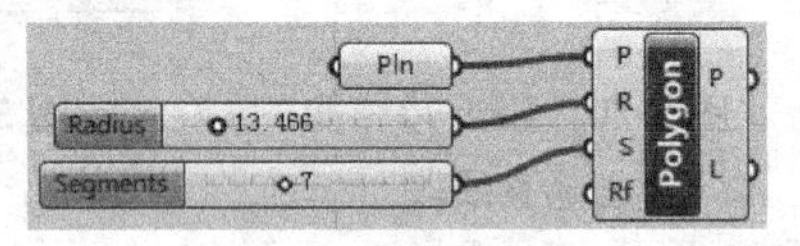

图 5-30 Polygon 运算器创建正多边形建圆

5.3.2 NURB 曲线简介

NURBS(Non-Uniform Rational B-Splines)即非均匀有理 B 样条，可以描述复杂的自由曲线和曲面，它是 Rhino 三维建模的主要几何基础。要使用好 Rhino 和 Grasshopper 建模，需要对 NURBS 具有一定的理解。NURBS 比较复杂，我们从样条、贝塞尔曲线说起。

1) 样条、贝塞尔曲线

"样条"的概念来源于船舶制造，船舶设计师需要通过若干个点来画一条光滑曲线，他们想出了一个简单而有效的方法：用金属薄片在一系列固定的金属重物点之间绕过，利用金属薄片自然弯曲来获取光滑变化的曲线形状，这个形状被称为样条。对于计算机绘图来说，要绘制自由曲线需要有数学方法作为基础，这一直是计算机辅助设计及计算机图形学面临的一个问题，贝塞尔曲线正是一种可以描述自由曲线的数学方法。

贝塞尔曲线也是根据一系列固定点而确定的曲线，这些固定点称作控制点，如图 5-31 中的 P_0、P_1、P_2、P_3；根据控制点数量和位置的不同，可以得到相应的曲线，如图 5-31 所示。20 世纪 60 年代，法国数学家 Pierre Bézier 研究出了这种以一系列控制点精确描述曲线(也可以描述直线)的数学表述方法，它以发明者的名字命名，即贝塞尔曲线。贝塞尔曲线的数学公式是参数方程。

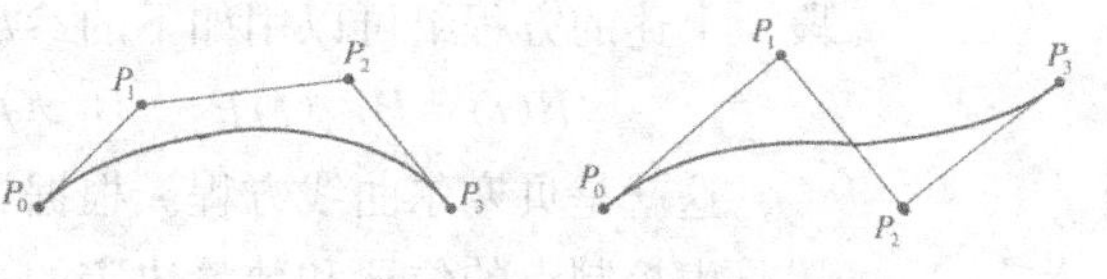

图5-31 贝塞尔曲线

关于参数方程，我们简单复习一下。

我们知道，在解析几何中，二维平面上的直线可以描述为 $Ax+By+C=0$ 的方程，其中 x 为点的 X 坐标，y 为点的 Y 坐标，A、B、C 为常数，对于任意一个点，如果它的 X 坐标和 Y 坐标满足这个方程，则它必然位于方程 $Ax+By+C=0$ 所描述的这条直线上。描述直线还可以采用其他数学方法，例如点斜式方程：$y-y_0=k(x-x_0)$，其中 k 为直线的斜率，x_0、y_0 为直线上的某个已知点的 X、Y 坐标；两点式方程：$(y-y_0)/(y_0-y_1)=(x-x_0)/(x_0-x_1)$，其中 x_0、y_0、x_1、y_1 为直线上的两个已知点的 X、Y 坐标。另外，还可以用如下的方程组来表示直线：

$$\begin{cases} x=x_1+t\times\cos a \\ y=y_1+t\times\sin a \end{cases}$$

其中 x_1、y_1 为直线上的某个点的 X、Y 坐标，α 为直线与 X 轴的夹角，这样，直线上任意一点的坐标(x, y)就可以通过另一个变量 t 的函数来求得，这样的方程(组)称作参数方程，t 称为参变量。采用参数方程也可以描述其他的曲线，如圆的参数方程为：$x=a+r\cos t$ $y=b+r\sin t$ ，其中(a, b)为圆心坐标，r 为半径，参变量 t 的取值范围为 $0\sim2\pi$。

贝塞尔曲线的参数方程比较复杂，我们首先看一下$(a+b)^n$(二项式的 n 次幂)的展开式：

$$(a+b)^n=\binom{n}{0}a^n+\binom{n}{1}a^{n-1}b+\binom{n}{2}a^{n-2}b^2+\ldots+\binom{n}{n}b^n，其中\binom{n}{i}=\frac{n!}{(n-i)!\ i!}$$

这个展开式比较复杂，但对于1、2、3次幂，即$(a+b)^1=a+b$，$(a+b)^2=a^2+2ab+b^2$，$(a+b)^3=a^3+3a^2b+3ab^2+b^3$，大家应该比较熟悉。根据上式，我们展开$((1-t)+t)^n$：

$$((1-t)+t)^n=\binom{n}{0}(1-t)^n+\binom{n}{1}(1-t)^{n-1}t+\binom{n}{2}(1-t)^{n-2}t^2+\ldots+\binom{n}{n}t^n$$

它是一个 t 的 n 次多项式，称作伯恩斯坦基底多项式，展开式的各项称作伯恩斯坦基底，可以把它表示为下面的通用的函数，称作伯恩斯坦基函数，其中 i 表示展开式的第 i 项，n 表示次数。

$$B_{i,n}(t)=\binom{n}{i}(1-t)^{n-i}t^i$$

如果有 $n+1$ 个控制点$(P_0、P_1、P_2、\cdots P_n)$，我们就可以构建一个 n 次的伯恩斯坦基底多项式，用各基底乘以各个控制点的坐标，就得到了如下的方程组：

$$\begin{cases} x(t)=B_{0,n}(t)x_0+B_{1,n}(t)x_1+B_{2,n}(t)x_2+\ldots+B_{n,n}(t)x_n \\ y(t)=B_{0,n}(t)y_0+B_{1,n}(t)y_1+B_{2,n}(t)y_2+\ldots+B_{n,n}(t)y_n \\ z(t)=B_{0,n}(t)z_0+B_{1,n}(t)z_1+B_{2,n}(t)z_2+\ldots+B_{n,n}(t)z_n \end{cases}$$

这是一个参数方程组，参数 t 的取值范围为 $0\sim1$。随着参数 t 从0变化到1，就可以得到 X、Y、Z 坐标，构成一系列的点，这些点构成了一条曲线段或直线段。上述的方程组可以用如下的参数方程来表示：

$$B(t)=B_{0,n}(t)P_0+B_{1,n}(t)P_1+B_{2,n}(t)P_2+\ldots+B_{n,n}(t)P_n$$

这就是贝塞尔曲线方程。根据贝塞尔曲线方程可知，贝塞尔曲线的形状和位置是由控制点的位置和数量决定的。在贝塞尔曲线参数方程中，n称作贝塞尔曲线的次数(degree)；控制点数量为$n+1$，称作阶数(order)，显然，阶数＝次数＋1；t为参变量，取值范围为0～1。

2）有理贝塞尔曲线

贝塞尔曲线在描述曲线的形状方面还有所欠缺，为了更近似于随意的形状，发展出了有理贝塞尔曲线，它的方程如下：

$$B(t)=\frac{B_{0,n}(t)P_0w_0+B_{1,n}(t)P_1w_1+B_{2,n}(t)P_2w_2+\ldots+B_{n,n}(t)P_nw_n}{B_{0,n}(t)w_0+B_{1,n}(t)w_1+B_{2,n}(t)w_2+\ldots+B_{n,n}(t)w_n}$$

这个方程为前述的贝塞尔曲线方程(我们暂且称作经典的贝塞尔曲线方程)的各项乘以一个不同的权重(w_0、w_1、w_2、…、w_n)后进行相加，再除以伯恩斯坦基底多项式的各展开项乘以权重后相加的和。

我们可以把贝塞尔曲线的控制点比作具有吸力的点，增加的权重设置使不同的控制点具有了不同的吸力，这样可以得到更为复杂的曲线。例如经典的二次贝塞尔曲线方程只能表示抛物线，而加上权重后可以表示圆弧、椭圆线、双曲线等其他二次曲线。

上述方程的分子、分母都是参数t的n次多项式，数学上把多项式相除的函数称作“有理(rational)函数”，所以上述方程表述的曲线被称作“有理”贝塞尔曲线。当有理贝塞尔曲线方程的所有权重相等时，设为w，则其方程为：

$$B(t)=\frac{(B_{0,n}(t)P_0+B_{1,n}(t)P_1+B_{2,n}(t)P_2+\ldots+B_{n,n}(t)P_n)w}{(B_{0,n}(t)+B_{1,n}(t)+B_{2,n}(t)+\ldots+B_{n,n}(t))w}$$

其中，分母中的$(B_{0,n}(t)+B_{1,n}(t)+B_{2,n}(t)+\ldots+B_{n,n}(t))$是$((1-t)+t)^n$的展开式，等于1，分子分母的$w$相互抵消，因而此方程就蜕化为经典的贝塞尔曲线参数方程。所以，经典的贝塞尔曲线可以看作是有理贝塞尔曲线的特殊情况，或者说有理贝塞尔曲线包含了经典的贝塞尔曲线。

3）NURBS曲线

由贝塞尔曲线方程可以看出，贝塞尔曲线的形状受到所有控制点的影响，因而对于交互式的计算机绘图来说，当控制点较多时，会对曲线的形状控制增加困难；同时，更多的控制点意味着更高次的多项式计算，会降低计算效率。而B样条曲线较好地解决了这个问题。

B样条曲线用分段的办法来控制一条曲线，例如基于P_0、P_1、P_2、P_3四个控制点的曲线可以分为一段，整条曲线形状由四个点共同控制(相当于三次贝塞尔曲线)；或分为两段，这时第一段由P_0、P_1、P_2控制，第二段由P_1、P_2、P_3控制；也可以分为三段，这时第一段由P_0、P_1控制，第二段由P_1、P_2控制，第三段由P_2、P_3控制。这种用分段方式描述的曲线使得控制点的改变只作用于曲线的局部，从而增加了曲线形状的可控性。与贝塞尔曲线一样，每段由$n+1$点控制点控制的B样条曲线称作n次(degree)B样条曲线，或$n+1$阶(order)B样条曲线。

B样条曲线同样用参数方程来进行数学描述，它用B样条基函数替换贝塞尔曲线方程中的伯恩斯坦基函数（“B样条”一词中的“B”即是基底(basis)的意思，而“样条”则借用了开始时说到的样条一词）。B样条基底函数如下：

$$B_{i,k}(t)=\frac{t-t_i}{t_{i+k-1}-t_i}B_{i,k-1}(t)+\frac{t_{i+k}-t}{t_{i+k}-t_{i+1}}B_{i+1,k-1}(t)$$

其中，i为展开式的第i项，k为阶数(次数+1)，t_i、t_{i+1}... 为参数t上进行分段的分割点的参数值，分割点称作节点(knot)，要求$t_i \leqslant t_{i+1} \leqslant ...$。显然这是一个递归函数。约定当$t_i \leqslant t < t_{i+1}$时，$B_{i,1}(t)=1$；当$t$为其他值时，$B_{i,1}(t)=0$，并约定$0 \div 0=0$。

采用与贝塞尔曲线方程同样方式，将B样条基底函数乘以各控制点，就得到了如下的k阶(k-1次)B样条参数方程。其中，参数t的取值范围为$t_{k-1} \leqslant t \leqslant t_{n+1}$。

$$B(t)=B_{0,k}(t)P_0+B_{1,k}(t)P_1+B_{2,k}(t)P_2+...\ +B_{n,k}(t)P_n$$

当B样条曲线各节点之间的分段长度(节点值的差)是均等的，则称作均匀B样条曲线，否则称作非均匀B样条曲线，因此均匀B样条曲线可以看作是非均匀B样条曲线的特例。与贝塞尔曲线相似，也可以给每个控制点赋予权重，它可以用如下的多项式相除方式表达，同理，它被称作有理B样条曲线。NURBS即为非均匀有理B样条(Non-Uniform Rational B-Splines)的简称。

$$B(t)=\frac{B_{0,k}(t)P_0w_0+B_{1,k}(t)P_1w_1+B_{2,k}(t)P_2w_2+...\ +B_{n,k}(t)P_nw_n}{B_{0,k}(t)w_0+B_{1,k}(t)w_1+B_{2,k}(t)w_2+...\ +B_{n,k}(t)w_n}$$

有了这个方程，就可以按照所需的精度，在参数t的取值范围内($t_{k-1} \leqslant t \leqslant t_{n+1}$)取一系列参数值，带入方程，求出曲线上的点，连线形成曲线。NURBS曲线非常强大，它可以描述各种常见的曲线，包括直线段、多段直线、圆弧、抛物线、双曲线、椭圆线等，也可以描述自由曲线，贝塞尔曲线也可以用NURBS曲线来描述。实际上，Rhino的所有的线，包括前面所介绍的直线段、圆、圆弧、椭圆等，本质上都是以NURBS方式来描述的，因此，我们下文开始所说的曲线，包括了所有类型的线。

4) NURBS曲线的控制点、阶数、节点及其关系

NURBS参数方程看起来相当深奥，但是从B样条基函数可以推导出以下结论：

(1) B样条基函数是一个以参数t为变量的多项式，它只与阶数和节点有关，因而一旦确定阶数、节点、控制点坐标、控制点权重，NURBS参数方程便确定了。所以，NURBS曲线可以用阶数(或次数)、节点、控制点、控制点权重来描述。

补充一下，节点序列称作节点向量(knot vector)，注意这个“向量”和我们前面说的向量是完全不同的概念。

(2) 基函数公式都是分数形式，分子和分母都是t值的相减，因此参数t的取值范围数值和节点的参数值本身并不重要，关键是它们之间的数值比例关系。例如当控制点不变、阶数相同时，节点向量为1、2、3、4、5与节点向量为3、4、5、6、7或0. 3、0. 4、0. 5、0. 6、0. 7的曲线是一样的。

(3) NURBS 通过 B 样条基函数实现了曲线的分段控制，参数值具有一定的取值范围。

我们用一个 5 个控制点的 3 次(4 阶)NURBS 方程来考察一下，图 5-32 所示是它的一个例子。根据 5 个控制点的 3 次(4 阶)B 样条各基底如下：

$$B_{0,4}(t)=[(t-t_0)/(t_3-t_0))B_{0,3}(t)+((t_4-t)/(t_4-t_1)]\ B_{1,3}(t)$$
$$B_{1,4}(t)=[(t-t_1)/(t_4-t_1))B_{1,3}(t)+((t_5-t)/(t_5-t_2)]\ B_{2,3}(t)$$
$$B_{2,4}(t)=[(t-t_2)/(t_5-t_2))B_{2,3}(t)+((t_6-t)/(t_6-t_3)]\ B_{3,3}(t)$$
$$B_{3,4}(t)=[(t-t_3)/(t_6-t_3))B_{3,3}(t)+((t_7-t)/(t_7-t_4)]\ B_{4,3}(t)$$
$$B_{4,4}(t)=[(t-t_4)/(t_7-t_4))B_{4,3}(t)+((t_8-t)/(t_8-t_5)]\ B_{5,3}(t)$$

其中的 2 次(3 阶)的基底为：

$$B_{0,3}(t)=[(t-t_0)/(t_2-t_0))B_{0,2}(t)+((t_3-t)/(t_3-t_1)]\ B_{1,2}(t)$$
$$B_{1,3}(t)=[(t-t_1)/(t_3-t_1))B_{1,2}(t)+((t_4-t)/(t_4-t_2)]\ B_{2,2}(t)$$
$$B_{2,3}(t)=[(t-t_2)/(t_4-t_2))B_{2,2}(t)+((t_5-t)/(t_5-t_3)]\ B_{3,2}(t)$$
$$B_{3,3}(t)=[(t-t_3)/(t_5-t_3))B_{3,2}(t)+((t_6-t)/(t_6-t_4)]\ B_{4,2}(t)$$
$$B_{4,3}(t)=[(t-t_4)/(t_6-t_4))B_{4,2}(t)+((t_7-t)/(t_7-t_5)]\ B_{5,2}(t)$$
$$B_{5,3}(t)=[(t-t_5)/(t_7-t_5))B_{5,2}(t)+((t_8-t)/(t_8-t_6)]\ B_{6,2}(t)$$

1 次(2 阶)的基底为：

$$B_{0,2}(t)=[(t-t_0)/(t_1-t_0))B_{0,1}(t)+((t_2-t)/(t_2-t_1)]\ B_{1,1}(t)$$
$$B_{1,2}(t)=[(t-t_1)/(t_2-t_1))B_{1,1}(t)+((t_3-t)/(t_3-t_2)]\ B_{2,1}(t)$$
$$B_{2,2}(t)=[(t-t_2)/(t_3-t_2))B_{2,1}(t)+((t_4-t)/(t_4-t_3)]\ B_{3,1}(t)$$
$$B_{3,2}(t)=[(t-t_3)/(t_4-t_3))B_{3,1}(t)+((t_5-t)/(t_5-t_4)]\ B_{4,1}(t)$$
$$B_{4,2}(t)=[(t-t_4)/(t_5-t_4))B_{4,1}(t)+((t_6-t)/(t_6-t_5)]\ B_{5,1}(t)$$
$$B_{5,2}(t)=[(t-t_5)/(t_6-t_5))B_{5,1}(t)+((t_7-t)/(t_7-t_6)]\ B_{6,1}(t)$$
$$B_{6,2}(t)=[(t-t_6)/(t_7-t_6))B_{6,1}(t)+((t_8-t)/(t_8-t_7)]\ B_{7,1}(t)$$

按照 B 样条基底函数函数的定义，根据参数 t 在节点间的位置的不同，在 0 次(1 阶)基底 $B_{0,1}$，$B_{1,1}$，...，$B_{7,1}$ 中，只有一个值为 1，其他值均为 0。

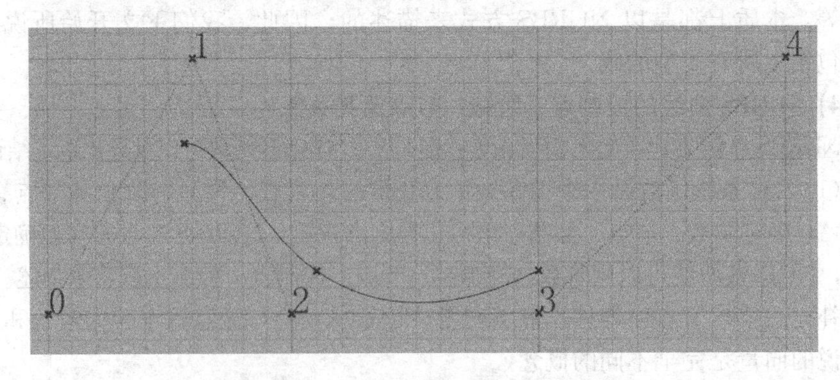

图 5-32　五个控制点的 3 次 B 样条曲线

当 $-\infty \leqslant t < t_0$ 和 $t_8 \leqslant t < \infty$ 时，根据基函数的定义，$B_{0,1}(t)=...=B_{7,1}(t)=0$，顺序带入高次的基函数，可以得到：$B_{0,4}(t)=...=B_{4,4}(t)=0$。此时 NURBS 曲线 $B(t)$ 的值为 0，与控制点无关。

当 $t_0 \leqslant t < t_1$ 时，$B_{0,1}(t)=1$，$B_{1,1}(t)=\ldots=B_{7,1}(t)=0$；推导出 $B_{0,4}(t)>0$，$B_{1,4}(t)=\ldots=B_{5,4}(t)=0$。因此当 $t_0 \leqslant t < t_1$ 时，NURBS 曲线函数 $B(t)$ 值与控制点 P_0 有关。同样，当 $t_7 \leqslant t < t_8$ 时，$B_{5,4}(t)>0$，$B_{0,4}(t)=\ldots=B_{4,4}(t)=0$，曲线函数值 $B(t)$ 与控制点 P_5 有关。

当 $t_1 \leqslant t < t_2$ 时，$B_{0,1}(t)=0$，$B_{1,1}(t)=1$，$B_{2,1}(t)=\ldots=B_{7,1}(t)=0$；推导出 $B_{0,4}(t)>0$，$B_{1,4}(t)>0$，$B_{2,4}(t)=B_{3,4}(t)=B_{4,4}(t)=B_{4,4}(t)=0$。此时 NURBS 曲线函数 $B(t)$ 值与控制点 P_0、P_1 有关。同样，当 $t_6 \leqslant t < t_7$ 时，曲线函数 $B(t)$ 值只与控制点 P_4、P_5 有关。

同样推导可以发现，当 $t_2 \leqslant t < t_3$ 时，NURBS 曲线函数值与控制点 P_0、P_1、P_2 有关；当 $t_5 \leqslant t < t_6$ 时，NURBS 曲线函数 $B(t)$ 值与控制点 P_3、P_4、P_5 有关。

根据 NURBS 曲线的定义，曲线的阶数为分段曲线的控制点数，以上几种情况的控制点数分别为 0、1、2、3，均不符合这样的定义。所以，NURBS 曲线方程的参数 t 有明确的取值范围，在本例中为 $t_3 \sim t_5$，对于一般情况为 $t_{k-1} \sim t_{n+1}$。

采取同样的推导可以发现，当 $t_3 \leqslant t < t_4$ 时，NURBS 曲线函数与控制点 P_0、P_1、P_2、P_3 有关；当 $t_4 \leqslant t < t_5$ 时，NURBS 曲线函数与控制点 P_1、P_2、P_3、P_4 有关。这样，曲线被分成了两段，分别对应于参数的 $t_3 \sim t_4$、$t_4 \sim t_5$ 段，每段分别有相应的四个控制点，与其他控制点无关；这样就实现了曲线的分段控制。

(4) 各阶的基函数相加等于 1。

可以直接通过 B 样条基底函数的公式证明这个结论，但考虑到本书的大多数读者的背景，在这里我们借助于上面的曲线来推导一下。

根据 NURBS 条曲线的定义，NURBS 曲线方程的参数 t 的取值范围为 $t_{k-1} \sim t_{n+1}$(我们上面的推导已说明了原因)，对于上面的 5 个控制点的 3 次(4 阶) NURBS，其参数 t 的取值范围为 $t_3 \sim t_5$。对于 0 次基函数来说，在 $B_{0,1}(t) \sim B_{8,1}(t)$ 中有一个值为 1，因此 1 阶基函数相加等于 1 成立。同时因为参数 t 的取值范围为 $t_3 \sim t_5$，所以 $B_{0,1}(t)=B_{1,1}(t)=B_{2,1}(t)=0$，$B_{5,1}(t)=B_{6,1}(t)=B_{7,1}(t)=0$，$B_{1,1}(t)+\cdots+B_{6,1}(t)=1$，以此为条件，展开 2 阶基函数来计算：

$$
\begin{aligned}
& B_{0,2}(t)+B_{1,2}(t)+\ldots+B_{5,2}(t)+B_{6,2}(t) \\
&=\frac{t-t_0}{t_1-t_0}B_{0,1}(t)+\frac{t_2-t}{t_2-t_1}B_{1,1}(t)+\frac{t-t_1}{t_2-t_1}B_{1,1}(t)+\frac{t_2-t}{t_3-t_2}B_{2,1}(t)+\ldots \\
&+\frac{t-t_5}{t_6-t_5}B_{5,1}(t)+\frac{t_7-t}{t_7-t_6}B_{6,1}(t)+\frac{t-t_6}{t_7-t_6}B_{6,1}(t)+\frac{t_8-t}{t_8-t_7}B_{7,1}(t) \\
&=\frac{t-t_0}{t_1-t_0}B_{0,1}(t)+B_{1,1}(t)+\ldots+B_{6,1}(t)+\frac{t_8-t}{t_8-t_7}B_{7,1}(t) \\
&=0+1+0 \\
&=1
\end{aligned}
$$

所以 2 阶基函数相加等于 1 成立。另外，由于 $B_{0,1}(t)=B_{1,1}(t)=B_{2,1}(t)=0$，$B_{5,1}(t)=B_{6,1}(t)=B_{7,1}(t)=0$，可以算出 $B_{0,2}(t)=B_{1,2}(t)=0$，$B_{5,2}(t)=B_{6,2}(t)=0$,因而 $B_{1,2}(t)+\ldots+B_{5,2}(t)=1$。以此为条件，展开 3 阶基函数计算也可以得到 3 阶基函数相加等于 1 成立。再进一步类推，可以得到 4 阶基函数相

加等于 1 成立。用同样的方法推导任何一条 NUBRS 曲线方程，都可以发现，当参数 t 在 NURBS 曲线的定义的取值范围内时，B 样条的各基底函数相加一定等于 1。

因此，当 NURBS 参数方程中所有的权重相等时，分子分母的权值抵消，分母的各基函数相加的值等于 1，因而权值相同的 B 样条曲线就成了“非有理” B 样条曲线，它可以认为是有理 B 样条曲线的特殊情况。

(5) 观察 B 样条基函数可以发现，相对于每一个控制点 P_i，其基函数与节点 t_i，t_{i+1}，...，t_{i+k} 有关，即与 $k+1$ 个节点有关。对于 $n+1$ 个控制点的 k 阶 NURBS，和 P_0 点相关的节点为 t_0，t_1，...，t_k，和 P_1 点相关的节点为 t_1，t_2，...，t_{k+1}，和最后一个控制点 P_n 相关的节点为 t_n，t_{n+1}，...，t_{n+k}，所有相关的节点为 t_0，t_1，...，t_{n+k}，共 $n+k+1$ 个。因此对于 NURBS 曲线，其控制点数量与节点的数量有如下关系：节点数＝控制点数＋阶数。但是在 Rhino 中，NURBS 曲线的控制点数、阶数和节点数的关系变为：节点数＝控制点数＋阶数－2，或节点数＝控制点数＋次数－1。这样，节点数少了两个，相应地，其参数取值范围从 $t_{k-1}\sim t_{n+1}$(即从第 k 个节点值到倒数第 k 个节点值)变成了从第 $k-1$ 个节点值到倒数第 $k-1$ 个节点值。这是为什么呢?

我们再来看一下上面的 NUBRS 曲线的 B 样条基函数：

$$B_{0,4}(t)=[(t-t_0)/(t_3-t_0))B_{0,3}(t)+((t_4-t)/(t_4-t_1)]\ B_{1,3}(t)$$
$$B_{1,4}(t)=[(t-t_1)/(t_4-t_1))B_{1,3}(t)+((t_5-t)/(t_5-t_2)]\ B_{2,3}(t)$$
$$B_{2,4}(t)=[(t-t_2)/(t_5-t_2))B_{2,3}(t)+((t_6-t)/(t_6-t_3)]\ B_{3,3}(t)$$
$$B_{3,4}(t)=[(t-t_3)/(t_6-t_3))B_{3,3}(t)+((t_7-t)/(t_7-t_4)]\ B_{4,3}(t)$$
$$B_{4,4}(t)=[(t-t_4)/(t_7-t_4))B_{4,3}(t)+((t_8-t)/(t_8-t_5)]\ B_{5,3}(t)$$

在一系列的递推公式中，$B_{1,3}(t)$、$B_{2,3}(t)$、$B_{3,3}(t)$、$B_{4,3}(t)$ 与第一个节点 t_0 和最后一个节点 t_8 均无关，同时当参数在其取值范围($t_3\sim t_5$)内时，$B_{0,3}(t)=B_{5,3}(t)=0$，因而上面公式中的 $B_{0,4}(t)\sim B_{4,4}(t)$ 均与 t_0 和 t_8 无关，也就是说 t_0 和 t_8 的取值对曲线的形状与位置没有影响。所以 Rhino 省略了这两个节点，采用了节点数＝控制点数＋次数－1 这样的数量关系[1]。相应的，由于节点数在前后各少了一个，因而参数域起始值和终止值的位置索引发生了变化：设曲线的次数为 $d(d=k-1)$，参数 t 的范围为第 d 个节点值到倒数第 d 个节点值。

5) NURBS 曲线的一些图形特点

为了掌握好 NURBS 曲线的使用，还需要了解一些 NURBS 在图形方面的一些特点，基本有如下几条：

(1) 一次的 NURBS 曲线为直线或直线段的组合(Polyline，多直线段)，二次 NURBS 曲线为圆锥曲线或圆锥曲线的组合，可以表示圆弧、抛物线、双曲线、椭圆线等。次数越高，曲线越光滑，高次的 NURBS 曲线可以表达低次的 NURBS 曲线，但低次的 NURBS 曲线不能表达高次的 NURBS 曲线。Rhino 中

[1] 对于 1 阶(0 次)的 NURBS，每个节点对图形都有影响，因而不可省略头尾两个节点。但 1 阶 NURBS 为各控制点本身，不构成线，Rhino 的 NURBS 排除了 1 阶的情况。

自由曲线常用的是3次或5次NURBS曲线。

(2) 曲线的光滑度可以用两种方式表示：参数连续性和几何连续性。几何连续性体现为实际的视觉效果，是一般计算机造型系统采用的概念。在曲线上的某点的几何连续性可表示为：G_0连续，即曲线两侧在此点处相连，G_0连续的点称为尖点(*kink*)；G_1连续，即曲线两侧在此点相切；G_2连续，即曲线两侧在此点相切且曲率相同；另外还有G_3、G_4... 等更高的连续性。参数连续性是一个数学概念，如果参数曲线某点处的左、右n阶导数存在，并且左、右的1～n阶导数均相等，则在此点处的连续性为C_n，因而参数连续性可以用C_0、C_1、C_2... 表示。参数连续性与几何连续性具有相应关系，并且比几何连续性严苛，也就是说，满足C_0连续必然满足G_0连续，满足C_1连续必然满足G_1连续，以此类推。如果曲线在曲线的各点(不讨论起点和终点)都是C_n连续的，则称曲线为C_n连续，同时也必然是G_n连续的。

对于NURBS曲线来说，节点(即将节点带入NURBS参数方程得到的曲线上的点)之间任意位置的连续性为无穷，或者说是光滑的。而在节点处，d次的NURBS曲线一般为C_{d-1}连续，因而也是G_{d-1}即1次NURBS曲线为G_0连续，2次NURBS曲线为G_1连续，3次NURBS曲线为G_2连续，以此类推(由于控制点、权重的不同，也有可能出现更高的连续性)。

NURBS曲线在节点处的连续是可能降低的。在NURBS的节点序列中，后一个节点可以重复前一个节点，每重复一次，节点处的连续性降1(图5-33右图)。当节点的重复数目等于曲线次数时，称为全复节点，全复节点在曲线上的位置与某控制点重合，全复节点处一般为G_0连续。

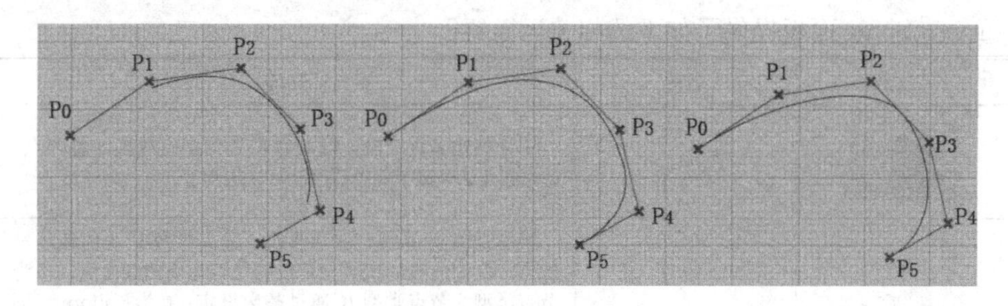

图5-33 控制点数为6的几个三次开放NURBS曲线

(节点向量：左：0，1，2，3，4，5，6，7；中：0，0，0，1，2，3，3，3；右：0，0，0，1，1，2，2，2)

开放NURBS曲线的两端一般为全复节点，例如一条6个控制点的3次NURBS曲线的节点向量可能为0，0，0，1，2，3，3，3，它的起点和终点均为全复节点，起点位于第一个控制点，终点位于最后一个个控制点，且在起点处与前两个控制点的连线相切，终点处与后两个控制点的连线相切(图5-33中图)。当开放NURBS曲线的两端为全复节点、且第一个控制点与最后一个控制点相同时，就得到了一条封闭曲线(图5-34左图)；还有一种封闭的曲线叫做周期性曲线，它是通过重合degree个控制点和相应的节点数值间距得到的(如图5-34右图中，控制点0、1、2和5、6、7重合，节点间距0-1、1-2和5-6、6-7重复)。

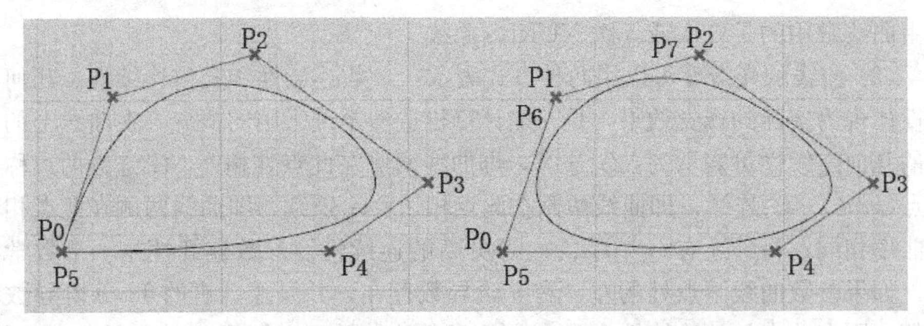

图5-34 三次封闭NURBS曲线和周期性NURBS曲线

(左：控制点数=6，节点向量为0，0，0，1，2，3，3，3；右控制点数=8，节点向量为0，1，2，3，4，5，6，7)

5.3.3 曲线的创建和分析

从现在开始，我们所用的曲线一词包含了Rhino/Grasshopper的各种线条类型，前面所述的直线段、圆、圆弧、矩形都是曲线的子类型。另外，Grasshopper把Polyline(包括各种多直线段和多边形)作为普通的曲线看待，虽然Grasshopper可以识别Polyline，但并没有为它设置单独的数据类型。

1) 由点创建曲线

在本节的5.3.3小节我们介绍了用于创建直线段、圆、圆弧、正多边形等的运算器。在Curve>Spine、Division、和Util面板里，Grasshopper还提供了许多用于创建更加自由的曲线的运算器。创建曲线的方式无外乎通过点来创建、通过曲线创建和通过面来创建几种方式。通过点来创建曲线是最基本的方法，Curve>Spine面板提供了如下的相关运算器。

图标	名称	功能
V C PLine Pl	PolyLine	用于创建多直线段，输入参数*V*为多直线段的各顶点，*C*设置是否创建封闭多直线段(多边形)
V D P K IntCrv C L D	Interpolate	根据曲线通过的点创建曲线。输入参数*V*为曲线经过的点，*D*为曲线的次数，*P*设置是否为周期性曲线，*K*为节点类型。节点类型*K*通过整数设定：0为uniform，创建的曲线的节点间距相等，即均匀*B*样条；1为chord，是预设值，节点间距设置为通过点之间的距离；2为sprt-chord，节点间距设置为通过点之间的距离的平方根；不同的设置使创建的曲线的形状有所差别，内在的控制点、节点向量均有不同。输出参数*C*为创建的曲线，*L*为曲线长度，*D*为曲线的参数域(参数*t*的取值范围)。用Interpolate创建的曲线的各控制点的权重相同
V D P Nurbs C L D	Nurbs Curve	根据控制点*V*和次数*D*创建曲线，*P*设置是否为周期性曲线。输出参数*C*为曲线，*L*为曲线长度，*D*为曲线的参数域。此运算器创建的曲线为均匀和非有理的
P W K NurbCrv C L D	NurbsCurve	根据控制点、各控制点的权重、节点向量创建曲线。输出参数同上。这个运算器可以创建各种NURBS曲线

Curve>Spine面板还有其他一些创建曲线的运算器，包括Bezier Span、Interpolate(t)、Kinky Curve、PolyArc、Tangent Curve、Catenary，牵涉的概念较为繁杂，读者可以自己尝试一下。

2）曲线的数据分析

一般来说，与曲线相关的图形操作首先要对曲线进行分析，在获取数据的基础上再进行接下来的操作。Grasshopper提供了分析曲线的各种工具。

（1）曲线的参数域和次数

曲线的参数域即参数t的取值范围。要获得曲线的参数域，可以直接将曲线连接到Domain运算器(位于Param>Primitive面板)。如果某个参数的类型为Curve，在此参数的右键菜单选择Reparameterize，可以把曲线的参数域改变为0～1。

Grasshopper没有提供分析曲线次数的运算器，如果要获取曲线的次数，可以先用下面将介绍的Control Points运算器来分析曲线，然后根据控制点数量和节点数量计算出次数：次数＝节点数-控制点数＋1。如何得到控制点数量和节点数量，请参见本章5.5节的数据列表的操作(List Length运算器)。

（2）一般曲线的控制数据和属性的分析

Grasshopper的曲线分析运算器主要位于Curve>Analysis面板，以下运算器用于对所有曲线的控制数据和属性的分析：

图标	名称	功能
C CP P W K	Control Points	获取曲线 C 的控制点 P、控制点权重 W、节点向量 K
C CPoly C P	Control Polygon	获取曲线 C 的控制点形成的折线或多边形 C，以及折线或多边形的顶点 P
C Len L	Length	求曲线 C 的长度
C D LenD L	Length Domain	求曲线 C 上曲线参数值范围为 D 的一段曲线的长度
C P LenP L- L+	Length Parameter	求曲线 C 的起点到参数值为 P 的点的曲线长度 $L-$，以及参数值为 P 的点到曲线终点的曲线长度 $L+$
C LenSeg Sl Sd Ll Ld	Segments Lengths	求曲线 C 上最短的曲线段的长度 Sl、最短的曲线段的参数 t 的范围，以及曲线 C 上最长的曲线段的长度 Ll、最长的曲线段的参数 t 的范围。这里的曲线段指的是曲线上尖点之间的曲线
C Cls C P	Closed	判断曲线是否为封闭曲线和周期性曲线。如果 C 是封闭曲线，则输出参数 C 为Ture，否则为False；如果为周期性曲线，P 为True，否则为False

续表

图标	名称	功能
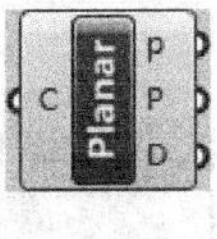	Planar	判断曲线 C 是否为平面曲线(即曲线上所有点共面)。如果是平面曲线，则第一个输出参数 P 为 True，否则为 False。第二个输出参数 P 为曲线拟合出的坐标平面。输出参数 D 为曲线与曲线拟合出的坐标平面在坐标平面上方的偏差，曲线为平面曲线时，$D=0$
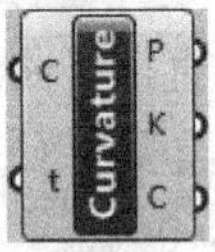	Curvature	分析曲线 C 上曲线参数为 t 的点的曲率。输出参数 P 为参数为 t 的点，C 为 P 点位置的曲率圆(与曲线相切的圆，半径为曲率的倒数，数据类型为 Curve)，K 为曲率向量(由点 P 指向曲率圆圆心，大小为曲率)
	Discontinuity	求曲线 C 上连续性达不到 L 的点 P 及各点相应的曲线参数 t。$L=1$，求未达到 C_1 连续(切线连续)的点；$L=2$，求未达到 C_2 连续(曲率连续)的点；$L=3$，求未达到 C_3 连续的点
	Extremes	求曲线 C 相对于坐标平面 P 的最高(Z 坐标最大)的点 H 和最低(Z 坐标最小)的点 L

另外，Curvature Graph 运算器用于显示曲线的曲率图形、Derivatives 可以分析曲线 C 上曲线参数为 t 处的导数、Torsion 运算器可以分析曲线 C 上曲线参数为 t 处的挠率。

(3) 特殊曲线的数据分析：对于圆、圆弧、矩形、多边形，Curve>Analysis 面板还提供了如下专门的分析工具：

图标	名称	功能
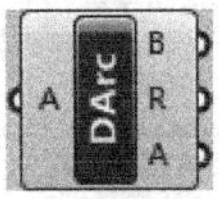	Deconstruct Arc	分析圆弧或圆 A 所在的坐标平面 B(B 的原点为圆心)、半径 R、和弧角取值范围(弧度，起始角～终止角)
	Deconstuct Rectangle	分析矩形 R 所在的坐标平面 B(B 的原点为矩形左下角，X、Y 轴与矩形的边平行)、以及矩形长宽相对于坐标平面 B 的 X、Y 坐标取值范围
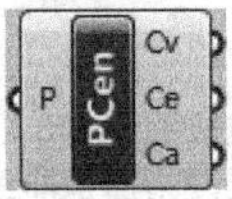	Polygon Center	分析多边形 P 的顶点平均点 Cv(所有点坐标相加后除以点数)、边线平均点 Ce(边线上所有点的平均值，等于各边中点乘以各边长后相加再除以总长度)、以及多边形的面积平均点 Ca(即形心，等于多边形上所有点的平均值)

3) 从曲线获取点、线等图形

前述的分析工具的结果是数据或图形，在 Curve>Analysis 面板下还有可用于在曲线上获取点、线、坐标平面等的运算器。

图标	名称	功能
C End S E	End Points	求曲线 C 的起点 S 和终点 E
P C Crv CP P t D	Curve Closest Point	求曲线 C 上与点 P 距离最近的点。输出参数 t 为该点在曲线参数域中的值，D 为点与曲线的最近距离
A B CrvProx A B D	Curve Proximity	在曲线 A 和曲线 B 上分别求取一点，使两点距离最短。输出参数 A、B 分别为位于曲线 A 和曲线 B 的点，D 为两点距离
C G CrvNear A B I	Curve Nearest Object	求曲线 C 和一组图形对象 G 上分别求取一点，使两点距离最短。输出参数 A 为位于曲线 C 的最近点，B 为位于 G 上的最近点，I 为 B 点所位于的对象在 G 中的序号
C t Eval P T A	Evaluate Curve	求取曲线 C 上曲线参数为 t 的点 P，输出参数 T 为曲线在 P 点的切向量，A 为 P 点两侧曲线段的夹角(弧度)
C t Frame F	Curve Frame	获取原点在曲线 C 上参数为 t 的位置的、与曲线相切的坐标平面(图 5-35)
C t HFrame F	Horizontal Frame	获取原点在曲线 C 上参数为 t 的位置的、与世界坐标系 XY 平面平行的坐标平面(图 5-35)
C t PFrame F	Perp Frame	获取原点在曲线 C 上参数为 t 的位置的、与曲线垂直的坐标平面(图 5-35)
C L N Eval P T t	Evaluate Length	求曲线 C 上从起点开始、沿曲线的长度为 L 处的点 P，输出参数 T 为 P 点处的切向量，t 为 P 点处的曲线参数值。输入参数 N 为 False 时，L 为实际长度；为 Ture 时，L 为曲线长度上的比率，即将曲线总长度视为 1 时的相对长度

顺便介绍一下获取多直线段(Polyline)顶点的方法，一般来说，多直线段是一次曲线，所以用 Control Points 运算器获取其控制点即为多直线段的顶点。多直线段形状的线也可能是更高次数，这时可以用后面介绍的 Sim-

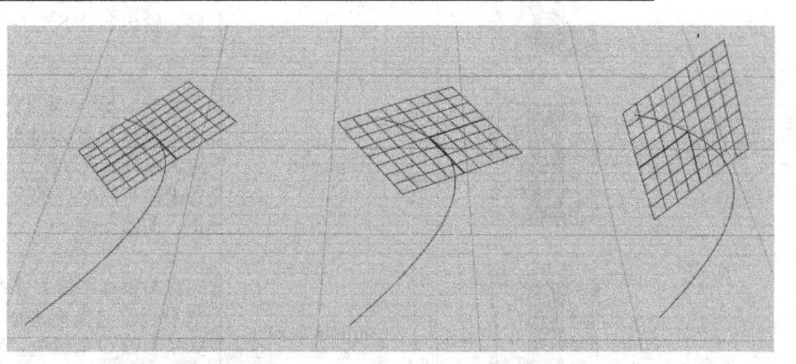

图 5-35 Curve Frame、Horizontal Frame、和 Perp Frame 运算器获取的、原点在曲线某位置的坐标平面

ply Curve 运算器简化一下曲线，再用 Control Points 运算器来获取。也可以通过其他可以找出尖点的运算器来获取多直线段的顶点。如果多直线段的某顶点不是尖点(例如顶点前后的直线段共线)，则后两种方法不能获取到这个点。

4) 点、线关系的判断

以下运算器用于判断点线关系：

图标	名称	功能
InCurve	Point In Curve	判断点 P 是否在封闭曲线 C 的内部。输出参数 R 显示点和曲线的关系，在内部时为 2，在边界上时为 1，在外部时为 0。它是通过把点正投影到曲线 C 拟合的坐标平面上进行判断的，输出参数 P' 为点在拟合坐标平面上的投影点
InCurves	Point in Curves	判断点 P 是否在若干封闭曲线 C 的任何一条曲线内部。输出参数 R 同上，I 为第一个包含点 P 的曲线(包括点 P 在曲线上)的序号，P' 为点在第一个曲线拟合的坐标平面上的投影点

5) 曲线的分段操作

Curve>Division 面板包含了一些通过对曲线分段来获取点、线、向量、坐标平面等图形及相关数据的运算器。

图标	名称	功能
Divide	Divide Curve	求将曲线 C 等距离分为 N 段的分割点 P。输出参数 T 为各分割点处的切向量，t 为各分割点处的曲线参数值。输入参数 K=True 时，输出参数 P 中还包括曲线的尖点
DivLength	Divide Length	以固定长度 L 从起点开始对曲线 C 进行分段。输出参数 P 为分割点，T 和 t 同上
DivDist	Divide Distance	从起点开始对曲线 C 进行分段，并使各分割点之间的直线距离为 D，T 和 t 同上
Shatter	Shatter	将曲线 C 在输入参数 t 设置的一组曲线参数位置处分段，输出参数 S 为各段曲线
Contour	Contour	以与向量 N 垂直的一组平面对曲线 C 进行切割，切割面的具体位置为过点 P 的平面以及和这个平面平行、距离为 $\pm D$、$\pm 2D$、$\pm 3D$... 的一组平面。输出参数 C 为各平面与曲线 C 的交点，t 为各交点在原曲线上的参数 t 值，如图 5-36
Contour	Contour (ex)	以与坐标平面 P 平行的一组平面来切割曲线 C。输入参数 O 设定与坐标平面 P 的一组距离来确定各切割平面；如果参数 O 未赋值，则可通过输入参数 D 设定各切割平面的距离增量

续表

图标	名称	功能
Dash	Dash Pattern	以Pt设置的距离Pattern将曲线C分为虚线形式的两组曲线。所谓Pattern，即一组重复的数据，例如，如果Pt设置为1、2、3，则Pattern为1、2、3、1、2、3、...；该运算器将曲线切割为长度为1、2、3、1、2、3、... 的分段，输出参数D为奇数段的一组曲线，G为偶数段的一组曲线，如图5-36

另外，Curve Frames、Horizontal Frames、Perp Frames运算器采用和Divide Curve同样方式对曲线分段，分别获取各分割点处的坐标平面、与世界坐标系XY平面平行的坐标平面、以及与曲线垂直的坐标平面，相当于综合了Divide Curve运算器和Curve Frame、Horizontal Frame、或Perp Frame运算器。

6）其他创建曲线的方法

Curve>Spine和Curve>Util面板还提供了一些通过曲线或曲面创建曲线的工具，以下是其中的常用的通过曲线生成新的曲线的运算器。Curve>Util面板还有Explode、Extend Curve、Flip、Join Curves、Fillet、Fillet Distance、Seam、Curve To Polyline、Fit Curve、Polyline Collapse、Reduce、Smooth Polyline等运算器，它们牵涉的概念比较清晰，使用也较为简单，限于篇幅长度，在这里不作介绍，读者可以自己摸索一下。另外，通过曲面来创建曲线的方法，我们将在曲面的有关章节中介绍。

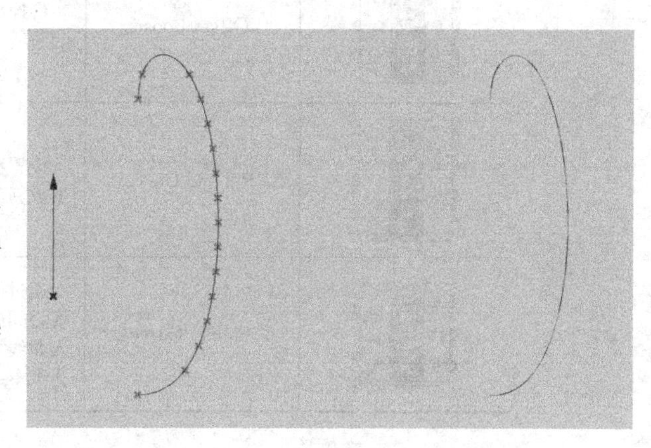

图5-36 Contour和Dash Pattern

图标	名称	功能
SubCrv	Sub Curve	获取曲线C上参数范围为D的局部曲线
TweenCrv	Tween Curve	求取曲线A和B之间的中间过渡曲线T。F为T处于A和B之间的位置比率：当$F=0$时，得到曲线A；$F=1$时，得到曲线B；F在0～1之间时，获得相应位置的中间过渡曲线
BlendC	Blend Curve	在曲线A和B的尾首之间连接一条曲线，输入参数C控制生成的曲线与曲线A、B连接处的连续性，Fa、Fb分别控制曲线A、B连接时向外延伸的膨胀度(用于控制曲线的形状)
BlendCPt	Blend Curve Pt	在曲线A和B的尾首之间连接一条通过点P的曲线。输入参数C控制生成的曲线与曲线A、B连接处的连续性

续表

图标	名称	功能
C G L B Connect C	Connect Curves	将一组曲线 C 的尾首用曲线两两连接，生成一条新的曲线。输入参数 G 控制连续性，B 控制膨胀度，L 控制是否将最后一根曲线的终点连接第一条曲线的起点以形成封闭曲线
C D P C Offset C	Offset	求曲线 C 的平行线，D 为距离，P 为平行操作的参考坐标平面。当 Offset 操作使得创建的曲线在角部断开时，左下的输入参数 C 用以控制断开的角部处理：$C=0$，不处理，保持断开；$C=1$ 时，延长两边的曲线使它们相交；$C=2$，以圆弧连接；$C=3$，做平滑相连；$C=4$，做切角相连
C D P Offset (L) C	Offset Loose	将控制点进行平行拷贝，再通过新的控制点创建一条新的曲线
C D N T ReB C	Rebuild Curve	设置次数 D 和控制点数量 N 来对曲线 C 进行重建，以生成新的曲线。参数 T 控制是否保持曲线两端的切向量
C t a Simplify C S	Simply Curve	通过简化曲线 C 以创建新的曲线，t 为新建曲线与原曲线之间的距离容差，a 为角度容差。如果创建的曲线与输入曲线不同(创建成功)，则输出参数 S 为 Ture，否则为 False

5.3.4 曲线的交互式设置和选取

我们在有关数据类型的介绍中说过，Curve 类型是曲线的普通类型，除一般曲线外，它还包括了 Circle、Circular Arc、Line、Rectangle 类型，同时 Curve 类型从属于 Geometry 类型。

对于 Curve 类型的参数，可以通过右键菜单 Set one Curve 或 Set Multiple Curves 选取 Rhino 中的曲线来给参数赋值。在 Rhino 选取时有两种模式：Reference 和 Copy，前者把 Rhino 中的曲线关联给参数成为动态参数，后者把 Rhino 中的曲线拷贝给参数成为静态参数。这种方法也可以选取 Rhino 的多曲线段(PolyCurve，例如用 join 命令连接几条曲线)，这时 Grasshopper 会把多曲线段转化为单条曲线，次数为各单条曲线中的最高次数。

对于 Circle、Circular Arc、Line、Rectangle 类型的参数，在右键选择 Set one ... 或 Set Multiple ... 后，Grasshopper 要求用户在 Rhino 中通过交互式方式绘制相应的图形完成对参数赋值，绘制的图形并不实际存在于 Rhino 中，这个方式得到的是静态参数。

如果需要把 Rhino 中的圆、圆弧、直线段、矩形赋值给 Circle、Circular Arc、Line、Rectangle 类型的参数，可以采用 Params>Geometry 面板的 Curve 运算器，然后通过右键菜单 Set one Curve 或 Set Multiple Curves 选取图形，再

把它连接到 Circle、Circular Arc、Line、Rectangle 类型参数，也可以用 Geometry 运算器作为过渡。这是利用了数据类型之间的转换关系。

5.3.5　案例

接下来我们通过一个简单的例子来操作一下，要求在 Rhino 中绘制的一条曲线上创建一个与曲线垂直的圆，圆心位于 Rhino 中绘制的位于曲线上的一个点。步骤如下：

① 在 Rhino 中绘制一条曲线，并在曲线上绘制一个点(图 5-37)；或在 Rhino 打开案例文件夹中的 5-1. 3dm 文件。

② 在 Grasshopper 工作区中放置 Curve 和 Point 两个参数运算器(位于 Params>Geometry 面板)。右键点击 Curve 运算器，在弹出菜单中选择 Set One Curve 并在 Rhino 中选择曲线，并用类似方式为 Point 运算器选择点。

③ 在 Curve>Analysis 面板选择 Curve Closest Point 运算器，放置到 Grasshopper 工作区，并连接 Curve 和 Point 两个运算器，如图 5-38 所示。

④ 在 Curve>Analysis 面板选择 Perp Frames 运算器，并将 Curve Closest Point 运算器的输出参数 t 连接到输入参数 t，将 Curve 运算器的输出端连接到输入参数 C，如图 5-39 所示。这样我们就在点的位置创建了一个与曲线垂直的坐标平面。

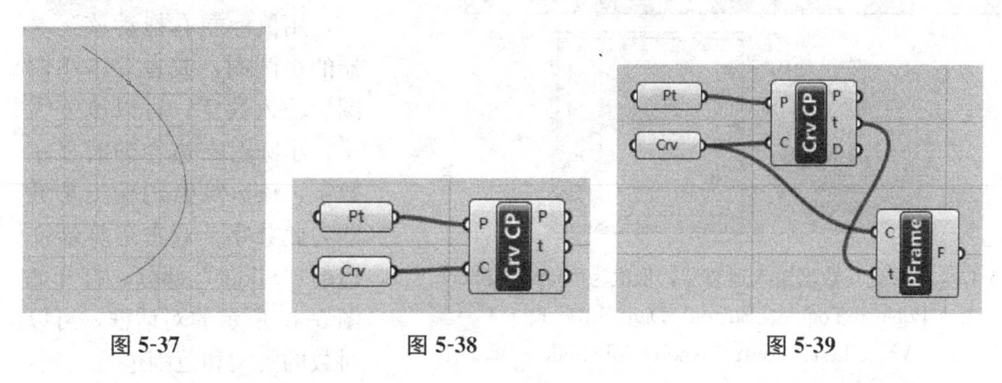

图 5-37　　图 5-38　　图 5-39

⑤ 如图 5-40，在 Curve>Primitive 面板选择 Circle 运算器，将 Perp Frames 运算器的输出参数 F 连接到输入参数 P，并用输入参数 R 的右键菜单的 Set Number 输入 10(半径)。这时可以看到在点的位置创建了一个半径为 10 的圆，如图 5-41 所示。在 Rhino 中移动这个点，观察一下发生的情况。

此案例的 Grasshopper 文件名为 5-1. gh。而 5-2. gh 演示了利用 Curve>Division 面板的 Perp Frames 运算器在曲线上创建了一系列矩形，读者可以试着自

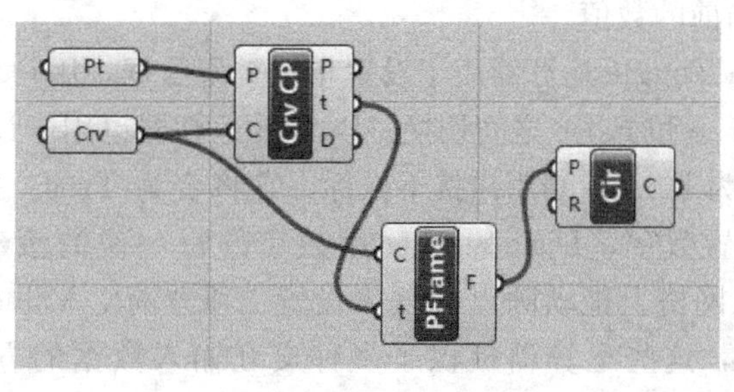

图 5-40

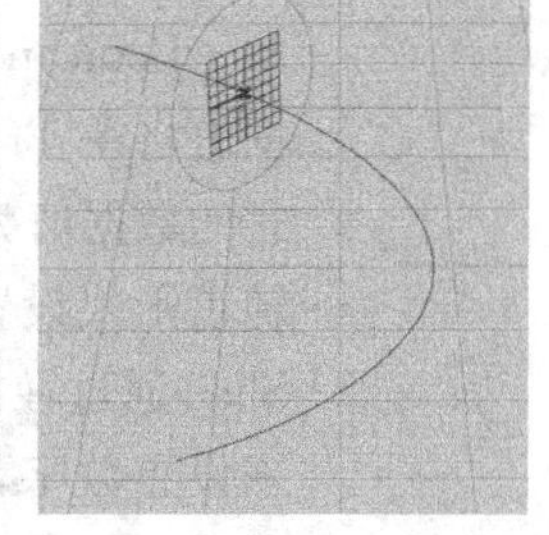

图 5-41

己做一下。

这个案例非常简单，但它演示了一个图形操作的基本途径：曲线上的某个具体位置一般要通过获取它在曲线参数域中的取值来设定，这是由 Nurbs 曲线的内在数学描述方式所决定的；即便某个点明确位于曲线上，也要通过能获取参数值的运算器(本例中为 Curve Closest Point)来确定位置；获得参数值后，才可以根据它进一步获取所需数据(如本例中的垂直坐标平面)，以进行接下来的操作(本例中圆的创建)。

5.4 非图形数据的计算与操作

5.4.1 数据的交互赋值

我们已经讲过，对于数据类型运算器或一般运算器的输入参数，可以用右键快捷菜单的“Set...”命令来给各种数据赋值。Grasshopper 还提供了一些运算器，可以更加灵活地对数据进行赋值，便于用户修改数据，并及时观察产生的结果，提高了参数化模型的交互性和反馈性。我们下面介绍一些常用的运算器(图 5-42)，它们基本上都位于 Params>Input 面板。

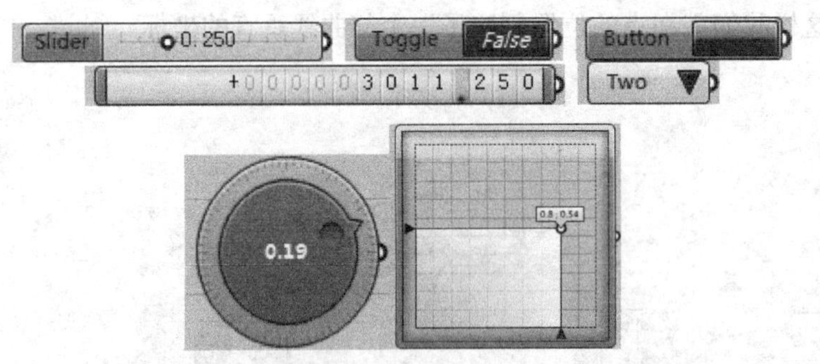

图 5-42 几个交互数据输入运算器，依次为 Number Slider、Boolean Toggle、Button、Digit Stroller、Value List、Control Knob、MD Slide

Number Slider 是最常用的用户输入数字的运算器之一，用鼠标左右拖动该运算器的小圆圈，或者双击小圆圈后输入数字，可以改变大小，小圆圈右边会即时显示数字，该运算器的输出参数即为此数字。双击运算器左边的“Slider”部分，打开如图 5-43 所示的对话框，可以对数的类型和范围进行设定：①Rounding 部分用以设置类型：R 为实数，N 为整数，E 为双数，O 为单数。当类型为整数时(包括双数和单数)，运算器的小圆圈将显示为小菱形。②Digits 部分用于设定实数的小数位数。③Numeric domain 用于设定数的范围，Min 为最小值，Max 为最大值，Range 为变化幅度，双击后输入数字即可。④Numeric value 设定当前的数值。

Boolean Toggle 运算器用于设置布尔类型数据，用户双击图标的右半边，数据值将在 True 和 False 之间切换。Button 运算器也用于设置 Boolean 类型数据，它的数据值为 False，当用户按下鼠标，它将变为 True。另外，Control Knob 用转盘形式设置数字，Digit Stroller 用数字的每一位的滚动方式设置数字，MD Slide 通过在网格上拖动圆点位置来设置二维坐标，Value List 通过内置的名称来设置数字，这些运算器提供了多种交互输入数据的方法，可以根据喜好来使用。

Panel 运算器(图 5-44)是一个使用非常广泛的运算器，可以用来交互输入字符串：双击后键入字符串即可；拖动 Panel 运算器的边或角，可以改变它的大小。注意，无论输入多少字符，包括 Return 键，输入的都是一个字符串。在右键菜单选择 Multiline Data，可以在单字符串模式和多字符串模式之间切换，多字符串模式即把 Return 键的键入当作一个新的字符串的开始。虽然 Panel 的输出参数是一个字符串，但是当我们把它连接到其他运算器的输入参数时，其他运算器会根据输入参数的数据类型，尝试进行数据类型转化，所以我们也经常用 Panel 运算器设置其他类型的数据，但使用时一定要十分清楚其他运算器参数所要求的数据类型，同时也要了解如何用字符串来表示相应的数据，例如点和向量的表示方法为 {x, y, z} (x、y、z 为坐标值)。最保险的方法是将它先输入给数据类型运算器，再输入给其他运算器，如图 5-45 所示。

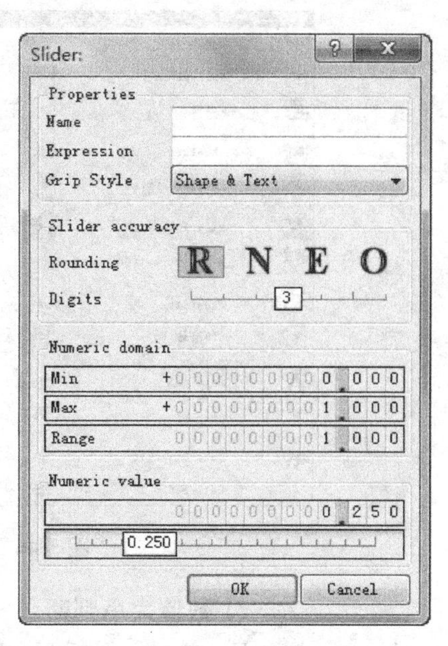

图 5-43 Slider 对话框

图 5-44 Panel 运算器

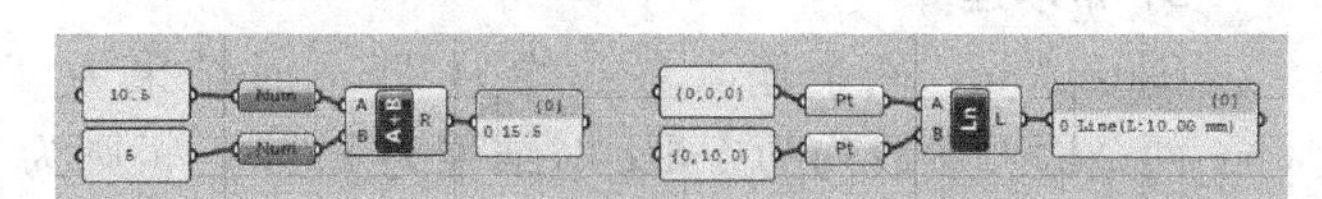

图 5-45 用 Panel 运算器输入非字符串型数据和显示结果

Panel 运算器还有一个重要的功能是它可以显示任何一个运算器的输出参数，以帮助我们观察各中间结果和发现错误。Panel 运算器会以不同的方式显示不同类型的数据，我们将会在后面的一些案例中看到对它的应用。

另外，在 Math>Util 面板下还有运算器提供了几个常数，包括圆周率 π，欧拉数(自然对数函数的底数) E，黄金比例 φ；ε(Epsilon)是系统设定的极小的数。这几个运算器都有一个输入参数，默认值为 1，运算器的结果为 π、E 等常数与这个输入参数的乘积。

5.4.2 数值计算

Grasshopper 提供了大量的数值计算的运算器，主要位于 Math>Operators、Polynomials 和 Trig 面板。图 5-46 左边即是用 Addition 运算器计算加法，其他运算器的图标也不复杂，我们在这里就用文字简单介绍一下这些运算器的功能。

1) 一般数值计算

Addition：加法；Division：除法；Multiplication：乘法；Negative：求负值；Power：乘方；Subtraction：减法；Absolute：求绝对值；Factorial：阶乘；Integer Division：整除；Modulus：求余数；Mass Addition：累加；Mass Multiplication：累乘；Relative Differences：求一组数字顺序相减。

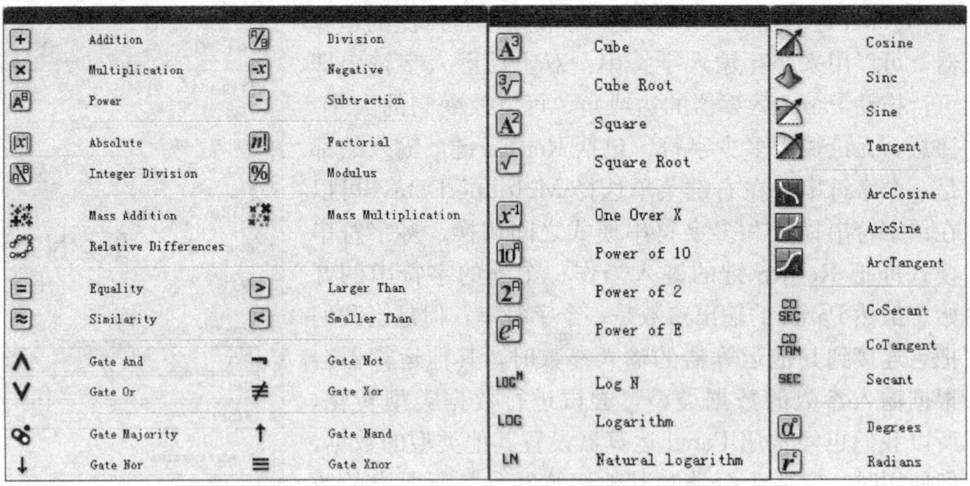

Addition　Division　Multiplication　Negative　Power　Subtraction　Absolute　Factorial　Integer Division　Modulus　Mass Addition　Mass Multiplication　Relative Differences　Equality　Larger Than　Similarity　Smaller Than　Gate And　Gate Not　Gate Or　Gate Xor　Gate Majority　Gate Nand　Gate Nor　Gate Xnor

Cube　Cube Root　Square　Square Root　One Over X　Power of 10　Power of 2　Power of E　Log N　Logarithm　Natural logarithm

Cosine　Sinc　Sine　Tangent　ArcCosine　ArcSine　ArcTangent　CoSecant　CoTangent　Secant　Degrees　Radians

图 5-46　Math＞Operators、Polynomials 和 Trig 面板

2）数值大小判断

Equaltiy：判断两个数是否相等；Large Than：判断前一个数是否大于后一个数；Similarity：判断两个数在误差范围内是否约等于；Smaller Than：判断前一个数是否小于后一个数。如果判断成立则输出为 True，否则为 False。

3）布尔运算

Gate And：两个输入参数均为 True 时结果为 True，否则为 False；Gate Or：两个输入参数均为 False 时结果为 False，否则为 True；Gate Not：输入参数为 True 时结果为 False，输入参数为 False 时结果为 True；Gate Xor：两个输入参数均为 Ture 时结果为 False，均为 False 时也为 False，一个为 True 一个为 False 时为 True；Gate Majority：三个输入参数多数为 True 时结果为 True，多数为 False 时结果为 False。另外 Gate Nand、Gate Nor 和 Gate Xnor 的计算结果和 Gate And、Gate Or、和 Gate Xor 正好相反。

4）乘方及对数运算

Cube：求三次方；Cube Root：求三次方根；Square：求平方；Square Root：求平方根；One Over X：求负 1 次方(倒数)；Power of 10：求 10 的多次方；Power of 2：求 2 的多次方；Power of E：求 E(自然对数函数的底数)的多次方；Log N：求对数；Logarithm：求 10 为底的对数；Natural logarithm：求自然对数，即以 E 为底的对数。

5）三角函数

Cosine：余弦函数(邻边比斜边)；Sine：正弦函数(对边比斜边)；Sinc：辛格函数，Sinc(x)＝Sin(x)/x；Tangent：正切函数(对边比邻边)；ArcCosine：反余弦函数；ArcSine：反正弦函数；ArcTangent：反正切函数；CoSecant：余割函数(斜边比对边)；Cotangent：余切函数(邻边比对边)；Secant：正割函数(斜边比邻边)。注意角的大小都是以弧度表示的。

6）角度弧度互相转化

Degrees 运算器用于把弧度转为角度，Radians 运算器用于把角度转为弧度。

5.4.3 Graph Mapper 运算器

Params>Input 面板的 Graph Mapper 是一个通过直观的函数曲线求取函数值的运算器。在右键菜单的 Graph types 菜单下可以选择不同的函数曲线，包括 None(无)、Bezier(贝塞尔曲线)、Conic(圆锥曲线)、Gaussian(高斯曲线)、Linear(直线)、Parabola(抛物线)、Perlin(柏林函数曲线)、Power(乘方曲线)、Sinc(辛格函数曲线)、Sine(正弦曲线)、Sine Summation(正弦和曲线)、Square Root(平方根曲线)。选择曲线类型后，运算器图标将显示相应曲线，移动图标内的原点可以改变曲线的形状，图标右下角和左上角分别标明了曲线在当前图标中所显示的 X 坐标和 Y 坐标的范围。Graph Mapper 运算器的输入参数即为曲线的 X 坐标，显示为一条垂直的红色直线，红色直线与曲线的交点的 y 坐标即为运算器的输出参数，如图 5-47 所示。

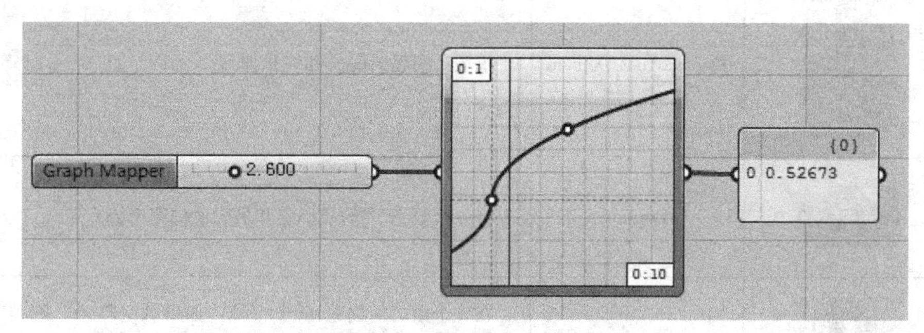

图 5-47 Graph Mapper 运算器

双击运算器图标，打开图 5-48 所示的 Graph Editor 对话框，在对话框的左上角可以调整图标显示的 *X* 坐标和 *Y* 坐标的范围，在右边的图形窗口可以通过拖动圆点来改变曲线的形状。

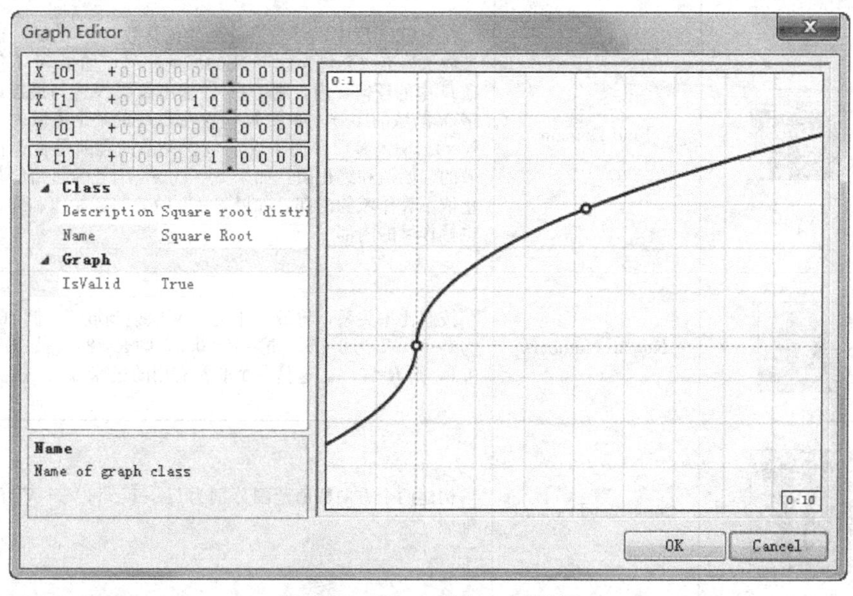

图 5-48 Graph Editor 对话框

5.4.4 域的计算与操作

我们讲解 NURBS 的时候介绍过 NURBS 的参数的域，域(Domain)即数值的取值范围。Grasshopper 有两种域的数据类型，一种是一维域，另一种是二维域，分别对应于 Params>Primitive 面板下的 Domain 和 $Domain^2$ 运算器。用 Panel 运算器输入一维域的方式是 x To y(x、y 为数字)，二维域一般不用 Panel 运算器输入。Math>Domain 面板提供了对域进行操作的各种运算器：

图标	名称	功能
 Dom (A, B → I)	Construct Domain	构建范围为 $A \sim B$ 的域 I
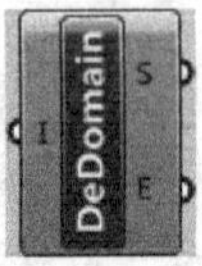 DeDomain (I → S, E)	Deconstruct Domain	求域 I 的起始值 S 和终止值 E
 Bnd (N → I)	Bounds	将一组数 N 中的最小值和最大值构建为域 I
 Consec (N, A → D)	Consecutive Domains	在 n 个数之间创建 $n-1$ 个域；如果 A=False，则顺序将 N 中各数作为各域的起始值和终止值；如果 A=False，则进行累加后再构建域(图 5-49)
 Div (I, C → S)	Divide Domain	将域 I 均分为 C 个域
 FDom (D, N, S → I, N)	Find Domain	在一组域 D 中，寻找第一个的包含数字 N 的域。输出参数 I 为第一个包含数字 N 的域的序号，如果 N 不包含在 D 中的任何域内，则 I=-1。输出参数 N 为与最接近数字 N 的域的序号，如果 N 包含在 D 中的某个值域内，则 N=I。输入参数 S 用于设定包含关系的判断是否包括各域的起始值和终止值：如果 S=Ture，则域的起始值和终止值不算作域的内部，如果 S=False，将起始值和终止值也算作域的内部
 ReMap (V, S, T → R)	Remap Numbers	按照比率关系，将域 S 上的数 V 映射到域 T。例如域 S 为 0～1，T 为 0～5，如果 V=0.5，则 R=2.5，如果 V=0.1，则 R=0.5。这是一个非常有用的运算器
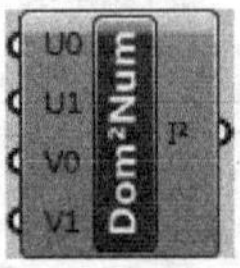 Dom²Num (U0, U1, V0, V1 → I²)	Construct $Domain^2$	构建两个方向数值范围分别为 $U_0 \sim U_1$ 和 $V_0 \sim V_1$ 的二维域

续表

图标	名称	功能
	Construct Domain²	用一维域 U 和 V 构建二维域
	Deconstruct Domain²	将二维域分解出各维域的起始值和终止值
	Deconstruct Domain²	将二维域分解出各维的域
	Bounds 2D	取一组坐标点 C 的 X 坐标的最大值和最小值作为第一维的起始值和终止值，Y 坐标的最大值和最小值作为第二维的起始值和终止值，形成二维域
	Divide Domain²	将二维域的第一维分成 U 等份，第二维分成 V 等份，形成 $U×V$ 个二维域

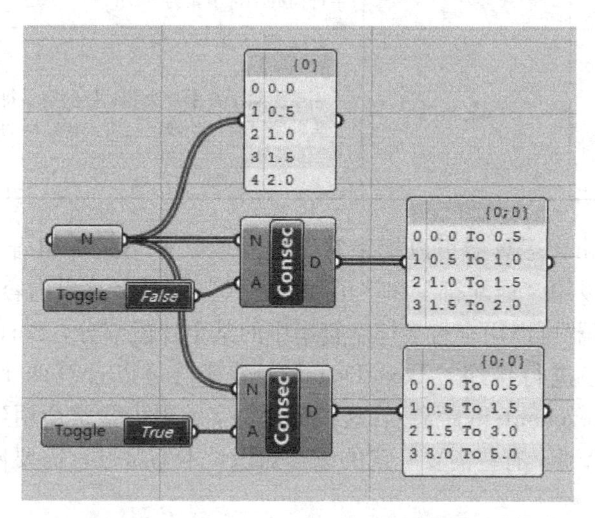

图 5-49 Consecutive Domains 运算器构建域

5.4.5 字符串的操作

Sets>Text 面板包含了各种对字符串进行操作的运算器：

图标	名称	功能
	Character	把字符串 T 分解为单个字符。输出参数 C 为分解后的字符，U 为各字符的 Unicode

续表

图标	名称	功能
	Concatenate	把字符串A和B合并
	Text Join	把T中的一系列字符串合并，并在字符串之间插入字符串J。例如，如果T为“Happy”、“New”、“Year”三个字符串，J为空格，则结果为“Happy New Year”
	Text Length	求字符串T的长度(字符个数)
	Text Split	和Text Join正相反，它以字符C为字符串间隔，把字符串T分成若干个字符串。通常把C设为空格，可用于把字符串中的单词分解出来
	Text Case	按照语言C，把字符串T全部变为大写字母输出到U，全部小写输出到L
	Text Fragment	在字符串T中，从某个索引位置起，取N个字符构成字符串F。它用来获取文字中的一个片段。如T为“ABCDEF”，则其中各个字母的索引位置分别为0、1、2、3、4、5，若i为3，N为2，则从索引位置为3开始取2个字符构成字符串，为“DE”
	Text Trim	用于去除字符串开头和结尾的空字符，S确定是否去掉开头的空字符，E确定是否去掉结尾的空字符

另外，Format运算器可以把字符串改写成某种格式并组合字符串，Match Text运算器可以用“通配符”和“正则表达式”来对字符串内容进行判断，Replace Text运算器可以用来替换掉字符串中的某个片段部分，Sort Text运算器可以对一组字符串进行排序、Text Distance运算器可以计算两个字符串之间的“编辑距离”(Levenshtein距离)，这些都是文字编辑中常常会用到的功能，但涉及的内容比较繁琐，有些需要一定的编程知识，本书略过，需要使用时可查阅有关资料。

5.4.6 基本数列的创建

Sets>Sequence面板中有几个运算器可以用来生成常用的数列，其中，Serious和Range运算器用于创建等差数列，前者通过设定起始值S、增量N、数量C来创建等差数列，后者通过将域D平分成N等份来创建。Fibonacci运算器用于创建斐波纳契数列，其输入参数A、B、N分别为数列的第一个数、第二个数、数量，如图5-50所示。

另外，Random运算器用于创建一组随机数，输入参数R为随机数的取值范围，N 为数量，S 为随机数种子[1]。

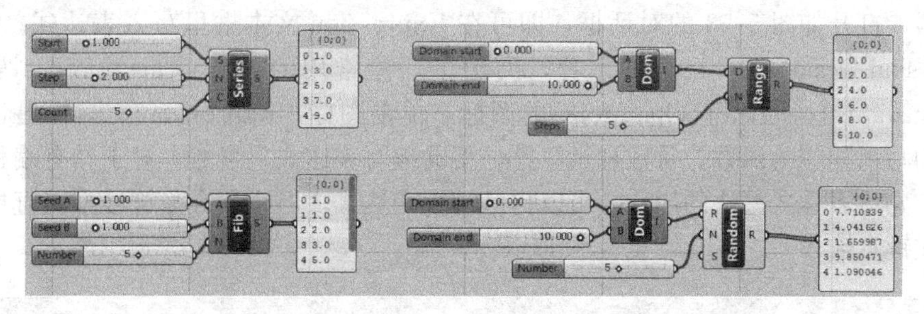

图 5-50 Serious、Range、Fibonacci、Random 运算器

Grasshopper 并没有提供创建等比数列的运算器，我们可以通过等差数列运算器和前面介绍的乘方和乘法运算器来实现，如图 5-51 所示。读者可以当作一个小练习试一试。

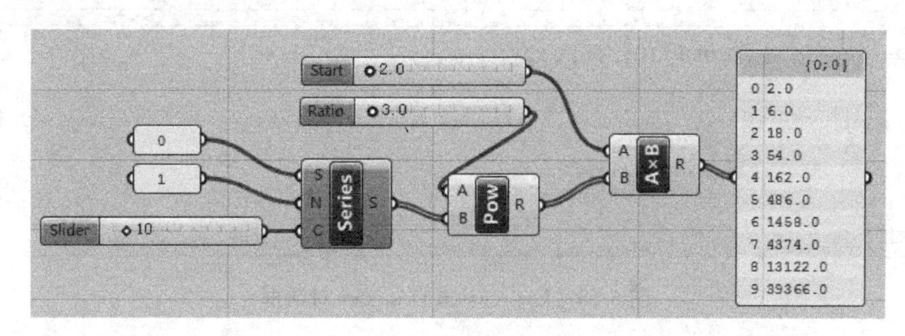

图 5-51 用 Serious、Power、Multiplication 运算器创建等比数列

5.4.7 表达式

Grasshopper 提供了大量的非图形计算和操作的运算器，它们都比较直观易用，但在需要多步骤运算的情况下，使用起来比较繁琐。而表达式运算器可以把多重计算一次完成，还可以实现没有用专门的运算器提供的一些计算功能。Grasshopper 的表达式运算器有两个：Expression 和 Evaluate，它们位于 Math>Script 面板。图5-52是 Expression 运算器放入工作区时的情况。另外，许多运算器输入参数的右键菜单中往往会有 Expression 项，它允许输入一个表达式来对此输入参数进行预运算，之后再进行运算器的操作。

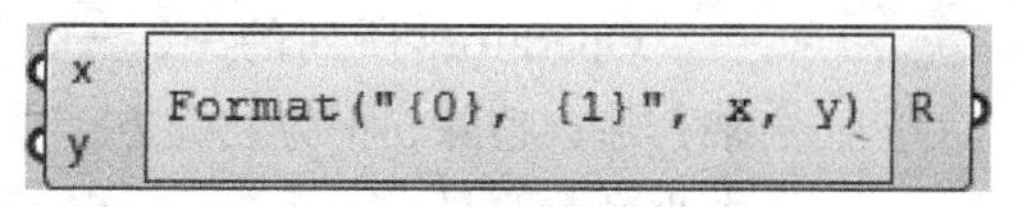

图 5-52 Expression 运算器

表达式即计算式，由数据(常数、变量)、函数和运算符构成。例如 $a+\sin(1.57)$ 就是一个简单的表达式，其中 a 是变量，sin()为正弦函数，1.57 是常数，+是运算符。对于变量的不同取值，计算机根据计算规则计算出表达式的结果。

---

[1] 计算机的随机数是通过一定的算法实现的，它并不是真正随机的，只是符合随机分布的规律而已。所谓随机数种子，是计算机求随机数的一个初始参数，随机数种子不同，所产生随机数不同，否则每次产生随机数是一样的。

Expression 运算器的输入参数即为表达式的变量，其数量可以增减。双击运算器，打开如图 5-53 的对话框，即可在 Expression 文本框里写入表达式。Expression Designer 对话框的上部，列出了一些常用的函数(Functions)、常数(Constants)、运算符(Operators)的图标，单击图标，Expression 文本框里将会自动写入相应的函数、常数和运算符，帮助编写表达式。当然，对于具有编程经验和熟悉表达式写法的用户，可以自己键入表达式，但注意有些符号难以直接用英文键盘输入。

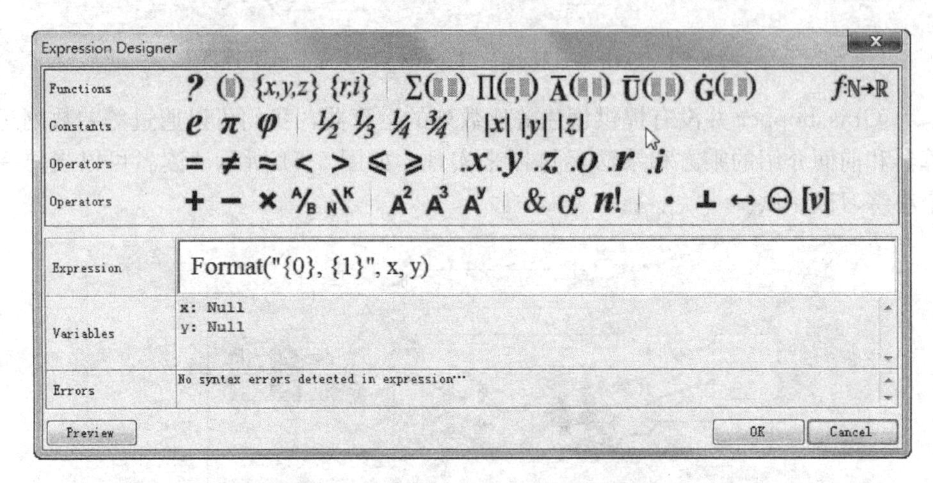

图 5-53　Expression Designer 对话框

Constants 列出了一些常用的常数，包括自然对数底数 e、圆周率 π、黄金比 ϕ，1/2、1/3、1/4、3/4；|x|、|y|、|z| 分别为平行于世界坐标系 X、Y、Z 轴的单位向量。

Operators 所列的＋、－、×、A/B、N \ K、A^2、A^3、A^y 分别为加、减、乘、除、整除、平方、立方、乘方运算符；＝、≠、≈、＜、＞、≤、≥为数值大小判断符号。.x、.y、.z 用于求点的 X、Y、Z 坐标或向量的 X、Y、Z 分量，.o 用于求坐标平面的原点；.r、.i 用于求复数的实数和虚数部分；& 用来合并字符串；α°用于将弧度计算为角度，n! 用于求阶乘；·用于求向量的点积、⊥用于求向量的叉积、↔用于求两点之间的距离、Θ 用于求向量的夹角，[V] 用于求向量的单位向量。

Functions 列出了几个函数，其中 {x，y，z} 以 x、z、y 三个数值构成点，{r，i} 以两个数值构成复数，∑()用于求多个数的和，∏()用于求多个数的乘积，$\overline{A}$() 用于求多个数的平均值，G() 用于求多个数的几何平均数($\sqrt[n]{x_1+x_2+\cdots x_n}$)，$\overline{U}$()用于求多个数的调和平均数(数值倒数的平均数的倒数)。? 是条件判断函数，它非常有用，单击它可以在 Expression 文本框看到这个函数的写法：If(condition，true，false)，这个函数的意思是如果 condition 为 True，则它的结果为 true 的值，否则为 false 的值，例如，函数为 If (x>y，x，y)，则当 x 大于 y 时，结果为 x，否则结果为 y。

单击对话框右上角的 f：N→R，会打开一个 Expression function list 对话

框，列出了可以使用的各种函数，可以实现非常强大的计算。

对于表达式来说，不同的运算符具有不同的运算顺序，即优先级，例如算数运算符具有如下的有限顺序：乘方符(^)、负号(-)、乘除号(*、/)、整除号(\)、求余号(%)、加减号(+、−)，它们又优先于比较运算符(=、<>、<、>等)。优先级问题有点复杂，好在我们可以使用括号来改变计算顺序：在括号内部的符号的优先级高于括号外边的运算符，同一个括号内的运算符优先级不变。

Evaluate运算器是Expression运算器的扩展，它的输入参数F是字符串的形式表示的表达式，其他输入参数用于设置表达式的变量，这样使得表达式的使用更加灵活。图5-54是Evaluate运算器的两个例子。

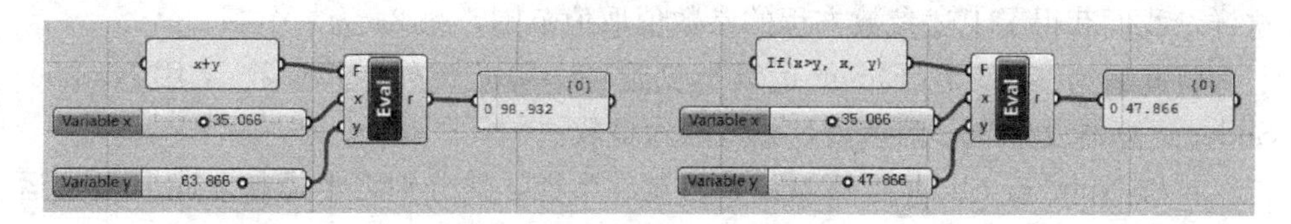

图5-54 Evaluate运算器

一般运算器输入参数的右键菜单中的Expression项的使用方法参见图5-55中的Num运算器，在对参数使用表达式时，需要用参数的名称来代表参数本身。

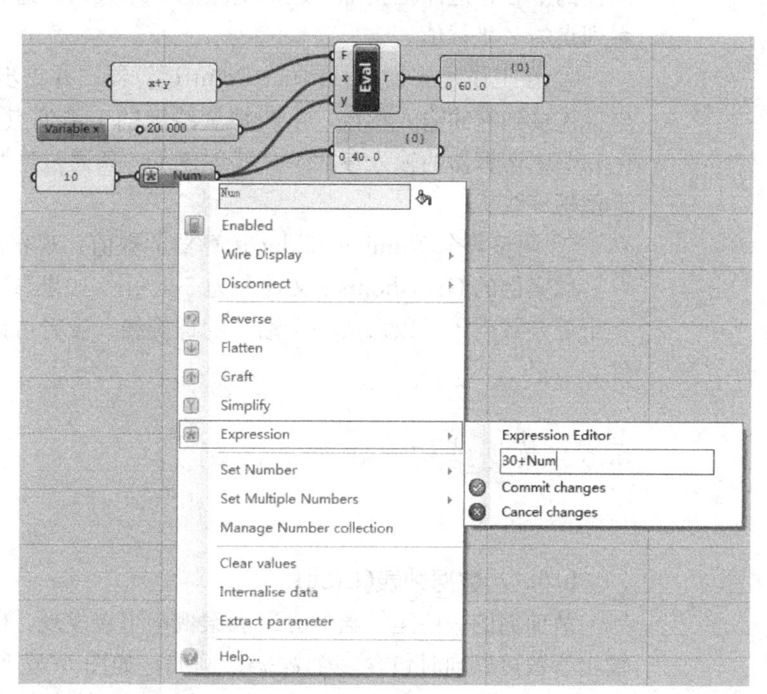

图5-55 用表达式对参数进行预处理

5.4.8 案例

接下来，我们将运用前面学到的知识，做一个练习，它通过在空间中创建一系列点，再连接成为一条近似螺旋线，如图5-56所示。思路是先求取平面圆上的一系列点、再用等差数列的顺序值赋给它们的z坐标形成螺旋线上的空间点，最后连接成曲线。步骤如下：

① 根据圆的参数方程$x=r\times\cos(t)$ $y=r\times\sin(t)$，在工作区放置两个Expression运算器，分别输入表达式$x*\cos(y)$和$x*\sin(y)$。

② 用Construct Domain运算器创建一个域，起始值为0，终止值为若干个

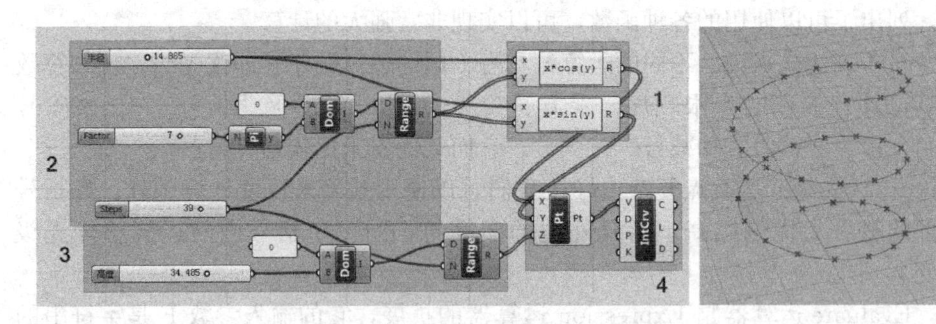

图 5-56　创建螺旋线

π。终止值用 Pi 运算器设定，前面连接数据类型为整数的 Number Slider 运算器。这样，我们获得了上述参数方程的参数值取值范围，每 2π 为一个圆。

将此域为参数，用 Range 运算器创建一个等差数列，其参数 N 用 Number Slider 运算器设置为可调参数，类型也为整数。

再用 Number Slider 运算器设置可调的半径，并分别将半径和上述 Range 运算器创建的数列连接到两个 Expression 运算器的输入参数，就得到了螺旋线上一系列点的 X 和 Y 坐标。

③ 用 Number Slider 运算器设置螺旋线的总高度，与步骤②一样用 Construct Domain 运算器创建取值范围为 0 到总高度的域，并用 Range 运算器进行同样的平分，这样就获得了逐渐增大的等差数列，这就是我们需要的螺旋线上一系列点的 Z 坐标值。

④ 在工作区放置 Construct Point 运算器，并将步骤②和③生成的 X、Y、Z 坐标连接到它的输入参数，生成螺旋线上的一系列点。最后把这些点连接到 Interpolate 运算器的输入参数 V，就创建了一条通过这些点的曲线，即我们需要的近似螺旋线。

⑤ 调整各个 Number Slider 运算器的数值，观察曲线的变化。

此案例的 Grasshopper 文件名为 5-3. gh。如果参照步骤第③，把半径也做成一个等差数列，可以形成一个渐开的螺旋线，读者可以尝试一下，或参见案例文件 5-4. gh。

5.5　数据结构与数据流匹配

5.5.1　数据列表(List)

从前面的一些运算器的介绍和案例中可以发现，Grasshopper 运算器的输入、输出参数可以同时包含多个数据。例如，如图 5-57 所示，当我们在一个输入参数的右键菜单中选择 Set Multiple ...，可以给参数设置多个值；将多个值连接到运算器的输入参数，同样也给这个参数赋了多个值；一些运算器，如 Serious、Range、Fibonacci 等运算器的运算结果通常也是多个数值；而运算器对多个数据进行计算，其结果往往也是多个数据。

在 Grasshopper 中，当多个数值并列，就形成了一个数据列表(List)，列表中的数据顺序为赋值的顺序或计算的顺序。单一的数据可以认为是只包含一个数据的列表。数据列表中每一个数据都有一个索引号(Index)，索引号标定了数据在列表中的位置，注意数据列表的索引号是从0开始的。

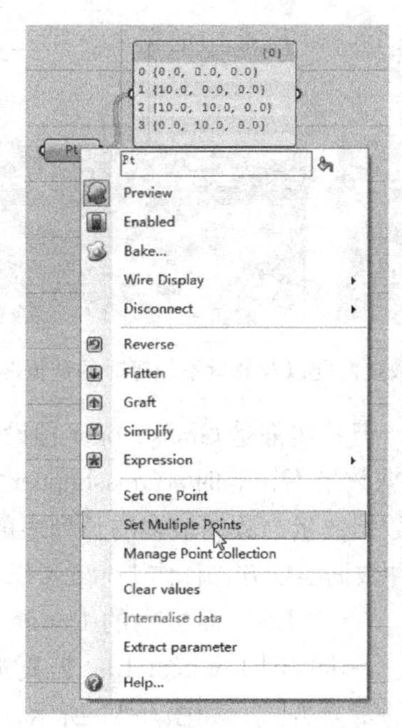

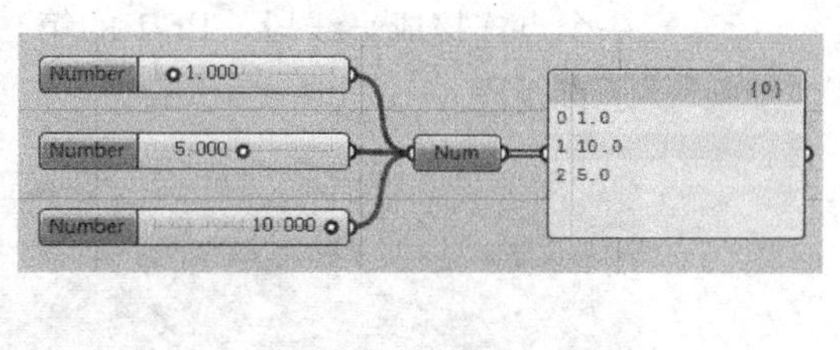

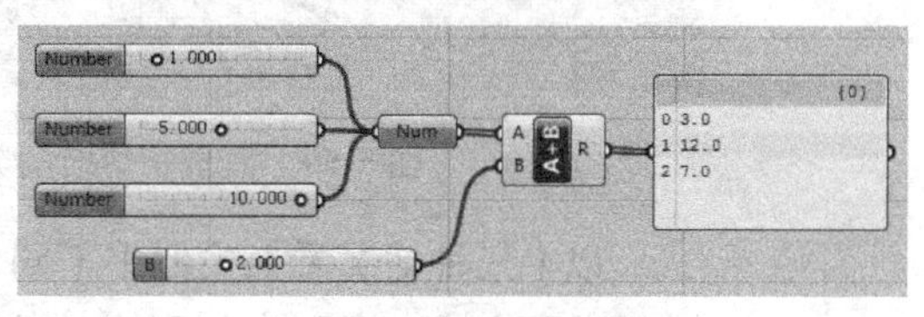

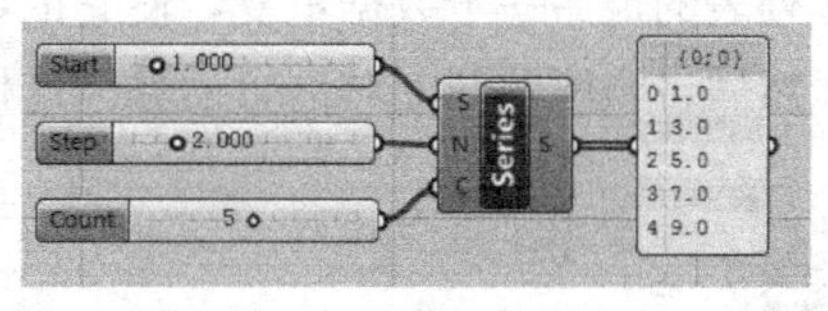

图 5-57 数据列表的形成

5.5.2 列表与列表的数据匹配

Grasshopper 的很多运算器具有二个以上输入参数，这些参数之间需要一一进行计算，例如 Addition(加法)运算器、Line(创建直线段)运算器等等。当其中的某些输入参数包含多个数据时，Grasshopper 是如何进行运算器运算的呢?

图 5-58 所示是非常简单的用 Line 运算器创建直线段的一个例子，其中 Pts1 为右侧屏幕截图的上方的一个点，Pts2 为下面一排的四个点，顺序为从左到右。从屏幕截图可以看出，Pts1 的一个点和 Pts2 中的四个点的每一个点都进行了创建直线段的运算。在图 5-59 中，Pts1 为上面一排的四个点，Pts2 为下面一排的四个点，其结果是 Pts1 和左图 Pts2 中的点两两顺序配对创建了直线段。

这两个结果说明，在两个列表中，当其中一个列表的数据为单个数据而另一个列表为多个数据时，一个列表中的单个数据和另一个列表中的每一个数据都进行了相应的运算(本例中为 Line 运算器创建直线段)；而当两个列表中的数据数量相等时，两个列表中的数据两两顺序配对后进行了运算。这两种是我们最经常使用的情况。

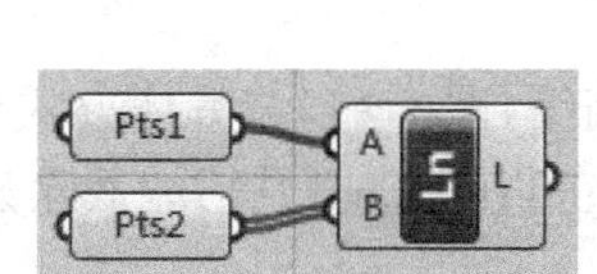

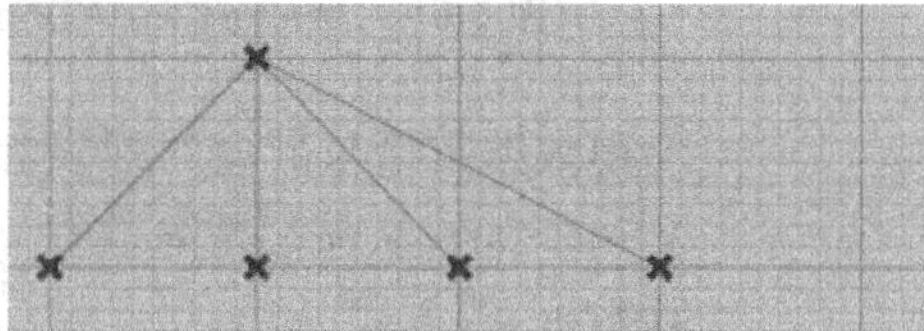

图 5-58 一对多数据的匹配

在图 5-60 中，Pts1 为上面一排的两个点，Pts2 为下面一排的四个点，它们都包含了多个数据但各自数量不相等，其结果是 Pts1 的第一个点和 Pts2 中的第一个点连接成直线段，Pts1 的第二个点和 Pts2 中的第二、第三、第四个点连成了直线段。

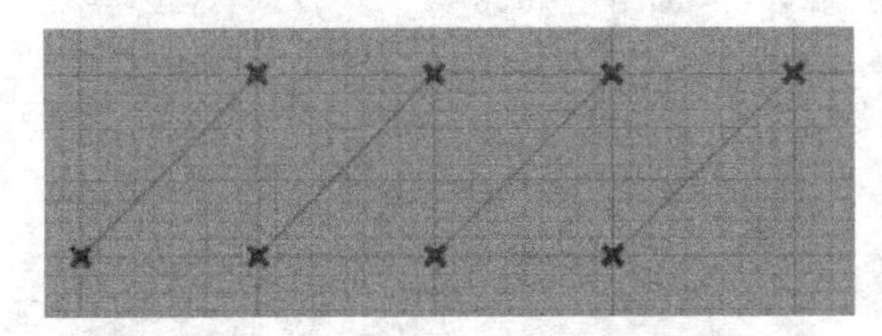
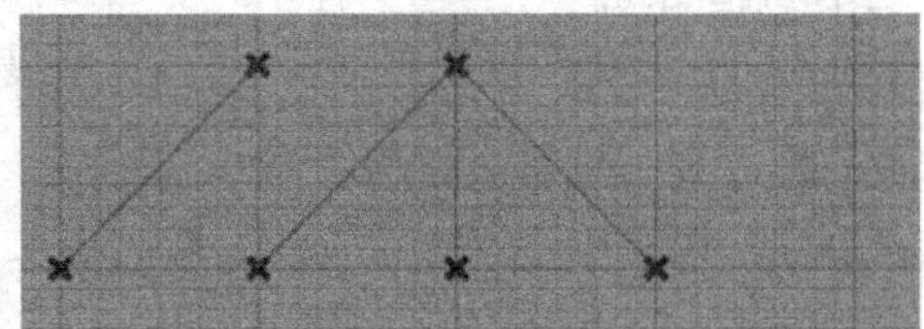

图 5-59　数量相等时的数据匹配以及数量不相等时的数据匹配

以上三种情况看上去似乎不同，但其实都是 Grasshopper 预设的列表与列表的数据匹配方式：当列表与列表的数据数量不相等时，Grasshopper 会把数量少的短列表的最后一个数据重复，使它的数据数量与数据最多的长列表的数据数量相等，然后再顺序两两配对进行运算。这种数据匹配方式称作 Longest List 匹配。

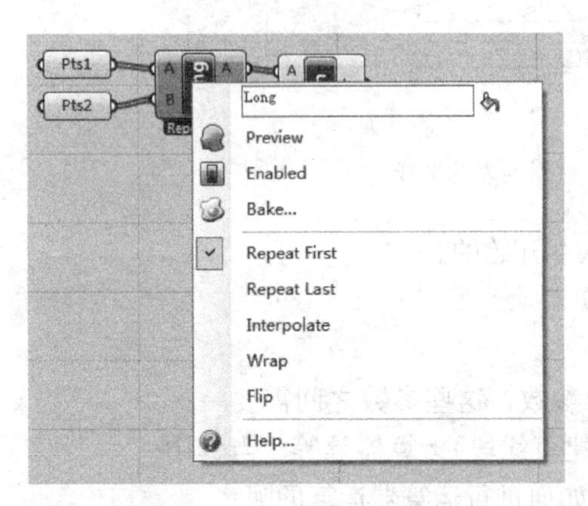

图 5-60　Longest List 数据匹配

Sets＞Lists 面板中的 Longest List 运算器可以进一步控制 Longest List 匹配时短列表中的数据的重复方式。如图 5-61 所示，在 Longest List 运算器右键菜单可以选择 Repeat First(在前端重复第一个数据)、Repeat Last(在后端重复最后一个数据，为预设方式)、Interpolate(在中间重复各单个数据)、Wrap(将所有数据在后端重复)、Flip(将所有数据在后端翻转重复)等重复数据的方式。其中 Interpolate 和 Flip 方式比较复杂，使用时最好用 Panel 运算器观察数据重复的情况。

Sets＞Lists 面板中 Shortest List 运算器和 Cross Reference 运算器提供了另外两种控制列表与列表之间的数据匹配的方式。其中 Shortest List 减少较长的列表中的数据，使得数据数量与最短的列表相等(图 5-61)。具体方式(通过右键菜单选择)包括 Trim Start(从前端截除数据)、Trim End(从后端截除数据)、Interpolate(间隔截除数据)等方式。

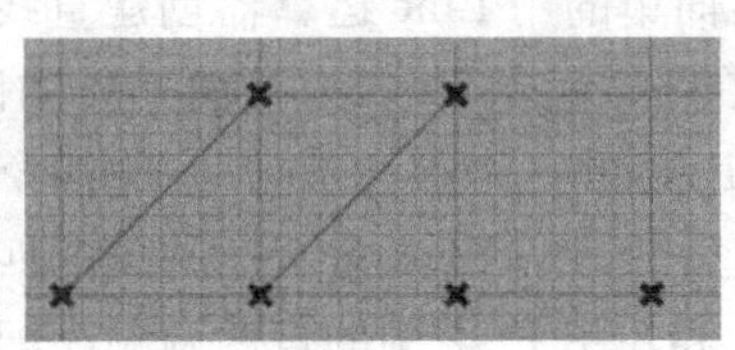

图 5-61　Shortest List(Trim End)数据匹配

Cross Referenced 则对不同长度的列表同时操作，使得它们的数据量相等，最常用的是 Holistic 方式，当对两个列表操作时，它用相当于用 Longest List 运算器的 Wrap 方式重复第一个列表中的数据，用 Interpolate 方式重复第二个列表中的数据，使得第一个列表中的每一个数据和第二个列表中的每一个数据都能够一一对应。Cross Reference 还有其他多种具体的数据匹配方式，这里就不一一介绍了。一般情况下，Cross Reference 匹配会使得数据大量增加，应谨慎使用。图 5-62 所示为使用Cross Reference的Holistic方式匹配的结果，Pts1包含三个点，Pts2包含四个点，结果为Pts1中的所有点与Pts2中的所有点之间都创建了连线，共12条。

本小节只讨论了两个数据列表之间的数据匹配方式，如果有更多的列表，情况将更为复杂。一般情况下，我们应采用一对多或列表长度相等的多对多的情况。如果是其他方式，可采用Panel运算器进行观察，避免出错。

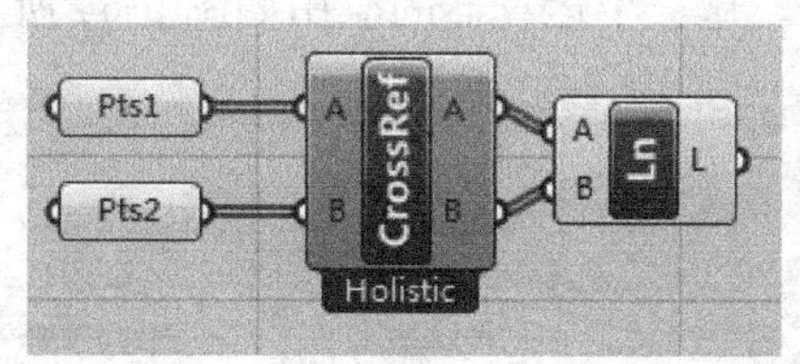

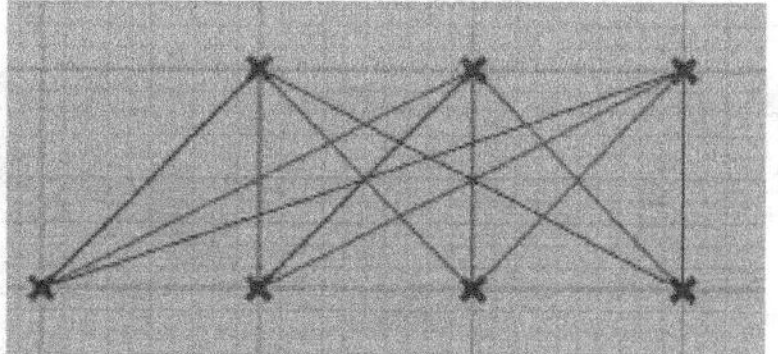

图5-62　Cross Reference(Holistic)数据匹配

5.5.3　列表的操作

Sets>Sequence和Sets>Lists面板包含了许多用于对列表进行操作的运算器，熟悉这些运算器，掌握对列表的各种操作，对于Grasshopper的应用十分重要。

Cull Index运算器用于在列表中删除某个或某些索引位置的数据。输入参数*L*为要操作的列表，*I*为要删除数据的索引位置。如图5-63的左图所示，输入参数*L*为包含五个数字的列表，*I*为1和2，可以看到输出的列表只包含了3个数字，它删除了原列表中索引位置为1和2的数字(20和30)，注意新生成的列表的索引是从0开始重新编号的。

输入参数*W*(Wrap)用于控制是否把原列表当作一个循环反复的列表来处理，如图5-63中的右边两个图所示，输入参数列表包含五个数字，最大索引为4，*I*等于5表示要删除索引位置为5的数据，它大于最大索引，当*W*为False时，由于不存在索引位置为5的数据，所以运算器显示出错；而当*W*为True时，则相当于把输入参数列表的数据进行了复制，于是索引位置为5的数据相当于索引位置为0的数据(10)，运算结果就是把这个数据删除了。

在对列表操作的许多运算器中，以及我们后面要讲到的对数据树(Tree)进行操作的一些运算器中，也有*W*(Wrap)输入参数，它们的含义和用法基本上是一样的。

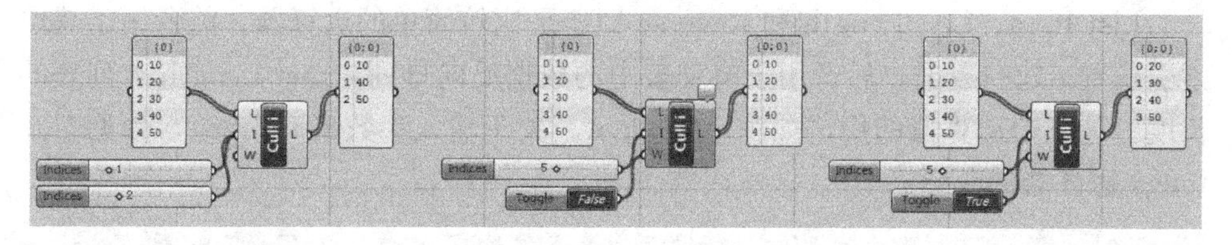

图5-63　Cull Index

Cull Nth运算器的作用是将列表中第*N*个和第*N*的整倍数(注意不是索引位置，而是索引位置+1)的数据删除。Cull Pattern运算器根据True和False组成的"Pattern"来保留和删除列表中的数据：保留True相应索引位置处的数据而删除False位置处的数据，当输入参数*P*的长度小于要操作的列表时，则先对*P*

进行 Wrap 处理使之大于等于要操作的列表的长度后再进行处理。另外，Random Reduce 运算器用于随机删除列表中的几个数据，输入参数 R 为要删除的数据数量，S 为随机种子。这三个运算器的应用如图 5-64 所示。

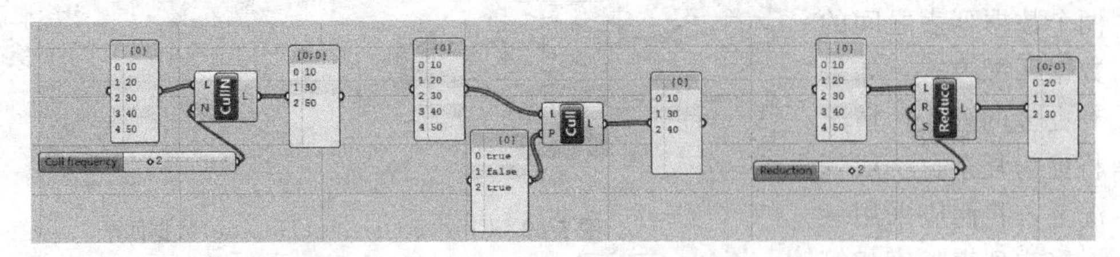

图 5-64　Cull Nth 、Cull Pattern 和 Random Reduce

Insert Item 运算器用于在列表 L 的索引位置 i 处插入数据 I，如图 5-65 所示。

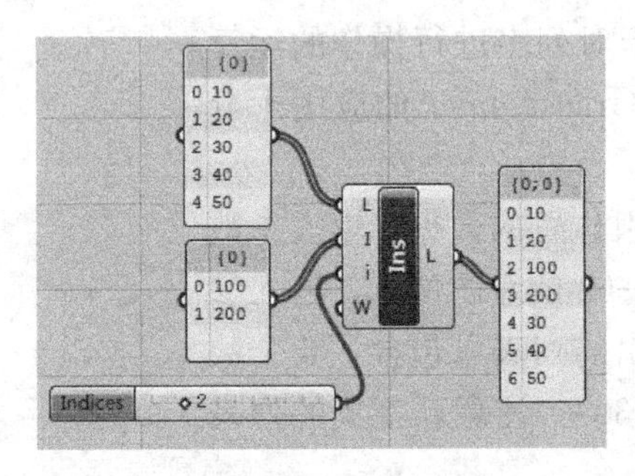

图 5-65　Insert Item

Item Index 用于查找数据在列表中的索引位置，如果数据不在原列表中，则结果为-1，如图 5-66 所示。注意图 5-66 的右图，虽然 Number Slider 中的数字为 10，大小等于列表中索引位置为 0 的数，但由于它并不是原来列表中的那个 10，而是另外生成的一个数字，所以 Grasshopper 认为它不处于原来的那个列表当中，因此得到的结果为－1。这一点一定要注意，如果读者了解计算机编程的有关数据存储问题，应该很容易地理解是为什么。

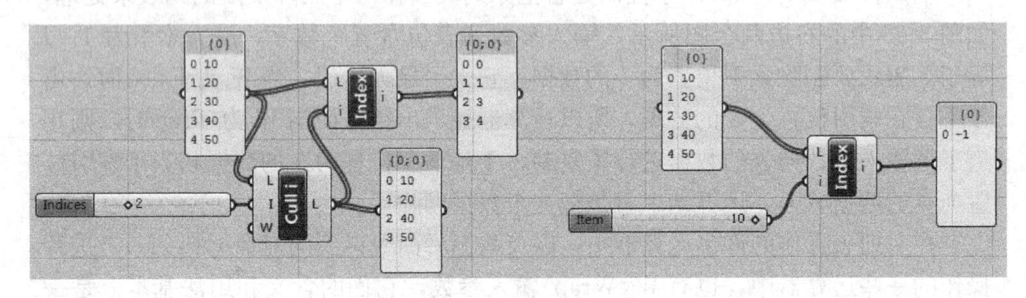

图 5-66　Item Index

List Item、List Length 和 Reverse List 是比较简单的运算器，前者用于获取索引位置 i 处的数据，后者用于将列表中的数据反向排列，List Length 求列表的长度。这三个运算器的用法如图 5-67 所示。关于输入参数 W(Wrap)，参见 Cull Index 运算器的介绍。

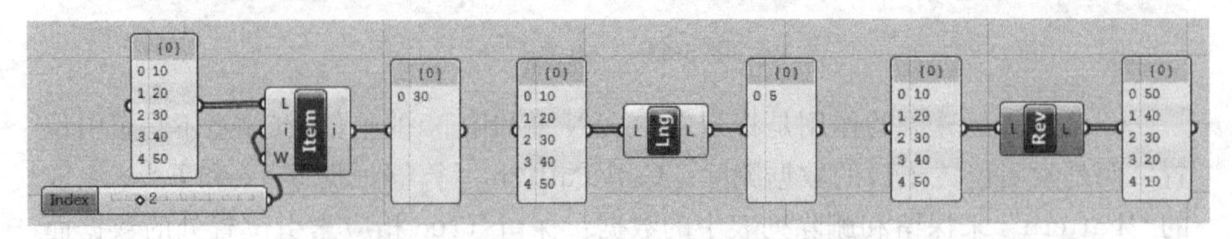

图 5-67　List Item、List Length 和 Reverse List

Shift List 运算器用于将列表中的数据移动位置生成新的列表，第一个数据为原列表索引位置为 S 的数据。当 W 为 False 时，原列表中索引位置在 S 之前的数据将被删除；为 True(预设值)时，原列表中索引位置在 S 之前的数据将被顺序赋值在生成的列表的后部，如图 5-68 所示。

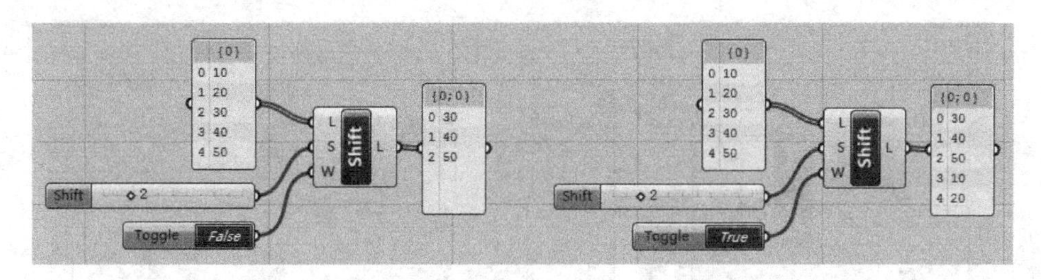

图 5-68 Shift List Item

Sort 运算器用于将列表中的数据从小到大重新排列，如图 5-69 左图所示。它还可以用来对不能比较大小的数据进行重新排列：如图 5-69 的右图所示，输入参数 K 为一个以数字组成的列表，通过 Sort 运算器进行了从小到大的重新排列，输入参数 A 为一个不能比较大小的数据列表，长度与 K 相同，可以发现，在 K 进行从小到大重新排列的同时，A 中的数据也根据 K 重新排列的数据顺序(或者说是索引位置顺序)进行了相应的重新排列。这个功能非常有用，例如可以用来按照曲线的长度顺序排列曲线、按照 Z 坐标的大小顺序排列点等等。

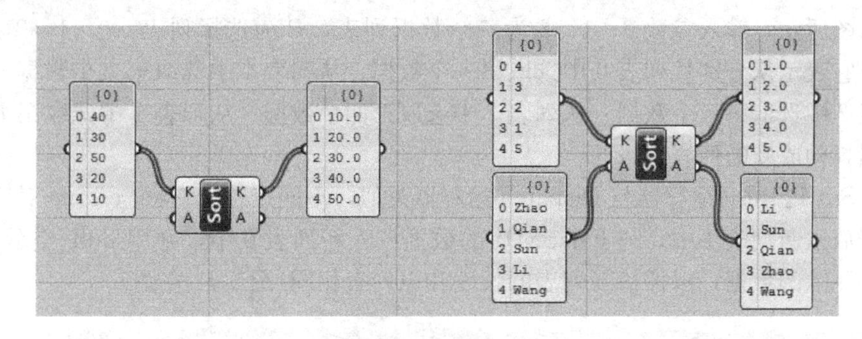

图 5-69 Sort List

Split List 运算器从索引位置 i 处将列表分成两个列表。Sub List 运算器按照的索引范围 D 提取数据形成新的列表 L，输出参数 I 为新列表数据在原列表中的索引位置，输入参数 W 的作用同 Cull Index 运算器，如图 5-70 所示。

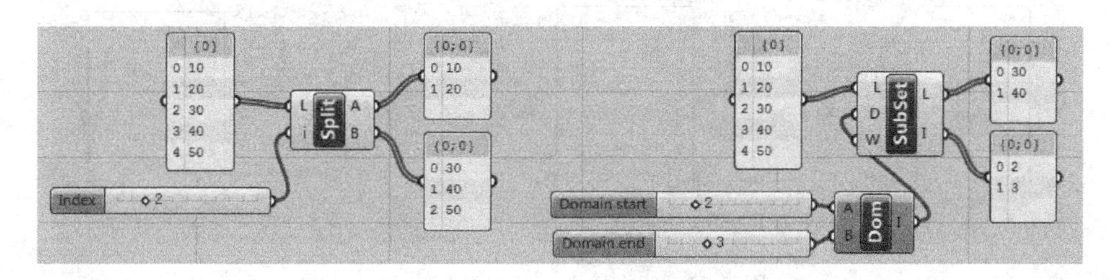

图 5-70 Split List、Sub List

Dispatch 运算器用 True 和 False 组成的“Pattern”(用法参见 Cull Pattern 运算器)来将列表分成两个列表：与 True 对应的数据放入新列表 A 中，与 False 对应的数据放入新列表 B 中，如图 5-71 的左图所示。这个运算器的一个重要作用是根据条件判断，把原列表中符合条件的数据和不符合条件的数据分开。

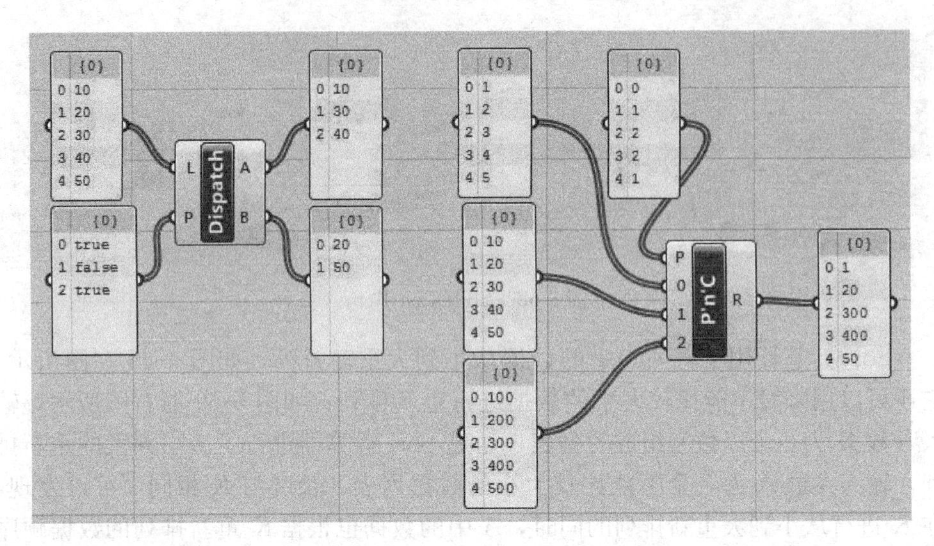

图 5-71 Dispatch、Pick'n'Choose

Pick'n'Choose 运算器用来在一些列表中选择数据以构成新的列表。如图 5-71 的右图所示，输入参数 0、1、2 为三个数据列表，P 为选择列表 {0，1，2，2，1}，它表示从分别从列表 0 中选取第一个数据、从列表 1 中选取第二个数据、从列表 2 中选取第三个数据、从列表 2 中选取第四个数据、从列表 1 中选取第五个数据，构成新的列表。

Sift Pattern 运算器与 Dispatch 运算器类似，不同点在于它将与 True 对应的数据放入新列表 1 中，与 False 对应的数据放入新列表 0 中，并用 null(空数据)填补删除的数据，以保持新列表的长度和原列表相同(图 5-72 左图)。

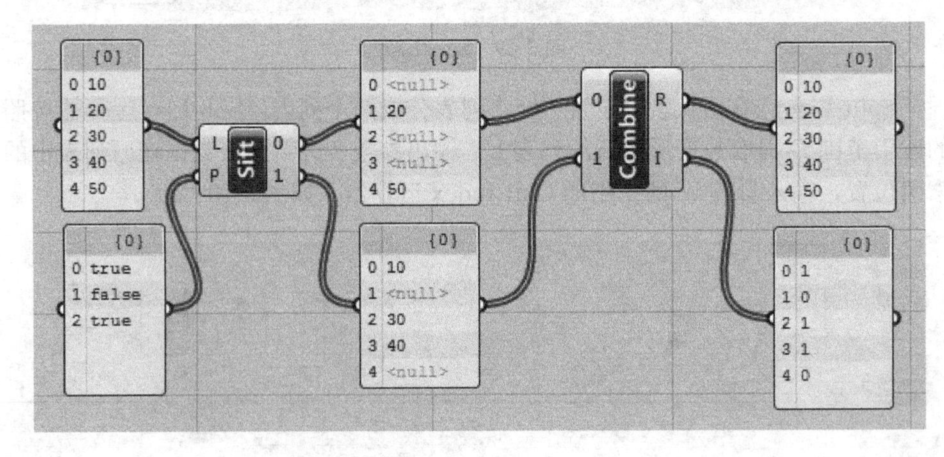

图 5-72 Sift Pattern、Combine Data

用Combine Data运算器列表1中的数据填补列表0中的空数据。

Weave运算器与Pick′n′Choose运算器类似，不同之处在于Weave运算器的输入参数 P 为列表序号的“Pattern”，它循环重复列表序号，然后顺序选取相应列表中的数据，直到所有列表中的所有数据被选择并放置到输出列表为止（图5-73）。它根据输入参数 P 的设定顺序，将输入列表中的所有数据放置入新的列表，实现了数据的“编织”。

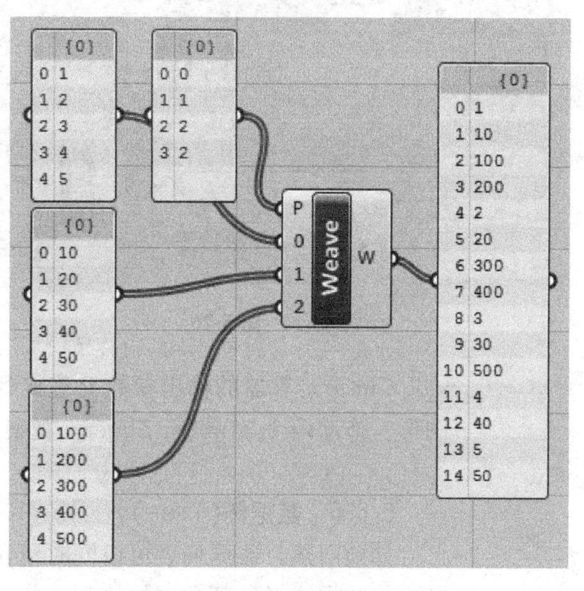

图5-73　Weave

Null Item运算器用于测试列表中的空数据和错误数据，Replace Nulls运算器用另一个列表中数据替代列表中的空数据。图5-74演示了用Null Item运算器和Dispatch运算器来清除列表中的空数据的方法，需要时可借鉴使用。

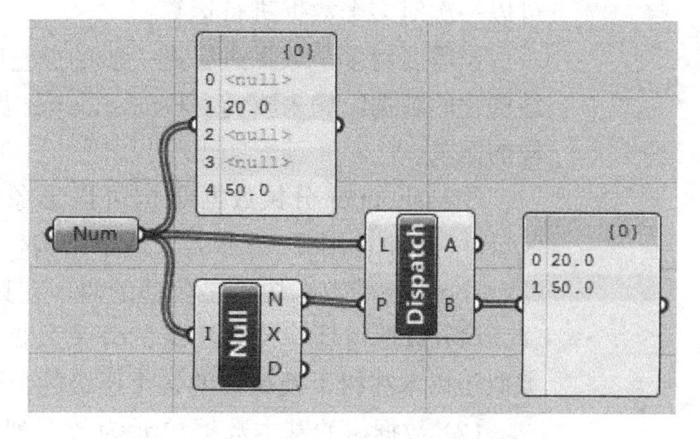

图5-74　Null Item和Dispatch运算器组合清除列表中的空数据

5.5.4　案例

接下来我们做一个小练习（5-5.gh），内容是将一个圆进行等分后再把等分点进行间隔连接，如图5-75所示，步骤如下（图5-76）：

① 在Rhino中绘制一个圆，在工作窗口放入Curve数据类型运算器并选择绘制的圆。再放入Number Slider运算器并设置成整数形式，放入Divide Curve运算器。连接三个运算器将圆进行等分。

② 放入Number Slider运算器并设置成整数形式，放入Boolean Toggle运算器并设置为True，放入Shift List运算器。分别将Number Slider运算器和Boolean Toggle运算器的输出端连接到Shift Lis运算器的输入参数S和W，再将Divide Curve运算器的输出参数P（平分点）连接到Shift List运算器的输入参数L。

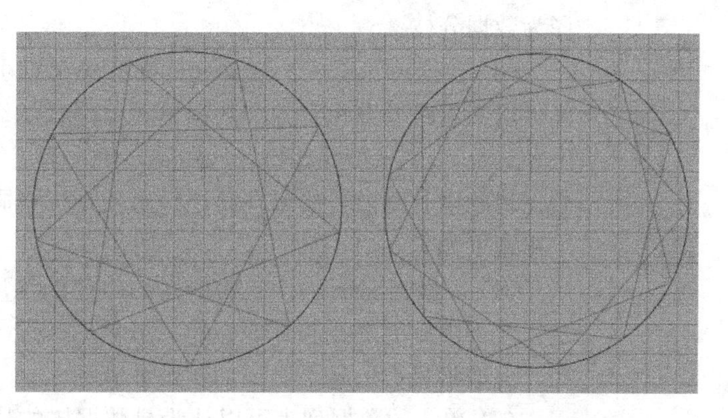

图5-75

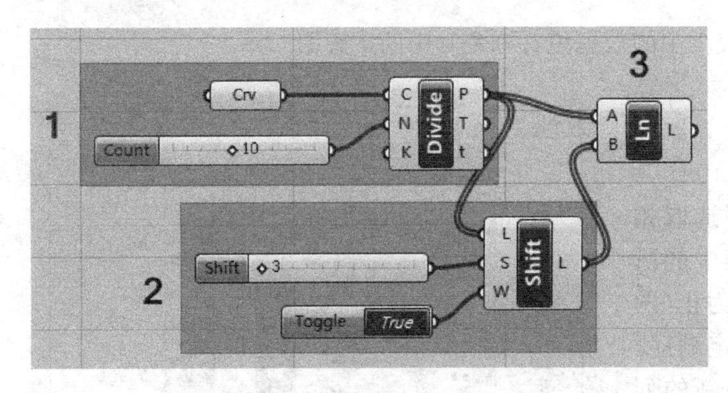

图 5-76

因为输入参数 W 为 True，所以 Shift List 运算器的输出参数和 Divide Curve 运算器的输出参数 P 一样，包含了所有的平分点，但点的排列与 Divide Curve 运算器的输出参数 P 中的点的排列发生了错位，错位量为 S。

③ 放入 Line 运算器，将 Shift List 运算器的输出端和 Divide Curve 运算器的输出参数 P 连接到 Line 运算器，即生成了如图 5-75 所示的图形。拖动两个 Number Slider，观察一下变化。

5.5.5 数据树(Tree)

如前所述，数据列表可以同时包含多个数据，我们可以通过相关运算器提取其中的数据或者处理数据的排列顺序，而 Grasshopper 运算器的多数据处理能力可以一次对多个数据进行运算。

当需要对多个数据进行进一步的分组时(如多个等差数列)，就需要一种更加结构化的数据结构来支持。Grasshopper 提供了一种分枝数据结构，可以满足这样的需求。

Grasshopper 分枝数据结构可以形象地表示为一个树形，如图 5-77 所示，Grasshopper 也用 Tree 命名了这个结构，为了表述清晰，本书把它称作数据树。Grasshopper 的数据树不是普通的树，它具有以下的一些特征：

(1) 数据树是一种多层级的分叉数据结构，每个层级都可以有若干个分叉，类似于树木在树干及树枝的各个层级的分叉。

(2) 数据树的基本数据单元为数据列表(单数据也可以看作列表，不过只包含一个数据)，数据列表位于末端的分叉，中间分叉上没有数据，这与现实中的树木不同。Grasshopper 把每一个数据单元(数据列表)称作 Branch，我们这里翻译为数据分枝。

(3) 数据树的每一个数据分枝都有一个索引与之对应，称作路径(path)，这样可以通过路径查找到各个数据单元。路径的表示方法为 $\{a_1;\ a_2;\ ...a_n\}$ (其中 a_1，a_2，$...a_n$ 为数字)，从左到右依次为层级 1、层级 2、...、层级 n。观察数据树的所有路径，如果在某层级上出现了不同的数字，则说明数据树在此层级上出现了分叉。

(4) 一般情况下，一个数据树的路径的深度(即层级的数量)是保持一致的，这样便于数据的查找和其他操作。虽然 Grasshopper 数据树可以有不同深度的路径，但通常只会引起不必要的错误和麻烦。

(5) 单一的数据列表可以认为是数据树的特例，它在每个层级都没有出现分叉。因此数据树实际上是 Grasshopper 的终极数据结构。

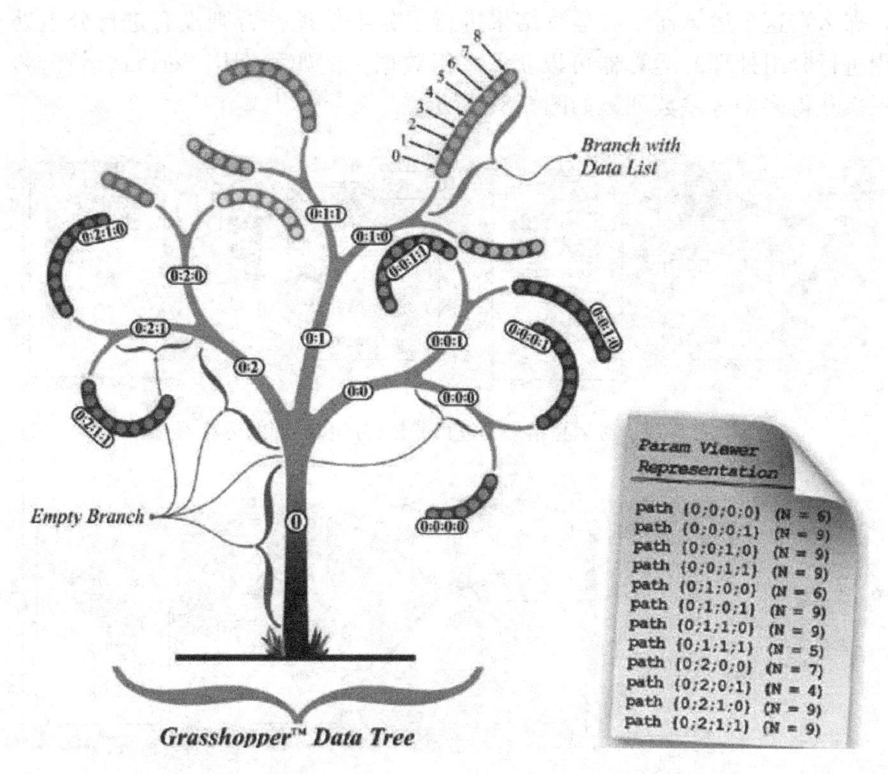

图 5-77 Grasshopper数据的树形结构示意

用Panel运算器观察数据时，它在各组数据(数据分枝)之前会显示它的路径，如图5-78所示。Params>Util面板中的Param Viewer运算器也可以观察数据的结构。

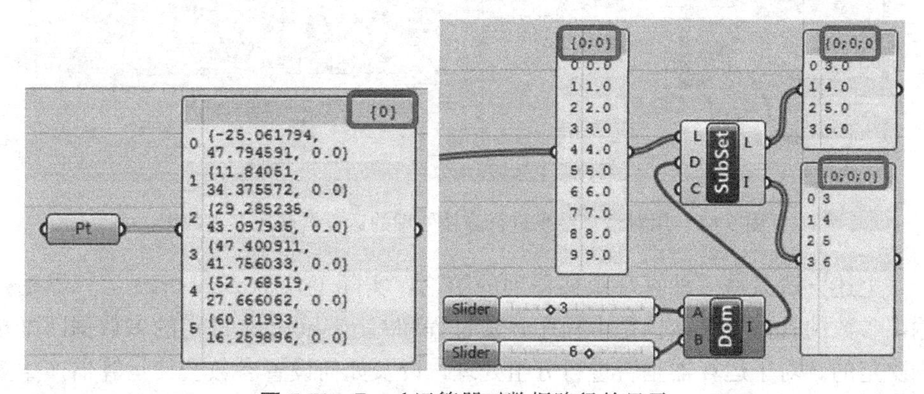

图 5-78 Panel运算器对数据路径的显示

如果运算器的输出参数为包含多个数据分枝的数据树，当把它连接到其他运算器的输入参数时，连接线将显示为虚线，作为提示。

在对多个数据进行运算时，Grasshopper的有些运算器会对运算结果进行分组处理，而有些运算器不会进行分组处理。如何知道运算器对结果是否进行分枝处理呢？如图5-79和图5-80所示，我们用Panel运算器连接运算器的输出参数，观察数据的路径，如果该运算器输出参数的路径相对于输入参数的路径增加了层次，那么，这个运算器就对运算结果进行了分组处理，否则没有进行分组处理。采用进行分组处理的运算器可以获取多组数据，例如我们用 Serious 运算器，可以一次获得多个等差数列，如图 5-81 所示。

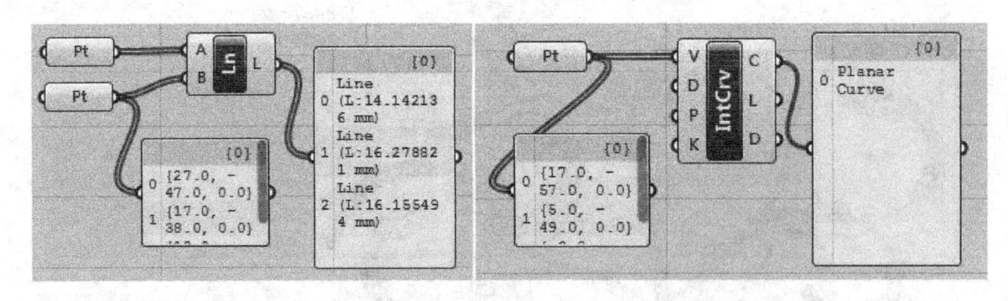

图 5-79　对运算结果不进行分枝(分组)处理的运算器

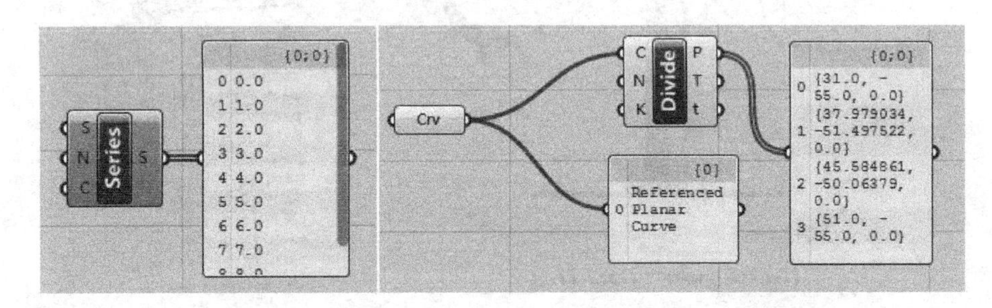

图 5-80　对运算结果进行分枝(分组)处理的运算器

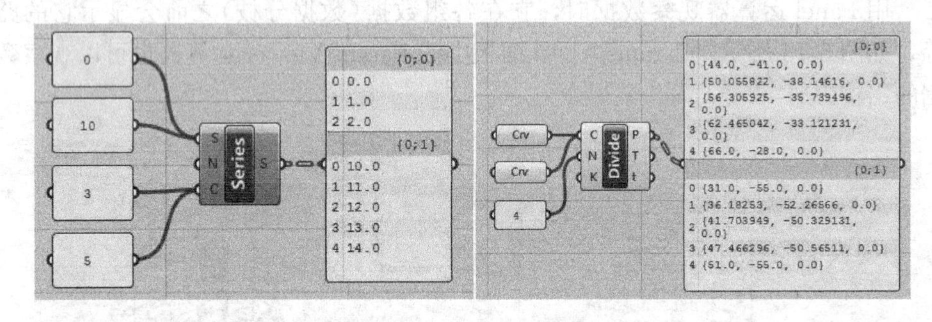

图 5-81　用对运算结果进行分枝处理的运算器获取多组数据

上述方法只是一种直观观察得到的结论，实际上，Grasshopper 运算器输入输出参数的具体数据结构是由程序开发过程和 Grasshopper 设定的多数据匹配规则决定的。对于运算器是否进行分组处理，以及如何设置参数会使运算器产生多个数据分枝的数据树，需要一定的使用经验才能做到心中有数，常常需要采用 Panel 运算器或 Param Viewer 运算器进行观察。

我们前面介绍过数据列表之间进行运算时的数据匹配问题，而当数据树与数据树进行计算时，数据是如何匹配的呢？一般情况下，首先将数据分枝进行匹配，数据分枝少的树把最后一个数据分枝复制，达到与数据分枝多的树的分枝数相同，类似于列表配对的 Longest List 方式；接下来进行数据分枝与数据分枝之间的数据匹配，即数据列表之间的数据配对，缺省为 Longest List 方式，当然可以用 Shortest List 或 Cross List 运算器进行各种配对设置。

需要注意的是，Longest List、Shortest List 或 Cross List 运算器只作用于数据分枝之间的数据和数据配对，对数据树之间数据分枝与数据分枝的配对不起作用。同样，具体的匹配方式最终取决于运算器。

另外，顺便提示一下，前面所讲解的数据列表操作的运算器一般都可以使用于数据树，其结果是对每一个数据分枝各自进行操作。

5.5.6 数据树的一般操作

Sets>Tree 面板列出了操作数据树的各种运算器。其中，Graft Tree 运算器用于增加一个层级，并把原有数据枝的每一个数据分开，放置在不同的路径上。Flatten Tree 删除数据树的层级结构，将所有数据按照顺序放置在一起，形成单一的数据列表，可以通过输入参数 P 为这个单一的数据列表设置一个的路径，预设值为{0}。Simplify Tree 用于删除不必要的层次(即在某层次没有分叉)，以简化树的结构，输入参数 F 的为 False 时(预设值)，所有没有分叉的层次都被删除，为 True 时，则只删除分叉开始之前的层次。图 5-82 所示是这三个运算器的例子。

一般运算器输入参数的右键菜单中通常包括 Flatten、Graft、Simplify 选项，相当于先用这三个运算器对输入参数进行处理，之后再进行运算。

Trim Tree 运算器(图 5-83)和 Graft Tree 运算器相反，它从右向左减少路径的层级并把数据合并，输入参数 *D* 为减少的层级数量。Unflatten Tree 运算器(图 5-84)则与 Flatten Tree 运算器相反，它把单一列表中的数据按照另一个数据树的结构放置。Prune Tree(图 5-85)运算器用于保留长度(数据数量)为 N0～N1 的数据分枝，删除其他数据分枝。Clear Tree 运算器用于删除空(Null)数据和无效数据，Tree Statistics 运算器用于分析数据树的路径、各数据分枝的长度、数据分枝的数量。

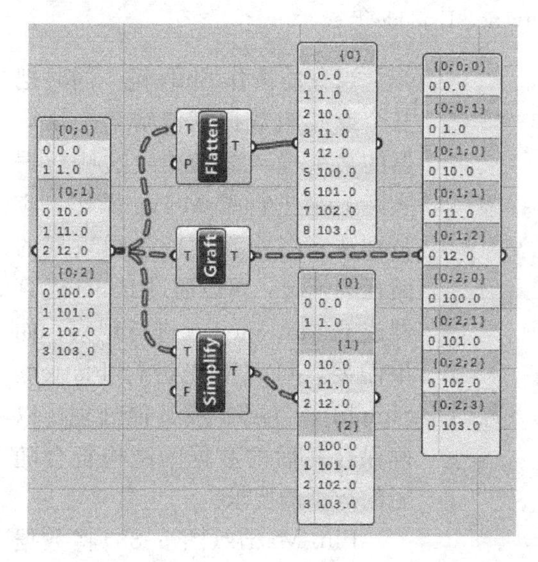

图 5-82 Graft Tree、Flatten Tree、Simplify Tree

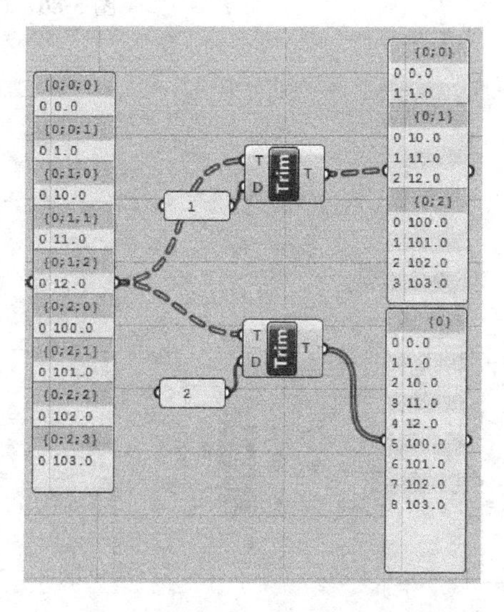

图 5-83 Trim Tree

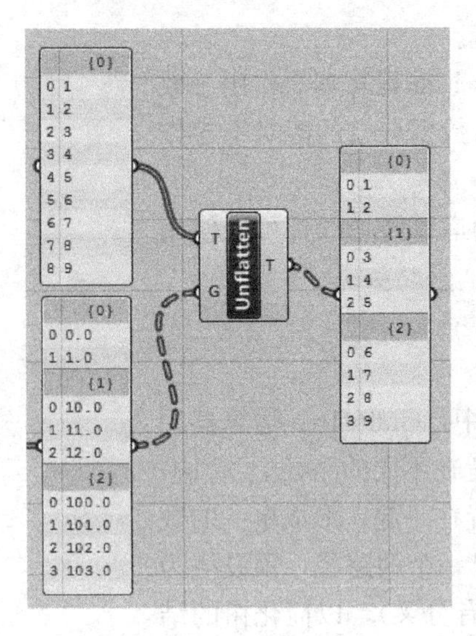

图 5-84　Unflatten Tree

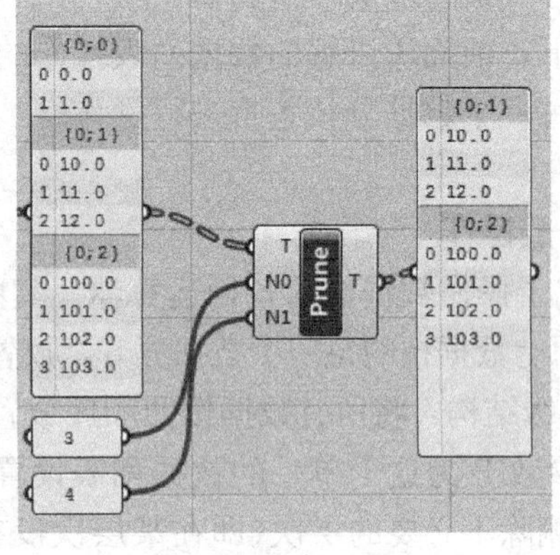

图 5-85　Prune Tree

Entwine 运算器将几个数据树进行 Flatten Tree 操作后再合并为一个数据树，原数据树的数据各自合并为一个数据分枝；Explode Tree 运算器将数据树分解为一系列独立的列表；图 5-86 所示为这两个运算器的例子。Merge 运算器(图 5-87)把几个数据树的相同路径上的数据合并，注意会出现数据处于不同深度的情况。

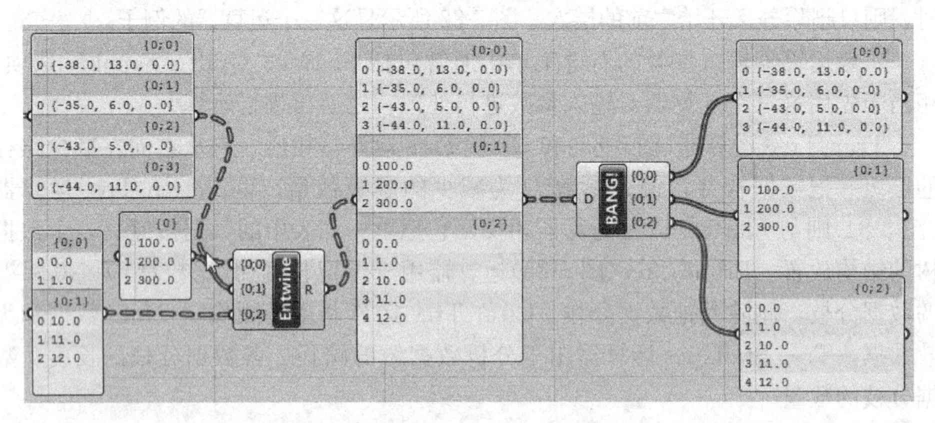

图 5-86　Entwine、Explode Tree

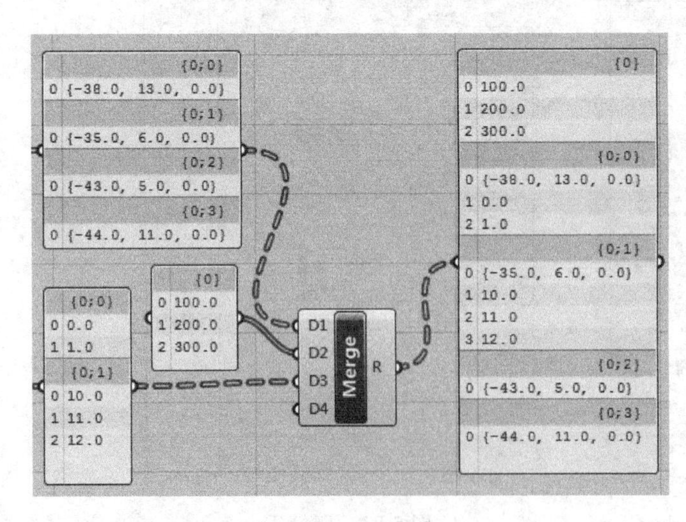

图 5-87　Merge

当我们按住 Shift 键，同时把几个或几组数据赋值给某个运算器的某个输入参数时，这些数据实际上是进行了 Merge 操作，应特别注意各个数据或各组数据的路径的情况，可以通过 Panel 运算器或 Param Viewer 进行观察，如果需要，可以事先进行 Flatten、Simplify 、Graft 或其他处理，以确保合并后的数据的结构符合随后的运算的要求。

Flip Matrix(图 5-88)将数据树的各个数据分枝的第一个数据、

第二个数据……各自合并成数据分枝，当原有数据树的各个数据分枝的长度不一致时，用Null填补数据直至达到最大的数据分枝长度。

Match Tree运算器(图5-89)用于把输入参数*T*的路径改为输入参数*G*的路径，前提是*T*与*G*的数据数量和结构关系是一致的。Shift Tree运算器用于截短路径长度，并将截短后路径相同的数据进行合并，输入参数O为截短的长度，为正数时从根部(左边)截短，为负数时从端部(右边)截短，如图5-90所示。

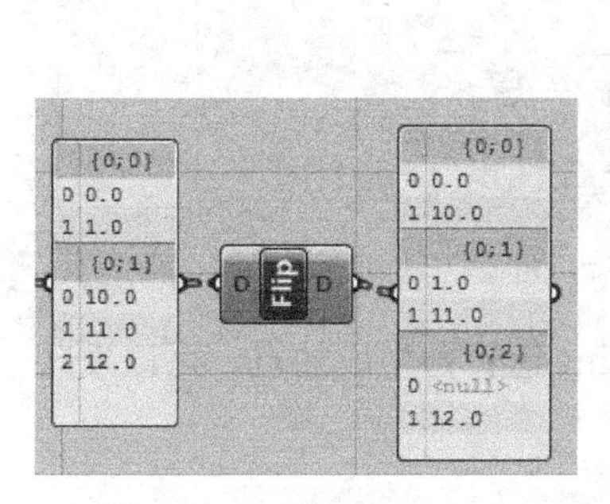

图5-88 Flip Matrix

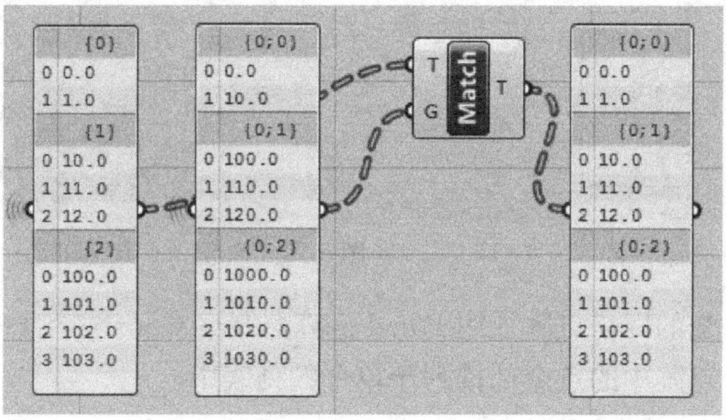

图5-89 Match Tree

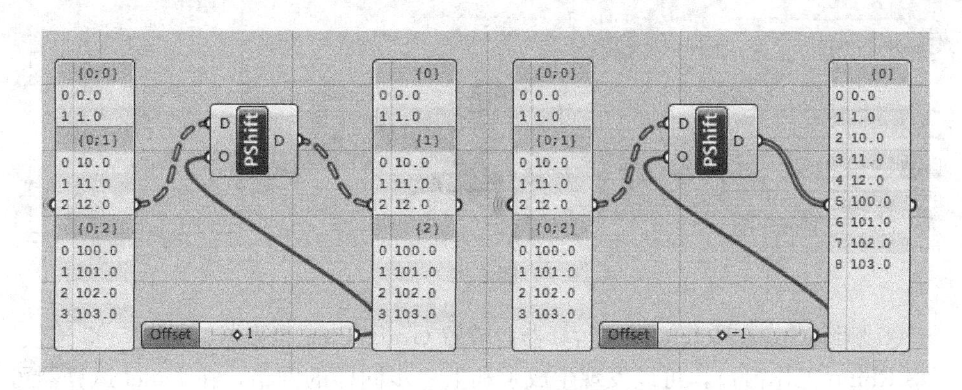

图5-90 Shift Tree

Stream Filter运算器用于在几组数据中选择某一个(由输入参数*G*指定)作为输出；Stream Gate运算器用于把输入数据输出给某一个输出参数(由输入参数*G*指定)。这两个运算器分别类似于火车并道和分道处的扳道器，使用方法参见图5-91。

5.5.7 数据树的两个简单应用案例

1) 正交网格的创建

步骤如下：

① 如图5-92所示，在工作区放置2个Series运算器，并用Number Slider设置Series运算器的各个输入参数。再放置Cross Referenced运算器和Construct Point运算器，并进行连接。观察Rhino工作窗口，可以发现已经创建了一个正

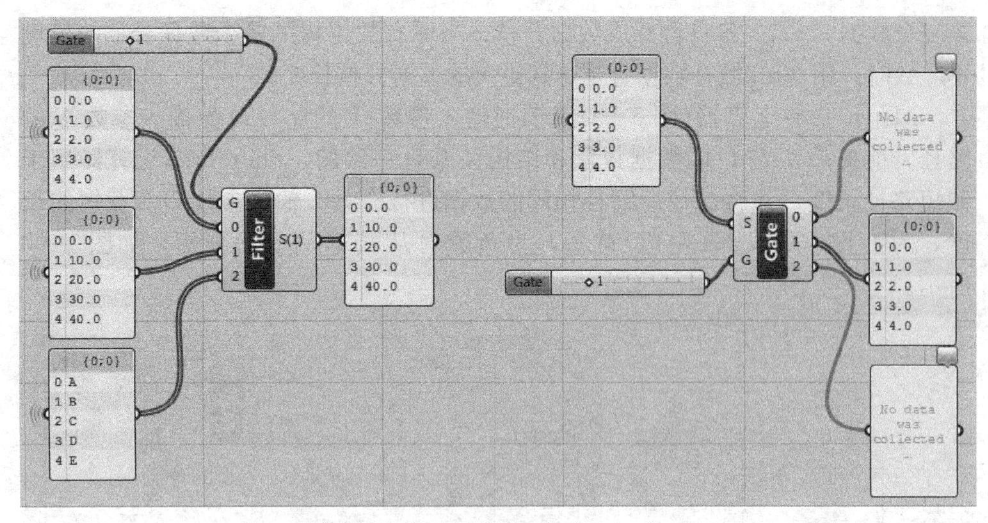

图 5-91 Stream Filter 和 Stream Gate

交的网格点阵。用 Panel 运算器观察 Construct Point 运算器生成的点，可以发现点阵中的点全部排列于单个的列表中。

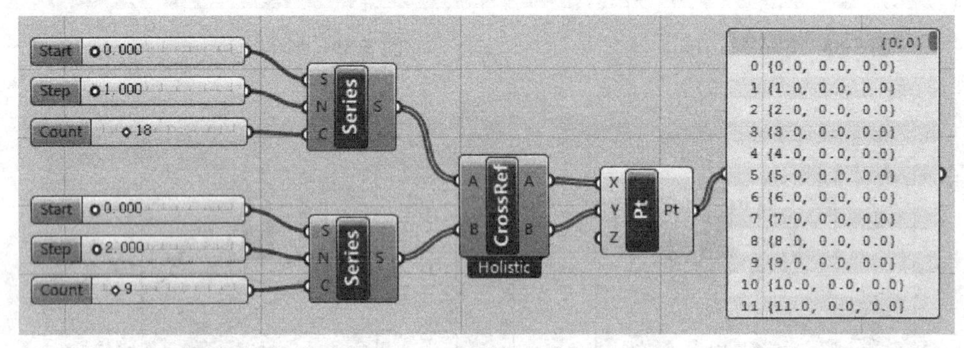

图 5-92

② 删除 Cross Referenced 运算器，放置 Graft Tree 运算器，如图 5-93 连接。观察 Rhino 工作窗口，可以发现生成了和上一步同样的网格，在 Panel 运算器可以发现点阵中的点分组排列成了若干个列表，它们组成了一个具有多个数据分枝的数据树。

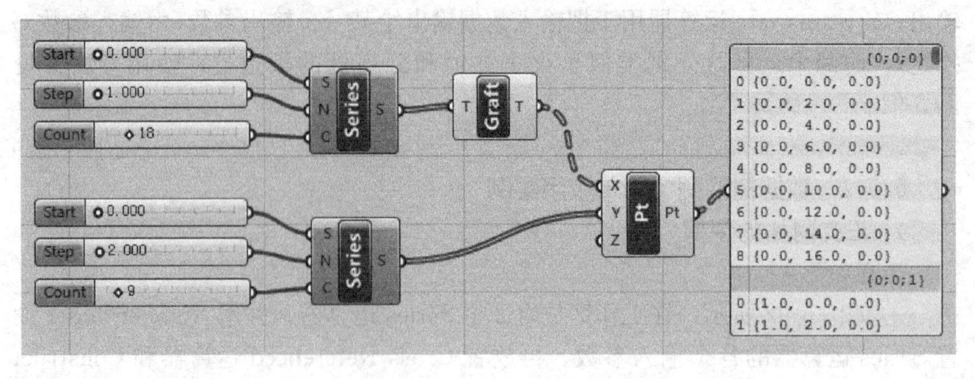

图 5-93

③ 放置Polyline运算器，并将Construct Point运算器的输出端连接到Polyline运算器的输入参数V。观察Rhino工作窗口，可以发现点阵沿着y轴方向的点连成了一系列的平行线。

④ 放置Flip Matrix运算器，并将Construct Point运算器的输出端连接到Flip Matrix运算器。再放置Polyline运算器，并将Flip Matrix运算器的输出端连接到Polyline运算器的输入参数V，观察Rhino工作窗口，可以发现点阵沿着x轴方向的点连成了一系列的平行线。

最终程序如图5-94所示（参见5-6、gh），结果如图5-95所示。思考一下Cross Referenced与Graft Tree运算器在结果上的差别、Graft Tree运算器的优越性、以及Flip Matrix运算器的作用。

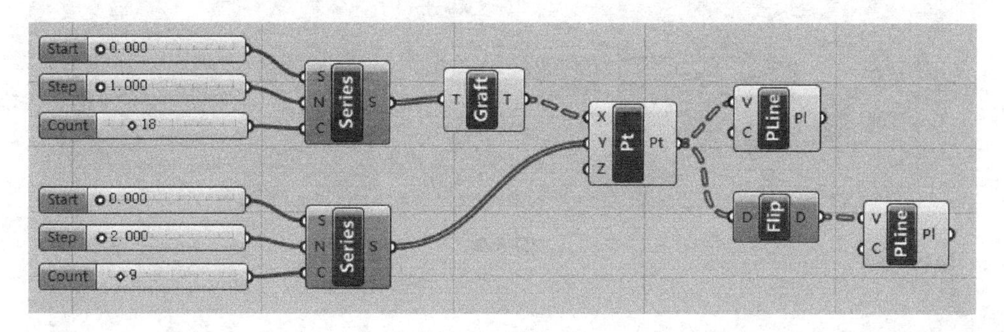

图5-94

2）若干点之间两两连线

步骤如下：

① 在Rhino中绘制若干个点，在Grasshopper工作窗口放置Point运算器，在Point运算器右键菜单中选择Select Multiple Points，到Rhino窗口中选择绘制的点。

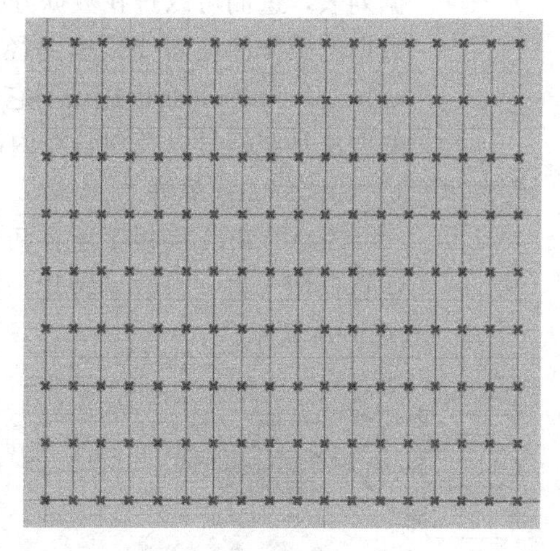

图5-95

② 放置List Length运算器，将其输入端连接到Point运算器，计算点的数量。再放置Series运算器，将Series运算器的输入参数S(起始值)设为1，将输入参数N(增量)设为1，将List Length运算器的输出端连接到Series运算器的输入参数C(数量)。这一步用来生成起始值为1、增量为1、数量为点的数量的一组等差数列。

③ 放置Split List运算器，将Point运算器的输出端连接到Split List运算器的输入参数L，将Series运算器的输出端连接到输入参数i。这样，就把点列表分别在第1、2、3、... 的位置切割成了两个列表。假设原来的点列表为{$P1$，$P2$，$P3$，$P4$，$P5$}，则Split List运算器的输出参数A为包含了数据分枝{$P1$}、{$P1$，$P2$}、{$P1$，$P2$，$P3$}、{$P1$，$P2$，$P3$，$P4$}、{$P1$，$P2$，$P3$，$P4$，$P5$}的数据树，而输出参数B为包含了{$P2$，$P3$，

$P4$，$P5$}、{$P3$，$P4$，$P5$}、{$P4$，$P5$}、{$P5$}、{} 的数据树。

④ 放置 Graft Tree 运算器，并连接到 Point 运算器。同样假设原来的点列表为 {$P1$，$P2$，$P3$，$P4$，$P5$}，则 Graft Tree 运算器的结果为包含了 {$P1$}、{$P2$}、{$P3$}、{$P4$}、{$P5$} 的数据树。

⑤ 放置 Line 运算器，并将 Graft Tree 的输出端和 Split List 运算器的输出参数 B 分别连接到 Line 运算器的输入参数 A 和 B，就实现了点与点之间两两连线。

本案例文件为 5-7. gh，程序和结果如图 5-96 所示。

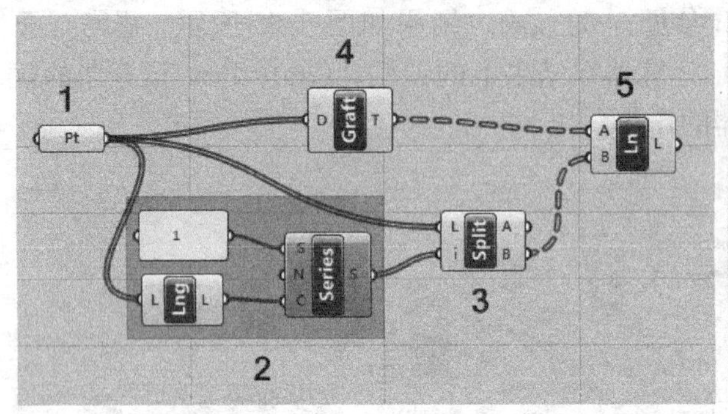

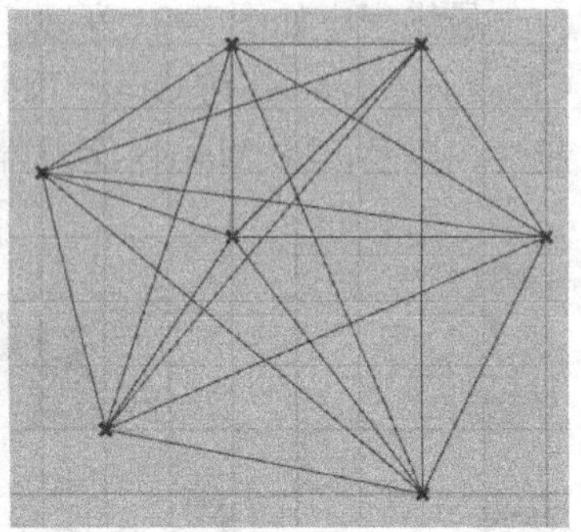

图 5-96

5.5.8 通过路径对树进行操作

如前面所述，路径是数据分枝的索引，可以通过路径查找到数据分枝，即数据列表，进而可以查找数据分枝的各个数据，因此，对数据树的特定数据分枝及数据的操作往往需要根据路径进行。路径是 Grasshopper 的一种数据类型，Params>Primitive 面板提供了它的数据类型运算器 Data Path。用字符串表示路径的方法是花括号以及包含在内的用分号隔开的各层级的序号数字，如 {0} {0; 1} {0; 1; 0} 等等。

Sets>Tree 面板下还有两个对路径进行基本操作的运算器：Construct Path 运算器用于将一组数字转化为路径，Deconstruct Path 则将路径分解为数字，如图 5-97 所示。

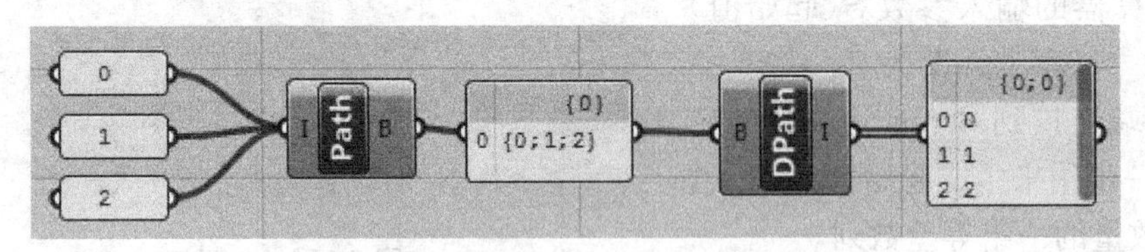

图 5-97 Construct Path 和 Deconstruct Path

通过路径，我们可以对特定数据分枝的数据进行操作。如图 5-98 所示，Tree Branch 运算器用于获取与路径相应的数据分枝，Tree Item 运算器则可以通过路径及列表索引获取数据树的某个具体数据。

Relative Item 运算器对数据树 T 中的每一个数据，查找与它相对位置为 O (输入参数)的数据，如果该数据存在，则顺序将该数据放入输出参数 B 中，同时将源数据顺序放入输出参数 A 中，形成具有一定相对位置关系的两个数据树。如图 5-99 左图所示，其输入参数 O 为 {0; 1} (1)，该运算器顺序考察 T 中的每一个数据，假设这个数据所在的数据分枝的路径为 {a；b}，在数据分枝中的索引为 i，运算器将查找是否存在路径为 {a+0；b+1}、索引为 i+1的数据，如果存在则将其放入输出参数 B 中并同时将原来那个数据放入输出参数 A 中，否则 A、B 中都不放入数据。Relative Item 运算器的输入参数 Wp 用以设置是否对数据树中的数据分枝进行 Wrap 操作，Wi 用以设置是否对数据分枝中的数据进行 Wrap 操作，关于 Wrap，请参见前面关于数据列表的章节。

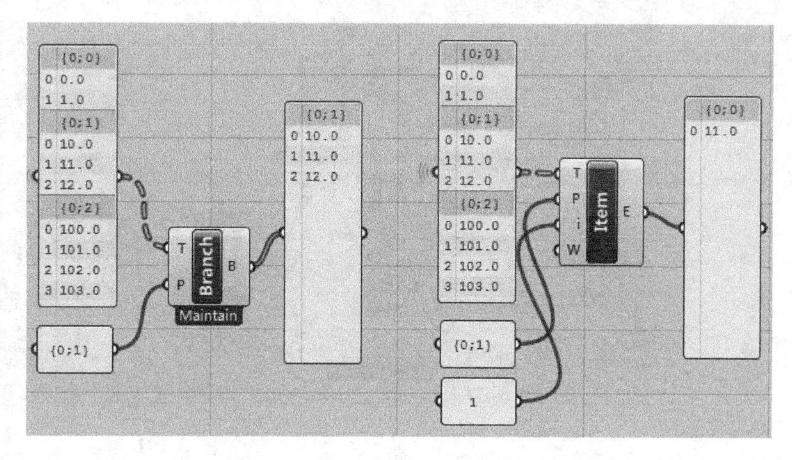

图 5-98　Tree Branch 和 Tree Item

Relative Items 运算器则用于通过相对关系把两个数据树中的数据进行位置对位，如图 5-99 右图所示。

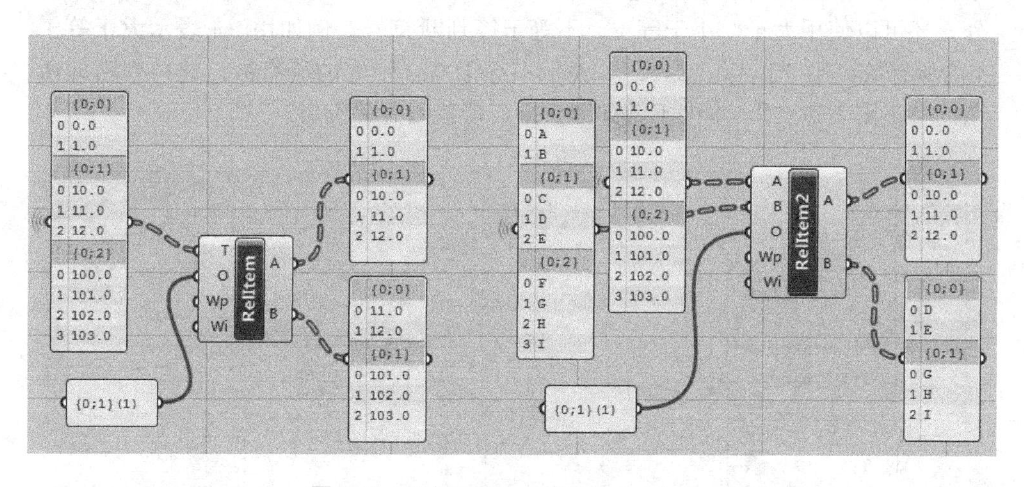

图 5-99　Relative Item 和 Relative Items

用 Relative Item 运算器可以实现图 5-75 所示的案例，程序如图 5-100 所示。把它稍加改造，用 Relative Items 运算器可以实现如图 5-101 所示的图形。这两个案例请参见案例文件 5-8. gh。

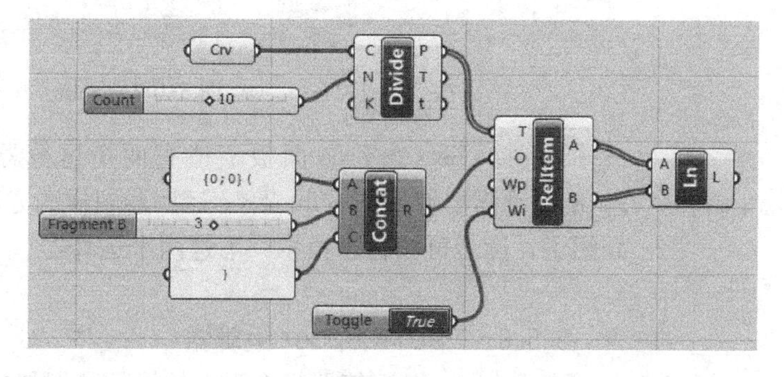

图 5-100

Split Tree 运算器(图 5-102)根据输入参数 *M* 设置的路径和列

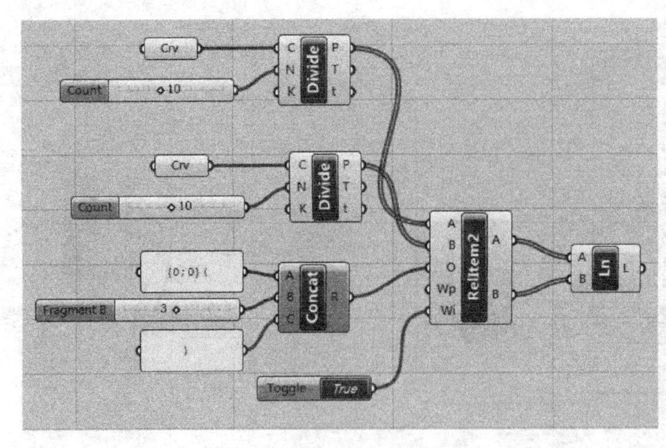

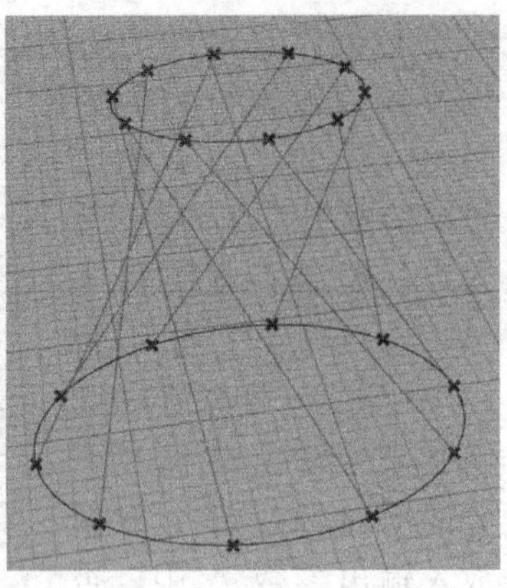

图 5-101

表索引条件，把符合条件的数据分枝放入输出参数 P，把不符合条件的数据分枝放入输出参数 N，从而把数据树 D 分为两半。输入参数 M 为字符串，用于判断数据分枝的路径，可以用“?”表示任意的字符，用“ * ”表示任意的字符串，用范围［A-B］表示从 A 到 B 的任意一个数(例如［2～4］表示 2、3、4 中的任意一个数)，用组合［A，B，C，D，…］表示 A、B、C、D、…中的任意一个字符(例如［X、2、Y、5、A］表示 X、2、Y、5、A 中的任意一个字符)；另外，还可以使用大于、小于等于、不等于等判断符号，例如用≥4 表示大于等于 4 的所有数，用“！［0，2，5］”表示不等于 0、2、5 的所有数。这种判断即所谓的“正则表达式”，本书不做详细介绍，请参阅有关资料。

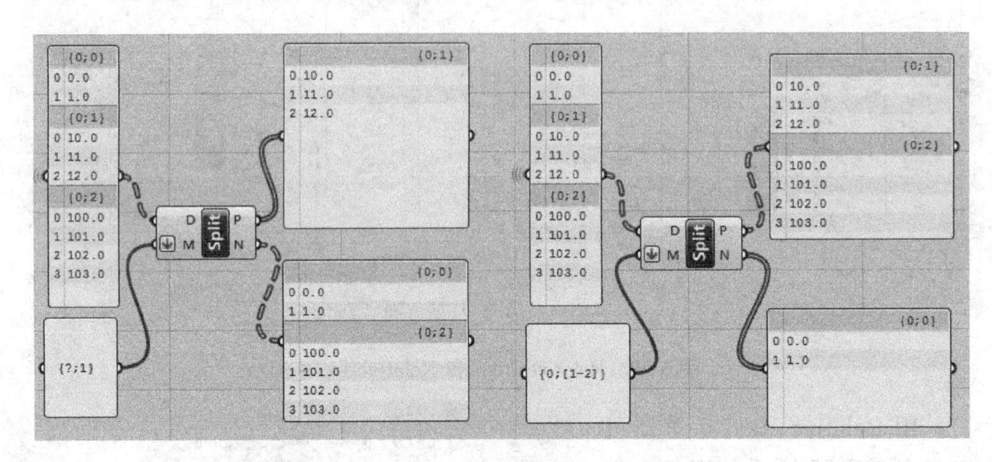

图 5-102　Split Tree

另外，Sets＞Tree 面板下还有两个运算器，即 Path Compare 和 Replace Paths，都需要使用与 Split Tree 运算器同样的方法设置判断条件，本书也不具体介绍了，读者可以自己摸索一下这两个运算器。

5.5.9　Path Mapper 运算器

Path Mapper 运算器具有强大的操作数据树的能力，可以用它实现各种对数据树的操作，甚至包括其他用于操作数据树的运算器的功能。

其一般使用方法如下(图 5-103)：

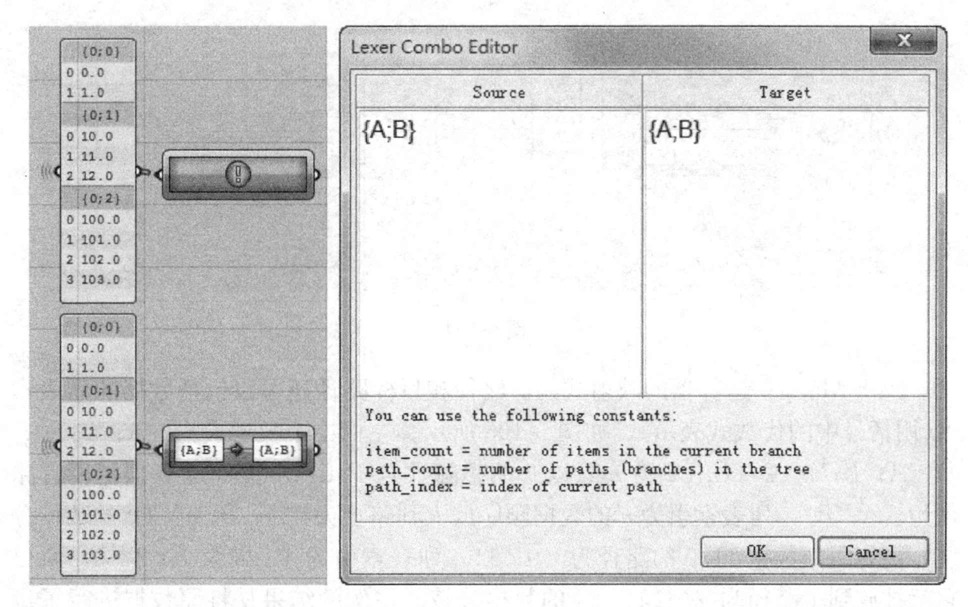

图 5-103 Path Mapper 运算器的一般使用方法

① 在工作区放置 Path Mapper 运算器，并把要操作的数据树连接到运算器的输入端。

② 在右键菜单选择 Create Null Mapping，这时 Path Mapper 运算器会根据数据树的路径长度生成一个起始的路径映射式。

③ 双击 Path Mapper 运算器，打开对话框对路径映射进行编辑。

Path Mapper 运算器的功能是顺序把箭头左边(即对话框的 Source)的源路径的所有数据放置在箭头右边(对话框的 Target)的目标路径，以创建一个新的数据树，其中字母 A、B、... 是一个代数式，用以指代的具体的路径中的值，可以采用任意的字母，在右键菜单中选择 Create Null Mapping 时，运算器会根据路径结构自动分配字母。

如图 5-103 的映射式为 $\{A;B\} \rightarrow \{A;B\}$，Path Mapper 运算器顺序提取源数据树中的每一个数据，例如当提取到路径为 {0；1} 的数据分枝的数据时，它把路径 {0；1} 赋值给 $\{A;B\}$，即 $A=0$、$B=1$，这时箭头右边的路径 $\{A;B\}$ 也就等于 {0；1}，Path Mapper 运算器根据映射式，把从路径为 {0；1} 的数据分枝的数据放入目标路径为 {0；1} 的数据分枝，以此类推。由于映射式的源路径和目标路径相同，所以此时创建的数据树和原数据树是相同的。

我们再看一下图 5-104 所示的两个例子，左例的映射式为 $\{A;B\} \rightarrow \{A\}$，Path Mapper 运算器把输入数据树的路径为 {0；0}、{0；1}、{0；2} 的数据分枝的所有数据顺序放到路径为 {0}、{0}、{0} 的数据分枝，形成了类似于 Flatten Tree 运算器的运算结果。而右例的映射式为 $\{A;B\} \rightarrow \{B\}$，Path Mapper 运算器把路径为 {0；0}、{0；1}、{0；2} 的数据分枝的所有数据顺序放到路径为{0}、{1}、{2}的数据分枝，形成了类似于 Shift Tree 运算器的运算结果。

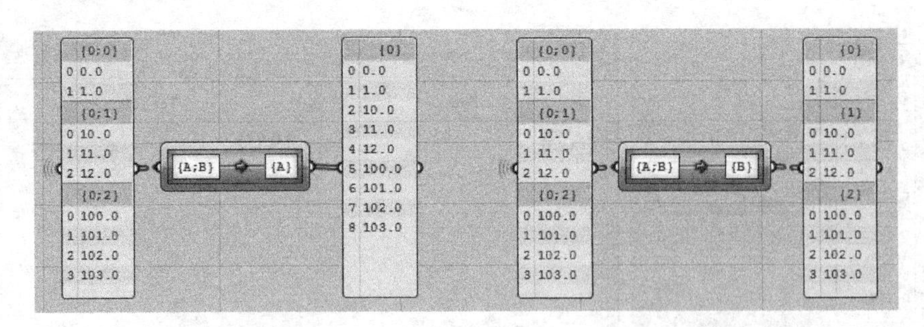

图 5-104

Path Mapper 运算器的映射式的源路径和目标路径还可以包括数据的列表索引(用括号中的代数式表示)，如图 5-105 所示。左例中，映射式为{A；B}(n)→{A；B；$n\backslash 2$}($n\backslash 2$ 为 n 除以 2 的整除数)，Path Mapper 运算器把所有路径为{A；B}，列表索引为 n 的数据顺序放入到路径为{A；B；$n\backslash 2$}的数据分枝，例如图中数据 11.0 的路径为{0；1}，列表索引为 1，因为 $1\backslash 2=0$，所以它就被放到了路径为{0；1；0}的数据分枝。左例的结果是将原数据进行了进一步的分组，每两个数据位于一个数据分枝。而右例中，$n\%2$ 等于 n 除以 2 的余数，其结果是将原数据分枝中间隔一个位置的数据放到了同一个数据分枝。

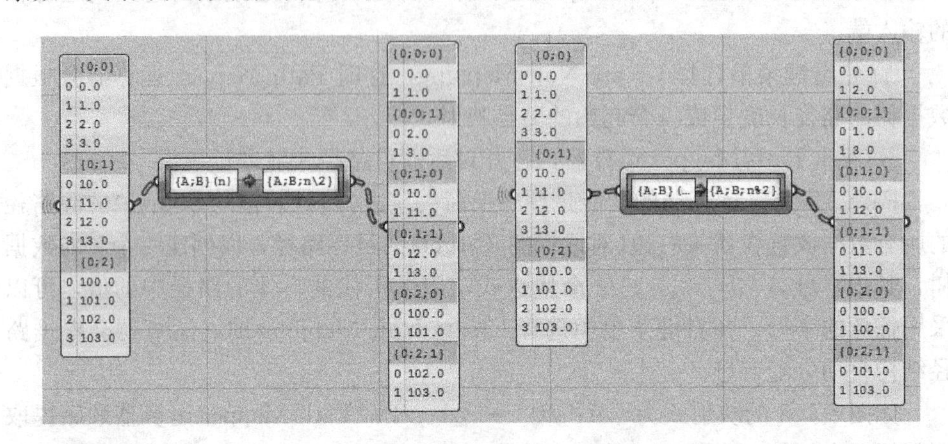

图 5-105

如果能把 Path Mapper 运算器做一个类似于 Expression 运算器到 Evaluate 运算器的扩展，其功能将更加强大。遗憾的是目前的 Grasshopper 版本还没有做到这一点。

下面我们用一个案例来进一步说明 Path Mapper 运算器的用法。在案例5-6.gh 中我们创建了一个网格，在此案例中我们用 Path Mapper 运算器绘制对角方向的线，案例文件为 5-9.gh，过程如下：

① 打开案例 5-6.gh(图 5-94)。为了简便起见，首先在工作区放置 Simply Tree 运算器，将输入端连接到 Construct Point 运算器的输出端；再放置 Panel

运算器，并将输入端连接到 Simply Tree 运算器的输出端，观察网格点的数据树结构。

② 放置 Vector>Point 面板的 Point List 运算器，将输入参数 P 连接到 Simply Tree 运算器的输出端，将输入参数 S 设为 1，以显示各网格点在分枝数据列表中索引，如图 5-106 所示。

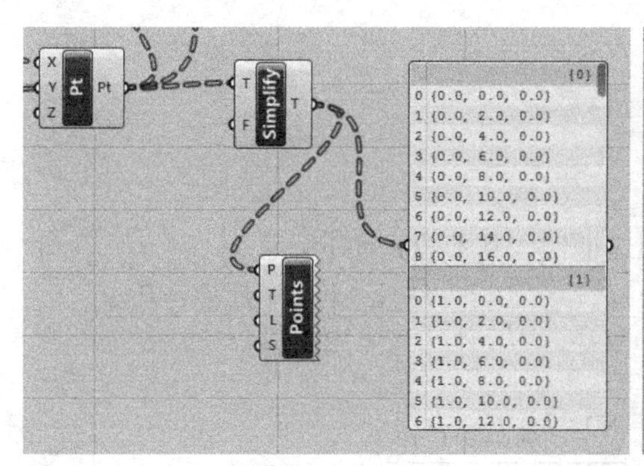

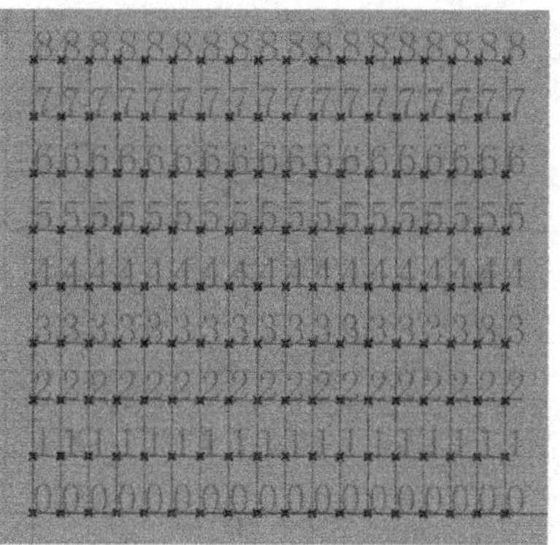

图 5-106

从图 5-106 可以发现，如果把路径 {0} 上位置为 0 的点、路径 {1} 上位置为 1 的点、路径 {2} 上位置为 2 的点等等连接起来就可以生成一条对角斜线；同样，把路径 {0} 上位置为 1 的点、路径 {1} 上位置为 2 的点、路径 {2} 上位置为 3 的点等等连接起来就可以生成和前述一条斜线平行的对角斜线，以此类推。也就是说，每一条对角斜线上的点，它们的路径数值和列表索引值相减的结果都是相等的，而这个相减的结果对于不同对角斜线来说是不等的。

③ 我们据此采用 Path Mapper 运算器来把相同对角斜线上的点放在同样的路径上，如图 5-107 所示，Path Mapper 运算器的映射式为 {A} (i)→ {A-i}。最后用 PolyLine 运算器将同样路径上的点连接起来，就得到了我们需要绘制的斜线。

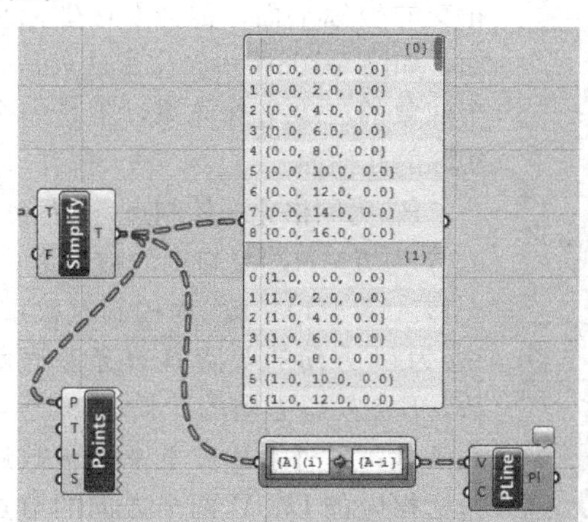

图 5-107

由于 Path Mapper 运算器产生的数据树的某些路径上会只有一个点，因此 PolyLine 运算器不能把此路径上的点连接成线，所以出现了报错警告，我们可以在 PolyLine 运算器之前，先用在 Prune Tree 运算器删除数据长度小于 2 的分枝。

④ 重复步骤③，并把映射式改为 {A} (i)→ {A+i} (读者可以思考一下是为什么)，绘制出另一个方向的斜线。

5.6 面和体

5.6.1 基本概念

1) NURBS 曲面

我们在第 5.3 节介绍了 NURBS 曲线，其参数式如下：

$$B(t)=\frac{B_{0,k}(t)P_0w_0+B_{1,k}(t)P_1w_1+B_{2,k}(t)P_2w_2+\cdots+B_{n,k}(t)P_nw_n}{B_{0,k}(t)w_0+B_{1,k}(t)w_1+B_{2,k}(t)w_2+\cdots+B_{n,k}(t)w_n}$$

或者用∑表示为：

$$B(t)=\frac{\sum_{i=0}^{n}B_{i,k}(t)P_iw_i}{\sum_{i=0}^{n}B_{i,k}(t)w_i},$$

其中，P_i 为控制点，w_i 为控制点权重，k 为阶数，$B_{i,k}(t)$为 k 阶 B 样条基底函数，另外，B 样条基底函数中包括节点的描述。t 为参数，取值范围为节点 $t_{k-1}\sim t_{n+1}$(在 Rhino 中为 t_k 到 t_n)。NURBS 曲线是以一维的控制点及控制点权重，以及节点向量和阶数共同描述的曲线。把 NURBS 曲线的控制点、控制点权重、节点向量、阶数扩展到二维，可以得到 NURBS 曲面，其公式如下：

$$P(u,v)=\frac{\sum_{i=0}^{n}\sum_{j=0}^{m}B_{i,k}(u)B_{j,h}(v)P_{i,j}w_{i,j}}{\sum_{i=0}^{n}\sum_{j=0}^{m}B_{i,k}(u)B_{j,h}(v)w_{i,j}}$$

其中，u、v 为 NURBS 曲面的参数。NURBS 曲线的参数 t 是一个一维的参数，可以映射为一条均匀量度的直线。对于 NURBS 曲面来说，其参数 u、v 为二维的，可以映射为均匀量度的、正交的坐标平面，称为 UV 坐标平面，如图 5-108所示。注意这只是一个抽象的二维坐标体系，不是一个实际的几何面。

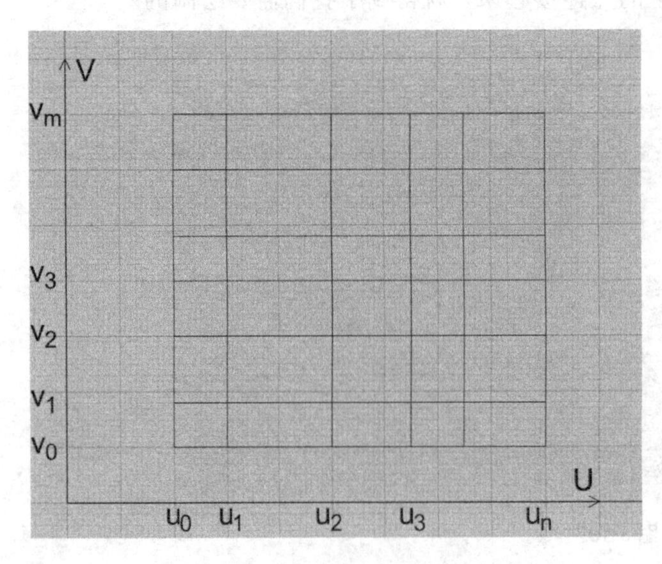

图 5-108 UV 坐标平面的节点网格

$P_{i,j}$为网格化的控制点，i 为 $0\sim n$，j 为 $0\sim m$，控制点的数量为$(m+1)\times(n+1)$；$w_{i,j}$为控制点权重；$B_{i,k}$为 U 方向的 k 阶 B 样条基底函数，$B_{j,h}$为 V 方向的 h 阶 B 样条基底函数；另外，B 样条基底函数还包括相应的 U、V 两个方向的节点向量，构成如图 5-109 所示的节点网格。在前面的 NURBS 曲线的章节里我们介绍过，NURBS 曲线是在节点处分段的多段曲线，而对于 NURBS 曲面来说，它是由分块的曲面构成的，每个分块曲面对应于节点网格中的一个矩形面，例如图 5-109 中，曲面的每一个分块面与绘制于坐标平面的节点网格的矩形面具有对应关系(注意图中节点网格和曲面的分块网格数量看起来相等的原因在于曲面的 *UV* 方向的端点为全复节点)。

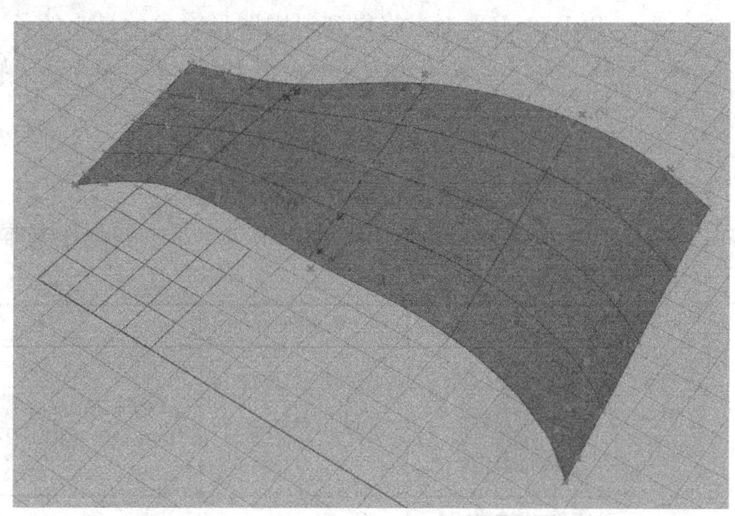

图 5-109　NURBS 曲面、控制点和节点网格

关于 NURBS 曲面的数学定义可以不必深究，我们可以根据公式以及我们对 NURBS 曲线的了解，建立起如下概念：

(1) NURBS 曲面可以描述简单或复杂的曲面，它是 Rhino/Grasshopper 中描述面的基本手段；

(2) NURBS 曲面是一个参数曲面，曲面上的每一点的计算参数为 UV 坐标平面上的坐标(u，v)，具体的空间位置还取决控制点网格、各控制点的权重、*U* 方向与 *V* 方向的阶数、以及 *UV* 两个方向的节点向量；

(3) NURBS 曲面在 *UV* 两个方向的阶数可以相互不同，但各方向的阶数为常数，是固定值，如果把 NURBS 曲面看成是沿着 *U* 或 *V* 方向的紧密排列的 NURBS 曲线构成的曲面，那么这些曲线的阶数或次数是相同的；

(4) NURBS 曲面具有与 NURBS 曲线类似的特性，只不过从一维扩展到了二维，例如分段控制特性：NURBS 曲线上的点的位置只与局部的某些控制点相关，而 NURBS 曲面上的点的位置只与局部的控制点网格相关。

2) Grasshopper 有关面和体的数据类型

在 Grasshopper 中，与面和体相关的基本数据类型是 Surface，它包括上面所说的 NURBS 曲面，以及被剪切过的 NURBS 曲面(称作剪切曲面)，Surface>Util 面板的 Untrim 运算器可以获取剪切曲面的原 NURBS 曲面。

Surface 类型的输入参数可以通过其右键菜单的 Set one Surface 或 Set Multiple Surfaces 选取 Rhino 中的 NURBS 曲面或剪切曲面，与 Curve 类型参数类似，可以关联(Reference)或拷贝(Copy)所选对象。另外，当把一个封闭的平面曲线连接到 Surface 类型的输入参数时，曲线会转化为一个被剪切的平面型曲面。

在介绍 Grasshopper 数据类型时，我们已经涉及了 Brep 概念。在 Grasshopper 中，Brep 也是一种数据类型，它包括了 NURBS 曲面、剪切曲面、由 NURBS 曲面或剪切曲面构成的封闭体积，以及由 NURBS 曲面或剪切曲面相互连接而成的 Polysurface。Brep 类型的输入参数可以通过右键菜单 Set one Brep 或 Set Multiple Breps，关联或拷贝 Rhino 的各种面或体。当 Brep 只包括一个

NURBS 曲面或剪切曲面时，等同于 Surface。

另外，还有两种特殊的与体积相关的数据类型：Box 和 Twisted Box，为由八个顶点设定的长方体或扭曲长方体。用右键菜单 Set one ... 或 Set Multiple ... 时，需要在 Rhino 顺序指定八个顶点来给 Box 或 Twisted Box 类型的参数赋值。Box 和 Twisted Box 都可以直接转化为 Brep；而当把其他图形转化为 Box 和 Twisted Box 时，将得到包围图形对象的最小的长方体(Bounding Box)。另外，Box 可以直接转化为 Twisted Box，Twisted Box 转化为 Box 时，得到的也是 Bounding Box。

5.6.2 基本曲面和实体的创建

Surface>Primitive 面板中包含了一些创建基本曲面和实体的运算器，具体功能如下：

图标	名称	功能
	Plane Surface	以坐标平面 P 的原点为计算原点，以 X、Y 为长宽范围(Domain)，创建位于坐标平面 P 的矩形平面
	Plane Through Shape	求包围几何对象 S、投影于坐标平面 P、边线平行于坐标平面 P 的 X、Y 轴的最小矩形，输入参数 I 使矩形向四边扩大 I
	Bounding Box	创建包含对象 C 的最小长方体，输入参数 P 为坐标平面；输出参数 $B1$ 为平行于坐标平面 P 的最小长方体，$B2$ 为把 $B1$ 进行由坐标平面 P 到世界坐标系的转换后得到的长方体(关于坐标系的变换，见第八节)。运算器的 Union Box 选项用于控制输出结果是单个包含了所有对象的最小长方体(运算器下方显示为 Union Box)，或是对每个对象创建一个独立的最小长方体(运算器下方显示为 Per Object)
	Box 2Pt	以对角点 A、B 创建平行于坐标平面 P 的长方体
	Box Rectangle	以矩形 R 和高度 H 创建长方体
	Center Box	创建以坐标平面 B 的原点为中心、长宽高分别为 X、Y、Z 的、平行于 B 的长方体
	Domain Box	创建以坐标平面 B 的原点为计算原点、以 X、Y、Z 为长宽高取值范围的、平行于 B 的长方体。这个运算器看上去和 Center Box 一样，但注意它的输入参数 X、Y、Z 的数据类型为 Domain 而不是 Number

续表

图标	名称	功能
	Cone	以坐标平面 B 的原点为圆心，创建半径为 R、高度为 L 的圆锥面。输出参数 C 为圆锥面(不包括圆锥体的底面)，T 为圆锥面的顶点
	Cylinder	以坐标平面 B 的原点为圆心，创建半径为 R、高度为 L 的圆柱面(不包括圆柱体的上下底面)
	Sphere	以坐标平面 B 的原点为球心，创建半径为 R 的球面
	Sphere 4Pt	创建通过空间四个点 $P1$、$P2$、$P3$、$P4$ 的球面 S，输出参数 C 为球心，R 为半径
	Sphere Fit	根据点集 P 创建拟合的球面 S，C 为球心，R 为半径

5.6.3 创建复杂曲面或体积

复杂的自由形态的曲面一般以点、曲线为基础进行构造，而曲面可进一步构造成体。Surface>Freeform 面板提供了许多创建复杂曲面和体的工具，当然，它们也可以用来创建简单形式的曲面。

1）由点成面

图标	名称	功能
	4Point Surface	由3个或4个角点生成曲面
	Surface From Points	根据网格点生成曲面。输入参数 P 为网格点，U 为 U 方向的网格点数。当参数 I 为 *Ture* 时，曲面通过点集 P；当为 *False* 时，P 为曲面的控制点

目前 Grasshopper 没有提供详细定义 Nurbs 曲面的运算器，控制点权重和节点网格都无法设置，这使曲面形状的控制和曲面的编辑受到了一定的限制，相关功能需要借助脚本编程、调用相关函数来实现。

2）拉伸操作

拉伸(Extrude)操作也称作挤压操作，其结果相当于先把线或面沿着直线段或曲线做一系列的平移(不产生旋转)和缩放操作，再把这些线或面连接成面或体(图 5-110)。

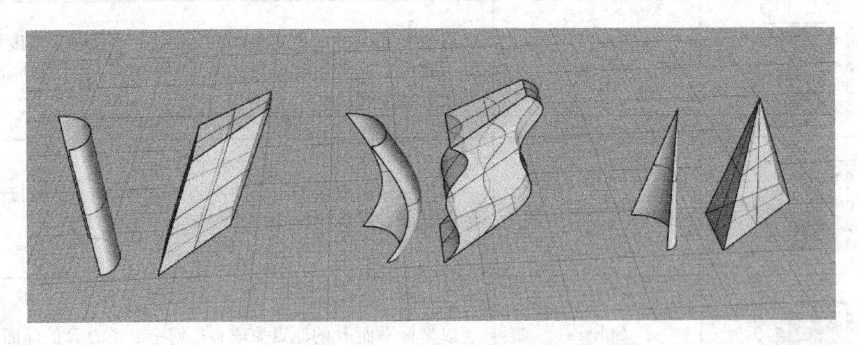

图 5-110 拉伸成面或体

Grasshopper 提供了以下几个拉伸操作的运算器，其结果的数据类型为 Surface 或 Brep，拉伸方向为创建的曲面的 U 方向。

图标	名称	功能
B D Extr E	Extrude	把对象 B 沿着向量 D 的方向和长度拉伸。当 B 为曲线时结果为曲面，B 为多直线段时结果为 Polysurface，B 为曲面时结果为实体
B C ExtrCrv E	Extrude Along	把对象 B 沿着曲线 C 的方向进行拉伸，当 B 为曲线时结果为曲面，B 为多直线段时结果为 Polysurface，B 为曲面时结果为实体
P Po A Ao Extrude E	Extrude Linear	沿着直线段 A 的方向拉伸曲线或曲面 P。如果坐标平面 Po 和 Ao 不同，则先将 P 从坐标平面 Po 转换到坐标平面 Ao，再进行拉伸操作。当 B 为曲线时结果为曲面，B 为多直线段时结果为 Polysurface，B 为曲面时结果为实体
B P Extr E	Extrude Point	沿曲线或曲面 B 向点 P 拉伸并缩小为一点，以形成锥面或椎体

3）圆形截面的管状面或体

图标	名称	功能
C R E Pipe P	Pipe	沿着曲线 C 生成管状面或体 P。输入参数 R 为管子的半径。E 有三个选项：当为 None(0)时，管子的两个端头无盖；为 Flat(1)时，两端为圆面；为 Round(2)时，两端为半球面，如图 5-111
C t R E VPipe P	Pipe Variable	沿着曲线 C 在不同的参数 t 处设置不同的半径生成粗细改变的管状面或体。输入参数 t 为曲线参数的多个值，R 为相应的多个半径值。参数 E 的设置同上，如图 5-111

上述运算器的输出参数的数据类型为 Brep。管状曲面的 U 方向为曲线 C 的方向。

4）扫略操作

扫略，分为单轨扫略和双轨扫略。单轨扫略相当于把称作轨线的曲线进行分段，然后根据断面曲线起点与轨线起点的关系把断面曲线复制到轨线的各分段点，并旋转到与轨线垂直的方向，最后将一系列断面曲线连接成曲面或体。双轨扫略采用两条轨线，分别对应于断面曲线的起点和终点，断面曲线沿着两条轨线复制、旋转，并产生变形，最后这一系列的断面线连接成面或体。扫略操作输出参数的数据类型为 Brep，扫略面的 U 方向为轨线方向。

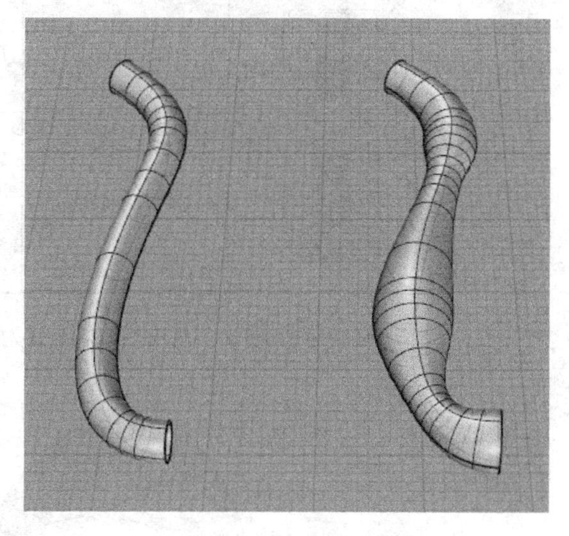

图 5-111　Pipe 和 Pipe Variable

为了便于控制和观察结果，我们在单轨扫略中一般让轨线的起点与断面线的起点重合，在双轨扫略中一般让两条轨线的起点分别重合于断面线的起点和终点。

图标	名称	功能
R S M Swp1 S	Sweep1	单轨扫略，断面曲线 S 沿着轨线 R 扫略形成曲面或 Brep。当 R 有尖点时，参数 M 控制扫略面在尖点处的连接：为 None(0)时，相当于轨线在尖点处断开，断面曲线沿着各段轨线分段扫略；为 Trim(1)时，在轨线尖点处呈尖角，创建的面可能是剪切曲面；为 Rotate(2)时，在轨线尖点处呈圆角
R1 R2 S H Swp2 S	Sweep2	双轨扫略，断面曲线 S 沿着两条轨线 R1 和 R2 扫略，形成曲面或 Brep。参数 H 控制断面曲线在扫略中高度是否保持不变，但本版本中似乎不起作用

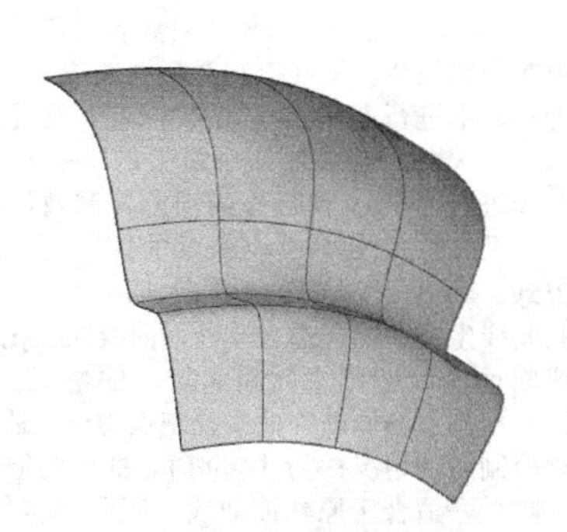

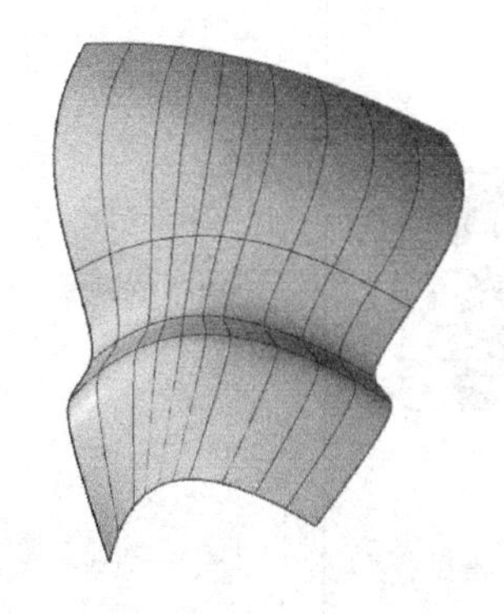

图 5-112　单轨扫略和双轨扫略

5）旋转操作

图标	名称	功能
P A D RevSrf S	Revolution	断面曲线P以直线段A为轴旋转形成曲面。输入参数D为Domain数据类型，起始值为旋转的起始角(弧度)，终止值为旋转的终止角(弧度)，如图5-113
P R A S RailRev S	Rail Revolution	断面曲线P以直线段A为轴旋转，另以轨线R控制旋转的起始角和终止角、以及断面曲线在旋转过程中的缩放。参数S控制在旋转轴方向是否缩放。Rail Revolution与单轨扫略有些相似，其不同点在于，单轨扫略的断面曲线旋转到与轨线垂直的方向，而Rail Revolution中断面曲线始终围绕旋转轴旋转的，如图5-113

旋转操作输出参数的数据类型为Brep，旋转面的U方向为旋转方向。

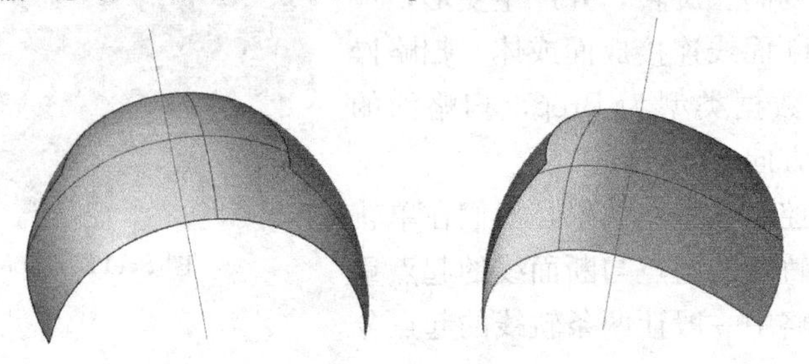

图5-113 Revolution和Rail Revolution

6）直纹曲面和Loft曲面

图标	名称	功能
A B RuleSrf S	Ruled Surface	根据两条曲线A和B创建直纹曲面，可以理解为将A、B两条曲线各自进行无限等分后，由两条曲线上的分割点两两连成的无数直线段形成的曲面
C O Loft L	Loft	根据一组断面线C创建放样曲面，如果断面曲线上有尖点，则拟合的结果为一组曲面(Brep)，输入参数O为控制选项(见下一个运算器)。放样曲面可以理解为在一组断面线的两两曲线之间插入无数个中间曲线形成的曲面，如图5-114
Cls Adj Rbd Rft T Loft Opt O	Loft Options	Loft曲面的控制选项，用于连接Loft运算器的输入参数O。其中，输入参数Cls用于控制是否(有可能的话)将最后一个断面和第一个断面连接形成封闭曲面；当断面线为封闭曲线时，Adj控制是否调整对齐各封闭曲线的接缝点以避免曲面的扭曲；Rbd控制对断面线进行Rebuild预处理：为0时不进行Rebuild，正数将重新设置控制点数进行Rebuild(次数为断面曲线中最大的次数)；Rft设置对断面曲线进行FitCrv预操作的误差控制数值，具体参见Rhino帮助文件关于FitCrv命令的说明；T用于设置Loft的方式：为Normal时，断面曲线两两之间以相同数量的中间曲线生成曲面，适合于断面曲线间变化路径相对较平直或断面曲线两两之间距离较大的情况；为Loose时，曲面的控制点与原断面曲线控制点吻合，适合于以后需要编辑控制点的情况；为Tight时，曲面与原断面曲线形状最为吻合，适合于原断面曲线位于曲面转角的情况；为Developable时，断面曲线两两之间形成单独的可展曲面；为Uniform，则创建均匀曲面

Ruled Surface 运算器结果的数据类型为 Surface，U 方向为曲线方向。Loft 运算器结果的数据类型为 Brep，断面曲线的方向为 V 方向。

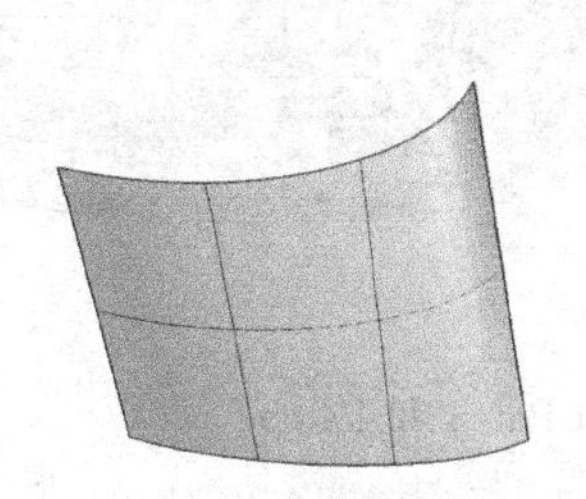

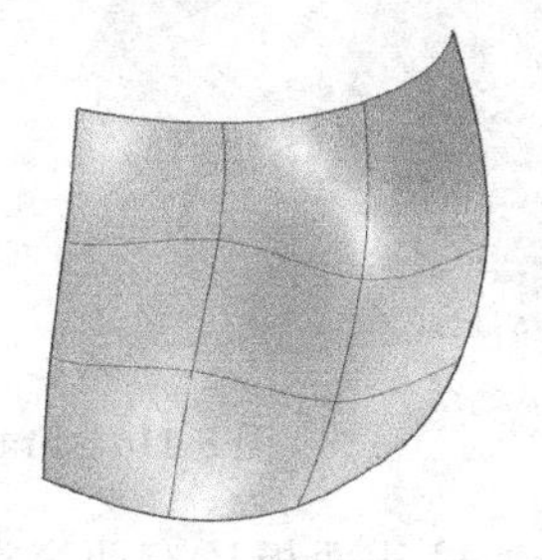

图 5-114 直纹曲面和 Loft 曲面

7）其他构造曲面的方法

图标	名称	功能
E Boundary S	Boundry Surface	根据一组曲线构成的封闭平面轮廓生成平面型曲面，如图 5-115
A B C D EdgeSrf S	Edge Surface	根据 2-4 边生成曲面，如图 5-115
U V C NetSurf S	Network Surface	根据 U、V 方向各一组曲线拟合出曲面 S。输入参数 C 控制曲面的连续性，如图 5-115
A B SumSrf S	Sum Surface	相当于拷贝曲线 B 到曲线 A 的端点，再在曲线 B 的两个拷贝的另一端拷贝曲线 A，最后用四条边构造曲面，如图 5-115
B FPatch P	Fragment Patch	根据 Polyline B 生成折面，如图 5-116
C P S F T Patch P	Patch	根据曲线集 C 和点集 P 拟合一个曲面。参见 Rhino 的 Patch 命令，如图 5-116

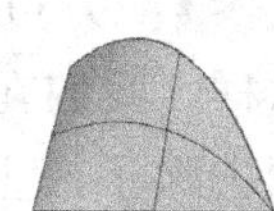

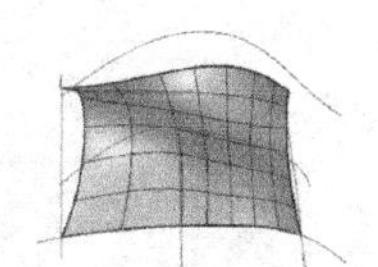

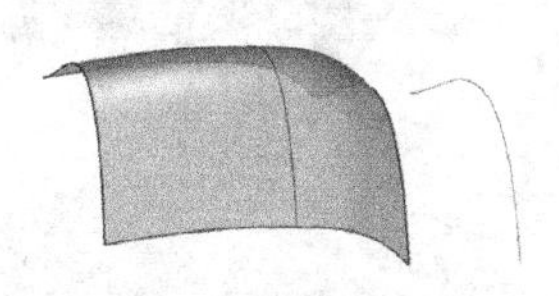

图 5-115 Boundry Sur face、Edge Surface、Network Sur-face 和 Sum Surface

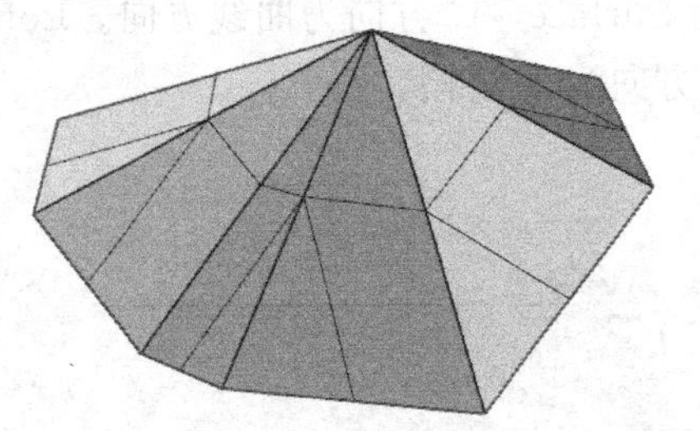
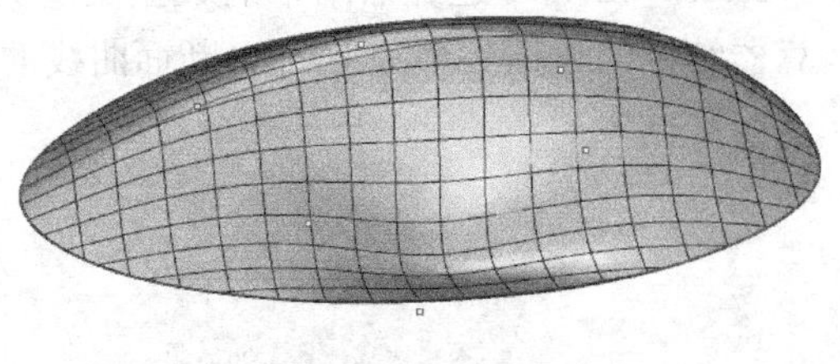

图 5-116　Fragment Patch 和 Patch

在 Surface>Util 面板还有两个运算器可以用于对曲面进行平行拷贝(Offset)，以创建新的曲面：

图标	名称	功能
S D T Offset S	Offset	对曲面 S 进行 offset，D 为距离，沿曲面的法线方向为正数。输入参数 T 用于控制是否对 Offset 创建的曲面进行与原曲面同样的剪切
S D T Offset S	Offset Loose	同样对曲面 S 进行 offset，参数的设置同上。Offset 与 Offset Loose 的区别在于前者的输入和输出曲面是严格的平行关系，而后者的输入和输出曲面的控制点是平行的

5.6.4　创建曲面案例

1) Extrude Point 运算器的应用

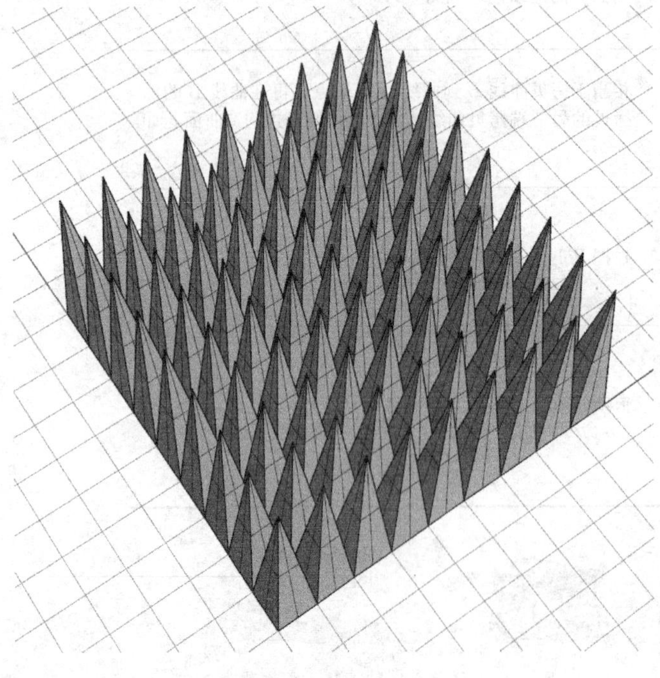

图 5-117

我们在第 5.6 节里介绍了一个制作正交网格的案例(5-6. gh)，我们这里以此为基础，制作如图 5-117所示的模型。

其步骤如下：

① 首先参照案例 5-6. gh，建立一个正交网格点阵(图 5-118)。

② 接下来进行数据的结构处理。如图 5-119 所示，先用 Graft Tree 运算器将每一个点放在数据树的一个独立的分枝上，并用 Simply Tree 运算器将路径简化；再用 Relative Item 运算器，将输入参数 O(Offset)设为 {1; 1}，这样，我们在输出参数 A 就获得了去除了最上边一行和最右边一列的点阵。

③ 如图 5-120，用Relative Items运算器获取步骤②的输出参数A的每一个点的右侧、右上和上侧的点，并用Polyline运算器将它们连成正方形。

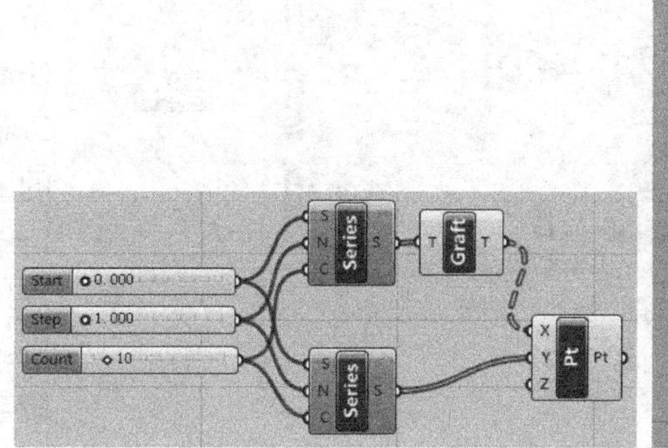

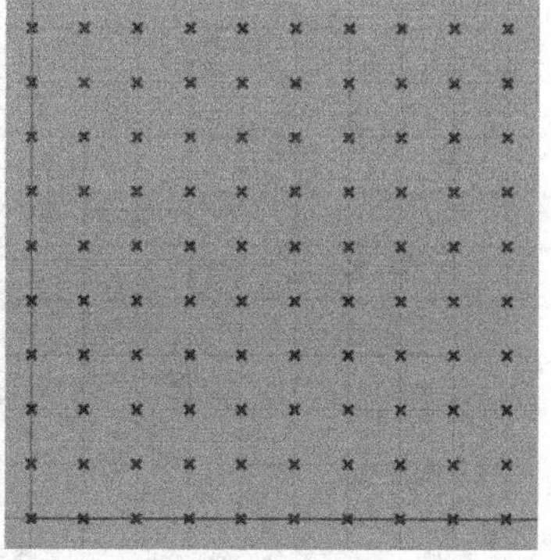

图 5-118

④ 参照步骤①，再建一个网格点阵，行数与列数比步骤1的网格点阵均小1，并用Number Slider运算器给网格点阵的z坐标赋值，如图5-121所示。

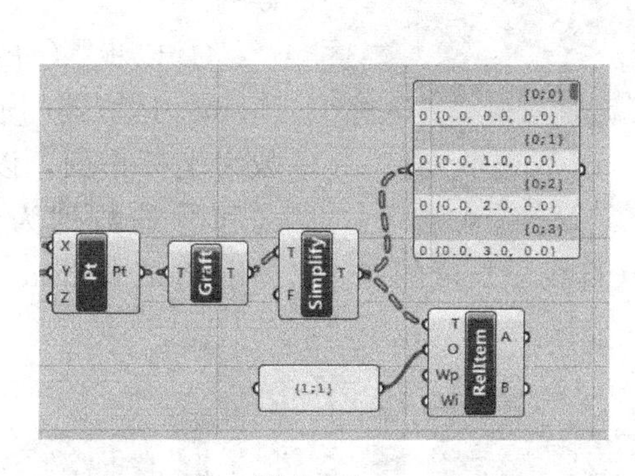

图 5-119

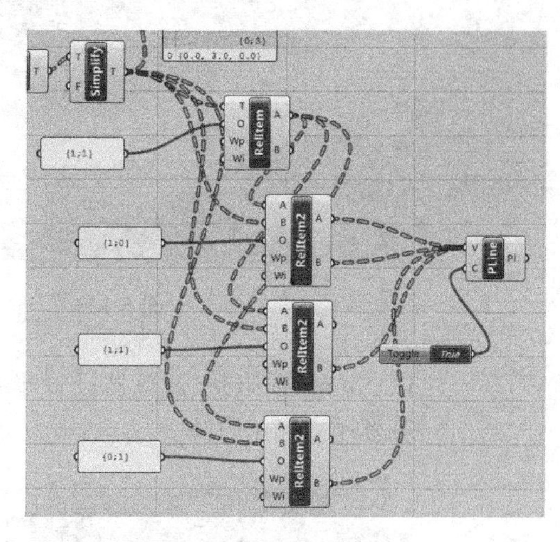

图 5-120

⑤ 最后，用Extrude Point运算器，将步骤③的PolyLine运算器和步骤④的Graft运算器的输出参数分别连接Extrude Point运算器的输入参数B和P，就获得了图5-117所示的模型。

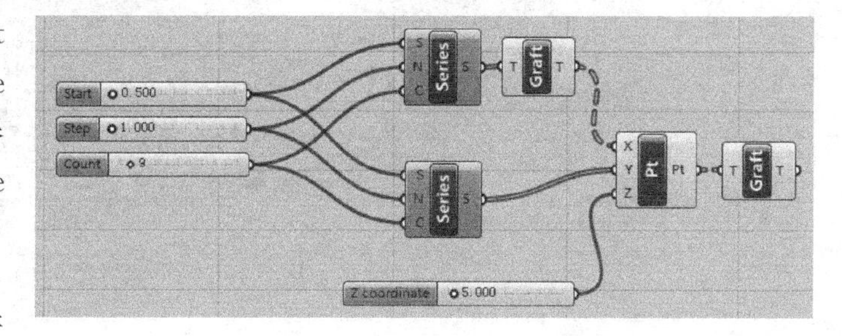

图 5-121

完整的程序如图5-122所示，本案例文件为5-10.gh。

2）用Loft运算器制作莫比乌斯环

我们在这个案例中(见5-11.gh)将演示用Loft运算器制作如图5-123所示的莫比乌斯环的方法，思路是先将一条封闭曲线进行分段，然后在每一个分段点处的与曲线垂直的各个坐标平面上，顺序绘制与坐标平面 x 轴呈0～180度渐变的直线段，再用Loft运算器将这些线段连接成面。步骤如下(图5-124)：

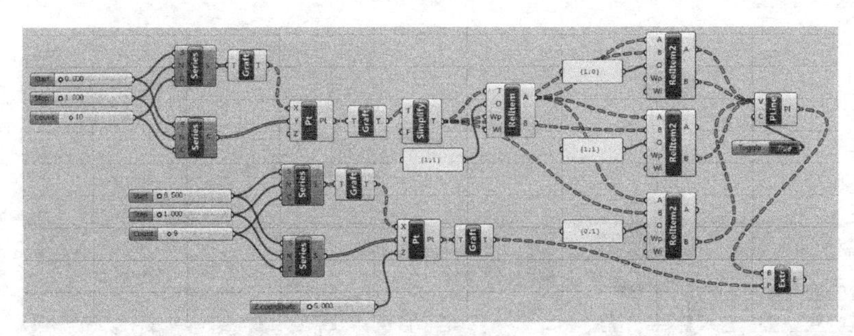

图 5-122

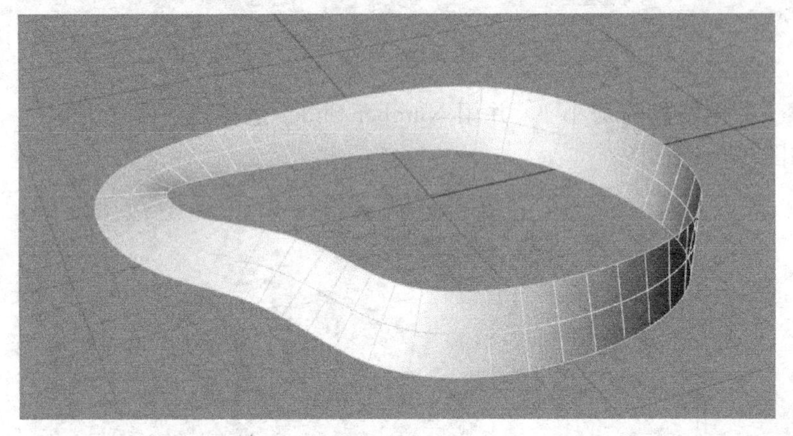

图 5-123

① 在 Rhino 绘制一条封闭的曲线，在 Grasshopper 放置 Prep Frames 运算器，将绘制的曲线选择为 Prep Frames 的输入参数 C，并用 Number Slider 设置 Prep Frames 运算器的分段数(输入参数 N)。

② 以 Pi 除以分段数为增量，以分段数为数量，用 Series 运算器生成一个数列(起始值$S=0$)。

③ 用 Pi 加上步骤②的数列，得到另一个数列。

④ 以步骤①的 Prep Frames 运算器的输出参数为坐标平面，以步骤②和③的数列为角度，以 Number Slider 运算器设置半径(直线段长度的一半)，用 Point Cylindrical 运算器生成两组点阵。

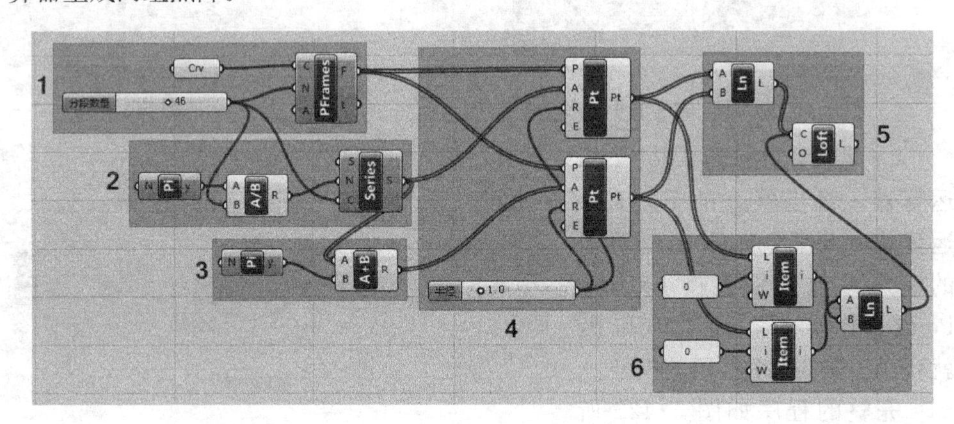

图 5-124

⑤ 用 Line 运算器将步骤④的两组点阵连接成一组直线段，并用 Loft 运算器连接成面。此时的结果如图 5-125 所示。

⑥ 由于生成 Loft 曲面的第一条直线段和最后一条直线段的起点和终点的相应关系发生了颠倒，如果把 Loft 运算器的选项设置为封闭，则曲面会发生错误的扭曲，因此需要处理。我们这里采用的方法是用 List Item 运算器，把步骤④

得到的两组点阵的第一个点分别提取出来，颠倒顺序后连接成一条新的直线段，加入 Loft 运算器的输入参数 C，如图5-124所示。

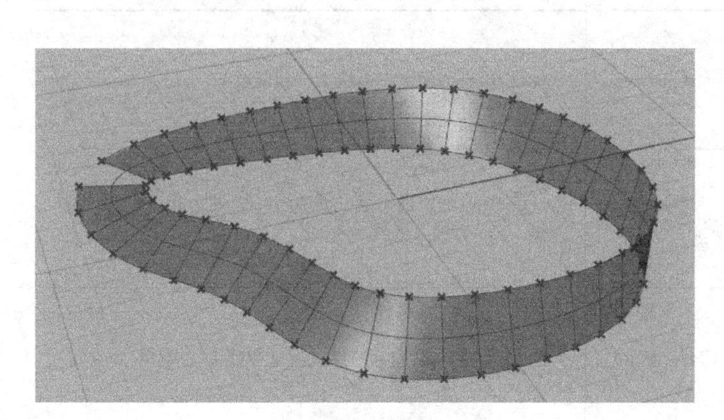

图 5-125

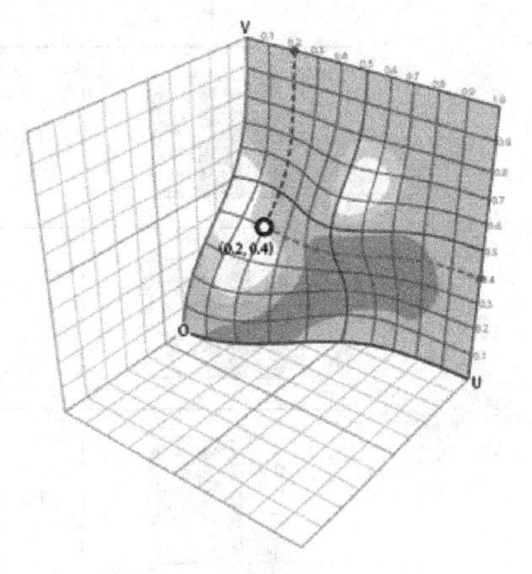

图 5-126　三维曲面及其 UV 坐标系

5.6.5　Surface 和 Brep 的分析

Surface>Analysis 面板中有许多用于分析曲面和 Brep 的工具，下面我们介绍一下一些常用的运算器。在曲面分析中，经常需要用到 UV 坐标，前面我们已经介绍，UV 坐标系可以看作一个正交的平面坐标系，图 5-126 所示为把它映射到实际的曲面上的情况。在 Grasshopper 中，UV 坐标的表示方法与三维坐标点相同，只是其 Z 坐标被忽略。

1) Surface 的分析

与 Curve 类似，可以用 Domain² 运算器获取曲面的参数域，对于 Surface 数据类型的输入参数，可以在右键菜单选择 Reparameterize，使它的 UV 域都为 0～1。下面是用于对曲面进行分析的运算器：

图标	名称	功能
SrfPt（S → P, W, G, U, V）	Surface Points	求取曲面的控制点等信息。输出参数 P 为控制点，W 为控制点权值，U 为控制点网格在 U 方向的点数，V 为控制点网格在 V 方向的点数。G 为 Greville 点的 UV 坐标。所谓 Greville 点，以曲线为例，如果曲线的次数为 3，而节点向量为 0，0，0，1，2，3，3，3，则它的 Greville 点即为参数值为(0+0+0)/3=0、(0+0+1)/3=1/3、(0+1+2)/3=1、(1+2+3)/3=2、(2+3+3)/3=8/3、(3+3+3)/3=3 处的点，在 Rhino 中即为曲线的编辑点；曲面的 Greville 点以此类推
Srf CP（P, S → P, uvP, D）	Surface Closest Point	求取曲面 S 上与点 P 距离最近的点。输出参数 uvP 为 $P1$ 点在 S 上的 UV 坐标，D 为距离
EvalSrf（S, uv → P, N, F）	Evaluate Surface	求取曲面 S 上 uv 坐标处的点 P。输出参数 N 为 uv 处的曲面法向量，F 为 uv 处与曲面相切的坐标平面

2）Brep 的分析

对 Brep 进行分析的运算器主要有：

图标	名称	功能
B DeBrep F E V	Deconstruct Brep	获取 Brep 的面 *F*、边线 *E*、和顶点 *V*
B Edges En Ei Em	Brep Edges	分析 Brep 的边线，输出参数 *En* 为外边线，*Ei* 为内部边线，*Em* 为独立的线
P B Brep CP P D	Brep Closet Point	求点 *P* 到 Brep 最近的点，输出参数 *D* 为距离

3）Box 的分析

在 Grasshopper 中，Box 是一种独立的数据类型，前面介绍的创建 Box 的各种运算器的结果都是 Box 类型。可以用以下运算器对 Box 进行各种数据的分析。强调一下，如果把其他的图形作为输入参数，相关的 Box 分析运算器分析的将是图形的 Bounding box。

图标	名称	功能
B Box Corners A B C D E F G H	Box Corners	获取 Box B 的 8 个顶点
B BoxProp C D A V d	Box Properties	获取 Box B 的中心 *C*、对角向量 *D*、表面积 *A*、体积 *V*。*d* 为 Box 的"退化"情况，0 表示输入的 Box 为长方体，1 表示输入的 Box 为矩形，2 表示表示输入的 Box 为直线段，3 表示输入的 Box 为点
B DeBox P X Y Z	Deconstruct Box	获取 Box B 所处的坐标平面 *P*、以及 *B* 在坐标平面 *P* 的 *X*、*Y*、*Z* 方向上的数值范围 *X*、*Y*、*Z*
B U V W Box Pl Pt I	Evaluate Box	输入参数 B 为 Box，*U*、*V*、*W* 为 Box 的局部坐标系(以 Box 左下角为原点，以 Box 的三个方向为坐标轴方向，各方向的取值为 0～1)的坐标，求点(*U*，*V*，*W*)为原点的坐标平面 *PI*，点(*U*，*V*，*W*)在空间中的实际位置 *Pt*，*I* 用于判断点(*U*，*V*，*W*)是否在 Box 内部或边界上

4）对曲面和 Brep 分析的其他工具

图标	名称	功能
SDivide（S U V / P N uv）	Divide Surface	平分曲面 S 的 UV 域以生成网格点，输入参数 U 为 U 方向的网格数，V 为 V 方向的网格数。输出参数 P 为网格点，N 为各网格点处的法向量，uv 为各网格点处的 UV 坐标
SFrames（S U V / F uv）	Surface Frames	平分曲面 S 的 UV 域，求取各 UV 分格点处与曲面相切的坐标平面。输入参数 U 和 V 同上，输出参数 F 为各坐标平面，uv 为分格点的 UV 坐标值，即各坐标平面的原点的 UV 坐标值
SubSrf（S D / S）	Isotrim	从曲面 S 获取 UV 范围为 D 的局部曲面

以上两个运算器位于 Surface>Util 面板。在 Curve>Spine 面板还有几个从曲面获取曲线的工具。

图标	名称	功能
CrvSrf（S uv C / C L D）	Curve On Surface	创建通过曲面 S 上的一系列点的、位于曲面 S 上的曲线。输入参数 uv 为这一系列点在曲面 S 上的 UV 坐标，C 设定是否创建闭合曲线。输出参数 L 为曲线的长度，D 为曲线的参数域
Iso（S uv / U V）	Iso Curve	在曲面 S 的 uv 坐标处生成沿 U、V 方向的曲线。U 为 U 方向曲线，V 为 V 方向曲线
Project（C B D / C）	Project	将曲线 C 向 Brep B 投影生成曲线，D 为投影方向（向量）
Pull（C S / C）	Pull Curve	沿曲面 S 的法线方向，将曲线 C 向曲面投影生成曲线
OffsetS（C D S / C）	Offset on Srf	在曲面 S 上对曲线 C 进行 Offset，D 为距离

Surface>Analysis 面板还有如下几个运算器可用于分析面和 Brep 的相关数据：Area 运算器用于求曲面或 Brep 的面积与面积中心，Volume 运算器用于求体积和体积中心，这两个运算器比较简单。Area Moments 用于求面积矩，Volume Moment 用于求体积矩，概念比较复杂，在此略过。

另外，还有几个判断图形包含关系的运算器：Point In Brep 用于判断点是否在一个体积之内，Point In Breps 用于判断点是否在一组体积之内，Point In Trim 用于判断 UV 坐标点是否位于一个面的被剪切掉的范围内，Shape In Brep 用于判断体积是否包含了图形对象，这几个运算器也比较简单，这里不作具体介绍了。

5.6.6 曲面和 Brep 的编辑操作

在 Surface>Util 面板，还有几个编辑曲面或 Brep 的运算器：

图标	名称	功能
S T Trim S	Copy Trim	把曲面 *S* 的剪切线通过 *UV* 坐标映射到曲面 *T*，对 *T* 进行剪切
S T Retrim S	Retrim	有些图形变换运算器(见第 5.8 节)对剪切曲面 *S* 操作的结果为非剪切曲面 *T*，本运算器用于对 *T* 进行重新剪切
S Untrim S	Untrim	获取剪切曲面的原曲面
B Join B C	Brep Join	用于把一组 Brep 中可连接的连接在一起，输出参数 *C* 显示结果 *B* 是否为封闭体积。注意输出参数 *B* 中除了连接成功的 Brep，还包含着未被连接的对象
B Cap B	Cap Holes	用面把 Brep B 上的平面型洞口(例如封闭曲线拉伸形成的面在两端的开口)封闭
B CapEx B C S	Cap Holes Ex	尽可能封闭 Brep B 上的各种洞口，输出参数 *B* 为结果 Brep，*C* 为被封闭的洞口数量，*S* 指示结果是否为封闭的体积
B FMerge B N0 N1	Merge Faces	把 Brep B 中共平面的面合并成一个面。输出参数 *B* 为结果 Brep，N0 为合并前的 Brep 中的面的数量，N1 为合并后的面的数量
S G Flip S R	Flip	翻转曲面 *S* 的法线方向。如果有输入参数 *G*(参考曲面)，则根据 *G* 的法线方向确定是否对 *S* 进行翻转(两曲面法向量夹角大于 90 度则翻转)

5.6.7 在曲面上绘制图形的案例

1）将六边形网格映射到曲面

我们在这个案例里将演示一种在曲面上绘制网格的方法，该方法可以应用于很多类似的情况。过程是，首先在平面绘制网格，然后通过 Evaluate Surface 运算器把平面上的点映射到曲面，最后再连接成网格。结果如图 5-127 所示。其步骤如下：

① 打开5-12.3dm，在Grasshopper用Loft运算器将文件中的两条曲线制作为放样曲面。

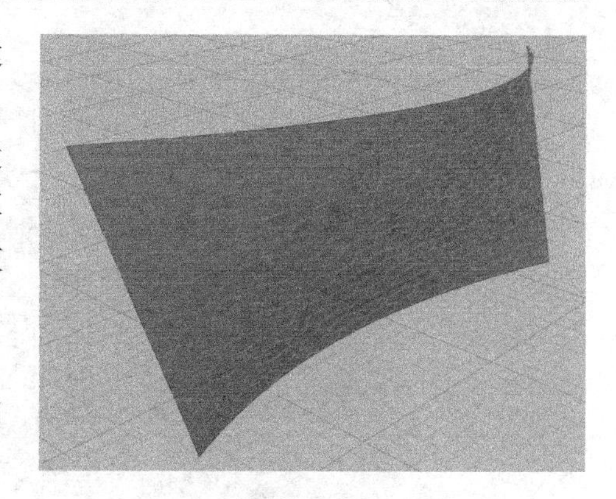

图5-127

② Vector>Grid面板下有几个生成网格的运算器。如图5-128所示，我们采用Hexagonal运算器生成一个正六边形网格。该运算器的输入参数P为网格所在的坐标平面，预设值为世界坐标系XY平面；S为网格的大小（正六边形的外径），预设值为1；Ex、Ey分别为X轴、Y轴方向的六边形数量，我们用Number Slider运算器设置。输出参数C为各个正六边形，P为各六边形的中心点。这时，在Rhino的xy坐标平面上将出现一个正六边形网格。接下来我们要把这个网格的各个六边形的顶点映射到曲面上，然后再连接成六边形。

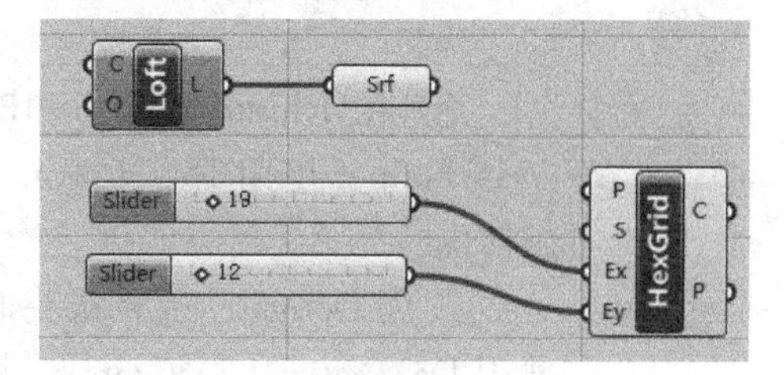

图5-128

③ 把Hexagonal运算器的输出参数C连接到Control Points运算器，获取各个六边形的顶点，然后用Deconstruct运算器获得各顶点的坐标，用Flatten Tree运算器将X、Y坐标处理后，用Bounds运算器分别获取X、Y坐标的取值范围。同时用Domain² 运算器获取曲面的UV域，并用Deconstruct Domain² 运算器分解成U和V两个域，如图5-129所示。

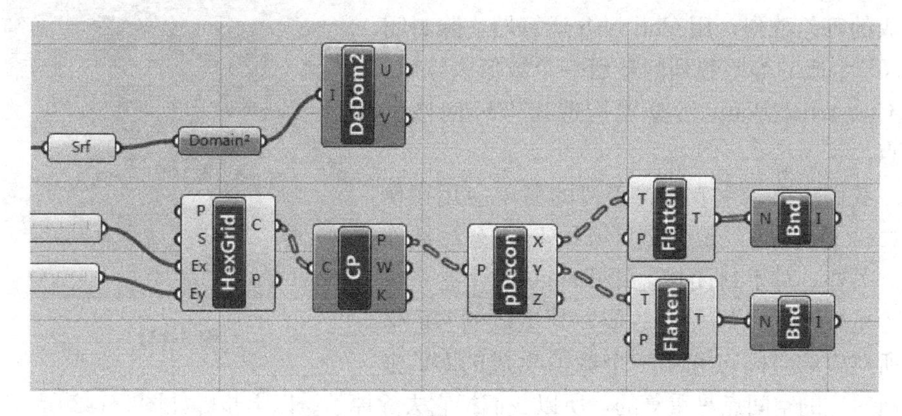

图5-129

④ 用Remap Numbers运算器将各六边形顶点的X、Y坐标分别从X、Y坐标的取值范围映射到曲面的U、V域，再用Construct Point运算器重新构造成UV坐标点，最后，用Evaluate Surface运算器在曲面上求得各UV坐标相应的空间点，用PolyLine绘制各个六边形。

全部过程如图5-130所示。

2）封闭曲面的处理

在这个案例里我们将演示如何处理封闭曲面的问题，如图5-131所示，我们将在一个封闭的曲面上绘制一个菱形网格。其步骤如下：

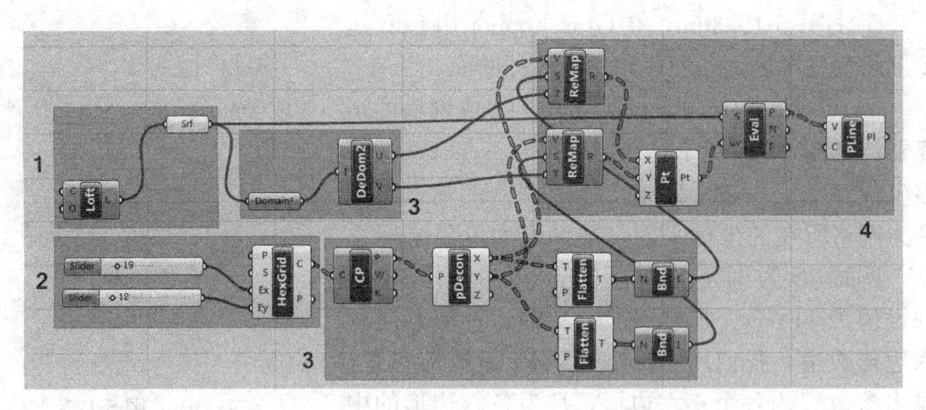

图 5-130

① 在 Rhino 打开 5-13.3dm 文件，在 Grasshopper 里用 Revolution 运算器制作封闭旋转面。

② 用 Domain² 运算器获取曲面的 *UV* 域，并用 Deconstruct Domain² 运算器分解成 *U* 和 *V* 两个域。

③ 用 Range 运算器在 *U*、*V* 域范围内进行平分获得平分处的数值(等差数列)。

④ 用 Graft Tree 运算器处理非封闭域(*V*)生成的等差数列，用 Cull Nth 运算器去除封闭域(*U*)生成的等差数列的最后一个数值去除后，用 Construct Point 运算器构造出 *UV* 网格坐标点。

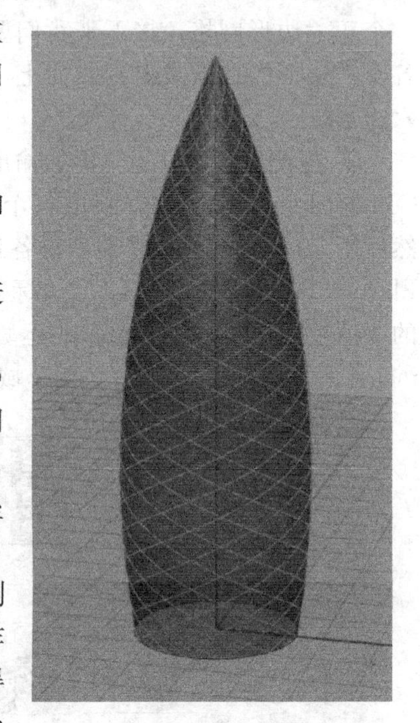

图 5-131

我们在第 5.5 节的关于树的简单应用案例中(5-6.gh)，曾经介绍过 Graft Tree 运算器作用。另外，对于封闭域，用 Range 运算器获得的等差数列的最后一个数值，其生成的 *UV* 坐标所对应的空间点和第一个数值生成的 *UV* 坐标所对应的空间点是重复的，所以我们把它去除掉了。以上步骤如图 5-132 所示。

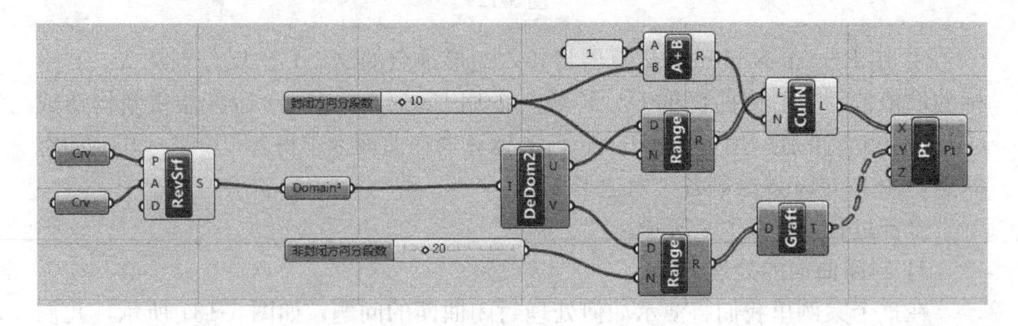

图 5-132

⑤ 接下来我们在*UV*坐标系里看看如何把点连接成我们需要的网格，我们在第5.5节的案例5-9.gh中演示过如何在平面网格点上创建菱形网格，但对于本例来说并不适用。在本例的网格中，我们不仅需要把斜向的网格点连接起来，还需要把空间上首尾相接的线连接在一起。我们可以用Shift List运算器来处理，方式如下：

用Serie运算器创建一个从0到非封闭方向分段数+1的等差数列，再用Graft Tree运算器把数列中的数据放置到数据树的各个分枝，再运用Shift List运算器对步骤④获得的UV网格坐标点数据树进行处理，输入参数*W*(Wrap)设为Ture。

这样，*UV*网格坐标点数据树的第一个数据分枝中的第一个点、第二个数据分枝中的第二个点、第三个数据分枝中的第三个点...第*n*个数据分枝中的第*n*个点在生成的数据树的各个分枝列表上就处于相同的索引位置；第一个数据分枝中的第二个点、第二个数据分枝中的第三个点等等，也位于各分枝表同样的索引位置。由于Shift List运算器的*W*选项为True，同样的索引位置还包括最后一个数据列中的第一个点。其他数据也是如此，可以比作一系列拨盘把这些数据列分别拨动了1、2、3...，使得斜向的数据在位置上对齐。另外，请注意步骤④的Graft Tree运算器连接的是非封闭方向，这是为了把封闭方向的*UV*坐标点放置在同一个分枝数据列表中，因为以后把它们相应的空间点连接起来时，起点的位置不会对结果产生影响。

⑥ 用Flip Matrix对上一步生成的数据树进行处理，使得处于各数据分枝同样索引位置的数据(*UV*坐标)被放置在新数据树的同一个数据分枝上。再用Evaluate Surface运算器，把*UV*坐标映射为曲面上的点，最后用Interpolate运算器将各个数据分枝上的点连接成曲线。这样，我们就获得了菱形网格一个方向上的斜线。还可以用Pull Curve运算器把这些线投射到曲面上。

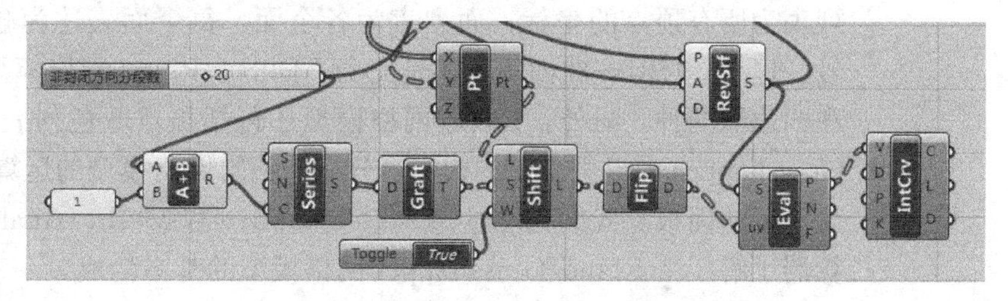

图5-133

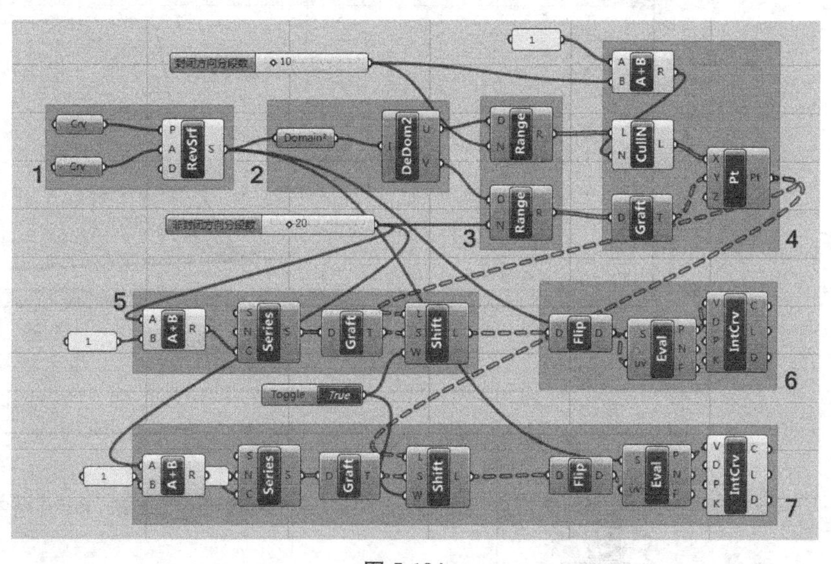

图5-134

以上过程如图 5-133 所示。

⑦ 重复步骤⑤和⑥，在用 Serie 运算器创建等差数列时，将增量设为-1，可以理解反方向转动拨盘，这样就获得了另一个方向的斜线。

图 5-134 为本案例的完整程序(5-13. gh)。

5.7 网格(Mesh)模型和一些复杂图形创建工具

5.7.1 网格模型及其构成

Rhino 是以 NURBS 为核心的三维 CAD 建模软件，但它同时也包含了基于网格模型的建模方式。在三维计算机图形学中，网格(Mesh)模型是用多边形表示或者近似表示物体曲面的物体造型方法，许多 CAD 软件都支持网格模型，而一般的建筑物理模拟分析软件，特别是计算流体动力学(CFD)分析软件，采用的模型都是网格模型。注意这里的网格(Mesh)和我们通常所说的网格(Grid)是不同的概念。

网格模型为一组由多边形表示的面，其基本元素为三维空间中的点，称为顶点。由不同顶点组合连接起来可以得到若干个封闭多边形，这些多边形构成了网格模型的面。大多数建模软件的网格模型采用的多边形为三角形和四边形，Rhino 也是如此。

如图 5-135 所示，网格模型的内在表述方式主要为顶点列表和面列表，顶点列表为所有顶点的坐标；面列表为各个面，每个面表述为顺序连接的顶点的序号，这与 NURBS 曲面的表述是完全不同的。Rhino 网格模型的面只包括三角形和四边形两种。另外，Rhino 网格模型还包括顶点颜色列表和顶点法向量列表。Grasshopper 中提供了一些构建、分析和编辑网格模型的运算器，它们位于 Mesh 菜单下的面板。我们先通过 Mesh>Primitive 和 Mesh>Analysis 面板下的几个运算器了解一下 Rhino/Grasshopper 网格模型的基本构成。

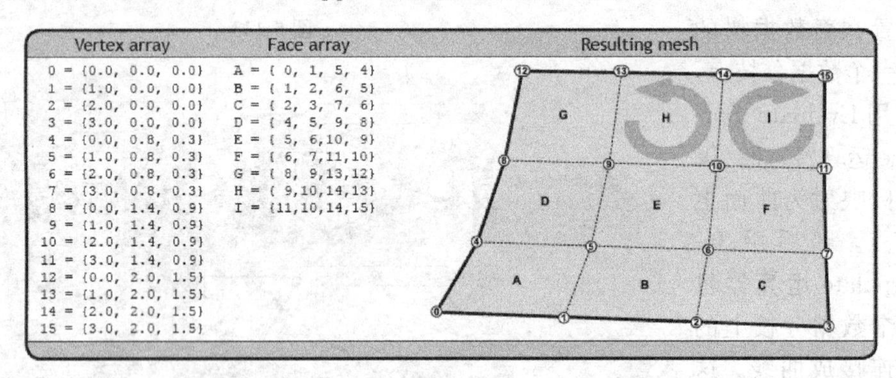

图 5-135

图标	名称	功能
	Construct Mesh	由顶点 V、面 F、和顶点颜色三个列表构造网格模型

续表

图标	名称	功能
	Mesh Quad	由顶点序号设定四边形面
	Mesh Triangle	由顶点序号设定三角形面
	Deconstruct Mesh	分析网格模型的构成，V 为顶点，F 为面，C 为顶点颜色，N 为顶点向量

图 5-136 所示是我们用上述的几个运算器构造分析一个简单的网格模型的例子。首先由六个点形成了一个点列表 Pt，通过 Mesh Triangle 和 Mesh Quad 运算器设定了网格面的顶点顺序，由 Colour Swatch 运算器(位于 Parameter Input 面板)设定了顶点颜色 Pattern。接下来我们把以上设置连接到 Construct Mesh 运算器的各输入参数，构造出右图中的网格模型。Construct Mesh 运算器的输入参数 C 如果不设置，则网格模型不包含顶点颜色信息。最后，我们用 Deconstruct Mesh 对这个网格模型进行了分析，分解出顶点、面、顶点颜色、顶点向量各种信息。读者可以自己尝试一下这个过程，特别要注意网格面的描述方式。

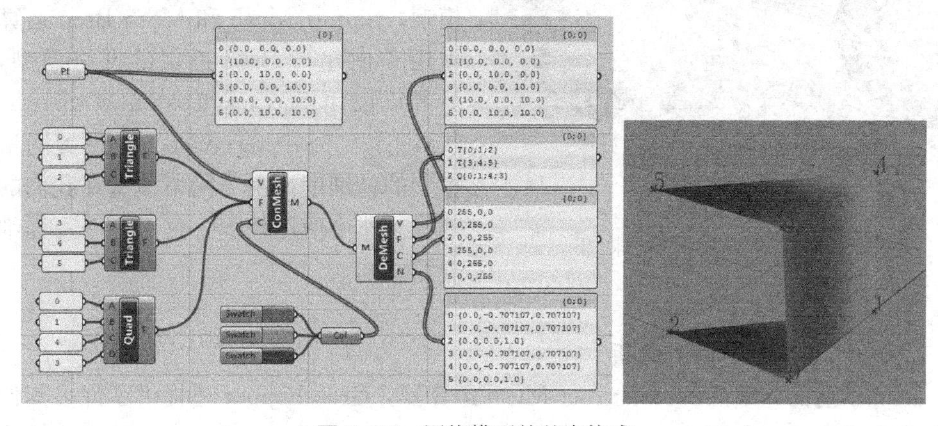

图 5-136　网格模型的基本构成

5.7.2　其他创建网格模型的运算器

在 Mesh>Primitive 面板，还有以下几个与创建网格模型相关的运算器：

图标	名称	功能
	Mesh Colors	设定网格模型 M 的顶点的颜色，输入参数 C：颜色的 Pattern

续表

图标	名称	功能
B X Y Z MBox M	Mesh Box	根据 Box B 创建网格模型。输入参数 *X*、*Y*、*Z* 为 *B* 的长、宽、高方向的网格数
B W H MPlane M A	Mesh Plane	根据 Rectangle B 创建平面网格模型。输入参数 *W*、*H* 为 *B* 的长、宽方向的网格数，输出参数 *A* 为面积
B R U V MSphere M	Mesh Sphere	以经纬方式创建网格球(图 5-137 左图)。输入参数 *B* 为坐标平面，*R* 为半径，*U*、*V* 为 *U* 和 *V* 方向的网格数
B R C MSphereEx M	Mesh Sphere Ex	以对称方式创建网格球(图 5-137 右图)。输入参数 *B* 为坐标平面，*R* 为半径，*C* 用于控制网格面的数量

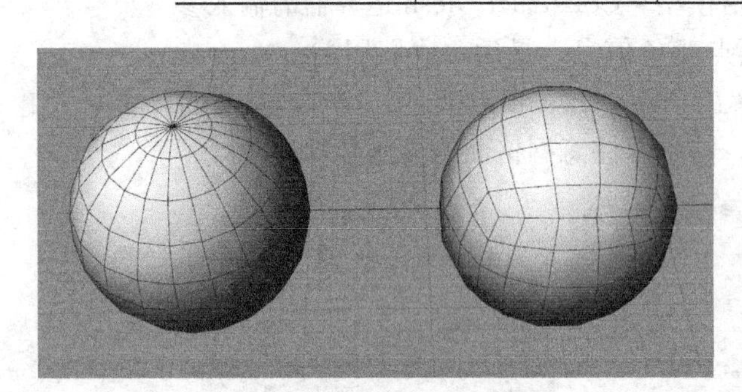

图 5-137 Mesh Sphere 和 Mesh Sphere Ex 创建的网格球

另外，在 Mesh＞Util 面板还有 Mesh Surface 运算器用于根据曲面的 *UV* 坐标等分来创建近似于曲面的网格模型；Simple Mesh 和 Mesh Brep 运算器用于创建与 Brep 近似的网格模型，后者可以用 Setting(Custom)、Setting(Quality)、Setting(Speed)来设置网格模型的精细度。由于网格模型在我们的建模工作中使用较少，这里不一一详细介绍。

5.7.3 网格模型的分析

除了前面介绍的 Deconstruct Mesh 运算器，Grasshopper 还提供了许多其他对网格模型进行分析的工具，以下的运算器位于 Mesh＞Analysis 面板。

图标	名称	功能
M FaceN C N	Face Normals	分析网格模型 *M* 的各个面的法向量。输出参数 *C* 为各面的中心，*N* 为各面的法向量
M FaceB B	Face Boundaries	获取网格模型 *M* 的各个面的边界多边形

续表

图标	名称	功能
M FaceC C R	Face Circle	获取网格模型 M 的各个三角面的外切圆 C，输出参数 R 为各圆半径
M MEdges E1 E2 E3	Mesh Edges	获取网格模型 M 的边线。输出参数 E1 为只属于一个面的边，E2 为同时属于 2 个面的边，E3 为同时属于 3 个或 3 个以上面的边
F DeFace A B C D	Deconstruct Face	分析网格面 F 的顶点序号。当 F 为三角形面时，$D=C$
M P S MInc I	Mesh Inclusion	判断点 P 是否在网格模型 M 的体积之内
P M MeshCP P I P	Closest Point	求网格模型 M 上与点 P 最近的点。输出参数 I 为最近点所在的面的序号；下面一个 P 为最近点位置的参数，其格式为：X [$f1$；$f2$；$f3$；$f4$]，其中 X 为面序号，$f1$、$f2$、$f3$、$f4$ 为面顶点的插值系数：假设面顶点为 $V1$、$V2$、$V3$、$V4$，则最近点的坐标为 $V1\times f1+V2\times f2+V3\times f3+V4\times f4$
M P MEval P N C	Mesh Eval	获取网格模型 M 上位置参数(X [$f1$；$f2$；$f3$；$f4$]，同上)为 P 的点 P、法向量 N 和颜色 C

5.7.4 网格模型的编辑

Mesh>Util 面板包含了一些对网格模型进行编辑操作的运算器：

图标	名称	功能
M I MBlur M	Blur Mesh	模糊颜色
M P CullF M	Cull Faces	按照 True 和 False 构成的 Pattern P 删除网格面
M I DeleteF M	Delete Faces	删除序号为 I 的网格面
M P S CullV M	Cull Vertices	按照 True 和 False 构成的 Pattern P 删除顶点。S 设定是否把因顶点被删除而缺少了一个顶点的四边形面转为三角形面

续表

图标	名称	功能
M I S DeleteV M	Delete Vertices	删除序号为 I 的顶点
M MJoin M	Mesh Join	合并网格模型
M Disjoint M	Disjoint Mesh	如有可能，把一个网格模型分开为若干个独立的网格模型
M P MSplit A B	Mesh Split Plane	用坐标平面 P 将网格模型切开成两个模型
M S N I L MSmooth M	Smooth Mesh	对网格模型 M 进行平滑处理。S 为平滑处理的强度（0～1），N 控制是否处理位于模型边界的边，I 为平滑处理的次数，L 控制处理前后顶点的最大的位移距离
M L P MShadow O	Mesh Shadow	计算网格模型 M 沿向量 L 在坐标平面 P 上的透影轮廓
M Tri M N	Triangulate	把网格模型 M 的四边形面转化为三角形面。输出参数 N 为得到转化的四边形面的数量
M A R Quad M N	Quadrangulate	把网格模型 M 的三角形面尽可能合并为四边形面。输入参数 A 为合并三角形面的控制角度，如果两个三角形面的夹角小于 A 则不合并；R 为四边形两对角线的比例控制值，如果将要合并成的四边形的短对角线和长对角线的比例小于 R，则不合并。输出参数 N 为转化的三角形数量
M A Weld R	Weld Mesh	合并尖角处的面使之平滑，A 控制小于多少度的尖角需要处理
M A Unweld R	Unweld Mesh	分开尖角处的面使之恢复成尖角状态

5.7.5 一些复杂图形创建

Mesh>Triangulation 面板下有一些非常有用的创建多种复杂图形的工具，

这些图形在许多参数化建筑设计的案例中可以见到。

图标	名称	功能
	Convex Hull	如图 5-138 所示，在坐标平面 PI 生成包含点集 P 的投影凸多边形 H，输出参数 Hz 为与 H 端点相应的点相连接的空间多边形，I 为多边形各端点在 P 中的序号
	Delaunay Edges	如图 5-139 所示，把点集 P 连接生成三角网格边线 E，输出参数 C 为生成网格线的拓扑关系
	Delaunay Mesh	如图 5-140 所示，把点集 P 生成三角面网格模型

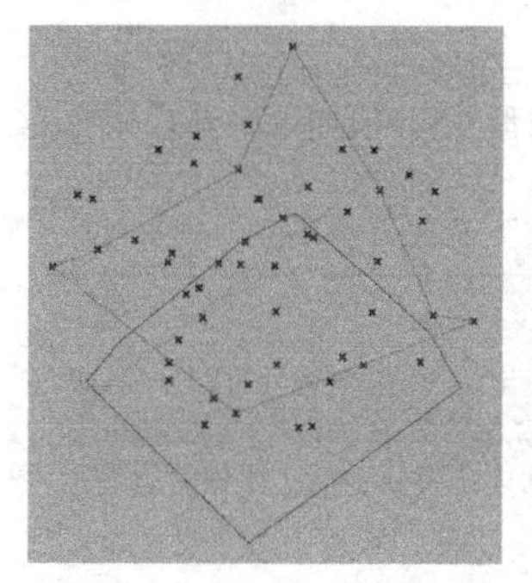

图 5-138 Convex Hull

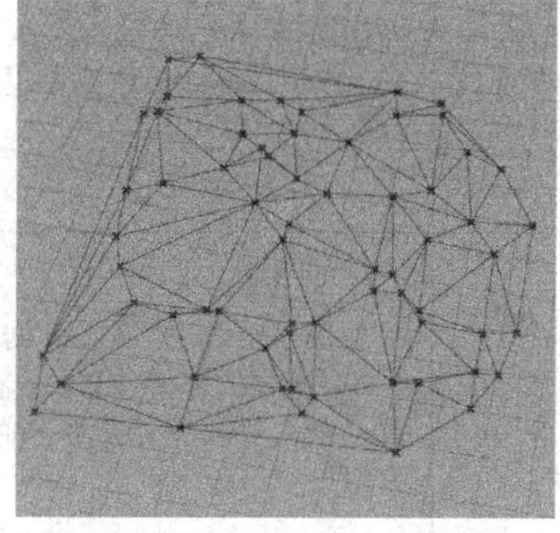

图 5-139 Delaunay Edges

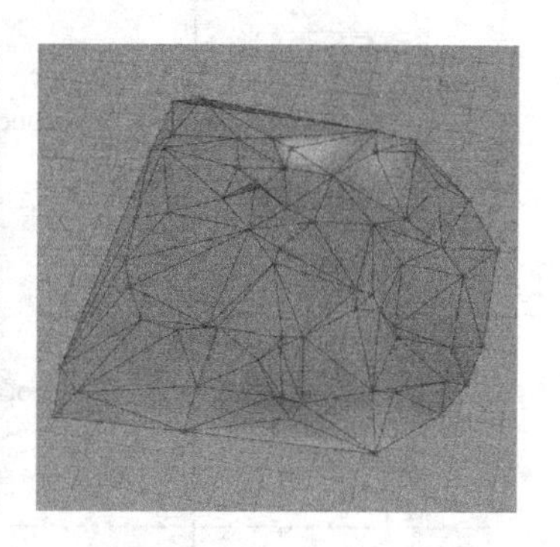

图 5-140 Delaunay Mesh

图标	名称	功能
	Substract	生成如图 5-141 所示的肌理(参见 http://complexification.net/gallery/machines/substrate)。输入参数 B 为肌理的边界矩形，N 为肌理图中线的数量，A 为肌理图的角度(弧度)，D 为线段的最大变化角度(弧度)，S 为随机种子
	Facet Dome	如图 5-142 所示，根据点集 P 拟合出球面 D，并生成外切球面 D 的多边形集 P，切点为各点在球面上的投影。输入参数 B 为以 Box 设定的范围，R 为多边形外切圆的半径；输出参数 P 为生成的多边形(根据 R 的大小可能是圆或圆弧边)。

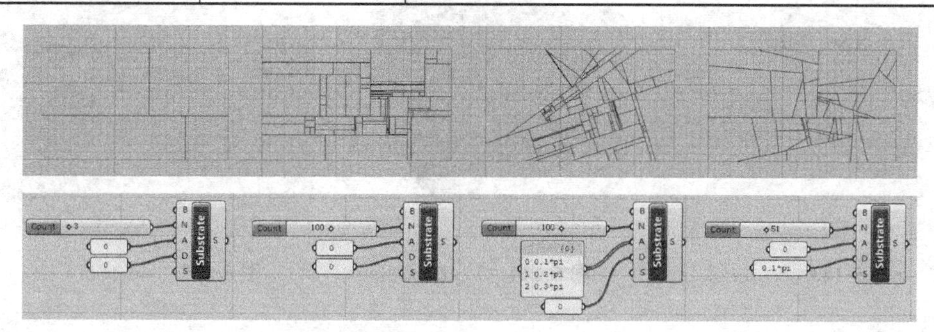

图 5-141 Substract

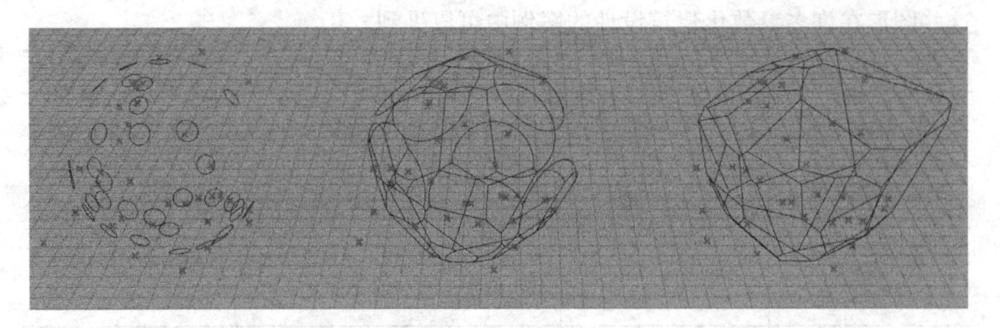

图 5-142 Facet Dome

图标	名称	功能
P R B Pl Voronoi C	Voronoi	如图 5-143 所示，根据点集 *P* 在坐标平面 *PI* 生成 Voronoi 多边形。*R* 为多边形外切圆的半径，*B* 为边界范围
P B Voronoi³ C B	Voronoi 3D	如图 5-144 所示，根据点集 *P* 在坐标平面 *PI* 生成 Voronoi 多面体 *C*(Brep)，输入参数 *B* 为以 Box 限定的边界，输入参数 *B* 指示各多面体是否处于整个体积的边界
P N B VCell C	Voronoi Cell	如图 5-145，根据点 *P* 和一系列相邻点 *N* 构成的点集，生成 *P* 处的 Voronoi 多面体单元
B G1 G2 VorGroup D1 D2	Voronoi Groups	如图 5-146 所示，在矩形 *B* 范围内，根据点集 G1 生成 Voronoi 多边形 D1，再根据点集 G2，将 D1 进行 Voronoi 划分，生成 D2，是层级性的 Voronoi 多边形划分。还可以增加输入参数 G3、G4...，可以进一步将 D2、D3...划分成 Voronoi 多边形

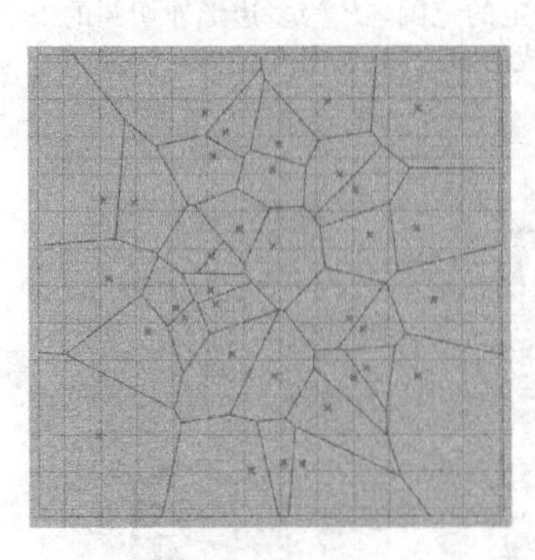

图 5-143 Voronoi

图 5-144 Voronoi 3D

图 5-145 Voronoi Cell

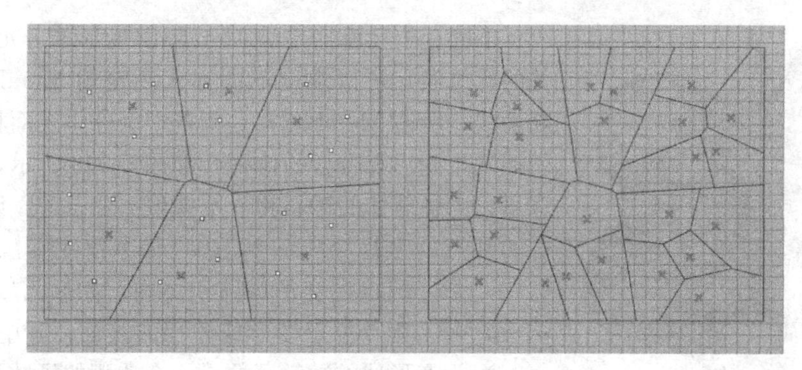

图 5-146　Voronoi Groups(左图为 G1 和 D1，右图为 G1 和 D2)

图标	名称	功能
	QuadTree	如图 5-147，把点集 *P* 投影到坐标平面 *PI*，生成平面四分化网格。输入参数 *S* 设定是否为正方形网格，*G* 设定每个网格单元最多可以包含的点的数量；输出参数 *Q* 为各个矩形，*P* 为各矩形包含的投影到 *PI* 的点
	OcTree	如图 5-148，根据点集 *P* 生成空间八分化网格。输入参数 *S* 设定是否限定为正方体网格，*G* 设定每个网格单元最多可包含的点的数量；输出参数 *B* 为各长方体，*P*1 为各长方体包含的点
	Proximity 2D	在坐标平面 *PI* 中计算点集 *P* 中的各点间的相互距离，以求得与每一个点距离最近、且距离大于等于 *R*-小于等于 *R*+的 *G* 个点(可能小于 *G*)。输出参数 *L* 为连接各点到满足条件的点的连线，分别存储于数据树的各个分枝，*T* 为相应的满足条件的点的序号
	Proximity 3D	类似于 Proximity 2D 运算器，不同点在于它在三维空间中计算各点间的相互距离

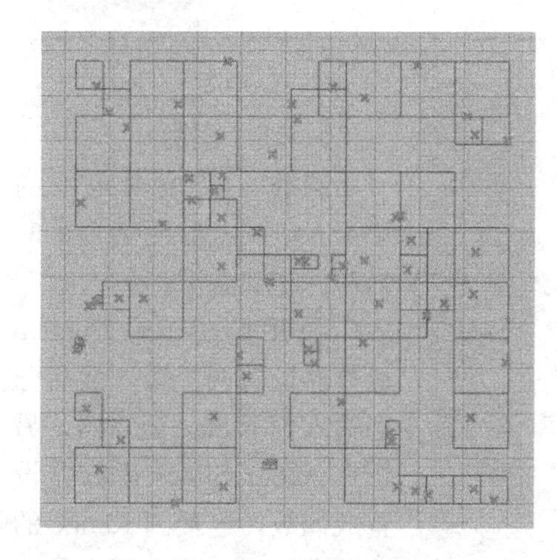

图 5-147　QuadTree

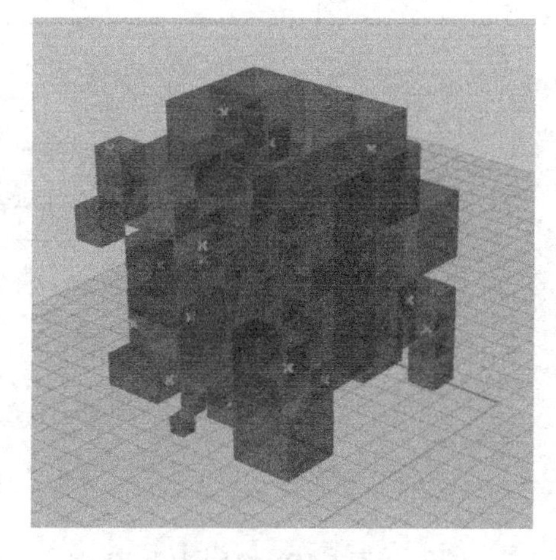

图 5-148　OcTree

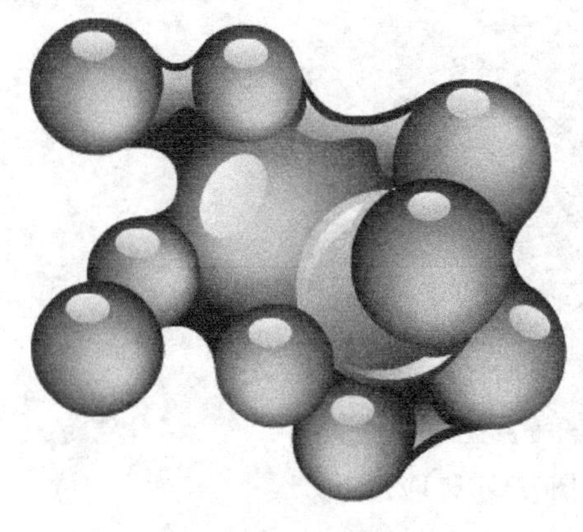

图 5-149 MetaBall(变形球)

下面三个运算器是与 MetaBall(变形球、元球)相关的运算器，可以求取不同方式设定的 MetaBall 的断面线。所谓 MetaBall，是指若干个球体表面相互吸引而发生变形和融合的体积，如图 5-149 所示。变形球可以由各球体的球心和一个阈值 t 来设定：设空间中的某点的坐标为(x, y, z)，如果满足 $\sum_{i=0}^{n} f(x, y, z)_i < t$，则点在变形球体积之内，如果 $\sum_{i=0}^{n} f(x, y, z)_i = t$，则点位于变形球体积的表面；其中 $f(x, y, z)_i$ 为变形球的数学函数，一个典型的函数为：

$$f(x, y, z)_i = 1/((x-x_i)^2+(y-y_i)^2+(z-z_i)^2)$$

通过这个公式可以理解下面的 MetaBall (t)运算器。MetaBall (t) Custom 运算器在此基础上，可以给各球体设置一个强度值，使各球体产生不同强度的变形。MetaBall (t)运算器则可以求取表面通过某个点的变形球，无需设定阈值。

图标	名称	功能
P Pl X A MetaBall I	MetaBall	求通过点 X 的、各球心位于的点集 P 的 MetaBall 被平面 P1 切割的断面线。输入参数 A 设定计算精度(图 5-150)
P Pl T A MetaBall(t) I	MetaBall (t)	求阈值为 T 的、各球心位于的点集 P 的 MetaBall 被平面 PI 切割的断面线(图 5-151)
P C Pl T A MetaBall(t) I	MetaBall (t) Custom	同上，点集 P 中的各点带有强度权值，由 C 设定(图 5-152)

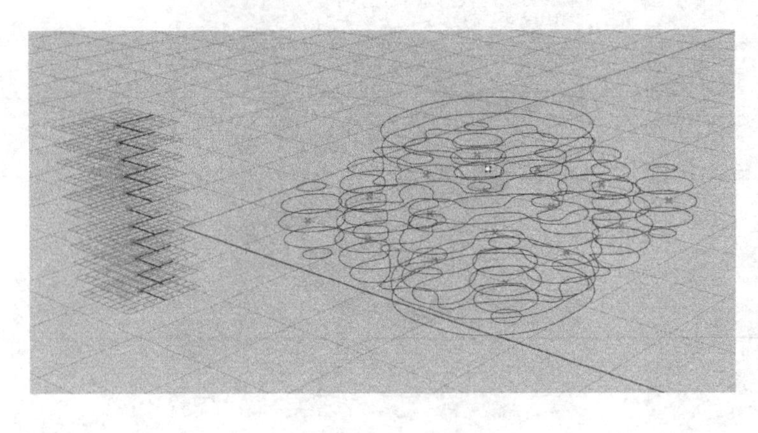

图 5-150 MetaBall

5.7.6 案例

制作一个矩形范围的 Voronoi 多边形图案(图 5-157)。步骤如下：

① 用 Construct Domain 运算器设置两个域，然后分别输入到 Range 运算器，另将 Number Slider 运算器设置成偶数，连接到 Range 的输入参数 N，形成两个等差

数列，将其中一个数列连接到 Graft Tree 运算器后，将两组数据输入到 Construct Point 运算器，形成网格形点阵。同时，将 Construct Domain 运算器的输出参数连接到 Rectangle 运算器，绘制一个矩形。结果如图 5-153 所示。

② 在 Range 运算器后面分别插入 Dispatch 运算器，输入参数 P 采用预设值(True，False)，然后将 Dispatch 运算器的输出参数 B 连接到 Graft Tree 运算器和 Construct Point 运算器。这样做的目的是去除掉偶数位置的数据，结果如图5-154所示。

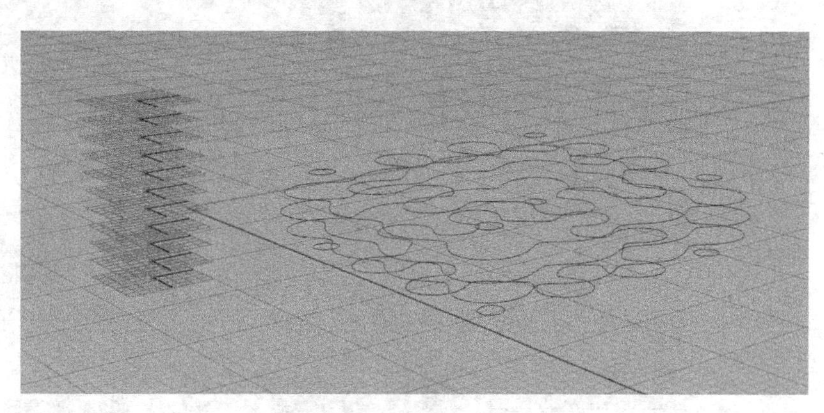

图 5-151　MetaBall (t)

③ 如图 5-155，用 Flatten Tree 运算器处理 Construct Point 运算器的输出参数，并用 List Length 运算器获得列表长度(点的数量)；把 Construct Domain 运算器的两个输入参数相减，再除以 Rannge 运算器的输入参数 N，得到图 5-153 所示的初始点阵在 X 方向的单元间隔距离，用这个间隔距离的负值和正值构造一个域；用 Number Slider 运算器设置随机种子。把上述三个数据输入到 Random 运算器，生成数量为图 5-154 所示的点阵中的点数、大小处于初始点阵的 X 方向的单元间隔距离的负值到正值之间的一组随机数。

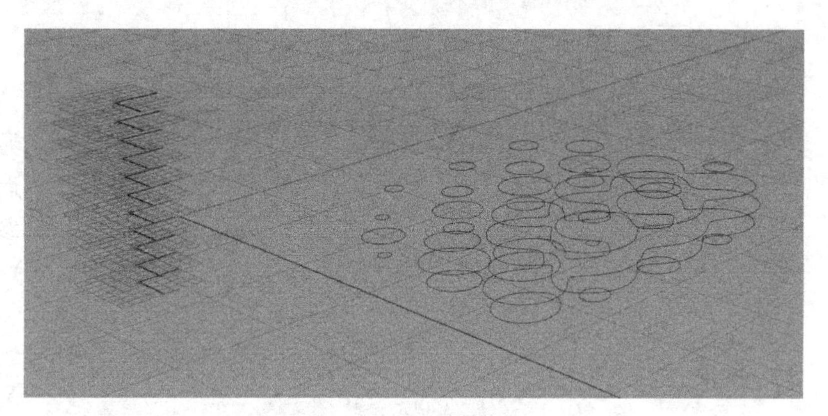

图 5-152　MetaBall (t) Custom

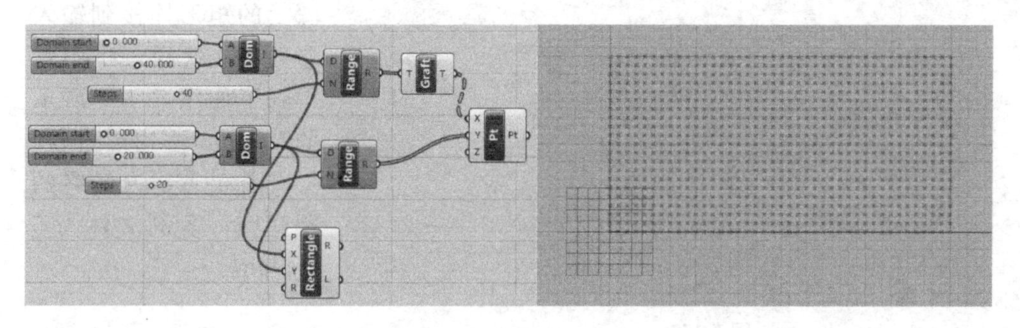

图 5-153

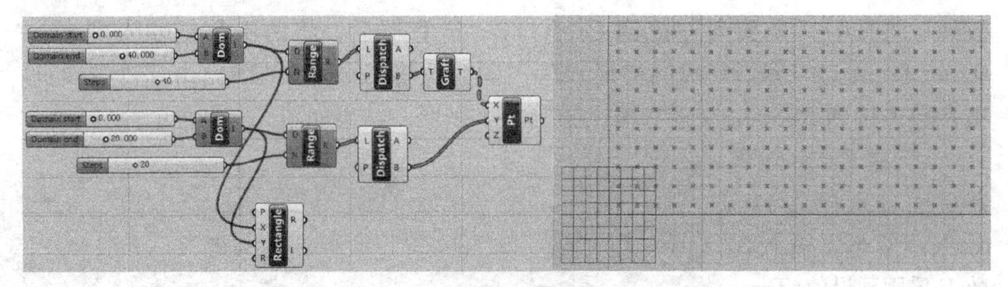

图 5-154

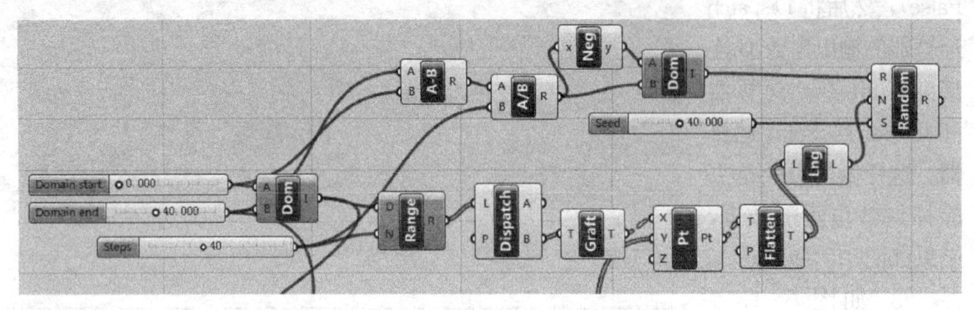

图 5-155

④ 重复以上步骤对另一组 Construct Point 运算器和 Range 的输入参数进行处理，以获得 Y 方向的一组随机数。

⑤ 用 Deconstruct 运算器分解点坐标，将 X、Y 坐标分别加上上述两步骤生成的随机数，再用 Construct Point 运算器构造为呈随机状分布的点(图 5-156)。最后把这些点输入到 Voronoi 运算器的参数 P，把步骤①的矩形连接到输入参数 B。这样，我们就得到了如图 5-157 所示的 Voronoi 多边形图案。

图 5-158 为最终的程序图，案例文件为 5-14. gh。

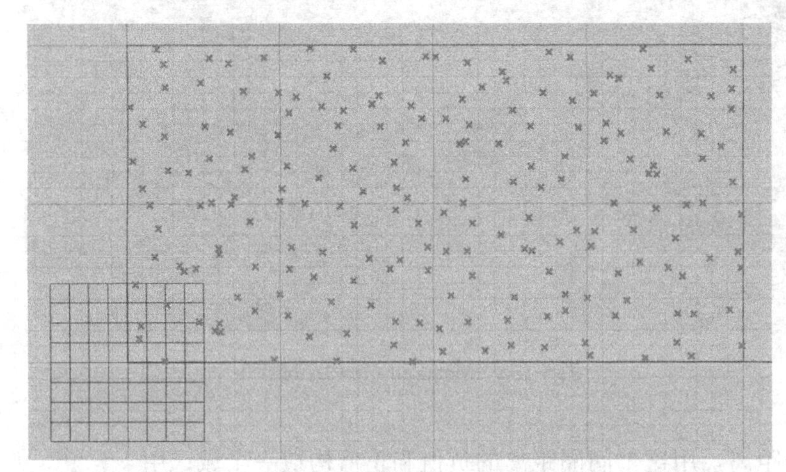

图 5-156

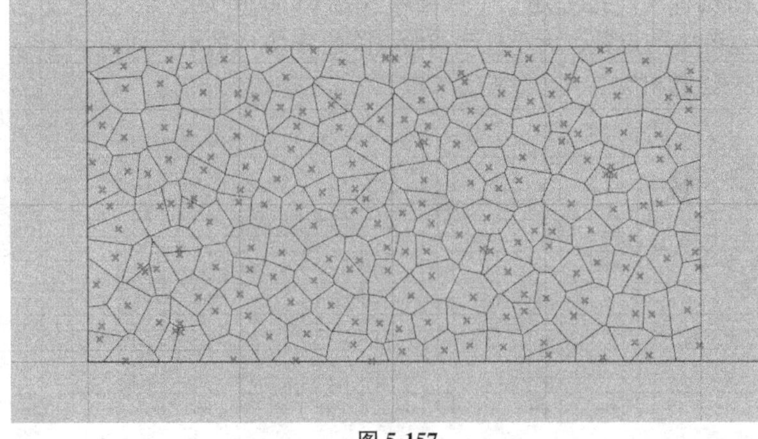

图 5-157

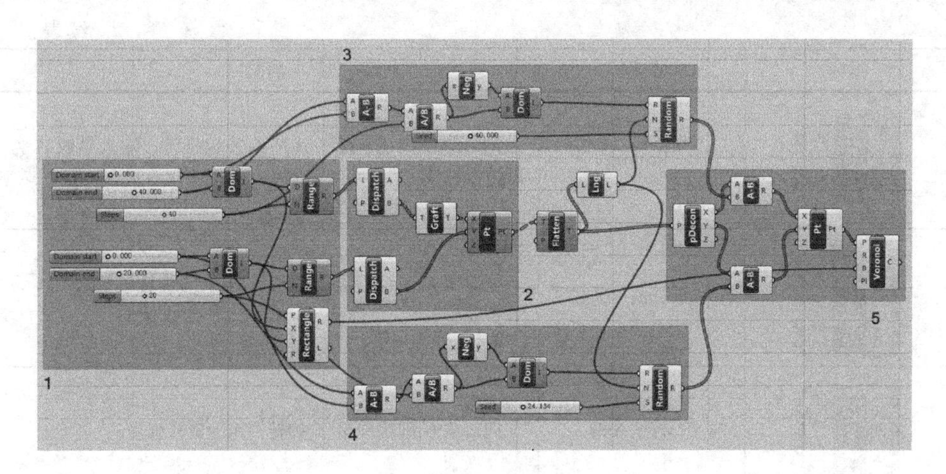

图 5-158

5.8　各种编辑操作

5.8.1　几何变换

所谓几何变换，是指对图形对象的平移、旋转、缩放等操作。Grasshopper 的 Transform>Affine 面板和 Transform>Euclidean 给出了丰富的用于图形变换操作的运算器，下面我们做个简单介绍。这些运算器都有一个输出参数 X，为相应变换操作的变换矩阵，我们将在随后的章节里加以介绍。

图标	名称	功能
	Mirror	以坐标平面 P 为对称平面，对图形对象 G 进行镜像操作
	Move	把图形对象 G 沿向量 T 移动
	Move To Plane	把图形对象 G 沿着坐标平面的 Z 轴移动，使之落在坐标平面上。输入参数 A 设定当 G 位于坐标平面上方时是否移动，B 设定当 G 位于坐标平面下方时是否移动
	Orient	把图形对象 G 从坐标平面 A 变换到坐标平面 B(对象与坐标平面的关系保持不变)，如图 5-159 所示
	Rotate	以点 C 为原点，把图形对象 G 由向量 F 方向旋转到向量 T 方向，如图 5-160 所示

续表

图标	名称	功能
G A P Rotate G X	Rotate	把对象 G 围绕坐标平面 P 的 Z 轴旋转，输入参数 A 为旋转弧度
G A C X Rot3D G X	Rotate 3D	把对象 G 围绕 C 点与向量 X 构成的旋转轴旋转，A 为旋转弧度
G A X RotAx G X	Rotate Axis	把对象 G 围绕向量 X 旋转，A 为旋转弧度

注：旋转操作的方向也可以用右手表示。把右手握成拳并伸出拇指，把拇指指向旋转轴的正方向，其他手指指向的方向即为旋转操作的正方向。圆弧等的起始角和终止角也与此类似，相当于以坐标平面的 Z 轴为旋转轴。

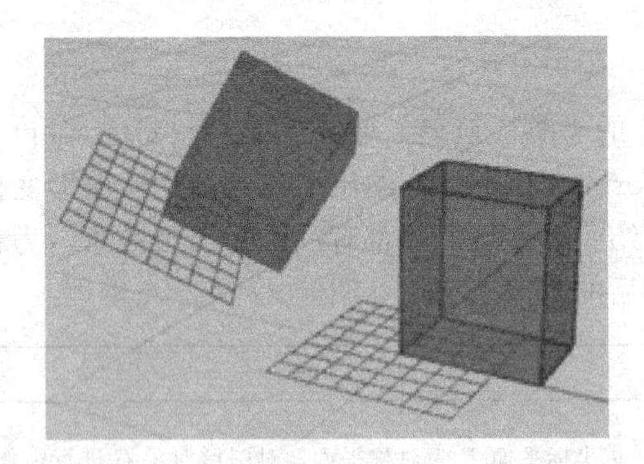

图 5-159 Orient

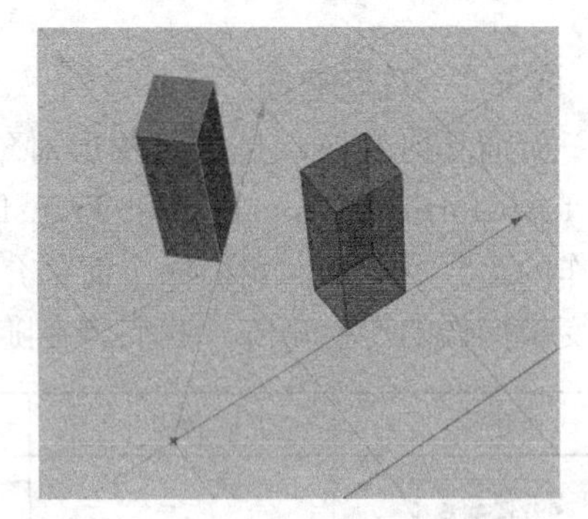

图 5-160 Rotate

图标	名称	功能
G C F Scale G X	Scale	对象 G 以 C 为原点进行缩放，F 为缩放比例
G P X Y Z Scale NU G X	Scale NU	以坐标平面 P 的原点为缩放原点，在坐标平面 P 的 X、Y、Z 轴方向分别设置缩放比例 X、Y、Z，对 G 进行缩放
G P Project G X	Project	把对象 G 垂直投影到坐标平面 P
G P D ProjectA G X	Project Along	把对象 G 沿着向量 D 的方向投影到坐标平面 P

续表

图标	名称	功能
	Shear	以坐标平面 P 的原点为原点，把对象 G 进行由向量 G 到向量 T 的切变(顶面平移)，如图 5-161 所示
	Shear Angle	把对象 G 围绕坐标平面 P 的 X 轴旋转角度 Ax、围绕 Y 轴旋转角度 Ay 进行切变操作
	Orient Direction	把对象从点 pA(原点)和向量 dA(z 轴正方向)构成的坐标系，重新定位到 pB 和 dB 构成的坐标系(参见 Orient 运算器)，并以 dB 的长度除以 dA 的长度为缩放比例进行缩放

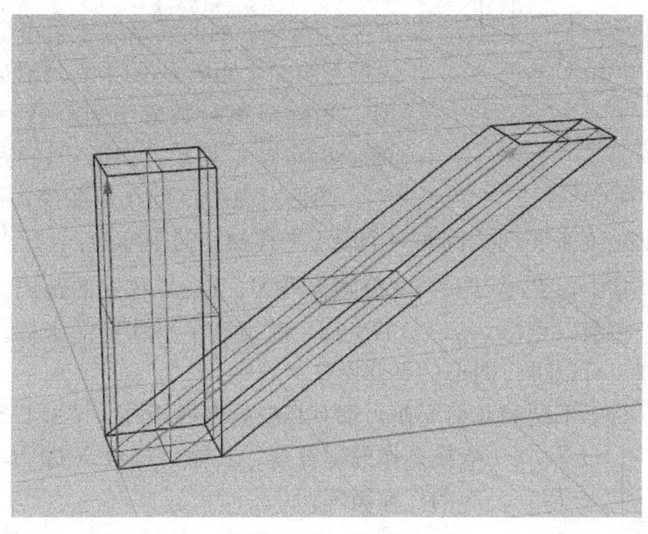

图 5-161　Shear

图标	名称	功能
	Box Mapping	把对象 G 从 Box S 映射到 Box T，如图 5-162 所示
	Rectangle Mapping	把对象 G 从 Rectangle S 映射到 Rectangle T，如图 5-163 所示
	Triangle Mapping	把对象 G 从三角形 S 映射到三角形 T，如图 5-164 所示

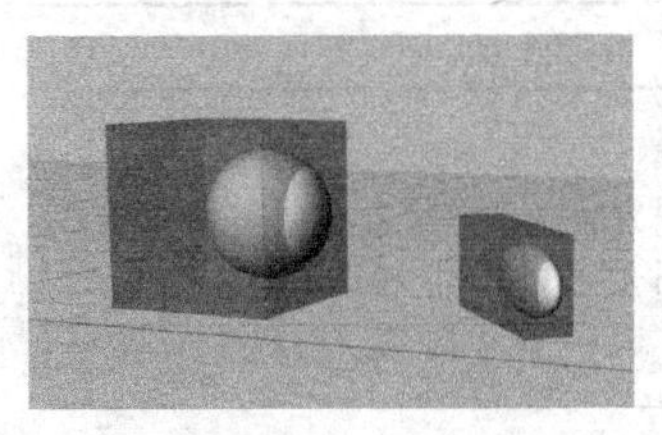

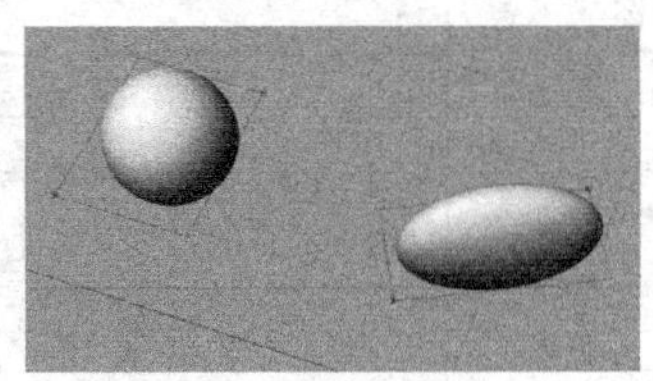

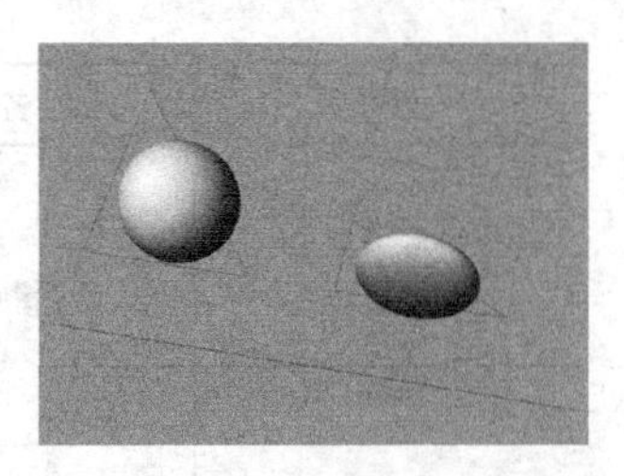

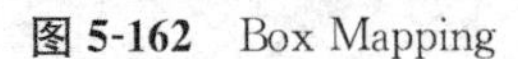

图 5-162 Box Mapping　　**图 5-163** Rectangle Mapping　　**图 5-164** Triangle Mapping

5.8.2 变换矩阵

在数学中，矩阵(Matrix)是指纵横排列的二维数据表格，是高等数学中的常见工具，也常见于统计分析等应用数学学科中，在物理学中的电路学、力学、光学和量子物理中都有应用。图形的几何变换也可以通过矩阵计算来实现。

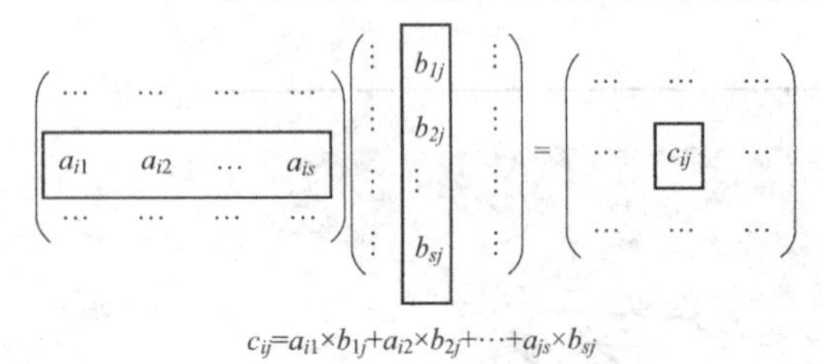

图 5-165 矩阵的乘法

矩阵有一套自身运算的法则，基本的乘法法则为：矩阵 A 与矩阵 B 的乘积为矩阵 C，C 的第 i 行第 j 列的元素等于第一个矩阵 A 的第 i 行与第二个矩阵 B 的第 j 列对应元素乘积之和。矩阵 C 的行数等于矩阵 A 的行数，列数等于矩阵 B 的列数，如图 5-165 所示。

图形对象的三维几何变换，可以通过 4×4(4 行 4 列)的矩阵来实现。例如一个用于平移操作的矩阵为：

$$\begin{bmatrix}1 & 0 & 0 & T_x\\0 & 1 & 0 & T_y\\0 & 0 & 1 & T_z\\0 & 0 & 0 & 1\end{bmatrix}$$

其中，Tx、Ty、Tz 分别为沿 X、Y、Z 移动的距离。以下面的方式把它乘以点(x，y，z)的坐标，就得到了平移后的坐标。通过这样的计算，可以进行图形的平移操作。

$$\begin{bmatrix}1 & 0 & 0 & T_x\\0 & 1 & 0 & T_y\\0 & 0 & 1 & T_z\\0 & 0 & 0 & 1\end{bmatrix}\times\begin{bmatrix}x\\y\\z\\1\end{bmatrix}=\begin{bmatrix}x+T_x\\y+T_y\\z+T_z\\1\end{bmatrix}$$

对于不同的几何变换，都有相应的变换矩阵。5.8.1 节讲到的各种变换操作的运算器，其输出参数 X 即为与变换操作相应的变换矩阵。

在 Grasshopper 中，矩阵也是一种数据类型(Matrix)，Transform>Util 面板下有几个与变换矩阵相关的运算器。其中，Transform Matrix 运算器可以显示变换矩阵的内容，如图 5-166所示。

Transform 运算器可以直接用变换矩阵对图形对象进行变换，如图 5-167 所示，我们把 Move 运算器的输出参数的变换矩阵 X 连接到 Transform 运算器的输入参数 T，把对象 Geo 连接到输入参数 G，就可以对 Geo 进行与 Move 运算器相同的平移操作。当然，Transform 可以对图形进行变换矩阵设定的各种变换操作。

将一系列的变换矩阵顺序相乘，就得到了一个顺序进行一系列变换的复合矩阵，这是 Compound 运算器的作用。构造复合矩阵后，再用 Transform 运算器就可以对图形进行相应的一系列变换，如图 5-168 所示。Split 运算器与 Compound

运算器相逆，它把复合矩阵分解为一系列基本的变换矩阵。

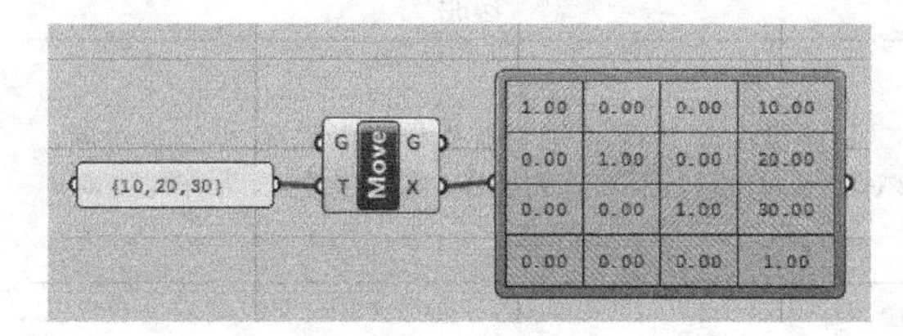

图 5-166　Transform Matrix 运算器显示变换矩阵的内容

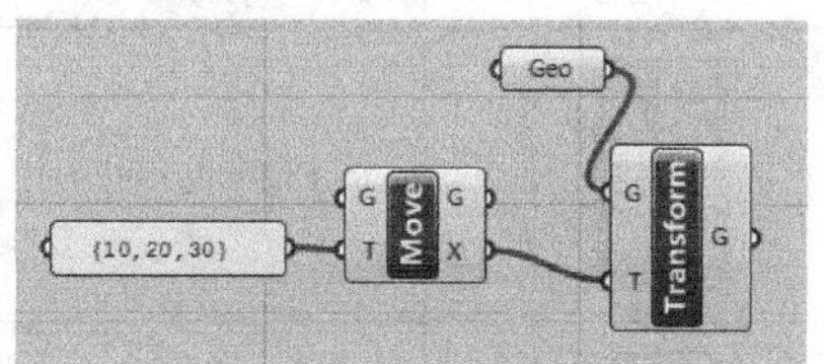

图 5-167　Transform 运算器对图形对象进行变换

Inverse Transform 运算器用于创建一个变换矩阵的逆矩阵，逆矩阵的作用是产生逆变换。例如一个图形 G1 以矩阵 T1 进行 Transform 变换得到 G2，如果 T1 的逆矩阵为 T2，则把 G2 以 T2 进行 Transform 变换可以得到 T1。

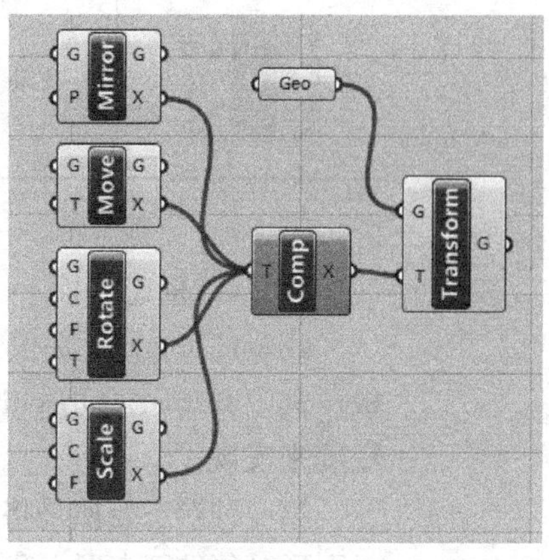

图 5-168　Compound 运算器的应用

另外，Math>Matrix 面板还为熟悉和了解矩阵计算的用户提供了一些运算器，可用于对一般矩阵进行操作，我们这里不做介绍。

5.8.3　阵列操作

Transform>Array 面板包含了一系列用于阵列操作的运算器，这些运算器的输出端也有一个参数名为 *X* 的变换矩阵。由于这些操作实际上是对图形对象进行了多重变换操作，因此 *X* 往往是多个变换矩阵组成的列表。和上一小节讲解的一样，如果用 Transform 运算器对其他图形对象进行基于这个矩阵列表的变换，可以得到相应的阵列结果。

图标	名称	功能
ArrBox	Box Array	以 Box C 设定阵列方向和间距，以 *X*、*Y*、*Z* 设定三个方向的数量，对图形对象进行三维空间阵列操作
ArrCurve	Curve Array	沿着曲线 *C* 对图形对象进行阵列操作，输入参数 N 为阵列数量
ArrLinear	Linear Array	以向量 *D* 设定方向和距离，对图形对象进行线性阵列操作，输入参数 N 为阵列数量

续表

图标	名称	功能
ArrPolar	Polar Array	以坐标平面 P 的 Z 轴为旋转轴，以弧度 A 为总角度，对图形对象进行旋转阵列操作。输入参数 N 为阵列数量
ArrRec	Rectangular Array	以 Rectangle C 设定阵列方向和间距，以 X、Y 设定两个方向的数量，对图形对象进行矩形阵列操作
KScope	Kaleidoscope	万花筒式阵列，输入参数 P 设定万花筒正多边形的中心和方向，S 设定万花筒正多边形的边数

5.8.4 形态变换

Grasshopper 还提供了一些基于图形的变换工具，位于 Tranform>Morph 面板。其中 Camera Obscura 变换具有相应的变换矩阵，而其他的操作就无法通过矩阵来实现了。

第一种形态变换是将根据长方体(Box)到扭曲长方体(TwistedBox)的变形方式，对图形对象进行变形。我们前面介绍过，扭曲长方体是一种由八个顶点设定的、扭曲的长方体，特殊情况下也可能呈现为长方体形状；在 Grasshopper 中，扭曲长方体也是一种数据类型。下面的几个运算器用于创建扭曲长方体以及进行相应的变形。

图标	名称	功能
TBox	Twisted Box	通过顶点设定一个扭曲长方体。A、B、C、D 为底面逆时针顺序的四个顶点；E、F、G、H 为顶面逆时针顺序的四个顶点，与底面四个点对应
BlendBox	Blend Box	通过曲面 Sa、曲面 Sa 的局部 UV 参数域 Da 和曲面 Sb、曲面 Sb 的局部 UV 参数域 Db 获取的八个角点为顶点，形成扭曲长方体，如图 5-169 所示
SBox	Surface Box	以曲面 S 及其局部 UV 参数域 D、以及与曲面垂直方向的高度 H 形成扭曲长方体。相当于把曲面的局部的四个角点、以及对曲面局部进行 Offset 后形成的曲面的四个角点连接成扭曲长方体
Morph	Box Morph	把对象 G 从 Box R 映射到扭曲长方体 T，如图 5-170 所示

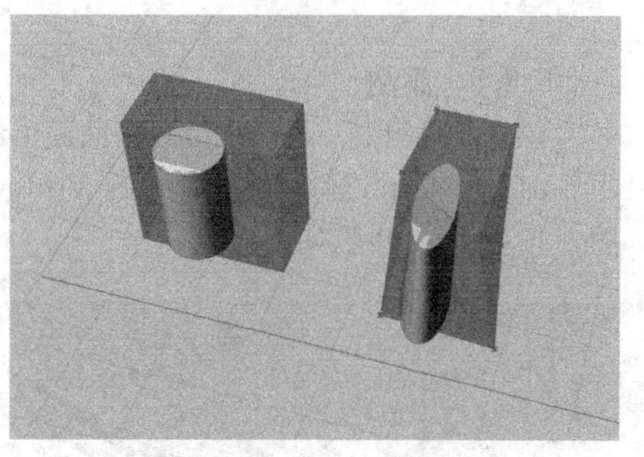

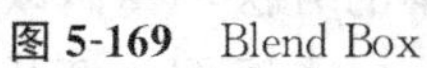

图 5-169 Blend Box

图 5-170 Box Morph

下面的三个运算器用于处理以图形为对称轴的镜像。

图标	名称	功能
G P F CO G X	Camera Obscura	把图形 G 做相对点 P 的镜像，输入参数 F 为缩放比例
G C T Mirror G	Mirror Curve	把图形 G 做相对曲线 C 的镜像。输入参数 T 用于控制对称曲线长度不够时的情况：为 True，则延长对称曲线进行处理
G S F Mirror G	Mirror Surface	把图形 G 做相对曲面 S 的镜像。输入参数 F 用于控制对称曲面大小不够时的情况：为 True，则延伸对称曲面进行处理

以下几个运算器可以处理其他几种图形映射方式。

图标	名称	功能
C S T Map Srf C	Map to Surface	将曲线 C 的控制点从曲面 S 映射到曲面 T 后创建新的曲线
G S F Deform G	Spacial Deform	根据多个空间点 S 的移动向量 F 变形图形对象
G S F f Deform G	Spacial Deform (custom)	同上，增加了控制各点衰减的参数
G R S U V W SrfMorph G	Surface Morph	这是一个非常有用的运算器，它把图形对象 G 从 Box R 映射到由曲面 S、S 的局部 UV 参数域(U、V)、与曲面垂直方向的高度 W 所形成的体积

5.8.5 案例

在这个案例中，我们将沿一个曲面上绘制一个 Voronoi 多边形网格，主要采用 Surface Morph 运算器把平面的 Voronoi 多边形网格映射到曲面上，结果如图 5-171所示。步骤如下：

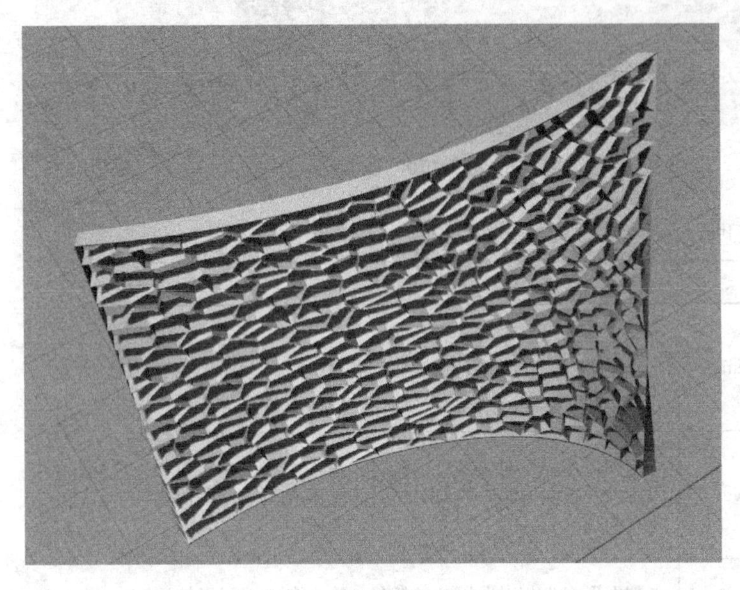

图 5-171

① 在上一个案例中，我们演示了一个在矩形平面范围内制作 Voronoi 多边形图案的方法，我们以此为基础完成本案例。打开这个案例文件(5-14. gh)，如图 5-158 所示。

② 在 Rhino 中打开文件 5 - 15. 3dm，在 Grasshopper 中用 Loft 运算器把 5-15. 3dm 中的两条曲线放样成曲面。将曲面连接到 Domain² 运算器以获取 *UV* 域，并用 Deconstruct Domain² 运算器分解出 *U* 和 *V* 的域。

③ 用 Extrude 运算器拉伸平面的 Voronoi 多边形，输入参数向量 *D* 用 Panel 运算器设置为 {0, 0, 1}。放置 Bounding Box 运算器，将 Extrude 运算器的结果连接到输入参数 *C*，并用右键菜单设置为 Union Box，以获取包裹所有拉伸面的最小长方体。

④ 放置 Surface Morph 运算器，将拉伸面、拉伸面的 Bounding Box、Loft 曲面、Loft 曲面的 *U* 域、Loft 曲面的 *V* 域分别连接到 Surface Morph 运算器的输入参数 *G*、*R*、*S*、*U*、*V*，并用 Number Slider 运算器设置输入参数 *W*。这样，我们就把平面上拉伸的 Voronoi 多边形映射到了曲面上。调节初始网格数量和两个方向的网格单元大小(图 5-172 最左边的两组 Domain end 和 Steps)，使得 Voronoi 网格分布均匀，最后把它 Bake 下来，就获得了如图 5-171 所示的结果。

全部程序如图 5-172 所示。

5.8.6 图形相交的点、线、面、体的求取

Intersect 菜单的各个面板，包含了求图形对象的各类交、并、差的运算器。Intersect>Mathematical 面板的运算器主要用于求直线和平面与图形的交点交线，这里直线的长度和平面的大小是无限的。

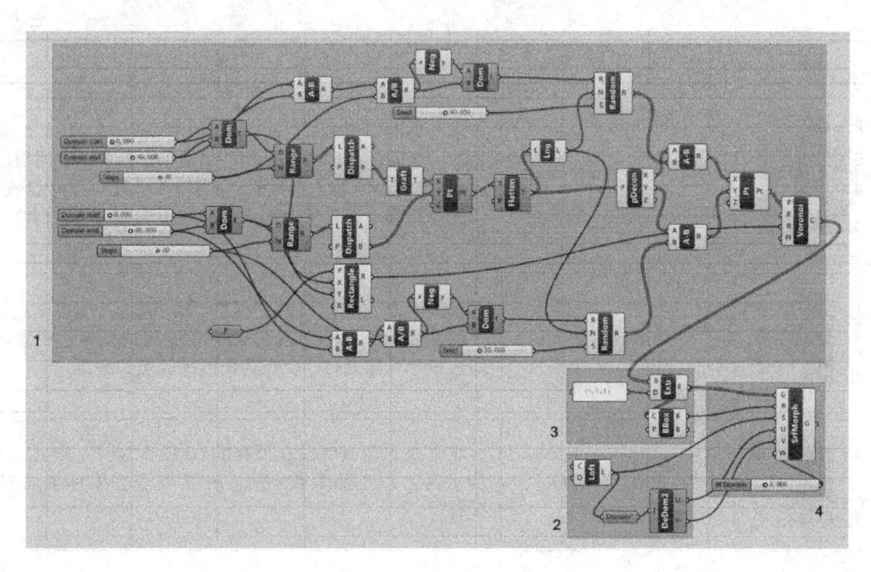

图 5-172

图标	名称	功能
BLX	Brep | Line	求直线段 *L* 所处直线与 Brep B 的交点 *P*，如果相交部分为直线段(例如 *L* 位于 *B* 的某个面之上)，则输出参数 *C* 为此交线
CLX	Curve | Line	求直线段 *L* 所处直线与曲线 *C* 的交点 *P*(可能为多个交点)，输出参数 *t* 为各交点在 *C* 上的参数 *t* 值，*N* 为交点数量。注意当曲线 *C* 也为直线段并且和 *L* 共线时，结果为 *C* 的起点和终点
LLX	Line | Line	求两条直线段 *A* 与 *B* 所处直线的距离最近的两个点，输出参数 pA 和 pB 为直线段 *A* 和 *B* 所处直线上的点，tA 和 tB 为点在直线段 *A* 和 *B* 上的参数 t 值
MeshRay	Mesh | Ray	求从点 *P* 出发沿着向量 *D* 方向的射线与 Mesh M 的第一个交点 *X*，输出参数 *H* 表示射线是否与 *M* 有交点
SCX	Surface | Line	求直线段 *L* 所处直线与曲面 *S* 的交点 *P*，输出参数 *uv* 为交点在曲面上的 *UV* 参数值，*N* 为曲面在交点处的法向量。和 Brep | Line 运算器一样，如果相交为直线段，则输出参数 *C* 为此交线
Sec	Brep | Plane	求平面 *P* 与 Brep *B* 的交线或交面轮廓 *C*，如果 *P* 与 *B* 只相交于点，则输出参数 *P* 为交点
Contour	Contour	求起点为 *P*、间距为 *D*、与向量 *N* 垂直的一组平面切割 Brep 或 Mesh S 而获得的一组断面轮廓线

续表

图标	名称	功能
	Contour(ex)	求与平面 P 平行的一组平面切割 Brep 或 Mesh S 而获得的一组断面轮廓线，可用一组数字设置各个平面与坐标平面 P 的间距(输入参数 O)，当输入参数 O 没有设置时，可用一组数字设置各个平面之间的距离(输入参数 D)
	Curve | Plane	求平面 P 与曲线 C 的交点 P，输出参数 t 为各交点在 C 上的参数 t 值，uv 为各交点在平面 P 的坐标。注意，当曲线位于平面上时，交点为曲线的起点和终点
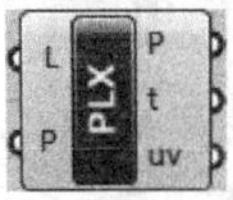	Line | Plane	求平面 P 与直线段 L 所在的直线的交点 P，输出参数 t 为交点在 L 上的参数 t 值，uv 为交点在坐标平面 P 的坐标
	Mesh | Plane	求平面 P 切割 Mesh M 的断面轮廓线
	Plane | Plane	求平面 A 和 B 相交直线上的长度为 1 的直线段
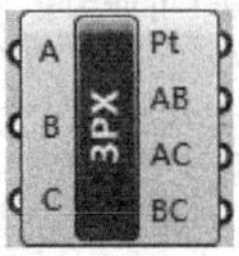	Plane | Plane | Plane	求平面 A、B、C 之间的交点和交线，输出参数 Pt 为三个平面的交点，AB 为平面 A 和 B 的交线，AC 为平面 A 和 C 的交线，BC 为平面 B 和 C 的交线，交线长度为 1
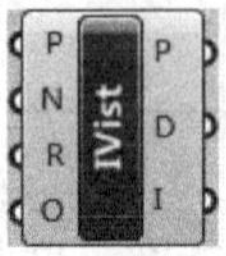	IsoVist	求以坐标平面 P 的原点为起点的一组放射线段与图形 O 的交点，输入参数 N 为 360 度内放射线的数量，R 为放射线段的长度。对于每条放射线段，当它与 O 相交时就获得第一个交点；当它由于长度不够而与 O 不相交，或在此方向上与 O 没有交点时，就获得放射线段的终点。输出参数 P 为上述每条放射线获得的点，D 为每条放射线获得的点与原点的距离，I 用于显示 P 中的各点是交点(值为 0)还是放射线段的终点(值为-1)
	IsoVist Ray	求以一组直线段的起点为起点、直线段起点指向终点为方向的放射线段与图形 O 的交点，输入参数 R 为放射线长度。其运行方式和结果与上述 IsoVist 运算器相同

Intersect>Physical 面板下的运算器用于求曲线、曲面、网格模型等图形对象间的交点、交线及碰撞关系。

图标	名称	功能
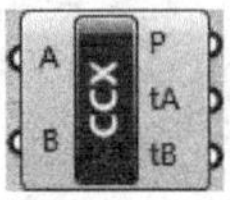	Curve | Curve	求曲线 A、B 的交点 P。输出参数 tA、tB 分别为交点在曲线 A、B 上的参数 t 值。如果其中一条曲线在另一条曲线上，则交点为此曲线的端点

续表

图标	名称	功能
 CX	Curve | Self	求曲线 C 自相交的点 P，t 为交点的参数 t 值
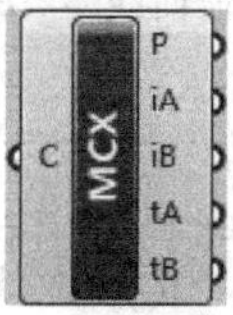 MCX	Multiple Curves	求一组曲线 C 之间的交点 P。输出参数 iA、iB 为各交点所对应的相交曲线的序号，tA、tB 为各交点在相交曲线上的参数 t 值
 BBX	Brep | Brep	求 Brep A 和 B 相交的交线 C 或交点 P
 BCX	Brep | Curve	求 Brep B 和曲线 C 相交的交线 C 或交点 P
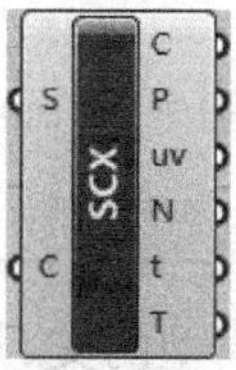 SCX	Surface | Curve	求曲面 S 和曲线 C 的交线 C 或交点 P。如果 S 和 C 相交为点，则输出参数 uv 为各交点在曲面 S 的 UV 参数值，N 为曲面 S 在各交点处的法向量，t 为各交点在曲线 S 的参数 t 值，T 为曲线 C 在各交点处的切向量
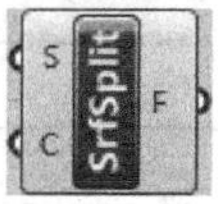 SrfSplit	Surface Split	求曲面 S 被曲线 C 切割后的各切割面
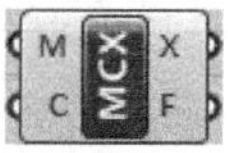 MCX	Mesh | Curve	求曲线 C 与 Mesh M 的各个面的交点 X，输出参数 F 为各交点位于 M 上的面的序号
 MMX	Mesh | Mesh	求 Mesh A、B 的交线
 ColMM	Collision Many | Many	判断一组图形对象间的相碰撞(有任何重叠)关系，输出参数 C 为各对象是否与其他对象相碰撞，I 为与各对象相碰撞的第一个对象的序号(没有相交对象的为-1)
 ColOM	Collision One | Many	判断图形对象 C 与一组对象 O 的相碰撞关系，输出参数 C 为是否相碰撞，I 为 O 中与图形对象 C 发生碰撞的第一个对象的序号

Intersect＞Region 面板的运算器用于求取曲线被图形对象剪切后的曲线段：

图标	名称	功能
C B Split C P	Split With Brep	求曲线 C 被 Brep B 切断成的各段曲线 C，P 为断点
C B Split C P	Split With Breps	求曲线 C 被一组 Brep B 切断成的各段曲线 C，P 为断点
C B Trim Ci Co	Trim With Brep	求曲线 C 被封闭的 Brep B 剪切成的各段曲线，输出参数 Ci 为位于体积内部的曲线段，Co 为位于外部的曲线段
C B Trim Ci Co	Trim With Breps	求曲线 C 被一组封闭的 Brep B 剪切成的各段曲线。输出参数同上
C R P Trim Ci Co	Trim With Region	以坐标平面 P 为计算面，求曲线 C 被封闭曲线 R 剪切成的各段曲线，如果 P 空缺，系统会用最贴合的坐标平面进行计算；输出参数 Ci 为位于封闭曲线内部的曲线段，Co 为位于外部的曲线段
C R P Trim Ci Co	Trim With Regions	以坐标平面 P 为计算面，求曲线 C 被封闭一组曲线 R 剪切成的各段曲线，其他同上

Intersect>Shape 面板的运算器用于对封闭曲线、体积和网格模型的交、并、差等的计算。

图标	名称	功能
B BVol S	Boundry Volume	求一组边界 Brep B 围合出的封闭体积
A B SDiff R	Solid Difference	求体积 A 减去体积 B 的体积
A B SInt R	Solid Intersection	求体积 A、B 的相交部分的体积
B SUnion R	Solid Union	求一组体积 B 合并后的体积
B C Split R	Split Brep	求 Brep B 被 Brep C 剪切后的面和体积
S T Trim R	Trim Solid	用体积 T 在 Brep S 上打洞

续表

图标	名称	功能
A B P RDiff R	Region Difference	对于共面且相交的平面封闭曲线 A 和 B，求 A 的围合范围减去 B 的围合范围的轮廓曲线 R，如果给输入参数 P 设定了坐标平面，则投影到 P 上。对于有实际交点的两条任意封闭曲线 A 和 B 也可计算，这时必须设定坐标平面 P
A B P RInt R	Region Intecsection	求封闭曲线 A 与 B 的交集范围的曲线，其他同 Region Difference 运算器
C P RUnion R	Region Union	求一组封闭曲线 C 的并集范围的曲线，其他同 Region Difference 运算器
A B MDif R	Mesh Difference	求网格模型 A 减去网格模型 B 的网格模型
A B MInt R	Mesh Intersection	求网格模型 A、B 的交集
M MUnion R	Mesh Union	求一组网格模型 M 的并集
M S MSplit R	Mesh Split	求网格模型 M 被网格模型 S 剪切而成的若干个网格模型
B G Slits B T	Box Slits	在一组相交的 Box B 的切口处增加缝隙，输入参数 G 设定缝隙宽度(缝隙深度为预设)；输入参数 B 为各 Box 被处理后的体积
R W G RSlits R T	Region Slits	在一组相交的平面封闭曲线 R 的切口处增加缝隙，输入参数 W 设定缝隙宽度，缝隙深度为预设，G 设定增加的缝隙深度；输出参数 R 为各曲线被处理后形成的面

5.8.7 案例

下面我们来做一个如图 5-173 所示的复杂的案例，其主要难点在于要在封闭的曲面上制作一个连续的 Voronoi 多边形图案。过程如下：

① 在 Rhino 打开 5-16. 3dm 文件，在 Grasshopper 用 Loft 运算器将上述文件中的几个封闭曲面制作成一个放样曲面，并用 Deconstruct Domain2 运算器分解出曲面的 U、V 域，如图 5-174 所示。

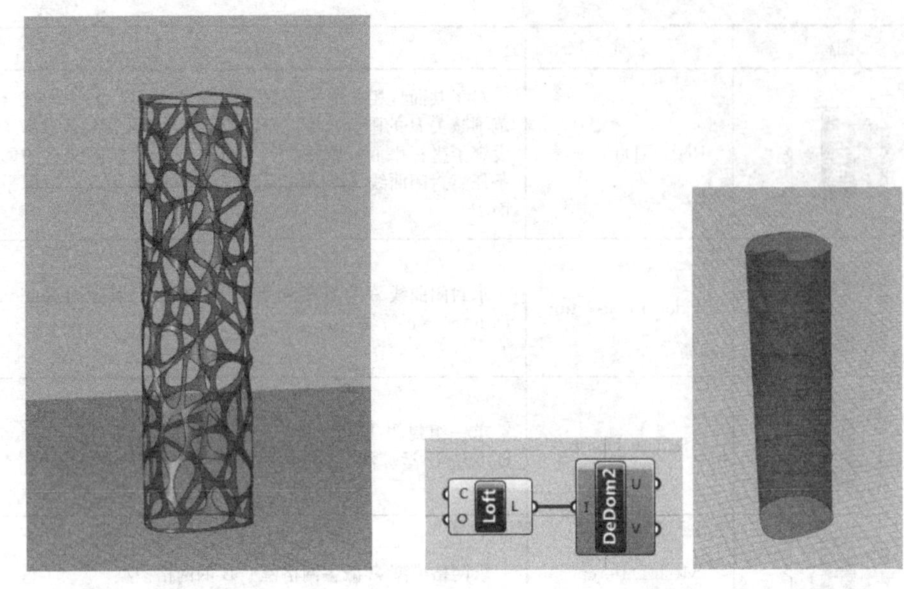

图 5-173　　　　图 5-174

② 类似于前面两个案例，如图 5-175 所示，我们在这里直接在曲面的 U、V 域范围内生成网格点(U 对应于 X，V 对应于 Y)。再用 Flatten Tree 运算器将网格点放在一个数据列中，用 Deconstruct 运算器分解各网格点的 X、Y、Z 坐标，用 List Length 运算器求网格的点数，以备用。

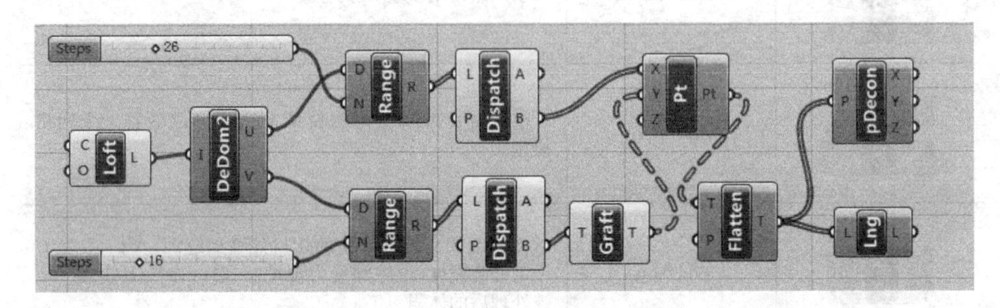

图 5-175

③ 这一步(图 5-176)我们生成两组随机数。用 Deconstruce Domain 运算器分解 U 域的最大最小值，用两者相减再除以原始网格的 X 方向的网格数，再减去一个用 Number Slider 设定的正数后，以上述计算结果的正负数用 Construct Domain 运算器设定一个域，最后在此域的范围内生成一组随机数，随机数的数量为网格点的数量。本步骤中减去一个设定的正数的目的在于控制随机数的范围。用同样方式处理曲面的 V 域。

④ 如图 5-177，将步骤②中 Deconstruct 运算器分解出的各网格点的 X、Y 坐标分别加上(或减去)步骤③生成的两组随机数，再把它们输入到 Construct Point 运算器构成随机分布的点阵。最后用 Flatten Tree 运算器去除点阵的树状数据结构。

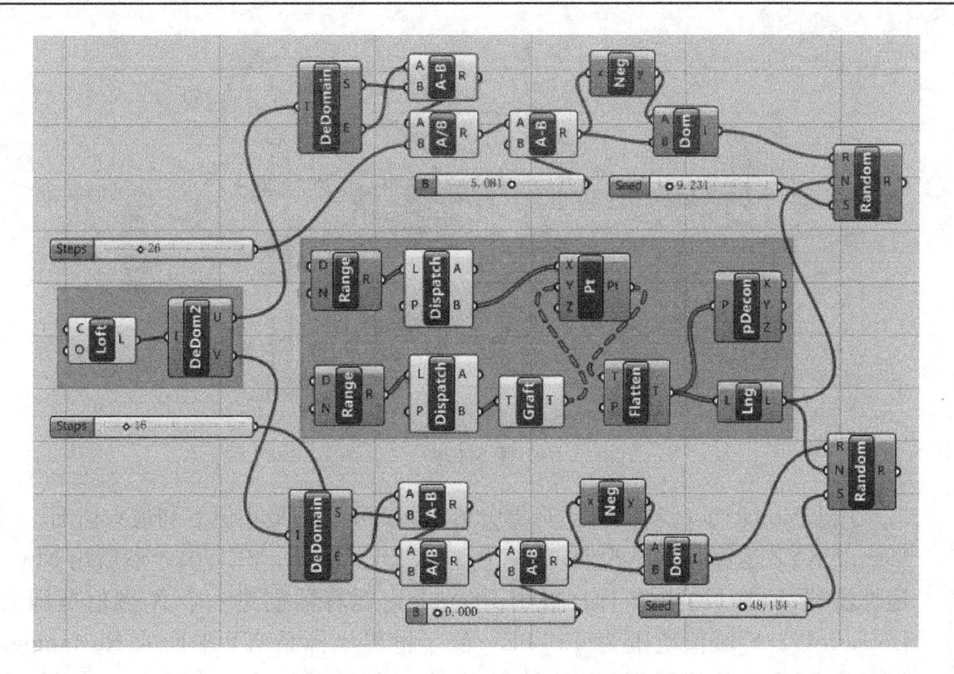

图 5-176

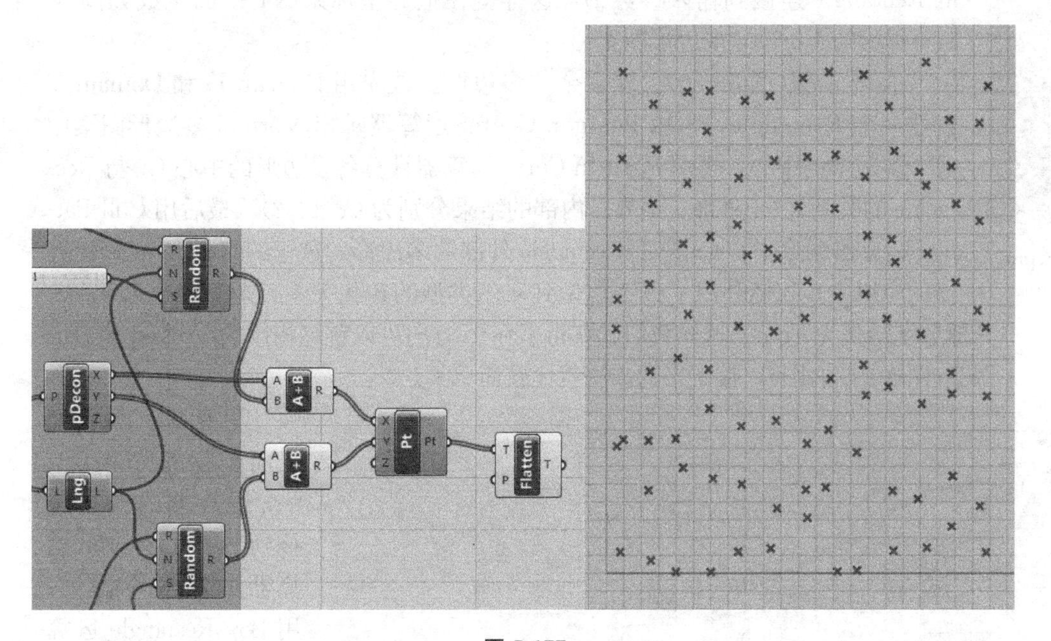

图 5-177

以下的步骤⑤和⑥是使 Vorinoi 多边形图案在曲面封闭方向能够连续的关键。

⑤本步骤在 Y 方向复制点阵。为了程序图的清晰，我们用 Domain 运算器复制曲面的 U、V 域，并改名为 Domain U 和 Domain V，在右键菜单 Wire Display 设置为 Hidden；用同样方法把步骤 4 的 Flatten Tree 运算器的结果复制到 Point 运算器(Pt)(图 5-178)。

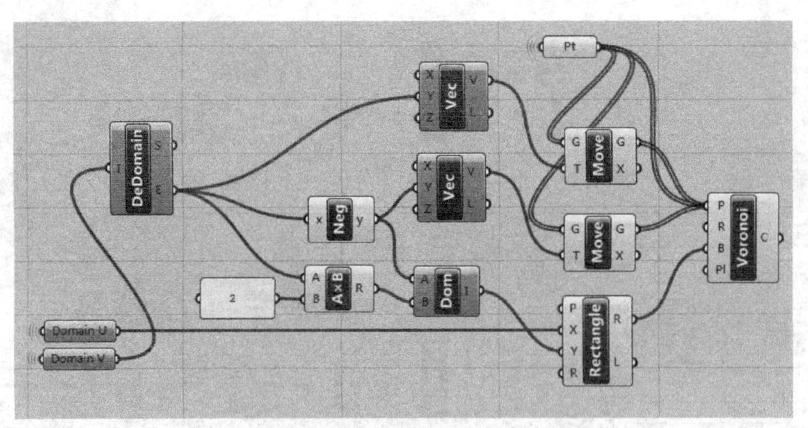

图 5-178

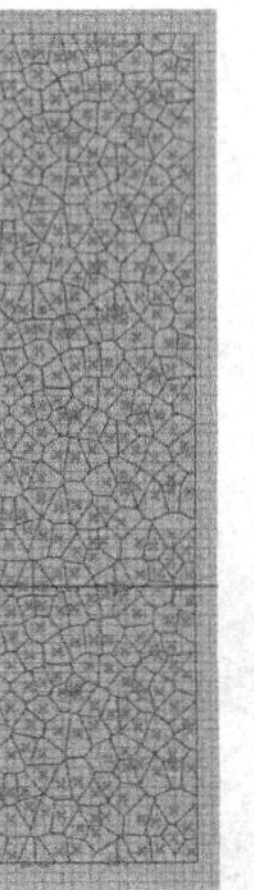

图 5-179

用 Deconstruct Domain 运算器分解 Domain V 的最小值 S 和最大值 E，用 Vector XYZ 运算器创建两个向量｛0，-E，0｝和｛0，2E，0｝，然后用 Move 运算器移动(拷贝)点阵 Pt；再用 Rectangle 运算器创建一个 *X* 域值范围为 Domain U、Y 域值范围为-E～2E、位于世界坐标系 *XY* 平面的 Rectangle。把点阵 Pt 和拷贝的两个点阵连接到 Vorinoi 运算器的输入参数 *P*，把刚创建的 Rectangle 连接到输入参数 *B*，这样就在世界坐标系 *XY* 平面生成如图 5-179 所示的 Vorinoi 多边形图案。

⑥ 本步骤(图 5-180)去除多余的多边形。首先用 Domain U 和 Domain V 创建一个 Rectangle，再用 Polygon Center 运算器求出 Vorinoi 多边形图案中每个多边形的中心，再用 Point In Curve 运算器计算各多边形的中心 Cv 与 Rectangle 的关系(位于外部、边界、内部的结果分别为 0、1、2)，最后用 Cull Pattern 运算器删除中心 Cv 位于 Rectangle 外部的多边形。这里的 Cull Pattern 运算器的应用中，我们利用了数字类型到布尔类型的转化关系，即 0 转化为 False，其他数字转化为 True。这样我们就获得了在 Y 方向可以首尾相接的 Vorinoi 多边形图案(图 5-180 右图)，接下来的步骤就比较简单了。

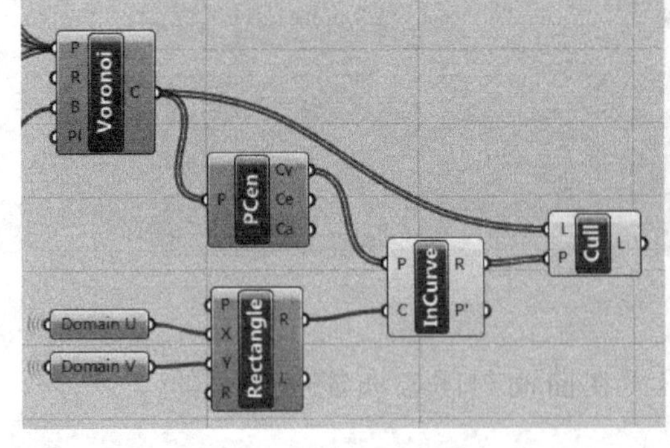

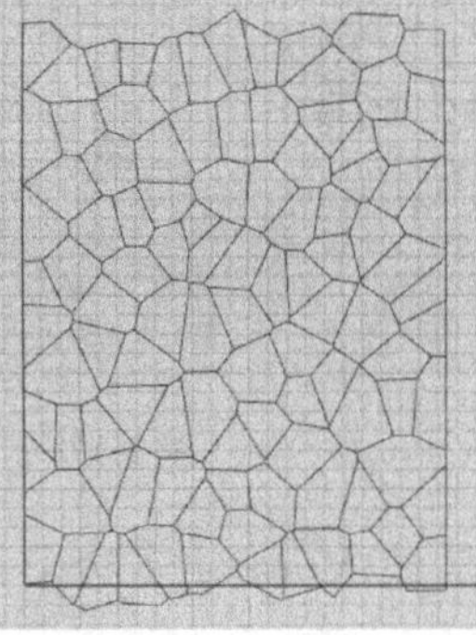

图 5-180

⑦ 如图 5-181，把上面步骤的 Cull Pattern 运算器的结果连接到 Surface Morph 运算器的输入参数 *G*；用 Box Rectangle 运算器创建一个基底为上面步骤的 Rectangle、高度为任意正数的 Box，连接到 Surface Morph 运算器的输入参数 *R*；再把 Loft 曲面(复制为图中的 Srf)及其 UV 域连接到 Surface Morph 运算器的输入参数 *S*、*U*、*V*，参数 *W* 设定一个域值，这样就把步骤 6 的图案映射到了曲面上(Surface Morph 只是把顶点映射到曲面，再重新生成多边形)。

⑧ 如图 5-182 我们用 Offset Loose 运算器把映射到曲面的多边形进行 Offset，再用 Control Points 运算器得到各个多边形的控制点即顶点，用 Cull Index 运算器去除各多边形重复的第一个顶点后，以这些点为控制点、用 Nurbs Curve 运算器在各多边形内部创建一个周期性的曲线。然后用 Pull Curve 运算器把这些曲线投射到曲面上，用 Flatten Tree 运算器去除树状数据结构后，用 Surface Split 运算器剪切曲面形成洞口。最后用 List Item 运算器提取被剪切洞口后的曲面，即为本案例最终结果。

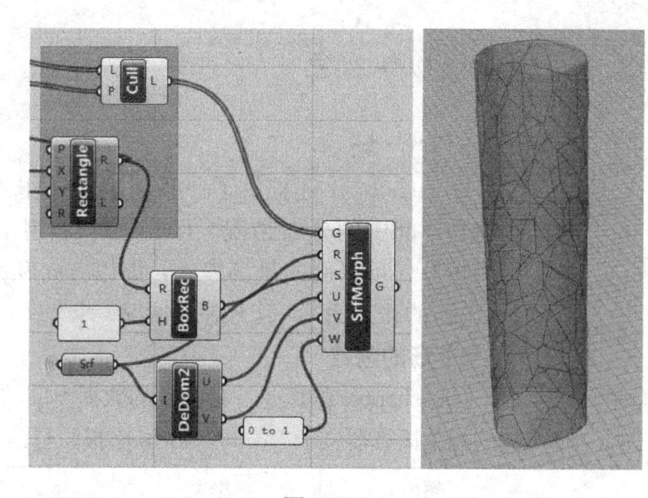

图 5-181

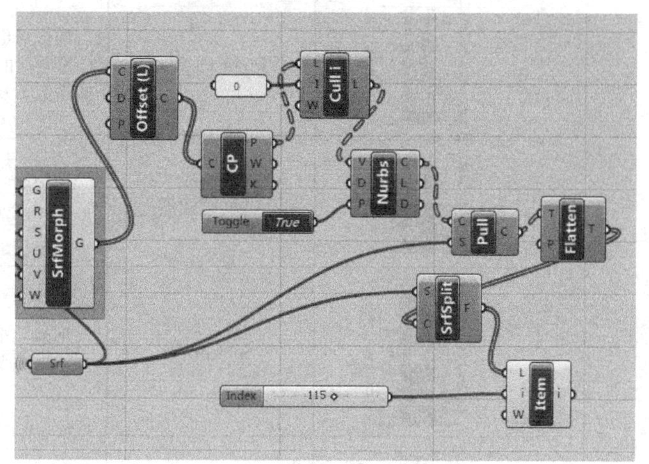

图 5-182

由于有剪切曲面的曲线跨越了封闭曲面的接缝，我们所要的被剪切洞口的曲面在 Surface Split 运算器的结果数据列中的位置并不固定，所以本例用了一个 Number Slider 来手动寻找它。如果无需在 Grasshopper 中进行后续处理，也可以把 Pull Curve 运算器的结果全部 Bake 到 Rhino，然后通过选择进行寻找。另外，Surface Split 运算器的计算比较耗时，在进行其他部分的程序调试时，建议将它 Disable。

全部程序如图 5-183。

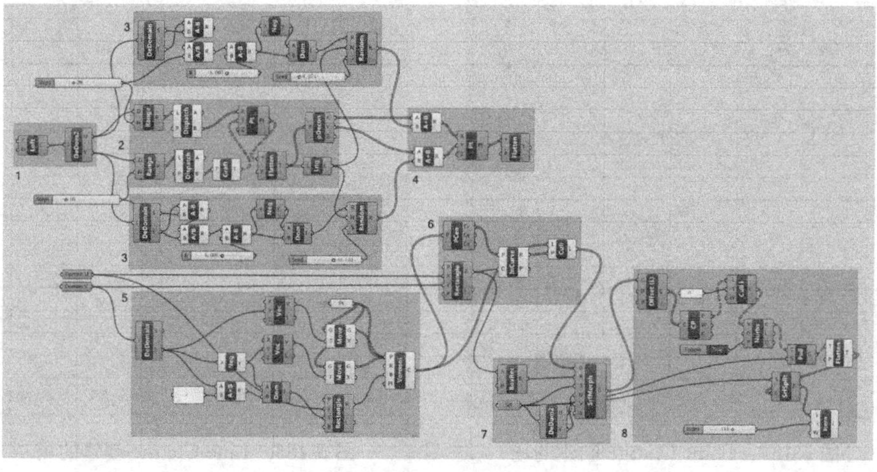

图 5-183

5.9 场和颜色

5.9.1 场

Grasshopper 还提供了一些创建和操作“场”(field)的运算器，场用于描述物体在空间中的分布情况。Grasshopper 中的场是向量场，例如自然界的电场、引力场等，可以用向量场表示，即以方向和大小描述了空间中各个位置的电场力(对电荷的作用力)、引力等的情况。

1) 场的创建

Grasshopper 的场是一种独立的数据类型(但是没有提供相应的数据类型运算器)，场的相关运算器位于 Vector>Field 面板，目前用于创建场的运算器有如下 4 个：

图标	名称	功能
P C D B PCharge F	Point Charge	模拟点电荷产生的电场。输入参数 P 为点电荷的位置，C 为电荷的大小，正数为正电荷，负数为负电荷，D 为衰减系数，B(Box)设定电场的范围，如图 5-184
L C B LCharge F	Line Charge	模拟线电荷产生的电场。输入参数 L 为直线段，用于设定线电荷的线，C 为电荷强度，B 同上，如图 5-185
P S R D B FSpin F	Spin Force	创建一个旋转力场。输入参数 P 设定场的坐标，S 为强度，R 为半径，D 为衰减系数，B 同上，图 5-186
L B FVector F	Vector Force	按照直线 L 起点终点创建一个均匀的向量场，输入参数 B 同上，图 5-187

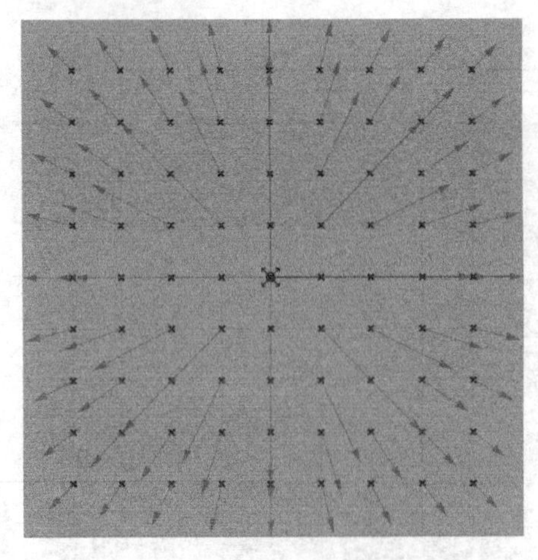

图 5-184 Point Charge 创建的场在过点 P 的平面上的向量分布示意

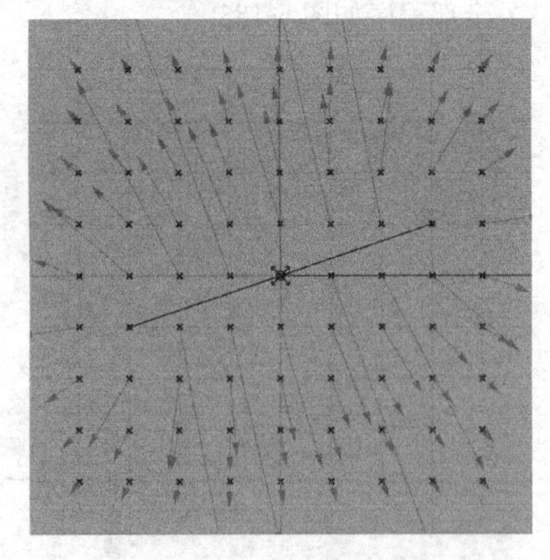

图 5-185 Line Charge 创建的场在过线 L 的平面上的向量分布示意

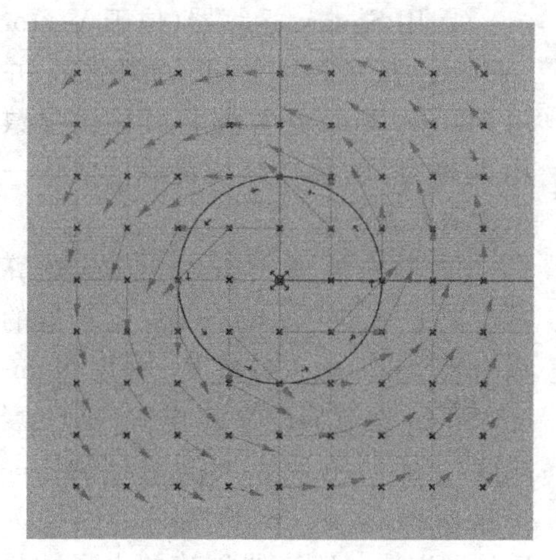

图 5-186 Spin Force 创建的场
在垂直于旋转轴的平面上的向量分布示意

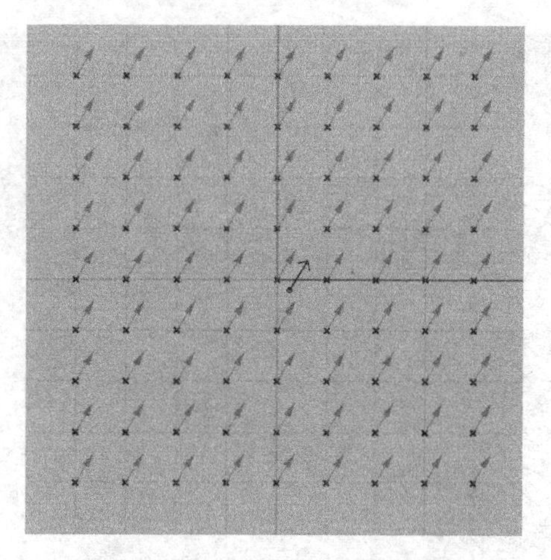

图 5-187 Vector Force 创建的场
在平行于 L 的平面上的向量分布示意

2）场的编辑和分析

以下的运算器可用于场的编辑和分析操作：

图标	名称	功能
F MergeF F	Merge Fields	把若干个场合并为一个场
F BreakF F	Break Field	把场分解为若干个原始的场(即可创建的四种场)
F P EvF T S	Evaluate Field	分析场 F 中点 P 位置的向量 T 和场强度 S(即 T 的大小)
F P N A M FLine C	Field Line	计算场 F 的经过 P 点的力线(类似于磁力线)。输入参数 N 为采样数量，A 为计算精度，M 为步长求解算法(1=Euler，2=RK2，3=RK3，4=RK4)

另外，Direction Display 运算器用 Mesh 的色彩显示沿着某切割平面的场力方向分布情况、Perpendicular Display 运算器用 Mesh 的色彩显示与切割平面垂直的场力方向分布情况，Scalar Display 运算器用 Mesh 的色彩显示某切割平面的场力的大小分布情况。还有一个 Tensor Display 运算器用箭头显示场在某切割平面的向量的方向。

3）场的应用案例

下面我们应用场来建一个如图 5-188 所示的模型，步骤如图 5-189 所示：

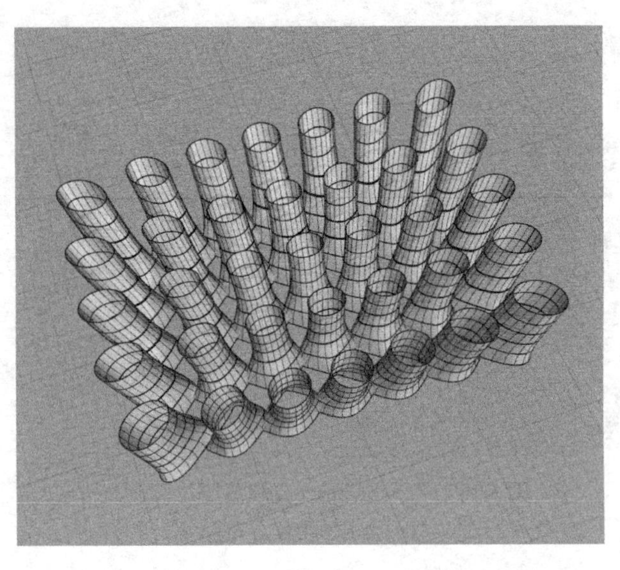

图 5-188

① 用 Square 运算器(位于 Vector >Grid 面板)创建一个正方形网格，并用 Flatten Tree 运算器将其输出参数 *P*(网格点)的数据结构清除，成为一个数据列表。

② 首先放置 Point Charge 运算器，把上一步 Flatten Tree 运算器的输出端连接到输入参数 P，并用 Number Slider 运算器设置 *C*(电荷)和 *D*(衰减度)。然后用 Serious 运算器制作一个起始值为 0、步长为 1、数量为 Point Charge 运算器创建的电场数量的等差数列。再将 Point Charge 运算器创建的电场列表、Serious 运算器分别连接到 Shift List 运算器的输入参数 *L* 和 *i*，将 *W*(Wrap)选项设置为 True，然后用 Cull Index 运算器清除 Shift List 运算器产生的各个列表的第 0 个数据，这样，就得到了一系列数据列表构成的数据树，第一个列表为除了第一个位置点的其他位置点的电场，第二个列表为除了第二个位置的其他位置点的电场，等等。最后用 Merge Fields 运算器将各列表的电场各自合并为一个场。这样做的目的是为了让电场不对相应位置的图形起作用(见下面的步骤)。

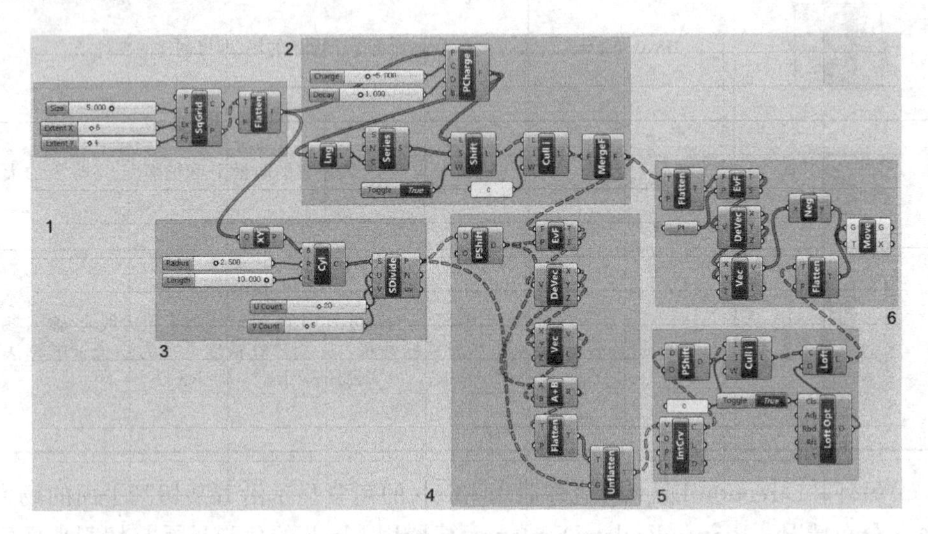

图 5-189

③ 用 Cylinder 运算器在各网格点处分别创建一个圆柱面，并用 Divide Surface 运算器在各圆柱面划分网格点。

④ 用 Shift Paths 运算器(输入参数 O 采用预设值-1)，把 Divide Surface 运算器产生的点按各圆柱面分组。然后用 Evaluate Field 运算器分析各点处的场向量。

接下来用 Deconstruct Vector 运算器分解各向量，再把 X、Y 值赋值给 Vector XYZ 运算器(Z 为预设值 0)，这样做的目的是为了使接下来的图形操作在 Z 方向不受影响。再用 Addition 运算器将 Shift Paths 运算器处理过的曲面网格点进行向量移动，用 Flatten Tree 运算器处理后，最后用 Unflatten Tree 运算器将移动过的点恢复成 Divide Surface 运算器产生的曲面网格点的数据结构。

⑤ 首先用 Interpolate 运算器把 Unflatten Tree 运算器输出的点连接成线，然后用 Shift Paths 运算器将各圆柱面生成的曲线各自放成一组。由于圆柱面在 U 方向的起点与终点重合，因而每一组曲线的第一条和最后一条是重合的，我们用 Cull Index 运算器删除掉第一条(原因在于 Loft 运算器不允许第一条曲线和最后一条曲线重合)。在完成上述处理后，用 Loft 运算器将各组曲线放样成曲面。

⑥ 这一步的操作是为了让上一步得到的各个曲面移动到差不多和原先的圆柱面同样的位置。方法是类似于步骤④，求出原先的各圆柱面的下部中心点(即初始网格点)(在图 5-189 中连接到运算器 Pt)位置的向量，取负值后，用 Move 运算器移动步骤⑤生成的曲面。注意两个 Flatten Tree 运算器的作用。

本案例的 Grasshopper 文件见 5-17. gh。另外，我们在 5-18. 3dm、5-18. gh 中演示了一个以 Rhino 中的点为球心创建随机大小的球体、以这些点为原点创建一组强度与球体体积相关的点电荷电场、之后使各球体在场中发生变形的案例(图 5-190)；案例 5-19. 3dm、5-19. gh 演示了一个使 Rhino 的圆环面在一组随机点电荷产生的电场中发生变形的情况(图 5-191)。两个案例采用的方法和本案例类似，供读者参考。

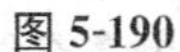

图 5-190

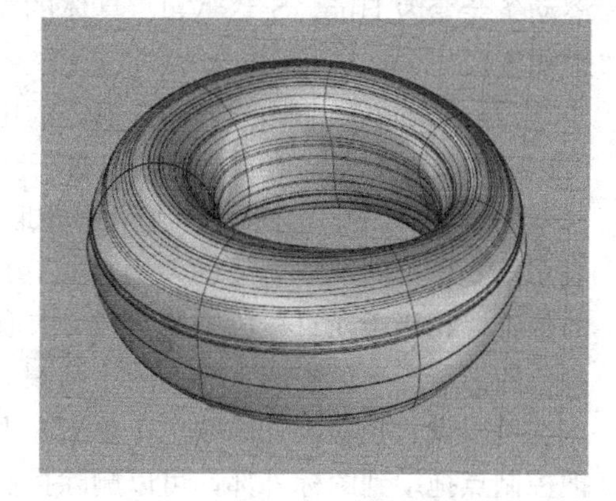

图 5-191

5.9.2　颜色

1) 颜色的设置

Grasshopper 还支持对颜色的操作，颜色(Colour)也是一种数据类型。Params>Input 面板下有如下几个运算器用于交互式设置颜色。

(1) Color Picker：如图 5-192 左图所示，是最直观的设置颜色的方式。可以通过点击右下角图标来选择颜色设置的方式，依次为 Eye-Dropper、RGB Space、HSV Space。按住 Eye-Dropper 吸管图标、拖动到屏幕的任一点，可以将该点的屏幕颜色赋值给输出参数；点击 RGB Space、HSV Space 图标，可以采用 RGB 或 HSV 方式设置颜色。RGB 方式即以红(R)、绿(G)、蓝(B)的值来设置颜色，可以用鼠标点击上部颜色方框中的某一点来设置；或者拖动中部的滚动条来分别设置颜色的 R、G、B 的值；滚动条 A 为 Alpha 通道，即不透明度的值；R、G、B 和 A 的取值范围均为 0～255。

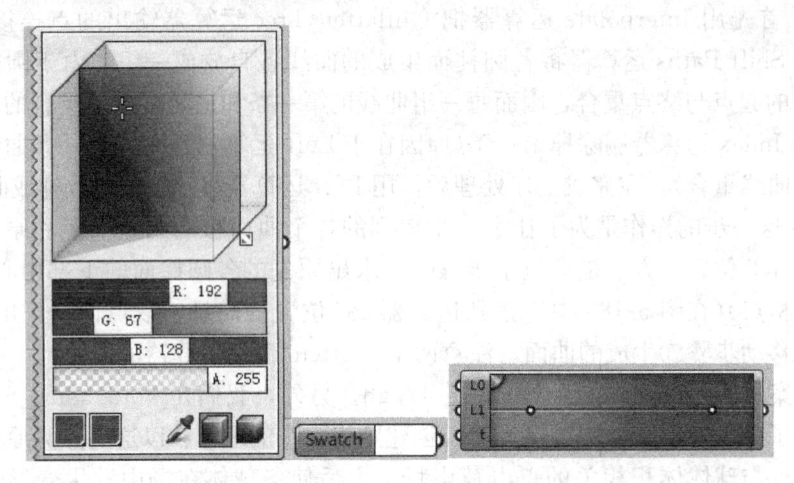

图 5-192　Color Picker、Colour swatch、Gradient

HSV 方式即以色相(H)、饱和度(S)和明度(V)的值来设置颜色，色相的取值范围为 0～360，饱和度和明度的取值范围都是 0～100。在此方式下，中部的滚动条会变为 Hue、Sat、Val。具体的操作方式与 RGB 方式相同，A 同样为不透明度。

(2) Colour swatch：如图 5-192 的中间的图标所示，点击图标右部的颜色，可以弹出类似 Color Picker 的窗口进行颜色设置。

(3) Gradient：用于在渐变色中获取颜色。输入参数 L0、L1、t 为数字，L0 表示渐变色中间那条直线的左边起点，L1 直线的右边终点，t 为相对于 L0、L1 的位置，相当于在直线段中用参数 t 求取一个点，以此点位置处的颜色作为输出参数的值。渐变色中间直线上的小圆圈为渐变色的控制点，位置可以拖动，右键点击可以设置控制点处的颜色。单击左上方彩虹图标将增加控制点；向上或向下把控制点拖动到图标外部，可以删除控制点。

(4) Colour Wheel：通过色轮内设定颜色范围一次设置多个颜色，输入参数为要设置的颜色的数量。具体使用有点复杂，这里不做详细解释。

另外，Image Sampler 运算器(图 5-193)可以在图像中获取色彩，输入参数为图像坐标系中的坐标(类似于曲面的 UV 坐标)，输出参数为坐标位置的颜色。可以直接拖动图像文件到 Image Sampler 运算器来设定图像，可以双击运算器图标，在弹出的 Image Sampler Settings 对话框中进行更详细的设置，方式如下：

X Domain 和 Y Domain 设置图像坐标的域，点击右侧图标将设置为图像的像素数量范围。Tiling 用于设置图像的“拼贴”方式，当输入坐标在图像范围之外时，Tile 方式把图像如同贴瓷砖一样复制扩展，再根据输入坐标获取颜色，而

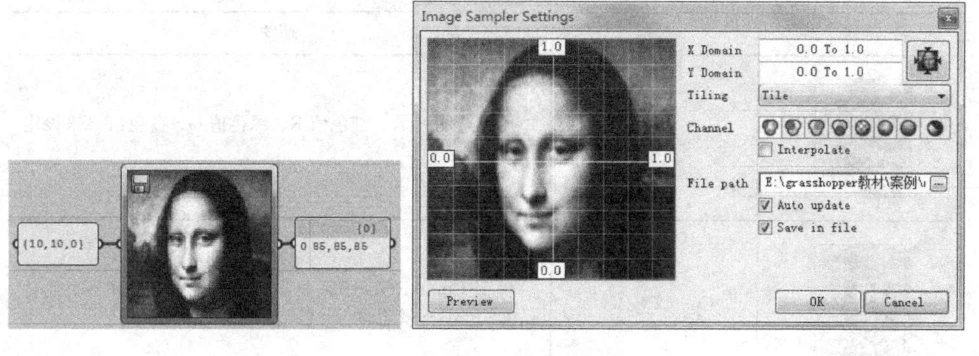

图 5-193 Color Pic

Flip 把图像镜像复制扩展，Clamp 只复制图像边界的颜色进行扩展。Channel 用于设置获取颜色的何种属性，依次为颜色值(RGBA)、红色值、绿色值、蓝色值、不透明度、色相值、饱和度值、明度值。Interpolate 设置当位置不正好位于像素中心点时是否插值计算出所求位置处的颜色。File Path 显示图像文件的路径和名称，点击右侧图标，可以选择图像文件。

2）颜色的数值赋值和分析

Grasshopper 的颜色的表示方式为 R，G，B(A)，如前所述，R、G、B、A 分别为颜色的红、绿、蓝和不透明度的数值，如果不透明度为 255，为完全不透明，则颜色的表示为 R，G，B。可以通过 Panel 运算器以上述方式设置色彩。

Vector>Colour 面板还有一些运算器可用于对颜色进行各种数值方式的赋值，另有几个对颜色进行分析的运算器。不同的色彩赋值方式对应于不同的颜色空间(颜色表示方法)，相关的知识请查阅有关资料。

图标	名称	功能
C M Y K CMYK C	Color CMYK	用青色 C、洋红色 M、黄色 Y、黑色 K 来设定颜色
A H S L HSL C	Color HSL	用不透明度 A、色调 H、饱和度 S、亮度 L 来设定颜色。注意亮度不同于明度
A L A B L*AB C	Color L＊ab	用不透明度 A 、亮度 L、洋红色至绿色范围的取值 A，黄色至蓝色范围的取值 B 来设定颜色
A L C H LCH C	Color LCH	用不透明度 A、亮度 L、饱和度 C、色调角度值的柱形坐标 H 来设定颜色

续表

图标	名称	功能
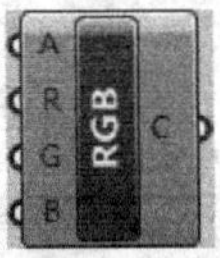	Color RGB	用不透明度A、红色值R、绿色值G、蓝色值B来设定颜色
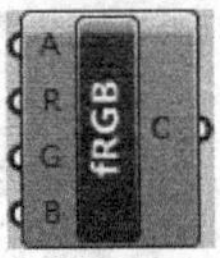	Color RGB(f)	类似Color RGB运算器，不同点在于它用0～1代替Color RGB运算器的0～255为取值范围
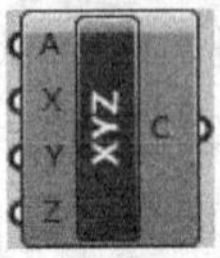	Color XYZ	用CIE 1931色彩空间的颜色的三色刺激值X、Y、Z来设定颜色
	Blend Color	计算颜色A和B的混合颜色，输入参数F为A和B的比率，取值0～1，0为颜色A，1为颜色B
	Split AHSV	将颜色分解成不透明度A、色相H、饱和度S、明度V
	Split ARGB	将颜色分解成不透明度A、红R、绿G、蓝B

3）颜色应用案例

Grasshopper虽然提供了颜色的设置和分析的功能，但除了可以把颜色赋值给网格模型外，目前的颜色在建模方面并无实际的用途。尽管如此，我们可以把颜色作为一种数据，应用于我们的建模过程，下面通过一个案例来演示一下。

该案例从一幅图像中获取颜色数据，并转化为模型的某种参数，其结果为一个反映了图像的三维模型，如图5-194所示，它以上底面不同大小的正方形台体或椎体单元呼应图像像素的明度值，排列起来构成一个垂直墙面。该案例文件为5-20.gh，程序如图5-195所示。过程如下：

① 用4Point Surface运算器创建一个垂直面并在右键菜单选取Reparameterize，然后提取它的UV域(Reparameterize后为0～1)，再用Range运算器把UV域等分成偶数个划分数据，用Dispatch运算器获取偶数位置的数值后，用Construct Point 运算器构成 UV 坐标网格，最后用 Evaluate Surface 运算器获取各 UV 坐标处的坐标平面，备用。注意 Graft Tree 和 Flatten Tree 的用途。

② 用 Image sampler 运算器获取图像，双击打开 Image Sampler Settings 对话框，选择图像文件，在 Channel 选择最后一个图标 Colour Brightness，以获取图像像素的明度值，设置 X Domain 和 Y Domain 为 0.0 To 1.0（预设值），与步骤①创建的垂直面的 UV 域统一。

图 5-194

本案例采用的图像为 mnls-1.jpg，它是《蒙娜丽莎》图片的局部，我们事先用图像处理软件进行了裁切，并设置为灰度图像，调整了对比度。另外还把像素大小缩为步骤①创建的垂直面的大小，这样做的目的是使我们所要创建的垂直墙面上的一个构建单元对应于图像上的一个像素。利用图像处理软件一方面可以处理缩小图像时的像素合并的计算问题，另一方面可以观察图像缩小后是否还能被识别。

接下来把步骤①获取的 UV 坐标点连接到 Image sampler 运算器，以获取颜色数据（明度），用 Bounds 运算器把最小、最大的明度值构成域。再用 Construct Domain 运算器创建一个域，最小值为 0，最大值用 Number Slider 设定为一个正整数；然后把各明度值从明度范围的域映射到新创建的域，并用 Integer 运算器转化为整数（四舍五入）。这样做的目的是把不同的明度值计算为限定数量的数，即阶梯化，以限定构件的种类，这是一个很有用的技巧。

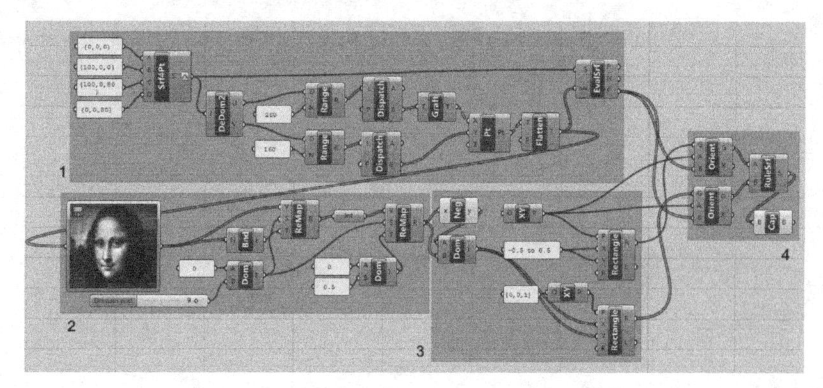

图 5-195

再用 Construct Domain 运算器，把我们要创建的台体或椎体单元的上底的最大边长的二分之一和最小边长的二分之一构成一个域，把阶梯化的数值映射到这个域，这样就形成了阶梯化的、像素明度值与上底面大小的对应关系。

③ 用 Rectangle 运算器构建一个边长为 1 的正方形，位于 XY 平面；再根据上一步骤计算的不同二分之一上底边长，用 Rectangle 运算器创建一组正方形，位于与 XY 平面平行的、有一定距离（本例为 1）的坐标平面。

④ 用 Orient 运算器把上一步骤创建的图形从世界坐标系转换到垂直面上各 UV 网格点处的坐标平面，再用 Ruled Surface 运算器把两组曲线连接成台体侧面，最后用 Cap Holes 封闭台体的上下底面，就获得了最终结果。它是由不超过 10 种台体或椎体单元构成的墙面。

本案例最终生成的单元数量较多，使得运算速度较慢，可以在调试过程中把步骤①的 UV 划分数量减少，以提高调试效率。

图 4–211

图 4–216

图 4–217

图 4–218

图 4–221

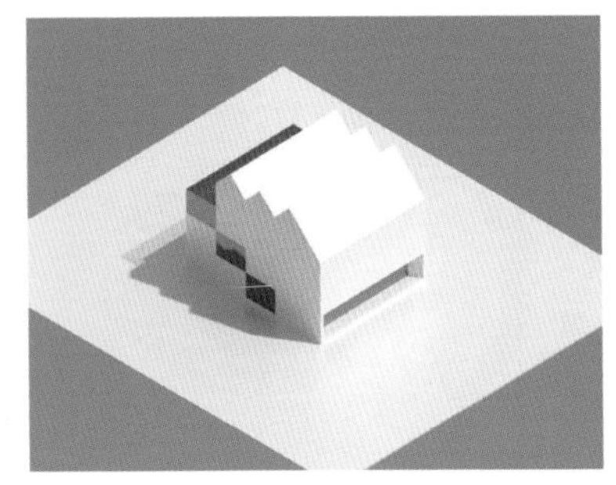
图 4-225

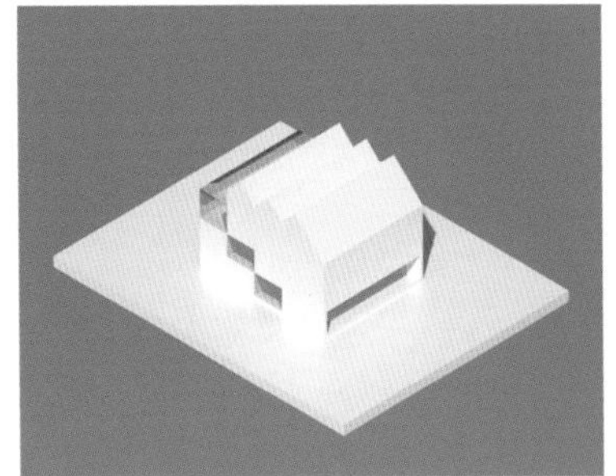
图 4-226

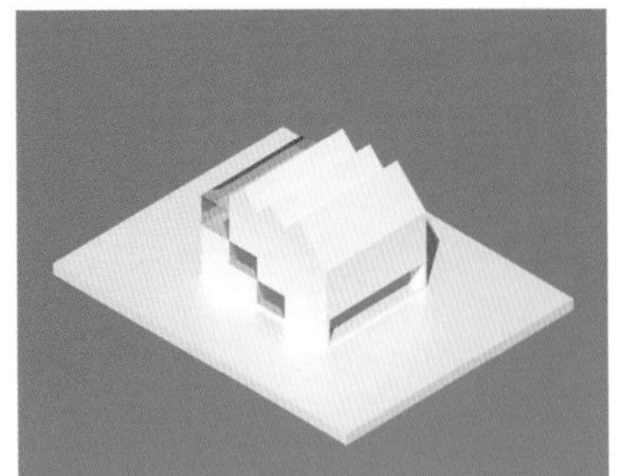
图 4-227

图 4-233

图 4-234

图 4-235